MATHÉMATIQUES DE L'ASSURANCE NON-VIE

COLLECTION « ÉCONOMIE ET STATISTIQUES AVANCÉES »

Michel DENUIT
Arthur CHARPENTIER

MATHÉMATIQUES DE L'ASSURANCE NON-VIE

TOME II : TARIFICATION ET PROVISIONNEMENT

ECONOMICA
49, rue Héricart, 75015 Paris

Liminaires

ASSURANCE [asyrɑ̃s] de *asseurance*, 16ème siècle — **1**. Sentiment de confiance, de sécurité, fait de rassurer. $\Longrightarrow$ **confiance, quiétude, sécurité** — **2**. Contrat par lequel un assureur garantit à l'assuré, moyennant une prime ou une cotisation le paiement d'une somme convenue en cas de réalisation d'un risque déterminé $\Longrightarrow$ **Risque, sinistre, dommage**. — **3**. Par extension, secteur regroupant les entreprises assurant cette fonction. — **4**. "Le contrat aléatoire est une convention réciproque dont les effets quant aux avantages et aux pertes, soit pour toutes les parties, soit pour l'une d'entre elles, dépendent d'un événement incertain." (CODE CIVIL, art. 1964)

Si le premier tome de ces "*Mathématiques de l'Assurance Non-Vie*" était celui de la *théorie du risque*, ce second tome sera celui de l'*activité d'assurance*: la tarification et le provisionnement. Les huit chapitres du premier tome donnent ainsi un certain nombre de prérequis fondamentaux qui sont amplement utilisés dans le second.

Contenu du Tome 2

Le neuvième chapitre aborde d'un point de vue plus précis la notion de tarification (dite *a priori*) pour des risques de masse (par exemple, l'assurance automobile). La tarification a été introduite d'un point de vue actuariel et probabiliste dans le troisième chapitre (notamment, la notion de *prime pure*). La recherche d'un prix est également abordée dans le douzième chapitre d'un point de vue économique où le prix d'un bien (quel qu'il soit) doit être vu comme un point d'équilibre atteint par un acheteur et un vendeur. Ce neuvième chapitre se situe au confluent des deux, en tenant compte de la notion d'hétérogénéité du portefeuille.

Nous insistons en particulier sur l'utilisation de variables "*exogènes*", liées à l'assuré (âge, sexe, catégorie socio-professionnelle, etc.), liées au bien assuré (puissance du véhicule ou son ancienneté, en assurance automobile, par exemple), ou liées à l'environnement (zone urbaine ou rurale, par exemple). Nous présentons ainsi en détails l'utilisation des modèles linéaires généralisés (GLM pour *Generalized Linear Models*) afin de modéliser une fréquence ou un coût moyen de sinistres, en fonction de variables explicatives.

Diderot rappelait dans ses *Pensées Philosophiques* que "*celui qui doute parce qu'il ne connaît pas les raisons de la crédibilité n'est qu'un ignorant*". Nous consacrons ainsi le dixième chapitre à un outil très utile en tarification par expérience: la théorie de la crédibilité. Contrairement à ce qui a été fait au neuvième chapitre, dans lequel les caractéristiques exogènes sont utilisées afin de prédire la sinistralité, le dixième chapitre utilisera le passé sinistres pour réévaluer le montant de la prime. Nous présentons en particulier l'approche bayésienne, permettant de prévoir pour un individu le nombre de sinistres qu'il aura l'année n (son espérance ou plus généralement sa loi de probabilité), conditionnellement aux nombres de sinistres observés au cours de $n-1$ premières années. Enfin, nous présentons également la prédiction linéaire proposée par Hans Bühlmann, estimant le nombre moyen de sinistres de l'année n comme un barycentre, entre le nombre moyen de sinistres déclaré par l'assuré au cours des $n - 1$ premières années, et la fréquence moyenne sur l'ensemble du portefeuille. La pondération donnée à l'expérience individuelle est appelée coefficient de crédibilité.

Le onzième chapitre aborde un mécanisme de tarification par expérience (ou *a posteriori*) fort apprécié en Europe: les systèmes bonus-malus. Il s'agira, tout comme dans le dixième chapitre, de réévaluer le montant de la prime à l'aide des sinistres observés dans le passé, mais cette fois cela se fera à l'aide d'un mécanisme uniforme et simplifié, se prêtant aisément au formalisme contractuel (alors que la haute technicité de la théorie de la crédibilité la cantonne le plus souvent aux couvertures d'assurance souscrites par les personnes morales). Le mécanisme bonus-malus incite également à la prudence et réduit les inefficacités induites par l'aléa moral. Nous présentons ainsi deux types de systèmes: le système dit "*à classes*" (comme celui en vigueur en Belgique), et le système "*à coefficients réducteur ou majorateur*" (en vigueur en France). Dans les deux cas, la théorie des chaînes de Markov permettra de modéliser la trajectoire des assurés dans de tels systèmes.

En travaillant sur les problèmes de jeux et de paris, Pascal déclarait que "*s'il y a autant de hasards d'un côté que de l'autre, le pari est à jouer égal contre égal*". Ce problème a été repris par Daniel Bernoulli sous la forme du paradoxe dit "de Saint Petersbourg", introduisant la distinction fondamentale entre le gain (*pretium*) et son utilité (*emolumentum*). Cette théorie d'*espérance morale* (comme elle fut parfois appelée) a été formalisée et pleinement exploitée à partir des travaux de von Neumann et Morgenstern, en introduisant les bases axiomatiques de l'*utilité espérée*. Cette théorie est le point de départ du douzième chapitre qui aborde l'assurance d'un point de vue économique, où assureur comme assuré sont des agents, qui n'acceptent de payer pour une couverture (un bien) que si leur utilité (ou leur espérance d'utilité) s'en trouve améliorée. Un certain nombre de paradoxes remettent toutefois en cause la plupart des conclusions. Plusieurs approches duales sont alors proposées, par exemple la notion de subjectivité des probabilités de survenance des sinistres. Nous abordons également les mécanismes de couverture pour des risques multiples, assurables ou non-assurables (ces derniers étant parfois qualifiés de *background risk*).

Comme nous l'avons vu dans le Tome I, le marché de l'assurance se caractérise par l'inversion du cycle de production. L'assureur s'étant engagé à verser une indemnité en cas de survenance d'un sinistre au cours d'une période, il doit constituer des provisions pour les sinistres non encore réglés. C'est autour de cette notion comptable que le treizième chapitre est articulé. Comme nous le verrons, les modèles utilisés ne sont pas nécessairement très complexes, mais leur diversité rend l'exercice périlleux pour un actuaire: quel est, au final, le modèle qu'il doit retenir pour estimer la charge finale des sinistres pour des exercices non encore clos. Ce chapitre propose un panorama non-exhaustif des différentes méthodes, en insistant sur le fait que les erreurs de modèles peuvent être importantes, et difficiles à quantifier. Une approche unifiée basée sur les GLM permettra d'aborder le problème à l'aide de techniques appropriées et relativement universelles.

Les risques majeurs sont particulièrement importants à traiter puisqu'ils représentent (en montant) l'essentiel du passif d'un assureur. Mais ils sont d'autant plus difficiles à appréhender qu'il n'est alors plus possible d'invoquer la plupart des résultats fondamentaux (loi de grands nombres et théorème central limite), évoqués dans le Tome I. Le quatorzième chapitre propose ainsi un certain nombre d'outils mathématiques permettant de modéliser au mieux ces événements rares, mais extrêmement coûteux. "*L'habituel défaut de l'homme est de ne pas prévoir l'orage par beau temps*", prétendait Machiavel, faisant que les catastrophes ont longtemps été gérées *ex-post*. Les résultats présentés dans ce chapitre, et les outils mis en place sur les marchés assurantiels (en particulier les traités de réassurance) sont autant d'éléments qui rendent plus solides un marché de plus en plus sollicité, pour offrir des garanties toujours plus étendues.

Le quinzième chapitre est davantage méthodologique. Il présente un certain nombre d'outils numériques afin de calculer des primes, des mesures de risque, des probabilités de ruine, etc. En particulier, nous insistons sur les méthodes de simulation, en tentant de voir comment obtenir les meilleurs résultats, en un minimum de temps de calcul.

Enfin, un dernier chapitre en guise de conclusion essaiera de présenter sur quelques cas simples et concrets les limites de l'assurabilité: à l'aide des outils proposés dans les deux tomes de ces "*Mathématiques de l'Assurance Non-Vie*", les compagnies d'assurance peuvent-elles pour autant *tout* assurer?

Remerciements

Avant de conclure cette préface, nos plus sincères remerciements vont à nos collègues, qui ont accepté de porter un regard critique et constructif sur ce texte, à différents stades de son évolution. Nous voudrions ainsi remercier Meglena Jeleva, Anne-Cécile Goderniaux, Hélène Guérin et Claude Lefèvre. Nous souhaitons également exprimer notre gratitude envers le professeur Christian Gouriéroux pour ses nombreux commentaires et suggestions, qui ont permis de corriger et d'améliorer sensiblement le texte, mais aussi pour avoir accepté de nous publier dans cette prestigieuse collection.

Les nombreux étudiants à qui les auteurs ont eu le grand plaisir d'inculquer les sciences actuarielles, ont largement contribué à améliorer la présentation de l'exposé. Nous tenons ici à nous excuser de nous être servis d'eux comme autant de cobayes involontaires. Notre gratitude leur est acquise.

Merci également aux demandes insistantes d'un certain nombre de professionnels de l'assurance souhaitant que leur soient exposées de façon claire des méthodes récentes afin de traiter des risques de plus en plus complexes. Sans eux, cet ouvrage n'aurait probablement jamais vu le jour. Qu'ils en soient remerciés. Et que soient remerciés également un certain nombre d'universitaires en mathématiques appliquées ou en économie, qui, nous l'espérons, auront trouvé ici matière à de nouveaux travaux de recherche. Nous avons essayé de tenir compte de leurs critiques lors de la rédaction de ce second tome.

Les deux tomes de ces "*Mathématiques de l'Assurance Non-Vie*" ont eu l'immense honneur d'être respectivement introduits par Claude Bébéar - fondateur d'AXA et Président du Conseil de Surveillance, assureur et actuaire reconnu - et conclus par Hans Bühlmann - professeur émérite de l'ETH Zürich, et auteur de l'ouvrage qui, 35 ans après sa publication, fait encore référence en mathématiques de l'assurance non-vie. Merci pour leur bienveillance et leurs encouragements.

Enfin, *last but not least*, nous tenons à remercier nos employeurs respectifs, pour le cadre de travail agréable et les moyens qu'ils mettent à notre disposition, afin de développer un travail scientifique de qualité.

Chapitre 9

Tarification a priori

9.1 Introduction

Dans la tarification dite *a priori*, l'idée est de séparer les contrats (et les assurés) en plusieurs catégories, de façon qu'à l'intérieur d'une catégorie, les risques puissent être considérés comme "équivalents". Les bases de la tarification en univers segmenté ont été jetées dans le Tome 1 (voyez la Section 3.8).

Comme nous l'avons vu à la Section 3.7, l'hétérogénéité au sein d'un portefeuille pose un grand nombre de problèmes, en particulier d'antisélection: si la même prime est appliquée à l'ensemble du portefeuille, les *mauvais* risques s'assureront (à un prix d'ailleurs moins élevé que celui qui devrait leur être réclamé), mais les *bons* pourraient être découragés par le tarif trop élevé, ce qui aura tendance à dégrader le résultat [1]. L'idée naturelle qui est développée dans les premières sections de ce chapitre est de partitionner le portefeuille afin de constituer des sous-portefeuilles sur lesquels les risques peuvent être considérés comme indépendants et de même loi. On parle alors de classes de risques. Les classes sont dites *a priori* lorsqu'il s'agit de classer le risque a partir d'information disponible a priori (sur l'assuré, le bien assuré...) et *a posteriori* si l'information sur l'historique des sinistres de l'assuré est prise en considération (comme cela sera fait dans les deux chapitres suivants).

Les Chapitres 3 et 4 du Tome 1 ont présenté les principes généraux de calcul des primes, reposant essentiellement sur le cal-

1. Insistons encore une fois sur l'absence de caractère péjoratif dans le qualificatif "mauvais". Il ne s'agit pas de stigmatiser une certaine catégorie d'individus mais bien de reconnaître techniquement que certains assurés causent davantage de sinistres, ou des sinistres plus coûteux, que d'autres.

cul de la prime pure, correspondant à l'espérance mathématique du coût annuel des sinistres déclarés à l'assureur. Cette prime pure se décomposait toutefois en deux composantes: la fréquence et le coût moyen, en notant simplement que

$$\mathbb{E}\left[\sum_{i=1}^{N} X_i\right] = \mathbb{E}[N] \times \mathbb{E}[X_i],$$

pour des montants de sinistres X_1,X_2,... indépendants et de même loi, indépendants de leur nombre N (voyez la Propriété 3.2.11). Il convient en effet de séparer ces deux notions pour plusieurs raisons: les facteurs explicatifs ne sont pas toujours les mêmes (en assurance automobile, la fréquence est une variable liée essentiellement au conducteur, et le coût moyen au véhicule), le coût moyen est soumis à l'inflation alors que la fréquence suit des cycles plus complexes, et si la fréquence peut être connue rapidement, le coût peut être long à estimer lors d'accidents corporels par exemple (ce dernier point sera abordé en détails dans le Chapitre 13 sur le provisionnement).

Exemple 9.1.1. *La Figure 9.1 compare, sur des données françaises, le coût moyen des sinistres et la fréquence pour des segments de population différents, avec un découpage prenant en compte le sexe, l'âge (18-25, 25-40, 40-65, plus de 65 ans), l'utilisation du véhicule (commerciale ou non), la puissance (graduée de A à K, K désignant les grosses cylindrées), pour quelques catégories socio-professionelle (profession libérale, fonction publique ou agriculture). Les deux axes permettent de représenter le comportement moyen sur l'ensemble de la population (fréquence de l'ordre de* 13,5% *et coût moyen de* 1 100 € *correspondant respectivement aux axes verticaux et horizontaux de la figure). On note que le point qui se détache le plus du nuage est celui des jeune conducteurs (hommes de 18 à 25 ans, classe H-18-25 en haut à droite), qui ont à la fois plus de sinistres et des sinistres plus coûteux. Les hommes de 25 à 40 ans se détachent également, en particulier dès lors qu'ils ont une voiture puissante ou qu'ils ont une profession libérale et qu'ils utilisent leur véhicule dans le cadre de leur travail. Les femmes exerçant une profession libérale sont égale mises en avant, avec une fréquence de sinistres très élevée, mais un coût moyen dans la moyenne. En revanche, les personnes âgées ou les hommes inactifs ont une fréquence relativement faible pour un coût moyen standard.*

De plus, si la modélisation directe de la prime pure peut paraître plus robuste et plus rapide, elle s'avère relativement complexe à mettre en oeuvre puisqu'il est difficile de trouver des lois simples modélisant correctement la prime pure. En revanche, des lois simples permettent de modéliser les fréquences, et les coûts moyens (voir Chapitre 2).

9.2 Les variables tarifaires

En tarification, par habitude, mais aussi pour des raisons techniques que nous allons présenter ici, les variables tarifaires sont généralement des variables qualitatives. Les variables continues sont alors généralement regroupées par classes.

En assurance automobile, la tarification peut dépendre des caractéristiques propres du véhicule (puissance et vitesse de pointe, ancienneté du véhicule), de son usage, de la zone de circulation (densité du trafic), ou de certains traits spécifiques du conducteur habituel.

Les informations que tente d'avoir l'assureur sur l'assuré, afin de contrer l'antisélection doivent, d'un point de vue pratique, être vérifiables. Certaines informations qui pourraient être révélatrices d'un comportement à risque (c'est-à-dire fortement corrélées à la sinistralité) ne peuvent être utilisées car elles induiraient une forte fraude (point que nous n'aborderons pas dans ce chapitre): ainsi, la distance parcourue par le véhicule chaque année est difficilement vérifiable.

Les variables explicatives composant $\boldsymbol{X}$ peuvent être de différents types. Certaines d'entre elles peuvent être quantitatives et continues (comme la puissance de la voiture ou l'âge de l'assuré par exemple). D'autres variables explicatives dont l'assureur dispose à propos de ses assurés peuvent être quantitatives discrètes (le nombre d'enfants de l'assuré, par exemple). D'autres encore sont qualitatives ou catégorielles (comme le sexe de l'assuré, par exemple). On peut également utiliser des indices résumant les caractéristiques de la zone d'habitation de l'assuré à partir de données publiques, comme celles issues d'un recensement. En condensant l'information pertinente à propos de la sinistralité disponible auprès d'un institut national de statistique, on peut ainsi obtenir de nouvelles variables explicatives dont le pouvoir prédictif (reconnu par le modèle) est souvent très important. Nous reviendrons sur ce point à la Section 9.4.

Les variables quantitatives n'appellent pas de commentaires particuliers. En ce qui concerne les variables catégorielles, on convient de coder tout facteur partitionnant la population en k catégories

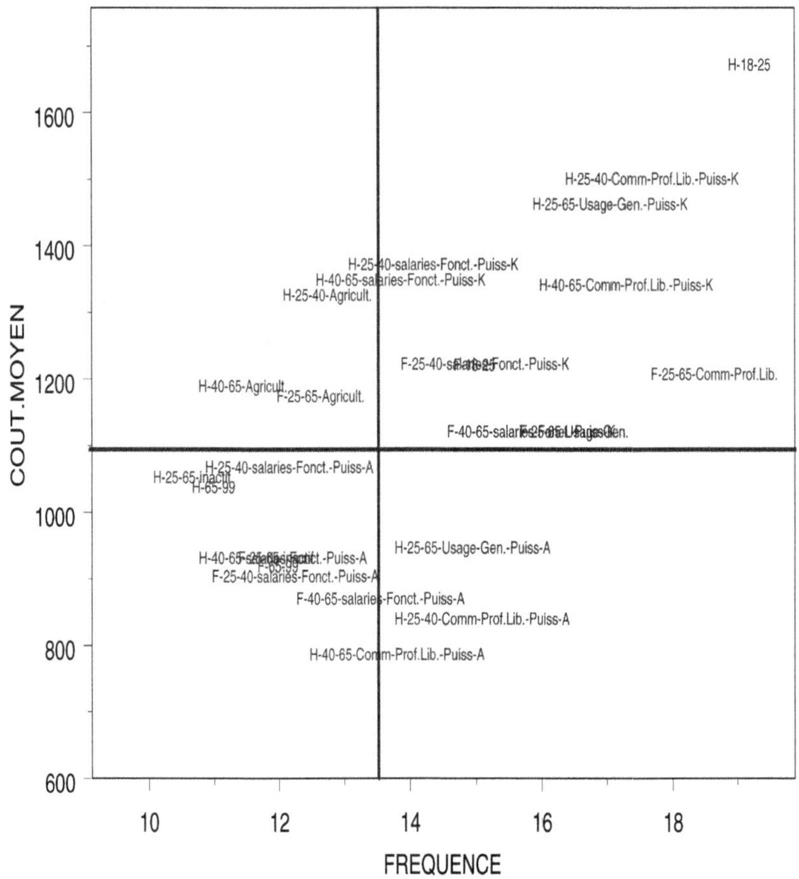

FIG. 9.1 – *Statistiques relatives au couple fréquence / coût moyen en assurance automobile, observation d'un portefeuille d'assurance français.*

par les entiers 0,1,...,$k-1$. Certains facteurs peuvent être ordinaux et résulter d'une variable quantitative (comme la puissance d'un véhicule que l'on a codée en différentes classes), soit ordinaux mais sans échelle quantitative (comme le niveau d'études) ou encore être purement qualitatif, sans induire d'ordre (comme le sexe). Une variable catégorielle à k facteurs est généralement codée par $k-1$ variables binaires qui sont toutes nulles pour le niveau de référence.

Exemple 9.2.1. *La plupart du temps, les variables explicatives sont toutes catégorielles dans un tarif commercial. Considérons par exemple un compagnie segmentant selon le sexe, le caractère sportif du véhicule et l'âge de l'assuré (3 classes d'âges, à savoir moins de 30 ans, 30-65 ans et plus de 65 ans). Un assuré sera représenté par un vecteur binaire donnant les valeurs des variables*

$$
\begin{aligned}
X_1 &= \begin{cases} 0, & \textit{si l'assuré est un homme,} \\ 1, & \textit{si l'assuré est une femme,} \end{cases} \\
X_2 &= \begin{cases} 0, & \textit{si le véhicule n'a pas de caractère sportif,} \\ 1, & \textit{si le véhicule a un caractère sportif,} \end{cases} \\
X_3 &= \begin{cases} 1, & \textit{si l'assuré a moins de 30 ans,} \\ 0, & \textit{sinon,} \end{cases} \\
X_4 &= \begin{cases} 1, & \textit{si l'assuré a plus de 65 ans,} \\ 0, & \textit{sinon.} \end{cases}
\end{aligned}
$$

Pour chaque variable, on choisit comme niveau de référence (i.e. celui pour lequel toutes les variables binaires utilisées pour la coder valent simultanément 0) la modalité la plus représentée dans le portefeuille. Les résultats s'interprèteront ensuite comme une sur- ou sous-sinistralité par rapport à cette classe de référence. Ainsi, le vecteur (0,1,1,0) représente un assuré masculin de moins de 30 ans conduisant un véhicule sportif.

9.3 Principes de base de la statistique

Cette section rappelle brièvement les méthodes statistiques élémentaires. Notre présentation est intuitive et informelle. Pour plus de détails, nous renvoyons le lecteur par exemple à MONFORT (1996).

9.3.1 Fonction de répartition empirique

Le cas non-groupé

Supposons disposer des observations $x_1,x_2,\ldots,x_n$ et considérons-les comme autant de réalisations de variables aléatoires $X_1,X_2,\ldots,X_n$, indépendantes et de même fonction de répartition F. Ces observations peuvent par exemple représenter le coût de sinistres déclarés à la compagnie[2].

La fonction de répartition empirique, notée $\hat{F}_n$, donne une idée de l'allure de F à partir des observations $x_1, x_2, \ldots, x_n$. Elle s'obtient en accordant une masse de probabilité de $1/n$ à chacun des x_i, i.e.

$$\hat{F}_n(x) = \frac{\#\{x_i \text{ tels que } x_i \leq x\}}{n}, \quad x \in \mathbb{R}.$$

En d'autres termes, $\hat{F}_n(x)$ est la proportion d'observations dans l'échantillon qui sont inférieures ou égales à $x \in \mathbb{R}$. La fonction $x \mapsto \hat{F}_n(x)$ est une fonction "en escaliers", présentant un saut d'amplitude k/n à chaque valeur apparaissant k fois dans l'échantillon.

L'approche empirique consiste à utiliser $\hat{F}_n$ en lieu et place de F pour tous les calculs actuariels. Cette façon de faire est justifiée par le théorème de Glivenko-Cantelli qui assure que

$$\Pr\left[\sup_{x\in\mathbb{R}} |\hat{F}_n(x) - F(x)| \to 0 \text{ lorsque } n \text{ tend vers } +\infty\right] = 1.$$

En d'autres termes, le graphe de $\hat{F}_n$ épouse d'autant mieux celui de F à mesure que le n nombre d'observations, i.e. notre information, augmente; le graphe de $\hat{F}_n$ devrait donc fournir une bonne approximation de celui de F pour n "grand".

La loi de $n\widehat{F}_n(x)$ est $\mathcal{B}in(n,F(x))$. Dès lors, en vertu du théorème central-limite, on a quel que soit x,

$$\sqrt{n}\Big(\widehat{F}_n(x) - F(x)\Big) \to_{\text{loi}} \mathcal{N}or(0,\sigma_x^2) \text{ lorsque } n \to +\infty$$

où $\sigma_x^2 = F(x)(1-F(x))$. Pour autant que n soit suffisamment grand, ceci permet d'obtenir un intervalle de confiance pour la valeur inconnue $F(x)$.

Remarque 9.3.1. *On peut également "lisser" la fonction de répartition empirique et en déduire une fonction de densité empirique $\widehat{f}_n$. Ceci conduit à un estimateur à noyau de la densité, défini*

2. Lorsque les observations se rapportent à une longue période, il convient le cas échéant de corriger les montants x_i de l'effet de l'inflation, et de prendre en compte les modifications légales ou réglementaires de même que les changements dans les clauses des polices de nature à influencer le montant des sinistres.

par

$$\widehat{f}_K(x) = \frac{1}{nh}\sum_{i=1}^{n} K\left(\frac{x_i - x}{h}\right)$$

où K est appelé noyau et h est un paramètre positif (appelé bandwidth *en anglais) donnant l'importance du lissage. Dans une première approche, on peut retenir un noyau gaussien, i.e. $K(x) = \frac{1}{\sqrt{2\pi}}\exp(-x^2/2)$. Notez que $\widehat{f}_K$ constitue un estimateur convergent de la densité lorsque $n \to +\infty$ et $h \to 0$ à une vitesse adéquate.*

Le cas groupé

Bien souvent, les données dont dispose l'actuaire sont groupées en classes, plus ou moins larges. Ceci revient à ne pas distinguer les sinistres ne différant que de quelques unités monétaires. L'actuaire ne dispose dès lors plus des observations $x_1,x_2,\ldots,x_n$. Par contre, si l'on note $c_0 < c_1 < c_2 < \ldots < c_r$ les limites des r classes, il sait que n_j sinistres ont un montant compris entre c_{j-1} et c_j, $j = 1,2,\ldots,r$; on appelle n_j l'effectif de la classe $C_j =]c_{j-1},c_j]$. Souvent, $c_0 = 0$, de sorte que la première classe est du type "sinistres de montant $\leq c_1$". Parfois, la limite supérieure c_r de C_r n'est pas spécifiée; la dernière classe est alors du type "sinistres de montant $> c_{r-1}$" et on considère que $c_r = +\infty$. Parfois, la moyenne m_j des montants des sinistres tombant dans la classe C_j est également fournie.

Le groupement des données a pour conséquence que la fonction de répartition empirique $\hat{F}_n$ n'est connue avec précision qu'aux limites de classes c_j, où elle vaut $\hat{F}_n(c_0) = 0$ et

$$\hat{F}_n(c_j) = \begin{cases} 0, \text{ si } j = 0 \\ \frac{1}{n}\sum_{i=1}^{j} n_i, \; j = 1,2,\ldots,r. \end{cases}$$

On approxime alors $\hat{F}_n$ par interpolation linéaire sur les segments $]c_{j-1},c_j]$ pour obtenir

$$\hat{F}_n(x) = \begin{cases} 0, \text{ si } x < c_0, \\ \frac{(c_j-x)\hat{F}_n(c_{j-1})+(x-c_{j-1})\hat{F}_n(c_j)}{c_j-c_{j-1}}, \text{ si } c_{j-1} \leq x < c_j, \\ 1, \text{ si } x \geq c_r. \end{cases}$$

Il est à noter que dans le cas groupé, $\hat{F}_n$ n'est pas définie sur $]c_{r-1},+\infty[$ lorsque $c_r = +\infty$, à moins que $n_r = 0$.

Remarque 9.3.2. *Puisque $\hat{F}_n$ est à présent une fonction linéaire par morceaux, $\hat{F}_n$ est dérivable partout, excepté aux extrémités des* *classes $c_0,c_1,\ldots,c_r$, où les dérivées à droite et à gauche existent néanmoins. Cette dérivée estime la fonction de densité f associée à F; nous noterons $\hat{f}_n$ cet estimateur, encore appelé histogramme. L'estimateur $\hat{f}_n$ est donné par*

$$\hat{f}_n(x) = \begin{cases} 0, \text{ si } x < c_0, \\ \frac{\hat{F}_n(c_j)-\hat{F}_n(c_{j-1})}{c_j-c_{j-1}} = \frac{n_j}{n(c_j-c_{j-1})}, \text{ si } c_{j-1} \le x < c_j, \\ 0 \text{ si } x \ge c_r. \end{cases}$$

Le graphe de la fonction $x \mapsto \hat{f}_n(x)$ apparaît cette fois comme une succession de blocs. L'aire sous le graphe de $\hat{f}_n$ vaut 1, par construction, excepté lorsque $c_r = +\infty$, auquel cas on ne peut pas représenter la probabilité de la classe C_r. Il est important de noter que c'est l'aire, et non pas la hauteur, des blocs qui est proportionnelle au nombre d'observations de chaque classe. Ceci revient à tenir compte de la longeur des classes dans le calcul des fréquences relatives.

De manière générale, par souci de précision, l'actuaire prendra soin de conserver les données brutes $x_1,x_2,\ldots,x_n$ pour effectuer les calculs, mais aura souvent recours à un groupement pour la présentation de ses résultats.

Estimation des paramètres principaux

Une fois que l'on dispose de $\hat{F}_n$, on peut facilement estimer les paramètres principaux de F, à savoir la moyenne, la variance, le coefficient de variation ainsi que les différents quantiles. A chaque fois, il suffit de remplacer la fonction de répartition F inconnue par son équivalent empirique $\hat{F}_n$.

La moyenne Afin d'estimer la moyenne, on a naturellement recours à la moyenne échantillon

$$\hat{\mu}_1 = \int_{x\in I\!R} x d\hat{F}_n(x) = \begin{cases} \frac{1}{n}\sum_{i=1}^n x_i \text{ (cas non-groupé)} \\ \sum_{j=1}^r \frac{n_j(c_j+c_{j-1})}{2n} \text{ (cas groupé).} \end{cases}$$

Bien souvent, on utilise la notation $\overline{x}$ en lieu et place de $\hat{\mu}_1$. La moyenne observée $\overline{x}$ apparaît ainsi comme le centre de gravité des données, et est fort sensible aux valeurs “extrêmes”.

La variance En notant,

$$\hat{\mu}_2 = \int_{x\in I\!R} x^2 d\hat{F}_n(x) = \begin{cases} \frac{1}{n}\sum_{i=1}^n x_i^2 \text{ (cas non-groupé)} \\ \sum_{j=1}^r \frac{n_j(c_j^3-c_{j-1}^3)}{3n(c_j-c_{j-1})} \text{ (cas groupé)} \end{cases}$$

l'estimateur naturel de la variance est alors donné par $s^2 = \hat{\mu}_2 - \hat{\mu}_1^2$. On appelle écart-type observé la racine carrée positive de la variance échantillon s^2; il est noté s.

Le coefficient de variation Bien souvent, l'actuaire a recours au coefficient de variation cv, défini comme le rapport de l'écart-type échantillon à la moyenne échantillon, à savoir $cv = \frac{s}{\bar{x}}$. Le coefficient de variation a le grand avantage d'être un nombre sans dimension, ce qui facilite les comparaisons (en excluant par exemple les effets des différentes unités monétaires). Il peut se voir comme une normalisation de l'écart-type.

Quantiles Les quantiles empiriques, notés $\hat{q}_p$, sont simplement obtenus grâce à la relation

$$\hat{q}_p = \hat{F}_n^{-1}(p) = \inf\{x \in \mathbb{R} | \hat{F}_n(x) \geq p\}, \ 0 < p < 1.$$

Dans le cas non-groupé, $\hat{F}_n^{-1}$ fait correspondre à p, $0 < p < 1$, la plus petite des observations laissant à sa gauche au moins $100p\%$ des données. Si l'on note $x_{(1)}, x_{(2)}, \ldots, x_{(n)}$ les observations rangées dans l'ordre croissant, à savoir $x_{(1)} \leq x_{(2)} \leq \ldots \leq x_{(n)}$, on a que

$$\hat{q}_p = x_{(i)} \text{ pour } p \in \left]\frac{i-1}{n}, \frac{i}{n}\right].$$

Dans le cas groupé, l'estimation du $p$ème quantile se fait comme suit. On détermine tout d'abord j_0 tel que

$$\hat{F}_n(c_{j_0-1}) \leq p < \hat{F}_n(c_{j_0}).$$

Il vient alors

$$\hat{F}_n(\hat{q}_p) = \frac{(c_{j_0} - \hat{q}_p)\hat{F}_n(c_{j_0-1}) + (\hat{q}_p - c_{j_0-1})\hat{F}_n(c_{j_0})}{c_{j_0} - c_{j_0-1}} = p,$$

d'où l'on tire

$$\hat{q}_p = \frac{c_{j_0} - c_{j_0-1}}{\hat{F}_n(c_{j_0}) - \hat{F}_n(c_{j_0-1})} p - \frac{c_{j_0}\hat{F}_n(c_{j_0-1}) - c_{j_0-1}\hat{F}_n(c_{j_0})}{\hat{F}_n(c_{j_0}) - \hat{F}_n(c_{j_0-1})}.$$

9.3.2 L'approche paramétrique

L'approche empirique ne permet pas de répondre à toutes les questions que se pose l'actuaire. Afin de s'en convaincre, examinons l'exemple suivant.

Exemple 9.3.3. *Un assureur commercialise des polices prévoyant un découvert obligatoire de 50 € par sinistre. Il a enregistré les coûts suivants (en €): 141, 16, 46, 40, 351, 259, 317, 1 511, 107 et 567. Le montant moyen $\overline{x}$ payé par l'assureur par sinistre s'élève à 335.5 € . Supposons à présent que l'assureur augmente le découvert obligatoire pour le porter à 100 € . On peut alors estimer le coût moyen par sinistre à*

$$\frac{91+301+209+267+1461+57+517}{7}=414.71.$$

L'assureur qui payait autrefois 3 355 € pour dédommager les assurés, ne doit plus désormais débourser que 2 903 € .

Le passage du découvert obligatoire de 50 à 100 € permettrait ainsi de réduire les coûts de

$$\frac{3\,355-2\,903}{3\,355}=13.47\%.$$

Supposons à présent au contraire que l'assureur désire supprimer la clause de découvert obligatoire, par exemple dans le but de conquérir de nouvelles parts de marché. L'approche empirique ne nous permet pas d'évaluer le surcoût engendré par cette modification contractuelle. En effet, les montants des sinistres enregistrés vont être augmentés de 50 € chacun, portant le coût total à 3 855 € , mais il ne faut pas perdre de vue que les sinistres dont le coût est inférieur à 50 € , à propos desquels nous ne disposons d'aucune information (puisqu'ils n'étaient pas rapportés à la compagnie), vont à présent ouvrir le droit à l'indemnisation. Tout ce que l'approche empirique permet de dire c'est que le surcoût engendré par l'abandon de la clause de découvert obligatoire s'élève au moins à

$$\frac{500}{3\,355}=14.9\%.$$

Supposons à présent que la compagnie introduise dans les conditions générales de sa police une limite supérieure à l'indemnisation, fixée à 1 500 € par sinistre, disons. Ceci n'engendrera aucune modification quant au coût moyen de l'assureur, puisqu'aucun sinistre de montant supérieur à 1 500 € n'a été observé. Toutefois, tout assuré rationnel attendra très certainement une réduction de prime compensant le surcroît de risque à sa charge, ou à tout le moins un avantage quelconque.

Supposons à présent que les montants de sinistre subissent une inflation de 10%. Que peut-on dire de la charge moyenne de sinistre?

On peut facilement obtenir les montants corrigés d'inflation comme suit:

$$\begin{aligned}1.1(141+50)-50 &= 160.1\\ 1.1(16+50)-50 &= 22.6\\ \text{etc.} &\quad ,\end{aligned}$$

ce qui fournit la nouvelle série 160.1, 22.6, 55.6, 391.1, 289.9, 353.7, 1 667.1, 122.7 et 628.7. On serait tenté d'affirmer que le montant moyen payé par la compagnie par sinistre s'élève à présent à 374.05 € . Néanmoins, ce serait faire fi des sinistres tombant dans la tranche 45.45-50, qui n'ont pas été rapportés à l'assureur, du fait du découvert obligatoire de 50 € , et qui, suite à l'inflation tombent désormais sous la garantie. L'inflation entraîne donc non seulement une modification des montants des sinistres, mais également une modification du nombre de sinistres rapportés à la compagnie.

L'alternative permettant de traiter les questions restées sans réponse dans l'exemple ci-dessus est l'approche paramétrique. Dans cette approche, on suppose que la fonction de répartition inconnue F du montant payé par l'assureur suite à un sinistre fait partie d'une famille $\mathcal{F}=\{F_{\boldsymbol{\theta}},\ \boldsymbol{\theta}\in\Theta\}$ de fonctions de répartition dont la forme analytique est connue, mais qui dépendent d'un ou de plusieurs paramètres inconnus $\boldsymbol{\theta}$; Θ note l'espace paramétrique, c'est-à-dire l'ensemble de toutes les valeurs permises pour le paramètre. Notez que $\boldsymbol{\theta}$ est tantôt unidimensionnel, tantôt vectoriel, selon la famille paramétrique considérée. Dès lors, identifier F dans $\mathcal{F}$ revient à déterminer la valeur de $\boldsymbol{\theta}$ telle que $F\equiv F_{\boldsymbol{\theta}}$.

Afin de bien saisir la complémentarité des approches paramétriques et empiriques, poursuivons l'étude du cas de figure présenté ci-dessus dans l'optique paramétrique.

Exemple 9.3.4 (Suite de l'Exemple 9.3.3). *Supposons que l'on puisse valablement considérer que le montant d'un sinistre suit une loi exponentielle négative de moyenne θ. Notons X le montant du sinistre et Y le montant de l'indemnité versée par l'assureur. Une manière commode de fixer la valeur de θ consiste à égaler $\mathbb{E}[Y]$ et $\overline{x}$, puisque*

$$\begin{aligned}\mathbb{E}[Y] &= \mathbb{E}[X-50|X>50]\\ &= \int_{x=50}^{+\infty}(x-50)\frac{\exp(-x/\theta)}{\theta\exp(-50/\theta)}dx=\theta.\end{aligned}$$

Ainsi, on choisit $\theta=335.5$. Suite à l'inflation, la charge moyenne *d'un sinistre pour l'assureur passe à*

$$\mathbb{E}[1.1X - 50|1.1X > 50] = 369.05.$$

D'autre part, la probabilité qu'un sinistre tombe sous la couverture était de

$$\Pr[X > 50] = 0.86154$$

sans inflation, alors qu'elle passe à

$$\Pr[1.1X > 50] = 0.87329$$

suite à l'effet de l'inflation.

Comme le montre cet exemple très simple, l'approche paramétrique permet de répondre à toutes les questions que se pose l'assureur.

9.3.3 L'information de Fisher

Conditions sur le modèle statistique

Considérons un modèle statistique paramétrique $\mathcal{F} = \{F_{\boldsymbol{\theta}},\ \boldsymbol{\theta} \in \Theta\}$ de support commun $\mathcal{S}$, dont l'espace paramétrique Θ est un ouvert de $\mathbb{R}^p$. On note $f_{\boldsymbol{\theta}}$ la densité de probabilité (discrète ou continue) associée à $F_{\boldsymbol{\theta}}$ et on supposera désormais que les trois conditions suivantes sont satisfaites:

(i) $f_{\boldsymbol{\theta}}(x) > 0$ pour tout $x \in \mathcal{S}$ et $\boldsymbol{\theta} \in \Theta$;

(ii) $\frac{\partial}{\partial \boldsymbol{\theta}} f_{\boldsymbol{\theta}}(x)$ existe pour tout $x \in \mathcal{S}$ et $\boldsymbol{\theta} \in \Theta$;

(iii) quel que soit $\boldsymbol{\theta}$ dans Θ, on peut dériver $\int_{x \in A} dF_{\boldsymbol{\theta}}(x)$ sous le signe intégral par rapport aux composantes de $\boldsymbol{\theta}$.

Définition

Considérons une variable aléatoire X de fonction de répartition $F_{\boldsymbol{\theta}}$, pour $\boldsymbol{\theta} \in \Theta$. On appelle information de Fisher du modèle la matrice variance-covariance, si elle existe, du vecteur aléatoire

$$\frac{\partial}{\partial \boldsymbol{\theta}} \ln f_{\boldsymbol{\theta}}(X) = \left(\frac{\partial}{\partial \theta_1} \ln f_{\boldsymbol{\theta}}(X), \ldots, \frac{\partial}{\partial \theta_p} \ln f_{\boldsymbol{\theta}}(X) \right)^t;$$

cette matrice sera notée $\mathcal{I}(\boldsymbol{\theta})$.

Propriété 9.3.5. *Le vecteur* $\frac{\partial}{\partial \boldsymbol{\theta}} \ln f_{\boldsymbol{\theta}}(X)$ *est centré, i.e.*

$$\mathbb{E}\left[\frac{\partial}{\partial \boldsymbol{\theta}} \ln f_{\boldsymbol{\theta}}(X)\right] = \mathbf{0}.$$

Démonstration. Considérons le cas continu. Partant de

$$\int_{x\in\mathbb{R}} f_{\boldsymbol{\theta}}(x)dx = 1$$

on tire en dérivant les deux membres par rapport à θ_i, $i = 1,2,\ldots,p$,

$$\begin{aligned}
0 &= \frac{\partial}{\partial\theta_i}\int_{x\in\mathbb{R}} f_{\boldsymbol{\theta}}(x)dx \\
&= \int_{x\in\mathbb{R}} \frac{\partial}{\partial\theta_i} f_{\boldsymbol{\theta}}(x)dx \\
&= \int_{x\in\mathbb{R}} \left\{\frac{\partial}{\partial\theta_i}\ln f_{\boldsymbol{\theta}}(x)\right\} f_{\boldsymbol{\theta}}(x)dx \\
&= \mathbb{E}\left[\frac{\partial}{\partial\theta_i}\ln f_{\boldsymbol{\theta}}(X)\right].
\end{aligned}$$

□

Par conséquent, la Propriété 9.3.5 permet d'obtenir l'expression de $\mathcal{I}(\boldsymbol{\theta})$, puisque

$$\mathbb{C}\left[\frac{\partial}{\partial\theta_i}\ln f_{\boldsymbol{\theta}}(X), \frac{\partial}{\partial\theta_j}\ln f_{\boldsymbol{\theta}}(X)\right] = \mathbb{E}\left[\frac{\partial}{\partial\theta_i}\ln f_{\boldsymbol{\theta}}(X)\frac{\partial}{\partial\theta_j}\ln f_{\boldsymbol{\theta}}(X)\right].$$

Ceci donne sous forme matricielle

$$\mathcal{I}(\boldsymbol{\theta}) = \mathbb{E}\left[\frac{\partial}{\partial\boldsymbol{\theta}}\ln f_{\boldsymbol{\theta}}(X)\left(\frac{\partial}{\partial\boldsymbol{\theta}}\ln f_{\boldsymbol{\theta}}(X)\right)^t\right].$$

Expression alternative

De manière générale, pour autant que $\int_{x\in\mathbb{R}} dF_{\boldsymbol{\theta}}(x)$ soit dérivable deux fois sous le signe intégral, nous obtenons deux expressions équivalentes pour $\mathcal{I}(\boldsymbol{\theta})$. En effet, considérons le cas continu et partons de

$$\begin{aligned}
0 &= \frac{\partial^2}{\partial\theta_i\partial\theta_j}\int_{x\in\mathbb{R}} f_{\boldsymbol{\theta}}(x)dx \\
&= \int_{x\in\mathbb{R}} \frac{\partial^2}{\partial\theta_i\partial\theta_j} f_{\boldsymbol{\theta}}(x)dx \\
&= \int_{x\in\mathbb{R}} \frac{\frac{\partial^2}{\partial\theta_i\partial\theta_j} f_{\boldsymbol{\theta}}(x)}{f_{\boldsymbol{\theta}}(x)} f_{\boldsymbol{\theta}}(x)dx \\
&= \mathbb{E}\left[\frac{\frac{\partial^2}{\partial\theta_i\partial\theta_j} f_{\boldsymbol{\theta}}(X)}{f_{\boldsymbol{\theta}}(X)}\right].
\end{aligned}$$

On obtient alors

$$\begin{aligned}
\mathbb{E}\left[\frac{\partial^2}{\partial\theta_i\partial\theta_j}\ln f_{\boldsymbol{\theta}}(X)\right] &= \mathbb{E}\left[\frac{\partial}{\partial\theta_i}\frac{\frac{\partial}{\partial\theta_j}f_{\boldsymbol{\theta}}(X)}{f_{\boldsymbol{\theta}}(X)}\right] \\
&= \mathbb{E}\left[\frac{\frac{\partial^2}{\partial\theta_i\partial\theta_j}f_{\boldsymbol{\theta}}(X)}{f_{\boldsymbol{\theta}}(X)}\right] - \mathbb{E}\left[\frac{\frac{\partial}{\partial\theta_i}f_{\boldsymbol{\theta}}(X)\frac{\partial}{\partial\theta_j}f_{\boldsymbol{\theta}}(X)}{\{f_{\boldsymbol{\theta}}(X)\}^2}\right] \\
&= -\mathbb{E}\left[\frac{\frac{\partial}{\partial\theta_i}f_{\boldsymbol{\theta}}(X)\frac{\partial}{\partial\theta_j}f_{\boldsymbol{\theta}}(X)}{\{f_{\boldsymbol{\theta}}(X)\}^2}\right] \\
&= -\mathbb{E}\left[\frac{\partial}{\partial\theta_i}\ln f_{\boldsymbol{\theta}}(X)\frac{\partial}{\partial\theta_j}\ln f_{\boldsymbol{\theta}}(X)\right].
\end{aligned}$$

Nous pouvons alors écrire sous forme matricielle

$$\begin{aligned}
\mathcal{I}(\boldsymbol{\theta}) &= \mathbb{E}\left[\frac{\partial}{\partial\boldsymbol{\theta}}\ln f_{\boldsymbol{\theta}}(X)\left(\frac{\partial}{\partial\boldsymbol{\theta}}\ln f_{\boldsymbol{\theta}}(X)\right)^t\right] \\
&= -\mathbb{E}\left[\frac{\partial^2}{\partial\boldsymbol{\theta}\partial\boldsymbol{\theta}^t}\ln f_{\boldsymbol{\theta}}(X)\right]. \qquad (9.1)
\end{aligned}$$

L'information de Fisher $\mathcal{I}(\boldsymbol{\theta})$ peut donc s'obtenir soit comme l'espérance du produit des vecteurs gradients de $\ln f_{\boldsymbol{\theta}}(X)$, soit comme l'opposé de l'espérance de la matrice hessienne de $\ln f_{\boldsymbol{\theta}}(X)$.

Information de Kullback

Supposons que $\widetilde{\boldsymbol{\theta}}$ soit la vraie valeur du paramètre et définissons, pour le résultat x, le pouvoir discriminant de x entre la vraie valeur $\widetilde{\boldsymbol{\theta}}$ du paramètre et une autre valeur possible $\boldsymbol{\theta}$ pour le paramètre comme

$$\ln\frac{f_{\widetilde{\boldsymbol{\theta}}}(x)}{f_{\boldsymbol{\theta}}(x)}. \qquad (9.2)$$

Il faut interpéter (9.2) comme le logarithme du rapport entre la "chance" d'observer x pour la vraie valeur du paramètre $\widetilde{\boldsymbol{\theta}}$ et la "chance" d'observer x si le paramètre vaut $\boldsymbol{\theta}$. Pour les valeurs de x telles que $f_{\boldsymbol{\theta}}(x) > f_{\widetilde{\boldsymbol{\theta}}}(x)$, la quantité (9.2) est négative, ce qui est naturel puisqu'au vu d'un tel résultat, l'actuaire serait plutôt enclin à conclure en faveur de $\boldsymbol{\theta}$.

Kullback a ainsi proposé de définir un "pouvoir discriminant moyen", ou une "information discriminante moyenne" comme suit: l'information de Kullback de $\widetilde{\boldsymbol{\theta}}$ contre $\boldsymbol{\theta}$ est définie par

$$\mathbb{E}_{\widetilde{\boldsymbol{\theta}}}\left[\ln\frac{f_{\widetilde{\boldsymbol{\theta}}}(X)}{f_{\boldsymbol{\theta}}(X)}\right] = \int_{x\in\mathbb{R}}\ln\frac{f_{\widetilde{\boldsymbol{\theta}}}(x)}{f_{\boldsymbol{\theta}}(x)}f_{\widetilde{\boldsymbol{\theta}}}(x)dx.$$

On la note $\mathcal{I}(\widetilde{\boldsymbol{\theta}}|\boldsymbol{\theta})$. On voit facilement que $\mathcal{I}(\widetilde{\boldsymbol{\theta}}|\boldsymbol{\theta}) \geq 0$, en effet,

$$\mathcal{I}(\widetilde{\boldsymbol{\theta}}|\boldsymbol{\theta}) = -\mathbb{E}_{\widetilde{\boldsymbol{\theta}}}\left[\ln \frac{f_{\boldsymbol{\theta}}(X)}{f_{\widetilde{\boldsymbol{\theta}}}(X)}\right] \geq -\ln \mathbb{E}_{\widetilde{\boldsymbol{\theta}}}\left[\frac{f_{\boldsymbol{\theta}}(X)}{f_{\widetilde{\boldsymbol{\theta}}}(X)}\right]$$

en vertu de l'inégalité de Jensen appliquée à la fonction $-\ln$. Or,

$$\mathbb{E}_{\widetilde{\boldsymbol{\theta}}}\left[\frac{f_{\boldsymbol{\theta}}(X)}{f_{\widetilde{\boldsymbol{\theta}}}(X)}\right] = \int_{x\in\mathbb{R}} f_{\boldsymbol{\theta}}(x)dx = 1,$$

ce qui achève la justification. De plus,

$$\mathcal{I}(\widetilde{\boldsymbol{\theta}}|\boldsymbol{\theta}) = 0 \Leftrightarrow f_{\widetilde{\boldsymbol{\theta}}} \equiv f_{\boldsymbol{\theta}}.$$

Notons cependant que $\mathcal{I}(\widetilde{\boldsymbol{\theta}}|\boldsymbol{\theta})$ n'est en général pas une métrique car elle n'est pas nécessairement symétrique et ne vérifie pas toujours l'inégalité triangulaire.

Lien entre les informations de Fisher et de Kullback

Faisons à présent le lien entre les deux types d'information; pour ce faire supposons à nouveau que les trois hypothèses techniques énumérées en début de section sont verifiées et que Θ est un ouvert de $\mathbb{R}^p$. Plaçons-nous dans le cas continu et partons de

$$\mathcal{I}(\widetilde{\boldsymbol{\theta}}|\boldsymbol{\theta}) = \int_{x\in\mathbb{R}} \ln \frac{f_{\widetilde{\boldsymbol{\theta}}}(x)}{f_{\boldsymbol{\theta}}(x)} f_{\widetilde{\boldsymbol{\theta}}}(x)dx$$

et dérivons par rapport à θ_i pour obtenir

$$\frac{\partial}{\partial\theta_i}\mathcal{I}(\widetilde{\boldsymbol{\theta}}|\boldsymbol{\theta}) = \int_{x\in\mathbb{R}} \left\{-\frac{\partial}{\partial\theta_i}\ln f_{\boldsymbol{\theta}}(x)\right\} f_{\widetilde{\boldsymbol{\theta}}}(x)dx.$$

Au passage, on vérifie bien que pour $i = 1,2,\ldots,p$,

$$\left.\frac{\partial}{\partial\theta_i}\mathcal{I}(\widetilde{\boldsymbol{\theta}}|\boldsymbol{\theta})\right|_{\boldsymbol{\theta}=\widetilde{\boldsymbol{\theta}}} = 0,$$

ce qui est naturel puisque $\mathcal{I}(\widetilde{\boldsymbol{\theta}}|\boldsymbol{\theta})$ atteint son minimum 0 pour $\boldsymbol{\theta} = \widetilde{\boldsymbol{\theta}}$. Considérons les dérivées secondes; on a

$$\frac{\partial^2}{\partial\theta_i\partial\theta_j}\mathcal{I}(\widetilde{\boldsymbol{\theta}}|\boldsymbol{\theta}) = \int_{x\in\mathbb{R}} \left\{\frac{\frac{\partial}{\partial\theta_i}f_{\boldsymbol{\theta}}(x)\frac{\partial}{\partial\theta_j}f_{\boldsymbol{\theta}}(x)}{\{f_{\boldsymbol{\theta}}(x)\}^2} - \frac{\frac{\partial^2}{\partial\theta_i\partial\theta_j}f_{\boldsymbol{\theta}}(x)}{f_{\boldsymbol{\theta}}(x)}\right\} f_{\widetilde{\boldsymbol{\theta}}}(x)dx$$

d'où l'on tire

$$\frac{\partial^2}{\partial\boldsymbol{\theta}\partial\boldsymbol{\theta}^t}\mathcal{I}(\widetilde{\boldsymbol{\theta}}|\boldsymbol{\theta})\bigg|_{\boldsymbol{\theta}=\widetilde{\boldsymbol{\theta}}} = \mathbb{V}\left[\frac{\partial}{\partial\boldsymbol{\theta}}\ln f_{\widetilde{\boldsymbol{\theta}}}(X)\right] = \mathcal{I}(\widetilde{\boldsymbol{\theta}}) \qquad (9.3)$$

puisque $\int_{x\in\mathbb{R}}\frac{\partial^2}{\partial\theta_i\partial\theta_j}f_{\boldsymbol{\theta}}(x)dx = 0$. On peut aussi vérifier que la matrice des dérivées secondes de $\mathcal{I}(\widetilde{\boldsymbol{\theta}}|\boldsymbol{\theta})$ est semi-définie positive en $\boldsymbol{\theta} = \widetilde{\boldsymbol{\theta}}$.

La relation (9.3) donne le lien entre l'information de Fisher et l'information de Kullback. C'est cette relation qui nous permet d'interpréter $\mathcal{I}(\boldsymbol{\theta})$, qui jouera un rôle très important dans la suite. En effet, la matrice $\mathcal{I}(\widetilde{\boldsymbol{\theta}})$ décrit le comportement local de la fonction $\boldsymbol{\theta} \mapsto \mathcal{I}(\widetilde{\boldsymbol{\theta}}|\boldsymbol{\theta})$ au voisinage du point $\widetilde{\boldsymbol{\theta}}$ pour lequel elle atteint son minimum 0. Ainsi, pour $p = 1$ (i.e. il y a un seul paramètre)

(i) si $\mathcal{I}(\widetilde{\theta})$ est voisin de 0, la courbe $\mathcal{I}(\widetilde{\theta}|\theta)$ est très plate au voisinage de $\widetilde{\theta}$ et on peut mal discriminer $\widetilde{\theta}$ des valeurs θ de son voisinage;

(ii) si $\mathcal{I}(\widetilde{\theta})$ est élevée, au contraire, on peut facilement distinguer la vraie valeur $\widetilde{\theta}$ du paramètre des valeurs au voisinage de celles-ci.

9.3.4 Estimation des paramètres par la méthode du maximum de vraisemblance

Fonction de vraisemblance

Nous considérerons dorénavant des modèles identifiables, c'est-à-dire tels que l'application $\boldsymbol{\theta} \mapsto F_{\boldsymbol{\theta}}$ est injective. Supposons avoir sélectionné la famille paramétrique $\{F_{\boldsymbol{\theta}},\ \boldsymbol{\theta} \in \Theta \subseteq \mathbb{R}^p\}$. Nous cherchons à déterminer la valeur de $\boldsymbol{\theta}$ la plus plausible compte tenu des observations $x_1,x_2,\ldots,x_n$ dont on dispose; nous noterons $\hat{\boldsymbol{\theta}}$ cette valeur, dite estimation du paramètre d'intérêt.

La méthode du maximum de vraisemblance requiert la définition de la fonction de vraisemblance, notée $\mathcal{L}(\boldsymbol{\theta}|\boldsymbol{x})$, valant

1. dans le cas non-groupé:

$$\mathcal{L}(\boldsymbol{\theta}|\boldsymbol{x}) = \prod_{j=1}^{n} f_{\boldsymbol{\theta}}(x_j),$$

   où $f_{\boldsymbol{\theta}}$ est la densité de probabilité (discrète ou continue) associée à $F_{\boldsymbol{\theta}}$;

2. dans le cas groupé:

$$\mathcal{L}(\boldsymbol{\theta}|\boldsymbol{x}) = \prod_{j=1}^{r} (F_{\boldsymbol{\theta}}(c_j) - F_{\boldsymbol{\theta}}(c_{j-1}))^{n_j}.$$

Intuitivement, il faut considérer $\mathcal{L}(\boldsymbol{\theta}|\boldsymbol{x})$ comme la "chance" d'observer les valeurs $x_1,x_2,\ldots,x_n$ pour la valeur $\boldsymbol{\theta}$ du paramètre. Il est très important de noter que $\mathcal{L}(\boldsymbol{\theta}|\boldsymbol{x})$ est une fonction de $\boldsymbol{\theta}$, les observations $\boldsymbol{x} = (x_1,x_2,\ldots,x_n)^t$ étant données, alors que la densité jointe des observations $f_{\boldsymbol{\theta}}(\boldsymbol{x}) = \prod_{i=1}^{n} f_{\boldsymbol{\theta}}(x_i)$ est une fonction des observations $x_1,x_2,\ldots,x_n$, paramétrée par $\boldsymbol{\theta}$.

Méthode d'estimation

L'estimateur du maximum de vraisemblance $\widehat{\boldsymbol{\theta}}$ de $\boldsymbol{\theta}$ est obtenu en maximisant la "chance" d'observer $x_1,x_2,\ldots,x_n$, i.e.

$$\widehat{\boldsymbol{\theta}} = \arg\max_{\boldsymbol{\theta}\in\Theta} \mathcal{L}(\boldsymbol{\theta}|\boldsymbol{x}). \tag{9.4}$$

Il s'agit somme toute d'une méthode assez intuitive lorsqu'on dispose d'un échantillon fiable: on estimera le paramètre $\boldsymbol{\theta}$ à la valeur $\widehat{\boldsymbol{\theta}}$ maximisant la probabilité de recueillir les observations $x_1,x_2,\ldots,x_n$ de l'échantillon. En pratique, il est souvent plus facile de passer au logarithme avant l'étape de maximisation. On définit ainsi la log-vraisemblance $L(\boldsymbol{\theta}|\boldsymbol{x})$ associée à l'échantillon, donnée par

$$L(\boldsymbol{\theta}|\boldsymbol{x}) = \ln \mathcal{L}(\boldsymbol{\theta}|\boldsymbol{x}).$$

L'estimateur du maximum de vraisemblance $\widehat{\boldsymbol{\theta}}$ de $\boldsymbol{\theta}$ est obtenu grâce au programme de maximisation

$$\widehat{\boldsymbol{\theta}} = \arg\max_{\boldsymbol{\theta}\in\Theta} L(\boldsymbol{\theta}|\boldsymbol{x}). \tag{9.5}$$

Remarque 9.3.6 (Censure). *Selon les cas, la fonction de vraisemblance peut encore prendre d'autres formes que celles évoquées ci-dessus. Dans la plupart des branches d'assurance, le montant des indemnités versées par l'assureur ne correspond pas exactement au préjudice subi par l'assuré, suite à l'introduction de clauses de franchise ou de découvert obligatoire dans les conditions des polices, voire la spécification d'un plafond d'intervention. Ceci a un effet important sur les méthodes d'estimation. En effet, l'actuaire désire modéliser le montant du sinistre, pas celui de l'intervention de l'assureur. Par exemple, si l'assureur a introduit un plafond à son obligation de garantie, fixé à ω disons, et que l'actuaire dispose des* *données* x_1, x_2, ..., x_k, ω, ω, ..., ω, *la vraisemblance* $\mathcal{L}(\boldsymbol{\theta}|\boldsymbol{x})$ *s'écrit sous la forme*

$$\mathcal{L}(\boldsymbol{\theta}|\boldsymbol{x}) = \big(\overline{F}_{\boldsymbol{\theta}}(\omega)\big)^{n-k} \prod_{j=1}^{k} f_{\boldsymbol{\theta}}(x_j).$$

En effet, une observation ω *signifie en réalité que le montant du sinistre s'élevait au moins à* ω, *mais que l'assureur n'a payé qu'une indemnité de* ω.

Propriétés

Les estimateurs du maximum de vraisemblance possèdent d'excellente propriétés théoriques. Sous des hypothèses assez générales, ils sont asymptotiquement sans biais et efficaces (c'est-à-dire qu'ils sont les plus précis), et font toujours le meilleur usage des informations contenues dans l'échantillon.

Intéressons-nous à présent au comportement des estimateurs du maximum de vraisemblance en grands échantillons. Notons $\widehat{\boldsymbol{\theta}}_n$ l'estimateur du maximum de vraisemblance de $\boldsymbol{\theta}$ obtenu à partir d'un échantillon de taille n. Lorsque Θ est un ouvert de $\mathbb{R}^p$ et pour autant que le modèle soit identifiable, montrons que lorsque le nombre n d'observations est suffisamment grand, $\widehat{\boldsymbol{\theta}}_n - \boldsymbol{\theta}$ est approximativement de loi normale multivariée de moyenne $\mathbf{0}$ et de matrice variance-covariance l'inverse de la matrice d'information de Fisher $\mathcal{I}$, i.e.

$$\widehat{\boldsymbol{\theta}}_n - \boldsymbol{\theta} \approx_{\text{loi}} \mathcal{N}or(\mathbf{0}, \mathcal{I}^{-1}). \tag{9.6}$$

Afin de justifier cette affirmation, supposons qu'il existe un unique maximum à la log-vraisemblance et que $\widehat{\boldsymbol{\theta}}_n$ est proche de la vraie valeur $\boldsymbol{\theta}$ du paramètre. Notons $\boldsymbol{U}$ le vecteur gradient de la log-vraisemblance, et $\boldsymbol{H}$ la matrice hessienne correspondante. Un développement de Taylor limité au premier ordre donne alors

$$\boldsymbol{U}(\boldsymbol{\theta}) \approx \underbrace{\boldsymbol{U}(\widehat{\boldsymbol{\theta}}_n)}_{=0 \text{ par définition de } \widehat{\boldsymbol{\theta}}_n} + \boldsymbol{H}(\widehat{\boldsymbol{\theta}}_n)\Big(\boldsymbol{\theta} - \widehat{\boldsymbol{\theta}}_n\Big).$$

Asymptotiquement, $\boldsymbol{H}$ est égale à sa valeur moyenne $-\mathcal{I}$ de sorte que

$$\boldsymbol{U}(\boldsymbol{\theta}) \approx -\mathcal{I}\Big(\boldsymbol{\theta} - \widehat{\boldsymbol{\theta}}_n\Big) = \mathcal{I}\Big(\widehat{\boldsymbol{\theta}}_n - \boldsymbol{\theta}\Big)$$

$$\Rightarrow \widehat{\boldsymbol{\theta}}_n - \boldsymbol{\theta} \approx \mathcal{I}^{-1}\boldsymbol{U}(\boldsymbol{\theta}).$$

Cette dernière relation nous permet d'obtenir la matrice de variance-covariance asymptotique de l'estimateur du maximum de vraisemblance $\widehat{\boldsymbol{\theta}}_n$ de $\boldsymbol{\theta}$, laquelle est donnée par

$$\mathbb{E}\big[(\widehat{\boldsymbol{\theta}}_n - \boldsymbol{\theta})(\widehat{\boldsymbol{\theta}}_n - \boldsymbol{\theta})^t\big] \approx \mathcal{I}^{-1} \underbrace{\mathbb{E}[\boldsymbol{U}\boldsymbol{U}^t]}_{=\mathcal{I}} \mathcal{I} = \mathcal{I}^{-1}.$$

Le théorème central-limite garantit que $\boldsymbol{U}(\boldsymbol{\theta})$ est approximativement gaussien (comme somme de n variables aléatoires indépendantes), de sorte que, en grand échantillon, on a bien (9.6).

9.3.5 Test du rapport de vraisemblance

Ce test est souvent très utile pour répondre à certaines questions concernant les paramètres. Ainsi, si $\boldsymbol{\theta}$ est p-dimensionnel, et si la question posée (H_0) est qu'il y a j restrictions sur le domaine paramétrique du type $R_i(\boldsymbol{\theta}) = 0$, $i = 1,2,\ldots,j$, où chacune des fonctions R_i possède des dérivées partielles premières continues par rapport aux composantes de $\boldsymbol{\theta}$, et si l'alternative (H_1) consiste à dire qu'il n'y a pas de telles restrictions, on calcule alors l'estimateur du maximum de vraisemblance contraint (sous H_0), noté $\widetilde{\boldsymbol{\theta}}$, et l'estimateur du maximum de vraisemblance non contraint, noté $\widehat{\boldsymbol{\theta}}$. La statistique de test

$$\mathcal{RV}_n = 2\Big\{L(\widehat{\boldsymbol{\theta}}|\boldsymbol{X}) - L(\widetilde{\boldsymbol{\theta}}|\boldsymbol{X})\Big\}$$

est approximativement de loi khi-deux à j degrés de liberté (pour n suffisamment grand). On rejettera H_0 si T est "trop grande", i.e. si $\mathcal{RV}_n > \chi^2_{j;1-\alpha}$.

9.3.6 Autres méthodes d'estimation

Comme nous le verrons dans la suite, les équations de vraisemblance n'admettent souvent pas de solution explicite. On a dès lors recours à des méthodes numériques de résolution, lesquelles procèdent par itération. Il faut donc disposer d'une valeur initiale aussi précise que possible pour les paramètres, pouvant être obtenue à l'aide de méthodes "ad hoc".

Les méthodes "ad hoc" représentent un ensemble de méthodes largement utilisées en pratique, souvent sans réel fondement théorique, et consistant à obtenir $\widehat{\boldsymbol{\theta}}$ en égalant un certain nombre de valeurs échantillons (c'est-à-dire calculées sur base de $\hat{F}_n$) à leurs analogues population (c'est-à-dire calculées sur base de $F_{\boldsymbol{\theta}}$). Le choix de ces quantités est guidé par des considérations pratiques: ce sont celles sur lesquelles l'actuaire désire mettre l'emphase car leur importance est primordiale dans le problème traité. Parmi cet ensemble de méthodes, on distingue la méthode des moments et celle des quantiles.

Méthode des moments

Supposons que $\boldsymbol{\theta}$ est p-dimensionnel. La méthode des moments consiste à égaler les p premiers moments observés à leurs homologues théoriques, i.e. $\widehat{\boldsymbol{\theta}}$ est la solution du système

$$\int_{x\in\mathbb{R}} x^j d\hat{F}_n(x) = \int_{x\in\mathbb{R}} x^j dF_{\boldsymbol{\theta}}(x),\ j=1,2,\ldots,p. \tag{9.7}$$

Notez que rien ne garantit que la solution du système soit bien dans Θ.

Méthode des quantiles

La méthode des quantiles pour sa part consiste à sélectionner un certain nombre de quantiles observés, $\hat{q}_{\pi_1}$, $\hat{q}_{\pi_2}$, …, $\hat{q}_{\pi_p}$, disons, obtenus par $\hat{F}_n^{-1}(\pi_i) = \hat{q}_{\pi_i}$, $i=1,2,\ldots,p$, et ensuite à prendre pour $\widehat{\boldsymbol{\theta}}$ la solution du système

$$F_{\boldsymbol{\theta}}(\hat{q}_{\pi_i}) = \pi_i,\ i=1,2,\ldots,p. \tag{9.8}$$

On peut évidemment mélanger la méthode des moments et celles des quantiles en exigeant que les équations (9.7) soient satisfaites pour $j=1,2,\ldots,\ell$ et celles de (9.8) pour $\ell+1,\ldots,p$.

Pour terminer, signalons que les méthodes "ad hoc" doivent être considérées avec prudence. Leur intérêt indéniable est de fournir des valeurs de départ aux algorithmes itératifs permettant d'obtenir les estimations du maximum de vraisemblance.

Méthode de type "distance minimum"

Il s'agit d'un autre type d'approche, basée sur des distances probabilistes: cette classe de méthodes consiste à choisir $\boldsymbol{\theta}$ afin de minimiser une "distance" entre $F_{\boldsymbol{\theta}}$ et $\hat{F}_n$. Epinglons quelques cas particuliers intéressants dans le cas groupé:

1. méthode du type Cramér-Von Mises:

$$\hat{\theta} = \arg\min_{\boldsymbol{\theta}\in\Theta} \sum_{j=1}^{r} w_j \left(F_{\boldsymbol{\theta}}(c_j) - \hat{F}_n(c_j)\right)^2,$$

où les poids $w_1,w_2,\ldots,w_r$ seront sélectionnés par l'actuaire afin de mettre l'emphase sur certaines régions où la qualité de l'ajustement est primordiale (ceci revient à ajuster la fonction non-linéaire $F_{\boldsymbol{\theta}}$ au nuage de points $(c_j,\hat{F}_n(c_j))$ par une méthode des moindres carrés pondérés);

2. méthode du type χ^2:

$$\widehat{\boldsymbol{\theta}} = \arg\min_{\boldsymbol{\theta}\in\Theta} \sum_{j=1}^{r} \frac{\Big(F_{\boldsymbol{\theta}}(c_j) - F_{\boldsymbol{\theta}}(c_{j-1}) - \hat{F}_n(c_j) + \hat{F}_n(c_{j-1})\Big)^2}{F_{\boldsymbol{\theta}}(c_j) - F_{\boldsymbol{\theta}}(c_{j-1})}.$$

La plupart du temps, $\widehat{\boldsymbol{\theta}}$ ne poura être obtenu que grâce à un algorithme itératif (du type simplexe, par exemple). Il est fortement conseillé de vérifier la solution proposée par la méthode numérique en évaluant la fonction objectif en quelques points au voisinage de celles-ci. De plus, l'actuaire devra garder à l'esprit que la solution proposée peut ne correspondre qu'à un minimum local.

9.4 Analyse des données

9.4.1 Principe

L'actuaire dispose souvent de quantités impressionnantes de données à analyser. Avant d'opter pour un modèle paramétrique $\mathcal{F}$, il est souvent utile d'analyser les données sans formuler d'hypothèses à leur égard. Il y a plusieurs types de méthodes permettant d'analyser les données (en statistique multidimensionelle): les méthodes dite factorielles, qui consistent à projeter le nuage de points sur un sous-espace, en perdant le moins d'information possible, et les méthodes dites de classification, qui tentent de regrouper les points.

Parmi les méthodes factorielles, trois groupes de techniques sont généralement distingués: l'analyse en composantes principales (ACP, basée sur plusieurs variables quantitatives, idéalement continues), l'analyse des correspondances binaires (ACOBI, deux variables qualitatives, représentées par un tableau de contingence) et l'analyse factorielle des correspondances multiples (AFCM, avec plus de deux variables qualitatives, et aucune quantitative). Cette section rappelle succinctement les principes d'analyse des données. Pour plus de détails, nous renvoyons le lecteur à Lebart, Morineau & Piron (2000).

9.4.2 Analyse en composantes principales (ACP)

Variables et individus

L'ACP fournit des représentations et des réductions de l'information contenue dans de volumineux tableaux de données numériques $\boldsymbol{X}$. L'élément x_{ij} de la matrice $\boldsymbol{X}$ de dimension $n \times p$ représente la valeur numérique de la $j$ème variable sur le $i$ème individu ($j = 1,2,\ldots,p$ et $i = 1,2,\ldots,n$). La matrice des données $\boldsymbol{X}$ a par conséquent np éléments, nombre en général très grand.

L'espace naturel du statisticien pour représenter les données est l'espace euclidien $\mathbb{R}^p$ dans lequel l'échantillon prend la forme d'un nuage de n points (chaque point correspondant à un individu). Nous l'appelons *espace des variables* et le point i est le vecteur p-dimensionnel $\boldsymbol{x}_i^{\mathrm{v}}$ défini par la $i$ème ligne de $\boldsymbol{X}$, i.e.

$$\boldsymbol{x}_i^{\mathrm{v}} = (x_{i1},\ldots,x_{ip})^t, \quad i = 1,\ldots,n. \tag{9.9}$$

Ceci fournit un premier nuage de points, dans $\mathbb{R}^p$, dit nuage des individus ou nuage des points-lignes. Chacun des n points de ce nuage correspond à une ligne de $\boldsymbol{X}$ et donc résume les mesures des p variables sur un des n individus.

Une des originalités de l'analyse des données est de considérer en plus un deuxième espace appelé *espace des observations* dans lequel se trouve un nuage de p points représentant les vecteurs-colonnes de $\boldsymbol{X}$, i.e. les

$$\boldsymbol{x}_j^{\mathrm{o}} = (x_{1j},\ldots,x_{nj})^t, \quad j = 1,\ldots,p. \tag{9.10}$$

Ceci fournit un second nuage de points, dans $\mathbb{R}^n$ cette fois, dit nuage des variables ou nuage des points colonnes. Chacun des p points de ce nuage correspond donc à une colonne de $\boldsymbol{X}$ et donc reprend les mesures d'une même variable effectuées sur chacun des n individus.

Les interprétations de chacun de ces espaces sont simples: dans l'espace des variables $\mathbb{R}^p$, $\boldsymbol{x}_i^{\mathrm{v}}$ représente les p caractéristiques ou variables mesurées sur le $i$ème individu et dans l'espace des observations $\mathbb{R}^n$, $\boldsymbol{x}_j^{\mathrm{o}}$ représente les valeurs prises par la $j$ème variable sur l'ensemble des n individus. Les points de l'espace des variables $\mathbb{R}^p$ représentent donc des individus et ceux de l'espace des observations $\mathbb{R}^n$ des variables.

Les proximités géométriques entre points-lignes et entre points-colonnes traduisent en fait des associations statistiques, soit entre les individus, soit entre les variables. Ainsi, une proximité de deux points-individus de $\mathbb{R}^p$ signifie que ces deux individus ont un comportement analogue par rapport à l'ensemble des p variables; une proximité entre deux points-variables de $\mathbb{R}^n$ signifie que les n individus ont un comportement analogue en ce qui concerne ces deux variables.

Ajustement du nuage des individus dans l'espace des variables

Une façon simple de se rendre compte visuellement de la forme d'un nuage de points est de le projeter sur des droites, ou mieux sur des plans, en minimisant les déformations que la projection implique.

Ayant le nuage de n points dans $\mathbb{R}^p$, on cherche la droite passant par l'origine et déterminée par le vecteur directeur unitaire $\boldsymbol{u}$ réalisant le meilleur ajustement au sens des moindres carrés c'est-à-dire minimisant $\sum_{i=1}^n d_i^2(\boldsymbol{u})$, $d_i(\boldsymbol{u})$ représentant la distance du point i à la droite déterminée par le vecteur $\boldsymbol{u}$. Si $p_i(\boldsymbol{u})$ désigne la projection du vecteur $\boldsymbol{x}_i^{\mathrm{v}}$ sur la droite déterminée par le vecteur $\boldsymbol{u}$, du théorème de Pythagore, il résulte qu'il revient au même de

$$\max_{\boldsymbol{u}} \sum_{i=1}^{n} p_i^2(\boldsymbol{u}) \tag{9.11}$$

sur l'ensemble des vecteurs normés. En exprimant $p_i(\boldsymbol{u})$ à l'aide du produit scalaire, il vient $p_i(\boldsymbol{u}) = \boldsymbol{u}^t\boldsymbol{x}_i^{\mathrm{v}}$. Notant $||\cdot||$ la norme euclidienne, (9.11) revient donc à

$$\begin{aligned}
\max_{\boldsymbol{u}} \sum_{i=1}^{n} ||\boldsymbol{u}^t\boldsymbol{x}_i^{\mathrm{v}}||^2 \quad &\Leftrightarrow \quad \max_{\boldsymbol{u}} \sum_{i=1}^{n} \boldsymbol{u}^t\boldsymbol{x}_i^{\mathrm{v}}\boldsymbol{x}_i^{\mathrm{v}t}\boldsymbol{u} \\
&\Leftrightarrow \quad \max_{\boldsymbol{u}} \boldsymbol{u}^t \left(\sum_{i=1}^{n} \boldsymbol{x}_i^{\mathrm{v}}\boldsymbol{x}_i^{\mathrm{v}t} \right) \boldsymbol{u} \\
&\Leftrightarrow \quad \max_{\boldsymbol{u}} \boldsymbol{u}^t\boldsymbol{X}^t\boldsymbol{X}\ \boldsymbol{u}
\end{aligned}$$

sous la contrainte $\boldsymbol{u}^t\boldsymbol{u} = 1$ Le problème à résoudre s'énonce donc comme suit:

$$\max_{\boldsymbol{u}} \boldsymbol{u}^t\boldsymbol{X}^t\boldsymbol{X}\ \boldsymbol{u} \text{ sous la contrainte } \boldsymbol{u}^t\boldsymbol{u} = 1. \tag{9.12}$$

Il s'agit d'un problème classique du calcul différentiel qui se résout par l'introduction de la fonction lagrangienne

$$\Psi(\boldsymbol{u}; \lambda) = \boldsymbol{u}^t\ \boldsymbol{X}^t\boldsymbol{X}\ \boldsymbol{u} - \lambda(\boldsymbol{u}^t\boldsymbol{u} - 1)$$

fonction de $(p+1)$ variables, les p coordonnées de $\boldsymbol{u}$ et λ. En annulant la dérivée partielle de Ψ par rapport à λ, on retrouve évidemment la contrainte $\boldsymbol{u}^t\boldsymbol{u} = 1$; l'annulation des p dérivées partielles de Ψ par rapport aux coordonnées de $\boldsymbol{u}$ conduit, après quelques manipulations de calcul matriciel, au système

$$\boldsymbol{X}^t\boldsymbol{X}\ \boldsymbol{u} - \lambda\boldsymbol{u} = 0 \Leftrightarrow \boldsymbol{X}^t\boldsymbol{X}\boldsymbol{u} = \lambda\boldsymbol{u} \qquad (9.13)$$

où l'on voit que la résolution de (9.12) est identique à la recherche des valeurs propres et vecteurs propres de la matrice symétrique $\boldsymbol{X}^t\boldsymbol{X}$ de dimension $p \times p$. Pour déterminer quel couple propre convient, il suffit de prémultiplier les deux membres de la relation (9.13) par $\boldsymbol{u}^t$,

$$\boldsymbol{u}^t\ \boldsymbol{X}^t\boldsymbol{X}\ \boldsymbol{u} = \lambda\boldsymbol{u}^t\boldsymbol{u} = \lambda.$$

Revenant à (9.12), on en déduit qu'il faut prendre le couple correspondant à la plus grande valeur propre de $\boldsymbol{X}^t\boldsymbol{X}$.

L'algèbre linéaire nous apprend que toutes les valeurs propres de $\boldsymbol{X}^t\boldsymbol{X}$ sont non-négatives et que le nombre de celles-ci strictement positives est donnée par le rang r de $\boldsymbol{X}$ (avec $r \leq \min\{n,p\}$). De plus, si λ est d'ordre de multiplicité k, il existe k vecteurs propres orthogonaux liés à cette valeur; enfin, l'ensemble des p vecteurs propres de $\boldsymbol{X}^t\boldsymbol{X}$ est orthogonal.

Désignons par $\lambda_1,\ldots,\lambda_r$ les valeurs propres non-nulles de $\boldsymbol{X}^t\boldsymbol{X}$ rangées dans l'ordre décroissant; dans la plupart des applications, elles sont distinctes c'est-à-dire $\lambda_1 > \lambda_2 > \ldots > \lambda_r$. Soient $\boldsymbol{u}_1,\boldsymbol{u}_2,\ldots,\boldsymbol{u}_r$ les vecteurs propres normés correspondant à ces r valeurs propres. Ainsi $\boldsymbol{u}_1$ détermine la droite cherchée, solution du problème (9.12), appelée premier axe factoriel et notée F_1.

Si l'on veut ajuster le nuage des n points de $\mathbb{R}^p$ par un hyperplan, optimum au sens des moindres carrés, le même formalisme que celui utilisé pour la droite montre que l'hyperplan cherché est celui engendré par les vecteurs propres $\boldsymbol{u}_1$ et $\boldsymbol{u}_2$ de $\boldsymbol{X}^t\boldsymbol{X}$ correspondant aux valeurs propres λ_1 et λ_2; il est donc engendré par les droites déterminées par $\boldsymbol{u}_1$ et $\boldsymbol{u}_2$ (c'est-à-dire les deux premiers axes factoriels F_1 et F_2).

Exemple 9.4.1. *La Figure 9.2 montre avec une bonne projection, mettant en avant la grande dispersion du nuage, et une mauvaise pour laquelle la projection n'apporte pas beaucoup d'information.*

Ajustement du nuage des variables dans l'espace des observations

Plaçons-nous à présent dans l'espace des observations $\mathbb{R}^n$, où le tableau $\boldsymbol{X}$ est représenté par un nuage de points-variables dont

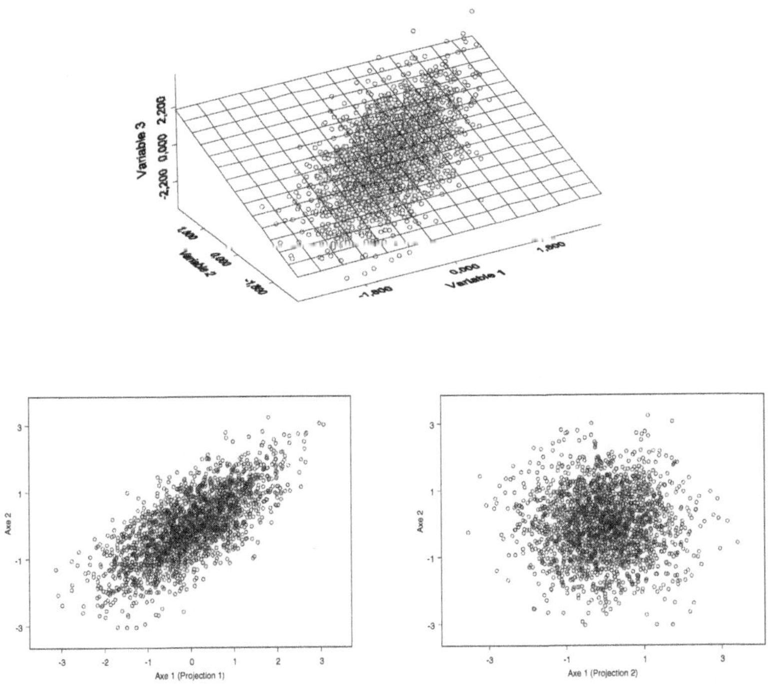

FIG. 9.2 – *Principe de l'ACP: projection d'un nuage de points (en haut) sur un sous-espace, avec une bonne (en bas à gauche) et une mauvaise (en bas à droite) projection.*

les n coordonnées représentent les colonnes de $\boldsymbol{X}$. Par analogie, le meilleur ajustement par la méthode des moindres carrés du nuage de p points par une droite déterminée par le vecteur normé $\boldsymbol{v}$ conduit au problème

$$\begin{aligned}\max_{\boldsymbol{v}} \sum_{j=1}^{p} ||\boldsymbol{v}^t \boldsymbol{x}_j^\circ||^2 &\Leftrightarrow \max_{\boldsymbol{v}} \boldsymbol{v}^t \left(\sum_{j=1}^{p} \boldsymbol{x}_j^\circ \boldsymbol{x}_j^{\circ t} \right) \boldsymbol{v} \\ &\Leftrightarrow \max_{\boldsymbol{v}} \boldsymbol{v}^t \boldsymbol{X}\boldsymbol{X}^t \boldsymbol{v}\end{aligned}$$

sous la contrainte $\boldsymbol{v}^t\boldsymbol{v} = 1$ où $\boldsymbol{X}\boldsymbol{X}^t$ est cette fois une matrice symétrique $n \times n$.

Par analogie avec le problème (9.12), on trouve que $\boldsymbol{v}$ est solution de

$$\boldsymbol{X}\boldsymbol{X}^t\boldsymbol{v} = \mu\boldsymbol{v} \tag{9.14}$$

C'est-à-dire que $\boldsymbol{v}$ est vecteur propre normé de $\boldsymbol{X}\boldsymbol{X}^t$ correspondant, comme pour (9.12), à la plus grande valeur propre μ_1 de $\boldsymbol{X}\boldsymbol{X}^t$.

Remarque 9.4.2. *Il est facile de voir que toute valeur propre λ de $\boldsymbol{X}^t\boldsymbol{X}$ l'est pour $\boldsymbol{X}\boldsymbol{X}^t$ et réciproquement. En effet, supposons par exemple que $\boldsymbol{X}^t\boldsymbol{X}\boldsymbol{u} = \lambda\boldsymbol{u}$. En prémultipliant par $\boldsymbol{X}$, il vient $(\boldsymbol{X}\boldsymbol{X}^t)\boldsymbol{X}\boldsymbol{u} = \lambda\boldsymbol{X}\boldsymbol{u}$, ce qui prouve que $\boldsymbol{X}\boldsymbol{u}$ est vecteur propre de $\boldsymbol{X}\boldsymbol{X}^t$ correspondant à la valeur propre λ. Inversément si $\boldsymbol{X}\boldsymbol{X}^t\boldsymbol{v} = \mu\boldsymbol{v}$, en prémultipliant par $\boldsymbol{X}^t$, il vient $(\boldsymbol{X}^t\boldsymbol{X})\boldsymbol{X}^t\boldsymbol{v} = \mu\boldsymbol{X}^t\boldsymbol{v}$, d'où $\boldsymbol{X}^t\boldsymbol{v}$ est valeur propre de $\boldsymbol{X}^t\boldsymbol{X}$ correspondant à la valeur propre μ. Il résulte de cela que les n valeurs propres (dans l'ordre décroissant) de $\boldsymbol{X}\boldsymbol{X}^t$ sont $\lambda_1,\ldots,\lambda_r$ et les $n-r$ restantes étant nulles.*

Remarque 9.4.3 (Eléments supplémentaires). *Les variables et individus qui servent à la construction des sous-espaces optimaux de représentation des proximités sont appelées éléments actifs. Rien n'empêche cependant l'actuaire de positionner dans ces sous-espaces des éléments (points-lignes ou points-colonnes) n'ayant pas participé à l'analyse; ceux-ci sont appelés éléments supplémentaires ou illustratifs.*

Les éléments supplémentaires interviennent a posteriori pour enrichir l'interprétation des facteurs. Ils n'interviennent pas dans les calculs d'ajustement et ne participent donc pas à la formation des axes factoriels. Ils sont positionnés dans le nuage des individus ou dans celui des variables en calculant a posteriori leurs coordonnées sur les axes factoriels. On pourrait également vouloir représenter une variable nominale supplémentaire. Pour ce faire, on constitue autant de groupes d'individus qu'il y a de niveaux à cette variable, et on en détermine les centres de gravité. Ce sont ces points-moyens qui vont être positionnés parmi les points individus comme autant d'éléments supplémentaires.

Application à la construction d'indices

Des quantités importantes d'informations sont disponibles, notamment auprès d'instituts nationaux de statistique (INSEE en France, INS en Belgique), des services d'appui policier, des banques nationales, ainsi qu'auprès d'organismes privés de sondage ou de marketing. L'intégration de telles données dans un modèle de tarification peut parfois permettre de réelles améliorations de la précision du calcul de la prime pure.

Les quelques exemples suivants montrent comment l'incorporation de telles statistiques dans le schéma de tarification est susceptible de conduire à une meilleure évaluation du risque:

1. en assurance vol-habitation, l'information à propos du voisinage de l'habitation peut être fort utile. En effet, on peut s'attendre à ce que le type d'habitat (villas isolées, unifamiliales entre pignons, immeubles à appartements, etc.), le profil socio-économique des habitants, etc. puisse influencer le risque couvert.
2. en assurance vol-véhicules, l'actuaire pourra se procurer les statistiques des services policiers, afin de déterminer les modèles les plus volés et les zones les plus sensibles.
3. en assurance automobile, il est utile d'exploiter les caractéristiques techniques du véhicule (disponibles auprès des constructeurs), notamment en vue d'apprécier leur caractère sportif (et donc moins facilement maniable). On pourra consulter INGENBLEEK & LEMAIRE (1988) pour une application de l'ACP à la détermination d'un indice reflétant les performances mécaniques des automobiles.

Néanmoins, il ne suffit pas d'incorporer telles quelles les informations dans les modèles de tarification que nous développerons dans la suite de ce chapitre. En effet, les caractéristiques des véhicules ou des secteurs statistiques sont contenues dans plusieurs centaines, voire milliers, de variables, alors que les caractéristiques de l'assuré et du risque couvert sont le plus souvent résumées dans quelques dizaines de variables. Avant toute incorporation dans un modèle de tarification, il faut donc résumer les informations en quelques indices pertinents obtenus grâce, notamment, aux techniques ACP.

9.4.3 Analyse factorielle des correspondances multiples - AFCM

Analyse descriptive de grands ensembles de données qualitatives

L'analyse factorielle des correspondances multiples, AFCM en abrégé, est une technique puissante de description de grands ensembles de données qualitatives. L'AFCM peut se voir comme l'analogue de l'ACP pour des variables qualitatives. Comme pour l'ACP, les résultats apparaissent sous forme graphique (représentation dans les plans factoriels).

On considère ici N individus décrits par Q variables qualitatives à J_1, J_2, ..., J_Q modalités. On note $J = \sum_{q=1}^{Q} J_q$ le nombre total des modalités pour toutes les variables.

Tableau disjonctif complet

Le tableau de départ est un tableau croisant des variables qualitatives et des individus. Chaque individu est décrit par les modalités des Q variables auxquelles il appartient. Ces données brutes se présentent donc sous la forme d'un tableau à N lignes et Q colonnes.

Remarque 9.4.4. *En pratique, on dispose souvent simultanément de variables catégorielles et de variables quantitatives. Nous supposerons dorénavant que les variables quantitatives ont été rendues catégorielles. Pour ce faire, on distingue*

1. *les variables ne prenant que quelques valeurs entières (comme le nombre d'enfants à charge, par exemple) qu'on rend catégorielle en regroupant les valeurs en classes qui ont un sens concret (par exemple, 0 enfant, 1-2 enfants et ≥ 3 enfants).*
2. *les variables continues (puissance du véhicule, par exemple) que l'on rend catégorielles en choisissant par exemple des quantiles comme limites des classes (une partition en 4 ou 5 classes est généralement suffisante en pratique).*

A chaque variable q correspond un tableau $\boldsymbol{Z}_q$, à N lignes et J_q colonnes. Ce tableau est tel que sa $i$ème ligne contient $J_q - 1$ fois la valeur 0 et une fois la valeur 1 (dans la colonne correspondant à la modalité de la variable q pour l'individu i).

Le tableau $\boldsymbol{Z}$ à N lignes et J colonnes décrivant les Q caractéristiques des N individus à l'aide d'un codage binaire s'obtient alors en juxtaposant $\boldsymbol{Z}_1, \boldsymbol{Z}_2, \ldots, \boldsymbol{Z}_Q$; $\boldsymbol{Z}$ est appelé tableau disjonctif complet.

Tableau de Burt

Le tableau disjonctif complet $\boldsymbol{Z}$ est ensuite transformé en un tableau de contingence multiple $\boldsymbol{B}$ (dit tableau de Burt) afin d'être utilisable pour l'AFCM. Ce tableau s'obtient grâce à $\boldsymbol{Z}$ via $\boldsymbol{B} = \boldsymbol{Z}^t\boldsymbol{Z}$; $\boldsymbol{B}$ apparaît comme une juxtaposition de tableaux de contingence. Plus précisément, ce tableau est formé par la juxtaposition de Q^2 blocs où l'on distingue

1. le bloc $\boldsymbol{Z}_q^t\boldsymbol{Z}_{q'}$ indicé par (q,q') de dimension $J_q \times J_{q'}$ qui n'est autre que la table de contingence croisant les modalités des variables q et q'.
2. le $q$ème bloc carré $\boldsymbol{Z}_q^t\boldsymbol{Z}_q$ qui apparaît comme une matrice diagonale de dimension $J_q \times J_q$ (puisque deux modalités d'une même variable ne peuvent être choisies simultanément). Les termes diagonaux sont les effectifs des J_q modalités de la variable q.

L'AFCM est l'analyse des correspondances d'un tableau disjonctif complet ou, de manière équivalente, du tableau de Burt correspondant.

Analyse factorielle des correspondances binaires

Le tableau de Burt pouvant se voir comme une juxtaposition de tableaux de contingence croisant les variables deux à deux, il s'agit de pouvoir analyser un tableau de contingence. C'est l'objet de l'analyse des correspondances binaires, ou ACOBI.

Supposons que l'on observe sur un ensemble de N individus les valeurs de deux caractères notés I et J prenant respectivement n et p valeurs possibles. Ces caractères peuvent être quantitatifs (auquel cas, il a été procédé à des regroupements en n et en p groupes) ou qualitatifs.

Le résultat de l'observation des N individus peut se mettre sous la forme d'un tableau à n lignes et p colonnes croisant les deux caractères de façon qu'à l'intersection de la $i$ème de la $j$ème colonne se trouve le nombre total de fois N_{ij} que l'on a observé à la fois la valeur i de I et la valeur j de J. Ce tableau porte le nom de *tableau de contingence.*

En divisant tous les N_{ij} par N, on obtient les fréquences relatives f_{ij} définies par

$$f_{ij} = \frac{N_{ij}}{N}; \tag{9.15}$$

le tableau des f_{ij} est appelé le *tableau des fréquences.* On le complète en lui adjoignant une ligne et une colonne supplémentaires donnant les fréquences marginales associées aux n niveaux de I et aux p niveaux de J :

$$f_{i\bullet} = \sum_j f_{ij}, \quad i = 1,\ldots,n, \tag{9.16}$$

$$f_{\bullet j} = \sum_i f_{ij}, \quad j = 1,\ldots,p. \tag{9.17}$$

L'ACOBI revient en fait à effectuer une ACP sur la matrice $\boldsymbol{X}$ dont l'élément x_{ij} est défini comme

$$x_{ij} = \frac{f_{ij}}{f_{i\bullet}\sqrt{f_{\bullet j}}}.$$

9.5 Méthodes de scoring

9.5.1 Méthodes de classification

La régression linéaire qui fera l'objet de la Section 9.6 permet de prédire une variable continue à partir de variables explicatives, en faisant intervenir une combinaison linéaire de ces variables explicatives. Cette méthode ne permet toutefois pas de modéliser une variable dichotomique du type *bon-mauvais* client (indicatrice d'avoir ou non un sinistre durant l'année, par exemple).

De façon schématique, on cherche à modéliser une telle variable dichotomique (notée Y) à partir de deux variables quantitatives X_1 et X_2. En première approche, on peut considérer la variable qualitative comme une variable quantitative (prenant deux valeurs, 0 si la personne n'a pas eu de sinistre, et 1 si elle en a au moins eu un), et utiliser une régression linéaire par rapport aux deux autres. On a alors recours au modèle

$$Y = \beta_0 + \beta_1 X_1 + \beta_2 X_2 + \varepsilon,$$

où ε désigne le terme d'erreur.

Cette technique permet ainsi de séparer l'espace (X_1,X_2) en deux par un hyperplan (ici une droite). De façon plus formelle, on cherche à construire une fonction $y = f(x_1,x_2)$ telle que l'ensemble des points $\{(x_1,x_2) \in \mathbb{R}^2 | f(x_1,x_2) < 1/2\}$ doit correspondre aux assurés non sinistrés (i.e. ceux pour lesquels $Y = 0$) et $\{(x_1,x_2) \in \mathbb{R}^2 | f(x_1,x_2) > 1/2\}$ doit correspondre aux assurés sinistrés (i.e. ceux pour lesquels $Y = 1$). La frontière sera alors $\{(x_1,x_2) \in \mathbb{R}^2 | f(x_1,x_2) = 1/2\}$. Notons que le facteur 1/2 est arbitraire, puisqu'il correspond au point limite naturel permettant de séparer 0 et 1. Choisir une valeur plus proche de 1 permet de mieux isoler les individus tels que $Y = 1$, mais beaucoup d'assurés sinistrés ne seront alors plus dans la bonne région de l'espace. La régression linéaire correspond au cas où f est une fonction affine, et on sépare l'espace par la droite

$$f(x_1,x_2) = \widehat{\beta}_0 + \widehat{\beta}_1 x_1 + \widehat{\beta}_2 x_2 = 1/2,$$

où les $\widehat{\beta}_i$ sont les estimateurs obtenus par moindres carrés. De façon plus générale, on peut considérer une régression dite curviligne, en régressant Y non seulement sur X_1 et X_2, mais aussi sur $X_1 \cdot X_2$, X_1^2 et X_2^2. On sépare alors par

$$f(x_1,x_2) = \widehat{\beta}_0 + \widehat{\beta}_1 x_1 + \widehat{\beta}_2 x_2 + \widehat{\beta}_{1,1} x_1^2 + \widehat{\beta}_{1,2} x_1 \cdot x_2 + \widehat{\beta}_{2,2} x_2^2 = 1/2,$$

La Figure 9.3 illustre ainsi les deux méthodes, où les points $Y = 0$ sont représentés en blanc, et les points $Y = 1$ en noir.

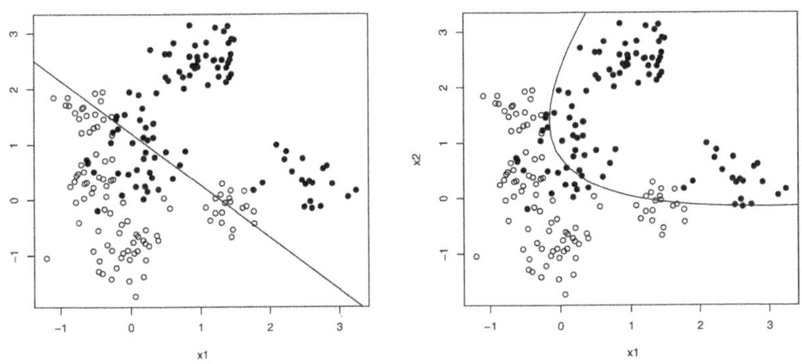

FIG. 9.3 – *Classification, séparation linéaire (à gauche) et curvilinéaire (à droite) entre deux nuages de points, avec ou sans sinistres.*

Une autre méthode peut également être considérée, la méthode dite des *plus proches voisins*. On regarde pour un point (X_1,X_2) la valeur moyenne de Y sur un voisinage, puis on arrondit à 0 ou 1. Le résulat est visible sur la Figure 9.4. Plus formellement, on choisit une distance dans l'espace des variables explicatives (X_1,X_2). Il s'agit classiquement de la distance euclidienne, c'est-à-dire que la distance séparant deux individus, i et j disons, vaut

$$d(X^i,X^j) = \sqrt{(X_1^i - X_1^j)^2 + (X_2^i - X_2^j)^2}.$$

Pour un point (x_1,x_2) de l'espace, la fonction de classification $f(x_1,x_2)$ est ici la moyenne des Y obtenus sur les k plus proches voisins du point (x_1,x_2) au sein de l'échantillon.

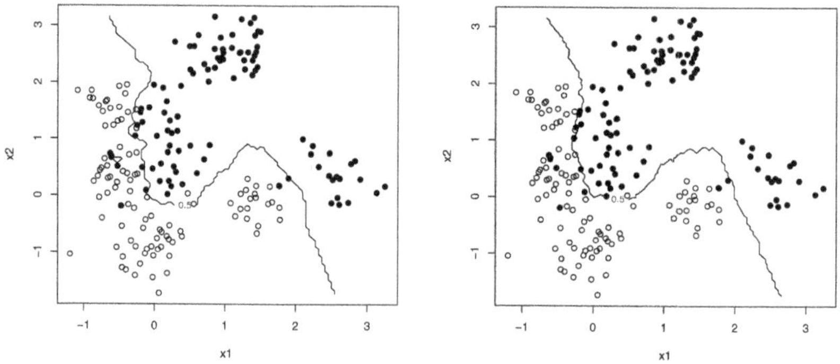

FIG. 9.4 – *Classification, séparation entre deux nuages de points, avec ou sans sinistres, méthode des plus proches voisins avec deux notions différentes de voisinage.*

Aussi, si deux classes de clients existent au sein de la population (les *bons* et les *mauvais*), à partir des informations *a priori* sur l'individu (correspondant aux valeurs des variables tarifaires X_1 et X_2), l'individu sera classé dans la région des *bons* clients (partie inférieure gauche sur les graphiques, où prédomine une majorité de points blancs) ou dans la région des *mauvais* (partie supérieure droite).

9.5.2 Définition d'un score

Le score correspond à un classement entre les individus en fonction de leurs caractéristiques. Ces techniques sont ainsi utilisées par les banques pour l'attribution de crédits à leurs clients (le score reflétant la probabilité de ne pas pouvoir rembourser un crédit). Les assureurs peuvent également utiliser ces techniques, en modélisant la probabilité d'avoir un accident: plus faible sera cette probabilité, meilleur sera le client.

Comme nous l'avons expliqué dans le Tome I, le cycle de production est inversé en assurance. En effet, les assureurs promettent des prestations en cas de sinistre alors que les primes sont fixées *a priori*. Les assureurs doivent donc soigner leur politique d'acceptation. Une fois la proposition d'assurance complétée, la compagnie voudrait pouvoir prédire si l'assuré déclarera ou non des sinistres, compte tenu de ses caractéristiques observables. Plusieurs méthodologies sont envisageables : inspection des dossiers, entretiens, recherches d'informations complémentaires, etc. Cependant, en raison des coûts, du nombre de dossiers qu'il faudrait étudier mais aussi de la dose d'arbitraire introduite dans l'examen au cas par cas, il est de plus en plus fait recours aux méthodes statistiques de classification qui sont moins coûteuses, plus rapides et plus systématiques pour les risques de masse.

Remarque 9.5.1. *Même si la suite de cette section sera consacrée au problème de l'acceptation, les méthodes qui y sont décrites peuvent être appliquées à la résolution de bien d'autres problèmes qui se posent au sein des compagnies d'assurance, au nombre desquels la détection des assurés du portefeuille qui risquent de résilier leur contrat à la prochaine échéance, par exemple. Ceci se fait en analysant le fichier contenant les polices du portefeuille avec comme variable dépendante l'indicatrice de l'événement "la police i quitte le portefeuille en fin de période". On veillera à faire apparaître dans ce fichier des informations cruciales, telles que le nombre d'années que la police est en portefeuille, la sinistralité, le nombre de modifications apportées au contrat, etc.*

Définissons la variable indicatrice Y, prenant les valeurs 0 ou 1 suivant que le risque est bon ou non (typiquement, le bon risque est l'assuré ne déclarant aucun sinistre sur la période). Comme pour les méthodes de classification, la règle de décision est basée sur un ensemble de variables explicatives $\boldsymbol{X}$: on considère que l'assuré est un *bon* risque si $\boldsymbol{X} \in \mathcal{A}$, un *mauvais* risque sinon, où $\mathcal{A}$ désigne un domaine d'acceptabilité. Formellement, un classement des candidats preneurs en acceptation et rejet revient à choisir une partition de $\mathbb{R}^p$ en une zone d'acceptation $\mathcal{A}$ et une zone de rejet $\overline{\mathcal{A}} = \mathbb{R}^p \setminus \mathcal{A}$. Ainsi, pour un assuré dont les caractéristiques sont résumées dans le vecteur $\boldsymbol{x}$,

$$\begin{aligned} \boldsymbol{x} \in \mathcal{A} &\Rightarrow \text{acceptation} \\ \boldsymbol{x} \in \overline{\mathcal{A}} &\Rightarrow \text{refus.} \end{aligned}$$

La partition la plus simple est celle engendrée par un hyperplan, mais on peut imaginer des ensembles beaucoup plus compliqués. Il y a donc autant de classificateurs que de partitions de $\mathbb{R}^p$ en $\mathcal{A}$ et $\overline{\mathcal{A}}$.

Comme les variables qualitatives peuvent toujours être remplacées par des codes numériques comme décrit plus haut, $\boldsymbol{X}$ est à valeurs dans $\mathbb{R}^p$. Nous commencerons par supposer que $\boldsymbol{X}$ est continu et nous verrons par la suite comment gérer les cas où certaines composantes de $\boldsymbol{X}$ sont discrètes ou catégorielles.

9.5.3 Principe du scoring

Le score dit canonique est le score qui classe les individus en fonction de la probabilité d'être ou non un bon client. C'est donc la fonction qui associe aux variables tarifaire $\boldsymbol{X}$ le score S^* défini par

$$S^*(\boldsymbol{x}) = \Pr[Y = 1|\boldsymbol{X} = \boldsymbol{x}].$$

On peut alors définir deux classes, les *bons* et les *mauvais* risques, les bons correspondant aux individus ayant obtenu un score inférieur à une seuil s - fixé *a priori*[3]. Notons qu'à s fixé $\Pr[S \leq s]$ est la proportion des individus retenus, et $\Pr[Y = 0|S \leq s]$ désigne la proportion des bons parmi les individus retenus.

De façon générale, on notera $p_1 = \Pr[Y = 1]$ et $p_0 = 1 - p_1$ les probabilités marginales inconnues (mais qui peuvent être estimées à partir de l'historique). Supposons que les covariables soient continues, et de densité $f(\boldsymbol{x})$. On notera f_0 et f_1 les densités conditionnelles

$$f_j(\boldsymbol{x}) = f(\boldsymbol{x}|Y = j), \text{ où } j = 0{,}1.$$

Le pouvoir de discrimination (ou de segmentation) sera alors d'autant plus fort que ces densités seront différentes. On notera enfin $p_j(\boldsymbol{x})$ les probabilités de $Y = j$ sachant $\boldsymbol{x}$,

$$p_j(\boldsymbol{x}) = \Pr[Y = j|\boldsymbol{X} = \boldsymbol{x}], \text{ où } j = 0{,}1.$$

Le théorème de Bayes (rappelé à la Section 2.2.8) nous permet de lier ces quantités par

$$p_j(\boldsymbol{x}) = \frac{p_j f_j(\boldsymbol{x})}{f(\boldsymbol{x})}, \text{ avec } f(\boldsymbol{x}) = p_0 f_0(\boldsymbol{x}) + p_1 f_1(\boldsymbol{x}).$$

9.5.4 Classification optimale et choix du seuil

Un certain nombre de méthodes permettent de fixer le seuil s. Pour cela, supposons que l'assureur puisse refuser d'assurer les mauvais clients. Soit g le gain de l'assureur en cas de bonne décision:

3. Notez que deux notions différentes sont utilisées ici: il y a d'une part les bons et les mauvais risques, correspondant respectivement à $Y = 0$ et à $Y = 1$, et d'autre part les individus considérés comme tels par l'assureur, correspondant respectivement à $S \leq s$ et $S > s$. Ces deux notions se distingueront par le contexte.

accepter d'assurer un bon client (ce qui arrive avec probabilité $\Pr[\boldsymbol{X} \in \mathcal{A}, Y = 0]$). Soit c_0 le coût associé à l'assurance d'un mauvais risque (avec probabilité $\Pr[\boldsymbol{X} \in \mathcal{A}, Y = 1]$); et soit c_1 le manque à gagner en refusant d'assurer un bon client (avec probabilité $\Pr[\boldsymbol{X} \notin \mathcal{A}, Y = 0]$).

Il est essentiel de tenir compte des conséquences très différentes des mauvaises classifications pour la compagnie. En effet, ranger un mauvais assuré parmi les bons revient à accepter de couvrir un assuré qui causera un sinistre (voire plusieurs), ce qui expose la compagnie à de lourdes pertes. Au contraire, refuser un bon risque coûte peu à la compagnie (mais pourrait avoir des conséquences commerciales désastreuses si cela se répétait trop souvent). Il est essentiel d'introduire cette distinction dans le modèle.

En définissant la rentabilité de l'assureur comme

$$\begin{aligned} R(\mathcal{A}) &= g \Pr[\boldsymbol{X} \in \mathcal{A}, Y = 0] - c_0 \Pr[\boldsymbol{X} \in \mathcal{A}, Y = 1] \\ &\quad - c_1 \Pr[\boldsymbol{X} \notin \mathcal{A}, Y = 0], \end{aligned}$$

la région d'acceptation optimale est alors donnée par

$$\mathcal{A}^* = \underset{\mathcal{A}}{\operatorname{argmax}} \{R(\mathcal{A})\}.$$

On peut noter que la rentabilité de l'assureur peut se réécrire

$$R(\mathcal{A}) = \int_{\boldsymbol{x} \in \mathcal{A}} \Big((g + c_1) p_0 f_0(\boldsymbol{x}) - c_0 p_1 f_1(\boldsymbol{x}) \Big) d\boldsymbol{x} - c_1 p_0.$$

Le domaine d'acceptation optimal $\mathcal{A}^*$ est celui pour lequel l'intégrand est toujours positif, à savoir

$$\mathcal{A}^* = \left\{ \boldsymbol{x} \middle| \frac{f_1(\boldsymbol{x})}{f_0(\boldsymbol{x})} \leq \frac{(g + c_1) p_0}{c_0 p_1} \right\},$$

ou encore, un utilisant la formule de Bayes avec $p_j(\boldsymbol{x}) = p_j f_j(\boldsymbol{x}) / f(\boldsymbol{x})$,

$$\mathcal{A}^* = \left\{ \boldsymbol{x} \middle| p_1(\boldsymbol{x}) \leq \frac{g + c_1}{g + c_0 + c_1} \right\}.$$

On peut alors sélectionner les assurés à l'aide soit des lois conditionnelles de $\boldsymbol{X}$ sachant Y (c'est-à-dire f_0 et f_1), soit des lois conditionnelles de Y sachant $\boldsymbol{X}$ (c'est-à-dire $p_0(\boldsymbol{X})$ et $p_1(\boldsymbol{X})$). Notons toutefois que si ces deux approches correspondent à deux formalisations équivalentes d'un point de vue mathématique, elles témoignent de deux optiques sensiblement différentes:

- la loi de $\boldsymbol{X}|Y$ est utilisée en analyse discriminante (la question est de savoir si un individu, dont on sait s'il est un bon ou un mauvais risque sera classé parmi les *bons* ou les *mauvais* clients);
- la loi de $Y|\boldsymbol{X}$ est utilisée dans une problématique prévisionnelle (à quelle population - des *bons* ou des *mauvais* clients - un individu dont on connaît les caractéristiques $\boldsymbol{X}$ a-t-il le plus de chance d'appartenir ?).

Remarque 9.5.2. *On peut bien entendu imaginer que les coûts de mauvaises classification* c_0 *et* c_1*, de même que le gain* g*, dépendent des caractéristiques de l'assuré, i.e.* $c_0 = c_0(\boldsymbol{x})$, $c_1 = c_1(\boldsymbol{x})$ *et* $g = g(\boldsymbol{x})$. *Le raisonnement est en tout point similaire à celui suivi cidessus.*

9.5.5 La pratique de la construction d'un score

Cinq grandes étapes sont fondamentales lors de la construction d'un score.

1. le choix du critère dichotomique à modéliser: ne pas avoir de sinistre dans l'année, ne pas avoir de sinistre grave dans l'année, ne pas avoir de sinistre responsable dans l'année, ...
2. le choix de la population: la difficulté vient du fait que la population d'assurés dans le portefeuille peut être sensiblement différente de la population qui demande à être assurée (de par la sélection à l'aide d'un score, précisément). Une partie de la population d'assurés est utilisée pour calculer le score, l'autre servant à tester les performances.
3. le choix des covariables $\boldsymbol{X}$.
4. l'estimation du modèle: schématiquement, il est possible d'utiliser des modèles logit ou probit, et d'estimer les paramètres par maximum de vraisemblance.
5. analyse des performances: un certain nombre de tests et de critères permettent de juger de la qualité de discrimination du score (courbes de performance, de sélection, de discrimination, par exemple).

Désignons par $\mathcal{H}$ les données historiques qui serviront à la constuction du classificateur (c'est-à-dire les observations $(\boldsymbol{x},Y)$ réalisées par la compagnie dans le passé sur un grand nombre d'individus). Cet ensemble sera partitionné en deux sous-ensembles (le plus souvent de façon aléatoire) qui serviront respectivement à estimer les paramètres et à évaluer le classificateur, à savoir

le "training set" Il s'agit du sous-ensemble de $\mathcal{H}$ utilisé pour déterminer les paramètres. Le plus souvent, le training set est de la forme

$$\{(\boldsymbol{x}_{0;k},0)\ k=1,\ldots,n_0,(\boldsymbol{x}_{1;k},1)\ k=1,\ldots,n_1\} \tag{9.18}$$

où les $\boldsymbol{x}_{0,j}$ en nombre n_0 correspondent à des assurés répertoriés parmi les bons, et les $\boldsymbol{x}_{1,j}$ en nombre n_1 correspondent à des assurés répertoriés parmi les mauvais.

le "test set" Il s'agit du sous-ensemble de $\mathcal{H}$ qui sert à évaluer les performances du classificateur.

Si on retient un modèle paramétrique, on estime les densités des caractéristiques observables pour les bons et les mauvais assurés par

$$\widehat{f_1(\boldsymbol{x})}=f_1(\boldsymbol{x};\widehat{\boldsymbol{\theta}}) \text{ et } \widehat{f_0(\boldsymbol{x})}=f_0(\boldsymbol{x};\widehat{\boldsymbol{\theta}}).$$

où $\widehat{\boldsymbol{\theta}}$ est l'estimateur du maximum de vraisemblance de $\boldsymbol{\theta}$. La vraisemblance est donnée par

$$\mathcal{L}(\boldsymbol{\theta})=\prod_{j=1}^{n_0}\Big(f_0(\boldsymbol{x}_{0;j},\boldsymbol{\theta})p_0\Big)\prod_{j=1}^{n_1}\Big(f_1(\boldsymbol{x}_{1;j},\boldsymbol{\theta})p_1\Big). \tag{9.19}$$

Afin d'estimer le vecteur de paramètres $(\boldsymbol{\theta},p_0,,p_1)$, écrivons la log-vraisemblance:

$$L(\boldsymbol{\theta},\boldsymbol{p})=\sum_{j=1}^{n_0}\ln f_0(\boldsymbol{x}_{0,j};\boldsymbol{\theta})+\sum_{j=1}^{n_1}\ln f_1(\boldsymbol{x}_{1,j};\boldsymbol{\theta})+n_0\ln p_0+n_1\ln p_1. \tag{9.20}$$

On maximise d'abord $n_0\ln p_0+n_1\ln p_1$ pour obtenir

$$\hat{p}_0=\frac{n_0}{n_0+n_1} \text{ et } \hat{p}_1=1-\hat{p}_0=\frac{n_1}{n_0+n_1}.$$

Il s'agit bien de l'estimateur naturel de p_0, à savoir la proportion des bons clients dans le training set. Il faut bien se rendre compte qu'on postule le fait que la population cible pour les nouvelles affaires est semblable aux individus de $\mathcal{H}$.

Il suffit ensuite de maximiser

$$\sum_{j=1}^{n_0} \ln f_0(\boldsymbol{x}_{0,j};\boldsymbol{\theta}) + \sum_{j=1}^{n_1} \ln f_1(\boldsymbol{x}_{1,j};\boldsymbol{\theta}) \tag{9.21}$$

sur $\boldsymbol{\theta}$ pour obtenir l'estimateur du maximum de vraisemblance de $\boldsymbol{\theta}$.

9.5.6 Analyse discriminante

L'objectif est ici de décrire l'appartenance d'un individu à une classe prédéfinie en fonction de ses modalités. On s'intéresse alors à la loi de $\boldsymbol{X}|Y$ décrite par les fonctions de densité f_0 et f_1. Rappelons que la fonction de score canonique S^* conduit à une règle de classification basée sur le rapport f_1/f_0.

Exemple 9.5.3. *Supposons que, conditionnellement à $Y = j$, $\boldsymbol{X} \sim \mathcal{N}or_p(\boldsymbol{\mu}_j,\boldsymbol{\Sigma})$. Notez que la matrice variance-covariance ne dépend pas de la valeur j de Y. Le rapport des densités est alors une fonction croissante de*

$$(\boldsymbol{X} - \boldsymbol{\mu}_0)^t \boldsymbol{\Sigma}^{-1} (\boldsymbol{X} - \boldsymbol{\mu}_0) - (\boldsymbol{X} - \boldsymbol{\mu}_1)^t \boldsymbol{\Sigma}^{-1} (\boldsymbol{X} - \boldsymbol{\mu}_1).$$

On définira le score

$$S(\boldsymbol{X}) = \boldsymbol{X}^t\boldsymbol{\Sigma}^{-1} (\boldsymbol{\mu}_1 - \boldsymbol{\mu}_0).$$

Si les matrices de variance-covariance ne sont pas égales, le score devient

$$S(\boldsymbol{X}) = (\boldsymbol{X} - \boldsymbol{\mu}_0)^t \boldsymbol{\Sigma}_0^{-1} (\boldsymbol{X} - \boldsymbol{\mu}_0) - (\boldsymbol{X} - \boldsymbol{\mu}_1)^t \boldsymbol{\Sigma}_1^{-1} (\boldsymbol{X} - \boldsymbol{\mu}_1),$$

où $\boldsymbol{\Sigma}_0$ est la matrice variance-covariance de $\boldsymbol{X}$ si $Y = 0$, et $\boldsymbol{\Sigma}_1$ celle de $\boldsymbol{X}$ si $Y = 1$. On n'a alors plus un critère linéaire (comme dans le cas précédent), mais quadratique.

9.5.7 La méthode DISQUAL

Les méthodes d'analyse discriminante que nous venons de présenter semblent particulièrement bien adaptées à la résolution du problème posé par l'acceptation. Il y a pourtant une difficulté de taille qu'il faudra surmonter. En pratique, l'information dont dispose l'actuaire à propos des futurs assurés est majoritairement composée de variables qualitatives (binaires, comme le sexe, ou présentant plusieurs modalités, comme la catégorie socio-professionnelle), et de variables entières ne prenant que quelques valeurs distinctes (comme le nombre d'enfants à charge, ou le nombre de véhicules du ménage, par exemple).

La densité jointe de ces variables sera donc fort loin de ressembler à celle d'une loi normale multivariée. Afin de se rapprocher des hypothèses de validité de l'analyse discriminante, on peut tout d'abord transformer les variables qualitatives en variables continues et non-corrélées en réalisant une AFCM sur l'ensemble des variables qualitatives. On travaillera ensuite avec les coordonnées des individus sur les axes factoriels. L'AFCM permet de substituer aux caractères qualitatifs de départ, qui ne se prêtent pas toujours bien à un scoring, des variables continues. Ensuite, une analyse discriminante est effectuée. Il suffit alors de repasser aux variables de départ pour en déduire un scoring.

Cette stratégie peut encore se représenter schématiquement comme suit:

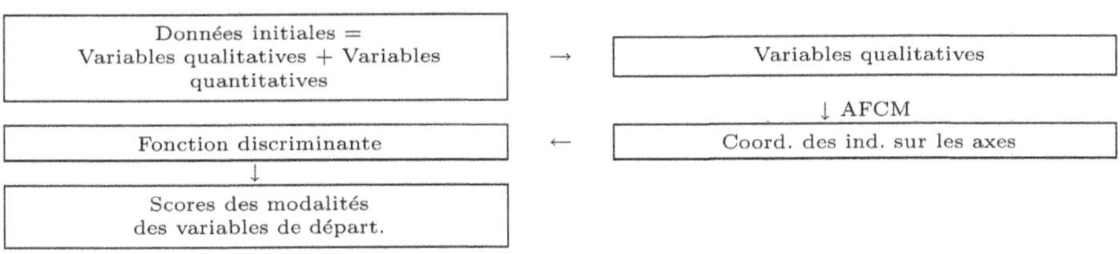

9.5.8 Le modèle PROBIT

Le fait que Y prenne ses valeurs dans $\{0,1\}$ rend toute modélisation linéaire esquissée à la Section 9.5 inappropriée. L'utilisation d'une variable latente est, comme nous allons le voir, beaucoup plus pertinente.

On suppose ici qu'il existe une variable latente Y^* telle que

$$Y^* = \boldsymbol{X}^t\boldsymbol{\beta} + \varepsilon \text{ et } Y = \mathbb{I}[Y^* \geq 0],$$

où $\mathbb{I}[A]$ est l'indicatrice de l'événement A, valant 1 si cet événement s'est réamlisé et 0 sinon, et où $\varepsilon \sim \mathcal{N}or(0,1)$. Aussi, le score associé à ce modèle est-il donné par

$$\begin{aligned} S(\boldsymbol{x}) &= \Pr[Y = 1|\boldsymbol{X} = \boldsymbol{x}] = \Pr[Y^* \geq 0|\boldsymbol{X} = \boldsymbol{x}] \\ &= \Pr[\boldsymbol{x}^t\beta + \varepsilon \geq 0] = 1 - \Phi(-\boldsymbol{x}^t\boldsymbol{\beta}) = \Phi(\boldsymbol{x}^t\boldsymbol{\beta}), \end{aligned}$$

où Φ désigne la fonction de répartition de loi $\mathcal{N}or(0,1)$.

Pour ce modèle, l'estimation des paramètres $\boldsymbol{\beta}$ se fait par maximum de vraisemblance. Disposant d'observations $(y_i,\boldsymbol{x}_i)$, $i = 1,2,\ldots,n$, effectuées sur n individus, ceci revient à maximiser

$$\mathcal{L} = \prod_{i=1}^{n} \Big(\Phi(\boldsymbol{x}_i^t\boldsymbol{\beta})\Big)^{1-y_i}\Big(1-\Phi(\boldsymbol{x}_i^t\boldsymbol{\beta})\Big)^{y_i}.$$

Il suffit en fait de résoudre le système des équations de vraisemblance obtenu en annulant le gradient de la log-vraisemblance, ce qui donne

$$\frac{\partial}{\partial\boldsymbol{\beta}}\ln\mathcal{L} = \sum_{i=1}^{n}\left((1-y_i)\frac{\boldsymbol{x}_i\phi(\boldsymbol{x}_i^t\boldsymbol{\beta})}{\Phi(\boldsymbol{x}_i^t\boldsymbol{\beta})} - y_i\frac{\boldsymbol{x}_i\phi(\boldsymbol{x}_i^t\boldsymbol{\beta})}{1-\Phi(\boldsymbol{x}_i^t\boldsymbol{\beta})}\right) = \mathbf{0},$$

où ϕ est la densité associée à la loi $\mathcal{N}or(0,1)$. Ce système n'admet pas de solution explicite. Nous reviendrons plus longuement dans la Section 9.8 sur ce modèle de régression non linéaire.

9.5.9 Le modèle LOGIT

L'idée est là aussi de recourir à une variable latente Y^*, mais on suppose ici que ε obéit à la loi logistique, de fonction de répartition

$$F(x) = \frac{1}{1+\exp(-x)}, \quad x \in \mathbb{R}.$$

Dans ce cas, le score vaut

$$S^*(\boldsymbol{x}) = \Pr[Y=1|\boldsymbol{X}=\boldsymbol{x}] = F\left(\boldsymbol{x}^t\boldsymbol{\beta}\right) = \frac{1}{1+\exp(-\boldsymbol{x}^t\boldsymbol{\beta})}.$$

De plus,

$$\Pr[Y=0|\boldsymbol{X}=\boldsymbol{x}] = F\left(-\boldsymbol{x}^t\boldsymbol{\beta}\right) = \frac{1}{1+\exp(\boldsymbol{x}^t\boldsymbol{\beta})}.$$

Notons que le ratio $\Pr[Y=1|\boldsymbol{X}=\boldsymbol{x}]/\Pr[Y=0|\boldsymbol{X}=\boldsymbol{x}]$ s'appelle la cote (*odd ratio*, en anglais). Pour les turfistes, une cote à 5 contre 1 signifie que la probabilité de perdre est 5 fois plus grande que celle de gagner. Ainsi, lorsqu'un cheval est coté 5 contre 1, cela signifie que 5 parieurs l'ont joué perdant contre 1 gagnant. En d'autres termes, il y a 5 parieurs sur 6 qui ont joué le cheval perdant, d'où une cote de $\frac{5/6}{1/6} = 5$.

Nous reviendrons plus longuement à la Section 9.8 sur les détails de ce modèle de régression non linéaire.

9.5.10 Dualité des approches

Les approches par analyse discriminante et par régression logistique sont en fait des approches duales; voyez CELEUX & NAKACHE (1994) et GOURIÉROUX (1992,1999). L'analyse discriminante est basée sur la spécification des lois conditionnelles de $\boldsymbol{X}|Y$, i.e. f_0 et f_1. Ainsi, le score canonique s'écrit

$$S^*(\boldsymbol{x}) = \Pr[Y=1|\boldsymbol{X}=\boldsymbol{x}] = \frac{p_1 f_1(\boldsymbol{x})}{p_0 f_0(\boldsymbol{x}) + p_1 f_1(\boldsymbol{x})}.$$

Sous les hypothèses de l'Exemple 9.5.3 (lois conditionelles gaussiennes de même matrice variance-covariance), ce score canonique s'écrit après simplifications

$$S^*(\boldsymbol{x}) = \frac{1}{1+\exp\big(-\Delta(\boldsymbol{x})\big)}$$

où

$$\begin{aligned}\Delta(\boldsymbol{x}) &= \boldsymbol{X}^t\boldsymbol{\Sigma}^{-1}(\boldsymbol{\mu}_1-\boldsymbol{\mu}_0) - \ln\left(\frac{1-p_1}{p_1}\right) \\ &\quad -\frac{1}{2}\Big(\boldsymbol{\mu}_0^t\boldsymbol{\Sigma}^{-1}\boldsymbol{\mu}_0 - \boldsymbol{\mu}_1^t\boldsymbol{\Sigma}^{-1}\boldsymbol{\mu}_1\Big).\end{aligned}$$

Ceci correspond à un modèle logit avec un terme constant, i.e. $\beta_0 + \boldsymbol{X}^t\boldsymbol{\beta}$ où $\boldsymbol{\beta} = \boldsymbol{\Sigma}^{-1}(\boldsymbol{\mu}_1-\boldsymbol{\mu}_0)$ et

$$\beta_0 = -\ln\left(\frac{1-p_1}{p_1}\right) - \frac{1}{2}\Big(\boldsymbol{\mu}_0^t\boldsymbol{\Sigma}^{-1}\boldsymbol{\mu}_0 - \boldsymbol{\mu}_1^t\boldsymbol{\Sigma}^{-1}\boldsymbol{\mu}_1\Big).$$

Autrement dit, l'analyse discriminante linéaire décrite dans l'Exemple 9.5.3 est un cas particulier du modèle LOGIT. De façon équivalente, l'analyse discriminante quadratique obtenue avec des matrices de variance-covariance différentes (deuxième partie de l'Exemple 9.5.3) apparaît comme un cas particulier du modèle LOGIT, lorsque les variables explicatives comprennent des transformations quadratiques des composantes de $\boldsymbol{X}$.

9.5.11 Les courbes de performance et de sélection

Supposons que le score S soit utilisé pour discriminer en deux sous-populations, de bons et de mauvais clients, à l'aide d'un seuil s. L'idée de GOURIÉROUX (1992) est alors de représenter la performance du score par la courbe de performance

$$\mathcal{P} = \big\{(x(s),y(s))\big|s \in [0,1]\big\},$$

où

$$x(s) = \Pr[S \leq s] \text{ et } y(s) = \frac{\Pr[Y = 0|S \leq s]}{\Pr[Y = 0]},$$

dont l'équation explicite est $y = \mathcal{P}(x)$. On définit la courbe de sélection par

$$\mathcal{S} = \big\{(x(s),y(s))\big|s \in [0,1]\big\},$$

où

$$x(s) = \Pr[S \leq s] \text{ et } y(s) = \Pr[S \leq s|Y = 0],$$

dont l'équation explicite est $y = \mathcal{S}(x)$. La courbe de performance est alors nécessairement croissante, alors que la courbe de sélection d'un score canonique est toujours croissante et convexe. Notons également que les deux courbes sont liées par la relation $\mathcal{S}(x) = x\mathcal{P}(x)$. Ces deux courbes sont représentées à la Figure 9.5.

Les courbes de performance sont invariantes par transformation strictement croissante du score: soit h une transformation strictement croissante,

$$x_h(s) = \Pr[h(S) \leq s] = \Pr[S \leq h^{-1}(s)] = x(h^{-1}(s)),$$

et

$$y_h(s) = \frac{\Pr[Y = 0|h(S) \leq s]}{\Pr[Y = 0]} = y(h^{-1}(s)).$$

Autrement dit, ces courbes ne tiennent pas compte de la valeur du score, mais uniquement de l'ordre qu'il établit.

9.5.12 Propriétés (souhaitables) d'un score

Quel que soit le score S (non nécessairement canonique), il est souhaitable qu'il soit fortement dépendant de Y. En particulier, il est possible de montrer que les variables aléatoires Y et S sont associées (cette notion a été présentée dans la Section 8.5.3 du Tome 1) si, et seulement si, la coube de performance $\mathcal{P}$ est en dessous de la droite $y = 1$, ou de façon équivalente, si, et seulement si, la courbe de sélection $\mathcal{S}$ est en-dessous de la première bissectrice.

De plus, si la courbe de sélection est croissante et convexe, alors la courbe de sélection peut être vue comme la courbe de Lorenz associée à $\Pr[Y = 0|S]$.

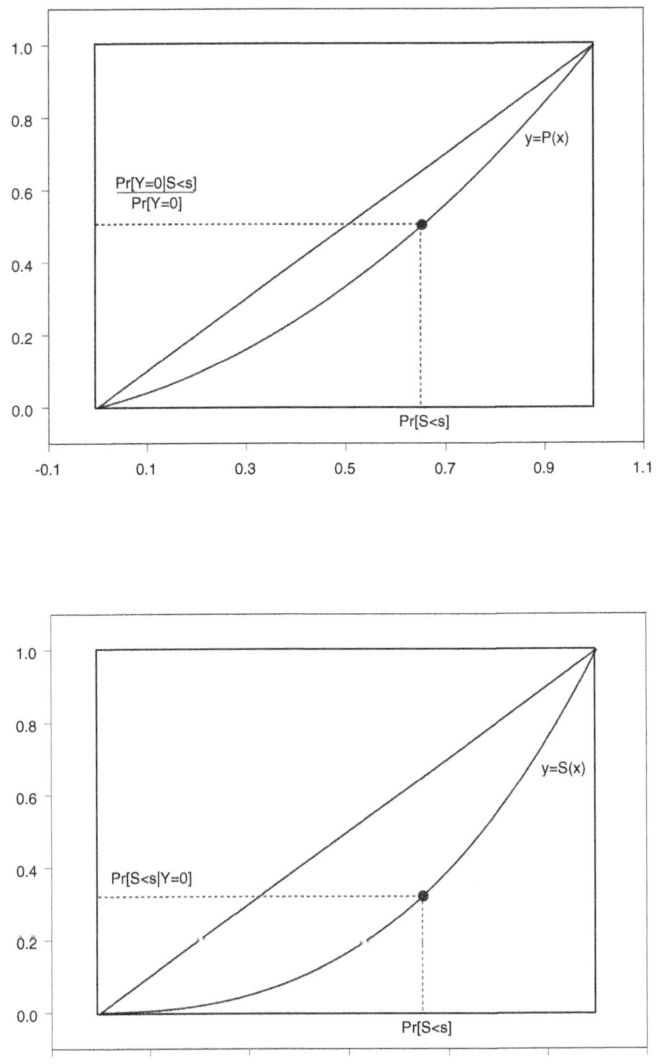

FIG. 9.5 – *Courbes de sélection et de performance pour un score S.*

9.5.13 Comparaison de scores

Les courbes de performance peuvent être utilisées pour comparer des scores entre eux. En particulier, un score S_1 est dit plus performant qu'un score S_2 si, et seulement si, sa courbe de performance est en dessous de celle de S_2.

On peut également définir la courbe dite de discrimination du score: si on note $G_0(s) = \Pr[S \leq s|Y = 0]$ et $G_1(s) = \Pr[S \leq s|Y = 1]$, alors la courbe de discrimination du score est l'application $[0,1] \to [0,1]$ définie par

$$\mathcal{D}(x) = G_1 \circ G_0^{-1}(x), \ x \in [0,1].$$

Notons que cette application est croissante, et est invariante par transformation strictement croissante du score. Notons que la concavité de cette application est équivalente à avoir $\Pr[Y = 1|S = s]$ croissante en s.

Le terme de *discrimination* de cette courbe vient de la propriété suivante: si le score n'est pas discriminant, et que donc $G_0 = G_1$ (Y et S sont indépendantes), alors la courbe $\mathcal{D}$ est confondue avec la première bissectrice. En revanche, pour une population partitionnée en deux sous-ensembles, où G_0 et G_1 seraient alors concentrées en deux points, la courbe de discrimination serait alors la courbe $y = 0$ sur $[0,1[$. Entre ces deux cas limites, il est possible de considérer le préordre suivant: le score S_1 est plus discriminant que le score S_2 si, et seulement si, sa courbe de discrimination est en dessous de celle de S_2.

9.6 Modèle linéaire

9.6.1 Définition

Les modèles linéaires généralisés étendant le modèle linéaire gaussien, il semble naturel de commencer par rappeler brièvement les principaux résultats relatifs à l'approche de régression linéaire classique. Nous ne pouvons que conseiller au lecteur soucieux d'approfondir ses connaissances en la matière l'excellent ouvrage de DODGE & ROUSSON (2004).

Pendant longtemps, les modèles utilisés pour expliquer les variations des variables continues $Y_1, Y_2, \ldots, Y_n$ en présence de variables explicatives résumées dans les vecteurs $\boldsymbol{x}_1, \boldsymbol{x}_2, \ldots, \boldsymbol{x}_n$, ont pris la forme

$$Y_i = \beta_0 + \sum_{j=1}^{p} \beta_j x_{ij} + \epsilon_i \text{ avec } \epsilon_i \sim \mathcal{N}or(0,\sigma^2).$$

De manière équivalente, on a

$$Y_i \sim \mathcal{N}or\left(\beta_0 + \sum_{j=1}^{p} \beta_j x_{ij},\sigma^2\right), \quad i = 1,2,\ldots,n.$$

Les observations Y_i sont donc supposées de loi normale de moyenne $\beta_0 + \sum_{j=1}^{p} \beta_j x_{ij}$, une fonction affine des variables explicatives, et de variance constante σ^2. La combinaison linéaire des variables explicatives $\beta_0 + \sum_{j=1}^{p} \beta_j x_{ij}$ qui donne $\mathbb{E}[Y_i]$ est appelée score (ou prédicteur linéaire) et sera notée par la suite η_i.

Même si le modèle linéaire impose de sérieuses limitations, et que son réalisme est discutable dans beaucoup de problèmes auxquels l'actuaire est confronté, il n'en demeure pas moins fort important, car la plupart des modèles plus réalistes (dont les modèles linéaires généralisés qui feront l'objet de la section suivante) empruntent bon nombre de techniques à celui-ci.

9.6.2 Formalisme matriciel

Le formalisme matriciel est fort utile pour analyser le modèle linéaire général. On voit facilement que le modèle de régression linéaire peut se réécrire vectoriellement comme

$$\boldsymbol{Y} = \boldsymbol{X\beta} + \boldsymbol{\epsilon} \tag{9.22}$$

où $\boldsymbol{Y} = (Y_1,Y_2,\ldots,Y_n)^t$ est un vecteur $n \times 1$ reprenant les variables à expliquer, $\boldsymbol{\beta} = (\beta_0,\beta_1,\ldots,\beta_p)^t$ est un vecteur $(p+1) \times 1$ de paramètres,

$$\boldsymbol{X} = \begin{pmatrix} 1 & \boldsymbol{x}_1^t \\ 1 & \boldsymbol{x}_2^t \\ \vdots & \vdots \\ 1 & \boldsymbol{x}_n^t \end{pmatrix} = \begin{pmatrix} 1 & x_{11} & x_{12} & \cdots & x_{1p} \\ 1 & x_{21} & x_{22} & \cdots & x_{2p} \\ \vdots & \vdots & \vdots & \ddots & \vdots \\ 1 & x_{n1} & x_{n2} & \cdots & x_{np} \end{pmatrix}$$

est une matrice $n \times (p+1)$ reprenant les variables explicatives, et $\boldsymbol{\epsilon} = (\epsilon_1,\epsilon_2,\ldots,\epsilon_n)^t \sim \mathcal{N}or_n(\boldsymbol{0},\sigma^2\boldsymbol{I})$ est un vecteur $n \times 1$ reprenant les erreurs. La matrice $\boldsymbol{X}$ est supposée être de rang $p+1$, i.e. la matrice carrée $\boldsymbol{X}^t\boldsymbol{X}$ de dimension $(p+1)\times(p+1)$ est supposée être inversible.

Avec ces notation, la valeur observée du vecteur aléatoire $\boldsymbol{Y}$ est la somme d'une composante déterministe $\boldsymbol{X\beta}$ et d'une composante aléatoire $\boldsymbol{\epsilon}$ qui modélise le bruit. La composante déterministe du vecteur $\boldsymbol{Y}$ représent les observations qui auraient été faites en l'absence de bruit. L'hypothèse $\mathbb{E}[\boldsymbol{\epsilon}] = \boldsymbol{0}$ signifie que la composante déterministe du vecteur $\boldsymbol{Y}$ est sa moyenne.

9.6.3 Estimation des paramètres

Supposons disposer des réalisations $y_1,y_2,\ldots,y_n$ des variables $Y_1,Y_2,\ldots,Y_n$. La fonction de vraisemblance relative aux observations $y_1,y_2,\ldots,y_n$ est

$$\begin{aligned}\mathcal{L}(\boldsymbol{\beta},\sigma|\boldsymbol{y}) &= \left(\frac{1}{\sigma\sqrt{2\pi}}\right)^n \prod_{i=1}^n \exp\left(-\frac{1}{2\sigma^2}(y_i - \boldsymbol{x}_i^t\boldsymbol{\beta})^2\right) \\ &= \left(\frac{1}{\sigma\sqrt{2\pi}}\right)^n \exp\left(-\frac{1}{2\sigma^2}(\boldsymbol{y} - \boldsymbol{X\beta})^t(\boldsymbol{y} - \boldsymbol{X\beta})\right).\end{aligned}$$

Comme expliqué plus haut, l'estimateur du maximum de vraisemblance de $\boldsymbol{\beta}$ est la valeur de $\boldsymbol{\beta}$ qui maximise $\mathcal{L}(\boldsymbol{\beta},\sigma|\boldsymbol{y})$. Il s'agit donc intuitivement de la valeur de $\boldsymbol{\beta}$ qui rend les observations $y_1,y_2,\ldots,y_n$ les plus plausibles dans le modèle (9.22). Cet estimateur s'obtient comme suit.

Proposition 9.6.1. *L'estimateur du maximum de vraisemblance $\widehat{\boldsymbol{\beta}}$ de $\boldsymbol{\beta}$ est solution des équations normales*

$$\boldsymbol{X}^t\boldsymbol{X}\widehat{\boldsymbol{\beta}} - \boldsymbol{X}^t\boldsymbol{Y} = \boldsymbol{0} \Leftrightarrow \boldsymbol{X}^t\Big(\boldsymbol{X}\widehat{\boldsymbol{\beta}} - \boldsymbol{Y}\Big) = \boldsymbol{0}.$$

Puisque la matrice $\boldsymbol{X}^t\boldsymbol{X}$ a été supposée inversible, le système des équations normales a une solution unique donnée par

$$\widehat{\boldsymbol{\beta}} = \left(\boldsymbol{X}^t\boldsymbol{X}\right)^{-1}\boldsymbol{X}^t\boldsymbol{Y} = \left(\sum_{i=1}^n \boldsymbol{x}_i\boldsymbol{x}_i^t\right)^{-1}\sum_{i=1}^n \boldsymbol{x}_i y_i. \tag{9.23}$$

qui définit l'estimateur du maximum de vraisemblance de $\boldsymbol{\beta}$.

Démonstration. La log-vraisemblance vaut

$$L(\boldsymbol{\beta},\sigma|\boldsymbol{y}) = -\frac{n}{2}\ln\sigma^2 - \frac{1}{2\sigma^2}(\boldsymbol{y} - \boldsymbol{X\beta})^t(\boldsymbol{y} - \boldsymbol{X\beta}) - \frac{n}{2}\ln(2\pi).$$

Or,

$$\sup_{(\boldsymbol{\beta},\sigma^2)} L(\boldsymbol{\beta},\sigma|\boldsymbol{y}) = \sup_{\sigma^2}\sup_{\boldsymbol{\beta}} L(\boldsymbol{\beta},\sigma|\boldsymbol{y}).$$

Donc, quelle que soit la valeur de σ^2, maximiser $L(\boldsymbol{\beta},\sigma|\boldsymbol{y})$ par rapport à $\boldsymbol{\beta}$ revient à minimiser

$$S_2(\boldsymbol{\beta}) = (\boldsymbol{y} - \boldsymbol{X}\boldsymbol{\beta})^t(\boldsymbol{y} - \boldsymbol{X}\boldsymbol{\beta}).$$

Pour que $\widehat{\boldsymbol{\beta}}$ minimise S_2 il faut que ce soit un point stationnaire de cette expression. Il est donc obtenu en dérivant S_2 par rapport à $\boldsymbol{\beta}$ et en identifiant le gradient à $\mathbf{0}$. Comme

$$S_2(\boldsymbol{\beta}) = \boldsymbol{y}^t\boldsymbol{y} - 2\boldsymbol{y}^t\boldsymbol{X}\boldsymbol{\beta} + \boldsymbol{\beta}^t\boldsymbol{X}^t\boldsymbol{X}\boldsymbol{\beta}.$$

Il vient alors

$$\frac{\partial S_2(\boldsymbol{\beta})}{\partial \boldsymbol{\beta}} = -2\boldsymbol{X}^t\boldsymbol{Y} + 2\boldsymbol{X}^t\boldsymbol{X}\boldsymbol{\beta},$$

d'où le système des équations normales. Remarquons aussi que toute solution des équations normales correspond bien à un minimum de la fonction S_2 car la matrice hessienne est la matrice définie positive $2\boldsymbol{X}^t\boldsymbol{X}$. □

Si la matrice $\boldsymbol{X}^t\boldsymbol{X}$ n'est pas inversible, le système des équations normales peut avoir plus d'une solution et on utilise alors la notion de matrice inverse généralisée (notons toutefois que l'estimateur de la moyenne $\boldsymbol{X}\widehat{\boldsymbol{\beta}}$ est unique). Ce sera le cas si les colonnes de $\boldsymbol{X}$ sont liées entre elles par une relation linéaire. Cela peut arriver par exemple si pour chaque individu sont mesurées le nombre d'années d'études pré-universitaires, le nombre d'années d'études supérieures, ainsi que le nombre total d'années d'études. En pratique, il suffit donc de passer les variables en revue et d'éliminer toute redondance d'information. Souvent cependant, les problèmes sont causés par le fait que le déterminant de $\boldsymbol{X}^t\boldsymbol{X}$, bien que non nul, soit très proche de 0, causant une instabilité numérique lors de l'estimation de $\boldsymbol{\beta}$ et de σ^2.

Les équations normales peuvent encore s'écrire comme

$$\sum_{i=1}^{n} \boldsymbol{x}_i^t(y_i - \boldsymbol{\beta}^t\boldsymbol{x}_i) = \mathbf{0} \text{ pour } i = 1,2,\ldots,n.$$

Ecrites de cette manière, elles possèdent une signification intuitive très simple: $y_i - \boldsymbol{\beta}^t\boldsymbol{x}_i$ est le résidu relatif à l'observation i et les équations normales reviennent donc à imposer l'orthogonalité entre le vecteur des résidus et le vecteur des variables explicatives. Cette orthogonalité signifie intuitivement qu'il n'y a plus rien dans les variables explicatives qui puisse apporter de l'information sur les résidus. Nous verrons à la section suivante que cette interprétation sera conservée dans les modèles linéaires généralisés.

En calculant la dérivée partielle de la log-vraisemblance $L(\boldsymbol{\beta},\sigma|\boldsymbol{y})$ par rapport à σ^2, on vérifie que l'estimateur du maximum de vraisemblance de σ^2 est

$$\widetilde{\sigma}^2 = \sigma^2(\widehat{\boldsymbol{\beta}}) = \frac{S_2(\widehat{\boldsymbol{\beta}})}{n} = \frac{R_0^2}{n}.$$

Nous verrons plus loin qu'on préfère souvent à $\widetilde{\sigma}^2$ un estimateur non biaisé de σ^2 qui sera défini en (9.24).

9.6.4 Matrice de prédiction

Ayant obtenu l'estimation du vecteur $\boldsymbol{\beta}$, on peut définir un estimateur $\widehat{\boldsymbol{Y}} = \boldsymbol{X}\widehat{\boldsymbol{\beta}}$ de la moyenne du vecteur $\boldsymbol{Y}$ et un estimateur $\widehat{\boldsymbol{\epsilon}} = \boldsymbol{Y} - \widehat{\boldsymbol{Y}}$ du vecteur non observable $\boldsymbol{\epsilon}$, appelé vecteur des résidus. Notez qu'on peut encore écrire

$$\widehat{\boldsymbol{Y}} = \boldsymbol{X}\left(\boldsymbol{X}^t\boldsymbol{X}\right)^{-1}\boldsymbol{X}^t\boldsymbol{Y},$$

ce qui conduit à la définition suivante.

Définition 9.6.2. *On appelle matrice de projection (hat matrix) associée à une matrice de données $\boldsymbol{X}$, la matrice $\boldsymbol{H}$ carrée $n \times n$ définie par*

$$\boldsymbol{H} = \boldsymbol{X}\left(\boldsymbol{X}^t\boldsymbol{X}\right)^{-1}\boldsymbol{X}^t.$$

Cette matrice fait passer de $\boldsymbol{Y}$ à $\widehat{\boldsymbol{Y}}$ puisque $\widehat{\boldsymbol{Y}} = \boldsymbol{X}\widehat{\boldsymbol{\beta}} = \boldsymbol{H}\boldsymbol{Y}$. C'est pourquoi cette matrice s'appelle aussi matrice de prédiction. En conséquence,

$$\widehat{\boldsymbol{\epsilon}} = \boldsymbol{Y} - \boldsymbol{X}\widehat{\boldsymbol{\beta}} = (\boldsymbol{I} - \boldsymbol{H})\boldsymbol{Y}.$$

La matrice de projection $\boldsymbol{H}$ associée à $\boldsymbol{X}$ possède les propriétés suivantes.

Proposition 9.6.3. *Soit $\boldsymbol{X}$ une matrice réelle de dimension $n \times (p+1)$, de rang $p+1$ et $\boldsymbol{H}$ la matrice de prédiction associée. Alors :*

(i) $\sum_{i=1}^{n} h_{ii} = p + 1$, *la trace de $\boldsymbol{H}$ est donc égale au nombre de coefficients de régression,*

(ii) $\sum_{i=1}^{n}\sum_{j=1}^{n} h_{ij}^2 = p + 1$,

(iii) $0 \leq h_{ij} \leq 1$ *pour tout i.*

(iv) $-1/2 \leq h_{ij} \leq 1/2$ *quel que soit $j \neq i$,*

(v) *si* $h_{ii} = 1$ *ou* $h_{ii} = 0$, *alors* $h_{ij} = 0$ *pour* $j \neq i$,

(vi) $(1 - h_{ii})(1 - h_{jj}) - h_{ij}^2 \geq 0$

(vii) $h_{ii}h_{jj} - h_{ij}^2 \geq 0$.

9.6.5 Estimation des moyennes et de la variance

Le résultat suivant donne les propriétés des estimateurs $\widehat{\boldsymbol{Y}}$ de la moyenne de $\boldsymbol{Y}$ et $\widehat{\boldsymbol{\epsilon}}$ du vecteur des résidus.

Proposition 9.6.4. *Le vecteur aléatoire* $\widehat{\boldsymbol{Y}}$ *est un estimateur sans biais de la moyenne de* $\boldsymbol{Y}$ *de matrice variance-covariance* $\sigma^2\boldsymbol{H}$. *Le vecteur* $\widehat{\boldsymbol{\epsilon}}$ *des résidus estimés est centré; sa matrice variance-covariance est* $\sigma^2(\boldsymbol{I} - \boldsymbol{H})$. *De plus, ces deux vecteurs sont non-corrélés.*

Les composantes du vecteur $\widehat{\boldsymbol{\epsilon}}$ sont généralement corrélées; leur corrélation dépend de la matrice $\boldsymbol{X}$ du plan d'expérience.

Comme

$$\begin{aligned} \mathbb{E}\left[\sum_{i=1}^{n} \widehat{\epsilon}_i^2\right] &= \mathbb{E}\left[\boldsymbol{Y}^t\boldsymbol{Y} - \widehat{\boldsymbol{\beta}}^t\boldsymbol{X}^t\boldsymbol{X}\widehat{\boldsymbol{\beta}}\right] \\ &= \mathbb{E}\left[\boldsymbol{Y}^t(\boldsymbol{I} - \boldsymbol{H})\boldsymbol{Y}\right] \\ &= \operatorname{Trace}\big(\sigma^2(\boldsymbol{I} - \boldsymbol{H})\big) = \sigma^2(n - p - 1), \end{aligned}$$

il suffit pour avoir un estimateur sans biais de σ^2, de considérer

$$\widehat{\sigma}^2 = \frac{1}{n - p - 1} \sum_{i=1}^{n} \widehat{\epsilon}_i^2. \tag{9.24}$$

9.6.6 Mesure de la qualité de l'ajustement: le coefficient de détermination

Afin d'apprécier la qualité de l'ajustement fourni par le modèle, on se sert généralement du coefficient de détermination, ou pourcentage de variance expliquée par le modèle, défini par

$$R^2 = 1 - \frac{\sum_{i=1}^{n} \left(\widehat{y}_i - y_i\right)^2}{\sum_{i=1}^{n} \left(y_i - \overline{y}\right)^2} = \frac{\sum_{i=1}^{n} \left(\widehat{y}_i - \overline{y}\right)^2}{\sum_{i=1}^{n} \left(y_i - \overline{y}\right)^2}.$$

La valeur de R^2 est comprise entre 0 et 1, le modèle étant d'autant meilleur que R^2 est proche de 1. Le coefficient de détermination mesure "la part de variabilité de Y due à sa régression linéaire par moindres carrés sur les variables explicatives X_i". Dans le cas où il n'y a qu'une seule variable explicative (i.e., $p = 2$), R^2 est le carré du coefficient de corrélation linéaire entre Y et X_1. Il convient pour terminer de noter que R^2 n'est utile que si le modèle comprend un terme indépendant β_0.

9.6.7 Résidus standardisés

Contrairement aux résidus théoriques ϵ_i (non observables), les résidus estimés $\widehat{\epsilon}_i$ n'ont pas une variance constante et sont généralement corrélés. On préfère donc les résidus standardisés, donnés par

$$T_i = \frac{\widehat{\epsilon}_i}{\widehat{\sigma}\sqrt{1-h_{ii}}}$$

qui remédient à ces inconvénients.

9.6.8 Résultats inférentiels pour les paramètres

Poursuivons l'analyse statistique faite précédemment en complétant les propriétés des estimateurs $\widehat{\boldsymbol{\beta}}$ et $\widehat{\sigma}^2$. Les résultats suivants sont fondamentaux.

Proposition 9.6.5. *(i) L'estimateur $\widehat{\boldsymbol{\beta}}$ donné en* (9.25) *a pour loi $\mathcal{N}or_{p+1}\left(\boldsymbol{\beta},\sigma^2\left(\boldsymbol{X}^t\boldsymbol{X}\right)^{-1}\right)$.*

(ii) L'estimateur $\widehat{\sigma}^2$ donné en (9.24) *est tel que*

$$\frac{(n-p-1)\widehat{\sigma}^2}{\sigma^2}$$

suit la loi khi-carrée à $n-p-1$ degrés de liberté.

(ii) Les estimateurs $\widehat{\boldsymbol{\beta}}$ et $\widehat{\sigma}^2$ sont indépendants.

9.6.9 Tests d'une hypothèse simple

Soit $\boldsymbol{\beta}_0$ une valeur fixée du vecteur des coefficients du modèle de régression. Pour tester l'hypothèse nulle $H_0 : \boldsymbol{\beta} = \boldsymbol{\beta}_0$, contre sa négation, nous allons appliquer le test du rapport des maximums de vraisemblance.

Proposition 9.6.6. *Soit $\boldsymbol{\beta}_0$ une valeur fixée du paramètre. On rejette H_0 au niveau de confiance α lorsque*

$$\sum_{i=1}^n (y_i - \boldsymbol{x}_i^t\boldsymbol{\beta}_0)^2 - \sum_{i=1}^n (y_i - \boldsymbol{x}_i^t\widehat{\boldsymbol{\beta}})^2 \geq \widehat{\sigma}^2 F_{p+1,n-p-1;1-\alpha},$$

où $F_{p+1,n-p-1;1-\alpha}$ est le quantile d'ordre $1-\alpha$ de la loi de Fisher-Snedecor à $p+1$ et $n-p-1$ degrés de liberté.

9.6.10 Comparaison de modèles emboîtés

Supposons que nous ayons à choisir entre un modèle M_0 et un autre modèle M_1, tels que M_0 fait intervenir une partie seulement des variables explicatives comprises dans M_1. Formellement, M_0 est donc obtenu en posant $\beta_j = 0$ pour un ensemble d'indices $j \in \mathcal{E}_0$. On parle dans ce cas de modèles emboîtés.

Le choix entre M_0 et M_1 revient donc à tester la nullité des β_j pour $j \in \mathcal{E}_0$. Nous baserons notre décision sur la statistique du rapport de vraisemblance

$$\frac{\max_{(\boldsymbol{\beta},\sigma^2)\in M_1} \mathcal{L}(\boldsymbol{\beta},\sigma^2|\boldsymbol{y})}{\max_{(\boldsymbol{\beta},\sigma^2)\in M_0} \mathcal{L}(\boldsymbol{\beta},\sigma^2|\boldsymbol{y})}$$

et nous rejetterons M_0 au profit de M_1 si ce rapport est suffisamment grand.

En notant $\widehat{\boldsymbol{\beta}}_1$ et $\widehat{\sigma}_1^2$ les estimateurs du maximum de vraisemblance dans le modèle M_1, et $\widehat{\boldsymbol{\beta}}_0$ et $\widehat{\sigma}_0^2$ les estimateurs du maximum de vraisemblance dans le modèle M_0, on peut encore utiliser la statistique de test

$$\frac{\sum_{i=1}^n \left(y_i - \widehat{\boldsymbol{\beta}}_0^t \boldsymbol{x}_i\right)^2 - \sum_{i=1}^n \left(y_i - \widehat{\boldsymbol{\beta}}_1^t \boldsymbol{x}_i\right)^2}{\sum_{i=1}^n \left(y_i - \widehat{\boldsymbol{\beta}}_1^t \boldsymbol{x}_i\right)^2}.$$

Si le modèle M_0 compte $p_0 + 1$ paramètres, contre $p_1 + 1$ pour M_1, la statistique ci-dessus, multipliée par $(n - p_1 - 1)/(p_1 - p_0)$ obéit à la loi de Fisher de paramètres $p_1 - p_0$ et $n - p_1 - 1$.

Exemple 9.6.7 (Test de contraintes linéaires entre paramètres). *Supposons que, dans le cadre de l'analyse du risque d'impayé, nous disposions à propos d'un couple marié du montant des revenus professionnels de l'époux et du montant pour son épouse. On pourrait se demander s'il est pertinent de faire figurer ces deux variables parmi les facteurs explicatifs, donc de recourir à un modèle*

$$\ldots + \beta_j \times \textit{ revenus époux } + \beta_{j+1} \times \textit{ revenus épouse } + \ldots$$

ou, au contraire, si seul le revenu global du ménage importe. On testera dans ce cas l'hypothèse $H_0 : \beta_j = \beta_{j+1}$. *On procèdera comme ci-dessus avec le modèle* M_0 *défini par la contrainte* $\beta_j = \beta_{j+1}$ *alors que le modèle* M_1 *autorise ces deux paramètres à différer.*

9.6.11 Régions de confiance

Les régions de confiance sont définies par l'ensemble des paramètre $\boldsymbol{\beta}$ qui ne sont pas rejetés, au seuil donné, comme valeurs possibles du paramètre, par le test du rapport des vraisemblances maximales. Ce sont donc les régions, dans l'espace des paramètres, formées par l'ensemble des valeurs qui paraissent raisonnables au vu des observations recueillies.

Proposition 9.6.8. *La région de confiance pour $\boldsymbol{\beta}$ au niveau $1-\alpha$ est définie par l'ensemble des valeurs $\boldsymbol{\beta}$ telles que*

$$(\boldsymbol{\beta}-\widehat{\boldsymbol{\beta}})^t\boldsymbol{X}^t\boldsymbol{X}(\boldsymbol{\beta}-\widehat{\boldsymbol{\beta}})\leq\widehat{\sigma}^2F_{p+1,n-p-1;1-\alpha}.$$

9.6.12 Intervalles de confiance

Plutôt que les régions de confiance, ce sont les intervalles de confiance des paramètres pris séparément qui apparaissent le plus souvent dans les logiciels commerciaux. On les obtient classiquement en remarquant que la $j$ème composante de $\widehat{\boldsymbol{\beta}}$, $\widehat{\beta}_j$, est de loi normale de moyenne β_j et de variance $\sigma^2\big(\boldsymbol{X}^t\boldsymbol{X}\big)^{-1}_{jj}$ où $\big(\boldsymbol{X}^t\boldsymbol{X}\big)^{-1}_{jj}$ est le $j$ème élément diagonal de l'inverse de la matrice $\boldsymbol{X}^t\boldsymbol{X}$.

Lorsque σ^2 est connu, l'intervalle de confiance pour β_j est formé par l'ensemble des valeurs $\xi\in\mathbb{R}$ qui satisfont

$$|\widehat{\beta}_j-\xi|\leq\sigma\sqrt{\big(\boldsymbol{X}^t\boldsymbol{X}\big)^{-1}_{jj}}\,z_{\alpha/2},$$

où $z_{\alpha/2}$ est le quantile d'ordre $1-\alpha/2$ associé à la loi $\mathcal{N}or(0,1)$. Lorsque σ^2 est inconnu, un intervalle de confiance au niveau $1-\alpha$ pour β_j est donné par l'ensemble des valeurs $\xi\in\mathbb{R}$ satisfaisant à

$$|\widehat{\beta}_j-\xi|\leq\widehat{\sigma}\sqrt{\big(\boldsymbol{X}^t\boldsymbol{X}\big)^{-1}_{jj}}\,t_{n-p-1;1-\alpha/2},$$

où $t_{n-p-1;1-\alpha/2}$ est le quantile d'ordre $1-\alpha/2$ associé à la loi de Student à $n-p-1$ degrés de liberté.

Remarque 9.6.9. *Les intervalles de confiance définis ci-dessus ne sont pas adéquats si on veut considérer plusieurs paramètres simultanément, car ils ne tiennent pas compte de la dépendance des paramètres. Lorsque le paramètre $\boldsymbol{\beta}$ a deux composantes β_1 et β_2, la région de confiance, qui dans ce cas est une ellipse, est formée des couples (β_1,β_2) expliquant raisonnablement les observations. Elle tient compte de la corrélation entre $\hat{\beta}_1$ et $\hat{\beta}_2$. Au contraire, les intervalles de confiance respectifs des paramètres β_1 et β_2 localisent la valeur d'une composante, sans tenir compte de la valeur prise par l'autre.*

9.6.13 Mesures d'influence

Principe

Les résultats de l'ajustement par moindres carrés du modèle linéaire à un ensemble d'observations, peuvent être sensiblement modifiés par la suppression ou la perturbation de certaines données. Différentes statistiques ont été définies dans le but de quantifier l'influence de chacune des observations sur l'ajustement du modèle. Elles se fondent essentiellement sur les résidus $\hat{\epsilon}_i$ et la matrice de projection $\boldsymbol{H}$.

Nous présentons ici l'approche par suppression, basée essentiellement sur la comparaison entre les résultats obtenus lorsqu'on ajuste le modèle à l'ensemble des données et ceux obtenus lorsqu'on ajuste le modèle après avoir supprimé une ou plusieurs observations.

Effet de la suppression d'une observation

Les caractéristiques obtenues après suppression de l'observation i seront affectées de l'indice (i) entre parenthèses. Ainsi, $\widehat{\boldsymbol{\beta}}_{(i)}$ est le vecteur des régresseurs estimé sur base des $n-1$ observations $y_1,\ldots,y_{i-1},y_{i+1},\ldots,y_n$. On peut étudier l'effet de chaque observation sur les estimations dans un modèle de régression.

Proposition 9.6.10. *Après suppression de la ième observation, les estimateurs des moindres carrés $\widehat{\boldsymbol{\beta}}_{(i)}$ et $\hat{\sigma}^2_{(i)}$ des paramètres $\boldsymbol{\beta}$ et σ^2 du modèle linéaire vérifient les équations suivantes:*

$$\widehat{\boldsymbol{\beta}}_{(i)} = \widehat{\boldsymbol{\beta}} - (\boldsymbol{X}^t\boldsymbol{X})^{-1}\boldsymbol{x}_{i\cdot}\frac{\epsilon_i}{1-h_{ii}}$$

et

$$(n-p-2)\hat{\sigma}^2_{(i)} = (n-p-1)\hat{\sigma}^2 - \frac{\epsilon_i^2}{1-h_{ii}}.$$

Les deux formules précédentes montrent que les estimateurs $\widehat{\boldsymbol{\beta}}_{(i)}$ et $\hat{\sigma}^2_{(i)}$ ne dépendent que de $\widehat{\boldsymbol{\beta}}$, $\hat{\sigma}^2$ et du $i$ème élément diagonal de $\boldsymbol{H}$. A chaque suppression d'une observation il n'est donc pas nécessaire, pour les calculer, de procéder à un ajustement du modèle appauvri.

Mesures diagnostiques basées sur les résidus

Pour vérifier l'adéquation d'une observation au modèle on peut regarder si sa suppression a une influence sur sa prédiction. Plus précisément, il s'agit de savoir si l'observation y_i est suffisamment proche de sa valeur prédite $\hat{y}_{(i)}$ obtenue en n'utilisant pas la $i$ème observation dans le calcul. Comme y_i n'est pas utilisée dans le calcul de $\hat{y}_{(i)}$ les variables aléatoires y_i et $\hat{y}_{(i)}$ sont non corrélées. Leur différence $y_i - \hat{y}_{(i)}$ a donc pour variance

$$\sigma^2\Big(1 + \boldsymbol{x}_i^t(\boldsymbol{X}_{(i)}^t\boldsymbol{X}_{(i)})^{-1}\boldsymbol{x}_i\Big).$$

Lorsque le paramètre σ^2 est inconnu, il est estimé par la variance résiduelle $\hat{\sigma}_{(i)}^2$, obtenue à partir de l'équation de régression après élimination de la $i$ème observation. Cette dernière est indépendante de Y_i. Ceci conduit à définir les statistiques suivantes:

$$\begin{aligned} T_i^* &= \frac{Y_i - \hat{Y}_{(i)}}{\hat{\sigma}_{(i)}\sqrt{1 + \boldsymbol{x}_i^t(\boldsymbol{X}_{(i)}^t\boldsymbol{X}_{(i)})^{-1}\boldsymbol{x}_i}} \\ &= \frac{\hat{\epsilon}_i}{\hat{\sigma}_{(i)}\sqrt{1-h_{ii}}}, \quad i = 1,2,\ldots,n, \end{aligned}$$

appelées résidus par validation croisée. La loi de probabilité des T_i^* est donnée par le théorème suivant.

Proposition 9.6.11. *On suppose que la matrice $\boldsymbol{X}$ est de rang $p+1$. Si la suppression de la ième ligne de $\boldsymbol{X}$ ne modifie pas son rang, alors les résidus de validation croisée T_i^*, $i = 1,\ldots,n$, suivent la loi de Student à $n-p-2$ degrés de liberté.*

L'expérience montre que pour détecter des observations "anormales" les résidus standardisés T_i et les résidus par validation croisée T_i^* sont équivalents. Néanmoins, plusieurs auteurs préfèrent T_i^* à T_i pour les raisons suivantes:

1. Les T_i^*, $i = 1,2,\ldots,n$, sont identiquement distribués, et suivent la loi de Student à $(n-p-2)$ degrés de liberté.
2. Un calcul simple donne :

   $$T_i^* = T_i\sqrt{\frac{n-p-1}{n-p-T_i^2}}.$$

   Cette relation montre que T_i^* est une fonction monotone de T_i, et détecte mieux les observations à fort résidu.
3. Puisque $\hat{\sigma}_{(i)}$ est indépendant de y_i, cet estimateur est robuste à des erreurs grossières sur la $i$ème observation, ce qui peut arriver lors de l'acquisition des données.

Observations aberrantes

Nous nous proposons maintenant de préciser ce qu'on entend par observation aberrante dans un modèle linéaire.

Définition 9.6.12. *Une donnée aberrante est un point* $(\boldsymbol{x}_i^t, y_i)$ *pour lequel la valeur associée* t_i^* *de* T_i^* *est élevée (comparée au seuil donné par la loi de Student).*

Les données aberrantes sont habituellement détectées en traçant les t_i^* (ou les t_i ou les résidus partiels) séquentiellement ou en fonction d'autres variables telles que les y_i ou les $\boldsymbol{x}_i$. La détection de données aberrantes dépend uniquement de la grandeur des résidus.

Les représentations graphiques des résidus permettent souvent, non seulement de déceler des données aberrantes, mais également de s'assurer de la validité du modèle. Nous allons rappeler les plus classiques.

Représentation de la loi empirique une première manière de représenter les résidus est de tracer l'histogramme, la densité lissée, etc., de la loi empirique des résidus. L'utilisation de telles représentations pour contrôler l'hypothèse de normalité des données n'a de sens que pour de grands échantillons.

Représentations en fonction des valeurs ajustées on peut également tracer les résidus en fonction des valeurs ajustées. En effet nous avons vu que lorsque les hypothèses associées au modèle sont correctes, les résidus et les valeurs prédites sont non corrélés. Par conséquent, le tracé des points ne devrait pas avoir de structure particulière. Ce type de tracé donne des indications sur la validité des hypothèses de linéarité, ainsi que sur l'homogénéité de la variance de l'aléa. Par exemple, une courbure dans la forme des résidus suggère que l'hypothèse de linéarité n'est pas judicieuse, alors qu'un comportement monotone de la variabilité des résidus avec $\hat{y}_i$ indique une variance non constante des erreurs.

Mesures diagnostiques basées sur la matrice de projection

La disposition des points dans l'espace des régresseurs joue un rôle important. La matrice de projection $\boldsymbol{H}$ permet d'évaluer partiellement cette influence. Rappelons que les composantes de $\widehat{\boldsymbol{\epsilon}}$ sont des variables centrées, de variance égale à $\sigma^2(1-h_{ii})$ où

$$h_{ii} = \boldsymbol{x}_i^t(\boldsymbol{X}^t\boldsymbol{X})^{-1}\boldsymbol{x}_i, \quad i = 1,2,\ldots,n.$$

La variance du résidu estimé est d'autant plus faible que h_{ii} est grand, et la valeur de h_{ii} mesure l'influence de l'observation y_i sur la valeur ajustée $\hat{y}_i$. La matrice $\boldsymbol{H}$ est symétrique et idempotente car elle projette $\boldsymbol{Y}$ sur le sous-espace vectoriel engendré par les vecteurs colonnes de la matrice $\boldsymbol{X}$.

La $i$ème composante de $\widehat{\boldsymbol{Y}}$ est :

$$\hat{Y}_i = \sum_{j=1}^{n} h_{ij} Y_j = h_{ii} Y_i + \sum_{j \neq i}^{n} h_{ij} Y_j, \ i = 1,2,...,n,$$

et donc h_{ii} représente le "poids" de l'observation y_i sur la détermination de la prédiction $\hat{y}_i$. En particulier, si $h_{ii} = 1$, $\hat{y}_i$ est déterminée par la seule observation y_i. Par ailleurs, si $h_{ii} = 0$, l'observation y_i n'aura aucune influence sur $\hat{y}_i$.

Comme la trace de $\boldsymbol{H}$ vaut $p+1$, la moyenne des h_{ii} est donc égale à $(p+1)/n$. Lorsque h_{ii} est "grand" nous avons vu que l'observation correspondante est influente. Ceci a conduit à qualifier d'influents les points pour lesquels $h_{ii} > 2(p+1)/n$. D'autres auteurs prèfèrent placer les bornes à 0.2 et 0.5: des valeurs de $h_{ii} \leq 0.2$ sont normales; des valeurs entre 0.2 et 0.5 sont considérées comme influentes.

La distance de Cook

Sous l'hypothèse de normalité des observations et lorsque σ est inconnu, la région de confiance du vecteur $\boldsymbol{\beta}$ des coefficients du modèle linéaire est :

$$C_\alpha = \left\{ \boldsymbol{\beta} \in \mathbb{R}^{p+1} | (\boldsymbol{\beta} - \widehat{\boldsymbol{\beta}})^t \boldsymbol{X}^t \boldsymbol{X} (\boldsymbol{\beta} - \widehat{\boldsymbol{\beta}}) \leq \hat{\sigma}^2 p F_{p+1,n-p-1;1-\alpha} \right\}.$$

Cette inégalité définit un ellipsoïde centré au point $\widehat{\boldsymbol{\beta}}$. L'influence de la $i$ème observation peut être mesurée par le décentrage de cet ellipsoïde quand on supprime la $i$ème observation.

Cook a donc proposé la statistique

$$C_i = \frac{(\widehat{\boldsymbol{\beta}}_{(i)} - \widehat{\boldsymbol{\beta}})^t \boldsymbol{X}^t \boldsymbol{X} (\widehat{\boldsymbol{\beta}}_{(i)} - \widehat{\boldsymbol{\beta}})}{\hat{\sigma}^2 (p+1)},$$

pour détecter l'influence de la $i$ème observation sur les coefficients de régression. Cette statistique est appelée distance de Cook. On peut la considérer comme une distance pondérée entre $\widehat{\boldsymbol{\beta}}$ et $\widehat{\boldsymbol{\beta}}_{(i)}$. A première vue, il semble que pour pouvoir calculer la distance de Cook pour toutes les observations il faille procéder à $n+1$ régressions (une en utilisant la totalité des données et n pour les données réduites). En fait, on peut montrer que

$$C_i = \frac{h_{ii}}{(p+1)(1-h_{ii})} T_i^2.$$

Ainsi C_i s'obtient à l'aide de quantités déjà calculées au cours de l'ajustement du modèle complet. Par ailleurs, cette relation montre que la distance C_i est une fonction croissante du carré du résidu standardisé et de h_{ii}. Lorsque C_i est grand l'observation correspondante a une influence simultanée sur tous les paramètres de l'ajustement. Cook suggère de comparer chaque C_i aux quantiles de la loi de Fisher-Snedecor à $p+1$ et $n-p-1$ degrés de liberté, bien que les C_i ne suivent pas exactement une telle loi. Il ne s'agit donc pas là d'un test rigoureux.

La distance des vraisemblances

Si $L(\boldsymbol{\beta},\sigma^2)$ désigne la log-vraisemblance pour $\boldsymbol{\beta}$ et σ^2, alors la statistique :

$$LD_i = 2.\left\{L(\widehat{\boldsymbol{\beta}},\widehat{\sigma}^2) - L(\widehat{\boldsymbol{\beta}}_{(i)},\widehat{\sigma}^2_{(i)})\right\},$$

est appelée distance des vraisemblances. On peut encore montrer que

$$LD_i = n \ln\left(\frac{n(n-p-1-T_i^2)}{(n-1)(n-p-1)}\right) + \frac{(n-1)T_i^2}{(1-h_{ii})(n-p-1-T_i^2)} - 1.$$

Cette mesure est utile lorsque l'on s'intéresse à l'influence conjointe de l'observation i sur les estimateurs de $\boldsymbol{\beta}$ et σ^2. La distance des vraisemblances est comparée au percentile $1-\alpha$ de la loi khi-carrée à $p+1$ degrés de liberté.

9.6.14 Moindres carrés pondérés

Définition

Passons à présent au modèle où les observations $Y_1,Y_2,\ldots,Y_n$ admettent la représentation

$$Y_i = \beta_0 + \sum_{j=1}^{p} \beta_j x_{ij} + \epsilon_i \text{ avec } \epsilon_i \sim \mathcal{N}or(0,\sigma^2/w_i),$$

où w_i est un poids associé à l'observation i. Typiquement, ce poids apparaît lorsque Y_i est la moyenne de w_i observations. Notez qu'un poids important s'accompagne d'une variance faible. En d'autres termes, les écarts par rapport à la moyenne $\beta_0 + \sum_{j=1}^p \beta_j x_{ij}$ seront d'autant moins tolérés que les poids seront élevés. De manière équivalente, on a

$$Y_i \sim \mathcal{N}or\left(\beta_0 + \sum_{j=1}^p \beta_j x_{ij}, \frac{\sigma^2}{w_i}\right), \quad i = 1,2,\ldots,n.$$

Le formalisme matriciel est ici aussi fort utile pour analyser ce modèle. On voit facilement que le modèle de régression linéaire peut se réécrire vectoriellement comme en (9.22) où $\boldsymbol{Y}$, $\boldsymbol{\beta}$, $\boldsymbol{X}$ sont tels que définis précédemment, et $\boldsymbol{\epsilon} \sim \mathcal{N}or_n(\boldsymbol{0},\sigma^2\boldsymbol{W})$, avec

$$\boldsymbol{W} = \begin{pmatrix} 1/w_1 & 0 & \cdots & 0 \\ 0 & 1/w_2 & \cdots & 0 \\ \vdots & \vdots & \ddots & \vdots \\ 0 & 0 & \cdots & 1/w_n \end{pmatrix}.$$

Estimation des paramètres

La fonction de vraisemblance relative aux observations $y_1,y_2,\ldots,y_n$ est

$$\mathcal{L}(\boldsymbol{\beta},\sigma|\boldsymbol{y}) = \frac{1}{(2\pi)^{n/2}\sigma|\boldsymbol{W}|^{1/2}} \exp\left(-\frac{1}{2\sigma^2}(\boldsymbol{y} - \boldsymbol{X}\boldsymbol{\beta})^t\boldsymbol{W}^{-1}(\boldsymbol{y} - \boldsymbol{X}\boldsymbol{\beta})\right).$$

Quelle que soit la valeur de σ^2, maximiser $L(\boldsymbol{\beta},\sigma|\boldsymbol{y}) = \ln \mathcal{L}(\boldsymbol{\beta},\sigma|\boldsymbol{y})$ par rapport à $\boldsymbol{\beta}$ revient à minimiser

$$\begin{aligned} S_2(\boldsymbol{\beta}) &= (\boldsymbol{y} - \boldsymbol{X}\boldsymbol{\beta})^t\boldsymbol{W}^{-1}(\boldsymbol{y} - \boldsymbol{X}\boldsymbol{\beta}) \\ &= \sum_{i=1}^n w_i(y_i - \boldsymbol{x}_i^t\boldsymbol{\beta})^2 \end{aligned}$$

où le vecteur colonne $\boldsymbol{x}_i$ contient les éléments de la $i$ème ligne de la matrice $\boldsymbol{X}$. Il s'agit donc de minimiser une somme pondérée des carrés des écarts entre la réponse y_i et le prédicteur linéaire $\boldsymbol{x}_i^t\boldsymbol{\beta}$. Les observations pour lesquelles le poids w_i est grand seront donc pénalisées lors de la minimisation de $S_2(\boldsymbol{\beta})$: on tolérera moins d'écart entre y_i et $\boldsymbol{x}_i^t\boldsymbol{\beta}$ pour ces indices.

Pour que $\widehat{\boldsymbol{\beta}}$ minimise S_2 il faut que ce soit un point stationnaire de cette expression. Il est donc obtenu en dérivant S_2 par rapport à $\boldsymbol{\beta}$ et en identifiant le gradient à $\mathbf{0}$. L'estimateur du maximum de vraisemblance $\widehat{\boldsymbol{\beta}}$ de $\boldsymbol{\beta}$ est solution des équations normales

$$\boldsymbol{X}^t\boldsymbol{W}\boldsymbol{X}\widehat{\boldsymbol{\beta}} - \boldsymbol{X}^t\boldsymbol{W}\boldsymbol{Y} = 0,$$

qui donneront

$$\widehat{\boldsymbol{\beta}} = \left(\boldsymbol{X}^t\boldsymbol{W}\boldsymbol{X}\right)^{-1}\boldsymbol{X}^t\boldsymbol{W}\boldsymbol{Y} \tag{9.25}$$

qui définit l'estimateur du maximum de vraisemblance de $\boldsymbol{\beta}$.

Matrice de projection

Ayant obtenu l'estimation du vecteur $\boldsymbol{\beta}$, on peut définir un estimateur $\widehat{\boldsymbol{Y}} = \boldsymbol{X}\widehat{\boldsymbol{\beta}}$ de la moyenne du vecteur $\boldsymbol{Y}$ et le vecteur des résidus $\widehat{\boldsymbol{\epsilon}} = \boldsymbol{Y} - \widehat{\boldsymbol{Y}}$. Notez qu'on peut encore écrire

$$\widehat{\boldsymbol{Y}} = \boldsymbol{X}\left(\boldsymbol{X}^t\boldsymbol{W}\boldsymbol{X}\right)^{-1}\boldsymbol{X}^t\boldsymbol{W}\boldsymbol{Y}.$$

En définissant la matrice de projection (hat matrix) comme étant la matrice $\boldsymbol{H}$ carrée $n \times n$ définie par

$$\boldsymbol{H} = \boldsymbol{X}\left(\boldsymbol{X}^t\boldsymbol{W}\boldsymbol{X}\right)^{-1}\boldsymbol{X}^t\boldsymbol{W},$$

on voit que cette matrice fait passer de $\boldsymbol{Y}$ à $\widehat{\boldsymbol{Y}}$ puisque $\widehat{\boldsymbol{Y}} = \boldsymbol{X}\widehat{\boldsymbol{\beta}} = \boldsymbol{H}\boldsymbol{Y}$. Notez que $\boldsymbol{H}$ ne dépend pas des $\boldsymbol{Y}$, mais uniquement des poids $\boldsymbol{W}$ et des régresseurs $\boldsymbol{X}$.

9.7 Modèles additifs

9.7.1 Principe

Dans le score η_i, on ne peut pas être sûr que les variables continues interviendront linéairement. Ainsi, si la première variable est continue (pensez par exemple à l'âge de l'assuré), on pourrait avoir avantage à considérer un modèle du type

$$Y_i \sim \mathcal{N}or(\eta_i,\sigma^2) \text{ où } \eta_i = \beta_0 + f(x_{i1}) + \sum_{j=2}^{p} \beta_j x_{ij}.$$

La fonction f, à estimer sur base des données, exprimera le lien entre le score η_i et x_{i1}, compte tenu des autres variables $x_{i2},\ldots,x_{ip}$. C'est précisément là l'avantage de la démarche par rapport à la détermination *a priori* de classes pour une variable quantitative:

lorsque cette démarche s'inscrit dans un modèle de régression, on corrige pour les autres variables explicatives.

Remarque 9.7.1. *Une autre démarche, plus classique, consiste à substituer à* x_{i1} *différentes transformations de la variable (par des polynômes, des sinusoïdes, etc.) afin de capturer l'influence non linéaire. Cependant, cette approche est beaucoup moins convaincante que celle consistant à estimer* f *directement. En effet, elle conduit à une multiplication des paramètres à estimer et impose un choix arbitraire des transformations des variables explicatives (qui peut s'avérer erroné).*

L'innovation des modèles additifs consiste à permettre au score d'être une fonction additive non nécessairement linéaire des covariables. Spécifiquement, on retiendra la forme

$$\eta = c + \sum_{j=1}^{p} f_j(x_j)$$

pour le score, où les fonctions $f_j(\cdot)$, $j = 1,\ldots,p$, supposées régulières, traduisent l'influence des variables explicatives $x_1,\ldots,x_p$ sur la réponse y. Si toutes les fonctions f_j sont affines, on est ramené au modèle linéaire.

Afin d'expliquer comment on ajuste un modèle additif, nous procèderons en deux étapes successives. Nous commencerons par traiter le modèle simple $y = f(x) + \epsilon$ où l'erreur ϵ est normale centrée. Nous verrons comment il est possible d'estimer la fonction inconnue $f(\cdot)$ traduisant l'influence de x sur y à l'aide de techniques de lissage ou d'ajustement linéaire local. Ensuite, nous passerons au cas de plusieurs variables explicatives $y = \sum_{j=1}^{p} f_j(x_j) + \epsilon$.

9.7.2 Le cas d'un seul régresseur

Commençons par considérer le modèle élémentaire suivant. Nous disposons de n observations (x_i,y_i), $i = 1,\ldots,n$, où la variable à expliquer y_i et le régresseur x_i sont continus. L'influence de x_i sur y_i est modélisée à l'aide d'une fonction $f(\cdot)$, supposée régulière, à un bruit additif près, i.e.,

$$y_i = f(x_i) + \epsilon_i \tag{9.26}$$

où les erreurs ϵ_i sont supposées indépendantes de loi $\mathcal{N}or(0,\sigma^2)$. La spécification (9.26) permet donc de s'affranchir de la contrainte de linéarité imposée dans la régression classique (où $f(x_i) = \beta_0 + \beta_1 x_i$).

L'estimation de $f(\cdot)$ se fera à l'aide des techniques de lissage et nous nous intéresserons plus particulièrement à des lisseurs linéaires, en ce sens que $\widehat{f}(x_i)$ peut s'exprimer comme une combinaison linéaire des valeurs $y_1, \ldots, y_n$, i.e.

$$\widehat{f}(x_i) = \sum_{j=1}^{n} h_{ij} y_j \tag{9.27}$$

où les poids $h_{ij} = h(x_i, x_j)$ dépendent de l'endroit x_i où la réponse $f(x_i)$ doit être estimée. Si on définit le vecteur $\boldsymbol{f} = (f(x_1), \ldots, f(x_n))^t$, (9.27) se réécrit comme $\widehat{\boldsymbol{f}} = \boldsymbol{H}\boldsymbol{y}$.

Méthode Loess

Principe: moindres carrés pondérés Cette méthode proposée par Cleveland (1979) fait partie de la famille des régressions polynomiales locales. Elle consiste à approximer localement $f(\cdot)$ par une droite[4]. Cette approche a été développée par Cleveland et al. (1988, 1991). L'idée est d'utiliser les λ plus proches voisins de x afin d'estimer $f(x)$. Le voisinage s'apprécie par rapport aux variables explicatives: on utilise les λ observations dont les variables explicatives sont les plus proches de x pour estimer la réponse $f(x)$.

La métode Loess peut se décomposer comme suit: disposant des n observations (x_i, y_i), $i = 1, 2, \ldots, n$,

(i) les λ plus proches voisins de x sont identifiés (soit $\mathcal{V}(x)$ l'ensemble de ceux-ci);

(ii) la distance $\Delta(x)$ séparant x du plus éloigné de ses λ plus proches voisins est calculée comme

$$\Delta(x) = \max_{i \in \mathcal{V}(x)} |x - x_i|;$$

(iii) les poids

$$w_i(x) = K\left(\frac{|x - x_i|}{\Delta(x)}\right)$$

sont assignés à chaque élément de $\mathcal{V}(x)$. La fonction $K(\cdot)$ assignant les poids $w_i(x)$ aux observations de $\mathcal{V}(x)$ doit avoir les propriétés suivantes:

(i) $K(u) \geq 0$ pour tout u

4. Notez qu'on peut également approximer localement f par une constante, auquel cas, on retrouve des moyennes mobiles pondérées, ou par un polynôme de degré 2. Nous ne considérerons ici que l'ajustement linéaire local.

(ii) $K(u) = 0$ pour $u > 1$

(iii) K est non-croissante sur (0,1).

Comme suggéré par CLEVELAND (1979), nous utiliserons la fonction $K(\cdot)$ donnée par

$$K(u) = \begin{cases} (1-u^3)^3 \text{ pour } 0 \leq u < 1 \\ 0 \text{ sinon.} \end{cases}$$

On donne donc plus de poids aux points du voisinage les plus proches de x.

(iv) $\widehat{f}(x)$ est obtenue en régressant les y_i, $i \in \mathcal{V}(x)$, sur les x_i correspondants à l'aide d'un ajustement des moindres carrés pondérés et en se servant de la droite de régression pour prédire la réponse correspondant à x.

Cette approche fournit une réponse de la forme (9.27).

Dans le cas qui nous occupe ici, à savoir celui d'un seul régresseur, la valeur ajustée $\widehat{y}_i = \widehat{\beta}_0(x_i) + \widehat{\beta}_1(x_i)x_i$ s'obtient en déterminant $\widehat{\beta}_0(x_i)$ et $\widehat{\beta}_1(x_i)$ de façon à minimiser

$$\sum_{k \in \mathcal{V}(x_i)} w_k(x_i)\big(y_k - \beta_0(x_i) - \beta_1(x_i)x_k\big)^2$$

ce qui fournit

$$\widehat{y}_i = \sum_{k=1}^{n} h_k(x_i)y_k,$$

où $h_k(x_i)$ ne dépend pas des y_j, $j = 1,\ldots,n$ ($h_k(x_i)$ ne dépend que des régresseurs).

Si on s'intéresse à la réponse pour une valeur x non observée, le modèle utilisé pour estimer $f(x)$ est donc

$$y_i = \beta_0(x) + \beta_1(x)x_i + \epsilon_i \text{ pour } i \in \mathcal{V}(x)$$

où les estimations $\widehat{\beta}_0(x)$ et $\widehat{\beta}_1(x)$ des paramètres $\beta_0(x)$ et $\beta_1(x)$ s'obtiennent en minimisant

$$\sum_{k \in \mathcal{V}(x)} w_k(x)\big(y_k - \beta_0(x) - \beta_1(x)x_k\big)^2.$$

Ceci donne finalement $\widehat{f}(x) = \widehat{\beta}_0(x) + \widehat{\beta}_1(x)x$.

Intervalles de confiance Si on note $\widehat{\boldsymbol{y}}$ le vecteur des valeurs ajustées $(\widehat{f}(x_1), \ldots, \widehat{f}(x_n))^t$ et $\widehat{\boldsymbol{\epsilon}}$ le vecteur des résidus, on a

$$\widehat{\boldsymbol{y}} = \boldsymbol{H}\boldsymbol{y} \text{ et } \widehat{\boldsymbol{\epsilon}} = (\boldsymbol{I} - \boldsymbol{H})\boldsymbol{y}.$$

Par conséquent, $\widehat{\boldsymbol{y}}$ et $\widehat{\boldsymbol{\epsilon}}$ obéissent tous deux aux lois normales multivariées de matrice variance covariance $\sigma^2\boldsymbol{H}\boldsymbol{H}^t$ et $\sigma^2(\boldsymbol{I} - \boldsymbol{H})(\boldsymbol{I} - \boldsymbol{H})^t$, respectivement. Ceci nous permet d'obtenir des intervalles de confiance pour $f(x)$. Si nous posons

$$\delta_k = \text{Trace}\Big((\boldsymbol{I} - \boldsymbol{H})(\boldsymbol{I} - \boldsymbol{H})^t\Big)^k \text{ pour } k = 1{,}2,$$

on voit facilement que

$$\mathbb{E}\left[\sum_{i=1}^{n} \widehat{\epsilon}_i^2\right] = \sigma^2\delta_1$$

de sorte que

$$\widehat{\sigma^2} = \frac{1}{\delta_1}\sum_{i=1}^{n} \widehat{\epsilon}_i^2$$

est un estimateur sans biais de σ^2. De plus,

$$\frac{\delta_1^2}{\delta_2} \times \frac{\widehat{\sigma}^2}{\sigma^2}$$

suit approximativement la loi khi-carrée à δ_1^2/δ_2 degrés de liberté (où δ_1^2/δ_2 sera arrondi à l'entier le plus proche). Par conséquent,

$$\frac{\widehat{f}(x) - f(x)}{\widehat{\sigma}\sqrt{\sum_{i=1}^{n} h_i^2(x)}}$$

obéit approximativement à la loi de Student à δ_1^2/δ_2 degrés de liberté. Ceci permet d'obtenir des intervalles de confiance pour la réponse $f(\cdot)$ en différents points x.

Degré de lissage Comme le lecteur aura pu s'en rendre compte, l'approche Loess dépend donc du nombre λ de points contenu dans le voisinage $\mathcal{V}(x_0)$ du point x_0 considéré. Le nombre de plus proches voisins, le plus souvent exprimé en pourcentage de la taille du jeu de données, joue le rôle de paramètre de lissage. La sélection d'une valeur optimale pour λ est considérée plus bas.

Lors de la comparaison des modèles, il est bon de disposer d'une mesure de la complexité de ceux-ci. Ceci peut s'effectuer à l'aide d'un nombre de degrés de liberté associé aux lisseurs satisfaisant (9.27). Le nombre de degrés de liberté DF_λ est fourni par la trace de la matrice $\boldsymbol{H}_\lambda$ dont les éléments sont les h_{ij} intervenant dans (9.27). Ce choix provient du fait que dans le modèle de régression linéaire classique, nous avons vu plus haut que la trace de la matrice qui fait passer des observations y_i aux valeurs ajustées $\widehat{y}_i = \widehat{\boldsymbol{\beta}}^t \boldsymbol{x}_i$ vaut le nombre de paramètres (i.e. la dimension de $\boldsymbol{\beta}$).

Mesure de la qualité de l'ajustement La mesure de la qualité de l'ajustement est plus complexe pour les modèles où il s'agit d'estimer une fonction que pour les modèle paramétriques classiques. La plupart des critères font intervenir à la fois une mesure de la qualité de l'ajustement et une mesure de la complexité du modèle. La minimisation de tels critères permet également de sélectionner le paramètre de lissage.

Notons $\widehat{\sigma}^2$ la somme des carrés des résidus. HURVICH & SIMONOFF (1998) ont proposé le critère suivant:

$$AICC1 = n \ln \widehat{\sigma}^2 + n \frac{\delta_1/\delta_2(n + DF_\lambda)}{\delta_1^2/\delta_2 - 2}$$

appelé AIC corrigé. Le premier terme intervenant dans AICC1 mesure la qualité de l'ajustement tandis que le deuxième évalue la complexité du modèle. Ce critère permet de sélectionner la valeur optimale de λ (i.e. celle minimisant AICC1).

Extension à des régresseurs multiples L'extension de la méthode Loess à plus d'un régresseur est immédiate. On considère alors un modèle de la forme

$$y_i = f(x_{i1}, x_{i2}, \ldots, x_{ip}) + \epsilon_i.$$

Notez que ce modèle n'est pas additif. Il suffit d'approcher localement la fonction f des variables explicatives par un hyperplan et ensuite de procéder comme expliqué plus haut dans le cas d'un seul régresseur. Il importe dans ce cas que les différents régresseurs aient des valeurs comparables (afin que les voisinages multidimensionnels ne soient pas déterminés sur la seule base de la variable prenant les plus grandes valeurs). Pour cela, les variables explicatives sont souvent normalisées (en les divisant par la largeur de l'intervalle interquartile par exemple). La distance utilisée est la distance euclidienne dans $\mathbb{R}^p$.

Remarque 9.7.2. *En fonction de la taille du jeu de données à traiter, on peut éventuellement recourir à la méthode des "$k-d$ trees" pour définir des voisinages multidimensionnels.*

Maximum de vraisemblance pénalisée et splines cubiques

Principe: moindres carrés pénalisés Une manière ingénieuse d'estimer la fonction $f(\cdot)$ intervenant dans (9.26) consiste à minimiser la fonction objectif

$$\mathcal{O}(f)=\sum_{i=1}^{n}\Big(y_i-f(x_i)\Big)^2+\lambda\int_{u\in\mathbb{R}}\big(f''(u)\big)^2du. \tag{9.28}$$

Le premier terme intervenant dans $\mathcal{O}(f)$ assure que $f(\cdot)$ ajustera au mieux les données, tandis que le second pénalise un ajustement trop irrégulier. Le recours à cette technique suppose que $f(\cdot)$ est deux fois continûment différentiable et que $f''(\cdot)$ est de carré-intégrable. L'intégrale intervenant dans (9.28) a pour but de mesurer l'irrégularité de la fonction $f(\cdot)$. Notez que deux fonctions ne différant qu'à un terme linéaire près auront mêmes dérivées secondes et, partant, présenteront le même degré d'irrégularité comme mesuré dans (9.28). Dans un contexte de régression, cette dernière propriété est particulièrement appréciée.

La fonction objectif (9.28) peut se voir comme une log-vraisemblance normale pénalisée (approche PML, pour *Penalized Maximum Log-Likelihood*): on ajoute à la log-vraisemblance un terme pénalisant l'irrégularité de l'estimateur avant de la maximiser. Cette approche remonte aux travaux de l'actuaire E. Whittaker qui, dès 1923, utilisa une technique semblable pour lisser des tables de mortalité. Pour plus de détails, voyez par exemple HASTIE & TIBSHIRANI (1990).

Lorsque $\lambda\to+\infty$, le terme pénalisant l'irrégularité de $f(\cdot)$ domine, forçant la dérivée seconde de $f(\cdot)$ à s'annuler partout, et fournissant donc la droite de régression comme solution. Pour de grandes valeurs de λ, l'intégrale domine dans (9.28) et l'estimateur résultant de la minimisation de $\mathcal{O}(f)$ présentera une courbure très faible. Au contraire, lorsque $\lambda\to 0$, la pénalisation disparaît et on obtient une interpolation parfaite (lorsque les x_i sont distincts).

Supposons tout d'abord que $x_1<x_2<\ldots<x_n$. La solution $\widehat{f_\lambda}$ de la minimisation de (9.28) est un spline cubique dont les noeuds

sont $x_1,x_2,\ldots,x_n$ (ce qui signifie que $\widehat{f}_\lambda$ coïncide avec un polynôme du 3ème degré sur chaque intervalle (x_i,x_{i+1}), et possède des dérivées première et seconde continues en chacun des x_i). Ceci permet de ramener la minimisation de (9.28) à celle de

$$(\boldsymbol{y}-\boldsymbol{f})^t(\boldsymbol{y}-\boldsymbol{f})+\lambda\boldsymbol{f}^t\boldsymbol{K}\boldsymbol{f} \tag{9.29}$$

où $\boldsymbol{y}^t=(y_1,\cdots,y_n)$, $\boldsymbol{f}^t=(f(x_1),\cdots,f(x_n))$ et $\boldsymbol{K}=\boldsymbol{D}^t\boldsymbol{C}^{-1}\boldsymbol{D}$ avec $\boldsymbol{D}$ une matrice tri-diagonale de dimension $(n-2)\times n$ donnée par

$$\boldsymbol{D}=\begin{pmatrix}
\frac{1}{\Delta_1} & -\left(\frac{1}{\Delta_1}+\frac{1}{\Delta_2}\right) & \frac{1}{\Delta_2} & 0 & 0 & \cdots & 0\\
0 & \frac{1}{\Delta_2} & -\left(\frac{1}{\Delta_2}+\frac{1}{\Delta_3}\right) & \frac{1}{\Delta_3} & 0 & \cdots & 0\\
0 & 0 & \frac{1}{\Delta_3} & -\left(\frac{1}{\Delta_3}+\frac{1}{\Delta_4}\right) & \frac{1}{\Delta_4} & \cdots & 0\\
\vdots & \vdots & \vdots & \vdots & \vdots & \ddots & \vdots\\
0 & 0 & 0 & 0 & 0 & \cdots & \frac{1}{\Delta_{n-1}}\\
0 & 0 & 0 & 0 & 0 & \cdots & -\left(\frac{1}{\Delta_{n-2}}+\frac{1}{\Delta_{n-1}}\right)\\
0 & 0 & 0 & 0 & 0 & \cdots & \frac{1}{\Delta_{n-2}}
\end{pmatrix},$$

où $\Delta_i=x_{i+1}-x_i$, et $\boldsymbol{C}$ est une matrice tri-diagonale symétrique de dimension $(n-2)\times(n-2)$ donnée par

$$\boldsymbol{C}=\frac{1}{6}\begin{pmatrix}
2(\Delta_1+\Delta_2) & \Delta_2 & 0 & \cdots & 0 & 0\\
\Delta_2 & 2(\Delta_2+\Delta_3) & \Delta_3 & \cdots & 0 & 0\\
\vdots & \vdots & \vdots & \ddots & \vdots & \vdots\\
0 & 0 & 0 & \cdots & 2(\Delta_{n-3}+\Delta_{n-2}) & \Delta_{n-2}\\
0 & 0 & 0 & \cdots & \Delta_{n-2} & 2(\Delta_{n-2}+\Delta_{n-1})
\end{pmatrix}.$$

La solution $\widehat{f}_\lambda$ peut alors être obtenue en annulant le gradient $-2(\boldsymbol{y}-\boldsymbol{f})+2\lambda\boldsymbol{K}\boldsymbol{f}$ de la fonction objectif (9.29), ce qui fournit

$$\widehat{\boldsymbol{f}}_\lambda=(\boldsymbol{I}+\lambda\boldsymbol{K})^{-1}\boldsymbol{y}$$

qui a bien la forme (9.27) avec $\boldsymbol{H}=(\boldsymbol{I}+\lambda\boldsymbol{K})^{-1}$. Mentionnons pour mémoire qu'il n'est pas nécessaire d'inverser $\boldsymbol{I}+\lambda\boldsymbol{K}$ pour obtenir $\widehat{f}_\lambda$ mais qu'il est plus efficace de recourir à des techniques numériques telles que l'algorithme de Reinsch.

Remarque 9.7.3. *Dans le cas où chaque observation* (x_i,y_i) *est munie d'un poids* w_i*, on recourt à la fonction objectif*

$$\mathcal{O}_w(f)=\sum_{i=1}^n w_i\Big(y_i-f(x_i)\Big)^2+\lambda\int_{u\in\mathbb{R}}\big(f''(u)\big)^2du.$$

A nouveau, le minimum de $\mathcal{O}_w(f)$ *est obtenu en prenant pour* f *un spline cublique, ce qui permet d'écrire*

$$\mathcal{O}_w(f)=(\boldsymbol{y}-\boldsymbol{f})^t\boldsymbol{W}(\boldsymbol{y}-\boldsymbol{f})+\lambda\boldsymbol{f}^t\boldsymbol{K}\boldsymbol{f}$$

où la matrice diagonale $\boldsymbol{W}$ reprend les poids, dont la minimisation fournit

$$\widehat{\boldsymbol{f}}_\lambda = (\boldsymbol{W} + \lambda \boldsymbol{K})^{-1}\boldsymbol{W}\boldsymbol{y}.$$

Le poids w_i peut par exemple représenter le nombre d'observations y_i dans l'échantillon correspondant à la même valeur x_i.

Degré de lissage La mesure de la complexité du modèle s'effectue exactement comme pour Loess. Le choix de λ s'opère souvent à l'aide du critère de validation croisée

$$CV(\lambda) = \frac{1}{n}\sum_{i=1}^{n}\left(y_i - \widehat{f}_\lambda^{-i}(x_i)\right)^2$$

où $\widehat{f}_\lambda^{-i}(x_i)$ est l'estimation de $f(x_i)$ obtenue à l'aide de l'échantillon $\{(y_j,x_j),\ j \neq i\}$, de taille $n-1$. Le critère de validation croisée privilégie le pouvoir de prédiction du modèle retenu (alors que la somme des carrés des résidus privilégie la qualité de l'ajustement d'un ensemble donné d'observations). En effet, $\widehat{f}_\lambda^{-i}(x_i)$ est la prévision de y_i fournie par les données à l'exclusion de la $i$ème, de sorte que la différence $y_i - \widehat{f}_\lambda^{-i}(x_i)$ mesure la qualité de la prédiction fournie par le modèle.

La valeur de $\widehat{f}_\lambda^{-i}(x_i)$ est fournie pour des splines cubiques par

$$\widehat{f}_\lambda^{-i}(x_i) = \sum_{j \neq i} \frac{h_{ij}}{1-h_{ii}} y_j$$

où les poids $\frac{h_{ij}}{1-h_{ii}}$ ont pour somme 1. L'idée est très simple: on accorde un poids nul à l'observation i et les poids sont normalisés (afin d'avoir une somme égale à 1). On a donc

$$\widehat{f}_\lambda^{-i}(x_i) = \frac{1}{1-h_{ii}}\widehat{f}_\lambda(x_i) - \frac{h_{ii}}{1-h_{ii}} y_i$$

de sorte que

$$CV(\lambda) = \frac{1}{n}\sum_{i=1}^{n}\left(\frac{y_i - \widehat{f}_\lambda(x_i)}{1-h_{ii}}\right)^2.$$

Remarque 9.7.4. *On a aussi parfois recours au critère de validation croisée généralisé, remplaçant h_{ii} par la moyenne $\frac{1}{n}\sum_{i=1}^{n} h_{ii}$,* *qui donne*

$$
\begin{aligned}
GCV(\lambda) &= \frac{1}{n\left(1-\frac{1}{n}\sum_{i=1}^{n} h_{ii}\right)^2}\sum_{i=1}^{n}\left(y_i-\widehat{f}_\lambda(x_i)\right)^2 \\
&= \frac{1}{n\left(1-\frac{DF_\lambda}{n}\right)^2}\sum_{i=1}^{n}\left(y_i-\widehat{f}_\lambda(x_i)\right)^2.
\end{aligned}
$$

9.7.3 Estimation à plus d'un régresseur: backfitting

Supposons à présent que l'on dispose d'observations $(y_i,\boldsymbol{x}_i)$, $i=1,2,\ldots,n$, où $\boldsymbol{x}_i^t=(x_{i1},\ldots,x_{ip})$ sont p variables explicatives continues. Nous considérons le modèle

$$
y_i = c + \sum_{j=1}^{p} f_j(x_{ij}) + \epsilon_i \tag{9.30}
$$

où les erreurs ϵ_i sont supposées indépendantes de loi $\mathcal{N}or(0,\sigma^2)$. Notre but est d'estimer les fonctions $f_1(\cdot),\ldots,f_p(\cdot)$ traduisant l'effet des variables explicatives sur la réponse. Pour ce faire, on recourera à l'algorithme de backfitting, qui réajustera successivement les résidus partiels à chacune des variables explicatives.

Montrons comment le modèle (9.30) peut se traiter à partir du cas simple (9.26). Le principe consiste, étant donnée une première estimation $\widehat{f_k}(\cdot)$ des $f_k(\cdot)$, $k=1,2,\ldots,p$, à réestimer $f_j(\cdot)$ en ajustant les résidus obtenus à partir des $f_k(\cdot)$, $k\neq j$, i.e. les $r_i^{(j)}$ donnés par

$$
r_i^{(j)} = y_i - \widehat{c} - \sum_{k\neq j}\widehat{f_k}(x_{ik}),\ i=1,2,\ldots,n,
$$

aux valeurs du $j$ème régresseur x_{ij}. On continuera de la sorte jusqu'à ce que les résultats se stabilisent. L'idée maîtresse sous-tendant l'algorithme dit de backfitting est que quel que soit j

$$
\mathbb{E}\left[Y-c-\sum_{k\neq j} f_k(X_k)\Big|X_j\right] = f_j(X_j),
$$

de sorte que les résidus $r_i^{(j)}$, $i=1,\ldots,n$ reflètent la part du comportement de la variable dépendante attribuable au $j$ème régresseur.

Dorénavant, notons $\boldsymbol{f}_j^t=(f_j(x_{j1}),\cdots,f_j(x_{jn}))$ le vecteur des évaluations de $f_j(\cdot)$ en les valeurs observées du $j$ème régresseur. Comme il est bien évidemment possible d'absorber la constante

c dans l'une quelconque des fonctions $f_1,\ldots,f_p$, nous prendrons dorénavant $\widehat{c}=\overline{y}$ par souci d'identifiabilité. L'idée maîtresse de la méthode consiste à définir des résidus $r_1^{(j)},\cdots,r_n^{(j)}$ qui seront expliqués au moyen d'un modèle additif à l'aide du $j$ème régresseur. Plus précisément, l'algorithme procède comme suit:

initialisation: $\widehat{c}\leftarrow\overline{y}$, $\widehat{\boldsymbol{f}_j}^{(0)}\leftarrow\boldsymbol{0}$, $j=1,2,\ldots,p$.

cycle: pour $r=1,2,\ldots,$ et $j=1,2,\ldots,p$, mettre à jour $\widehat{\boldsymbol{f}}_j^{(r)}$ grâce à

$$\widehat{\boldsymbol{f}}_j^{(r+1)}\leftarrow\boldsymbol{H}_{\lambda_j}\left(\boldsymbol{y}-(\overline{y},\ldots,\overline{y})^t-\sum_{k<j}\widehat{\boldsymbol{f}}_k^{(r+1)}-\sum_{k>j}\widehat{\boldsymbol{f}}_k^{(r)}\right)$$

où $\boldsymbol{H}_{\lambda_j}$ est la matrice de lissage appliquée au résidu partiel obtenu en soustrayant de l'observation $\boldsymbol{y}$ son anticipation calculée à l'aide de tous les régresseur, à l'exception du $j$ème.

critère d'arrêt: itérer l'étape ci-dessus et s'arrêter lorsque la somme des carrés des résidus

$$\left(\boldsymbol{y}-(\overline{y},\ldots,\overline{y})^t-\sum_{j=1}^{p}\widehat{\boldsymbol{f}}_k^{(r+1)}\right)^t\left(\boldsymbol{y}-(\overline{y},\ldots,\overline{y})^t-\sum_{j=1}^{p}\widehat{\boldsymbol{f}}_k^{(r+1)}\right)$$

cesse de décroître.

Notez que l'influence de chacun des régresseurs peut être estimée à l'aide d'un paramètre de lissage différent.

9.7.4 Comparaison des différentes approches

Considérons des simulations de 50 observations suivant un modèle $Y_i=(X_i+1)^2-1+\varepsilon_i$, où les erreurs $\varepsilon\sim\mathcal{N}or(0,1/2)$ sont indépendantes, et où $X_i\sim\mathcal{N}or(0,1)$.

La Figure 9.6 montre l'estimation par moindres carrés de Y sur X à gauche, et de X sur Y à droite. Comme le montre la partie gauche, le principe des moindres carrés consiste à minimiser la somme des carrés des distances entre Y_i et $\widehat{Y}_i$ (représentées verticalement).

La Figure 9.7 montre le résultat de l'ACP du nuage $(X_1,Y_1),\ldots,(X_n,Y_n)$, où le premier axe est obtenu en minisant la somme des carrés des distances de (X_i,Y_i) à la droite (correspondant à la projection orthogonale de (X_i,Y_i) sur la droite). Notons que la droite obtenue est ici relativement proche de celle obtenue par régression linéaire.

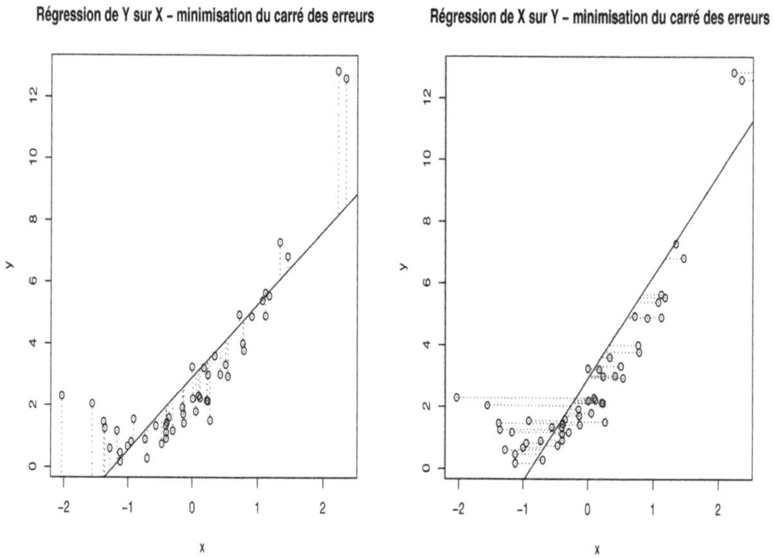

FIG. 9.6 – *Régressions de Y sur X (à gauche) et de X sur Y (à droite).*

La partie gauche de la Figure 9.8 présente la régression de Y sur X (modèle affine) et de Y sur X et X^2 (modèle quadratique). Le modèle simulé étant ici quadratique, on observe que c'est effectivement une modélisation qui s'ajuste relativement bien aux données. La partie droite correspond à une approche non-paramétrique, par splines cubiques.

Toujours sur le même échantillon de 50 points simulés, la Figure 9.9 présente à gauche la méthode Loess, et à droite une régression locale polynomiale, par des polynômes de degré 1, 2 et 3 respectivement. On constate que l'approche Loess, comme celle basée sur les splines cubiques, permet d'avoir une bonne idée du modèle sous-jacent.

9.8 Les modèles linéaires généralisés

9.8.1 Petit historique des applications actuarielles des modèles de régression

Longtemps, les actuaires se sont limités à utiliser le modèle linéaire gaussien lorsqu'il s'agissait de quantifier l'impact de va-

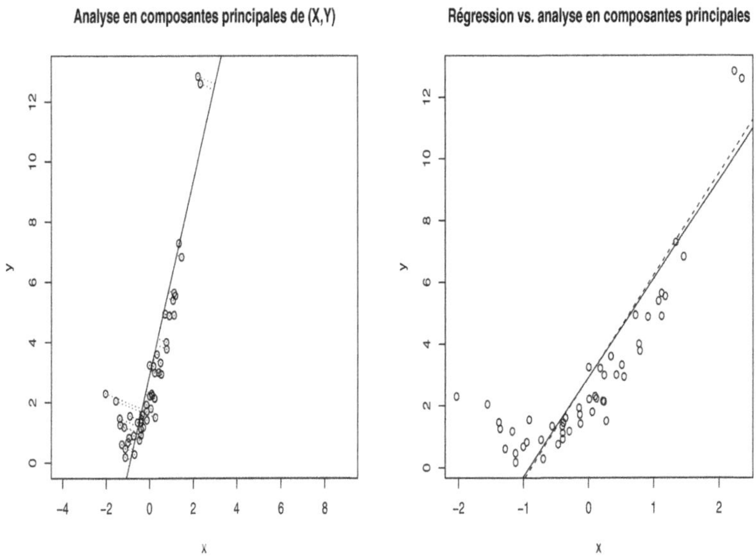

FIG. 9.7 – *ACP du nuage* (X_i,Y_i) *simulé (à gauche) et comparaison avec la droite de régression de* Y *sur* X *(à droite).*

riables explicatives sur un phénomène d'intérêt (fréquence ou coût des sinistres, probabilité d'occurrence d'événements assurés, ...). A présent que la complexité des problèmes statistiques qui se posent à l'actuaire s'est considérablement accrue, il est crucial de se tourner vers des modèles tenant mieux compte de la réalité de l'assurance que ne le fait le modèle linéaire. Ce dernier impose en effet une série de limitations peu conciliables avec la réalité des nombres ou des coûts des sinistres: densité de probabilité (approximativement) gaussienne, linéarité du score et homoscédasticité. Même s'il est possible de s'affranchir de certaines de ces contraintes en transformant préalablement la variable réponse à l'aide de fonctions bien choisies, l'approche linéaire s'accompagne de nombreux désavantages (travail sur une échelle artificielle, difficultés de revenir aux quantités initiales, ...).

Une première étape dans l'utilisation de modèles plus appropriés à la réalité de l'assurance a été franchie lors de l'application en sciences actuarielles à la fin du 20ème siècle par les actuaires londoniens de la City University des modèles linéaires généralisés (GLM, pour *Generalized Linear Models*). Ces modèles, introduits en statistique par NELDER & WEDDERBURN (1972), permettent de s'affran-

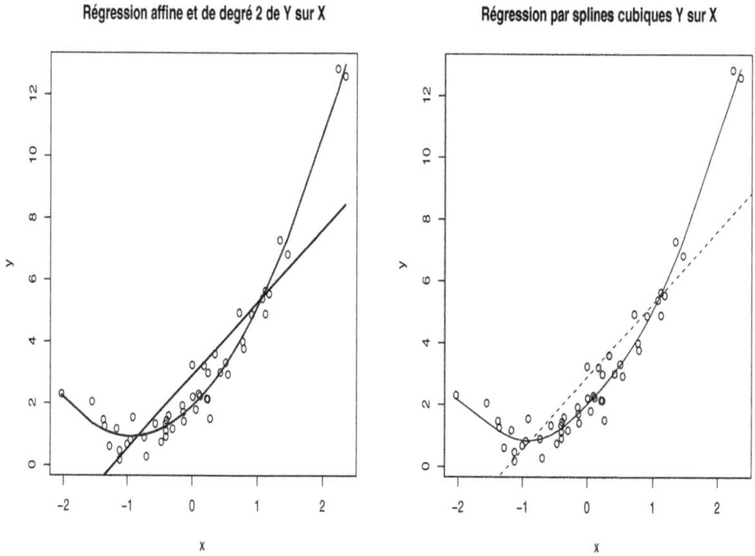

FIG. 9.8 – *Régressions affine et quadratique de Y sur X (à gauche), et régression par splines cubiques (à droite).*

chir de l'hypothèse de normalité, en traitant de manière unifiée des réponses dont la loi fait partie de la famille exponentielle linéaire (laquelle compte, outre la loi normale, les lois de Poisson, binomiale, Gamma et Inverse Gaussienne). Voyez notamment GOURIÉROUX, MONFORT & TROGNON (1984).

La régression de Poisson (et les modèles apparentés, tels que la régression binomiale négative) est à présent un outil de choix pour l'élaboration d'une tarification automobile, supplantant largement le modèle linéaire général et la régression logistique pour l'analyse des nombres de sinistres. La percée de cette méthode au sein des compagnies date de l'inclusion dans les logiciels statistiques les plus usités (SAS en tête) de procédures permettant d'appliquer cette technique (`GENMOD`, en l'occurrence). Outre l'approche du maximum de vraisemblance, les techniques GLM permettent l'analyse d'un grand nombre de phénomènes dans une optique de quasi-vraisemblance, en ne spécifiant que la structure moyenne-variance. Les économètres français ont à cet égard prouvé des résultats fondamentaux de convergence des estimateurs obtenus de cette façon. Voyez notamment GOURIÉROUX, MONFORT & TROGNON (1984).

Plus récemment, les techniques GLM ont été appliquées avec

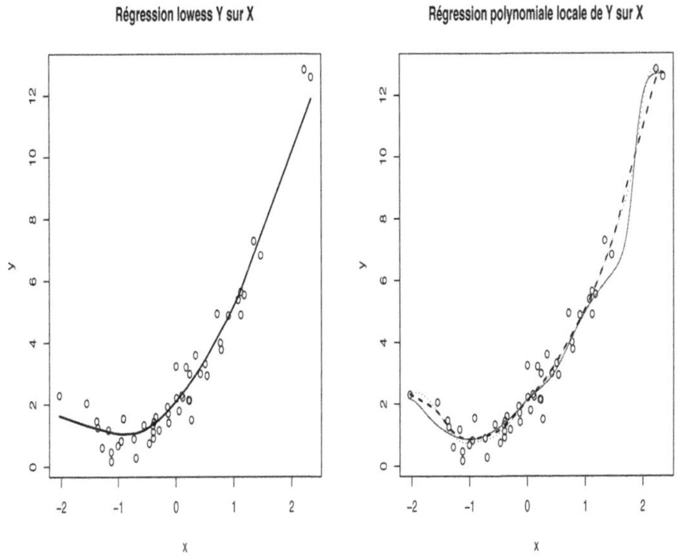

Fig. 9.9 – *Régression de Y sur X par la méthode Loess (à gauche) et par régression locale polynomiale, par des polynômes de degré* 1, 2 *et* 3 *(à droite).*

succès aux problématiques de l'assurance vie (établissement de tables de mortalité, estimation des indicateurs démographiques, projection de la mortalité, etc.). Voyez Delwarde & Denuit (2005) pour de nombreux exemples.

Cette section est basée sur McCullagh & Nelder (1989), Antoniadis, Berruyer & Carmona (1992), Dobson (2001) et Fahrmeir & Tutz (2002). Nous insisterons sur le fait que les estimateurs du maximum de vraisemblance peuvent être obtenus à l'aide d'ajustements des moindres carrés pondérés répétés, en définissant des pseudo-réponses appropriées. Ceci nous permettra de lever l'hypothèse de linéarité du score en passant aux modèles généralisés additifs.

Afin de bien comprendre les généralisations du modèle linéaire gaussien dont il est question dans cette section, rappelons que dans le cadre de ce modèle, on suppose que l'on cherche à modéliser une variable Y à l'aide d'un certain nombre de variables explicatives $\boldsymbol{X} = (X_1,...,X_p)^t$. De façon naturelle, la régression linéaire revient à supposer que

$$Y \sim \mathcal{N}or(\mu,\sigma^2) \text{ où } \mu = \boldsymbol{X}^t\boldsymbol{\beta}.$$

Ce modèle proposé par Legendre et Gauss au début du 19ème siècle, et étudié en détails par Fisher dans les années 20 s'est imposé en économétrie, mais s'avère difficilement utilisable en assurance.

Les variables que l'on cherche à modéliser en assurance sont des coûts (à valeur dans $\mathbb{R}^+$), des nombres de sinistres (à valeur dans $\mathbb{N}$) ou des indicatrices du fait d'être sinistré dans l'année (à valeur dans $\{0,1\}$). Dans ce dernier cas, nous avions vu que les variables latentes pouvaient être une solution intéressante. Plus particulièrement, on considérait des modèles de la forme

$$Y \sim \mathcal{B}in(1,\mu) \text{ où } \mu = \mathbb{E}[Y] = F(\boldsymbol{X}^t\boldsymbol{\beta}),$$

où F désigne la fonction de répartition associée à la loi logistique (pour les modèles LOGIT) ou à la loi gaussienne centrée et réduite (pour les modèles PROBIT).

De façon générale, on souhaite garder la structure linéaire du score en $\boldsymbol{\beta}$, et considérer que l'espérance de Y est une transformation de cette combinaison linéaire. Plus précisement, on voudrait à présent passer à des modèles de régression du type

$$Y \sim \mathcal{L}oi(\mu) \text{ où } \mu = \mathbb{E}[Y] = g^{-1}(\boldsymbol{X}^t\boldsymbol{\beta}),$$

où g^{-1} est une fonction "*bien choisie*", et où $\mathcal{L}oi$ désigne une loi paramétrique permettant de modéliser correctement notre variable d'intérêt.

Ce type d'approche est à la base des modèles dits "*linéaires généralisés*", qui étendent le modèle gaussien à une famille de lois particulière, appelée famille exponentielle (naturelle).

9.8.2 Définition

Dans cette section, nous allons nous intéresser à la famille des modèles linéaires généralisés. Font partie de cette classe, en plus de la loi normale, les lois de probabilité à deux paramètres θ et ϕ dont la densité (discrète ou continue) peut se mettre sous la forme

$$f(y|\theta,\phi) = \exp\left(\frac{y\theta - b(\theta)}{\phi} + c(y,\phi)\right), \; y \in \mathcal{S}, \tag{9.31}$$

où le support $\mathcal{S}$ est un sous-ensemble de $\mathbb{N}$ ou de $\mathbb{R}$. Le paramètre θ est appelé paramètre naturel et ϕ est le paramètre de dispersion.

Souvent, une pondération est nécessaire, et on remplace ϕ par ϕ/ω, où ω est un poids connu a priori .

Examinons quelques exemples de lois usuelles dont la densité peut se mettre sous la forme (9.31).

Exemple 9.8.1 (Loi normale). *La loi normale* $\mathcal{N}or(\mu,\sigma^2)$ *possède une densité pouvant se mettre sous la forme* (9.31), *avec* $\mathcal{S} = I\!R$, $\theta = \mu$, $b(\theta) = \theta^2/2$, $\phi = \sigma^2$ *et*

$$c(y,\phi) = -\frac{1}{2}\left(\frac{y^2}{\sigma^2} + \ln(2\pi\sigma^2)\right).$$

Exemple 9.8.2 (Loi de Poisson). *Si on considère la loi de Poisson* $\mathcal{P}oi(\lambda)$, *on a*

$$f(y|\lambda) = \exp(-\lambda)\frac{\lambda^y}{y!} = \exp\Big(y\ln\lambda - \lambda - \ln y!\Big),\quad y \in I\!N,$$

d'où on tire $\mathcal{S} = I\!N$, $\theta = \ln\lambda$, $\phi = 1$, $b(\theta) = \exp\theta = \lambda$ *et* $c(y,\phi) = -\ln y!$.

Exemple 9.8.3 (Loi binomiale). *La loi* $\mathcal{B}in(n,p)$ *possède une densité pouvant se mettre sous la forme* (9.31) *avec* $\mathcal{S} = I\!N$, $\theta = \ln\{p/(1-p)\}$, $b(\theta) = n\ln(1+\exp(\theta))$, $\phi = 1$ *et* $c(y,\phi) = \ln\begin{pmatrix} n \\ y \end{pmatrix}$.

Exemple 9.8.4 (Loi Gamma). *La densité associée à la loi Gamma peut se réécrire*

$$\frac{1}{\Gamma(\nu)}\left(\frac{\nu}{\mu}\right)^{\nu} y^{\nu-1}\exp\left(-\frac{\nu}{\mu}y\right)$$

qui peut se mettre sous la forme (9.31) *avec* $\mathcal{S} = I\!R^+$, $\theta = -\frac{1}{\mu}$, $b(\theta) = -\ln(-\theta)$ *et* $\phi = \nu^{-1}$.

Toutes les lois de probabilité dont la densité peut se mettre sous la forme (9.31) ne possèdent pas de paramètres de dispersion ϕ. Ainsi, les exemples ci-dessus nous apprennent par exemple que pour la loi de Poisson, $\phi = 1$. Pour les lois possédant un paramètre de dispersion ϕ, celui-ci contrôle la variance, comme nous le verrons plus loin. La prime pure ne dépend quant à elle que du paramètre naturel θ. Ainsi, lorsque l'actuaire ne s'intéresse qu'à la prime pure, le paramètre θ est le paramètre d'intérêt tandis que ϕ est considéré comme un paramètre de nuisance. Toutefois, le paramètre ϕ est également fort important dans la mesure où il contrôle la dispersion (et donc le risque).

9.8.3 Moyenne et variance

Pour une variable aléatoire Y dont la densité peut se mettre sous la forme (9.31), on peut exprimer les deux premiers moments de Y à l'aide des fonctions b et c. Pour ce faire, notons

$$U = \frac{\partial}{\partial\theta}\ln f(Y|\theta,\phi).$$

et

$$U' = \frac{\partial^2}{\partial\theta^2}\ln f(Y|\theta,\phi),$$

de sorte que l'information de Fisher vaut $\mathbb{V}[U] = -\mathbb{E}[U']$ en vertu de (9.1).

Proposition 9.8.5. *Pour une variable aléatoire Y dont la densité est de la forme (9.31), on a*

$$\mathbb{E}[Y] = b'(\theta) \text{ et } \mathbb{V}[Y] = b''(\theta)\phi/\omega,$$

où $'$ et $''$ désignent les dérivées premières et secondes par rapport à θ.

Démonstration. Nous savons par la Propriété 9.3.5 que $\mathbb{E}[U] = 0$. Il suffit alors de remarquer que

$$\frac{d}{d\theta}\ln f(y|\theta,\phi) = \frac{\partial}{\partial\theta}\left(\frac{y\theta - b(\theta)}{\phi/\omega} + c(y,\phi)\right) = \frac{y - b'(\theta)}{\phi/\omega}$$

ce qui donne

$$\mathbb{E}[U] = \frac{\mathbb{E}[Y] - b'(\theta)}{\phi/\omega} = 0,$$

d'où l'expression annoncée pour la moyenne de Y. D'autre part, puisque $\mathbb{E}[U] = 0$,

$$\mathbb{V}[U] = \mathbb{E}[U^2] = \mathbb{E}\left[\left(\frac{Y - b'(\theta)}{\phi/\omega}\right)^2\right] = \frac{\mathbb{V}[Y]}{\{\phi/\omega\}^2}$$

et

$$\begin{aligned}
\mathbb{E}[U^2] &= \int_{y\in\mathcal{S}}\left(\frac{\partial}{\partial\theta}\ln f(y|\theta,\phi)\right)^2 f(y|\theta,\phi)dy \\
&= \int_{y\in\mathcal{S}}\frac{\partial}{\partial\theta}\ln f(y|\theta,\phi)\frac{\partial}{\partial\theta}f(y|\theta,\phi)dy \\
&= \mathbb{E}\left[-\frac{\partial^2}{\partial\theta^2}\ln f(Y|\theta,\phi)\right] = \frac{b''(\theta)}{\phi/\omega}.
\end{aligned}$$

Ainsi,

$$\mathbb{V}[U] = \mathbb{E}[-U'] = \frac{b''(\theta)}{\phi/\omega}.$$

En combinant les deux dernières égalités, on obtient le résultat annoncé. □

Dès lors, la variance de Y apparaît comme le produit de deux fonctions:

1. la première, $b''(\theta)$, qui dépend uniquement du paramètre θ est appelée fonction variance;
2. la seconde est indépendante de θ et dépend uniquement de ϕ.

En notant $\mu = \mathbb{E}[Y]$, on voit que le paramètre θ est lié à la moyenne μ comme indiqué à la Proposition 9.8.5. La fonction variance peut donc être définie en fonction de μ; nous la noterons dorénavant $V(\mu)$.

La fonction variance est très importante dans les différents modèles, comme on peut le constater au Tableau 9.1. Il est important de noter que, le cas de la loi normale mis à part, la variance de Y est toujours fonction de la moyenne et croît en fonction de cette dernière pour les lois de Poisson, Gamma et Inverse Gaussienne (à paramètre ϕ fixé).

Loi de probabilité	$V(\mu)$
Normale	1
Poisson	μ
Gamma	μ^2
Binomiale	$\mu(1-\mu)$

TAB. 9.1 – *Fonctions variance associées aux lois de probabilité usuelles dont la densité est de la forme (9.31).*

9.8.4 Modèle de régression

Considérons des variables aléatoires indépendantes mais non identiquement distribuées $Y_1,Y_2,\ldots,Y_n$ dont la densité est de la forme (9.31). Plus précisément, supposons que la densité de probabilité de Y_i est

$$f(y_i|\theta_i,\phi) = \exp\left(\frac{y_i\theta_i - b(\theta_i)}{\phi/\omega_i} + c(y_i,\phi)\right),\ y_i \in \mathcal{S}. \qquad (9.32)$$

Dès lors, la densité jointe de $Y_1,Y_2,\ldots,Y_n$ est

$$\begin{aligned} f(\boldsymbol{y}|\boldsymbol{\theta},\phi) &= \prod_{i=1}^{n} f(y_i|\theta_i,\phi) \\ &= \exp\left(\frac{\sum_{i=1}^{n} y_i\theta_i - \sum_{i=1}^{n} b(\theta_i)}{\phi/\omega_i} + \sum_{i=1}^{n} c(y_i,\phi)\right). \end{aligned}$$

Bien entendu, la vraisemblance vaut $\mathcal{L}(\boldsymbol{\theta},\phi|\boldsymbol{y}) = f(\boldsymbol{y}|\boldsymbol{\theta},\phi)$. On suppose que les θ_i sont fonction d'un ensemble de $p+1$ paramètres $\beta_0,\beta_1,\ldots,\beta_p$, disons. Plus précisément, notant μ_i la moyenne de Y_i, on suppose que

$$g(\mu_i) = \beta_0 + \sum_{j=1}^{p} \beta_j x_{ij} = \boldsymbol{x}_i^t\boldsymbol{\beta} = \eta_i$$

où la fonction monotone et dérivable g est appelée fonction de lien, le vecteur $\boldsymbol{x}_i$ contient des variables explicatives relatives à l'individu i et le vecteur $\boldsymbol{\beta}$ contient les $p+1$ paramètres.

Ainsi, un modèle linéaire généralisé est composé de trois éléments, à savoir

(i) de variables à expliquer $Y_1,Y_2,\ldots,Y_n$ dont les densités sont de la forme (9.32);

(ii) d'un ensemble de paramètres $\boldsymbol{\beta} = (\beta_0,\beta_1,\ldots,\beta_p)^t$ appartenant à un ouvert non vide de $\mathbb{R}^{p+1}$ et des variables explicatives $\boldsymbol{X} = (\boldsymbol{x}_1,\boldsymbol{x}_2,\ldots,\boldsymbol{x}_n)^t$: la matrice $\boldsymbol{X}$ de dimension $n \times (p+1)$ est supposée être de rang $p+1$, i.e. la matrice carrée $\boldsymbol{X}^t\boldsymbol{X}$ de dimension $(p+1) \times (p+1)$ est inversible;

(iii) d'une fonction de lien g telle que

$$g(\mu_i) = \boldsymbol{x}_i^t\boldsymbol{\beta} \text{ où } \mu_i = \mathbb{E}[Y_i]$$

qui lie le prédicteur linéaire $\eta_i = \boldsymbol{x}_i^t\boldsymbol{\beta}$ à la moyenne μ_i de Y_i.

La plupart du temps, les variables explicatives sont toutes catégorielles dans un tarif commercial. Considérons l'exemple donné à la Section 9.2 d'une compagnie segmentant selon le sexe, le caractère sportif du véhicule et l'âge de l'assuré (3 classes d'âges, à savoir moins de 30 ans, 30-65 ans et plus de 65 ans). Un assuré sera représenté par un vecteur binaire donnant les valeurs des variables ayant servi à coder les caractéristiques de l'individu.

On choisit comme niveau de référence (i.e. celui pour lequel tous les X_i valent 0) les modalités les plus représentées dans le portefeuille. Les résultats s'interprèteront ensuite comme une sur- ou sous-sinistralité par rapport à cette classe de référence. Ainsi, le vecteur (0,1,1,0) représente un assuré masculin de moins de 30 ans conduisant un vehicule sportif. Le prédicteur linéaire (ou score) sera de la forme $\beta_0+\sum_{j=1}^{4}\beta_j X_j$ et le nombre ou le coût moyen de sinistre est en général une fonction non-décroissante du score. L'ordonnée à l'origine, ou intercept, β_0 représente donc le score associé à la classe de référence (i.e. celle pour laquelle $X_i = 0$ pour tout i, à savoir les hommes entre 30 et 65 ans dont le véhicule n'a pas de caractère sportif); si $\beta_j > 0$, cela indique que le fait de présenter la modalité traduite par X_j est un facteur agravant la sinistralité par rapport à celle de l'individu de référence, au contraire $\beta_j < 0$ indiquera les classes d'assurés moins risqués que les individus de référence.

Examinons à présent quelques exemples.

Exemple 9.8.6 (Régression gaussienne). *Le modèle linéaire classique, pour lequel les $Y_i \sim \mathcal{N}or(\mu_i,\sigma^2)$ avec $\mu_i = \boldsymbol{x}_i^t\boldsymbol{\beta}$. La fonction de lien est ici l'identité. Ce modèle a été étudié en détails dans la Section 9.6.*

Exemple 9.8.7 (Régression binomiale). *La régression binomiale obtenue en considérant $Y_i \sim \mathcal{B}in(1,q_i)$. La quantité à expliquer q_i peut être par exemple la probabilité que la police i produise au moins un sinistre. Eu égard au fait que $q_i \in [0,1]$, on utilisera la modélisation $q_i = F(\boldsymbol{x}_i^t\boldsymbol{\beta})$ où F est une fonction de répartition, ou de manière équivalente, $\boldsymbol{x}_i^t\boldsymbol{\beta} = F^{-1}(q_i)$. Même si théoriquement, tout fonction de répartition F pourrait être utilisée comme fonction de lien, on utilisera une des trois fonctions suivantes:*

1. *le modèle logit selon lequel*

$$logit(q_i) = \ln\frac{q_i}{1-q_i} = \boldsymbol{x}_i^t\boldsymbol{\beta}$$
$$\Leftrightarrow \quad q_i = \frac{\exp(\boldsymbol{x}_i^t\boldsymbol{\beta})}{1+\exp(\boldsymbol{x}_i^t\boldsymbol{\beta})} = \frac{\exp\eta_i}{1+\exp\eta_i}.$$

2. *le modèle probit selon lequel*

$$probit(q_i) = \Phi^{-1}(q_i) = \boldsymbol{x}_i^t\boldsymbol{\beta}$$
$$\Leftrightarrow q_i = \frac{1}{\sqrt{2\pi}}\int_{-\infty}^{\boldsymbol{x}_i^t\boldsymbol{\beta}} \exp\left(-\frac{z^2}{2}\right)dz.$$

3. *le modèle log-log complémentaire selon lequel*

$$cloglog(q_i) = \ln\Big(-\ln(1-q_i)\Big) = \boldsymbol{x}_i^t\boldsymbol{\beta}$$
$$\Leftrightarrow q_i = 1-\exp\big(-\exp(\boldsymbol{x}_i^t\boldsymbol{\beta})\big).$$

Au contraire des fonctions logit et probit, la fonction log-log complémentaire n'est pas symétrique par rapport à 0.5. Pour de petites valeurs de q (comme c'est le plus souvent le cas en sciences actuarielles), il n'y a pratiquement pas de différence entre la transformation logistique et la transformation log-log complémentaire. L'utilisation de la transformation log-log complémentaire suppose que les probabilités de succès et d'échec doivent être traitées de manière différente.

On peut voir à la Figure 9.10 les allures des 3 fonctions décrites ci-dessus. Toutefois, ce graphe ne renseigne pas parfaitement quant aux différences éventuelles entre les trois modèles de régression. En effet, il ne faut pas perdre de vue que le score est linéaire en $\boldsymbol{\beta}$. Donc, si on remplace la fonction de lien F par sa version standardisées

$$F_{stand}(z) = F\left(\frac{z-\mu}{\sigma}\right)$$

où μ et σ^2 désignent respectivement les moyennes et variances associées à F, alors

$$q_i = F(\boldsymbol{x}_i^t\boldsymbol{\beta}) = F_{stand}(\boldsymbol{x}_i^t\widetilde{\boldsymbol{\beta}})$$

où $\widetilde{\beta}_0 = \mu + \sigma\beta_0$ et $\widetilde{\beta}_j = \sigma\beta_j$, $j = 1,2\ldots,p$. Par conséquent les trois modèles présentés ci-dessus ne peuvent être comparés que pour des échelles appropriées pour le score, i.e. après centrage et réduction. Les espérances associées aux lois normale, logistique et Gumbel intervenant dans les liens probit, logit et cloglog valent 0, 0 et $\Gamma'(1) = -0.5772$, respectivement, où Γ' désigne la dérivée première de la fonction Gamma. Les variances associées valent quant à elles 1, $\frac{\pi^2}{3}$ et $\frac{\pi^2}{6}$. Après standardisation, les fonctions associées aux modèles logit et probit sont quasiment identiques. Cependant, dans le modèle cloglog, la probabilité tend plus vite vers 0 et 1 lorsque le score diverge vers $-\infty$ ou $+\infty$.

Exemple 9.8.8 (Régression de Poisson). *La régression log-linéaire de Poisson est obtenue en considérant $Y_i \sim \mathcal{P}oi(\lambda_i)$, la fonction de lien étant celle induite par le paramètre naturel, i.e.*

$$\ln \lambda_i = \boldsymbol{x}_i^t\boldsymbol{\beta} \Leftrightarrow \lambda_i = \exp\left(\boldsymbol{x}_i^t\boldsymbol{\beta}\right).$$

Le plus souvent, on dispose d'une mesure de l'exposition au risque et on considère $Y_i \sim \mathcal{P}oi(d_i\lambda_i)$, où d_i est la durée de la couverture octroyée à l'assuré i (cette durée multiplie la fréquence annuelle λ_i sous l'hypothèse d'un processus de Poisson gouvernant la survenance des sinistres).

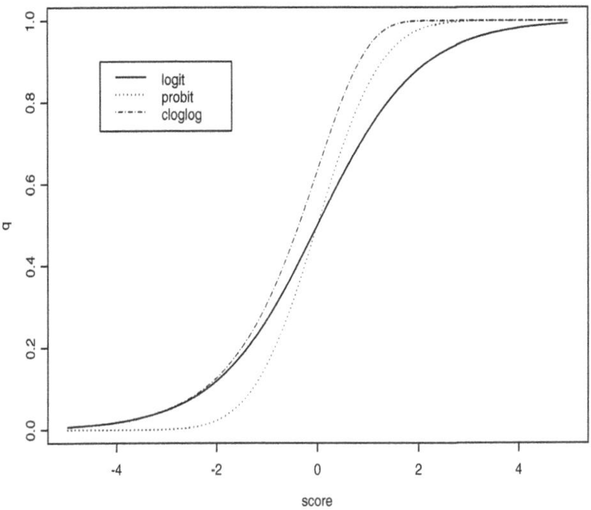

FIG. 9.10 – *Fonctions de liens des modèles logit, probit et cloglog.*

9.8.5 Fonction de lien canonique

Chacune des lois de probabilité de la famille exponentielle linéaire possède une fonction de lien spécifique, dite fonction de lien canonique, définie par $\theta = \eta$, où θ est le paramètre naturel. Le lien canonique est tel que $g(\mu_i) = \theta_i$. Or, $\mu_i = b'(\theta_i)$ d'où $g^{-1} = b'$. Les fonctions de lien canoniques sont reprises au Tableau 9.2.

Loi de probabilité	Fonction de lien canonique
Normale	$\eta = \mu$
Poisson	$\eta = \ln \mu$
Gamma	$\eta = 1/\mu$
Binomiale	$\eta = \ln \mu - \ln(1-\mu)$

TAB. 9.2 – *Liens canoniques associés aux lois de probabilité usuelles dont la densité est de la forme (9.31).*

9.8.6 Equations de vraisemblance

En pratique, les coefficients de régression β_0,$\beta_1, \ldots$,β_p et le paramètre de dispersion ϕ sont inconnus et doivent donc être estimés sur base des données. Dans cette section, nous nous concentrons sur l'estimation des coefficients de régression $\boldsymbol{\beta}$ par la méthode du maximum de vraisemblance. Il s'agit donc de maximiser la log-vraisemblance

$$\begin{aligned} L\big(\boldsymbol{\theta}(\boldsymbol{\beta})|\boldsymbol{y},\phi\big) &= \sum_{i=1}^{n} \ln f(y_i|\theta_i,\phi) \\ &= \sum_{i=1}^{n} \frac{y_i\theta_i - b(\theta_i)}{\phi/\omega_i} + \sum_{i=1}^{n} c(y_i,\phi) \end{aligned}$$

où $\mathbb{E}[Y_i] = b'(\theta_i) = \mu_i$ et $g(\mu_i) = \boldsymbol{x}_i^t\boldsymbol{\beta} = \eta_i$, avec g monotone et dérivable. Rechercher les estimateurs du maximum de vraisemblance revient à rechercher les $\beta_0,\beta_1,\ldots,\beta_p$ qui vérifient les équations

$$U_j = 0 \text{ pour } j = 0,1,\ldots,p, \tag{9.33}$$

où

$$\begin{aligned} U_j &= \frac{\partial L\big(\boldsymbol{\theta}(\boldsymbol{\beta})|\boldsymbol{y},\phi\big)}{\partial \beta_j} \\ &= \sum_{i=1}^{n} \frac{\partial \ln f(y_i|\theta_i,\phi)}{\partial \beta_j} \\ &= \sum_{i=1}^{n} \frac{\partial}{\partial \beta_j}\left(\frac{y_i\theta_i - b(\theta_i)}{\phi/\omega_i} + c(y_i,\phi)\right). \end{aligned}$$

Afin d'obtenir U_j, on se sert de la formule

$$\frac{\partial \ln f(y_i|\theta_i,\phi)}{\partial \beta_j} = \frac{\partial \ln f(y_i|\theta_i,\phi)}{\partial \theta_i}\frac{\partial \theta_i}{\partial \mu_i}\frac{\partial \mu_i}{\partial \beta_j}.$$

Comme $\mu_i = b'(\theta_i)$, il vient

$$\begin{aligned} \frac{\partial \ln f(y_i|\theta_i,\phi)}{\partial \theta_i} &= \frac{y_i - b'(\theta_i)}{\phi/\omega_i} = \frac{y_i - \mu_i}{\phi/\omega_i}, \\ \frac{\partial \mu_i}{\partial \theta_i} &= b''(\theta_i), \end{aligned}$$

et

$$\frac{\partial \mu_i}{\partial \beta_j} = \frac{\partial \mu_i}{\partial \eta_i}\frac{\partial \eta_i}{\partial \beta_j} = x_{ij}\frac{\partial \mu_i}{\partial \eta_i}.$$

On obtient alors

$$\begin{aligned}\frac{\partial \ln f(y_i|\theta_i,\phi)}{\partial \beta_j} &= \frac{\frac{\partial \ln f(y_i|\theta_i,\phi)}{\partial \theta_i}\frac{\partial \mu_i}{\partial \beta_j}}{\frac{\partial \mu_i}{\partial \theta_i}} \\ &= \frac{(y_i-\mu_i)x_{ij}\frac{\partial \mu_i}{\partial \eta_i}}{\phi/\omega_i b''(\theta_i)} \\ &= \frac{(y_i-\mu_i)x_{ij}}{\mathbb{V}[Y_i]}\frac{\partial \mu_i}{\partial \eta_i},\end{aligned}$$

et finalement

$$U_j = \sum_{i=1}^{n} \frac{(y_i-\mu_i)x_{ij}}{\mathbb{V}[Y_i]}\frac{\partial \mu_i}{\partial \eta_i} = \sum_{i=1}^{n} \frac{(y_i-\mu_i)x_{ij}}{\mathbb{V}[Y_i]g'(\mu_i)}.$$

Comme $\mathbb{V}[Y_i] = b''(\theta_i)\phi/\omega_i$,

$$U_j = 0 \Leftrightarrow \sum_{i=1}^{n} \omega_i(y_i-\mu_i)\frac{x_{ij}}{b''(\theta_i)g'(\mu_i)} = 0$$

où le paramètre ϕ n'apparaît plus. Les équations de vraisemblance relatives à $\boldsymbol{\beta}$ peuvent donc être résolues sans se préoccuper de ϕ.

Notez que si on choisit la fonction de lien canonique, les équations de vraisemblance deviennent

$$\sum_{i=1}^{n} \omega_i(y_i-\mu_i)x_{ij} = 0 \text{ pour } j = 0,1,\ldots,p.$$

Il est intéressant de noter que cette relation traduit l'orthogonalité entre les variables explicatives et les résidus (en tout point semblable à celle obtenue dans le modèle linéaire).

Exemple 9.8.9 (Régression logistique). *Supposons disposer des réalisation $y_1,\ldots,y_m$ de variables aléatoires de loi $\mathcal{B}in(n_i,q_i)$. Afin d'estimer les paramètres $\beta_0,\beta_1,\ldots,\beta_p$, on maximise la vraisemblance*

$$\mathcal{L}(\boldsymbol{\beta}|\boldsymbol{y}) = \prod_{i=1}^{m} \binom{n_i}{y_i}\left(\frac{\exp\eta_i}{1+\exp\eta_i}\right)^{y_i}\left(\frac{1}{1+\exp\eta_i}\right)^{n_i-y_i}.$$

Les équations de vraisemblance s'écrivent donc

$$\sum_{i=1}^{n} x_{ij}(y_i-\widehat{y}_i) = 0,\ j = 0,1,\ldots,p, \qquad (9.34)$$

où

$$\widehat{y}_i = n_i \widehat{q}_i = n_i \frac{\exp(\widehat{\eta}_i)}{1 + \exp(\widehat{\eta}_i)}.$$

Notez que (9.34) s'interprète comme une relation d'orthogonalité entre les résidus $y_i - \widehat{y}_i$ et les variables explicatives $\boldsymbol{x}_i$.

Exemple 9.8.10 (Régression de Poisson). *Supposons disposer des réalisations $n_1, n_2, \ldots, n_n$ de variables aléatoires de loi $\mathcal{P}oi(d_i\lambda_i)$, la log-vraisemblance est donnée par*

$$L(\boldsymbol{\beta}|\boldsymbol{n}) = \ln \mathcal{L}(\boldsymbol{\beta}|\boldsymbol{n}) = \sum_{i=1}^{n} \Big(- \ln n_i! + n_i(\eta_i + \ln d_i) - \lambda_i \Big).$$

Les équations de vraisemblance s'écrivent donc

$$\sum_{i=1}^{n} n_i = \sum_{i=1}^{n} \lambda_i \tag{9.35}$$

et pour $j = 1, 2, \ldots, p$,

$$\sum_{i=1}^{n} x_{ij} \Big(n_i - \lambda_i \Big) = 0. \tag{9.36}$$

Les équations (9.36) s'interprètent comme une relation d'orthogonalité entre les variables explicatives $\boldsymbol{x}_i$ et les résidus d'estimation.

Comme les facteurs de risque en pratique ont le plus souvent un nombre fini de niveaux et que les variables explicatives sont les indicatrices de ces niveaux, les équations de vraisemblance (9.36) ont une signification tarifaire très importante. Elles garantissent que pour chaque sous-portefeuille correspondant à un niveau d'un des facteurs de risque, le nombre total des sinistres observés est égal à son homologue théorique. En effet, supposons par exemple que $x_{i1} = 1$ si l'individu i est un homme, et 0 sinon; (9.36) pour $j = 1$ garantit alors que

$$\sum_{hommes} n_i = \sum_{hommes} \widehat{\lambda}_i.$$

De plus, en vertu de (9.35) la somme des fréquences prédites $\widehat{\lambda}_i$ est égale au nombre total de sinistres déclarés, puisque

$$\sum_{i=1}^{n} \widehat{\lambda}_i = \sum_{i=1}^{n} n_i$$

pour autant qu'un intercept β_0 soit inclus dans le score η_i.

Bien entendu, ces interprétations ne valent que si on appliquait le modèle aux données ayant servi à son estimation. En pratique, si le portefeuille est suffisamment stable, on espère avoir des égalités approximatives lorsque le modèle sera appliqué dans le futur.

Exemple 9.8.11 (Régression Gamma). *Notons n_i le nombre de sinistres causés par l'assuré i, et, lorsque $n_i > 0$, désignons par $c_{i1}, c_{i2}, \ldots, c_{in_i}$ les coûts de ceux-ci. Si nous considérons $c_{i1}, c_{i2}, \ldots, c_{in_i}$ comme des réalisations de variables aléatoires indépendantes et de même loi Gamma de moyenne μ_i et de variance μ_i^2/ν, la vraisemblance s'écrit*

$$\begin{aligned}\mathcal{L}(\boldsymbol{\beta}|\boldsymbol{c}) &= \prod_{i|n_i>0} \prod_{k=1}^{n_i} f(c_{ik}|\boldsymbol{x}_i,\nu) \\ &= \prod_{i|n_i>0} \prod_{k=1}^{n_i} \left(\frac{1}{\Gamma(\nu)} \left(\frac{\nu c_{ik}}{\mu_i} \right)^{\nu} \exp\left(-\frac{\nu c_{ik}}{\mu_i} \right) \frac{1}{c_{ik}} \right).\end{aligned}$$

Les équations de vraisemblance à résoudre pour obtenir $\widehat{\boldsymbol{\beta}}$ sont les suivantes:

$$\frac{\partial}{\partial \beta_j} L(\boldsymbol{\beta}|\boldsymbol{c}) = \frac{\partial}{\partial \beta_j} \sum_{i|n_i>0} \sum_{k=1}^{n_i} \left(-\nu \ln \mu_i - \frac{\nu c_{ik}}{\mu_i} \right) = 0$$

ou encore

$$\sum_{i|n_i>0} \sum_{k=1}^{n_i} x_{ij} \left(1 - \frac{c_{ik}}{\mu_i} \right) = 0.$$

Si on définit $\widehat{c}_i = \widehat{\mu}_i = \exp(\widehat{\boldsymbol{\beta}}^t \boldsymbol{x}_i)$ le coût moyen d'un sinistre pour l'assuré i, l'estimateur du maximum de vraisemblance $\widehat{\boldsymbol{\beta}}$ de $\boldsymbol{\beta}$ est solution des équations

$$\sum_{i|n_i>0} \underbrace{\left(n_i - \frac{c_{i\bullet}}{\widehat{c}_i} \right)}_{=\text{coût résiduel}} \boldsymbol{x}_i = \boldsymbol{0}.$$

Nous avons donc également une relation d'orthogonalité entre variables explicatives et résidus.

9.8.7 Résolution des équations de vraisemblance

Les estimateurs du maximum de vraisemblance $\hat{\beta}_j$ des paramètres β_j sont solutions du système (9.33). Les équations composant ce système ne possèdent en général pas de solution explicite et doivent dès lors être résolues numériquement. On peut par exemple utiliser la méthode de Newton-Raphson, que nous rappelons brièvement ci-dessous.

Notons $\boldsymbol{U}(\boldsymbol{\beta})$ le vecteur gradient de la log-vraisemblance, dont la composante j est

$$U_j(\boldsymbol{\beta}) = \frac{\partial}{\partial \beta_j} L(\boldsymbol{\beta}|\boldsymbol{y})$$

et notons $\boldsymbol{H}(\boldsymbol{\beta})$ la matrice hessienne de $L(\boldsymbol{\beta}|\boldsymbol{y})$, i.e. celle dont l'élément (j,k) est

$$\frac{\partial^2}{\partial \beta_j \partial \beta_k} L(\boldsymbol{\beta}|\boldsymbol{y}).$$

Pour $\boldsymbol{\beta}^*$ proche de $\widehat{\boldsymbol{\beta}}$, un développement de Taylor limité donne

$$0 = \boldsymbol{U}(\widehat{\boldsymbol{\beta}}) \approx \boldsymbol{U}(\boldsymbol{\beta}^*) + \boldsymbol{H}(\boldsymbol{\beta}^*)\Big(\widehat{\boldsymbol{\beta}} - \boldsymbol{\beta}^*\Big)$$

qui permet d'écrire

$$\boldsymbol{U}(\boldsymbol{\beta}^*) + \boldsymbol{H}(\boldsymbol{\beta}^*)\Big(\widehat{\boldsymbol{\beta}} - \boldsymbol{\beta}^*\Big) \approx 0$$

ou encore

$$\widehat{\boldsymbol{\beta}} \approx \boldsymbol{\beta}^* - \boldsymbol{H}^{-1}(\boldsymbol{\beta}^*)\boldsymbol{U}(\boldsymbol{\beta}^*). \tag{9.37}$$

Ceci suggère une procédure itérative pour obtenir l'estimateur du maximum de vraisemblance $\widehat{\boldsymbol{\beta}}$ de $\boldsymbol{\beta}$: partant d'une valeur initiale $\widehat{\boldsymbol{\beta}}^{(0)}$ que l'on espère proche de $\widehat{\boldsymbol{\beta}}$, on définit la $(r+1)$-ème valeur approchée $\widehat{\boldsymbol{\beta}}^{(r+1)}$ de $\widehat{\boldsymbol{\beta}}$ à partir de la $r$ème $\widehat{\boldsymbol{\beta}}^{(r)}$ par

$$\widehat{\boldsymbol{\beta}}^{(r+1)} \approx \widehat{\boldsymbol{\beta}}^{(r)} - \boldsymbol{H}^{-1}(\widehat{\boldsymbol{\beta}}^{(r)})\boldsymbol{U}(\widehat{\boldsymbol{\beta}}^{(r)}). \tag{9.38}$$

Cette procédure itérative pour obtenir l'estimateur du maximum de vraisemblance correspond à la méthode de Newton-Raphson.

Remarque 9.8.12. *Signalons une méthode astucieuse de résolution itérative des équations de vraisemblance. A l'étape r, il suffit de minimiser un critère des moindres carrés pondérés du type*

$$\sum_{k=1}^{n} w_k (z_k - \boldsymbol{x}_k^t \boldsymbol{\beta})^2$$

où les pseudo-réponses z_k sont données par

$$z_k = \boldsymbol{x}_k^t \boldsymbol{\beta}^{(r)} + (y_k - \mu_k)\frac{\partial \eta_k}{\partial \mu_k}$$

et les poids

$$w_k^{-1} = \left(\frac{\partial \eta_k}{\partial \mu_k}\right)^2 V(\mu_k).$$

Dans ces formules, μ_k et η_k sont calculées pour les valeurs courantes $\boldsymbol{\beta}^{(r)}$ du paramètre $\boldsymbol{\beta}$. On stoppera la procédure lorsque la différence entre $\boldsymbol{\beta}^{(r)}$ et $\boldsymbol{\beta}^{(r-1)}$ est suffisamment petite.

Exemple 9.8.13 (Régression binomiale). *Si les observations y_i sont de loi $\mathcal{B}in(n_i, q_i)$, $i = 1, \ldots, n$, nous avons*

$$U_j(\boldsymbol{\beta}) = \sum_{i=1}^{n} \frac{y_i - n_i q_i}{q_i(1-q_i)} \frac{x_{ij}}{g'(q_i)}.$$

Dans ce cas, $\widehat{\boldsymbol{\beta}}^{(r+1)}$ est obtenu par une régression linéaire ordinaire de la variable aléatoire dépéndante $\boldsymbol{z}_r$, dont le ième élément vaut

$$\widehat{\eta}_{ir} + \frac{(y_i - n_i \widehat{q}_{ir}) g'(\widehat{q}_{ir})}{n_i}$$

en fonction des p variables explicatives, à l'aide des poids v_{ir} où

$$v_{ir} = \frac{n_i}{\widehat{q}_{ir}(1-\widehat{q}_{ir})\big(g'(\widehat{q}_{ir})\big)^2}$$

où $\widehat{q}_{ir}$ et $\widehat{\eta}_{ir}$ sont les probabilités de succès et le prédicteur linéaire relatifs à l'observation i, évalué grâce à la rème itération $\widehat{\boldsymbol{\beta}}^{(r)}$.

Afin de lancer le processus itératif, on utilise les estimateurs initiaux des q_i donnés par $\widehat{q}_{i0} = \frac{y_i+0.5}{n_i+1}$, les poids initiaux $v_{ir} = \frac{n_i}{\widehat{q}_{i0}(1-\widehat{q}_{i0})\big(g'(\widehat{q}_{i0})\big)^2}$ et les valeurs initiales des pseudo-variables $\boldsymbol{z}$ $z_{i0} = \widehat{\eta}_{i0} = g(\widehat{q}_{i0})$. Les valeurs des z_{i0} sont alors régressées en fonction des p variables explicatives à l'aide d'une méthode des moindres carrés pondérés (les poids sont les v_{i0}). Les coefficients des variables explicatives sont les composantes de $\widehat{\boldsymbol{\beta}}^{(1)}$. On obtient alors

$$\begin{aligned}
\widehat{\eta}_{i1} &= \widehat{\boldsymbol{\beta}}^{(1)} \boldsymbol{x}_i \\
\widehat{q}_{i1} &= g^{-1}(\widehat{\eta}_{i1}) \\
v_{i1} &= \frac{n_i}{\widehat{q}_{i1}(1-\widehat{q}_{i1})\big(g'(\widehat{q}_{i1})\big)^2} \\
z_{i1} &= \widehat{\eta}_{i1} + \frac{(y_i - n_i \widehat{q}_{i1}) g'(\widehat{q}_{i1})}{n_i}.
\end{aligned}$$

Ensuite, $\widehat{\boldsymbol{\beta}}^{(2)}$ résulte d'une régression des z_{i1} en fonction des variables explicatives en tenant compte des pondérations v_{i1}, et ainsi *de suite. On stoppe le processus lorsque la différence entre* $\widehat{\boldsymbol{\beta}}^{(r)}$ *et* $\widehat{\boldsymbol{\beta}}^{(r+1)}$ *est suffisamment petite.*

Dans le cas particulier de la régression logistique, les pseudo-observations sont

$$z_i = \widehat{\eta}_i + \frac{y_i - n_i\widehat{q}_i}{n_i\widehat{q}_i(1-\widehat{q}_i)}$$

et les poids sont données quant à eux par

$$v_i = n_i q_i(1-q_i).$$

Notez que les poids ne sont autres que la variance des Y_i.

Exemple 9.8.14 (Régression de Poisson). *Si les observations* n_i *sont de loi* $\mathcal{P}oi(\lambda_i)$, *le vecteur gradient de* $L(\boldsymbol{\beta}|\boldsymbol{n})$, *de dimension* $p+1$, *est donné par*

$$\boldsymbol{U}(\boldsymbol{\beta}) = \sum_{i=1}^{n} \boldsymbol{x}_i(n_i - \lambda_i) \text{ avec } \lambda_i = d_i \exp(\boldsymbol{\beta}^t\boldsymbol{x}_i)$$

où l'on a ajouté au vecteur $\boldsymbol{x}_i$ *une composante* $x_{i0} = 1$. *La matrice hessienne, de dimension* $(p+1)\times(p+1)$ *est donnée par*

$$\boldsymbol{H}(\boldsymbol{\beta}) = -\sum_{i=1}^{n} \boldsymbol{x}_i\boldsymbol{x}_i^t\lambda_i = -\boldsymbol{X}^t diag(\boldsymbol{\lambda})\boldsymbol{X}$$

où $diag(\boldsymbol{\lambda})$ *désigne la matrice diagonale de dimension* $n \times n$ *dont les éléments principaux sont* $\lambda_1,\ldots,\lambda_n$.

La procédure itérative pour obtenir l'estimateur du maximum de vraisemblance $\widehat{\boldsymbol{\beta}}$ *de* $\boldsymbol{\beta}$ *est la suivante: partant d'une valeur initiale* $\widehat{\boldsymbol{\beta}}^{(0)}$ *que l'on espère proche de* $\widehat{\boldsymbol{\beta}}$, *on définit la* $(r+1)$*-ème valeur approchée* $\widehat{\boldsymbol{\beta}}^{(r+1)}$ *de* $\widehat{\boldsymbol{\beta}}$ *à partir de la rème* $\widehat{\boldsymbol{\beta}}^{(r)}$ *par*

$$\widehat{\boldsymbol{\beta}}^{(r+1)} = \widehat{\boldsymbol{\beta}}^{(r)} + \big(\boldsymbol{X}^t diag(\widehat{\boldsymbol{\lambda}}^{(r)})\boldsymbol{X}\big)^{-1}\boldsymbol{X}^t(\boldsymbol{n} - \widehat{\boldsymbol{\lambda}}^{(r)}). \quad (9.39)$$

Une bonne valeur initiale $\widehat{\boldsymbol{\beta}}^{(0)}$ *est obtenue en prenant* $\widehat{\beta_0}^{(0)} = \ln \overline{n}$, *où* $\overline{n}$ *est le nombre moyen de sinistres par police, et* $\widehat{\beta_j}^{(0)} = 0$ *pour* $j = 1,\ldots,p$. *Notez que* $\widehat{\boldsymbol{\beta}}^{(0)}$ *correspond en fait au modèle de Poisson homogène.*

L'algorithme itératif fournissant l'estimateur du maximum de *vraisemblance de $\boldsymbol{\beta}$ dans le modèle de Poisson peut encore s'écrire*

$$\begin{aligned}
\widehat{\boldsymbol{\beta}}^{(r+1)} &= \widehat{\boldsymbol{\beta}}^{(r)} + \left(\sum_{i=1}^{n} \widehat{\lambda}_i^{(r)} \boldsymbol{x}_i \boldsymbol{x}_i^t\right)^{-1} \sum_{i=1}^{n} \boldsymbol{x}_i (n_i - \widehat{\lambda}_i^{(r)}) \\
&= \left(\sum_{i=1}^{n} \left(\sqrt{\widehat{\lambda}_i^{(r)}} \boldsymbol{x}_i\right) \left(\sqrt{\widehat{\lambda}_i^{(r)}} \boldsymbol{x}_i\right)^t\right)^{-1} \\
&\quad \sum_{i=1}^{n} \left(\sqrt{\widehat{\lambda}_i^{(r)}} \boldsymbol{x}_i\right) \left(\sqrt{\widehat{\lambda}_i^{(r)}} \frac{n_i - \widehat{\lambda}_i^{(r)}}{\widehat{\lambda}_i^{(r)}} + \sqrt{\widehat{\lambda}_i^{(r)}} \boldsymbol{x}_i^t \widehat{\boldsymbol{\beta}}^{(r)}\right).
\end{aligned}$$

En comparant la relation de récurrence ci-dessus à (9.25), on constate que $\widehat{\boldsymbol{\beta}}^{(r+1)}$ n'est autre que l'estimateur des moindres carrés associé au modèle de régression linéaire

$$\sqrt{\widehat{\lambda}_i^{(r)}} \left(\frac{n_i - \widehat{\lambda}_i^{(r)}}{\widehat{\lambda}_i^{(r)}} + \boldsymbol{x}_i^t \widehat{\boldsymbol{\beta}}^{(r)}\right) = \left(\sqrt{\widehat{\lambda}_i^{(r)}} \boldsymbol{x}_i\right)^t \widehat{\boldsymbol{\beta}}^{(r+1)} + \epsilon_i$$

où ϵ_i est un terme d'erreur gaussien centré. L'estimateur du maximum de vraisemblance du paramètre $\boldsymbol{\beta}$ peut donc être obtenu à l'aide d'une méthode des moindres carrés itérative.

De manière équivalente, $\widehat{\boldsymbol{\beta}}$ peut être obtenu grâce à un ajustement des moindres carrés pondérés des pseudo-variables

$$z_i^{(r)} = \frac{n_i - \widehat{\lambda}_i^{(r)}}{\widehat{\lambda}_i^{(r)}} + \boldsymbol{x}_i^t \widehat{\boldsymbol{\beta}}^{(r)}$$

sur $\boldsymbol{x}_i$, où les poids $\sqrt{\widehat{\lambda}_i^{(r)}}$ changent à chaque itération.

9.8.8 Information de Fisher

L'élément (jk) de la matrice d'information de Fisher $\mathcal{I}$ est donné par $(\mathcal{I})_{jk} = \mathbb{E}[U_j U_k]$. La contribution de chaque observation Y_i à $(\mathcal{I})_{jk}$ est

$$\begin{aligned}
\mathbb{E}\left[\frac{\partial \ln f_{\theta_i}(Y_i)}{\partial \beta_j} \frac{\partial \ln f_{\theta_i}(Y_i)}{\partial \beta_k}\right] &= \mathbb{E}\left[\frac{(Y_i - \mu_i)^2 x_{ij} x_{ik}}{(\mathbb{V}[Y_i])^2} \left(\frac{\partial \mu_i}{\partial \eta_i}\right)^2\right] \\
&= \frac{x_{ij} x_{ik}}{\mathbb{V}[Y_i]} \left(\frac{\partial \mu_i}{\partial \eta_i}\right)^2.
\end{aligned}$$

Dès lors,

$$(\mathcal{I})_{jk} = \sum_{i=1}^{n} \frac{x_{ij} x_{ik}}{\mathbb{V}[Y_i]} \left(\frac{\partial \mu_i}{\partial \eta_i}\right)^2. \tag{9.40}$$

Exemple 9.8.15 (Régression binomiale). *Si les observations y_i sont de loi $\mathcal{B}in(n_i,q_i)$, $i = 1,\ldots,n$, l'élément (j,k) de la matrice d'information de Fisher s'écrit*

$$\mathcal{I}_{jk}(\boldsymbol{\beta}) = \mathbb{E}\left[\sum_{i=1}^{n} \frac{Y_i - n_i q_i}{q_i(1-q_i)} \frac{x_{ij}}{g'(q_i)} \sum_{\ell=1}^{n} \frac{Y_\ell - n_\ell q_\ell}{q_\ell(1-q_\ell)} \frac{x_{k\ell}}{g'(q_\ell)}\right].$$

A présent, notons que

$$\mathbb{E}\Big[(Y_i - n_i q_i)(Y_\ell - n_\ell q_\ell)\Big] = \mathbb{C}[Y_i,Y_\ell] = 0 \text{ pour } i \neq \ell$$

puisque les observations ont été supposées indépendantes, alors que lorsque $i = \ell$ on obtient

$$\mathbb{E}\Big[(Y_i - n_i q_i)^2\Big] = \mathbb{V}[Y_i] = n_i q_i (1 - q_i)$$

d'où l'on tire

$$\mathcal{I}_{jk}(\boldsymbol{\beta}) = \sum_{i=1}^{n} \frac{n_i}{q_i(1-q_i)\big(g'(q_i)\big)^2} x_{ij} x_{ik}.$$

Exemple 9.8.16 (Régression de Poisson). *Si les observations n_i sont de loi $\mathcal{P}oi(\lambda_i)$,*

$$\begin{aligned}
\mathbb{C}[U_j,U_k] &= \mathbb{E}[U_j U_k] \\
&= \mathbb{E}\left[\sum_{i_1=1}^{n} x_{i_1 j}(N_{i_1} - \lambda_{i_1}), \sum_{i_2=1}^{n} x_{i_2 k}(N_{i_2} - \lambda_{i_2})\right] \\
&= \sum_{i_1=1}^{n} \sum_{i_2=1}^{n} x_{i_1 j} x_{i_2 k} \underbrace{\mathbb{C}[N_{i_1},N_{i_2}]}_{=0 \text{ si } i_1 \neq i_2} \\
&= \sum_{i=1}^{n} x_{ij} x_{ik} \mathbb{V}[N_i] = \sum_{i=1}^{n} x_{ij} x_{ik} \lambda_i.
\end{aligned}$$

La matrice d'information de Fisher $\mathcal{I}$ est donc donnée par

$$\mathcal{I} = \sum_{i=1}^{n} \boldsymbol{x}_i \boldsymbol{x}_i^t \lambda_i.$$

Si la matrice $\boldsymbol{X}$ est de rang $p+1$ alors $\boldsymbol{H}$ est non-singulière et, qui plus est, définie négative. Ceci garantit que la solution des équations de vraisemblance correspond à un maximum de $L(\boldsymbol{\beta})$.

Remarque 9.8.17. *Lorsqu'on dispose de nombreuses observations,*

$$\boldsymbol{H}(\boldsymbol{\beta}) \approx \mathbb{E}[\boldsymbol{H}(\boldsymbol{\beta})] = -\mathcal{I}(\boldsymbol{\beta}),$$

de sorte qu'une alternative à (9.38) *est donnée par*

$$\widehat{\boldsymbol{\beta}}_{r+1} \approx \widehat{\boldsymbol{\beta}}_r + \mathcal{I}^{-1}(\widehat{\boldsymbol{\beta}}_r)\boldsymbol{U}(\widehat{\boldsymbol{\beta}}_r). \tag{9.41}$$

Ce second schéma itératif est appelé méthode de Fisher ("Fisher's method of Scoring", en anglais).

Notons que $\mathbb{E}[\boldsymbol{H}] = -\mathbb{E}[\boldsymbol{U}\boldsymbol{U}^t] = -\mathcal{I}$. *Ceci nous permet de justifier l'interprétation de* $\mathcal{I}$ *en termes de quantité d'information. En effet, si* $\boldsymbol{H}$, *et donc* $\mathcal{I}$, *est petite, la vraisemblance aura une courbure faible, et la détermination de l'estimateur du maximum de vraisemblance s'en trouvera moins aisée.*

9.8.9 Intervalle de confiance pour les paramètres

Méthode du rapport de vraisemblance

La méthode du rapport de vraisemblance est basée sur le profil de vraisemblance, défini pour le paramètre β_j comme la fonction

$$\mathcal{L}_j(\beta_j|\boldsymbol{y}) = \max_{\beta_0,\ldots,\beta_{j-1},\beta_{j+1},\ldots,\beta_p} \mathcal{L}(\boldsymbol{\beta}|\boldsymbol{y}).$$

Si $\widehat{\boldsymbol{\beta}}_{\mathrm{MV}}$ est l'estimateur du maximum de vraisemblance de $\boldsymbol{\beta}$, $2\{L(\widehat{\boldsymbol{\beta}}_{\mathrm{MV}}|\boldsymbol{y}) - L_j(\beta_j|\boldsymbol{y})\}$ est approximativement de loi du khi-deux à un degré de liberté, pour autant que β_j soit la vraie valeur du paramètre, où $L_j(\beta_j|\boldsymbol{y}) = \ln \mathcal{L}_j(\beta_j|\boldsymbol{y})$. Dès lors, un intervalle de confiance au niveau $1-\alpha$ pour β_j est fourni par l'ensemble des valeurs ξ telles que la différence $L(\widehat{\boldsymbol{\beta}}_{\mathrm{MV}}|\boldsymbol{y}) - L_j(\xi|\boldsymbol{y})$ est suffisamment petite, ou encore telles que $2\{L(\widehat{\boldsymbol{\beta}}_{\mathrm{MV}}|\boldsymbol{y}) - L_j(\xi|\boldsymbol{y})\} \leq \chi^2_{1-\alpha,1}$, i.e.

$$IC = \left\{\xi \in \mathbb{R} \middle| L_j(\xi|\boldsymbol{y}) \geq L(\widehat{\boldsymbol{\beta}}_{\mathrm{MV}}|\boldsymbol{y}) - \frac{1}{2}\chi^2_{1-\alpha,1}\right\}.$$

Les extrémités de cet intervalle sont obtenues numériquement en approximant la fonction de vraisemblance par une surface de degré 2. Spécifiquement, nous recourons à l'approximation

$$L(\boldsymbol{\beta}|\boldsymbol{y}) \approx L(\boldsymbol{\beta}_0|\boldsymbol{y}) + (\boldsymbol{\beta}-\boldsymbol{\beta}_0)^t\boldsymbol{U}(\boldsymbol{\beta}) + \frac{1}{2}(\boldsymbol{\beta}-\boldsymbol{\beta}_0)^t\boldsymbol{H}(\boldsymbol{\beta})(\boldsymbol{\beta}-\boldsymbol{\beta}_0)$$

qui devrait être de bonne qualité pour $\boldsymbol{\beta}_0$ suffisamment proche de $\boldsymbol{\beta}$. En approximant $\boldsymbol{H}(\boldsymbol{\beta})$ par son espérance mathématique $-\mathcal{I}$ on obtient encore

$$L(\boldsymbol{\beta}|\boldsymbol{y}) \approx L(\boldsymbol{\beta}_0|\boldsymbol{y}) + (\boldsymbol{\beta}-\boldsymbol{\beta}_0)^t\boldsymbol{U}(\boldsymbol{\beta}) - \frac{1}{2}(\boldsymbol{\beta}-\boldsymbol{\beta}_0)^t\mathcal{I}(\boldsymbol{\beta}-\boldsymbol{\beta}_0).$$

Méthode de Wald

Grâce à l'approximation normale (9.6) pour $\widehat{\boldsymbol{\beta}}$, un intervalle de confiance au niveau de confiance $1-\alpha$ pour β_j est donné par

$$\left[\hat{\beta}_j \pm z_{\alpha/2}\sqrt{v_{jj}}\right]$$

où v_{jj} est l'élément diagonal (jj) de $\mathcal{I}^{-1}$. Cet intervalle de confiance est souvent appelé intervalle de Wald. Les éléments de la diagonale de $\mathcal{I}^{-1}$ traduisent donc la précision des estimations ponctuelles $\hat{\beta}_j$, tandis que les éléments hors diagonale estiment les covariances existant entre les estimateurs des β_j.

9.8.10 Comparaison de modèles

L'ajustement du modèle à un jeu de données revient à substituer les moyennes μ_i aux observations initiales y_i. Il est clair qu'en général $y_i \neq \mu_i$. Il faut alors se demander si les écarts entre les y_i et les μ_i traduisent une mauvaise spécification du modèle ou peuvent être attribués au hasard. Pour ce faire, on pourrait avoir recours aux différentes statistiques suivantes.

La déviance

Nous considérons ici des modèles linéaires généralisés basés sur la même densité (9.32), possédant la même fonction de lien mais qui diffèrent par le nombre de paramètres qu'ils utilisent.

On définit la qualité d'un modèle en prenant comme référence le modèle saturé comptant autant de paramètres que d'observations et fournissant donc une description parfaite des données. Le modèle saturé est caractérisé par $\widehat{\mu}_i = y_i$ pour $i = 1,2,\ldots,n$; la vraisemblance associée à ce modèle sera dorénavant notée $\mathcal{L}(\boldsymbol{y}|\boldsymbol{y})$. En pratique, ce modèle n'est pas intéressant puisqu'il se borne à reproduire les observations, sans les résumer. Considérons un modèle pour lequel le paramètre $\boldsymbol{\beta}$ est de dimension $p+1<n$. Le modèle décrira bien les données lorsque $\mathcal{L}(\widehat{\boldsymbol{\mu}}|\boldsymbol{y}) \approx \mathcal{L}(\boldsymbol{y}|\boldsymbol{y})$ et mal lorsque $\mathcal{L}(\widehat{\boldsymbol{\mu}}|\boldsymbol{y}) <<< \mathcal{L}(\boldsymbol{y}|\boldsymbol{y})$. Ceci suggère la statistique du rapport de vraisemblance

$$\Lambda = \frac{\mathcal{L}(\boldsymbol{y}|\boldsymbol{y})}{\mathcal{L}(\widehat{\boldsymbol{\mu}}|\boldsymbol{y})}$$

comme mesure de la qualité de l'ajustement des données par un modèle ou, de manière équivalente,

$$\ln\Lambda = \ln\mathcal{L}(\boldsymbol{y}|\boldsymbol{y}) - \ln\mathcal{L}(\widehat{\boldsymbol{\mu}}|\boldsymbol{y}).$$

Une grande valeur de $\ln \Lambda$ laisse à penser que le modèle est de piètre qualité. Définissons la statistique $D = 2\ln \Lambda$; celle-ci est appelée la déviance réduite dans le cadre des modèles linéaires généralisés. La déviance non réduite est elle donnée par $D^* = \phi D$.

On évalue souvent la qualité de l'ajustement fourni par un modèle par la déviance, notamment en raison des liens étroits que noue cette statistique avec celle du rapport de vraisemblance. Une petite valeur de la déviance indique un ajustement de bonne qualité, puisque la vraisemblance du modèle est proche de celle du modèle saturé. Au contraire, une grande valeur de la déviance traduira un piètre ajustement.

Si le modèle décrit bien les données observées, D est approximativement de loi χ^2_{n-p-1}. Une valeur observée D_{obs} "trop grande" suggère un modèle de mauvaise qualité. En pratique, on jugera le modèle de mauvaise qualité si

$$D_{obs} > \chi^2_{n-p-1;1-\alpha},$$

où $\chi^2_{n-p-1;1-\alpha}$ est le quantile d'ordre $1-\alpha$ de la loi khi-deux à $n-p-1$ degrés de liberté.

Exemple 9.8.18 (Régression Binomiale). *Si les observations y_i sont de loi $\mathcal{B}in(n_i,q_i)$, la log-vraisemblance s'écrit*

$$\sum_{i=1}^{n}\left(\ln\binom{n_i}{y_i} + y_i \ln \widehat{q}_i + (n_i - y_i)\ln(1-\widehat{q}_i)\right).$$

Dans le modèle saturé, les q_i sont estimés par y_i/n_i de sorte que la log-vraisemblance vaut

$$\sum_{i=1}^{n}\left(\ln\binom{n_i}{y_i} + y_i \ln \frac{y_i}{n_i} + (n_i - y_i)\ln\frac{n_i - y_i}{n_i}\right).$$

Ainsi, la déviance vaut

$$\begin{aligned} D &= 2\sum_{i=1}^{n}\left(y_i \ln \frac{y_i/n_i}{\widehat{q}_i} + (n_i - y_i)\ln\frac{1 - y_i/n_i}{1-\widehat{q}_i}\right) \\ &= 2\sum_{i=1}^{n}\left(y_i \ln \frac{y_i}{\widehat{y}_i} + (n_i - y_i)\ln\frac{n_i - y_i}{n_i - \widehat{y}_i}\right) \end{aligned}$$

où $\widehat{y}_i = n_i\widehat{q}_i$ est la valeur prédite par le modèle courant pour l'observation i.

Il est important de noter que l'approximation khi-carrée pour D peut être assez mauvaise lorsque certains n_i sont petits et les probabilités ajustées $\widehat{q}_i$ proches de 0 ou de 1.

Remarque 9.8.19. *Dans le cas particulier où les observations y_i sont de loi $\mathcal{B}er(q_i)$, la déviance ne permet pas de juger de la qualité du modèle. En effet, la log-vraisemblance du modèle s'écrit dans ce cas*

$$\sum_{i=1}^{n}\Big(y_i\ln\widehat{q}_i+(1-y_i)\ln(1-\widehat{q}_i)\Big).$$

Le modèle saturé se caractérise par le fait que $\widehat{q}_i=y_i$, ce qui annule la log-vraisemblance associée puisque $y_i\ln y_i=(1-y_i)\ln(1-y_i)=0$ car $y_i=0$ ou 1. La déviance est alors donnée par

$$\begin{aligned}D &= -2\sum_{i=1}^{n}\Big(y_i\ln\widehat{q}_i+(1-y_i)\ln(1-\widehat{q}_i)\Big)\\ &= -2\sum_{i=1}^{n}\Big(y_i\ln\frac{\widehat{q}_i}{1-\widehat{q}_i}+\ln(1-\widehat{q}_i)\Big). \qquad (9.42)\end{aligned}$$

En différenciant

$$L(\boldsymbol{\beta}|\boldsymbol{y})=\sum_{i=1}^{n}\Big(y_i\ln q_i+(1-y_i)\ln(1-q_i)\Big)$$

par rapport à β_j, nous obtenons

$$\frac{\partial}{\partial\beta_j}L(\boldsymbol{\beta}|\boldsymbol{y})=\sum_{i=1}^{n}\left(\frac{y_i}{q_i}-\frac{1-y_i}{1-\widehat{q}_i}\right)q_i(1-q_i)x_{ij}$$

d'où l'on tire

$$\begin{aligned}\sum_{j=1}^{p}\beta_j\frac{\partial}{\partial\beta_j}L(\boldsymbol{\beta}|\boldsymbol{y}) &= \sum_{i=1}^{n}(y_i-q_i)\sum_{j=1}^{p}\beta_jx_{ij}\\ &= \sum_{i=1}^{n}(y_i-q_i)\ln\frac{q_i}{1-q_i}.\end{aligned}$$

Le membre de gauche s'annulant lorsqu'on l'évalue en l'estimateur du maximum de vraisemblance $\widehat{\boldsymbol{\beta}}$ de $\boldsymbol{\beta}$, il vient

$$\sum_{i=1}^{n}(y_i-\widehat{q}_i)logit(\widehat{q}_i)=0$$

$$\Leftrightarrow\sum_{i=1}^{n}y_ilogit(\widehat{q}_i)=\sum_{i=1}^{n}\widehat{q}_ilogit(\widehat{q}_i).$$

En tenant compte de cette dernière équation dans (9.42), *il vient*

$$D = -2\sum_{i=1}^{n}\Big\{\widehat{q}_i logit(\widehat{q}_i) + \ln(1-\widehat{q}_i)\Big\}.$$

On voit que la déviance ne dépend que des valeurs ajustées $\widehat{q}_i$ *des* q_i, *et pas des observations* y_i; *dès lors,* D *ne donne aucune indication sur la qualité de l'ajustement des observations et ne peut pas être utilisée pour mesurer l'adéquation du modèle.*

Exemple 9.8.20 (Régression de Poisson). *Notons* $L(\widehat{\boldsymbol{\lambda}}|\boldsymbol{n})$ *la log-vraisemblance du modèle ajusté, où* $\widehat{\boldsymbol{\lambda}} = (\widehat{\lambda}_1,\widehat{\lambda}_2,\ldots,\widehat{\lambda}_n)$ *avec* $\widehat{\lambda}_i = \exp(\widehat{\boldsymbol{\beta}}^t\boldsymbol{x}_i)$. *Puisque*

$$\exp(-\lambda)\frac{\lambda^k}{k!} \le \exp(-k)\frac{k^k}{k!}$$

quels que soient k *et* λ, *la log-vraisemblance maximale qu'il est possible d'obtenir dans le modèle spécifiant que les* N_i *sont des variables indépendantes de loi de Poisson s'obtient pour* $N_i \sim \mathcal{P}oi(n_i)$. *Il y a alors autant de paramètres que d'observations, soit* n *paramètres. Notons* $L(\boldsymbol{n}|\boldsymbol{n})$ *la log-vraisemblance de ce modèle (qui prédira* n_i *pour la ième observation). La déviance est alors donnée par*

$$\begin{aligned} D(\boldsymbol{n},\widehat{\boldsymbol{\lambda}}) &= 2\Big\{L(\boldsymbol{n}|\boldsymbol{n}) - L(\widehat{\boldsymbol{\lambda}}|\boldsymbol{n})\Big\} \\ &= 2\ln\left\{\prod_{i=1}^{n}\exp(-n_i)\frac{n_i^{n_i}}{n_i!}\right\} - 2\ln\left\{\prod_{i=1}^{n}\exp(-\widehat{\lambda}_i)\frac{\widehat{\lambda}_i^{n_i}}{n_i!}\right\} \\ &= \sum_{i=1}^{n}\left\{n_i\ln\frac{n_i}{\widehat{\lambda}_i} - (n_i - \widehat{\lambda}_i)\right\} \end{aligned}$$

où l'on a posé $y\ln y = 0$ *lorsque* $y = 0$. *Puisque l'inclusion d'un intercept* β_0 *garantit que* (9.35) *est valable, la déviance s'écrit dans ce cas*

$$D(\boldsymbol{n},\widehat{\boldsymbol{\lambda}}) = \sum_{i=1}^{n} n_i\ln\frac{n_i}{\widehat{\lambda}_i}. \tag{9.43}$$

Remarque 9.8.21 (Pseudo-R^2 pour données de comptage). *Une fois le modèle ajusté (i.e. les variables explicatives pertinentes sélectionnées et l'estimation du maximum de vraisemblance* $\widehat{\boldsymbol{\beta}}$ *de* $\boldsymbol{\beta}$ *obtenue), il est primordial d'en évaluer la qualité, c'est-à-dire son habileté à décrire le nombre des sinistres touchant les différents assurés du portefeuille. Cette évaluation peut se faire à l'aide de la déviance comme décrit ci-dessus.*

Supposons les observations N_i de loi $\mathcal{P}oi(\lambda_i)$. La généralisation de la statistique usuelle R^2 du modèle linéaire se base sur la décomposition de la déviance en

$$D(\boldsymbol{n},\overline{\boldsymbol{n}}) = D(\boldsymbol{n},\widehat{\boldsymbol{\lambda}}) + D(\widehat{\boldsymbol{\lambda}},\overline{\boldsymbol{n}})$$

où

1. *$D(\boldsymbol{n},\overline{\boldsymbol{n}})$ est la déviance du modèle contenant seulement l'intercept β_0 (i.e. celui n'utilisant pas les variables explicatives pour lequel $\widehat{\lambda}_i = \overline{n} = \frac{1}{n}\sum_{j=1}^{n} n_j$, $i = 1,2,\ldots,n$) donnée par*

$$D(\boldsymbol{n},\overline{\boldsymbol{n}}) = \sum_{i=1}^{n} n_i \ln \frac{n_i}{\overline{n}};$$

2. *$D(\boldsymbol{n},\widehat{\boldsymbol{\lambda}})$ est la déviance associée au modèle considéré;*
3. *$D(\widehat{\boldsymbol{\lambda}},\overline{\boldsymbol{n}})$ est la déviance non expliquée par le modèle donnée par*

$$D(\widehat{\boldsymbol{\lambda}},\overline{\boldsymbol{n}}) = \sum_{i=1}^{n} \widehat{\lambda}_i \ln \frac{\widehat{\lambda}_i}{\overline{n}} - (\widehat{\lambda}_i - \overline{n}).$$

Cette décomposition mène à la définition

$$\begin{aligned} R_D^2 &= 1 - \frac{D(\widehat{\boldsymbol{\lambda}},\overline{\boldsymbol{n}})}{D(\boldsymbol{n},\overline{\boldsymbol{n}})} \\ &= \frac{\sum_{i=1}^{n} n_i \ln \frac{\widehat{\lambda}_i}{\overline{n}} - (n_i - \widehat{\lambda}_i)}{\sum_{i=1}^{n} n_i \ln \frac{n_i}{\overline{n}}} \end{aligned}$$

avec la convention $y \ln y = 0$ lorsque $y = 0$. Le Pseudo-R^2 mesure la diminution de la déviance qui résulte de l'inclusion de variables explicatives au modèle. La statistique R_D^2 possède les bonnes propriétés suivantes: elle est toujours comprise entre 0 et 1, augmente lorsque de nouvelles variables sont incorporées au modèle et admet une interprétation en terme d'information comme la réduction proportionnelle du contraste de Kullback-Liebler résultant de l'inclusion de nouvelles variables. Seule cette dernière propriété requiert la spécification correcte de la loi des N_i.

Statistique de Pearson

La statistique khi-carrée de Pearson

$$X^2 = \sum_{i=1}^{n} \omega_i \frac{(y_i - \mu_i)^2}{\mathbb{V}[Y_i]}$$

permet de mesurer la qualité d'un ajustement. La statistique X^2, tout comme la déviance D, est distribuée exactement selon une loi khi-carrée dans le cas particulier du modèle linéaire gaussien. Ce résultat est asymptotiquement vrai dans les autres cas.

9.8.11 Tests d'hypothèse sur les paramètres

On désire tester l'hypothèse $H_0 : \boldsymbol{\beta} = \boldsymbol{\beta}_0 = (\beta_0,\beta_1,\ldots,\beta_q)^t$ contre $H_1 : \boldsymbol{\beta} = \boldsymbol{\beta}_1 = (\beta_0,\beta_1,\ldots,\beta_p)^t$ où $q < p < n$. Ceci revient donc à tester la nullité simultanée de $\beta_{q+1},\ldots,\beta_p$. On utilise alors la statistique Δ qui vaut la différence entre les déviances des deux modèles, à savoir

$$\Delta = D_0 - D_1 = 2\left(\ln L_{\hat{\boldsymbol{\beta}}_1}(\boldsymbol{y}) - \ln L_{\hat{\boldsymbol{\beta}}_0}(\boldsymbol{y})\right) \geq 0.$$

On peut montrer que Δ est approximativement de loi χ^2_{p-q}. On rejette H_0 au profit de H_1 lorsque

$$\Delta_{obs} > \chi^2_{p-q;1-\alpha},$$

où $\chi^2_{p-q;1-\alpha}$ est le quantile d'ordre $1-\alpha$ de la loi χ^2_{p-q}.

L'intérêt de ce type de test apparaît lorsque l'actuaire se demande s'il convient de grouper certains niveaux des variables catégorielles. En effet, le test de nullité des coefficients de régression indique seulement si le niveau en question doit être fusionné avec le niveau de référence. Il se pourrait cependant que deux niveaux d'une variable catégorielle soient statistiquement équivalents, mais diffèrent tous deux du niveau de référence. On s'intéressera alors à un test de type $H_0 : \beta_1 = \beta_2$. Spécifiquement, dans l'exemple utilisé à la Section 9.2 pour illustrer le codage des variables catégorielles à l'aide de binaires, on pourrait tester $H_0 : \beta_3 = 0$ et $H_0 : \beta_4 = 0$, qui nous indiqueraient si les moins de 30 ans ou les plus de 60 ans diffèrent des 30-65 ans, mais aussi $H_0 : \beta_3 = \beta_4$ qui nous indiquera s'il convient de grouper les moins de 30 ans avec les plus de 65 ans.

9.8.12 Estimation du paramètre de dispersion

L'estimation du paramètre de dispersion ϕ est basée sur la déviance D. Comme $\mathbb{E}[D] \approx n-p-1$, on pourrait estimer ϕ par

$$\widetilde{\phi} = \frac{1}{n-p-1}D.$$

Cet estimateur est toutefois peu utilisé en pratique car il est très instable. Afin d'éviter ces désagréments, on a recours à un développement de Taylor à l'ordre 2 de la log-vraisemblance qui nous donne

$$\widehat{\phi} = \frac{1}{n-p-1}(\boldsymbol{y} - \widehat{\boldsymbol{\mu}})^t \mathcal{I}_n(\widehat{\boldsymbol{\mu}})(\boldsymbol{y} - \widehat{\boldsymbol{\mu}});$$

cette dernière estimation est souvent appelée estimation du X^2 de Pearson.

9.8.13 Analyse des résidus

Les mesures d'adéquation examinées ci-dessus (déviance et statistique de Pearson) fournissent des indications globales quant à la qualité d'un modèle. Une analyse soigneuse des résidus permet de découvrir d'où provient l'écart éventuel entre le modèle et les observations, et ainsi d'améliorer le modèle initial, si nécessaire.

Les résidus sont basés sur une distance entre l'observation y_i et la valeur prédite μ_i. Ils permettent de vérifier l'adéquation du modèle mais aussi de détecter des observations particulières (souvent appelées "outliers"). Ces dernières peuvent avoir une influence considérable sur les estimations des paramètres et il est important de recommencer la phase d'estimation après avoir enlevé ces observations, afin de s'assurer de la stabilité des résultats obtenus.

On peut distinguer deux situations où un modèle est jugé inadéquat sur base des mesures globales telles que la déviance ou la statistique de Pearson: soit un petit nombre d'observations sont mal décrites par le modèle, soit toutes les observations présentent un écart systématique par rapport au modèle.

Une représentation graphique des résidus permet de détecter les écarts par rapport au modèle pour la plupart des types de variables dépendantes. Cependant, lorsque la variable dépendante ne peut prendre que quelques valeurs (comme en régression logistique, par exemple), l'analyse des résidus ne peut cependant présenter qu'un intérêt limité.

Deux types de résidus sont couramment utilisés dans le cadre des modèles linéaires généralisés: les résidus de Pearson et les résidus de déviance.

Les résidus de Pearson

Ils sont définis par

$$r_i^P = \frac{\sqrt{w_i}(y_i - \mu_i)}{\sqrt{V(\mu_i)}}.$$

Le nom de ce premier type de résidus provient du fait que r_i^P peut se voir comme la racine carré de la contribution de le $i$ème observation à la statistique de Pearson, i.e.

$$\sum_{i=1}^{n} \{r_i^P\}^2 = X^2.$$

Exemple 9.8.22 (Régression binomiale). *Si les observations y_i sont de loi $\mathcal{B}in(n_i,q_i)$, le résidu de Pearson vaut*

$$r_i^P = \frac{y_i - \widehat{y}_i}{\sqrt{n_i\widehat{q}_i(1-\widehat{q}_i)}}.$$

Exemple 9.8.23 (Régression de Poisson). *Si les observations n_i sont de loi $\mathcal{P}oi(\lambda)$, le résidu de Pearson vaut*

$$r_i^P = \frac{n_i - \widehat{\lambda}_i}{\sqrt{\widehat{\lambda}_i}}.$$

Les résidus de déviance

Nous avons vu que la déviance était une mesure de la qualité de l'ajustement fourni par un modèle. On peut considérer que chaque observation y_i contribue à hauteur d'une quantité d_i à la déviance D, i.e.

$$D = \sum_{i=1}^{n} d_i.$$

Les résidus de déviance sont alors définis comme la racine carrée de la contribution d_i de la $i$ème observation à la déviance D, affectée du signe du résidu brut $y_i - \mu_i$, i.e.

$$r_i^D = \text{signe}(y_i - \mu_i)\sqrt{d_i}.$$

Ainsi,

$$\sum_{i=1}^{n} \{r_i^D\}^2 = D.$$

Exemple 9.8.24 (Régression logistique). *Si les observations y_i sont de loi $\mathcal{B}in(n_i,q_i)$, le résidu de déviance vaut*

$$r_i^D = signe(y_i - \widehat{y}_i)\sqrt{2y_i \ln\left(\frac{y_i}{\widehat{y}_i}\right) + 2(n_i - y_i)\ln\left(\frac{n_i - y_i}{n_i - \widehat{y}_i}\right)}.$$

Exemple 9.8.25 (Régression de Poisson). *Si les observations* n_i *sont de loi* $\mathcal{P}oi(\lambda_i)$, *le résidu de déviance vaut*

$$r_i^D = signe(n_i - \widehat{\lambda}_i)\sqrt{2\left\{n_i \ln \frac{n_i}{\widehat{\lambda}_i} - (n_i - \widehat{\lambda}_i)\right\}}$$

où $y \ln y = 0$ *lorsque* $y = 0$.

Remarque 9.8.26. *Une autre quantité fort intéressante est obtenue en faisant la différence entre la déviance obtenue à l'aide des* n *observations et celle obtenue en supprimant la ième observation du jeu de données (donc sur base d'un jeu de données de* $n-1$ *observations). Ceci permet de mesurer l'influence globale de* y_i *sur le modèle.*

Notez que le calcul exact de ces quantités prend du temps (puisque le modèle doit être ajusté n *fois à l'aide d'une jeu de données de taille* $n-1$*). Afin d'éviter un temps de calcul trop élevé, on a recours en pratique à différentes approximations pour la différence des déviances obtenues en omettant l'observation* y_i.

Représentation des résidus

Les résidus introduits ci-dessus peuvent être portés en graphique en fonction de plusieurs statistiques, chacune fournissant une information différente sur les écarts par rapport au modèle. On peut évidemment représenter les résidus en fonction du numéro d'observation (index plot), ce qui permet d'identifier les observations conduisant à de grands résidus (et donc contribuant à l'inadéquation du modèle).

Les résidus peuvent également être représentés en fonction des valeurs prédites $\widehat{\mu}_i$ ou des prédicteurs linéaires $\widehat{\eta}_i$. On peut aussi les représenter en fonction de chacune des variables explicatives.

Observations influentes

On dit qu'une observation y_i a de l'influence sur un modèle considéré lorsqu'une petite modification de y_i ou l'omission de celle-ci conduit à des estimations fort différentes des paramètres du modèle. Une telle observation a donc un impact considérable sur les conclusions de l'étude. Cependant, une observation qui a de l'influence n'est pas nécessairement un outlier: elle peut se trouver près des autres observations et avoir un résidu petit. L'effet de levier ("*leverage effect*") d'une observation y_i sur la valeur prédite $\widehat{y}_j$ est la dérivée de $\widehat{y}_j$ par rapport à y_i; il indique donc comment varient les valeurs prédites des autres observations en fonction des modifications de y_i. Afin de mesurer cet effet, on se sert de la matrice de projection $\boldsymbol{H}$ qui envoie les observations y_i sur leurs prédictions $\widehat{y}_i$, i.e.

$$\widehat{\boldsymbol{y}} = \boldsymbol{H}\boldsymbol{y}.$$

Dans le cas des modèles linéaires généralisés, on a

$$\boldsymbol{H} = \boldsymbol{V}^{1/2}\boldsymbol{X}\left(\boldsymbol{X}^t\boldsymbol{V}\boldsymbol{X}\right)^{-1}\boldsymbol{X}^t\boldsymbol{V}^{1/2}$$

où $\boldsymbol{V}$ est une matrice diagonale définie par

$$\boldsymbol{V} = \text{diag}\left(\{V(\mu_i)\}^2\left(\frac{d\eta_i}{d\mu_i}\right)^2\frac{\phi}{\omega_i}\right).$$

Les éléments diagonaux de $\boldsymbol{H}$ donnent une information sur l'in fluence de chaque observation. Il est bon de noter que cette mesure dépend à la fois des variables explicatives et des estimations des paramètres β_0,β_1, ... ,β_p. Comme la trace de $\boldsymbol{H}$ vaut $p+1$, la valeur moyenne des termes diagonaux est $(p+1)/n$. Les valeurs correspondant aux termes diagonaux qui excèdent disons deux fois la valeur moyenne de $(p+1)/n$ doivent faire l'objet d'un examen approfondi.

Distance de Cook

La distance de Cook est utilisée pour déterminer les observations qui influencent l'ensemble des paramètres β_0,β_1, ... ,β_p. Tout comme dans le modèle linéaire, l'idée est ici de déterminer l'estimateur du maximum de vraisemblance $\widehat{\boldsymbol{\beta}}$ du paramètre $\boldsymbol{\beta}$ et ensuite le même estimateur $\widehat{\boldsymbol{\beta}}_{(i)}$ obtenu en supprimant la $i$ème observation du jeu de données. La distance de Cook vaut alors

$$C_i = \frac{1}{p+1}(\widehat{\boldsymbol{\beta}} - \widehat{\boldsymbol{\beta}}_{(i)})^t\boldsymbol{X}^t\boldsymbol{V}\boldsymbol{X}(\widehat{\boldsymbol{\beta}} - \widehat{\boldsymbol{\beta}}_{(i)})$$

qui s'interprète comme une distance entre $\widehat{\boldsymbol{\beta}}$ et $\widehat{\boldsymbol{\beta}}_{(i)}$. Si C_i est grande, cela indique que l'observation y_i a une influence importante sur l'estimation des paramètres. Evidemment, le calcul de C_i est très coûteux puisque tous les paramètres doivent être réestimés une fois que y_i a été supprimée. En statistique des assurances, ce calcul est souvent impossible en raison du grand nombre d'observations. Afin d'éviter de réajuster le modèle n fois, on a souvent recours en pratique à différentes approximations.

9.8.14 La pratique des modèles linéaires généralisés

De l'importance du choix de la sous-famille exponentielle

Les quelques exemples mentionnés en introduction suffisent souvent en pratique: modélisation des coûts des sinistres par un modèle de régression Gamma, et modélisation des nombres par un modèle de régression de Poisson. Pourtant, le choix de la sous-famille n'est pas neutre sur une tarification.

Considérons ainsi l'exemple (simpliste) suivant, basé sur trois observations,

observation i	1	2	3
variable à expliquer Y_i (coût des sinistres)	1	2	8
variable explicative X_i (puissance du véhicule)	1	2	3

On cherche à ajuster un modèle linéaire généralisé, i.e. $g(\mathbb{E}[Y]) = \alpha+\beta X$ où g est une fonction lien. La Figure 9.11 présente l'influence du choix de la loi de probabilité (pour la fonction de lien canonique), en considérant successivement Y_i de loi normale, de loi de Poisson et de loi Gamma.

Si les trois lois donnent des résultats proches au bord (pour des valeurs de X proches de 1 ou de 3), ailleurs, le comportement est sensiblement différent. En particulier, par rapport aux deux autres lois, la loi Gamma propose un coût des sinistres plus important (à puissance égale) pour les petites et les grandes puissances, et en contrepartie propose un coût moins important pour les puissances moyennes. Ce coût reflétant la prime, et si le vrai modèle est celui de Poisson, on peut interpréter ce graphique de la façon suivante:

- avec une modélisation normale, les véhicules de puissance moyenne payent pour le risque des autres, en ayant une prime plus importante que leur vrai risque,
- avec une modélisation Gamma, les véhicules de puissance importante, ou très faible, payent pour le risque des véhicules de puissance moyenne, sous-tarifés.

Aussi, et bien que cette analyse doit être mitigée par la prise en compte de l'impact de la fonction lien, on notera que le choix de la loi de la variable à expliquer n'est en aucun cas neutre quant aux primes pures qui en découlent.

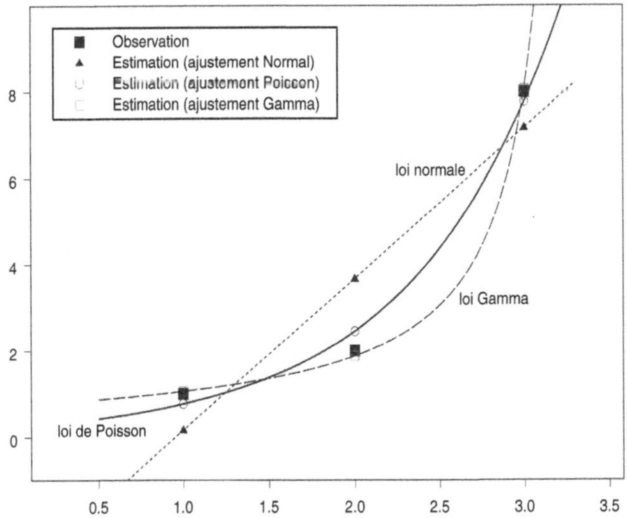

FIG. 9.11 – *Ajustement d'un modèle linéaire généralisé à partir de trois points, pour des lois normales, Poisson et Gamma.*

Modélisation du coût total, importance des contrats sans sinistre

Supposons que la variable d'intérêt Y soit le coût (total) des polices, sur un an, pour l'ensemble des polices du portefeuille. Un très grand nombre de polices n'ayant pas de sinistre, la variable Y sera alors nulle pour la plupart des observations. Une loi Gamma (par exemple) ne permet pas de modéliser ce genre de comportement (voir le Chapitre 6 du Tome 1 sur la différence entre le modèle collectif et le modèle individuel).

La loi de *Tweedie* permet de prendre en compte ce genre de comportement, en rajoutant une mesure de Dirac en 0 à une loi de probabilité de support $\mathbb{R}^+$. La loi de Y est alors une loi Poisson composée,

$$Y \sim \mathcal{CP}oi\left(\mu^{2-\gamma}\phi(2-\gamma), \mathcal{G}am\left(-\frac{2-\gamma}{\phi(1-\gamma)}, \phi(2-\gamma)\mu^{\gamma-1}\right)\right),$$

où $1 < \gamma < 2$. On obtient alors une fonction variance de la forme $V(\mu) = \phi\mu^{\gamma}$. On retrouve le modèle de Poisson quand $\gamma \to 1$ et une loi Gamma quand $\gamma \to 2$. Il est en fait possible d'obtenir une classe beaucoup plus large, y compris dans le cas où $\gamma > 2$ en considérant des lois stables.

Remarque 9.8.27. *Ces modèles ont été utilisé en assurance automobile dans* JORGENSEN & DE SOUZA *(1994), où une valeur de γ proche de 1,5 a été obtenue.*

L'importance de la fonction de lien

Nous avons noté ci-dessus que le choix de la sous-famille exponentielle considérée n'était pas neutre quant à la tarification. Le même résultat reste vrai pour le choix de la fonction de lien. Toujours sur les trois observations, la Figure 9.12 représente l'influence de la fonction de lien (pour une loi de Poisson et une loi Gamma pour Y). On peut noter qu'à famille de lois fixée, le choix de la fonction de lien n'est, là encore, pas neutre.

Toutefois, on notera qu'il est souvent d'usage d'utiliser la fonction de lien logarithmique puisqu'elle présente l'avantage de donner un modèle multiplicatif, et les coefficients β_j ont alors une interprétation simple, en terme de multiplicateurs.

Si le choix de la fonction de lien n'est pas innocent en matière de tarification, il est toutefois possible de prendre cette fonction comme inconnue, et de chercher à l'estimer à partir des données. Pour cela,

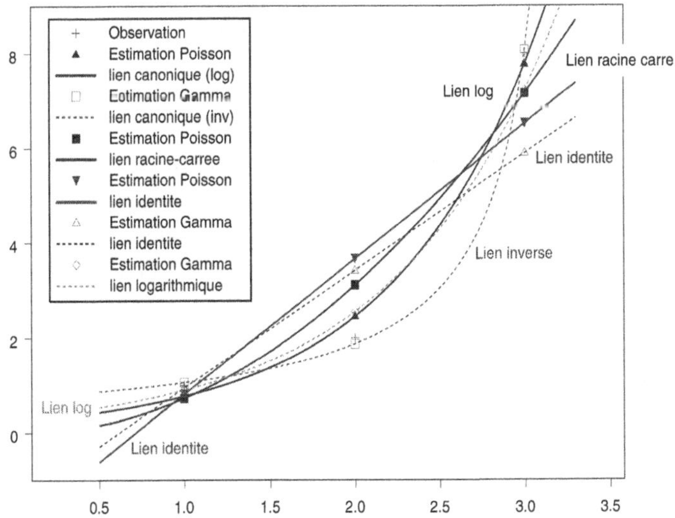

FIG. 9.12 – *Ajustement d'un modèle linéaire généralisé à partir de trois points, pour des lois de Poisson et Gamma, avec différentes fonctions liens.*

la transformation de Box-Cox permet d'avoir la forme paramétrique simple

$$g(x) = \begin{cases} (x^\lambda - 1)/\lambda, & \text{si } \lambda \neq 0, \\ \log(x), & \text{si } \lambda = 0. \end{cases}$$

On notera que $\lambda = 1$ correspond à une fonction lien identité (modèle additif), et $\lambda \to 0$ à une fonction lien logarithmique (modèle multiplicatif). Si $\lambda = -1$, on retrouve également la fonction lien inverse. Aussi, un grand nombre de fonctions de lien usuelles appartiennent à cette famille. Il est alors possible de chercher λ qui maximise la vraisemblance du modèle.

9.9 Les modèles additifs généralisés

9.9.1 Principe

Tout comme les modèles additifs ont permis de prendre en compte des effets non linéaires des variables explicatives, sans avoir à en spécifier a priori la forme, lorsque les variables à expliquer étaient gaussiennes, les modèles additifs généralisés (GAM pour l'anglais *Generalized Additive Models*) permettent la même extension dans les modèles de régression de Poisson, Binomial et Gamma.

Comme nous l'avons vu plus haut, l'obtention des estimations du maximum de vraisemblance des paramètres β_0,β_1, . . . ,β_p intervenant dans le score linéaire η du GLM s'obtient à l'aide d'ajustements répétés par la méthode des moindres carrés pondérés de pseudo-observations z_i. Ceci permettra de traiter les GAM à l'aide des modèles additifs étudiés plus haut.

9.9.2 Inférence dans les modèles généralisés additifs: deux approches possibles

Modèle additif sur pseudo-variables

L'ajustement des GAM repose sur le fait que les estimations des paramètres $\boldsymbol{\beta}$ d'un GLM peuvent s'obtenir en ajustant un modèle linéaire à des pseudo-observations (à l'aide d'une technique des moindres carrés pondérés). C'est exactement la même approche qui sera suivie ici. Précisément, nous définissons les pseudo-observations

$$z_i^{(k)} = \widehat{\eta}_i^{(k)} + \frac{y_i - \widehat{\mu}_i^{(k)}}{\widehat{D}_i^{(k)}}$$

où $\widehat{\mu}_i^{(k)} = g^{-1}(\widehat{\eta}_i^{(k)})$ avec $\widehat{\eta}_i^{(k)} = \widehat{c}+\sum_{j=1}^p \widehat{f}_j^{(k)}(x_{ij})$ pour $i = 1,2,\ldots,n$, et

$$\widehat{D}_i^{(k)} = \frac{\partial}{\partial\eta} g^{-1}(\widehat{\eta}_i^{(k)}).$$

Nous associons à chacune des pseudo-observations $z_i^{(k)}$ les poids

$$\pi_i^{(k)} = \left(\frac{\widehat{D}_i^{(k)}}{\widehat{\sigma}_i^{(k)}}\right)^2 \text{ avec } \widehat{\sigma}_i^{(k)} = \sqrt{\frac{\phi V\big(g^{-1}(\widehat{\eta}_i^{(k)})\big)}{\omega_i}}.$$

La nouvelle estimation $\widehat{f}_j^{(k+1)}$ de f_j est alors obtenue en régressant $z_i^{(k)}$ sur $\boldsymbol{x}_i$ en tenant compte des poids $\pi_i^{(k)}$. La technique utilisée pour estimer les fonctions $f_1(\cdot),\cdots,f_p(\cdot)$ est celle décrite plus haut pour les modèles additifs.

Formalisée en terme d'algorithme, l'estimation dans les GAM s'effectue comme suit:

initialisation: $\widehat{c} \leftarrow g(\overline{y})$ et $\widehat{\boldsymbol{f}}_j^{(0)} \leftarrow 0$, $j = 1,\ldots,p$.

cycle: pour $k = 1,2,\ldots$, on construit les pseudo-observations $z_i^{(k)}$ et on leur associe les poids $\pi_i^{(k)}$. Ensuite, on ajuste les $z_i^{(k)}$ à $c + \sum_{j=1}^p f_j(x_{ij})$ à l'aide d'un modèle additif comme décrit plus haut, i.e.

(i) on initialise $\widehat{c} \leftarrow \overline{z}^{(k)}$ et $\widehat{\boldsymbol{f}}_j^{(0)} \leftarrow \widehat{\boldsymbol{f}}_j^{(k)}$

(ii) on réévalue

$$\widehat{\boldsymbol{f}}_j^{(1)} \to \boldsymbol{H}_{\lambda_j}\left(\boldsymbol{z}^{(k)} - (\overline{z}^{(k)},\ldots,\overline{z}^{(k)})^t - \sum_{s<j}\widehat{\boldsymbol{f}}_s^{(1)} - \sum_{s>j}\widehat{\boldsymbol{f}}_s^{(0)}\right)$$

(iii) réitérer (ii) et stopper lorsque la somme des carrés des résidus cesse de décroître.

critère d'arrêt: les variations dans les f_j deviennent négligeables.

Comme on peut le constater, chaque étape de l'algorithme itératif menant aux estimations des fonctions $f_j(\cdot)$ requiert un backfitting complet afin de revoir l'estimation de ces fonctions sur base des pseudo-variables obtenues à cette étape.

Maximum de vraisemblance local

Une autre approche consiste à étendre directement la méthode Loess aux modèles généralisés additifs. On aura alors recours à des ajustements locaux dans des GLM, par maximum de vraisemblance (exactement comme procédait la méthode Loess à partir d'une log-vraisemblance gaussienne).

Plus précisément, étant donné un point x où on veut estimer la réponse, on détermine un voisinage $\mathcal{V}(x)$ et des poids $w_i(x)$ exactement comme dans Loess. Il s'agira de résoudre les équations de vraisemblance

$$\boldsymbol{X}^t\boldsymbol{\Omega}(x)\big(\boldsymbol{y}-\boldsymbol{\mu}(\widehat{\beta}(x))\big)=\boldsymbol{0}$$

où la matrice diagonale $\boldsymbol{\Omega}(x)$ reprend les poids $w_1(x),\ldots,w_n(x)$.

Exemple 9.9.1 (Régression logistique). *Considérons les observations (y_i,x_i) où y_i est de loi $\mathcal{B}in(n_i,q_i)$ où q_i est une fonction de x_i. Si on veut estimer les $q_i = q(x_i)$, on déterminera le voisinage $\mathcal{V}(x)$ et on estimera en x la fonction f intervenant dans*

$$q(x)=\frac{\exp\big(f(x)\big)}{1+\exp\big(f(x)\big)}$$

en maximisant

$$L\big(\beta_0(x),\beta_1(x)\big)=\sum_{\xi\in\mathcal{V}(x)}w_\xi(x)\ln\ell_\xi\big(\beta_0(x),\beta_1(x)\big)$$

où

$$\ell_\xi\big(\beta_0(x),\beta_1(x)\big)=\left(\begin{array}{c}n_\xi\\y_\xi\end{array}\right)\big(q_\xi(x)\big)^{y_\xi}\big(1-q_\xi(x)\big)^{n_\xi-y_\xi}$$

avec

$$q_\xi(x)=\frac{\exp\big(\beta_0(x)+\beta_1(x)\xi\big)}{1+\exp\big(\beta_0(x)+\beta_1(x)\xi\big)}.$$

Finalement, la valeur ajustée de $q(x)$ s'obtiendra grâce à

$$\widehat{q(x)}=\frac{\exp\big(\widehat{f}(x)\big)}{1+\exp\big(\widehat{f}(x)\big)}$$

avec

$$\widehat{f}(x)=\widehat{\beta}_0(x)+\widehat{\beta}_1(x)x.$$

9.9.3 En pratique...

Le plus souvent, l'actuaire dispose d'un grand nombre de variables catégorielles et seulement de quelques variables continues. Supposons que les variables explicatives $\boldsymbol{x}_i$ relatives à l'assuré i soient réorganisées afin que

$$\boldsymbol{x}_i=(1,x_{i1},\ldots,x_{if},x_{i,f+1},\ldots,x_{i,f+c})$$

où $x_{i1}, \ldots ,x_{if}$ sont les f variables binaires utilisées pour coder les variables catégorielles décrivant l'assuré i, et $x_{i,f+1}, \ldots ,x_{i,f+c}$ sont les c variables continues relatives à cet assuré. Le prédicteur linéaire η_i relatif à cet individu sera de la forme

$$\eta_i = c + \sum_{j=1}^{f} \beta_j x_{ij} + \sum_{j=1}^{c} f_j(x_{i,f+j}).$$

On peut même aller plus loin et introduire des effets d'interaction entre une variable catégorielle et une variable continue (typiquement, entre le sexe et l'âge de l'assuré dans le contexte de l'assurance automobile).

9.10 Cas pratique de tarification automobile

9.10.1 Description du portefeuille

Nous considérons dans cette section un portefeuille d'assurance automobile, que nous analysons à l'aide du logiciel SAS largement utilisé au sein des compagnies d'assurance. Les méthodes proposées peuvent bien sûr être adaptées à d'autres types de couverture (assurance dégâts matériels aux véhicules, assurance incendie des bâtiments, assurance vol, assurance annulation de voyage, etc.), en tenant compte de certaines particularités de ces contrats. Les données proviennent du portefeuille d'une grande compagnie opérant en Belgique. Nous disposons d'observations relatives à n =158 061 polices observées durant l'année 1997. Les variables reprises dans le fichier sont données au Tableau 9.3.

D'emblée, précisons quelques points importants. Tout d'abord, à l'exception des variables `NSIN`, `IND` et `CTOT` décrivant la sinistralité, il s'agit toutes de variables connues *a priori* de l'assureur (c'est-à-dire qu'il peut se servir de ces variables pour personnaliser le montant de la prime réclamée à l'assuré pour la couverture du risque). Clairement, les caractéristiques du risque inconnues de l'assureur en début de période ne peuvent pas être utilisées dans la grille de tarification *a priori*; le cas échéant, l'assureur s'en servira à d'autres fins (comme nous le verrons plus loin). Parmi les variables explicatives disponibles reprises au Tableau 9.3, nous distinguons différents types:

1. celles relatives au preneur d'assurance (`AGES`, `AGGLOM` et `SEXE` dans notre exemple);

Variable	Description
AGES	Age du souscripteur
AGGLOM	Type d'agglomération où réside le souscripteur
CARB	Carburant
CTOT	Coût total des sinistres (en euros)
DUR	Durée de couverture (en jours)
FRAC	Fractionnement de la prime
GARACCESS	Etendue de la couverture
IND	Code sinistre
KW	Puissance du véhicule
NSIN	Nombre de sinistres
SEXE	Sexe du souscripteur
SPORT	Caractère sportif du véhicule
USAGE	Usage du véhicule

TAB. 9.3 – *Variables comprises dans le fichier.*

2. celles relatives au véhicule assuré (`CARB`, `KW`, `SPORT` et `USAGE` dans notre exemple);
3. celles relatives à la couverture pour laquelle le preneur a opté (`FRAC` et `GARACCESS`, dans notre exemple).

Ces variables sont décrites en détail dans la suite. Notez que les informations relatives à la sinistralité passée des assurés (telles que nombre et/ou coût des sinistres, ou encore un résumé fourni par la position occupée dans une échelle bonus-malus ou un coefficient de réduction majoration appliqué à la prime) ne peuvent normalement pas être incorporée dans le schéma de tarification *a priori*. En effet, l'assureur reverra le montant de la prime en fonction des sinistres causés par l'assuré à l'aide de la théorie de la crédibilité ou des systèmes bonus-malus (décrits dans les chapitres qui suivent). Dès lors, l'inclusion du passé sinistres dans la tarification *a priori* générerait une double pénalisation des assurés ayant déclaré des sinistres, et une sous-tarification de ceux n'en ayant pas rapporté à la compagnie.

Avant d'entamer la modélisation du nombre et du coût des sinistres, il est essentiel de bien connaître le portefeuille sur lequel on travaille. Il faut dès lors prendre le temps de décrire en détail les différentes variables tarifaires et d'examiner la composition du portefeuille à analyser.

Nous travaillons ici sur un fichier polices. Un tel fichier compte autant de lignes que de polices en portefeuille durant la période considérée. Il résume l'information disponible en début de période à propos de chacun des contrats et décrit la sinistralité relative à ceux-ci. En marge de ce fichier, l'assureur dispose également d'un fichier sinistres où sont renseignées toutes les caractéristiques des sinistres produits par les polices en portefeuille (circonstances dans lesquelles ces sinistres ont eu lieu, personnes impliquées, présence de dommages corporels, ...). Ces deux fichiers sont mis en relation grâce au numéro de police.

Remarque 9.10.1. *La phase de constitution de la base de données est cruciale pour le tarif qui découlera de l'analyse: comment arriver à un tarif correct en utilisant des données erronées, incomplètes ou obsolètes? Il est donc essentiel que l'actuaire se penche sur la constitution de la base de données, et ne délègue pas la tâche sans contrôle au service informatique ou à un jeune stagiaire fraîchement sorti de l'école. La phase d'extraction des données et leur nettoyage représente une part considérable du temps consacré à l'étude.*

Il est important:

1. *que les données soient homogènes, c'est-à-dire concernent des polices d'un même portefeuille, dont les conditions sont semblables (si tel n'est pas le cas, il faut introduire des variables explicatives différenciant les catégories d'assurés ou identifiant la compagnie qui a émis les polices);*
2. *lors de la fusion de données provenant de plusieurs sources, d'identifier systématiquement la provenance de celles-ci (par exemple, lors de la fusion de bases de données relatives à des affaires vendues par courtier ou en direct, on ajoutera une variable donnant le canal de distribution par lequel la police a été produite);*
3. *d'examiner très soigneusement les données manquantes, et de ne les ignorer sous aucun prétexte. Souvent, l'information omise révèle certains traits de la police. On rajoutera donc systématiquement un niveau aux variables catégorielles indiquant lorsque l'information est manquante. Ce n'est que lorsqu'on se sera assuré que les ommissions sont aléatoires qu'on pourra négliger les polices dont certaines informations sont manquantes.*

La plupart des compagnies sont à présent conscientes de la nécessité de disposer de données aussi nombreuses et de bonne qualité que possible. La constitution et la maintenance des bases de données figurent d'ailleurs parmi les préoccupations les plus impor-

tantes des grands groupes financiers. A cet égard, la généralisation de la transmission des informations par voie électronique (le courtier ou l'agent saisit les données pour recevoir une offre de prix en ligne) permet d'éviter les erreurs d'encodage ou les valeurs manquantes (puisque l'offre n'est fournie que si tous les champs ont été dûment complétés).

9.10.2 Les variables décrivant la sinistralité

Le nombre des sinistres NSIN

Il s'agit du nombre de sinistres déclarés par l'assuré à la compagnie, et donc pas du nombre de sinistres causés par l'assuré sur l'année. L'assuré peut en effet estimer (à tort ou à raison) avoir intérêt à dédommager lui-même le tiers lésé en cas de préjudice mineur (comme une griffe dans la portière d'un véhicule ancien, par exemple, pour lequel le jeune propriétaire préférera peut-être un billet de 100 € , synonyme d'agapes et de réjouissances estudiantines, à une remise en état du véhicule). Il est évident que le nombre de sinistres dédommagés directement par l'assuré est fonction de la politique de tarification *a posteriori* de l'assureur (comprenez la manière dont les sinistres déclarés et ayant donné lieu à une indemnisation par la compagnie sont pénalisés). Il convient donc d'être particulièrement vigilant à cet égard lorsqu'on envisage de modifier les mécanismes de personnalisation *a posteriori* du montant des primes. Nous reviendrons sur ces questions dans les chapitres suivants.

En RC automobile, NSIN mérite une attention toute particulière car les coûts des sinistres ne se prêtent souvent pas à une segmentation poussée. De plus, NSIN jouera un rôle central dans la personnalisation *a posteriori* des montants des primes (la plupart des systèmes commerciaux, tels les mécanismes bonus-malus, n'intégrant que le nombre des sinistres dans la formule de réévaluation de la prime en cours de contrat).

Le gros avantage de NSIN est d'être généralement connu avec précision par la compagnie. Si on excepte les sinistres survenus en fin de période, qui ne seront sans doute déclarés à l'assureur qu'au début de la période suivante, les sinistres sont généralement renseignés rapidement à la compagnie, soit en application d'une clause contractuelle imposant un délai de déclaration sous peine de déchéance de la garantie, soit que l'assuré désire être dédommagé aussi vite que possible.

Nombre k de sinistres	Nombre de polices obs.	Nombre de polices prédit	Signe
0	140 276	139 553.33	+
1	16 085	17 379.16	-
2	1 522	1 082.15	+
3	159	44.92	+
4	17	1.40	+
5	2	0.04	+
≥ 6	0	0.00	

TAB. 9.4 – *Sinistralité observée dans le portefeuille et ajustement par une loi de Poisson.*

La fréquence moyenne des sinistres pour le portefeuille est de 12.45% par an. Le Tableau 9.4 nous apprend que le nombre maximum de sinistres déclarés par un assuré vaut 5. Plus précisément, 140 276 (soit 88.75%) assurés n'ont déclaré aucun sinistre, 16 085 (soit 10.18 %) en ont déclaré 1, 1 522 (soit 0.96%) en ont déclaré 2, 159 (soit 0.10%) assurés ont déclaré 3 sinistres, 17 assurés (soit 0.01%) ont déclaré 4 sinistres et 2 assurés (soit moins de 0.01%) en ont déclaré 5, au cours de l'année 1997.

Le Tableau 9.4 décrit l'ajustement de la distribution observée de NSIN par une loi de Poisson de paramètre λ identique pour toutes les polices. L'estimateur du maximum de vraisemblance du paramètre est $\widehat{\lambda} = 0.1245$. On constate que l'ajustement est très mauvais, et rejeté sans aucune hésitation par un test khi-carré (valeur observée de la statistique khi-carrée valant 783.75, pour une p-valeur inférieure à 10^{-4}). Si on observe la succession des signes de la séquence

$$\Pr[\widehat{\texttt{Nsin} = k}] - \Pr[\mathcal{P}oi(\widehat{\lambda}) = k], \;\; k \in \mathbb{N},$$

donnée dans la dernière colonne du Tableau 9.4, on voit clairement apparaître la succession de signes +,-,+,+,... Cette séquence n'est pas fortuite. Elle est due à une propriété très importante des mélanges de Poisson connue comme le "Shaked's Two Crossings Theorem" (voir la Propriété 3.7.6 du Tome I).

La succession de signes conforte donc l'hypothèse d'une loi de Poisson mélange pour NSIN au niveau du portefeuille. Ceci indique que le portefeuille est hétérogène et justifie la différenciation *a priori* des assurés.

L'occurrence des sinistres IND

Il s'agit d'une variable binaire indiquant si l'assuré a déclaré au moins un sinistre sur l'année, i.e.

$$\texttt{IND} = \mathbb{I}[\texttt{NSIN} \geq 1] = \begin{cases} 1, \text{ si } \texttt{NSIN} \geq 1, \\ 0, \text{ sinon.} \end{cases}$$

Sur les 158 061 assurés du portefeuille, 140 276 (soit 88.75%) n'ont déclaré aucun sinistre et 17 785 (soit 11.25%) ont fait jouer la garantie de la compagnie durant l'année.

Le coût des sinistres CTOT

Il s'agit de la charge des sinistres pour l'année 1997, c'est-à-dire du coût total (en euro) mis par l'assuré à charge de la compagnie. Il s'agit de la somme des paiements, de la réserve et des frais de gestion de sinistres survenus en 1997. Le risque monétaire a donc deux composantes: la composante occurrence IND qui nous renseigne si l'assuré a fait jouer la garantie de la compagnie au moins une fois sur la période considérée, et la composante coût total des sinistres déclarés (nulle si IND=0). On peut donc représenter CTOT comme

$$\texttt{CTOT} = \texttt{IND} \times \texttt{CTOT}_{+}$$

où $\texttt{CTOT}_{+}$ a même loi que CTOT sachant CTOT > 0 ou encore que CTOT sachant IND $= 1$. La variable $\texttt{CTOT}_{+}$ est donc strictement positive, alors que CTOT est le plus souvent nulle (nulle pour 88.75% des assurés dans notre exemple).

Si on distingue le coût de chacun des sinistres, on obtient

$$\texttt{CTOT} = \sum_{k=1}^{\texttt{NSIN}} C_k$$

où C_k est le coût (supposé strictement positif) du $k$ème sinistre (avec la convention CTOT $= 0$ si NSIN $= 0$). Le coût moyen $\overline{C}$ d'un sinistre ayant touché une police est alors donné par

$$\overline{C} = \frac{\texttt{CTOT}_{+}}{\texttt{NSIN}}, \text{ si } \texttt{NSIN} > 0,$$

et $\overline{C} = 0$, si NSIN $= 0$. Lors de l'étude du coût des sinistres, il importe de tenir compte du nombre de sinistres engendrés par l'assuré. Ainsi, on analysera le plus souvent $\overline{C}$ en introduisant un poids NSIN.

Remarque 9.10.2. *Une autre variable souvent utilisée est le ratio S/P par catégories de polices (à savoir la charge totale des sinistres causés par cette catégorie d'assurés divisée par le montant* *des primes encaissées). Cette variable dépend donc du tarif en vigueur lors de la récolte des observations. Elle introduit donc l'ancien tarif dans l'élaboration du nouveau et cet usage est à déconseiller.*

Nous savons que seuls 17 785 assurés ont fait jouer la garantie de l'assureur durant l'année 1997. Intéressons-nous à la sinistralité de ces assurés (c'est-à-dire à la variable $\mathtt{CTOT}_+$). Le coefficient d'asymétrie vaut 84.31, ce qui traduit une asymétrie gauche très importante. Plus précisément, 25% des polices qui ont donné lieu au paiement d'indemnités par la compagnie ont causé des sinistres dont le montant était inférieur à 145.02 € , 50% inférieur à 566.51 € , et 75% inférieur à 1 450.67 € . La moyenne de $\mathtt{CTOT}_+$ s'élève à 1 807.46 € . La prime pure empirique vaut donc

$$\widehat{\mathbb{E}[\mathtt{CTOT}_+]}\widehat{\mathbb{E}[\mathtt{IND}]} = \widehat{\mathbb{E}[\mathtt{CTOT}]} = 203.38 \text{ €} .$$

Le coefficient de variation de $\mathtt{CTOT}_+$ vaut 982.61, pour un écart-type de 17 760.39.

Les quatre polices ayant causé les sinistres dont les montants sont les plus élevés sont 452 839 € , 499 601 € , 499 917 € , 1 989 568 € . Il est souvent nécessaire d'écréter les sinistres afin d'analyser leurs coûts. Une approche classique consiste à les plafonner à un quantile, par exemple $q_{0.99}$=19 927.4 € .La théorie des valeurs extrêmes qui sera présentée au Chapitre 14 fournit les outils adéquats pour traiter les sinistres graves.

9.10.3 La mesure de l'exposition au risque: la variable DUR

Il s'agit du nombre de jours où la police a été en vigueur durant l'année 1997. On s'en servira pour mesurer l'exposition au risque. Elle permettra de tenir compte du fait qu'un sinistre déclaré par une police en vigueur durant 1 mois est un plus mauvais signe pour l'assureur qu'un sinistre relatif à une police en vigueur toute l'année.

Remarque 9.10.3. *Notons au passage que l'exposition au risque devrait être mesurée par le nombre de kilomètres parcourus plutôt que par le nombre de jours où la police était en vigueur (le véhicule pourrait fort bien rester au garage pendant certaines périodes, n'étant donc pas soumis au risque). Le kilométrage annuel est cependant extrêmement difficile à mesurer, si bien que les assureurs européens ont pour la plupart renoncé à introduire le kilométrage annuel dans les critères de tarification, et ont préféré recourir à des "proxies" tels que l'usage du véhicule (les véhicules utilisés à des*

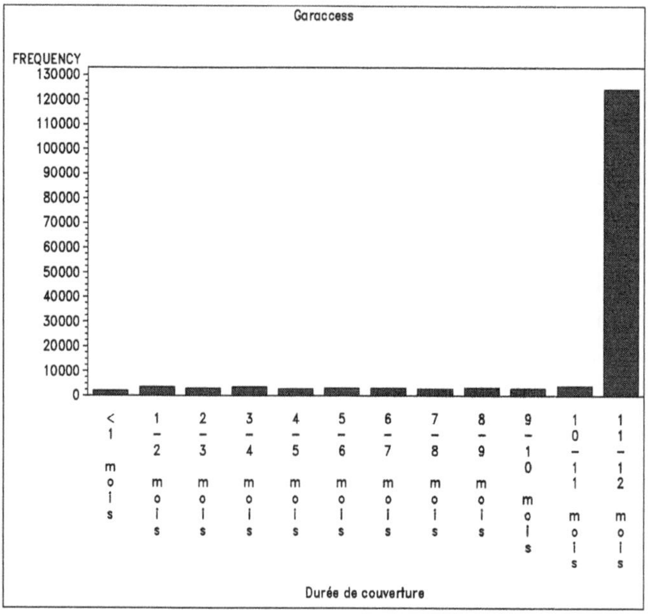

FIG. 9.13 – *Durée de couverture.*

fins professionnelles parcourant sans doute davantage de kilomètres par an) ou le carburant (le choix du diesel étant souvent justifié par des distances couvertes plus importantes).

Dans notre portefeuille, la durée moyenne de couverture est de 323.93 jours. Quelques polices n'ont été en vigueur que pendant une seule journée. La Figure 9.13 donne un idée des périodes de couverture des différentes polices en portefeuille. On constate une majorité de polices couvertes durant toute l'année, et une répartition plus ou moins uniforme des durées de couverture inférieures à un an. Typiquement, les polices dont l'exposition au risque est inférieure à l'année sont les nouvelles affaires et les résiliations. Le portefeuille que nous étudions est donc relativement stable.

9.10.4 Caractéristiques du preneur d'assurance

Variable AGES

Il s'agit d'une variable quantitative à valeurs entières donnant l'âge du preneur d'assurance (en années révolues) au premier janvier de l'année 1997. Plus que l'âge en tant que tel, c'est l'expérience de conduite qu'on espère récupérer par le biais de cette variable. Une variable équivalente (tant la corrélation entre les deux est grande) et souvent mieux acceptée par la clientèle est l'ancienneté du permis de conduire.

Les polices reprennent souvent la notion de conducteur habituel du véhicule, et les caractéristiques personnelles déterminant le montant de la prime sont alors celles du conducteur habituel mentionné aux conditions particulières, et pas celle du preneur d'assurance. Il est bon de noter que les caractéristiques personnelles (telles que `AGES`) se rapportent souvent au preneur d'assurance, qui n'est pas nécessairement le conducteur du véhicule. Dès lors, les conclusions obtenues sur base de ces données doivent être considérées avec précaution.

Examinons à présent la structure des âges des assurés dans notre portefeuille. Celle-ci est décrite à la Figure 9.14. Calculons à présent la fréquence observée de sinistre par âge. Il s'agit d'un modèle de régression de Poisson avec une seule variable explicative, à savoir l'âge de l'assuré traité comme une variable catégorielle. Si on note λ_k la fréquence annuelle de sinistres des assurés âgés de k années, la vraisemblance associée aux données vaut

$$\mathcal{L} = \prod_{i=1}^{n} \exp(-d_i \lambda_{\texttt{AGES}_i}) \frac{(d_i \lambda_{\texttt{AGES}_i})^{n_i}}{n_i!}$$

où $\texttt{AGES}_i$ représente l'âge de l'assuré i, d_i est la durée d'exposition au risque pour la police i, et n_i le nombre de sinistres relatifs à cette police. Maximiser la log-vraisemblance revient à résoudre le système

$$\frac{\partial}{\partial \lambda_k} \left\{ \sum_{i|\texttt{AGES}_i=k} d_i \lambda_k + \sum_{i|\texttt{AGES}_i=k} n_i \ln \lambda_k \right\} = 0,$$

qui fournit les estimateurs du maximum de vraisemblance des fréquences de sinistre à chaque âge, donnés par

$$\widehat{\lambda}_k = \frac{\sum_{i|\texttt{AGES}_i=k} n_i}{\sum_{i|\texttt{AGES}_i=k} d_i}.$$

On constate donc qu'il faut diviser le nombre de sinistres par l'exposition au risque totale pour chaque âge, et non par le nombre de polices. La Figure 9.15 donne $\widehat{\lambda}_k$ en fonction de l'âge k. On constate clairement la sursinistralité des jeunes conducteurs, dont les fréquences de sinistre frôlent les 30%. Avec l'âge, la fréquence annuelle de sinistre a tendance à diminuer, pour légèrement augmenter chez les plus âgés.

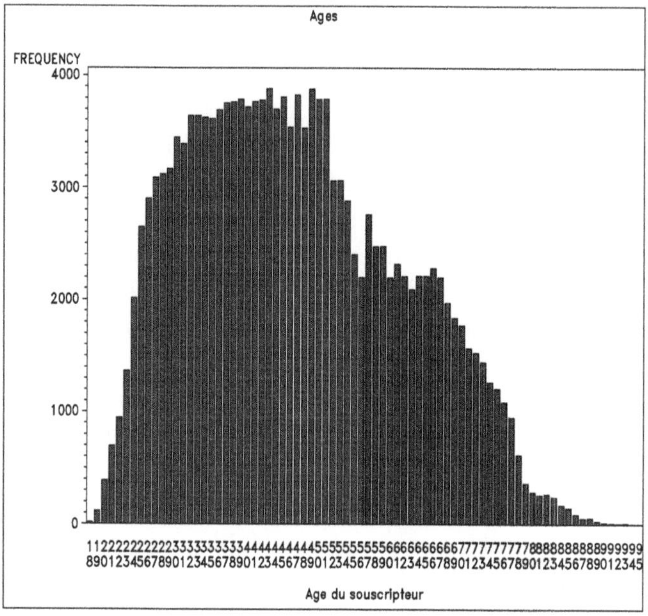

FIG. 9.14 – *Nombre de souscripteurs âgés de k années, $k = 18,19,\ldots$.*

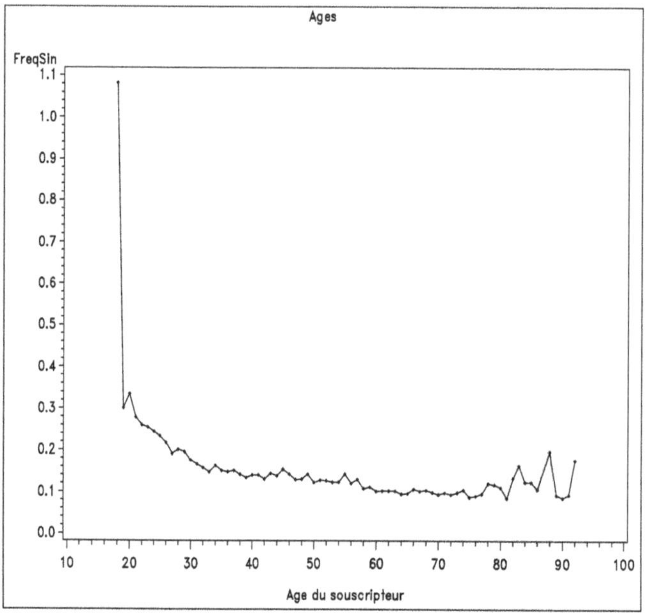

FIG. 9.15 – *Fréquence observée $\widehat{\lambda}_k$ de sinistre par âge.*

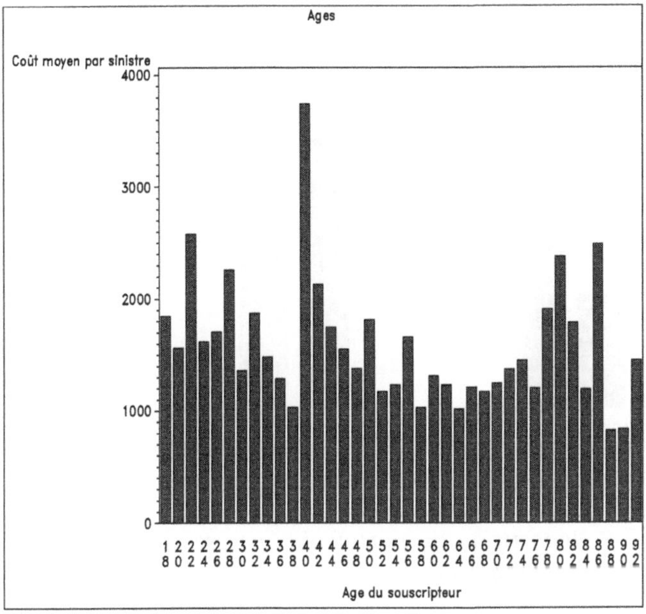

FIG. 9.16 – *Coût moyen par sinistre en fonction de l'âge de l'assuré.*

Regardons à présent si AGES peut expliquer certaines variations du coût des sinistres. Pour ce faire, nous restreignons notre étude aux assurés qui ont déclaré au moins un sinistre. La moyenne de la variable CBAR par âge est décrite à la Figure 9.16. Aucune structure particulière n'est décelée à l'examen du graphique, ce qui tend à indiquer que la variable AGES influence peut-être la fréquence des sinistres mais peu leur coût.

Insistons sur le fait que l'analyse ci-dessus est purement marginale. L'apparente influence de l'âge sur la fréquence de sinistre pourrait ainsi être causée par une autre variable, fortement corrélée avec l'âge (nous renvoyons le lecteur aux commentaires du Tome I).

Variable SEXE

Cette variable qualitative binaire donne le sexe du souscripteur, i.e.

$$\text{SEXE} = \begin{cases} 0, \text{ si l'assuré est un homme,} \\ 1, \text{ si l'assuré est une femme.} \end{cases}$$

Le portefeuille contient 41 659 femmes (26.36%) et 116 402 hommes (73.64%). On peut voir à la Figure 9.17 une légère sursinistralité des femmes, et un coût moyen plus élevé pour les conduc-

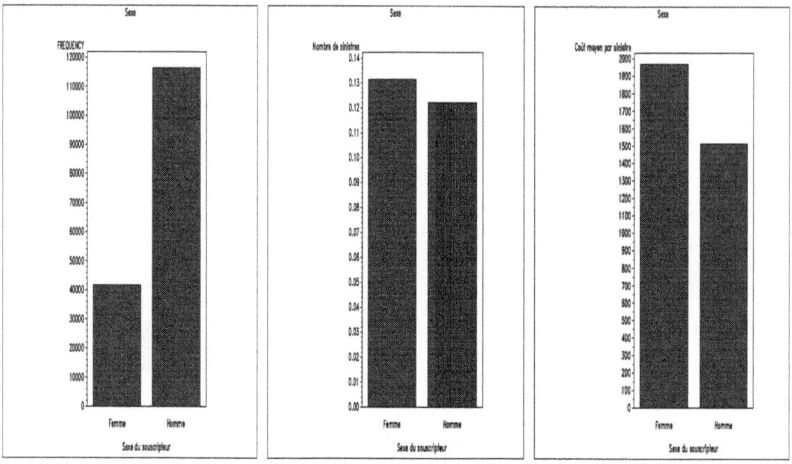

Fig. 9.17 – *Répartition du portefeuille par sexe, fréquence moyenne de sinistre par sexe et coût moyen par sinistre par sexe (de gauche à droite).*

trices. Notez qu'on constate souvent le contraire en assurance RC automobile, les conductrices apparaissant beaucoup moins risquées que leurs homologues masculins. Ceci indique bien que les conclusions obtenues pour un portefeuille donné ne peuvent en général pas être extrapolées à d'autres portefeuilles. La raison en est simple: les assurés d'une compagnie ne constituent pas un échantillon aléatoire simple issu de la population des conducteurs (le choix de la compagnie révélant certaines caractéristiques des individus).

Variable AGGLOM

Cette variable donne une idée de l'environnement dans lequel vit le preneur d'assurance. Précisément,

$$\texttt{AGGLOM} = \begin{cases} 0, \text{ si l'agglomération est rurale,} \\ 1, \text{ si l'agglomération est urbaine.} \end{cases}$$

Si la commune est fortement urbanisée, la plupart des voiries seront situées en agglomération, et la vitesse des véhicules sera limitée. De ce fait, la fréquence des sinistres devrait être élevée, du fait de la densité importante du trafic, mais les conséquences des sinistres devraient être faibles, du fait de la vitesse réduite. Au contraire, dans des communes rurales, la plupart des voiries seront situées hors agglomération, les sinistres seront plus rares, du fait de la faible densité du trafic, mais leurs conséquences devraient être plus graves, du fait de la vitesse plus élevée des véhicules.

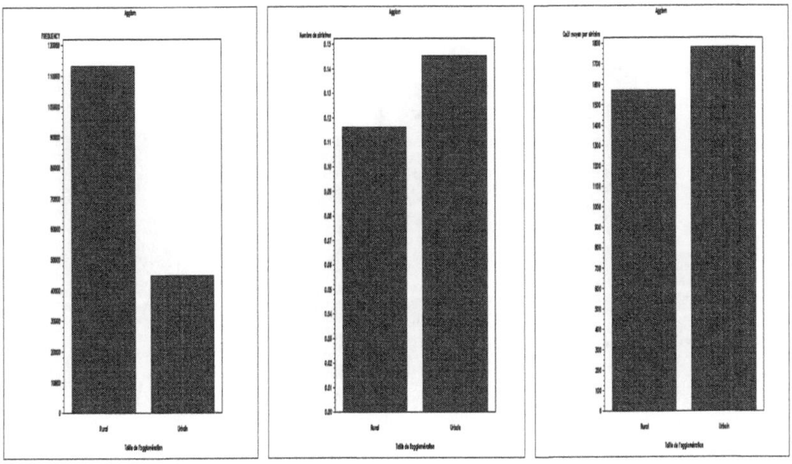

FIG. 9.18 – *Répartition du portefeuille, fréquence moyenne de sinistre et coût moyen par sinistre par taille d'agglomération (de gauche à droite).*

Le portefeuille contient 113 189 assurés habitant dans des agglomérations rurales et 44 872 habitant dans des agglomérations urbaines, représentant respectivement 71.61 et 28.39 % du portefeuille. On peut voir à la Figure 9.18 que la fréquence moyenne de sinistre ainsi que le coût moyen sont plus faibles en zone rurale qu'en zone urbaine.

9.10.5 Caractéristiques du véhicule assuré

Variable CARB

Il s'agit d'une variable binaire prenant deux modalités, i.e.

$$\texttt{CARB} = \begin{cases} 0, \text{ si le véhicule est à essence,} \\ 1, \text{ si le véhicule est au diesel.} \end{cases}$$

Cette variable n'influence peut-être pas directement la sinistralité, mais on peut raisonnablement s'attendre à ce qu'elle soit fortement corrélée avec le kilométrage annuel (l'acquisition d'un véhicule diesel en Belgique ou en France se justifiant souvent par un usage plus fréquent, et pour de plus longues distances puisque le prix d'achat est plus élevé, de même que la taxe de circulation, mais que le prix du litre de carburant est moins élevé). En pratique, CARB présente souvent d'autres niveaux (associés aux autres types de carburant, comme le gaz liquide ou l'électricité, par exemple).

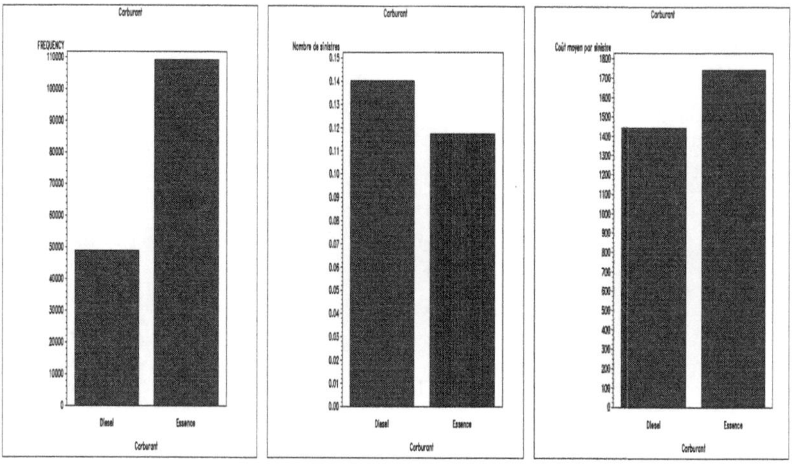

FIG. 9.19 – *Répartition du portefeuille par type de carburant, fréquence moyenne de sinistre et coût moyen par sinistre par type de carburant (de gauche à droite).*

Dans notre portefeuille, 109 139 polices concernent des véhicules à essence (soit 69.05%) et 48 922 (soit 30.95%) des véhicules diesel. On peut voir à la Figure 9.19 que la fréquence des sinistres est plus élevée pour les véhicules diesel, mais que le coût moyen pour ces mêmes véhicules est plus faible. La fréquence plus élevée pour les véhicules diesel pourrait s'expliquer par une exposition au risque (en kilomètres) plus importante.

Variable `KW`

Il s'agit d'une variable catégorielle donnant une idée de la puissance du véhicule, mesurée en kilowatts. L'idée est ici que plus un véhicule est puissant, plus il se révèle difficile à manier pour l'automobiliste. Nous disposons ici d'une partition des véhicules en trois classes, à savoir

$$\texttt{KW} = \begin{cases} 0, \text{ si le véhicule est une petite cylindrée} \\ \qquad\qquad\qquad \text{(i.e. moins de 40 Kw)}, \\ 1, \text{ si le véhicule est une cylindrée moyenne} \\ \qquad\qquad\qquad \text{(i.e. entre 40 et 70 Kw)}, \\ 2, \text{ si le véhicule est une grosse cylindrée} \\ \qquad\qquad\qquad \text{(i.e. plus de 70Kw)}. \end{cases}$$

Dans le portefeuille, il y a 36 417 véhicules de petite cylindrée (soit 23.04%), 94 581 véhicules de cylindrée moyenne (soit 59.84%

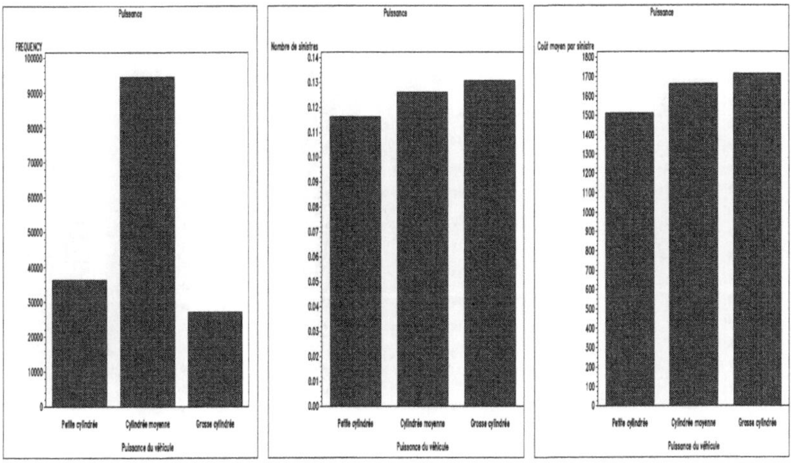

FIG. 9.20 – *Répartition du portefeuille, fréquence moyenne de sinistre et coût moyen par sinistre par puissance du véhicule (de gauche à droite).*

du portefeuille) et 27 063 véhicules de grosse cylindrée (soit 17.12%). Afin d'apprécier l'influence de la puissance du véhicule sur la sinistralité, on peut voir à la Figure 9.20 la fréquence de sinistre observée et le coût moyen par sinistre en fonction de la puissance. On constate que la fréquence, comme le coût, semble croître avec la cylindrée du véhicule.

Variable USAGE

Il s'agit d'une variable binaire décrivant l'usage du véhicule. Plus précisément,

$$\texttt{USAGE} = \begin{cases} 0, \text{ si le véhicule est utilisé exclusivement à des fins} \\ \qquad\qquad\qquad \text{privées et pour se rendre au travail,} \\ 1, \text{ si le véhicule est utilisé à des fins professionnelles.} \end{cases}$$

Encore une fois, plus que l'influence directe de cette variable sur la sinistralité, on s'attend davantage à une forte corrélation entre cette variable et le kilométrage annuel.

Dans le portefeuille, 151 002 polices (soit 95.53%) concernent des véhicules qui sont utilisés à des fins privées (loisirs et trajet du domicile vers le lieu de travail) alors que 7 059 polices (soit 4.47%) couvrent des véhicules utilisés dans le cadre d'une activité professionnelle. On contate à la Figure 9.21 que l'usage du véhicule semble n'avoir que peu d'impact sur la fréquence des sinistres, mais influence sensiblement le coût moyen.

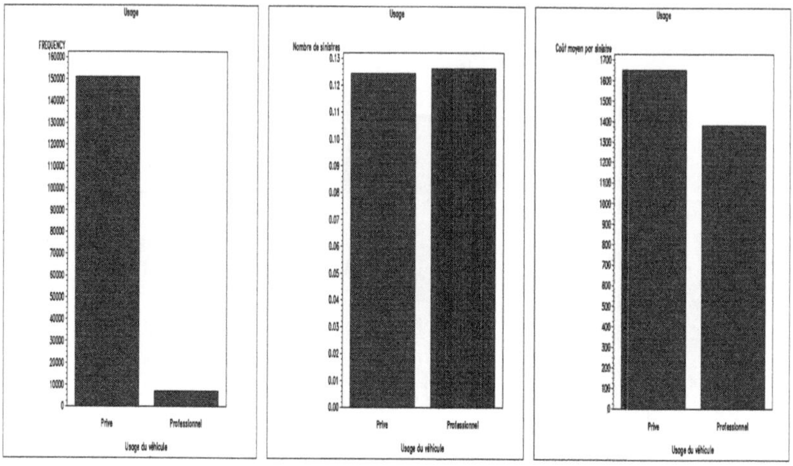

FIG. 9.21 – *Répartition du portefeuille, fréquence moyenne de sinistre et coût moyen par sinistre par usage du véhicule (de gauche à droite).*

Variable SPORT

Cette variable identifie les véhicules à caractère sportif:

$$\texttt{SPORT} = \begin{cases} 0, \text{ si le véhicule a un caractère sportif,} \\ 1, \text{ sinon.} \end{cases}$$

La définition d'un véhicule sportif est propre à chaque compagnie. Elle est basée sur des caractéristiques techniques de l'automobile et fait généralement intervenir, outre la puissance, le poids et le nombre de sièges, notamment. Comme nous l'avons expliqué plus haut, l'ACP permet de construire un indice résumant le degré sportif du véhicule.

Dans notre portefeuille, 1 448 véhicules (soit 0.92%) sont considérés comme sportifs, contre 156 613 chez qui aucun caractère sportif n'est décelé (99.08%). On constate à la Figure 9.22 que les véhicules jugés sportifs ont une fréquence de sinistres plus élevée, mais que le coût moyen semble peu influencé par le code sportif.

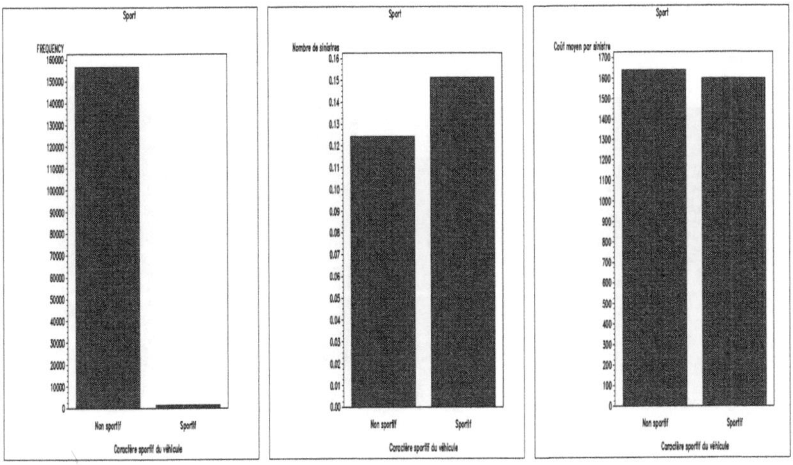

FIG. 9.22 – *Répartition du portefeuille, fréquence moyenne de sinistre et coût moyen par sinistre par code sportif (de gauche à droite).*

9.10.6 Caractéristiques de la police

Variable FRAC

il s'agit d'une variable qualitative à deux niveaux spécifiant la fréquence de paiement de la prime, i.e.

$$\texttt{FRAC} = \begin{cases} 0, \text{ si la prime est payée une fois par an,} \\ 1, \text{ si le paiement est fractionné.} \end{cases}$$

Encore une fois, on voit mal comment cette variable pourrait influencer directement la sinistralité. L'idée est ici qu'un fractionnement de la prime peut traduire une position sociale fragilisée, donc un véhicule moins bien entretenu. Il faut toutefois se méfier des paiements mensuels, car certaines compagnies proposent à leurs clients de verser la prime chaque mois (par domiciliation et sans frais supplémentaires).

Dans notre portefeuille, on constate que 77 716 polices (soit 49.17% du portefeuille) prévoient une périodicité annuelle et 80 345 un paiement fractionné (50.83%). La Figure 9.23 illustre l'influence du fractionnement sur la sinistralité des assurés. Les assurés payant leur prime une fois par an ont une fréquence de sinistre inférieure à celle de ceux ayant opté pour le fractionnement. Les coûts moyens sont fort semblables.

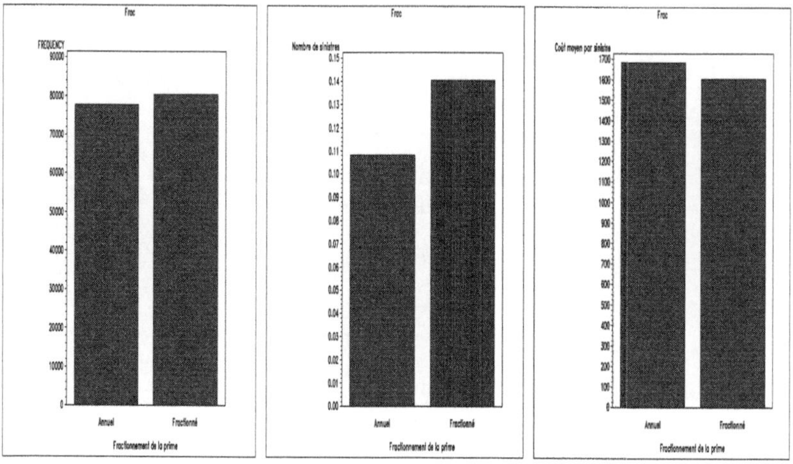

FIG. 9.23 – *Répartition du portefeuille, fréquence moyenne de sinistre et coût moyen par sinistre par périodicité du paiement de la prime (de gauche à droite).*

Variable GARACCESS

Cette variable qualitative à deux niveaux décrit le degré de couverture de l'assuré:

$$\texttt{GARACCESS} = \begin{cases} 0, \text{ si seule l'assurance RC a été souscrite} \\ \qquad \text{par l'assuré} \\ 1, \text{ si en plus de la RC, l'assuré a souscrit} \\ \qquad \text{des garanties accessoires, telles que} \\ \qquad \text{dégâts matériels ou vol, par exemple;} \end{cases}$$

On peut ici s'attendre à deux types de comportement:

- Soit la théorie de l'aléa moral s'applique, et on observe plus de sinistres de la part des individus les plus couverts. De la même manière, en vertu de la théorie du signal, les assurés ayant souscrit uniquement la RC l'ont fait en connaissance de cause, se sachant moins risqués. La modalité 0 de GARACCESS devrait donc apparaître comme un facteur diminuant la sinistralité.
- Soit la souscription de garanties plus étendues traduit une aversion au risque plus forte de la part des individus concernés. Ceci se traduirait alors par un mode de conduite particulièrement prudent, et donc donnerait lieu à moins de sinistres. Dans ce cas, la modalité 0 de GARACCESS devient un facteur aggravant.

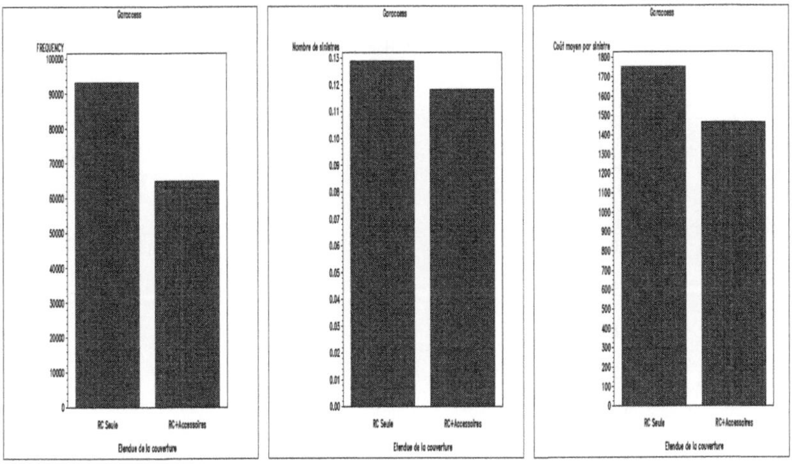

FIG. 9.24 – *Répartition du portefeuille, fréquence moyenne de sinistre et coût moyen par sinistre par étendue des couvertures (de gauche à droite).*

Les actuaires, par essence pragmatiques, n'essaient pas de déterminer quel mécanisme prévaut et se bornent à constater sur base des données quel est l'effet des différentes modalités de `GARACCESS`.

Dans notre portefeuille, 93 194 assurés ont souscrit exclusivement la RC automobile (soit 58.96% du portefeuille) tandis que les 64 867 autres (représentant 41.04% du portefeuille) ont souscrit des garanties accessoires. Au niveau de l'influence de l'étendue des garanties sur la sinistralité, on peut voir à la Figure 9.24 la fréquence de sinistre observée et le coût moyen par sinistre en fonction de l'étendue des couvertures. On constate que la fréquence et le coût moyen par sinistre sont plus élevés pour les polices ne reprenant que la RC. Ceci semble donc justifier techniquement les réductions de prime RC octroyées aux assurés souscrivant d'autres garanties optionnelles.

9.10.7 Interaction entre variables tarifaires

Souvent, on constate une interaction entre l'âge et le sexe de l'assuré. Par interaction, il faut entendre ici une infuence différente de l'âge de l'assuré sur la fréquence de sinistre, selon qu'on est un homme ou une femme. Dans notre portefeuille, si nous distinguons les hommes et les femmes, nous obtenons les fréquences de sinistre par âge décrites dans la Figure 9.25. On constate une légère sur-

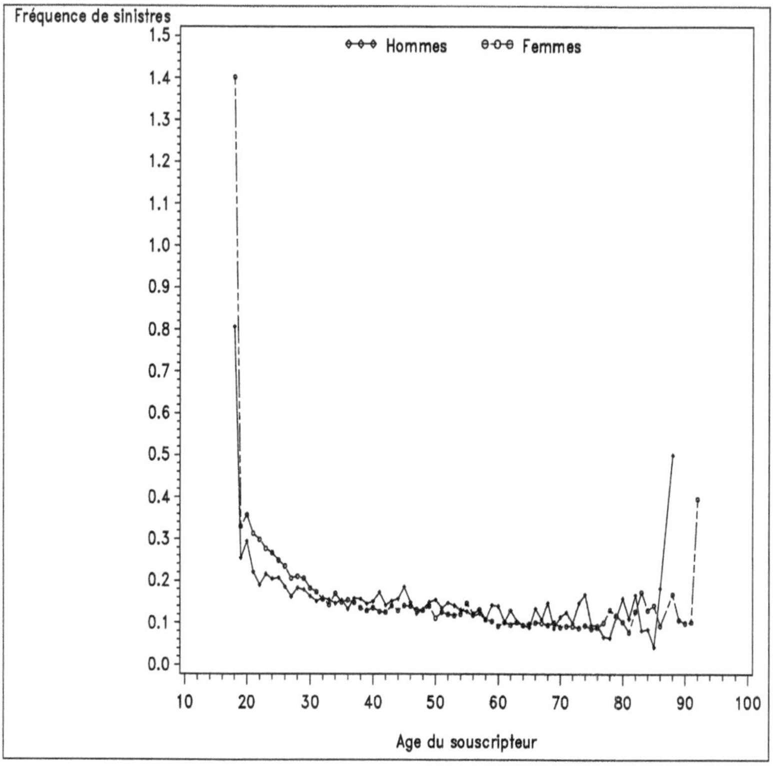

FIG. 9.25 – *Fréquence de sinistre par âge selon le sexe du souscripteur.*

sinistralité des jeunes hommes par rapport aux jeunes femmes, et ensuite des fréquences assez semblables. Nous ne poursuivons pas ici la modélisation des interactions.

9.10.8 Premier tri parmi les variables tarifaires

Test khi-carré d'indépendance

Une manière efficace d'opérer un premier tri parmi les variables à notre disposition consiste à effectuer des tests khi-carrés sur base de tables de contingence. Pour des raisons d'effectifs, il vaut mieux travailler avec `IND` qu'avec `NSIN`. En effet, si nous croisons `NSIN` avec `SEXE`, beaucoup d'effectifs attendus sont inférieurs à 5; on ne peut donc pas valablement effectuer de test khi-carré sur la base d'une telle table de contingence. Par contre, si nous croisons `IND` et `SEXE`, nous obtenons la table de contingence décrite au Tableau 9.5 (les effectifs attendus sous l'hypothèse d'indépendance sont indiqués entre parenthèses), sur laquelle nous pouvons baser le test khi-carré. La valeur observée de la statistique khi-carrée d'indépendance vaut 20.33 (pour 1 degré de liberté), ce qui donne une p-valeur inférieure à 10^{-4}. On constate donc une forte association entre le sexe et le fait de causer ou pas de sinistre.

IND	SEXE		
	Femme	Homme	Total
Pas de sinistre	36 722 (36 972)	103 554 (103 304)	140 276
Un ou plusieurs sinistres	4 937 (4 687.5)	12 848 (13 098)	17 785
Total	41 659	116 402	158 061

TAB. 9.5 – *Table de contingence croisant IND et SEXE.*

Le rejet de l'hypothèse d'indépendance indique que le sexe influence la variable `IND` et donc également la variable `NSIN`. Le non-rejet par contre ne permet pas de conclure, d'une part pour des raisons liées à l'erreur de seconde espèce (laquelle n'est pas contrôlée) et d'autre part car le fait de ne pas influencer `IND` n'implique pas qu'on n'influence pas `NSIN` (car la variable explicative peut influencer la répartition dans les catégories 1,2,... sinistres).

En croisant successivement toutes les variables tarifaires avec `IND`, on obtient les résultats de la Table 9.6. On voit ainsi que `USAGE` ne semble pas influencer `IND`. Nous pourrions donc exclure dès à présent cette variable de la suite de l'étude.

Variable	Val. observée de la stat. χ^2	# dl	p-valeur
FRAC	375.47	3	< .0001
CARB	139.22	1	< .0001
SPORT	6.73	1	0.0094
GARACCESS	22.60	1	< .0001
AGGLOM	202.04	2	< .0001
USAGE	0.07	1	0.7956
KW	23.40	2	< .0001

TAB. 9.6 – *Résultats des tests khi-carrés sur les tables de contingence croisant les variables tarifaires et IND.*

Dépendances vraie et apparente

Notez que le rejet de l'hypothèse d'indépendance entre SEXE et IND indique que le sexe de l'assuré influence la probabilité d'avoir au moins un sinistre sur la période. Il peut néanmoins s'agir d'une dépendance vraie, auquel cas la probabilité d'occurrence dépend vraiment du sexe de l'assuré, ou d'une dépendance apparente, auquel cas la probabilité d'avoir au moins un sinistre dépend d'une variable corrélée avec le sexe (qu'elle soit cachée, comme l'agressivité au volant par exemple, ou observable, comme l'âge de l'assuré, si les structures d'âge diffèrent entre hommes et femmes). Dans ce dernier cas de figure, la dépendance entre le sexe de l'assuré et le fait d'avoir ou pas des sinistres disparaîtrait si on tenait compte de la troisième variable.

9.10.9 Analyse des fréquences de sinistre

Modèle de régression de Poisson pour le nombre des sinistres

Soit N_i le nombre de sinistres déclarés par l'assuré i durant l'année 1997, $i = 1,2,\ldots,n$. Nous notons d_i l'exposition au risque pour l'individu i. Le modèle de Poisson suppose que la loi conditionnelle de N_i sachant $\boldsymbol{x}_i$ est de Poisson. Il suffit dès lors de spécifier sa moyenne $\mathbb{E}[N_i|\boldsymbol{x}_i]$. Comme cette dernière est strictement positive, on retient généralement une moyenne de forme exponentielle linéaire, i.e.

$$\mathbb{E}[N_i|\boldsymbol{x}_i] = d_i \exp(\boldsymbol{\beta}^t \boldsymbol{x}_i), \; i = 1,2,\ldots,n, \tag{9.44}$$

où $\boldsymbol{\beta}$ est un vecteur de coefficients de régression inconnus. Nous travaillons donc dans le modèle

$$N_i \sim \mathcal{P}oi\big(d_i \exp(\boldsymbol{\beta}^t \boldsymbol{x}_i)\big), \; i = 1,2,\ldots,n. \tag{9.45}$$

Lorsque toutes les variables sont catégorielles, chaque assuré est donc représenté par un vecteur $\boldsymbol{x}_i$ dont les composantes valent 0 ou 1. Dans ce cas, la fréquence annuelle $\lambda_i = \exp(\boldsymbol{\beta}^t \boldsymbol{x}_i)$ apparaît comme un produit de coefficients de majoration ou de réduction par rapport à la fréquence de l'individu de référence du portefeuille. Plus précisément,

$$\begin{aligned}\lambda_i &= \exp(\boldsymbol{\beta}^t \boldsymbol{x}_i) \\ &= \exp(\beta_0) \prod_{j=1}^{p} \exp(\beta_j x_{ij}) \\ &= \exp(\beta_0) \prod_{j|x_{ij}=1} \exp(\beta_j).\end{aligned}$$

Dès lors, $\exp(\beta_0)$ est la fréquence annuelle de l'individu de référence du portefeuille tandis que chacun des facteurs $\exp(\beta_j)$ traduit l'influence d'un critère de segmentation (si $\beta_j > 0$, les individus présentant cette caractéristique subiront une majoration de prime par rapport à la prime de référence $\exp(\beta_0)$, tandis que $\beta_j < 0$ indiquera une réduction de prime).

Les paramètres possèdent ainsi l'interprétation suivante: si on considère le caractère codé par la $j$ème variable binaire,

$$\frac{\mathbb{E}[N_i| \text{ caractère présent}]}{\mathbb{E}[N_i| \text{ caractère absent}]} = \exp(\beta_j).$$

Sur base de cette dernière équation, $\exp(\beta_j)$ est donc le facteur par lequel il faut multiplier la fréquence de sinistre des individus ne présentant pas le caractère codé par la $j$ème variable binaire pour obtenir celle des individus présentant ce caractère.

Traitement de l'âge par un modèle additif généralisé

Nous commençons par un modèle de régression de Poisson de type GAM afin de déceler l'influence de la variable `AGES`. Plus précisément, l'effet de l'âge du souscripteur sur la fréquence annuelle de sinistre est traduite par une fonction $f_{\texttt{AGES}}$ décomposée à l'aide de splines cubliques, puis estimée sur base des statistiques disponibles. On peut voir à la Table 9.7 l'ajustement de la partie linéaire du modèle. On y apprend que le code sportif n'est pas pertinent (p-valeur de 0.6981). De la même manière (p-valeur de 0.3612), la variable `USAGE` pourrait être retirée du modèle. Le Tableau 9.8 compare les modèles avec et sans la partie non-linéaire en `AGES`. On constate que l'influence de cette variable tarifaire continue est clairement non-linéaire (p-valeur de moins de 0.0001).

L'omission des variables `SPORT` et `USAGE` ne détériore pas significativement le modèle (la déviance passe de 85 798.498 à 85 799.492).

Parameter	Estimate	Error	t Value	Pr > $\|t\|$
Intercept	-1.42117	0.08396	-16.93	< .0001
CARB Diesel	0.17744	0.01582	11.21	< .0001
CARB Essence	0	.	.	.
FRAC Annuel	-0.20345	0.01475	-13.79	< .0001
FRAC Fractionné	0	.	.	.
SPORT Non sportif	-0.02708	0.06983	-0.39	0.6981
SPORT Sportif	0	.	.	.
GARACCESS RC Seule	0.09806	0.01494	6.56	< .0001
GARACCESS RC+Accessoires	0	.	.	.
AGGLOM Rural	-0.22783	0.01519	-15	< .0001
AGGLOM Urbain	0	.	.	.
SEXE Femme	0.05386	0.01646	3.27	0.0011
SEXE Homme	0	.	.	.
KW Cylindrée moyenne	0.09516	0.01852	5.14	< .0001
KW Grosse cylindrée	0.20646	0.02393	8.63	< .0001
KW Petite cylindrée	0	.	.	.
USAGE Privé	-0.03167	0.03468	-0.91	0.3612
USAGE Professionnel	0	.	.	.
Linear(AGES)	-0.01267	0.00050444	-25.11	< .0001

TAB. 9.7 – *Estimation des paramètres intervenant dans la partie linéaire du modèle Poisson GAM.*

Component	Smoothing Parameter	DF	GCV	Num Unique Obs	Chi-Square	Pr > ChiSq
Spline(AGES)	0.999630	13.629696	0.6607040	78	511.6004	< .0001

TAB. 9.8 – *Ajustement de la partie non-linéaire du Poisson GAM.*

Parameter	Estimate	Error	t Value	Pr > $\|t\|$
Intercept	-1.47918	0.03291	-44.95	< .0001
CARB Diesel	0.17828	0.01576	11.31	< .0001
CARB Essence	0	.	.	.
FRAC Annuel	-0.20299	0.01475	-13.76	< .0001
FRAC Fractionné	0	.	.	.
GARACCESS RC Seule	0.09752	0.01492	6.54	< .0001
GARACCESS RC+Accessoires	0	.	.	.
AGGLOM Rural	-0.22785	0.01519	-15	< .0001
AGGLOM Urbain	0	.	.	.
SEXE Femme	0.05378	0.01646	3.27	0.0011
SEXE Homme	0	.	.	.
KW Cylindrée moyenne	0.0955	0.01851	5.16	< .0001
KW Grosse cylindrée	0.21003	0.02345	8.96	< .0001
KW Petite cylindrée	0	.	.	.
Linear(AGES)	-0.01267	0.00050334	-25.17	< .0001

TAB. 9.9 – *Estimation des paramètres intervenant dans la partie linéaire du modèle Poisson GAM sans les variables* `SPORT` *et* `USAGE`*.*

Component	Smoothing Parameter	DF	GCV	Num Unique Obs	Chi-Square	Pr > ChiSq
Spline(AGES)	0.999646	13.440987	0.678901	78	486.5207	< .0001

TAB. 9.10 – *Ajustement de la partie non-linéaire du Poisson GAM sans les variables* `SPORT` *et* `USAGE`*.*

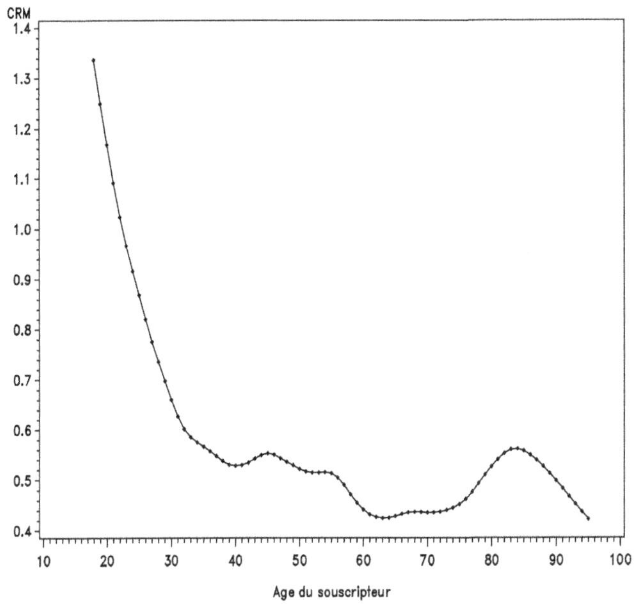

FIG. 9.26 – *Influence de* AGES *sur la fréquence de sinistres.*

On peut voir les résultats de l'ajustement au Tableau 9.9. Le Tableau 9.10 nous apprend que l'effet non-linéaire de AGES est toujours très significatif.

Examinons à présent l'influence de AGES sur la fréquence annuelle de sinistres. La Figure 9.26 nous renseigne à ce propos: on y a porté en graphique le coefficient par lequel doit être multiplié la fréquence de la classe de référence en fonction de l'âge du souscripteur, soit

$$\exp\Big(\widehat{\beta}_{\texttt{AGES}}\texttt{AGES} + \widehat{f}_{\texttt{AGES}}(\texttt{AGES})\Big).$$

Sur base de la Figure 9.26, on décide de catégoriser la variable AGES comme suit:

$$\texttt{AGESGROUP} = \begin{cases} \text{Débutant, si } 18 - 21 \text{ ans,} \\ \text{Jeune, si } 22 - 30 \text{ ans,} \\ \text{Expérimenté, si } 31 - 55 \text{ ans,} \\ \text{Senior, si } 56 - 75 \text{ ans,} \\ \text{Conducteur âgé, si plus de } 75 \text{ ans.} \end{cases}$$

Bien sûr ce choix comporte une part d'arbitraire. Examinons a présent la variable AGESGROUP. Le portefeuille contient 1 212 conducteurs débutants (0.77%), 22 685 jeunes (14.35%),

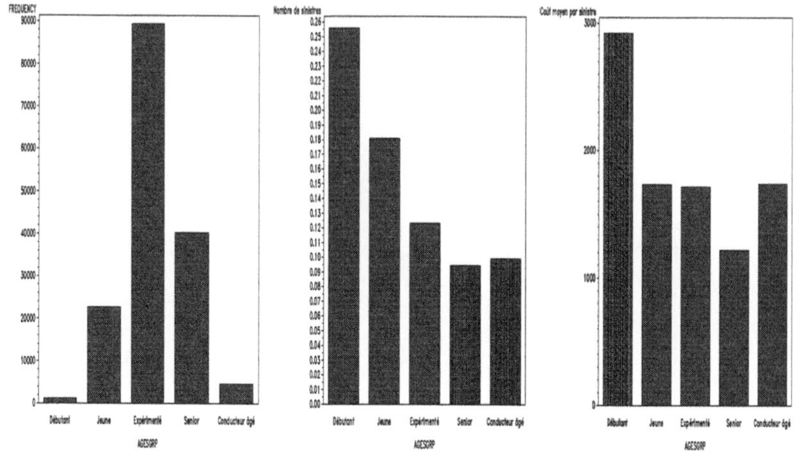

FIG. 9.27 – *Répartition du portefeuille, fréquence moyenne de sinistres et coût moyen par sinistre par groupe d'âges (de gauche à droite).*

89 326 expérimentés (56.51%), 40 199 seniors (25.43%) et 4 639 conducteurs âgés (2.93%). Un test khi-carré d'indépendance entre `IND` et `AGESGROUP` conduit au rejet de celle-ci (valeur observée de la statistique de test 860.15 pour 4 degrés de liberté, soit une p-valeur inférieure à 0.0001). On contate à la Figure 9.27 que la classe la plus représentée est celle des conducteurs expérimentés. Nous visualisons également l'allure "en cuvette" du nombre et des montants moyens de sinistre: des valeurs élevées pour les classes de jeunes, une diminution évidente au fil des ans, jusqu'à une légère augmentation pour la classe des conducteurs âgés.

Estimation des fréquences annuelles de sinistre

Maintenant que la variable `AGES` a été catégorisée, nous sommes ramenés à un modèle de régression de Poisson de type GLM. L'ajustement du modèle est donné à la Table 9.11, tandis que la Table 9.12 donne les p-valeurs des tests consistant à exclure une à une les variables du modèle (analyse de type 3 dans le jargon de SAS). Les estimations ponctuelles des β_j sont fournies dans la troisième colonne du Tableau 9.11, les deux premières permettant d'identifier le niveau auquel le coefficient de régression se rapporte. Les lignes où apparaissent des 0 correspondent aux niveaux de référence des différentes variables tarifaires. La colonne "Wald 95% Conf Limit" reprend les bornes inférieure et supérieure des intervalles de confiance pour les paramètres au niveau 95%, calculées à l'aide de la formule

$$\text{Coeff}\,\beta_j \pm 1.96\,\text{Std Error}\,\beta_j,$$

où 1.96 est le quantile d'ordre 97.5% de la loi normale centrée réduite et Std Error est la racine du $j$ème élément diagonal de $\widehat{\boldsymbol{\Sigma}}$ donnée dans la quatrième colonne.

Les colonnes "Chi-Sq" et "Pr>ChiSq", qui est la p-valeur associée, permettent de tester si le coefficient β_j correspondant est significativement différent de 0. Ce test est effectué grâce à la statistique de Wald

$$\frac{(\text{Coeff}\,\beta_j)^2}{(\text{Std Error}\,\beta_j)^2},$$

qui obéit approximativement à la loi khi-carrée à 1 degré de liberté. On rejettera la nullité de β_j lorsque la p-valeur est inférieure à 5%.

L'analyse de Type 3 permet d'examiner la contribution de chacune des variables par rapport à un modèle ne la contenant pas. Dans la colonne "ChiSquare" est calculée, pour chaque variable, 2 fois la différence entre la log-vraisemblance obtenue pour le modèle contenant toutes les variables et la log-vraisemblance du modèle sans la variable en question. Cette statistique est asymptotiquement distribuée comme une Chi-carrée avec DF degrés de liberté, où DF est le nombre de paramètres associés à la variable explicative examinée. La dernière colonne nous fournit la p-valeur associée au test du rapport de vraisemblance; cela permet d'apprécier la contribution de cette variable explicative à la modélisation du phénomène étudié.

On commence par exclure la variable `SPORT`, jugée la moins significative (p-valeur de 57.75% dans le Tableau 9.12). Le modèle obtenu (résultats non donnés) continue de donner une p-valeur élevée à la variable `USAGE` (44.28%). C'est pourquoi nous passons tout de suite au modèle suivant, en ôtant la variable `USAGE`. Ensuite, afin de simplifier le modèle de tarification, nous nous demandons s'il ne serait pas possible de grouper certains niveaux de la variable `AGESGROUP`. A cet effet, nous testons l'hypothèse d'égalité des coefficients pris deux par deux et dont les résultats sont repris dans la Table 9.13. La p-valeur obtenue sur les niveaux "Senior" et "Conducteur âgé" indique clairement que nous pouvons regrouper ces niveaux (en un seul niveau senior) pour la suite de l'analyse. Le modèle final tenant compte de toutes ces modifications est repris aux Tables 9.14 et 9.15.

Pour l'assuré i caractérisé par un vecteur de variables explicatives $\boldsymbol{x}_i$, la fréquence annuelle prédite est $\exp(\boldsymbol{x}_i^t\widehat{\boldsymbol{\beta}})$. Ceci sera aussi le

Parameter	DF	Estimate	Standard Error	Wald 95% Confidence Limits		Chi-Square	Pr > ChiSq
Intercept	1	-1.9575	0.0176	-1.992	-1.923	12387.1	< .0001
CARB Diesel	1	0.1869	0.0159	0.1558	0.2179	138.68	< .0001
CARB Essence	0	0	0	0	0	.	.
FRAC Annuel	1	-0.277	0.0147	-0.3058	-0.2481	353.8	< .0001
FRAC Fractionné	0	0	0	0	0	.	.
SPORT Sportif	1	0.0391	0.0698	-0.0978	0.176	0.31	0.5754
SPORT Non sportif	0	0	0	0	0	.	.
GARACCESS RC+Accessoires	1	-0.1342	0.0149	-0.1635	-0.1049	80.68	< .0001
GARACCESS RC Seule	0	0	0	0	0	.	.
AGGLOM Urbain	1	0.2376	0.0152	0.2078	0.2674	244.51	< .0001
AGGLOM Rural	0	0	0	0	0	.	.
SEXE Femme	1	0.0701	0.0165	0.0378	0.1023	18.13	< .0001
SEXE Homme	0	0	0	0	0	.	.
KW Grosse cylindrée	1	0.1274	0.0203	0.0876	0.1672	39.35	< .0001
KW Petite cylindrée	1	-0.0867	0.0185	-0.1231	-0.0504	21.91	< .0001
KW Cylindrée moyenne	0	0	0	0	0	.	.
AGESGRP Débutant	1	0.7902	0.0578	0.6769	0.9034	186.92	< .0001
AGESGRP Conducteur âgé	1	-0.189	0.0482	-0.2135	-0.0244	6.09	0.1360
AGESGRP Jeune	1	0.3891	0.0184	0.353	0.4252	446.29	< .0001
AGESGRP Senior	1	-0.232	0.0192	-0.2696	-0.1943	145.77	< .0001
AGESGRP Expérimenté	0	0	0	0	0	.	.
USAGE Professionnel	1	0.0269	0.0347	-0.0411	0.0949	0.6	0.4386
USAGE Privé	0	0	0	0	0	.	.

TAB. 9.11 – *Ajustement du modèle de régression de Poisson.*

Source	DF	Chi-Square	Pr > ChiSq
CARB	1	136.63	< .0001
FRAC	1	357.5	< .0001
SPORT	1	0.31	0.5775
GARACCESS	1	81.36	< .0001
AGGLOM	1	237.72	< .0001
SEXE	1	17.96	< .0001
KW	2	78.79	< .0001
AGESGRP	4	878.05	< .0001
USAGE	1	0.6	0.4404

TAB. 9.12 – *Statistiques du rapport de vraisemblance pour analyse de type 3.*

Contrast	DF	Chi-Square	Pr > ChiSq
Débutant-Jeune	1	41.21	<.0001
Conducteur âgé-Senior	1	5.06	0.2450
Jeune-Expérimenté	1	421.67	<.0001
Senior-Expérimenté	1	151.15	<.0001

TAB. 9.13 – *Tests sur l'égalité des coefficients pris 2 à 2 pour la variable **AGESGRP**.*

cas pour les nouveaux assurés présentant les mêmes caractéristiques que l'assuré i (l'hypothèse implicite étant que les nouvelles polices sont conclues par des individus s'identifiant parfaitement aux assurés qui sont à la base de la construction du tarif; cela suppose notamment que la compagnie maîtrise parfaitement l'antisélection par une politique d'acceptation soignée).

Surdispersion

Le modèle de Poisson impose des contraintes assez fortes sur la dépendance entre la variable de comptage N_i et les facteurs de risque $\boldsymbol{x}_i$, puisque

$$\mathbb{E}[N_i|\boldsymbol{x}_i] = \mathbb{V}[N_i|\boldsymbol{x}_i] = d_i \exp(\boldsymbol{\beta}^t \boldsymbol{x}_i). \tag{9.46}$$

Ceci revient donc à supposer l'égalité entre le nombre moyen de sinistre et la variabilité de ce nombre au sein de chaque classe de risque. Remarquons cependant que la convergence des estimateurs du pseudo maximum de vraisemblance obtenus dans le modèle de Poisson permet de les utiliser, même si la loi de Poisson n'est pas adaptée (pour autant que la moyenne conditionnelle soit correctement spécifiée).

En pratique, afin de vérifier la validité de la contrainte (9.46), on calcule pour chaque classe de risque la moyenne et la variance empirique des nombres des sinistres, $\widehat{m}_k$ et $\widehat{\sigma}_k^2$, disons, et on porte le nuage de points $\{(\widehat{m}_k,\widehat{\sigma}_k^2),\ k = 1,2,\ldots\}$ en graphique. Ceci permet de voir comment la variance évolue en fonction de la moyenne. Lorsque les

Parameter	DF	Estimate	Standard Error	Wald 95% Confidence Limits		Chi-Square	Pr > ChiSq
Intercept	1	-1.9564	0.0176	-1.9909	-1.922	12398	< .0001
CARB Diesel	1	0.1856	0.0158	0.1547	0.2165	138.28	< .0001
CARB Essence	0	0	0	0	0	.	.
FRAC Annuel	1	-0.2751	0.0147	-0.3039	-0.2463	350.38	< .0001
FRAC Fractionné	0	0	0	0	0	.	.
GARACCESS RC+Accessoires	1	-0.134	0.0149	-0.1632	-0.1048	80.71	< .0001
GARACCESS RC Seule	0	0	0	0	0	.	.
AGGLOM Urbain	1	0.2377	0.0152	0.2079	0.2674	244.69	< .0001
AGGLOM Rural	0	0	0	0	0	.	.
SEXE Femme	1	0.0691	0.0164	0.0369	0.1014	17.67	< .0001
SEXE Homme	0	0	0	0	0	.	.
KW Grosse cylindrée	1	0.1296	0.0198	0.0907	0.1684	42.81	< .0001
KW Petite cylindrée	1	-0.086	0.0185	-0.1223	-0.0497	21.57	< .0001
KW Cylindrée moyenne	0	0	0	0	0	.	.
AGESGRP Débutant	1	0.7894	0.0578	0.6761	0.9026	186.65	< .0001
AGESGRP Jeune	1	0.3891	0.0184	0.3531	0.4252	448.41	< .0001
AGESGRP Senior	1	-0.2213	0.0185	-0.2576	-0.185	142.67	< .0001
AGESGRP Expérimenté	0	0	0	0	0	.	.

TAB. 9.14 – *Ajustement du modèle de régression de Poisson, modèle final.*

Source	DF	Chi-Square	Pr > ChiSq
CARB	1	136.18	< .0001
FRAC	1	353.97	< .0001
GARACCESS	1	81.39	< .0001
AGGLOM	1	237.89	< .0001
SEXE	1	17.51	< .0001
KW	2	83.7	< .0001
AGESGRP	3	877.65	< .0001

TAB. 9.15 – *Statistiques du rapport de vraisemblance pour analyse de type 3, modèle final.*

points sont autour de la première bissectrice, on peut considérer que les deux premiers moments conditionnels sont égaux, ce qui conforte le modèle de Poisson. Dans le cas contraire, on observe souvent un phénomène de surdispersion, c'est-à-dire des classes pour lesquelles $\widehat{\sigma}_k^2 > \widehat{m}_k$. Ce phénomène est dû la plupart du temps à des variables omises.

Nous pouvons comprendre ce phénomène si nous considérons deux classes de risque C_1 et C_2 sans effet de surdispersion ($\widehat{\sigma}_1^2 = \widehat{m}_1$ et $\widehat{\sigma}_2^2 = \widehat{m}_2$), mais que l'on aurait omis de séparer. Dans la classe $C_1 \cup C_2$, la moyenne vaut

$$\widehat{m} = p_1\widehat{m}_1 + p_2\widehat{m}_2$$

où p_1 et p_2 désignent les poids relatifs de C_1 et C_2, respectivement. La variance quant à elle passe à

$$\widehat{\sigma}^2 = p_1\widehat{\sigma}_1^2 + p_2\widehat{\sigma}_2^2 + p_1(\widehat{m}_1 - \widehat{m})^2 + p_2(\widehat{m}_2 - \widehat{m})^2.$$

On constate donc que dans $C_1 \cup C_2$, il y a surdispersion puisque $\widehat{\sigma}^2 > \widehat{m}$, l'égalité n'étant possible que si $\widehat{m}_1 = \widehat{m}_2$. On comprend donc aisément que l'oubli de variables explicatives importantes puisse conduire à une surdispersion des observations au sein des classes de risque.

Sur base de notre portefeuille, les points $\{(\widehat{m}_k,\widehat{\sigma}_k^2),\ k = 1,2,\ldots\}$ sont représentés dans le plan à la Figure 9.28. L'effet de surdispersion est clairement visible.

Conséquences d'une erreur de spécification dans le cas de la loi de Poisson

Comme nous l'avons dit plus haut, le modèle de Poisson est relativement contraignant, car il impose l'équidispersion des données. Souvent, et c'est le cas pour notre jeu de données, cette contrainte n'est pas satisfaite. Il est donc intéressant d'examiner ce qu'il advient

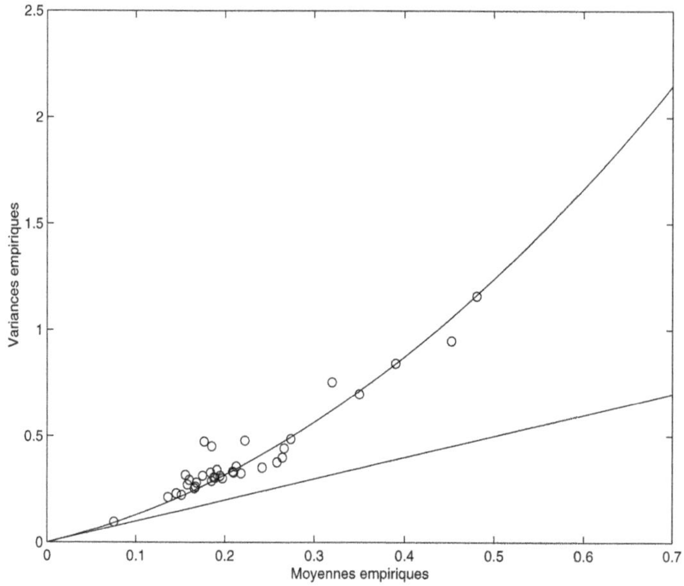

FIG. 9.28 – *Moyennes et variances dans les classes de risque résultant de la régression de Poisson.*

si le modèle de Poisson est mal spécifié. Concrètement, supposons à présent que la véritable forme de la moyenne conditionnelle soit

$$\mathbb{E}[N_i|\boldsymbol{x}_i] = d_i \exp(\boldsymbol{\beta}_0^t \boldsymbol{x}_i), \tag{9.47}$$

où $\boldsymbol{\beta}_0$ est la vraie valeur du paramètre, mais que la loi conditionnelle de N_i sachant $\boldsymbol{x}_i$ ne soit pas de Poisson. L'estimateur $\widehat{\boldsymbol{\beta}}$ obtenu en résolvant les équations de vraisemblance n'est donc plus un estimateur du maximum de vraisemblance, mais plutôt un estimateur calculé avec erreur de spécification. On parle alors d'estimateur du pseudo- (ou quasi-) maximum de vraisemblance. Néanmoins, l'estimateur du peudo-maximum de vraisemblance fondé sur le modèle de Poisson de moyenne $\exp(\boldsymbol{\beta}^t \boldsymbol{x}_i)$ est convergent pour la vraie valeur $\boldsymbol{\beta}_0$ si la moyenne est de la forme (9.47). Ceci provient des équations de vraisemblance obtenues dans le modèle de régression de Poisson, lesquelles peuvent encore s'écrire

$$\mathbb{E}\Big[\big(N_i - \mathbb{E}[N_i|\boldsymbol{x}_i]\big)\boldsymbol{x}_i\Big] = \mathbf{0}$$

$$\Leftrightarrow \mathbb{E}\Big[d_i \exp(\boldsymbol{\beta}_0^t \boldsymbol{x}_i) - d_i \exp(\widehat{\boldsymbol{\beta}}^t \boldsymbol{x}_i)\Big]\boldsymbol{x}_i = \mathbf{0}$$

ce qui garantit $\widehat{\boldsymbol{\beta}} \to_{proba} \boldsymbol{\beta}_0$ lorsque le nombre d'observations $n \to +\infty$. Seule la spécification correcte de $\mathbb{E}[N_i|\boldsymbol{x}_i]$ est nécéssaire pour obtenir des estimateurs convergents.

L'erreur de spécification n'a donc pas d'effet sur la convergence de l'estimateur, mais oblige à modifier le calcul de la variance asymptotique, qui est à présent donnée par $\boldsymbol{H}^{-1}\mathcal{I}\boldsymbol{H}$ où

$$\boldsymbol{H} = \sum_{i=1}^{n} \boldsymbol{x}_i\boldsymbol{x}_i^t d_i \exp(\boldsymbol{\beta}_0^t\boldsymbol{x}_i) \text{ et } \mathcal{I} = \sum_{i=1}^{n} \boldsymbol{x}_i\boldsymbol{x}_i^t \mathbb{V}[N_i|\boldsymbol{x}_i].$$

En pratique, on estimera la matrice variance-covariance asymptotique par $\widehat{\boldsymbol{H}}^{-1}\widehat{\mathcal{I}}\widehat{\boldsymbol{H}}$ où

$$\widehat{\boldsymbol{H}} = \sum_{i=1}^{n} \boldsymbol{x}_i\boldsymbol{x}_i^t d_i \exp(\widehat{\boldsymbol{\beta}}^t\boldsymbol{x}_i) \text{ et } \widehat{\mathcal{I}} = \sum_{i=1}^{n} \boldsymbol{x}_i\boldsymbol{x}_i^t (n_i - \lambda_i)^2.$$

La surdispersion (qui indique une erreur de spécification) affecte donc peu les estimations ponctuelles en grand échantillon. Néanmoins, la surdispersion entraîne une sous-estimation des variances des estimateurs, produisant ainsi des intervalles de confiance trop étroits et surestimant les statistiques khi-carrées utilisées pour tester la nullité des coefficients de régression. Il se pourrait dès lors qu'une variable jugée pertinente dans le modèle de Poisson ne le soit plus après que la surdispersion ait été prise en compte.

Modèle de régression binomial négatif

Une technique simple et efficace permettant de rendre compte de cette surdispersion consiste à superposer un terme d'erreur aléatoire au prédicteur linéaire (ce qui revient à reconnaître l'hétérogénéité des assurés au sein de chaque classe de tarif: bien qu'identiques pour la compagnie, ceux-ci présentent néanmoins des profils de risque relativement différents). Si on note ϵ_i ce terme d'erreur, on supposera que

$$[N_i|\boldsymbol{x}_i,\epsilon_i] \sim \mathcal{P}oi\big(d_i \exp(\boldsymbol{\beta}^t\boldsymbol{x}_i + \epsilon_i)\big).$$

Posons $\Theta_i = \exp(\epsilon_i)$ et exigeons $\mathbb{E}[\Theta_i] = 1$. Ainsi,

$$\mathbb{E}[N_i|\boldsymbol{x}_i] = d_i \exp(\boldsymbol{\beta}^t\boldsymbol{x}_i)\mathbb{E}[\Theta_i] = d_i \exp(\boldsymbol{\beta}^t\boldsymbol{x}_i) = \lambda_i;$$

la superposition du terme d'erreur ϵ_i au prédicteur linéaire ne modifie donc pas la moyenne a priori de N_i, conditionnellement aux observables $\boldsymbol{x}_i$. Cette propriété garantit que le tarif est correct en moyenne, et donc que l'encaissement relatif à une classe de tarif suffira à dédommager les sinistres. Comme

$$\begin{aligned}\mathbb{V}[N_i|\boldsymbol{x}_i] &= \mathbb{E}\Big[\mathbb{V}[N_i|\boldsymbol{x}_i,\Theta_i]\Big] + \mathbb{V}\Big[\mathbb{E}[N_i|\boldsymbol{x}_i,\Theta_i]\Big] \\ &= \mathbb{E}[\lambda_i\Theta_i] + \mathbb{V}[\lambda_i\Theta_i] = \lambda_i\{1+\sigma^2\lambda_i\} > \lambda_i = \mathbb{E}[N_i|\boldsymbol{x}_i]\end{aligned}$$

où l'on a posé $\sigma^2 = \mathbb{V}[\Theta_i]$, la superposition d'un terme d'erreur aléatoire au prédicteur linéaire entraîne d'office la surdispersion des données.

Donnons à présent une justification à l'introduction de l'erreur ϵ. Bon nombre de variables explicatives pertinentes ne peuvent être observées par l'assureur (pour des raisons légales ou économiques). Bien entendu, certaines variables cachées pourraient être corrélées avec les variables observables $\boldsymbol{X}$. Par exemple, le kilométrage annuel est une variable cachée pour la compagnie, mais celle-ci est vraisemblablement corrélée avec l'usage du véhicule (privé-professionnel) qui est quant à lui une variable observable par la compagnie. L'idée est donc de représenter l'effet résiduel des variables cachées par un terme d'erreur ϵ que l'on superposerait au score. Techniquement, ϵ est supposé indépendant du vecteur $\boldsymbol{X}$ des caractéristiques observables de l'assuré. Pour un individu tel que $\boldsymbol{X} = \boldsymbol{x}$, le nombre annuel de sinistres N est donc de loi de Poisson de moyenne $\exp(\boldsymbol{\beta}^t\boldsymbol{x} + \epsilon)$ où ϵ est une variable aléatoire représentant l'influence des variables omises dans le tarif; ϵ est appelé effet aléatoire et représente l'hétérogénéité résiduelle du portefeuille. Le nombre annuel de sinistres N devient un mélange de lois de Poisson, traduisant le fait que chaque classe de risque (définie par $\boldsymbol{X} = \boldsymbol{x}$) contient un mélange d'assurés présentant des profils de risque différents sur les facteurs non-observables.

Si on note f_Θ la densité de probabilité de Θ_i, on obtient

$$\begin{aligned}\Pr[N_i = k|\boldsymbol{x}_i] &= \int_{\theta\in\mathbb{R}^+} \Pr[N_i = k|\boldsymbol{x}_i,\Theta_i = \theta] f_\Theta(\theta)d\theta \\ &= \int_{\theta\in\mathbb{R}^+} \exp(-\lambda_i\theta)\frac{(\lambda_i\theta)^k}{k!} f_\Theta(\theta)d\theta.\end{aligned}$$

Pour la plupart des choix de f_Θ, cette dernière intégrale n'admet pas d'expression explicite. Une exception notable est la densité associée à la loi Gamma, pour laquelle on obtient la loi Binomiale Négative pour $[N_i|\boldsymbol{x}_i]$. En effet, considérant que les effets aléatoires $\Theta_i = \exp\epsilon_i$, $i = 1,2,\ldots,n$, sont indépendants et de même loi Gamma de moyenne 1 et de variance $1/a$, la densité de Θ_i est donnée par

$$f_\Theta(\theta) = \frac{1}{\Gamma(a)} a^a \theta^{a-1} \exp(-a\theta), \ \theta \in \mathbb{R}^+.$$

Le choix de la densité f_Θ se justifie par des considérations purement analytiques (la loi Gamma étant la loi conjuguée à la loi de Poisson). Conditionnellement aux variables observables $\boldsymbol{x}_i$ et à l'effet aléatoire Θ_i, la densité de probabilité discrète de N_i est donnée par

$$\Pr[N_i = n_i | \boldsymbol{x}_i, \Theta_i = \theta_i] = \exp\Big(-\theta_i d_i \exp(\eta_i)\Big) \frac{\{\theta_i d_i \exp(\eta_i)\}^{n_i}}{n_i!}.$$

Conditionnellement aux observables, N_i est donc de loi de Poisson de moyenne $d_i \exp(\eta_i)\Theta_i$. Non conditionnellement, N_i est de loi Binomiale Négative, et les probabilités sont

$$\Pr[N_i = n_i | \boldsymbol{x}_i]$$

$$= \binom{a + n_i - 1}{n_i} \left(\frac{d_i \exp(\eta_i)}{a + d_i \exp(\eta_i)} \right)^{n_i} \left(\frac{a}{a + d_i \exp(\eta_i)} \right)^a,$$

pour $n_i \in \mathbb{N}$.

Bien entendu, l'estimateur du maximum de vraisemblance $\widehat{\boldsymbol{\beta}}$ dans le modèle de Poisson ne coïncide pas avec celui du modèle avec effet aléatoire. Néanmoins, les estimations obtenues peuvent être considérées comme les résultats de la méthode des moments généralisés. En effet, l'équation (9.36) dont l'estimateur du maximum de vraisemblance $\widehat{\boldsymbol{\beta}}$ est solution peut se voir comme l'équivalent empirique de l'équation

$$\mathbb{E}\left[\sum_{i=1}^{n} \{N_i - \lambda_i\} \boldsymbol{x}_i \right] = \mathbf{0}, \tag{9.48}$$

laquelle est valable à la fois dans le modèle de Poisson simple et dans le modèle avec effet aléatoire. Dès lors, si on consent à abandonner la méthode du maximum de vraisemblance au profit de la méthode des moments généralisés, on est autorisé à conserver les estimations obtenues dans le modèle sans effet aléatoire.

Il est assez simple d'obtenir une estimation de $\sigma^2 = \mathbb{V}[\Theta_i]$ à l'aide de la méthode des moments. Pour ce faire, remarquons que

$$\begin{aligned}\mathbb{V}[N_i] &= \mathbb{E}\Big[\mathbb{V}[N_i|\Theta_i]\Big] + \mathbb{V}\Big[\mathbb{E}[N_i|\Theta_i]\Big] \\ &= \mathbb{E}\Big[\Theta_i d_i \exp(\eta_i)\Big] + \mathbb{V}\Big[\Theta_i d_i \exp(\eta_i)\Big] \\ &= d_i \exp(\eta_i) + \Big\{d_i \exp(\eta_i)\Big\}^2 \sigma^2 \\ &= \mathbb{E}[N_i] + \Big\{d_i \exp(\eta_i)\Big\}^2 \sigma^2. \end{aligned} \tag{9.49}$$

Ecrivons une relation semblable à (9.48) pour la variance, à savoir

$$\sum_{i=1}^{n} \left\{ \Big(n_i - d_i \exp(\eta_i)\Big)^2 - n_i - \Big(d_i \exp(\eta_i)\Big)^2 \sigma^2 \right\} = 0. \tag{9.50}$$

Les estimateurs $\widehat{\boldsymbol{\beta}}$ et $\widehat{\sigma}$ sont solutions du système formé par (9.48) et (9.50); ils sont convergents dans le modèle à effet aléatoire. Dès lors, l'estimateur du maximum de vraisemblance $\widehat{\boldsymbol{\beta}}$ de $\boldsymbol{\beta}$, solution de (9.48), est convergent dans le modèle à effet aléatoire. L'estimateur de σ^2 est quant à lui donné par

$$\widehat{\sigma}^2 = \frac{\sum_{i=1}^n \left\{ \Big(n_i - d_i \exp(\widehat{\eta}_i)\Big)^2 - n_i \right\}}{\sum_{i=1}^n \Big\{d_i \exp(\widehat{\eta}_i)\Big\}^2}$$

où $\widehat{\eta}_i = \widehat{\boldsymbol{\beta}}^t \boldsymbol{x}_i$, $\widehat{\boldsymbol{\beta}}$ étant l'estimateur du maximum de vraisemblance de $\boldsymbol{\beta}$ dans le modèle sans effet aléatoire.

Plutôt que d'estimer d'abord les paramètres dans un modèle de régression de Poisson (9.44)-(9.45) et ensuite de superposer un effet aléatoire, sans remettre en cause l'estimation de $\boldsymbol{\beta}$, on pourrait également travailler directement dans un modèle de régression binomial négatif.

Si on retient la loi gamma pour Θ_i, la vraisemblance s'écrit

$$\mathcal{L}(\boldsymbol{\beta}|\boldsymbol{n}) = \prod_{i=1}^{n} \frac{\lambda_i^{n_i}}{n_i!} \left(\frac{a}{a+\lambda_i}\right)^a (a+\lambda_i)^{-n_i} \frac{\Gamma(a+n_i)}{\Gamma(a)}.$$

Les estimateurs du maximum de vraisemblance des paramètres $\boldsymbol{\beta}$ et de a sont solutions du système

$$\sum_{i=1}^{n} \boldsymbol{x}_i \left(n_i - \lambda_i \frac{a+n_i}{a+\lambda_i}\right) = \boldsymbol{0}. \tag{9.51}$$

Afin d'interpréter cette relation, remarquons que si une constante β_0 est introduite dans le score, la première équation de (9.51) garantit que

$$\sum_{i=1}^{n} n_i = \sum_{i=1}^{n} \lambda_i \frac{a + n_i}{a + \lambda_i}.$$

Ceci signifie que le modèle reproduit le nombre de sinistres en intégrant l'information fournie par ceux-ci. En effet, $\lambda_i \frac{a+n_i}{a+\lambda_i}$ est le nombre attendu de sinistres au cours de la période suivante pour un assuré de caractéristiques $\boldsymbol{x}_i$ qui aurait déclaré n_i sinistres au cours de la période d'assurance qui s'achève. Si la première variable vaut 1 si l'assuré est un homme et 0 sinon, il vient

$$\sum_{\text{hommes}} n_i = \sum_{\text{hommes}} \lambda_i \frac{a + n_i}{a + \lambda_i}.$$

On peut voir cette dernière relation comme une garantie de la non-subsidiation des hommes par les femmes, et inversément.

Les équations de vraisemblance (9.51) n'admettent pas de solution explicite; on aura donc recours à des méthodes de résolution numérique, en utilisant les estimations fournies par la méthode des moments comme valeurs initiales.

L'ajustement du modèle de régression binomial négatif est donné aux Tableaux 9.16-9.17. Comme on pouvait s'y attendre, les estimations ponctuelles sont semblables à celles obtenues par régression de Poisson, mais les intervalles de confiance sont plus larges dans le modèle binomial négatif.

9.10.10 Analyse des coûts des sinistres

Difficultés

Avant de poursuivre, expliquons pourquoi l'analyse des coûts des sinistres est sensiblement plus compliquée que celle des nombres.

Si toutes les polices du portefeuille peuvent servir à estimer la fréquence annuelle de sinistres, il est clair que seules les polices sinistrées peuvent être utilisées en vue d'étudier la loi des montants des sinistres. L'actuaire dispose donc d'un nombre assez limité d'observations à exploiter pour ajuster un modèles aux montants de sinistres. De plus, les montants sont beaucoup plus difficiles à modéliser que les nombres, car le phénomène est beaucoup plus complexe.

Souvent, les sinistres de quelque gravité nécessitent des délais assez longs pour être cloturés. Pensez par exemple à un sinistre RC

Parameter	DF	Estimate	Standard Error	Wald 95% Confidence Limits		Chi-Square	Pr > ChiSq
Intercept	1	-1.9555	0.0182	-1.9913	-1.9198	11486.3	< .0001
CARB Diesel	1	0.1867	0.0164	0.1545	0.2189	129.24	< .0001
CARB Essence	0	0	0	0	0	.	.
FRAC Annuel	1	-0.2757	0.0152	-0.3055	-0.2458	326.86	< .0001
FRAC Fractionné	0	0	0	0	0	.	.
GARACCESS RC+Accessoires	1	-0.1341	0.0155	-0.1644	-0.1038	75.07	< .0001
GARACCESS RC Seule	0	0	0	0	0	.	.
AGGLOM Urbain	1	0.2375	0.0158	0.2065	0.2685	225.05	< .0001
AGGLOM Rural	0	0	0	0	0	.	.
SEXE Femme	1	0.0712	0.0171	0.0377	0.1048	17.36	< .0001
SEXE Homme	0	0	0	0	0	.	.
KW Grosse cylindrée	1	0.1297	0.0206	0.0894	0.1701	39.68	< .0001
KW Petite cylindrée	1	-0.0852	0.0192	-0.1228	-0.0475	19.66	< .0001
KW Cylindrée moyenne	0	0	0	0	0	.	.
AGESGRP Débutant	1	0.8006	0.0621	0.6788	0.9224	166.02	< .0001
AGESGRP Jeune	1	0.3906	0.0193	0.3528	0.4284	410.41	< .0001
AGESGRP Senior	1	-0.2213	0.0191	-0.2587	-0.1839	134.3	< .0001
AGESGRP Expérimenté	0	0	0	0	0	.	.
Dispersion	1	0.5431	0.0358	0.4773	0.6178		

TAB. 9.16 – *Ajustement du modèle de régression binomial négatif, modèle final.*

Source	DF	Chi-Square	Pr > ChiSq
CARB	1	127.51	< .0001
FRAC	1	329.1	< .0001
GARACCESS	1	75.58	< .0001
AGGLOM	1	219.49	< .0001
SEXE	1	17.22	< .0001
KW	2	.	.
AGESGRP	3	813.99	< .0001

TAB. 9.17 – *Statistiques du rapport de vraisemblance pour analyse de type 3, modèle binomial négatif.*

automobile avec dégâts corporels, où il faut attendre que l'état de la victime soit stabilisé avant de pouvoir déterminer le montant des indemnités. Pour cette raison, la compagnie ne dispose bien souvent que de prévisions des coûts dans ses fichiers, ce qui rend l'analyse hasardeuse.

Selon certains auteurs, la prise en compte des montants des sinistres dans la tarification RC automobile est contestable. En effet, les montants payés par l'assureur sont versés aux tiers lésés au titre d'indemnisation de leurs préjudices. Ainsi, un assuré qui renverserait un piéton exposerait son assureur à des dépenses très différentes selon que ce piéton est un vieillard malade seul au monde ou un jeune cadre dynamique père de deux enfants en bas âge. On voit mal comment les caractéristiques de l'assuré pourraient expliquer ce phénomène, même si on comprend bien que le profil de l'assuré puisse expliquer la probabilité de causer un accident avec dégâts corporels. Dans le même ordre d'idées, un assuré qui accrocherait un autre véhicule obligerait son assureur à payer des indemnités très différentes selon que le véhicule tiers est une limousine ou une voiture bas de gamme. Il ne fait toutefois pas de doute que les montants des sinistres doivent être pris en considération dans les garanties connexes telles que la couverture "dégâts matériels" par exemple.

Sinistres graves

Souvent, moins de 20% des sinistres causent plus de 80% des dépenses de la compagnie. Ceci nécessite donc un traitement particulier de ces "sinistres graves", sur lesquels on ne segmente en général pas ou peu.

Différentes représentations de la charge des sinistres par police ont été examinées dans la Section 6.2.2. Nous adopterons ici le formalisme de l'Exemple 6.2.1. Plus précisément, la charge totale des

Mean	1638.510	100% Max	1.98957E+06
Median	522.584	99%	1.75898E+04
Mode	1426.379	95%	3.59446E+03
Std Deviation	17132.4456	90%	2.58231E+03
Skewness	91.7998607	75% Q3	1.42638E+03
Coeff Variation	1045.61099	50% Median	5.22584E+02
Interquartile Range	1284	25% Q1	1.42192E+02

TAB. 9.18 – *Statistiques descriptives du montant de la prime pure.*

sinistres produits par une police s'écrira comme suit:

$$S = \sum_{k=1}^{N} C_k + IL$$

où

N, est le nombre de sinistres standards, supposé de loi de Poisson;
C_k, est le coût du $k$ème sinistre standard
I, indique si la police a généré au moins un sinistre grave
L, est le coût cumulé de ces sinistres graves, le cas échéant.

L'assureur segmentera son tarif sur $\mathbb{E}[N]$ et sur $\mathbb{E}[C_k]$, éventuellement sur $\mathbb{E}[I]$ mais en général pas sur $\mathbb{E}[L]$. Les sinistres graves sont trop peu nombreux pour autoriser une personnalisation des montants.

Remarque 9.10.4. *Dans la mesure où les sinistres graves sont les plus coûteux (ils représentent plus de 80% des sommes payées par l'assureur) et se prêtent mal à la segmentation, la partie fortement segmentée de la prime ne devrait représenter que 20% de la somme payée par l'assuré. Dès lors, dans la mesure où les assurés semblent tous égaux devant les sinistres graves (à peu de choses près), la tension tarifaire constatée dans les tarifs commerciaux semble parfois discutable.*

Dans notre portefeuille, 17 785 assurés ont déclaré au moins un sinistre au cours de l'année 1997. La prime pure empirique s'élève à 203.38 € . On peut lire quelques statistiques descriptives au Tableau 9.18. Le niveau au-delà duquel un sinistre est qualifié de "grave" est obtenu à l'aide de la théorie des valeurs extrêmes (présentée au Chapitre 14).

Régression logistique pour l'analyse de l'occurrence des sinistres graves

La régression logistique permet d'expliquer l'occurrence des sinistres graves. La méthode Backward de sélection des variables explicatives conduit successivement à l'exclusion des variables suivantes:

CARB	AGESGROUP	Probabilité de ne pas causer de sinistre grave
Essence	Débutant-Jeune	0.9533
Essence	Senior-Expérimenté	0.962
Diesel	Débutant-Jeune	0.9435
Diesel	Senior-Expérimenté	0.954

TAB. 9.19 – *Probabilités de ne pas causer de sinistres graves en fonction des caractéristiques de l'assuré.*

USAGE, SEXE, KW, GARACCESS, SPORT, AGGLOM et FRAC, ce qui donne finalement (après groupement de certaines modalités de la variable AGESGROUP) les résultats repris au Tableau 9.19.

Analyse des coûts des sinistres standards

Modèle de régression Gamma Nous supposerons les coûts des sinistres C_{i1},$C_{i2}, \ldots$ causés par l'assuré i indépendants et de même loi Gamma de moyenne

$$\mu_i = \mathbb{E}[C_{ik}|\boldsymbol{x}_i] = \exp(\boldsymbol{\beta}^t\boldsymbol{x}_i)$$

et de variance

$$\mathbb{V}[C_{ik}|\boldsymbol{x}_i] = \frac{\{\exp(\boldsymbol{\beta}^t\boldsymbol{x}_i)\}^2}{\nu}.$$

Remarque 9.10.5. *Souvent, seul le coût total $C_{i\bullet} = \sum_{k=1}^{n_i} C_{ik}$ est disponible, et pas le détail des différentes composantes de la somme C_{ik}. Dans ce cas, on travaillera avec le coût moyen $\overline{C}_{i\bullet} = C_{i\bullet}/n_i$. Il suffira alors de laisser le paramètre ν varier d'assuré à assuré en spécifiant $\nu_i = \nu\omega_i$, où le poids ω_i est le nombre de sinistre n_i.*

En négligeant les sinistres graves, la prime pure pour l'assuré i s'écrit

$$\mathbb{E}\left[\sum_{k=1}^{N_i} C_{ik}\right] = \mathbb{E}[N_i]\mathbb{E}[C_{i1}] = \exp\Big((\boldsymbol{\beta}_{\text{freq}} + \boldsymbol{\beta}_{\text{cost}})^t\boldsymbol{x}_i\Big),$$

qui fournit un tarif multiplicatif lorsque toutes les variables explicatives sont binaires. La prime pure s'élève alors à

$$\exp\Big((\boldsymbol{\beta}_{\text{freq}} + \boldsymbol{\beta}_{\text{cost}})^t\boldsymbol{x}_i\Big) + q_i\mathbb{E}[L],$$

où $q_i = \mathbb{E}[I_i]$ est la probabilité que l'assuré i cause au moins un sinistre grave.

Parameter	Estimate	Wald 95% Confidence Limits		Pr > ChiSq
Intercept	6.6389	6.5908	6.6873	<.0001
FRAC	-0.0402	-0.0764	-0.0039	0.0296
FRAC	0	0	0	.
GARACCESS	0.0702	0.0342	0.1062	0.0001
GARACCESS	0	0	0	.
AGESGRP	-0.0657	-0.1095	-0.0222	0.0032
AGESGRP	0	0	0	.
AGGLOM	0.0826	0.0314	0.1345	0.0017
AGGLOM	0	0	0	.
Scale	0.7294	0.7155	0.7435	.

TAB. 9.20 – *Estimation des paramètres du modèle de régression gamma pour les coûts.*

Ajustement du modèle La méthode Backward de sélection des variables explicatives conduit à l'exclusion de plusieurs variables explicatives. Le Tableau 9.20 décrit le modèle final.

Remarque 9.10.6. *La régression Gamma n'est bien évidemment pas la seule manière de modéliser les coûts des sinistres. Dans le modèle log-normal, on suppose que le logarithme népérien des montants des sinistres suit une loi normale dont la moyenne est un prédicteur linéaire* $\boldsymbol{\beta}^t \boldsymbol{x}_{it}$ *et la variance une constante* σ^2, *i.e.*

$$\ln C_{ik} \sim \mathcal{N}or(\boldsymbol{\beta}^t \boldsymbol{x}_i, \sigma^2).$$

L'équation de vraisemblance donnant l'estimateur $\widehat{\boldsymbol{\beta}}$ *s'écrit*

$$\sum_{i\ t.q.\ n_i>0} \sum_{k=1}^{n_i} \Big(\ln c_{ik} - \boldsymbol{\beta}^t \boldsymbol{x}_i \Big) \boldsymbol{x}_i = \mathbf{0} \Leftrightarrow \sum_{i\ t.q.\ n_i>0} lcres_i \boldsymbol{x}_i = \mathbf{0}$$

où $lcres_i$ *est le résidu d'estimation défini pour les assurés ayant déclaré au moins un sinistre par*

$$lcres_i = \sum_{k=1}^{n_i} \Big\{ \ln c_{ik} - \boldsymbol{\beta}^t \boldsymbol{x}_i \Big\} = \sum_{k=1}^{n_i} \ln c_{ik} - n_i \boldsymbol{\beta}^t \boldsymbol{x}_i.$$

Cette équation exprime donc également une relation d'orthogonalité entre variables explicatives et résidus d'estimation.

Cette manière de procéder n'est pas sans inconvénient: puisque la variable dépendante est le logarithme des montants des sinistres, les conclusions inférentielles se rapporteront aux montants des sinistres ainsi transformés, et il n'est pas toujours aisé de repasser aux données initiales.

Remarque 9.10.7 (Autre application de la régression Gamma: un modèle de provisionnement individuel). *Une application fort intéressante de l'analyse des coûts des sinistres* *consiste à déterminer des règles de provisionnement individuelles. Dès qu'un sinistre est déclaré, la compagnie doit en effet mettre en réserve un montant correspondant au coût probable de cet événement, afin de donner à ses actionnaires, au marché et aux autorités de contrôle une image fidèle de sa situation financière.*

Une approche automatique consiste à expliquer le montant à provisionner en fonction des caractéristiques des sinistres déclarés dans le passé (outre les variables a priori, l'assureur utilisera également des informations relatives aux circonstances des sinistres, comme la période de la journée où il s'est produit, la présence de dégâts coporels, ...).

9.11 Tarification sur données de panel

Cette section est basée sur DENUIT, PITREBOIS & WALHIN (2003), et n'aborde que les nombres des sinistres.

9.11.1 Tarification sur base de données en panel

Souvent, les actuaires utilisent plusieurs années d'observation afin de construire leur tarif (dans le but d'augmenter la taille de la base de données, mais aussi pour éviter d'accorder trop d'importance à des événements relatifs à une année particulière). Ceci a notamment pour conséquence que certaines des données ne seront plus indépendantes. En effet, les observations réalisées sur un même assuré au cours des différentes périodes considérées sont sans doute corrélées (ce qui est la raison d'être de la tarification *a posteriori* qui sera examinée dans les chapitres suivants). Nous sommes donc en présence de données en panel.

Dans le cadre de la tarification *a priori*, la dépendance existant entre les observations relatives à la même police est considérée comme une nuisance: l'actuaire veut à ce stade déterminer l'impact des facteurs observables sur le risque assuré, et les corrélations existant entre les données l'empêchent de recourir aux techniques statistiques classiques (pour la plupart fondées sur l'hypothèse d'indépendance). Nous montrerons ici comment prendre cette dépendance en compte afin d'améliorer la qualité des estimations à l'aide des techniques proposées par LIANG & ZEGER (1986) et ZEGER ET AL. (1988).

Les estimateurs des fréquences de sinistres obtenus sous l'hypothèse d'indépendance des données individuelles relatives à différentes périodes sont convergents (c'est-à-dire qu'ils tendront en probabilité vers les valeurs population si la taille de l'échantillon croît). Dès lors, on peut raisonnablement espérer que pour des portefeuilles automobiles de grande taille, l'impact de l'hypothèse simplificatrice d'indépendance sur les estimations ponctuelles soit minime. C'est en effet ce que nous mettrons en évidence dans la partie empirique de notre étude.

9.11.2 Notations

Comme nous l'avons expliqué plus haut, les compagnies d'assurance utilisent souvent plusieurs périodes d'observation pour construire leur tarif. Les observations individuelles sont donc doublement indicées, par la police i et la période t. Dorénavant, N_{it} représente le nombre de sinistres déclarés par l'assuré i durant la période t, $i = 1,2,\ldots,n$, $t = 1,2,\ldots,T_i$, où T_i désigne le nombre de périodes d'observation pour l'assuré i. Nous noterons d_{it} la durée de la $t$ème période d'observation pour l'individu i. Lors de chaque modification des variables observables, un nouvel intervalle commence, de sorte que d_{it} peut être différent de 1. Nous supposons que nous disposons par ailleurs d'autres variables $\boldsymbol{x}_{it}$, connues au début de la période t, et pouvant servir de facteurs explicatifs pour la sinistralité de l'assuré i. En plus des variables explicatives, on peut introduire le temps calendaire en composante de régression afin de prendre en compte certains événements ponctuels ou d'éventuelles tendances dans la sinistralité, dans l'esprit de Besson & Partrat (1992).

Typiquement, nous sommes en présence de données de panel: une même variable est mesurée sur un grand nombre n d'individus au cours du temps, à un nombre $\max_{1\leq i\leq n} T_i$ relativement faible de reprises. L'asymptotique se fera ici en faisant tendre n vers l'infini, et non pas le nombre d'observations effectuées sur un même individu (comme c'est typiquement le cas dans le cadre de l'analyse des séries chronologiques).

9.11.3 Présentation du jeu de données

Nous illustrons nos propos sur un portefeuille d'assurance belge comprenant 20 354 polices, observées durant une période de 3 ans. La Figure 9.29 donne une idée de la durée d'exposition au risque des polices en portefeuille. Un peu plus de 34% des assurés sont restés en portefeuille durant les trois ans. Pour chaque police et pour chaque année sont renseignés le nombre de sinistres et certaines caractéristiques de l'assuré: le sexe du conducteur (homme-femme), l'âge du conducteur (trois classes d'âge : $18 - 22$ ans, $23 - 30$ ans et > 30 ans), la puissance du véhicule (trois classes de puissance : < 66kW, $66 - 110$kW et > 110kW), la taille de la ville de résidence du conducteur (grande, moyenne ou petite, en fonction du nombre d'habitants) et la couleur du véhicule (rouge ou autre). Sur l'ensemble du portefeuille la fréquence annuelle moyenne est de 18.4% (ce qui est largement supérieur à la moyenne européenne).

Les Figures 9.30 à 9.34 montrent des histogrammes décrivant, pour chaque variable explicative, la répartition du portefeuille entre les différents niveaux de la variable et, pour chacun de ces niveaux, la fréquence moyenne (en %) de sinistres.

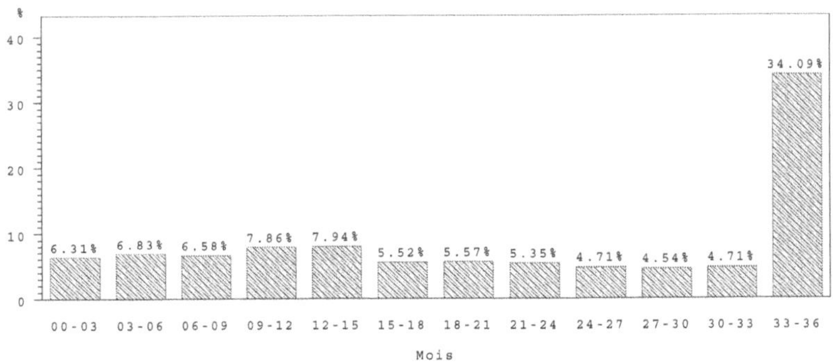

FIG. 9.29 – *Durée d'exposition au risque (en mois).*

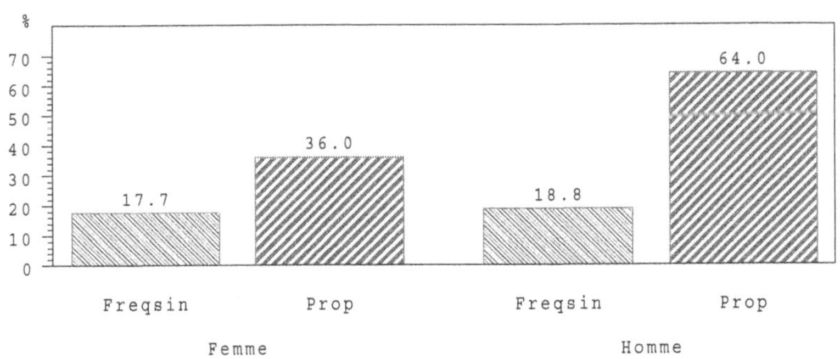

FIG. 9.30 – *Répartition et fréquence de sinistres selon le sexe du conducteur.*

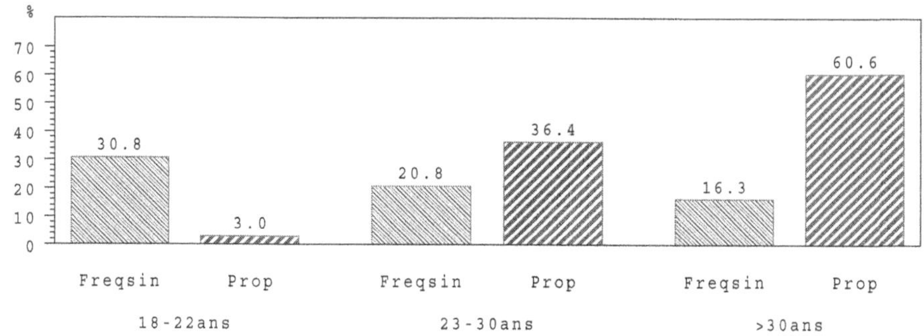

FIG. 9.31 – *Répartition et fréquence de sinistres selon l'âge du conducteur.*

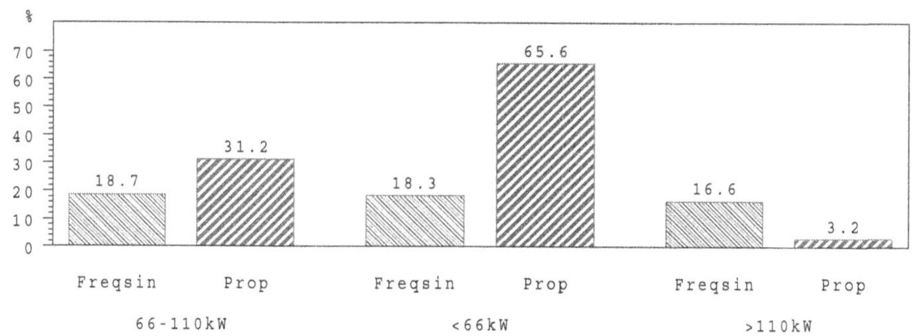

FIG. 9.32 – *Répartition et fréquence de sinistres selon la puissance du véhicule.*

Ces histogrammes appellent les quelques commentaires suivants. On constate à la Figure 9.30 une légère sous-sinistralité pour les femmes (17.7% contre 18.8%), qui représentent 36% des assurés du portefeuille. La sur-sinistralité des jeunes conducteurs ressort clairement de la Figure 9.31 (mais ils sont sous-représentés dans le portefeuille). Les fréquences de sinistres semblent décroître avec l'âge, passant de 30.8% à 20.8% et enfin à 16.3%. En ce qui concerne la puissance du véhicule, on constate à la Figure 9.32 une sous-sinistralité pour les grosses cylindrées. L'examen de la Figure 9.33 révèle que la fréquence des sinistres est plus élevée dans les grandes agglomérations. La sinistralité semble décroître avec la taille de l'ag-

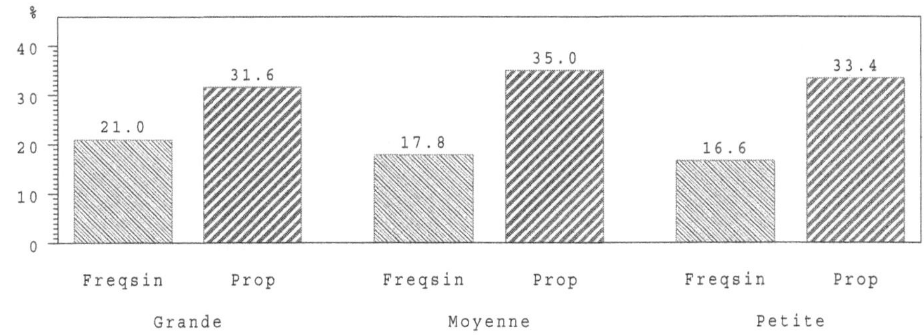

FIG. 9.33 – *Répartition et fréquence de sinistres selon la taille de l'agglomération où réside l'assuré.*

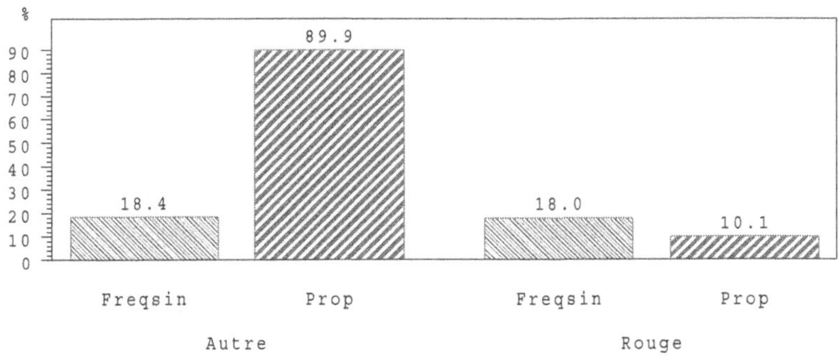

FIG. 9.34 – *Répartition et fréquence de sinistres selon la couleur du véhicule.*

glomération. Enfin, on constate à la Figure 9.34 que la couleur rouge du véhicule ne semble pas être un facteur aggravant.

9.11.4 Régression de Poisson en supposant l'indépendance temporelle

Modèle

En première approximation, on supposera les N_{it} indépendantes pour différentes valeurs de i et de t. Il s'agit bien entendu d'une hypothèse simplificatrice forte dont nous évaluerons l'impact en comparant les résultats obtenus à ceux fournis par différentes méthodes permettant de tenir compte de la dépendance sérielle existant entre les N_{it} à i fixé.

Nous supposons que la loi conditionnelle de N_{it} sachant $\boldsymbol{x}_{it}$ est de Poisson et nous spécifions une moyenne de forme exponentielle linéaire, i.e.

$$N_{it} \sim \mathcal{P}oi\big(d_{it}\exp(\eta_{it})\big),\ i = 1,2,\ldots,n,\ t = 1,2,\ldots,T_i. \tag{9.52}$$

La fréquence de sinistre relative à l'individu i durant la période t est $\lambda_{it} = d_{it}\exp(\eta_{it})$.

Estimation des paramètres

Notons n_{it} le nombre de sinistres déclarés par l'assuré i durant la période t. La vraisemblance associée à ces observations vaut alors

$$\mathcal{L}(\boldsymbol{\beta}|\boldsymbol{n}) = \prod_{i=1}^{n}\prod_{t=1}^{T_i}\exp\{-\lambda_{it}\}\frac{\{\lambda_{it}\}^{n_{it}}}{n_{it}!};$$

il s'agit de la probabilité d'obtenir les observations réalisées au sein du portefeuille dans le modèle considéré (notez que $\mathcal{L}$ est une fonction des paramètres $\boldsymbol{\beta}$, les observations étant supposées connues).

L'estimation de $\boldsymbol{\beta}$ par la méthode du maximum de vraisemblance consiste à déterminer $\widehat{\boldsymbol{\beta}}$ en maximisant $\mathcal{L}(\boldsymbol{\beta}|\boldsymbol{n})$: $\widehat{\boldsymbol{\beta}}$ est donc la valeur du paramètre rendant les observations recueillies par l'actuaire les plus probables. Afin de faciliter l'obtention du maximum, on passe souvent à la log-vraisemblance, laquelle est donnée par

$$L(\boldsymbol{\beta}|\boldsymbol{n}) = \ln\mathcal{L}(\boldsymbol{\beta}|\boldsymbol{n}) = \sum_{i=1}^{n}\sum_{t=1}^{T_i}\Big\{-\ln n_{it}! + n_{it}(\eta_{it} + \ln d_{it}) - \lambda_{it}\Big\}.$$

Dès lors, $\widehat{\boldsymbol{\beta}}$ est solution du système

$$\frac{\partial}{\partial\beta_0}L(\boldsymbol{\beta}|\boldsymbol{n}) = 0 \Leftrightarrow \sum_{i=1}^{n}\sum_{t=1}^{T_i}n_{it} = \sum_{i=1}^{n}\sum_{t=1}^{T_i}\lambda_{it} \tag{9.53}$$

et pour $j = 1,2,\ldots,p$,

$$\frac{\partial}{\partial\beta_j}L(\boldsymbol{\beta}|\boldsymbol{n}) = 0 \quad\Leftrightarrow\quad \sum_{i=1}^{n}\sum_{t=1}^{T_i}x_{itj}\Big\{n_{it} - \lambda_{it}\Big\} = 0. \tag{9.54}$$

Sans surprise, on peut interpréter les équation de vraisemblance (9.54) comme une relation d'orthogonalité entre les variables explicatives $\boldsymbol{x}_{it}$ et les résidus d'estimation.

La matrice variance-covariance $\boldsymbol{\Sigma}$ de l'estimateur du maximum de vraisemblance $\widehat{\boldsymbol{\beta}}$ du paramètre $\boldsymbol{\beta}$ est l'inverse de la matrice d'information de Fisher $\mathcal{I}$. Elle peut être estimée par

$$\widehat{\boldsymbol{\Sigma}} = \left\{ \sum_{i=1}^{n} \sum_{t=1}^{T_i} \boldsymbol{x}_{it} \boldsymbol{x}_{it}^t \widehat{\lambda_{it}} \right\}^{-1}.$$

En vertu de la théorie asymptotique de la méthode du maximum de vraisemblance, $\widehat{\boldsymbol{\beta}}$ est approximativement de loi normale de moyenne la vraie valeur du paramètre et de matrice variance-covariance $\widehat{\boldsymbol{\Sigma}}$. Ceci permet d'obtenir des intervalles et des zones de confiance pour les paramètres.

Illustration numérique

La procédure `GENMOD` de SAS permet de réaliser la régression de Poisson du nombre de sinistres sur les 5 variables explicatives présentées à la Section 1.7. La variable explicative "couleur du véhicule" n'est pas significative. Après l'avoir éliminée du modèle, nous regroupons les niveaux de puissance "66 – 110kW" et "> 110kW" en une seule classe. Nous en arrivons alors au modèle retenu, lequel est décrit au Tableau 9.21.

La log-vraisemblance vaut -19 283.2 et l'analyse de Type 3 fournit les résultats présentés au Tableau 9.22. A l'exception de la variable puissance, toutes les variables sont statistiquement significatives et l'omission d'une quelconque d'entre elles détériore significativement le modèle (au seuil de 5%). Nous décidons cependant de garder la variable puissance en raison de son importance dans les tarifs pratiqués par les compagnies d'assurances et du faible dépassement du seuil (0.93%, seulement). La log-vraisemblance du modèle final est à peine moins bonne que celle du modèle non contraint (à savoir, -19 282.6).

Analyse des résidus

La Figure 9.35 décrit les résidus de déviance individuels. On peut y constater la structure reflétant les quelques valeurs observées pour les N_{it}. On ne peut donc juger de la qualité du modèle sur base de la Figure 9.35. Si on recalcule les résidus par classes, on obtient la Figure 9.36. On n'y constate aucune structure particulière, mais des valeurs assez élevées de certains résidus, qui mettent en question la justesse du modèle.

Variable	Level	Coeff β	Std Error	Wald 95% Conf Limit		Chi-Sq	Pr>ChiSq
Intercept		−1.9277	0.0299	−1.9862	−1.8692	4165.69	< .0001
Sexe	Femme	−0.0575	0.0265	−0.1093	−0.0056	4.72	0.0299
Sexe	Homme	0	0	0	0	.	.
Age	17 − 22	0.6668	0.0582	0.5526	0.7809	131.02	< .0001
Age	23 − 30	0.2547	0.0260	0.2038	0.3056	96.09	< .0001
Age	> 30	0	0	0	0	.	.
Puissance	> 66kW	0.0508	0.0269	−0.0019	0.1034	3.57	0.0587
Puissance	< 66kW	0	0	0	0	.	.
Ville	Grande	0.2545	0.0306	0.1944	0.3145	69.03	< .0001
Ville	Moyenne	0.0757	0.0311	0.0148	0.1365	5.93	0.0148
Ville	Petite	0	0	0	0	.	.

TAB. 9.21 – *Résultats de la régression de Poisson pour le modèle final en supposant l'indépendance sérielle.*

Source	DF	ChiSquare	Pr > ChiSq
Sexe	1	4.74	0.0294
Age	2	176.07	< .0001
Puissance	1	3.56	0.0593
Ville	2	73.82	< .0001

TAB. 9.22 – *Résultats de l'analyse de Type 3 pour le modèle final en supposant l'indépendance sérielle.*

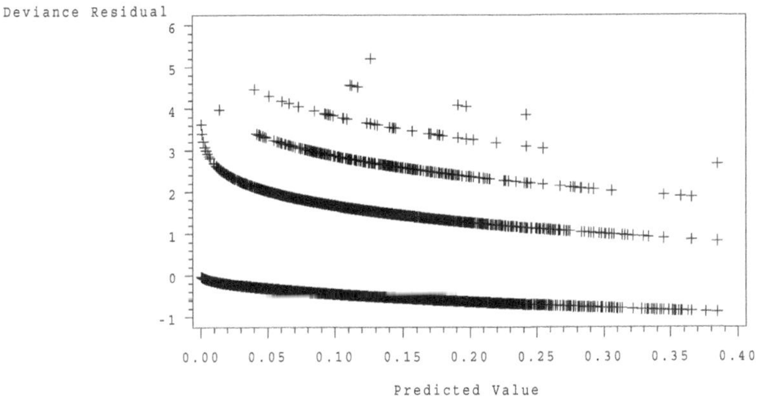

FIG. 9.35 – *Graphe des résidus individuels en fonction des valeurs prédites*

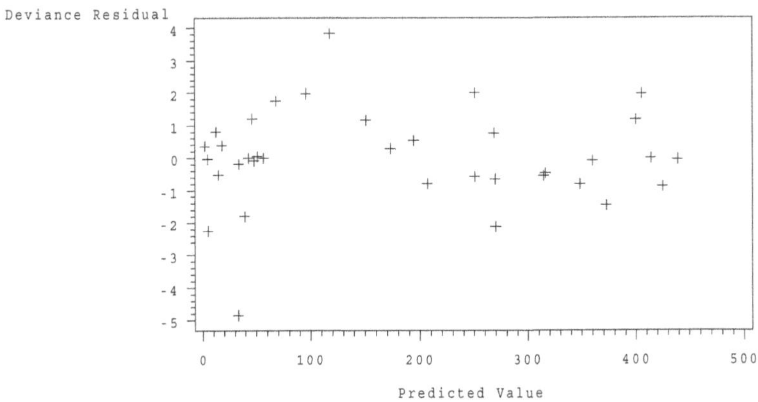

FIG. 9.36 – *Graphe des résidus par classe en fonction des valeurs prédites en supposant l'indépendance sérielle.*

Surdispersion

Afin de détecter une éventuelle surdispersion, on calcule pour chaque classe de risque la moyenne et la variance empirique des nombres des sinistres, $\widehat{m}_k$ et $\widehat{\sigma}_k^2$, disons, et on porte le nuage de points $\{(\widehat{m}_k,\widehat{\sigma}_k^2),\ k = 1,2,\ldots\}$ en graphique. Le résultat est visible à la Figure 9.37. On y constate une forte surdispersion et ce pour toutes les catégories d'assurés. Les points $(\widehat{m}_k,\widehat{\sigma}_k^2)$ sont en effet situés au-dessus de la première bissectrice du quadrillage. Ceci nous conduit également à considérer que le modèle de Poisson avec indépendance temporelle n'est pas adapté.

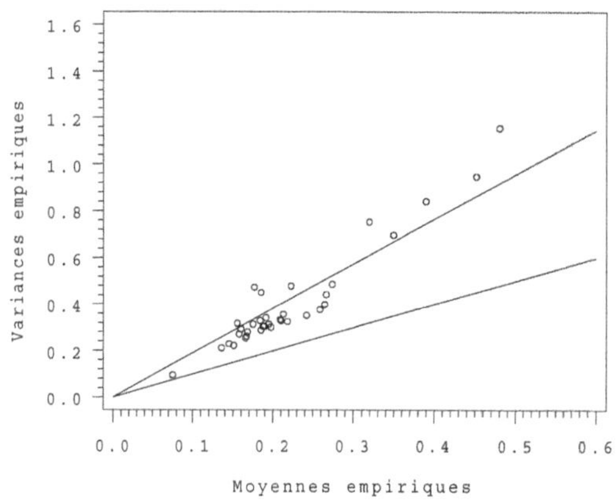

FIG. 9.37 – *Vérification de la validité de (??) sur les données*

Remarque 9.11.1. *Il est possible de tenir compte de la surdispersion constatée dans les données, sans reconnaître l'éventuelle dépendance sérielle. A cette fin, on recourt soit à un modèle de Poisson mélange, soit à une approche de quasi-vraisemblance en spécifiant*

$$\mathbb{V}[N_{it}|\boldsymbol{x}_{it}] = \phi\mathbb{E}[N_{it}|\boldsymbol{x}_{it}] = \phi\lambda_{it}. \quad (9.55)$$

Afin d'éprouver graphiquement la validité de cette dernière relation, nous avons ajusté le nuage de points de la Figure 9.37 à l'aide d'une droite passant par l'origine (donc d'équation $y = \phi x$). Ceci donne un paramètre de dispersion ϕ estimé à 1.9122 et un coefficient de détermination $R^2 = 86.17\%$ (ce qui signifie que la droite explique plus de 86% de la variabilité du nuage de points). A titre de comparaison, si nous avions tenté un ajustement à l'aide d'une courbe du second degré (du type $y = x + \gamma x^2$, caractéristique du lien *moyenne-variance dans un modèle de Poisson mélange), on aurait obtenu* $y = x + 2.9545x^2$ *avec* $R^2 = 90.90\%$. *Un mélange de Poisson (la loi binomiale négative, par exemple) aurait donc pu également être considéré. Nous privilégions cependant dans cette section une approche de quasi-vraisemblance. Cela consiste à déterminer* $\widehat{\boldsymbol{\beta}}$ *en résolvant le système* (9.53)-(9.54). *Ensuite,* $\widehat{\phi}$ *est obtenu en divisant soit la déviance, soit la statistique de Pearson par le nombre de degrés de liberté. La valeur estimée de* ϕ *sur nos données est 1.35, ce qui traduit bien la surdispersion des données.*

L'introduction du paramètre de surdispersion ϕ *gonfle les variances et les covariances des* $\widehat{\beta}_j$ *(lesquelles sont multipliées par* $\widehat{\phi}$*). Ceci a pour effet de réduire la valeur des statistiques de test utilisées pour éprouver la nullité des* β_j *ou la pertinence de l'inclusion de certaines variables dans le modèle. La prise en compte de la surdispersion peut donc mener à l'exclusion de variables tarifaires qui auraient été conservées dans le modèle de Poisson pur. On observe un phénomène de ce type sur notre jeu de données, la p-valeur de la variable puissance dans l'analyse de type 3 passant à 10.44%.*

9.11.5 Prise en compte de la dépendance temporelle

Détection de l'aspect sériel

Afin d'avoir une première idée du type de dépendance existant entre les N_{it}, on peut par exemple considérer les observations N_{it}, $t = 2,\ldots,T_i$, $i = 1,\ldots,n$, et effectuer une régression de celles-ci sur les variables explicatives $\boldsymbol{x}_{it}$ correspondantes ainsi que le nombre $N_{i,t-1}$ de sinistres observés au cours de la période de couverture précédente. Ceci permettra également de voir l'effet de l'inclusion de valeurs passées de la variable d'intérêt sur les variables explicatives.

Afin de mettre cette dépendance en évidence, nous travaillons avec les observations des deux dernières années à notre disposition. Nous considérons donc les observations N_{it}, $t = 2,3$, $i = 1,\ldots,n$, et nous effectuons une régression de celles-ci sur les variables explicatives $\boldsymbol{x}_{it}$ correspondantes auxquelles nous ajoutons la variable $N_{i,t-1}$, i.e. le nombre de sinistres observés au cours de la période précédente. Nous partons d'un modèle contenant les 5 variables explicatives déjà présentées et nous l'affinons par étapes successives, grâce à l'analyse de Type 3. Nous commençons par éliminer la variable “couleur du véhicule” qui a une p-valeur de de 27.37% et dans une deuxième étape nous éliminons la variable “sexe du conducteur” dont la p-valeur est devenue 21.10%. Nous obtenons alors le modèle dont les résultats sont présentés dans les Tableaux 9.23 et 9.24. Le coefficient de régression obtenu pour le nombre passé de sinistres est hautement significatif, ce qui indique une dépendance sérielle.

Dans une deuxième approche nous repartons de la fréquence obtenue sous l'hypothèse d'indépendance et sans ajout du nombre de sinistres de l'année précédente comme variable explicative. Cette prime est alors corrigée par un facteur multiplicatif, obtenu par une régression de Poisson sur la seule variable "nombre de sinistres de l'année précédente" (en mettant la prime fréquence obtenue sous l'hypothèse d'indépendance en offset [5]). Les résultats de cette régression se trouvent dans les Tableaux 9.25 et 9.26.

Remarque 9.11.2. *Il est intéressant de noter au passage que cette manière de procéder fournit immédiatement des coefficients bonus-malus "à la française". En effet, le Tableau 9.25 nous apprend que les assurés qui n'ont déclaré aucun sinistre sur l'année verront leur prime multipliée par* $\exp(-0.1147) = 0.8916$ *alors que ceux ayant déclaré* k *sinistres subiront une majoration de prime valant* $\exp(-0.1147 + k \times 0.3040) = 0.8916 \times (1.3553)^k$. *Il est toujours intéressant de comparer ces coefficients à ceux produits par un modèle plus orthodoxe formulé en termes de variables latentes.*

Les données suggèrent donc une dépendance sérielle. Cela invalide les résultats obtenus à la section précédente, lesquels se fondent notamment sur l'hypothèse que les N_{it} sont indépendantes pour différentes valeurs de i et de t. Théoriquement, on peut cependant montrer que l'estimateur du maximum de vraisemblance $\widehat{\boldsymbol{\beta}}$ calculé sous l'hypothèse d'indépendance sérielle (donc avec erreur de spécification) est convergent. Si la taille du portefeuille est suffisamment grande, on s'attend donc à peu d'impact sur les estimations ponctuelles des différents β_j. Par contre, la variance de $\widehat{\boldsymbol{\beta}}$ ne peut plus être calculée comme décrit plus haut, et est quant à elle affectée par la dépendance sérielle.

Estimation des paramètres à l'aide de la technique GEE

En présence de dépendance sérielle, on pourrait songer à garder l'estimateur du maximum de vraisemblance dans le modèle de Poisson avec indépendance temporelle (donc solution de (9.53)-(9.54)), choix qui se justifie par le caractère convergent de celui-ci. Comme l'ont montré Liang & Zeger (1986), il est possible d'améliorer cette

5. Le terme offset désigne une composante du score qui n'est pas multipliée par un coefficient de régression à estimer.

Variable	Level	Coeff β	Std Error	Wald 95% Conf Limit		Chi-Sq	Pr>ChiSq
Intercept		−2.0405	0.0370	−2.1131	−1 9680	3041.80	< .0001
Age	17 − 22	0.5841	0.0983	0.3914	0.7767	35.31	< .0001
Age	23 − 30	0.1822	0.0348	0.1140	0.2503	27.41	< .0001
Age	> 30	0	0	0	0	.	.
Puissance	> 110kW	−0.0745	0.1035	−2.2773	0.1283	0.52	0.4716
Puissance	66 − 110kW	0.0933	0.0357	0.0233	0.1633	6.83	0.0090
Puissance	< 66kW	0	0	0	0	.	.
Ville	Grande	0.2201	0.0412	0.1394	0.3009	28.54	< .0001
Ville	Moyenne	0.1050	0.0413	0.0242	0.1859	6.48	0.0109
Ville	Petite	0	0	0	0	.	.
N_{t-1}		0.3113	0.0371	0.2387	0.3839	70.59	< .0001

TAB. 9.23 – *Résultats de la régression pour le modèle tenant compte de la sinistralité passée.*

Source	DF	ChiSquare	Pr > ChiSq
Age	2	50.58	$< .0001$
Puissance	2	7.94	0.0188
Ville	2	28.68	$< .0001$
N_{t-1}	1	63.38	$< .0001$

TAB. 9.24 – *Résultats de l'analyse de Type 3 pour le modèle tenant compte de la sinistralité passée.*

Variable	Coeff β	Std Error	Wald 95% Conf Limit		Chi-Sq	Pr>ChiSq
Intercept	-0.1147	0.0180	-0.1500	-0.0793	40.42	$< .0001$
N_{t-1}	0.3040	0.0370	0.2316	0.3765	67.65	$< .0001$

TAB. 9.25 – *Résultats de la régression pour le modèle tenant compte de la sinistralité passée en figeant l'influence des variables explicatives.*

Source	DF	ChiSquare	Pr > ChiSq
N_{t-1}	1	60.84	$< .0001$

TAB. 9.26 – *Résultats de l'analyse de Type 3 pour le modèle tenant compte de la sinistralité passée en figeant l'influence des variables explicatives.*

approche (i.e. d'obtenir des estimateurs dont la variance asymptotique sera plus faible que celle de ceux que nous venons de décrire). Il s'agit de la méthode des GEE (pour l'anglais "Generalized Estimating Equation") proposée par LIANG & ZEGER (1986). Les estimateurs fournis par cette méthode sont convergents; on espère donc que les estimations ainsi obtenues seront de bonne qualité vu le grand nombre d'observations dont dispose en général l'actuaire.

L'idée est simple: retenir l'estimateur du maximum de vraisemblance $\widehat{\boldsymbol{\beta}}$ solution de (9.53)-(9.54) pour estimer $\boldsymbol{\beta}$ dans le modèle avec effet aléatoire n'est certainement pas optimal puisqu'on ne tient pas compte de la structure de corrélation des N_{it}. Réécrivons le système (9.53)-(9.54) sous forme vectorielle:

$$\sum_{i=1}^{n} \boldsymbol{X}_i^t(\boldsymbol{n}_i - \mathbb{E}[\boldsymbol{N}_i]) = \boldsymbol{0} \text{ où } \boldsymbol{X}_i = (\boldsymbol{x}_{i1}, \ldots, \boldsymbol{x}_{iT_i})^t. \tag{9.56}$$

La matrice de covariance des N_{it} dans le modèle de Poisson avec indépendance sérielle est

$$\boldsymbol{A}_i = \begin{pmatrix} \lambda_{i1} & 0 & \cdots & 0 \\ 0 & \lambda_{i2} & \cdots & 0 \\ \vdots & \vdots & \ddots & \vdots \\ 0 & 0 & \cdots & \lambda_{iT_i} \end{pmatrix}.$$

Cette matrice ne rend donc compte ni de la surdispersion, ni de la dépendance sérielle présente dans les données. Si on fait apparaître explicitement la matrice $\boldsymbol{A}_i$ dans (9.56), on obtient

$$\sum_{i=1}^{n} \left(\frac{\partial}{\partial \boldsymbol{\beta}} \mathbb{E}[\boldsymbol{N}_i] \right)^t \boldsymbol{A}_i^{-1} (\boldsymbol{n}_i - \mathbb{E}[\boldsymbol{N}_i]) = \boldsymbol{0} \tag{9.57}$$

puisque

$$\frac{\partial}{\partial \boldsymbol{\beta}} \mathbb{E}[\boldsymbol{N}_i] = \boldsymbol{A}_i \boldsymbol{X}_i.$$

Le principe des GEE consiste à substituer à $\boldsymbol{A}_i$ dans (9.57) un candidat plus raisonnable pour la matrice variance-covariance de $\boldsymbol{N}_i$, plus raisonnable signifiant ici rendant compte de la surdispersion et de la corrélation temporelle. Spécifions à présent une forme plausible pour la matrice de covariance de $\boldsymbol{N}_i$: on pourrait penser à

$$\boldsymbol{V}_i = \phi \boldsymbol{A}_i^{1/2} \boldsymbol{R}_i(\boldsymbol{\alpha}) \boldsymbol{A}_i^{1/2}$$

où la matrice de corrélation $\boldsymbol{R}_i(\boldsymbol{\alpha})$ rend compte de la dépendance sérielle existant entre les composantes de $\boldsymbol{N}_i$ et dépend d'un certain nombre de paramètres $\boldsymbol{\alpha}$. La matrice $\boldsymbol{R}_i$ est une sous-matrice carrée de dimension $T_i \times T_i$ d'une matrice $\boldsymbol{R}$ de dimension $T_{\max} \times T_{\max}$ dont les éléments ne dépendent pas des caractéristiques $\boldsymbol{x}_{it}$ de l'individu i. La surdispersion est quant à elle prise en compte puisque $\mathbb{V}[N_{it}] = \phi \lambda_{it}$. Notez que la matrice $\boldsymbol{V}_i$ ainsi définie n'est la matrice de covariance de $\boldsymbol{N}_i$ que si $\boldsymbol{R}_i$ est la matrice de corrélation de $\boldsymbol{N}_i$, ce qui n'est pas nécessairement le cas.

Comme annoncé ci-dessus, l'idée consiste alors à substituer la matrice $\boldsymbol{V}_i$ à $\boldsymbol{A}_i$ dans (9.57), et de retenir comme estimation de $\boldsymbol{\beta}$ la solution de

$$\sum_{i=1}^{n} \left(\frac{\partial}{\partial \boldsymbol{\beta}} \mathbb{E}[\boldsymbol{N}_i] \right)^t \boldsymbol{V}_i^{-1} (\boldsymbol{n}_i - \mathbb{E}[\boldsymbol{N}_i]) = \boldsymbol{0} \tag{9.58}$$

Cette dernière relation exprime également une orthogonalité entre les résidus de régression et les variables explicatives. Les estimateurs ainsi obtenus sont convergents quel que soit le choix de la matrice $\boldsymbol{R}_i(\boldsymbol{\alpha})$. On sent évidemment bien qu'ils seront d'autant plus précis que $\boldsymbol{R}_i(\boldsymbol{\alpha})$ est proche de la véritable matrice de corrélation de $\boldsymbol{N}_i$.

Modélisation de la dépendance à l'aide de la "working correlation matrix"

Comme nous l'avons compris à la lecture de ce qui précède, c'est la matrice de corrélation $\boldsymbol{R}_i$ qui tient compte de la dépendance entre les observations relatives à un même assuré. Cette matrice de dimension $T_i \times T_i$ est appelée "working correlation matrix". Il s'agit d'une matrice de corrélation de forme spécifiée dépendant d'un certain nombre de paramètres repris dans le vecteur $\boldsymbol{\alpha}$.

Si $\boldsymbol{R}_i(\boldsymbol{\alpha})$ =Identité, (9.58) donne exactement les équations de vraisemblance (9.56) sous l'hypothèse d'indépendance.

En général, on spécifie dans le cadre de la tarification a priori une matrice $\boldsymbol{R}_i(\boldsymbol{\alpha})$ traduisant une structure de type autorégressive. Ainsi, les éléments diagonaux de $\boldsymbol{R}_i$ valent 1 et hors diagonale, l'élément jk vaut $\alpha_{|j-k|}$ pour $|j-k| \leq m$ et 0 pour $|j-k| > m$. On prendra $m = T_{\max} - 1$. Les composantes du vecteur $\boldsymbol{\alpha}$ paramétrant la matrice $\boldsymbol{R}_i(\alpha)$ décrivant le type de dépendance entre les données sont à estimer sur base des observations.

Obtention des estimations

L'équation (9.58) est généralement résolue à l'aide d'une méthode du score de Fisher modifiée pour $\boldsymbol{\beta}$ et une estimation des moments pour $\boldsymbol{\alpha}$ (nous renvoyons le lecteur à LIANG & ZEGER (1986) pour une description complète de la méthode). Spécifiquement, partant d'une valeur initiale $\widehat{\boldsymbol{\beta}}^{(0)}$ solution du système (9.53)-(9.54), nous calculons

$$\begin{aligned}\widehat{\boldsymbol{\beta}}^{(j+1)} &= \widehat{\boldsymbol{\beta}}^{(j)} + \left\{\sum_{i=1}^{n} \boldsymbol{D}_i^t(\widehat{\boldsymbol{\beta}}^{(j)})\boldsymbol{V}_i^{-1}(\widehat{\boldsymbol{\beta}}^{(j)},\boldsymbol{\alpha}(\widehat{\boldsymbol{\beta}}^{(j)}))\boldsymbol{D}_i(\widehat{\boldsymbol{\beta}}^{(j)})\right\}^{-1} \\ &\qquad \left\{\sum_{i=1}^{n} \boldsymbol{D}_i^t(\widehat{\boldsymbol{\beta}}^{(j)})\boldsymbol{V}_i^{-1}(\widehat{\boldsymbol{\beta}}^{(j)},\boldsymbol{\alpha}(\widehat{\boldsymbol{\beta}}^{(j)}))\boldsymbol{S}_i(\widehat{\boldsymbol{\beta}}^{(j)})\right\}\end{aligned}$$

où $\boldsymbol{D}_i(\boldsymbol{\beta}) = \frac{\partial}{\partial \boldsymbol{\beta}}\mathbb{E}[\boldsymbol{N}_i]$ et $\boldsymbol{S}_i(\boldsymbol{\beta}) = \boldsymbol{N}_i - \mathbb{E}[\boldsymbol{N}_i]$. A chaque étape, ϕ et $\boldsymbol{\alpha}$ sont réestimés à partir des résidus de Pearson $r_{it}^P = \frac{n_{it}-\lambda_{it}}{\sqrt{\lambda_{it}}}$ grâce aux formules

$$\widehat{\phi} = \frac{1}{\sum_{i=1}^{n} T_i - p} \sum_{i=1}^{n} \sum_{t=1}^{T_i} \{r_{it}^P\}^2$$

et

$$\widehat{\alpha}_\tau = \frac{1}{\widehat{\phi}\left(\sum_{i|T_i>\tau}(T_i - \tau) - p\right)} \sum_{i|T_i>\tau} \sum_{t=1}^{T_i-\tau} r_{it}^P r_{it+\tau}^P.$$

Illustration numérique

La dépendance sérielle des N_{it} à i fixé ayant clairement été mise en évidence à la Section 3.1, il importe de mesurer l'impact de l'hypothèse d'indépendance sur l'estimation des fréquences. L'approche GEE peut être réalisée par la procédure `GENMOD` de SAS. Une sélection des variables, basée comme précédemment sur l'analyse de Type 3, nous conduit à retenir les mêmes variables que pour le modèle où l'on supposait l'indépendance. Les résultats se trouvent dans les Tableaux 9.27 et 9.28. L'estimation de la “working correlation matrix” de structure autorégressive d'ordre 2 (i.e. d'ordre $T_{\max} - 1$) donne

$$\begin{pmatrix} 1 & 0.0493 & 0.0462 \\ 0.0493 & 1 & 0.0493 \\ 0.0462 & 0.0493 & 1 \end{pmatrix}$$

et $\widehat{\phi} = 1.3437$.

Si on compare les $\widehat{\beta}_j$ des Tableaux 9.21 (sous l'hypothèse d'indépendance) et 9.27 (reconnaissant la dépendance sérielle), on constate des différences modestes. Les erreurs-standards sont systématiquement plus élevées dans l'approche GEE (la dépendance sérielle augmentant la surdispersion).

Impact sur les fréquences

Pour terminer, comparons les fréquences obtenues en supposant l'indépendance sérielle ou en reconnaissant explicitement la dépendance temporelle; celles-ci sont fournies aux Tableaux 9.29 et 9.30. On constate des différences au niveau des estimations des fréquences annuelles de sinistre associées aux classes de risque, mais ces différences restent limitées (elles seront néanmoins exacerbées par la multiplication par le coût moyen d'un sinistre et par les chargements de sécurité et commerciaux). La prise en considération de la dépendance sérielle a également un impact sur les intervalles de confiance pour les fréquences, lesquels sont plus larges dans l'approche GEE.

Variable	Level	Coeff β	Std Error	95% Conf Limit		Z	Pr> $\|Z\|$
Intercept		−1.9233	0.0319	−1.9858	−1.8608	−60.32	$< .0001$
Sexe	Femme	−0.0581	0.0289	−0.1148	−0.0014	−2.01	0.0446
Sexe	Homme	0	0	0	0	.	.
Age	17 − 22	0.6586	0.0617	0.5376	0.7797	10.67	$< .0001$
Age	23 − 30	0.2557	0.0281	0.2006	0.3107	9.10	$< .0001$
Age	> 30	0	0	0	0	.	.
Puissance	$>$ 66kW	0.0532	0.0292	−0.0041	0.1105	1.82	0.0686
Puissance	$<$ 66kW	0	0	0	0	.	.
Ville	Grande	0.2542	0.0332	0.1892	0.3192	7.67	$< .0001$
Ville	Moyenne	0.0719	0.0336	0.0060	0.1379	2.14	0.0326
Ville	Petite	0	0	0	0	.	.

TAB. 9.27 – *Résultats de la régression de Poisson avec approche GEE et structure de dépendance AR(2).*

Source	DF	ChiSquare	Pr > ChiSq
Sexe	1	4.09	0.0431
Age	2	128.79	< .0001
Puissance	1	3.28	0.0701
Ville	2	60.71	< .0001

TAB. 9.28 – *Résultats de l'analyse de Type 3 pour le modèle avec approche GEE et structure de dépendance AR(2).*

9.12 Justifications techniques de la segmentation

9.12.1 Tarif technique et tarif commercial

Une des tâches fondamentales de l'actuaire consiste d'une part à évaluer la prime pure, c'est-à-dire la contribution de chacun permettant à l'assureur de dédommager les sinistres, et d'autre part, à évaluer le chargement de sécurité garantissant la stabilité des résultats de la compagnie. Le concept de prime pure a fait l'objet du Chapitre 3 tandis que la détermination des chargements de sécurité a été étudiée dans le Chapitre 4. A cet égard, l'actuaire procédera à une analyse technique aussi fine que possible du risque à couvrir, et construira le tarif technique. Ce dernier donne donc le prix coûtant de la couverture octroyée par l'assureur, en fonction du profil de risque de l'assuré.

Le tarif technique est à usage purement interne. La compagnie appliquera aux assurés le tarif commercial, qui peut considérablement différer du tarif technique. Si le tarif commercial doit se baser sur le tarif technique, des considérations d'ordre réglementaire ou relatives au positionnement de la compagnie sur le marché, de même qu'un souci de simplification de la grille tarifaire peuvent mener à des primes commerciales parfois très éloignées du tarif technique. Deux grilles tarifaires co-existent donc : l'une purement technique et à usage exclusivement interne, fruit d'une analyse fine réalisée par l'actuaire, et l'autre commerciale, décrivant les montants qui seront effectivement réclamés aux assurés.

9.12.2 Segmentation des tarifs technique et commercial

Au niveau technique, l'actuaire peut soit segmenter finement le portefeuille, soit recourir à des modèles de mélange afin de tenir compte de l'hétérogénéité résultant de l'absence de segmentation.

Classes de risque				Fréquences		
Sexe	Age	Puissance	Ville	Inf	Prime	Sup
Homme	17-22	< 66	Petite	0.25251	0.28339	0.31084
			Moyenne	0.27221	0.30566	0.34322
			Grande	0.32535	0.3655	0.41061
		≥ 66	Petite	0.26395	0.29815	0.33678
			Moyenne	0.28464	0.32158	0.36332
			Grande	0.34027	0.38454	0.43457
	23-30	< 66	Petite	0.17708	0.18768	0.19892
			Moyenne	0.19135	0.20243	0.21416
			Grande	0.22878	0.24206	0.25612
		≥ 66	Petite	0.1848	0.19746	0.21099
			Moyenne	0.19976	0.21298	0.22707
			Grande	0.23893	0.25467	0.27146
	> 30	< 66	Petite	0.13721	0.14548	0.15425
			Moyenne	0.1483	0.15692	0.16604
			Grande	0.17754	0.18764	0.19831
		≥ 66	Petite	0.14413	0.15306	0.16254
			Moyenne	0.15588	0.16509	0.17485
			Grande	0.18668	0.19741	0.20876
Femme	17-22	< 66	Petite	0.23779	0.26756	0.30106
			Moyenne	0.25631	0.28859	0.32494
			Grande	0.30646	0.34509	0.38859
		≥ 66	Petite	0.24766	0.2815	0.31996
			Moyenne	0.26704	0.30362	0.34523
			Grande	0.31935	0.36307	0.41277
	23-30	< 66	Petite	0.16643	0.1772	0.18867
			Moyenne	0.17975	0.19113	0.20322
			Grande	0.21509	0.22855	0.24285
		≥ 66	Petite	0.17265	0.18643	0.20131
			Moyenne	0.18652	0.20108	0.21679
			Grande	0.22322	0.24045	0.25901
	> 30	< 66	Petite	0.12906	0.13736	0.14619
			Moyenne	0.13942	0.14816	0.15743
			Grande	0.16703	0.17716	0.1879
		≥ 66	Petite	0.13462	0.14451	0.15513
			Moyenne	0.14549	0.15587	0.1670
			Grande	0.17431	0.18639	0.1993

TAB. 9.29 – *Estimations des fréquences des différentes classes de risque sous l'hypothèse d'indépendance.*

Classes de risque				Fréquences		
Sexe	Age	Puissance	Ville	Inf	Prime	Sup
Homme	17-22	< 66	Petite	0.24954	0.28233	0.31942
			Moyenne	0.26804	0.30348	0.34338
			Grande	0.32137	0.36405	0.41240
		≥ 66	Petite	0.26135	0.29776	0.33924
			Moyenne	0.28104	0.31996	0.36428
			Grande	0.33671	0.38395	0.43781
	23-30	< 66	Petite	0.17725	0.18869	0.20086
			Moyenne	0.19059	0.20276	0.21571
			Grande	0.22865	0.24331	0.25890
		≥ 66	Petite	0.18531	0.19899	0.21369
			Moyenne	0.19965	0.21384	0.22904
			Grande	0.23918	0.25660	0.27529
	> 30	< 66	Petite	0.13727	0.14612	0.15554
			Moyenne	0.14759	0.15701	0.16704
			Grande	0.17748	0.18842	0.20003
		≥ 66	Petite	0.14455	0.15410	0.16429
			Moyenne	0.15578	0.16560	0.17603
			Grande	0.18701	0.19871	0.21114
Femme	17-22	< 66	Petite	0.23532	0.26634	0.30156
			Moyenne	0.25294	0.28625	0.32396
			Grande	0.30359	0.34350	0.38865
		≥ 66	Petite	0.24518	0.28095	0.32193
			Moyenne	0.26381	0.30190	0.34550
			Grande	0.31640	0.36227	0.41479
	23-30	< 66	Petite	0.16643	0.17804	0.19045
			Moyenne	0.17918	0.19131	0.20427
			Grande	0.21541	0.22957	0.24466
		≥ 66	Petite	0.17254	0.18776	0.20427
			Moyenne	0.18606	0.20177	0.21880
			Grande	0.22333	0.24210	0.26248
	> 30	< 66	Petite	0.12867	0.13787	0.14773
			Moyenne	0.13851	0.14815	0.15847
			Grande	0.16687	0.17778	0.18940
		≥ 66	Petite	0.13426	0.14540	0.15747
			Moyenne	0.14477	0.15625	0.16864
			Grande	0.17409	0.18750	0.20193

TAB. 9.30 – *Estimations des fréquences des différentes classes de risque dans l'approche GEE.*

Intéressons-nous à présent au tarif commercial, où certaines imperfections du marché peuvent obliger l'actuaire à segmenter.

Au cours de la dernière décennie, les tarifs commerciaux autrefois quasi-uniformes ont été progressivement différenciés en fonction du profil des assurés. On parle souvent de segmentation pour désigner ce phénomène (voyez la Section 3.8). Même si la segmentation ne se limite pas à la différenciation tarifaire, mais recouvre aussi la sélection du risque à laquelle procède l'assureur lors de la conclusion du contrat (acceptation) ou en cours du contrat (résiliation).

Le but de cette section n'est ni de justifier, ni de critiquer le principe de segmentation au niveau commercial. En cette matière, la liberté contractuelle doit jouer et c'est à l'Etat de réguler le marché si nécessaire. Nous voulons seulement montrer que la plupart des choix tarifaires opérés par les compagnies résultent de considérations commerciales ou concurrentielles, et ne sont nullement imposés par la science actuarielle. Seule l'antisélection émanant des preneurs d'assurance peut obliger un assureur à répercuter sur les assurés un critère de différenciation tarifaire. Ce critère se retrouve alors à la fois dans le tarif technique et dans le tarif commercial (mais peut-être pas de la même manière).

Le lecteur doit garder à l'esprit que la différenciation tarifaire n'a aucun impact sur la sinistralité. Donc, quelle que soit la politique de tarification de la compagnie, l'encaissement pur relatif au portefeuille doit être le même (puisqu'il correspond au coût attendu des sinistres). Dès lors, toute diminution de prime pour une catégorie d'assurés entraîne nécessairement une augmentation corollaire des primes payées par d'autres catégories d'assurés.

Une différenciation tarifaire trop poussée peut donc avoir des effets désastreux sur un marché d'assurance. En effet, une telle différenciation restreint considérablement le champ de l'assurabilité : en diminuant (souvent très modérément) le montant de la prime de certaines catégories d'assurés, on augmente celui supporté par d'autres, parfois au point de les exclure du marché de l'assurance. L'exemple de la RC automobile est édifiant à ce propos.

Le degré de différenciation des primes toujours plus poussé constaté sur le marché s'explique surtout par la spirale de la segmentation : c'est le jeu de la concurrence qui pousse les compagnies à différencier sans cesse davantage le montant des primes. En effet, un assureur peut difficilement maintenir un tarif uniforme sur un marché ou des concurrents différencient les risques. Théoriquement, dès qu'un acteur du marché introduit un nouveau critère de différenciation tarifaire, ses concurrents sont obligés de le reconnaître implicitement ou explicitement dans leurs tarifs comme nous l'avons expliqué en détails dans le Tome I. C'est pourquoi on assiste depuis plusieurs années à une différenciation tarifaire de plus en plus poussée, notamment en RC automobile. C'est donc la spirale de la segmentation induite par la concurrence effrénée que se livrent les acteurs du marché de l'assurance qui engendre la segmentation à outrance, et non un quelconque prescrit de technique actuarielle.

9.12.3 Antisélection et segmentation

Une caractéristique des assurances privées réside dans la liberté de contracter des deux parties concernées, preneur d'assurance et assureur. Le candidat-preneur choisira donc le contrat d'assurance qu'il considère le plus attrayant. En outre, il dispose d'un avantage certain en matière d'information par rapport à un assureur qui segmente peu. Le candidat connaît en effet sa propre situation de manière très précise tandis que l'assureur concerné n'a aucune connaissance de certains facteurs d'aggravation du risque qui seraient présents. Cette information asymétrique mène à l'antisélection émanant des preneurs d'assurance: les assurés dont le profil est plus risqué souscrivent en masse aux couvertures offertes par la compagnie, détériorant la statistique sinistre de l'assureur.

L'antisélection émanant des preneurs d'assurance a pour effet de limiter l'accès à l'assurance. Pour s'en convaincre, considérons par exemple une couverture contre une maladie redoutée M. Si dans la population se côtoient des individus prédisposés à cette maladie et d'autres qui ne le sont pas, sans que les uns ni les autres ne connaissent leur éventuelle prédisposition, l'assureur pourra tous les couvrir sur base d'une prime moyenne. La police souscrite peut alors se voir comme un contrat multigaranties, qui couvre tout d'abord le risque d'être prédisposé à la maladie, et ensuite le coût du traitement de celle-ci lorsqu'elle se déclare.

Supposons par exemple que 10% de la population soit prédisposée à la maladie redoutée M. Plus précisément, en cas de prédisposition, la probabilité de développer la maladie M est de 2%, alors qu'elle n'est que de 0.1% en l'absence de prédisposition. Cette prédisposition peut être détectée à l'aide d'un test génétique, mais cet usage est interdit à l'assureur, et trop onéreux pour l'assuré. Le coût du traitement de la maladie M est de 10 000 € . La prime pure pour une couverture contre cette maladie est de

$$10\%\times 2\%\times 10\ 000\text{ €} + 90\%\times 0.1\%\times 10\ 000\text{ €} = 20\text{ €} + 9\text{ €} = 29\text{ €}.$$

En examinant cet exemple de plus près, on voit que la tarification uniforme couvre en fait deux risques distincts: tout d'abord celui d'être prédisposé à la maladie M et ensuite celui de développer cette maladie. Formellement, chaque assuré s'acquitte d'une prime de 10 € , comme s'il n'était pas prédisposé, et ajoute à cela une prime

$$10\% \times (2\% - 0.1\%) \times 10\ 000 \text{ €} = 19 \text{ €}$$

qui le couvre contre le risque d'être prédisposé à la maladie M.

On constate aussi que cette approche permet de couvrir le risque à des conditions financières acceptables pour tous les individus, qu'ils soient prédisposés ou non. Ce point de vue, assimilant les polices offertes par un assureur qui ne segmente pas à des contrats multigaranties, a été développé par les économistes de l'assurance, dont Chiappori (1996,1997). Il justifie le montant plus élevé de la prime pour les "bons" risques qui s'ignorent par une étendue plus large des garanties.

Considérons un portefeuille de 10 000 assurés dont la composition est semblable à celle de la population. Les individus ignorent donc leur éventuelle prédisposition. Ce portefeuille comprend donc en moyenne 1 000 assurés prédisposés à la maladie M, et 9 000 qui ne le sont pas. Parmi les premiers, 20 en moyenne développeront la maladie M, ce qui engendrera un coût de 200 000 € pour l'assureur. Parmi les seconds, 9 en moyenne développeront la maladie M, ce qui engendrera un coût de 90 000 € pour l'assureur. Le coût total de 290 000 € en moyenne sera compensé par l'encaissement, soit 10 000 primes de 29 € chacune.

Les problèmes surviennent lorsque l'assuré acquiert de l'information à propos de son niveau de risque individuel. En effet, l'avantage informationnel de l'assuré induit alors l'antisélection et oblige l'assureur à différencier le montant des primes, implicitement ou explicitement. Revenant à l'exemple de la maladie redoutée, si les individus prédisposés peuvent découvrir leur niveau de risque plus élevé (grâce à un test génétique par exemple, dont l'usage est interdit à l'assureur), ils vont s'assurer en masse, détériorant la statistique sinistre de l'assureur qui relèvera ses primes. Les individus dont le niveau de risque est plus faible finiront par renoncer à s'assurer et l'antisélection aura restreint le marché de l'assurance contre cette maladie.

Afin de s'en convaincre, supposons que les assurés se sachant prédisposés cherchent à s'assurer, et que 1 000 d'entre eux rejoignent les 10 000 assurés dont il a été question plus haut. L'encaissement de la compagnie passe à 11 000 x 29 € alors que la sinistralité vaut en moyenne

$$290\ 000 \text{ €} + 20 \times 10\ 000 \text{ €} ,$$

d'où un perte moyenne de 171 000 € . A la fin de la période, la compagnie est obligée de réévaluer la prime à la hausse, passant de 29 € à

$$29 \text{ €} + \frac{171\ 000 \text{ €}}{11\ 000} = 29 \text{ €} + 15.55 \text{ €} = 44.55 \text{ €} .$$

Chacun des 11 000 assurés doit donc augmenter sa contribution de 15.55 € pour avoir droit à la couverture.

Si cette tendance se confirme, la prime continuera à augmenter (pour tendre vers 200 €), jusqu'à décourager les assurés non prédisposés à se couvrir. Les assurés au profil le moins risqué sont donc exclus du marché de l'assurance. L'assureur n'a d'autre alternative que de faire usage lui aussi du test génétique, de dépister la prédisposition à M et d'en tenir compte dans son tarif. La compagnie réclamera alors 10 € aux assurés non prédisposés à la maladie M, et 200 € aux autres. L'importance de la prime risque alors de décourager les assurés les plus risqués, les excluant du marché de l'assurance. A cet égard, les procédures de classification a priori peuvent être vues comme un moyen de diminuer les effets d'antisélection. Ce n'est que dans cette mesure que la différenciation des primes commerciales s'impose: si l'omission d'un facteur de segmentation induit de l'antisélection de la part des preneurs d'assurance, ce facteur doit techniquement être incorporé dans le tarif commercial.

Cet exemple simple se généralise à toutes les couvertures d'assurance, même si en pratique de nombreux effets viennent compliquer les choses: connaissance imparfaite des preneurs quant à leur niveau risque, multitudes de profils de risque (plutôt que deux dans l'exemple), conditions différentes de couverture, etc.

Il s'agit ici de bien saisir le fait que le problème réside dans la connaissance qu'a l'assuré de son profil de risque. Au contraire, si l'ignorance est symétrique, c'est-à-dire si ni l'assuré, ni l'assureur n'ont connaissance de facteurs influençant le niveau de risque, l'assureur couvrira le péril sur base du risque moyen collectif. Comme évoqué plus haut, lorsque les contractants n'ont pas connaissance d'informations de nature à influencer le niveau de risque, ils concluent en fait un contrat d'assurances multi-garanties: l'assureur couvre d'une part, le niveau de risque inconnu de l'assuré, et ensuite la sinistralité qui en découle.

L'ignorance symétrique a donc un aspect particulièrement avantageux en élargissant au maximum les possibilités d'assurance (c'est d'ailleurs la portée du paradoxe de Hirschleifer examiné dans le Tome I). Ainsi, dans l'exemple de la maladie redoutée, la généralisation des tests génétiques rendrait difficile la couverture de certaines populations à risque, alors que l'ignorance de la prédisposition de l'assuré à certaines maladies rend l'assurance possible. On comprend donc bien qu'il soit interdit aux assureurs d'utiliser des tests génétiques, mais il faut alors aussi que cet usage soit interdit aux assurés.

9.12.4 L'iniquité de la tarification a priori

L'assureur qui désire faire usage d'un critère de segmentation doit pouvoir démontrer, statistiques à l'appui, le lien causal entre ce critère et les variations de la sinistralité qu'il est supposé induire. Outre le fait que la mise en évidence d'un lien causal s'apparente à la quête du Graal pour un statisticien (hormis le cas d'un plan d'expérience dont les paramètres sont contrôlés), cette obligation discrédite beaucoup de critères de segmentation utilisés à l'heure actuelle : qui pourrait croire que le fait de cohabiter ou d'avoir plusieurs enfants améliore la qualité de la conduite automobile ? On s'attend plutôt à ce que la vie maritale ou la charge de famille incite à plus de prudence et au refus de toute prise de risque inconsidérée, donc à moins de témérité au volant, ce qui à son tour diminue le risque en RC automobile. Il n'y a donc pas de lien de causalité entre ces variables tarifaires et la sinistralité automobile. Les facteurs de risque pertinents sont cachés : agressivité au volant, respect du code de la route, consommation d'alcool, kilométrage annuel, etc., et ne peuvent donc être incorporés dans le tarif commercial.

Il y a cependant une solution envisageable en assurance automobile : le système PAYD (pour l'anglais "Pay As You Drive") développé de part et d'autre de l'Atlantique par Norwich Union en Grande Bretagne et par Progressive aux USA. Il s'agit d'une vision résolument novatrice de l'assurance automobile, rendue possible grâce aux technologies les plus récentes. Une "boîte noire" est placée sur le véhicule assuré, enregistrant la vitesse, les accélérations et décélérations, les kilomètres parcourus et le type de voirie empruntée. La vie privée est parfaitement protégée car les données sont filtrées avant de parvenir à l'assureur, ce dernier étant dès lors incapable sur base du résumé qui lui est fourni de reconstituer les trajets effectués. Par contre, ce résumé lui permet d'évaluer très précisément la qualité de conduite du véhicule : en comparant les vitesses enregistrées aux vitesses maximales autorisées selon le type de voirie, l'assureur peut apprécier la mesure dans laquelle les assurés respectent les limitations imposées par le code de la route, les accélérations et décélérations indiquent quant à elles la nervosité de la conduite, etc. L'assureur dispose ainsi de l'information pertinente pour tarifer le contrat.

Cette manière de procéder favorise également la sécurité routière, et permettrait sans aucun doute d'alléger la facture sociale très lourde des accidents de la route. Outre le calcul de la prime, le système présente des avantages accessoires, comme la localisation possible du véhicule par les forces de police en cas de vol, l'avertissement des secours en cas d'accident, etc.

Le coût du système est raisonnable (on parle de 500 € la première année, couvrant l'acquisition du matériel et son placement, et d'un coût de maintenance limité les années suivantes). Le système est testé actuellement par 5 000 conducteurs en Grande Bretagne, et 5 000 autres aux USA. D'autres expériences sont en cours, notamment en Italie. Notez qu'à Singapour, un tel système est utilisé pour dresser les factures mensuelles de péage, en fonction des heures durant lesquelles l'automobiliste a utilisé les voiries, et le type des voiries empruntées.

9.13 Notes bibliographiques

Sur les scores, le lecteur pourra consulter GOURIÉROUX (1992,1999) ainsi que BARDOS (2001). Les approches usuelles d'analyse des données (multivariées) sont présentées dans SAPORTA (1990) ou, plus récemment, dans LEBART, MORINEAU & PIRON (2000). Les méthodes de classification sont présentées de manière claire et pédagogique dans NAKACHE & CONFAIS (2004). La théorie des modèles linéaires généralisés remonte à NELDER & WEDDERBURN (1972). Elle a été très complètement exposée par MCCULLAGH & NELDER (1989). Une excellente introduction est proposée par DOBSON (2001).

Nous conseillons également aux lecteurs de consulter BAILEY (1963) et BAILEY & LEROY (1960,1964) à propos des origines de la classification des risques, ainsi que ANDERSON ET AL. (2004) à propos de la pratique des modèles linéaires généralisés en tarification. Parmi les précurseurs des modèles de régression en tarification, on notera TER BERG (1980a,b), ALBRECHT (1983a,b,c) et surtout

Renshaw (1994).

Le traitement des sinistres graves poura se faire à l'aide de la théorie des valeurs extrêmes, étudiée dans la suite de cet ouvrage. On pourra lire Cebrian, Denuit & Lambert (2003) pour un cas pratique.

Nous n'avons pas abordé le problème de la tarification par zone géographique. Une introduction abordable, avec un cas pratique, est donnée par Brouhns, Denuit, Masuy & Verrall (2002). Denuit & Lang (2004) passent en revue les différentes approches utilisées dans la tarification a priori, et proposent un modèle de tarification intégré basé sur les modèles additifs généralisés traités dans le paradigme bayésien. Tous les facteurs tarifaires, qu'ils soient catégoriels, continus, spatiaux ou temporels, sont traités de manière unifiée.

Les études empiriques sont relativement rares dans la littérature. Mentionnons, en plus de celles citées plus haut, Ramlau-Hansen (1988) et Beirlant, Derveaux, De Meyer, Goovaerts, Labies & Maenhoudt (1991). Pour d'autres modèles de régression que ceux utilisés dans ce chapitre, voyez notamment Beirlant, Goegebeur, Verlaak & Vynckier (1998), Cummins, Dionne, McDonnald & Pritchett (1990), Ter Berg (1996) et Keiding, Andersen & Fledelius (1998).

Pour terminer, notez que les modèles décrits dans ce chapitre sont également fort utiles en assurance vie, pour dresser des tables de mortalité. Voyez Delwarde & Denuit (2005) pour plus de détails.

9.14 Exercices

Exercice 9.14.1. *Disposant des observations $X_1,X_2,\ldots,X_n$ indépendantes et de même loi, notons $X_{(1)} \leq \ldots \leq X_{(n)}$ les observations rangées par ordre croissant.*

(i) Définissons l'événement

$$A(i_1,i_2) = \left[X_{(i_1)} < q_p < X_{(i_2)}\right]$$

qui signifie que pas moins de i_1 observations sont inférieures au quantile d'ordre p, q_p, et pas moins de $n-i_2+1$ lui sont supérieures. Montrez que

$$\Pr[A(i_1,i_2)] = \sum_{j=i_1}^{i_2-1} \binom{n}{j} p^j(1-p)^{n-j}.$$

(ii) *Montrez qu'un intervalle de confiance au niveau $1-\alpha$ pour q_p est $]x_{(i_1)},x_{(i_2)}[$, où les entiers i_1 et i_2 satisfont la relation*

$$1-\alpha = \Pr[i_1 \leq \mathcal{B}in(n,p) < i_2].$$

(iii) *Lorsque n est grand, montrez que i_1 et i_2 sont approximativement donnés par*

$$i_1 = \lfloor -z_{\alpha/2}\sqrt{np(1-p)} + np \rfloor$$

et

$$i_2 = \lceil z_{\alpha/2}\sqrt{np(1-p)} + np \rceil$$

où $z_{\alpha/2}$ est tel que $\Phi(z_{\alpha/2}) = 1-\alpha/2$ et où $\lfloor x \rfloor$ (resp. $\lceil x \rceil$) représente la partie entière du réel x (resp. le plus petit entier supérieur à x).

Exercice 9.14.2. *Montrez que pour la loi $\mathcal{B}in(m,p)$,*

$$\mathcal{I}(\widetilde{p}|p) \quad = \quad m\widetilde{p}\ln\left(\frac{\frac{\widetilde{p}}{1-\widetilde{p}}}{\frac{p}{1-p}}\right) + m\ln\frac{1-\widetilde{p}}{1-p}.$$

Exercice 9.14.3. *Montrez que pour la loi $\mathcal{P}oi(\lambda)$,*

$$\mathcal{I}(\widetilde{\lambda}|\lambda) \quad = \quad \widetilde{\lambda}\left(\ln\frac{\widetilde{\lambda}}{\lambda} - 1\right) + \lambda.$$

Exercice 9.14.4. *Montrez que pour la loi $\mathcal{N}or(\mu,\sigma^2)$,*

$$\mathcal{I}(\widetilde{\mu}|\mu) \quad = \quad \frac{(\widetilde{\mu}-\mu)^2}{2\sigma^2}.$$

Notez que, dans ce cas, $\mathcal{I}(\widetilde{\mu}|\mu)$ est une véritable distance.

Exercice 9.14.5. *Considérons le modèle linéaire simple $Y_i = \beta_0 + \beta_1 X_i + \varepsilon_i$, noté (1), où les ε_i sont indépendantes et de même loi $\mathcal{N}or(0,\sigma^2)$.*

(i) *On pose $Z_i = Y_i - X_i$, $\delta_0 = \beta_0$ et $\delta_1 = \beta_1 - 1$, de sorte $Z_i = \delta_0 + \delta_1 X_i + \varepsilon_i$, noté (2) est équivalent au modèle (1). Comparez le R^2 obtenu dans les deux modèles.*

(ii) *En déduire qu'en régressant Y non pas sur X mais sur $Y-X$, il est parfois possible d'augmenter (artificiellement) la valeur du R^2.*

Exercice 9.14.6. *Les résidus d'Anscombe sont basés sur une transformation A qui rapproche la loi de probabilité en question de la loi normale. Dans le cas de la famille exponentielle naturelle, A est donnée par*

$$A(\mu) = \int \frac{d\mu}{V^{1/3}(\mu)}.$$

Cependant, la transformation A qui "normalise" la loi de probabilité ne stabilise pas la variance. Il faut dès lors diviser par la racine carré de la variance de $A(Y)$ qui vaut au premier ordre $A'(\mu)\sqrt{V(\mu)}$.

(i) Montrez que le résidu d'Anscombe pour la loi de Poisson est donné par

$$r_i^A = \frac{3(y_i^{3/2} - \mu_i^{3/2})}{\mu_i^{1/6}}.$$

(ii) Montrez que le résidu d'Anscombe pour la loi Gamma est donné par

$$r_i^A = \frac{3(y_i^{1/3} - \mu_i^{1/3})}{\mu_i^{1/3}}.$$

Exercice 9.14.7. *(i) La compagnie A a en portefeuille 8 000 conducteurs expérimentés et 2 000 conducteurs novices. Ceux-ci ont déclaré respectivement 400 sinistres et 200 sinistres. Estimez (par maximum de vraisemblance dans un modèle de régression de Poisson) les scores associés à ces deux catégories d'assurés.*

(ii) Deux compagnies se partagent le marché: la compagnie A et un concurrent, la compagnie B, qui ne segmente pas son tarif a priori. Expliquez ce qui devrait se produire sur le marché en supposant les assurés rationnels.

Exercice 9.14.8. *Afin d'expliquer la fréquence annuelle de sinistres des assurés en fonction de leurs caractéristiques observables, l'actuaire en charge de la tarification RC Automobile d'une grande compagnie d'assurances a effectué une régression de Poisson: le nombre N_i de sinistres causés par l'assuré i est supposé de loi de Poisson de moyenne $d_i \exp(\beta_0 + \beta_1 x_{i1} + \beta_2 x_{i2} + \beta_3 x_{i3})$, où d_i est la durée de couverture et*

$$x_{i1} = \begin{cases} 1, & \textit{si l'assuré } i \textit{ est une femme,} \\ 0, & \textit{sinon,} \end{cases}$$

$$x_{i2} = \begin{cases} 1, & \textit{si l'assuré } i \textit{ fractionne le paiement de sa prime,} \\ 0, & \textit{s'il la paie une fois par an,} \end{cases}$$

et

$$x_{i3} = \begin{cases} 1, & \textit{si l'assuré i conduit un véhicule diesel,} \\ 0, & \textit{s'il conduit un véhicule à essence.} \end{cases}$$

L'ajustement obtenu par maximum de vraisemblance est décrit dans le tableau suivant:

j	$\widehat{\beta}_j$	$\widehat{\sigma}(\widehat{\beta}_j)$
0	-1.9575	0.0176
1	0.0701	0.0165
2	0.2770	0.0147
3	0.1869	0.0159

On peut lire dans ce tableau les estimations ponctuelles des coefficients de régression et les écarts-type correspondants.

a) Quelles sont les équations dont $\widehat{\beta}_0$, $\widehat{\beta}_1$, $\widehat{\beta}_2$ et $\widehat{\beta}_3$ sont solutions? Que garantissent-elles en termes de répartition de la sinistralité entre les différentes catégories d'assurés?

b) Tous les facteurs de risque influencent-ils significativement la sinistralité en fréquence?

c) Quelle est la fréquence annuelle de sinistres de l'assuré de référence? Donnez-en une estimation ponctuelle et un intervalle de confiance à 95%.

d) Quelle est la fréquence annuelle de sinistres d'une femme payant sa prime une fois l'an et conduisant un véhicule à essence? Donnez-en un intervalle de confiance à 95% si le coefficient de corrélation linéaire entre $\widehat{\beta}_0$ et $\widehat{\beta}_1$ est estimé à 0.1.

e) Quelle est la fréquence annuelle estimée de sinistres d'une femme fractionnant le paiement de sa prime et conduisant un véhicule à essence?

f) Afin de détecter une éventuelle surdispersion, on porte en graphique la moyenne et la variance empiriques des nombres des sinistres observés au sein de chacune des classes. A quelle courbe s'agirait-il d'ajuster le nuage de points pour conforter l'hypothèse de loi de Poisson mélange. Expliquez et justifiez.

Exercice 9.14.9. *Afin d'expliquer la fréquence annuelle de sinistre des assurés en fonction de leurs caractéristiques observables, l'actuaire en charge de la tarification "RC Auto" d'une grande compagnie d'assurances a effectué une régression de Poisson, sur un fichier de 100 000 polices observées durant un an, en utilisant l'expérience de conduite (novice/expérimenté) et la puissance* *du véhicule (petite/moyenne/grosse cylindrée): le nombre* N_i *de sinistres causés par l'assuré i est supposé de loi de Poisson de moyenne* $d_i \exp(\beta_0 + \beta_1 x_{i1} + \beta_2 x_{i2} + \beta_3 x_{i3})$*, où* d_i *est la durée de couverture et*

$$x_{i1} = \begin{cases} 1, & \textit{si l'assuré i est un conducteur novice,} \\ 0, & \textit{sinon,} \end{cases}$$

$$x_{i2} = \begin{cases} 1, & \textit{si l'assuré i conduit un véhicule de petite cylindrée,} \\ 0, & \textit{sinon,} \end{cases}$$

et

$$x_{i3} = \begin{cases} 1, & \textit{si l'assuré i conduit un véhicule de grosse cylindrée,} \\ 0, & \textit{sinon.} \end{cases}$$

L'ajustement obtenu par maximum de vraisemblance fournit

$$\widehat{\beta}_0 = -2.10,\ \widehat{\beta}_1 = 0.06,\ \widehat{\beta}_2 = -0.03,\ \textit{et}\ \widehat{\beta}_3 = 0.05;$$

on donne également les erreurs standards:

$$\widehat{\sigma}(\widehat{\beta}_0) = 0.03,\ \widehat{\sigma}(\widehat{\beta}_1) = 0.02,\ \widehat{\sigma}(\widehat{\beta}_2) = 0.01,\ \textit{et}\ \widehat{\sigma}(\widehat{\beta}_3) = 0.01.$$

a) Quelles sont les équations dont les estimations ponctuelles données plus haut sont solutions? Donnez-en une interprétation actuarielle.

b) Testez les hypothèses $\beta_j = 0$, $j = 0,1,2,3$, *et interprétez les résultats.*

c) Estimez la fréquence annuelle de sinistre de l'assuré de référence, et donnez-en un intervalle de confiance.

d) Faites de même pour la fréquence annuelle d'un conducteur novice conduisant un véhicule de cylindrée moyenne si $\widehat{\mathbb{C}[\widehat{\beta}_0,\widehat{\beta}_1]} = 0.0001$.

Exercice 9.14.10. *Le coût des sinistres causés par l'assuré i se met sous la forme*

$$S_i = \sum_{k=1}^{N_i} C_{ik},$$

où N_i *est de loi de Poisson de moyenne* λ_i *et les* C_{ik} *sont de loi Gamma, de moyenne* μ_i *et de variance* μ_i^2/ν*. Toutes les variables aléatoires en présence sont indépendantes.*

L'actuaire en charge de la tarification utilise le sexe (homme/femme) et le domicile de l'assuré (rural/urbain), codés à l'aide de deux variables binaires, les niveaux de référence étant "homme" et "rural". Il intègre l'information via

$$\lambda_i = d_i \exp(\beta_0^{freq} + \beta_1^{freq} x_{i1} + \beta_2^{freq} x_{i2}),$$

avec d_i la durée d'exposition au risque, et

$$\mu_i = \exp(\beta_0^{coût} + \beta_1^{coût} x_{i1} + \beta_2^{coût} x_{i2}).$$

Les estimations ponctuelles de ces paramètres par maximum de vraisemblance sur base des observations relatives à un grand portefeuille donnent les résultats suivants:

$$\widehat{\beta}_0^{freq} = -1.95, \ \widehat{\beta}_1^{freq} = 0.03, \ et \ \widehat{\beta}_2^{freq} = 0.05,$$

pour les fréquences, et

$$\widehat{\beta}_0^{coût} = 6.64, \ \widehat{\beta}_1^{coût} = -0.05, \ et \ \widehat{\beta}_2^{coût} = -0.07,$$

pour les coûts, avec $\widehat{\nu} = 0.75$. On donne également les erreurs standards:

$$\widehat{\sigma}\big(\widehat{\beta}_0^{freq}\big) = 0.01, \ \widehat{\sigma}\big(\widehat{\beta}_1^{freq}\big) = 0.01, \ et \ \widehat{\sigma}\big(\widehat{\beta}_2^{(freq)}\big) = 0.02,$$

pour les fréquences, et

$$\widehat{\sigma}\big(\widehat{\beta}_0^{coût}\big) = 0.02, \ \widehat{\sigma}\big(\widehat{\beta}_1^{coût}\big) = 0.01, \ et \ \widehat{\sigma}\big(\widehat{\beta}_2^{coût}\big) = 0.02,$$

pour les coûts.

a) Décrivez l'algorithme itératif qui a permis d'obtenir les estimations ponctuelles $\widehat{\beta}_0^{freq}$, $\widehat{\beta}_1^{freq}$ et $\widehat{\beta}_2^{freq}$ données plus haut.

b) Quelles sont les équations dont les estimations ponctuelles $\widehat{\beta}_0^{coût}$, $\widehat{\beta}_1^{coût}$ et $\widehat{\beta}_2^{coût}$ sont solutions? Donnez-en une interprétation actuarielle.

c) Estimez la prime pure $\mathbb{E}[S_i]$ et la variance $\mathbb{V}[S_i]$ pour les différentes classes tarifaires.

Chapitre 10

Théorie de la crédibilité

10.1 Introduction

Au sein d'un portefeuille d'assurance hétérogène, les assurés ne sont pas tous égaux devant le risque, certains présentant un profil plus dangereux que d'autres. Réclamer une prime de montant identique pour tous pourrait donc paraître inéquitable, car cela induirait nécessairement la surtarification de certains assurés, et l'utilisation de ces surcroîts de prime pour dédommager les sinistres causés par les individus plus risqués. On peut bien entendu diminuer l'hétérogénéité du portefeuille en le partitionnant en classes de risques aussi homogènes que possible (sur base de caractéristiques observables, telles que le sexe, l'âge, le domicile, etc. des assurés) comme nous l'avons exposé dans le chapitre précédent. Il subsistera malgré tout le plus souvent une certaine hétérogénéité au sein de chaque classe, les facteurs observables étant loin d'expliquer complètement la dangerosité des assurés. Il est donc assez naturel d'utiliser la sinistralité relative à un individu pour réévaluer le montant de sa prime. En effet, la sinistralité d'un individu devrait à tout le moins partiellement refléter le niveau de risque réel de celui-ci. Cette pratique relève de la théorie de la crédibilité.

Ainsi, dès 1910, Allstate assurait contre les accidents du travail la société General Motors et un certain nombre de petites entreprises. En calculant le taux de prime moyen sur son expérience, General Motors s'aperçut que sa prime d'assurance devrait être plus faible que celle de l'ensemble des entreprises assurées. Prétextant que le nombre d'assurés était suffisamment grand, General Motors exigea de son assureur de prendre en compte son propre historique et non plus celui de l'ensemble des assurés. Au même moment, un petit constructeur indépendant, Tucker, fit la même demande. La question se posa alors assez clairement aux yeux des actuaires d'Allstate: à partir de quelle taille peut-on considérer qu'une entreprise est suffisamment importante pour que l'on puisse tarifer sur son expérience propre? MOWBRAY (1914) fut le premier à apporter une réponse claire à cette question, en posant ainsi les bases de la crédibilité dite de stabilité (ou "*limited fluctuations*" brièvement présentée à la Section 10.4). Mais s'il propose un seuil à partir duquel la taille est suffisante, que doit-on faire pour les entreprises de taille plus faible? Quelques années plus tard, WHITNEY (1918) mentionne "*la nécessité, par souci d'équité pour l'assuré, de pondérer d'un côté l'expérience collective, et de l'autre l'expérience individuelle*". Toute la théorie de la crédibilité visera précisément à calculer au mieux cette pondération. Notons qu'il faudra attendre la contribution de BÜHLMANN (1967,1969) pour que ce problème de prise en compte de l'expérience en tarification trouve une réponse satisfaisante.

L'idée fondamentale de la théorie de la crédibilité peut se résumer comme suit. Supposons avoir observé une police durant n années, et enregistré les montants annuels de sinistre $x_1,x_2,\ldots,x_n$; x_i est le montant de sinistre généré par cette police durant la $i$ème année d'observation. La prime pure "observée" est donc

$$\overline{p}_n = \frac{x_1 + x_2 + \ldots + x_n}{n}.$$

L'assureur pourrait songer à réclamer dorénavant un montant $\overline{p}_n$ à cet assuré, mais ce serait faire fi du principe même de l'assurance en renonçant à toute mutualisation du risque (l'assureur s'apparenterait alors à un prêteur, qui lisserait la sinistralité dans le temps, sans mutualisation). De plus, que faire pour les assurés qui n'ont jamais déclaré de sinistres (i.e., ceux pour lesquels $x_1 = x_2 = \ldots = x_n = 0$), les dispenser de payer la prime tout en continuant à les couvrir? L'assureur est donc confronté à un dilemme: soit il continue à exiger un montant p_{coll} identique à tous les assurés mais pourrait mécontenter les "bons" assurés qui, s'estimant lésés, risquent alors de partir à la concurrence, soit il se laisse tenter par $\overline{p}_n$ mais nie par là le principe même de l'assurance. Les actuaires américains ont alors songé à réclamer une prime dont le montant serait un compromis entre ces deux positions extrêmes. Ainsi, la prime p_n exigée par la compagnie pour accorder sa garantie durant l'année $n+1$ est-elle donnée par

$$p_n = \alpha\overline{p}_n + (1-\alpha)p_{coll},\ 0 \leq \alpha \leq 1,$$

où α est le facteur de crédibilité (il mesure la "crédibilité" que l'on peut accorder à la prime "observée" $\overline{p}_n$).

Les choix usuels pour α sont

$$\alpha = \frac{n}{n_0 + n}$$

qui tend vers 1 lorsque n tend vers $+\infty$, où n_0 est un paramètre fixé et n le nombre d'années d'observations disponibles, et

$$\alpha = \min\left\{\frac{n}{n^*}, 1\right\},$$

où n^* est une valeur seuil au-delà de laquelle on accorde une crédibilité totale à la police.

10.2 Crédibilité bayésienne

10.2.1 Exemple introductif

Partons d'un exemple simple pour bien comprendre l'esprit de la méthode. Notons N_{it} le nombre de sinistres déclarés au cours de l'année t par l'assuré i. Deux types de risques cohabitent au sein de ce portefeuille: les bons conducteurs (notés B) et les mauvais (notés M). On ne sait pas à quelle catégorie appartient l'assuré i. Leurs profils diffèrent sensiblement et sont donnés par

$$\begin{aligned}\Pr[N_{it} = k|B] &= \exp(-\lambda_B)\frac{\lambda_B^k}{k!} \text{ avec } \lambda_B = 0.05 \\ \Pr[N_{it} = k|M] &= \exp(-\lambda_M)\frac{\lambda_M^k}{k!} \text{ avec } \lambda_M = 0.15.\end{aligned}$$

Supposons de plus que les montants de sinistre sont des variables aléatoires indépendantes et identiquement distribuées, de moyenne 1; la prime pure est dès lors égale à la fréquence de sinistre, c'est-à-dire à λ_B ou à λ_M selon la qualité du conducteur. Pour la tarification d'un nouveau risque, au sujet duquel on ne dispose encore d'aucune information, l'assureur exigera p_{coll}, à savoir

$$p_{coll} = \mathbb{E}[N_{i1}] = \mathbb{E}[N_{i1}|B]\Pr[B] + \mathbb{E}[N_{i1}|M]\Pr[M].$$

En supposant que la proportion de bons conducteurs au sein du portefeuille est de 50%, on obtient

$$p_{coll} = 0.05 \times 0.5 + 0.15 \times 0.5 = 0.1.$$

Remarquez qu'on détermine la probabilité que le nouvel assuré soit un bon conducteur sur base de la composition actuelle du portefeuille, ce qui revient implicitement à considérer que le nouvel assuré s'identifie aux assurés actuels.

A la fin de la première année, l'assuré a déclaré N_{i1} sinistres. Le principe de la théorie de la crédibilité est d'utiliser cette information pour réévaluer le niveau de risque de l'assuré et, partant, la prime dont il doit s'acquitter pour être couvert par l'assureur. Ceci se fait à l'aide du théorème de Bayès (présenté à la Section 2.2.8), lequel nous apprend que la probabilité que l'assuré soit un bon conducteur lorsqu'il a déclaré k sinistres la première année vaut

$$\Pr[B|N_{i1}=k]=\frac{\exp(-\lambda_B)\lambda_B^k}{\exp(-\lambda_B)\lambda_B^k+\exp(-\lambda_M)\lambda_M^k}.$$

La prime pour la seconde année passe alors à

$$\mathbb{E}[N_{i2}|N_{i1}=k]=\lambda_B\Pr[B|N_{i1}=k]+\lambda_M\Pr[M|N_{i1}=k]. \quad (10.1)$$

Après un an, la probabilité que l'assuré soit un bon ou un mauvais conducteur en fonction du nombre k de sinistres déclarés au cours de la première année est reprise au tableau suivant:

k	$\Pr[B\|N_{i1}=k]$ (%)	$\Pr[M\|N_{i1}=k]$ (%)	$\mathbb{E}[N_{i2}\|N_{i1}=k]$
0	62.37	37.63	0.0876
1	35.59	64.41	0.1144
2	15.55	84.45	0.1344
3	5.78	94.22	0.1442
4	2.00	98.00	0.1480
5	0.68	99.32	0.1493

La formule (10.1) repose sur l'hypothèse suivante: conditionnellement à la qualité d'un risque du portefeuille, les nombres annuels de sinistre causés par ce risque sont des variables aléatoires indépendantes. En effet, (10.1) s'écrit en toute généralité

$$\begin{aligned}\mathbb{E}[N_{i2}|N_{i1}=k] &= \mathbb{E}[N_{i2}|N_{i1}=k,B]\Pr[B|N_{i1}=k]\\ &\quad +\mathbb{E}[N_{i2}|N_{i1}=k,M]\Pr[M|N_{i1}=k]\end{aligned}$$

qui se réduit à l'expression annoncée lorsque N_{i2} est indépendante de N_{i1} conditionnellement à la qualité du conducteur.

10.2.2 Modèle bayésien de tarification *a posteriori*

Forme de la prime a posteriori

Considérons l'assuré i qui a généré des montants de sinistre $X_{i1},X_{i2},\ldots,X_{in}$ au cours des n première années d'assurance. La prime qui lui sera réclamée pour être couvert durant l'année $n+1$ sera une fonction des montants de sinistres passés, $g(X_{i1},\ldots,X_{in})$ disons. Cette fonction g sera choisie de façon à minimiser l'écart quadratique moyen entre la prime et la sinistralité, i.e. de façon à minimiser $\mathbb{E}[(X_{in+1} - g(X_{i1}, \ldots, X_{in}))^2]$. La Propriété 3.8.9 nous apprend que la solution de ce problème d'optimisation est

$$g^*(X_{i1}, \ldots, X_{in}) = \mathbb{E}[X_{in+1} | X_{i1}, \ldots, X_{in}].$$

Hypothèses

Précisons à présent le modèle. Nous retenons les hypothèses suivants:

H1 chaque police est représentée par une suite de variables aléatoires $(\Lambda_i, X_{i1}, X_{i2}, \ldots)$ où Λ_i n'est pas observable et traduit le niveau de risque de l'assuré i et X_{it} est le montant total de sinistre généré par cet assuré au cours de l'année t;

H2 conditionnellement à Λ_i, les montants annuels de sinistres $X_{i1}, X_{i2}, \ldots$ sont indépendants et identiquement distribués.

Avant de poursuivre, il est important de bien comprendre la portée de l'hypothèse d'indépendance conditionnelle formulée dans H2. En raison de notre ignorance à propos de la qualité intrinsèque du risque couvert, représentée par Λ_i, les variables aléatoires $X_{i1}, \ldots, X_{in}$ influencent X_{in+1} dans la mesure où elles apportent de l'information quant à Λ_i, laquelle influence X_{in+1}. Il s'agit donc d'une dépendance apparente: il n'y a pas de dépendance entre les X_{it} stricto sensu (car une fois la qualité du risque Λ_i connue, les montants annuels de sinistre deviennent indépendants) mais bien une dépendance apparente générée par l'incertitude à propos de la qualité du risque couvert.

Fonction de structure a priori

Notons U la fonction de répartition commune des Λ_i, i.e.

$$U(\lambda) = \Pr[\Lambda_i \leq \lambda], \ \lambda \in \mathbb{R}^+,$$

avec $U(0) = 0$. Le support des Λ_i sera noté $L \subseteq \mathbb{R}^+$. Nous notons u la densité de probabilité associée à U; u est appelée la fonction de structure du portefeuille (c'est elle qui décrit la distribution de la qualité des risques dans le portefeuille). Si on est confronté à un nouveau risque, son paramètre de risque est *a priori* une variable aléatoire à valeur dans $L \subseteq \mathbb{R}^+$.

Loi conditionnelle des coûts des sinistres

Nous formulons, comme dans l'exemple de la section précédente, l'hypothèse d'indépendance conditionnelle des montants annuels de sinistre: si le paramètre de risque Λ_i est égal à λ, les montants annuels de sinistre sont des variables aléatoires indépendantes et identiquement distribuées, de fonction de répartition G_λ, i.e.

$$G_\lambda(x) = \Pr[X_{it} \leq x \ |\Lambda_i = \lambda]$$

où X_{it} est le montant de sinistre relatif à la $t$ème année, $t \in \mathbb{N}$. De plus, G_λ admet une densité de probabilité g_λ. On note $\mu(\lambda)$ et $\sigma^2(\lambda)$ la moyenne et la variance associée à G_λ, i.e.

$$\mu(\lambda) = \mathbb{E}[X_{it}|\Lambda_i = \lambda] = \int_{x=0}^{+\infty} x\, dG_\lambda(x)$$

et

$$\sigma^2(\lambda) = \mathbb{V}[X_{it}|\Lambda_i = \lambda] = \int_{x=0-}^{\infty} \big(x - \mu(\lambda)\big)^2\, dG_\lambda(x).$$

Loi a priori des coûts des sinistres

Calculons à présent la fonction de répartition *a priori* G de X_{it}. Il vient pour $x \in \mathbb{R}^+$

$$\begin{aligned} G(x) &= \Pr[X_{it} \leq x] = \mathbb{E}\Big[\Pr[X_{it} \leq x|\Lambda_i]\Big] \\ &= \int_{\lambda \in L} G_\lambda(x) u(\lambda)\, d\lambda. \end{aligned}$$

Dès lors, la moyenne μ de X_{it} est donnée par

$$\begin{aligned} \mu = \mathbb{E}[X_{it}] &= \int_{x=0}^{+\infty} x\, dG(x) \\ &= \int_{\lambda \in L} \int_{x=0}^{+\infty} x\, dG_\lambda(x) u(\lambda)\, d\lambda \\ &= \int_{\lambda \in L} \mu(\lambda) u(\lambda)\, d\lambda = \mathbb{E}[\mu(\Lambda_i)]. \end{aligned}$$

Fonction de structure a posteriori

Soit un risque de paramètre Λ_i inconnu *a priori* et supposons disposer de n observations $x_1,x_2,\ldots,x_n$ de $X_{i1},X_{i2},\ldots,X_{in}$. Quelle est la loi du paramètre de risque Λ_i connaissant ces observations? Nous noterons $u(\lambda|x_1,x_2,\ldots,x_n)$ la fonction de densité correspondante. Il vient

$$u(\lambda|x_1,x_2,\ldots,x_n) = \frac{g_\lambda(x_1,x_2,\ldots,x_n)u(\lambda)}{g(x_1,x_2,\ldots,x_n)},\ \lambda \in L, \qquad (10.2)$$

où $g(x_1,x_2,\ldots,x_n)$ est la fonction de densité associée à la fonction de répartition

$$G(x_1,x_2,\ldots,x_n) = \Pr[X_{i1} \leq x_1,X_{i2} \leq x_2,\ldots,X_{in} \leq x_n]$$

et où $g_\lambda(x_1,x_2,\ldots,x_n)$ est la densité de probabilité correspondant à la fonction de répartition conditionnelle

$$G_\lambda(x_1,x_2,\ldots,x_n) = \Pr[X_{i1} \leq x_1,X_{i2} \leq x_2,\ldots,X_{in} \leq x_n|\Lambda_i = \lambda].$$

De plus, étant donnée la valeur de Λ_i, soit λ, les montants annuels de sinistre sont indépendants et donc (10.2) peut se réécrire

$$u(\lambda|x_1,x_2,\ldots,x_n) = \frac{u(\lambda)\prod_{i=1}^{n} g_\lambda(x_i)}{g(x_1,x_2,\ldots,x_n)}, \quad \lambda \in L.$$

Loi a posteriori des coûts des sinistres

La densité de probabilité *a posteriori* du montant $X_{i,n+1}$ des sinistres pour la $(n+1)$ème année est donnée par

$$g(x|x_1,x_2,\ldots,x_n) = \int_{\lambda \in L} g_\lambda(x)u(\lambda|x_1,x_2,\ldots,x_n)\,d\lambda$$

puisque $g(x|x_1,x_2,\ldots,x_n,\lambda) = g_\lambda(x)$ en vertu de l'indépendance conditionnelle des charges annuelles de sinistre.

Prime a posteriori

La prime pure *a posteriori* est donnée par

$$\begin{aligned} p(x_1,x_2,\ldots,x_n) &= \mathbb{E}[X_{i,n+1}|X_{i1} = x_1,X_{i2} = x_2,\ldots,X_{in} = x_n] \\ &= \int_{x=0}^{\infty} xg(x|x_1,x_2,\ldots,x_n)\,dx. \end{aligned} \tag{10.3}$$

Alors que la prime pure *a priori* s'élève à

$$\mu = \int_{x=0}^{+\infty} xg(x)\,dx = \int_{\lambda=0}^{+\infty} \mu(\lambda)u(\lambda)d\lambda.$$

La loi *a posteriori* des paramètres de risque sert à déterminer la prime pure *a posteriori*. Cette dernière est encore donnée par

$$
\begin{aligned}
&\int_{x=0}^{\infty} xg(x|x_1,x_2,\ldots,x_n)\,dx \\
&= \int_{x=0}^{\infty}\int_{\lambda\in L} xg_\lambda(x)u(\lambda|x_1,x_2,\ldots,x_n)\,d\lambda dx \\
&= \int_{\lambda\in L}\left\{\int_{x=0}^{\infty} xg_\lambda(x)\,dx\right\}u(\lambda|x_1,x_2,\ldots,x_n)\,d\lambda \\
&= \int_{\lambda\in L}\mu(\lambda)u(\lambda|x_1,x_2,\ldots,x_n)\,d\lambda.
\end{aligned}
$$

La prime a posteriori s'obtient donc de manière similaire à la prime a priori, en substituant la fonction de structure a posteriori $u(\cdot|x_1,x_2,\ldots,x_n)$ à la fonction de stucture a priori $u(\cdot)$. Ceci fournit encore l'expression suivante pour la prime a posteriori:

$$
p(x_1,x_2,\ldots,x_n) = \mathbb{E}[\mu(\Lambda_i)|X_{i1}=x_1,X_{i2}=x_2,\ldots,X_{in}=x_n].
$$

Famille exponentielle et crédibilité exacte

Supposons que la densité conditionnelle g_λ des montants de sinistre est de la forme

$$
g_\lambda(x) = \frac{a(x)\exp\big(-\lambda t(x)\big)}{c(\lambda)},\ x\in\mathbb{R}^+,
$$

où c est un facteur de normalisation donné par

$$
c(\lambda) = \int_{x=0}^{+\infty} a(x)\exp\big(-\lambda t(x)\big)\,dx
$$

et où $a(x)\geq 0$ pour tout x. Dans ce cas, la loi *a posteriori* du paramètre de risque prend la forme

$$
\begin{aligned}
u(\lambda|x_1,x_2,\ldots,x_n) &= \frac{u(\lambda)\prod_{i=1}^n g_\lambda(x_i)}{g(x_1,x_2,\ldots,x_n)} \\
&= \frac{u(\lambda)\prod_{i=1}^n g_\lambda(x_i)}{\int_{\zeta\in L} u(\zeta)\prod_{i=1}^n g_\zeta(x_i)d\zeta} \\
&= \frac{(\frac{1}{c(\lambda)})^n\exp\left(-\lambda\sum_{i=1}^n t(x_i)\right)u(\lambda)}{\int_{\zeta\in L}(\frac{1}{c(\zeta)})^n\exp\left(-\zeta\sum_{i=1}^n t(x_i)\right)u(\zeta)\,d\zeta};
\end{aligned}
$$

on constate ainsi que la densité *a posteriori* $u(\cdot|x_1,x_2,\dots,x_n)$ ne dépend des observations qu'au travers de n, le nombre d'observations, et de $T=\sum_{i=1}^n t(x_i)$, c'est-à-dire

$$u(\lambda|x_1,x_2,\dots,x_n) = \frac{(\frac{1}{c(\lambda)})^n \exp(-\lambda T)u(\lambda)}{\int_{\zeta\in L}(\frac{1}{c(\zeta)})^n \exp(-\zeta T)u(\zeta)\,d\zeta}.$$

On pourrait s'interroger quant à l'existence de fonctions de structure u telles que la densité *a posteriori* du paramètre de risque $u(\cdot|x_1,\dots,x_n)$ et la densité *a priori* $u(\cdot)$ aient même forme analytique. Ce sera le cas si

$$u(\lambda)=\left(\frac{1}{c(\lambda)}\right)^{n_0}\exp(-\lambda t_0)\frac{1}{d(n_0,t_0)}\equiv u(\lambda;n_0,t_0),$$

où $d(n_0,t_0)$ est un facteur de normalisation dépendant des deux paramètres n_0 et t_0, i.c.

$$d(n_0,t_0)=\int_{\zeta\in L}\left(\frac{1}{c(\zeta)}\right)^{n_0}\exp(-\zeta t_0)\,d\zeta.$$

La famille des fonctions de structures $u(\cdot;n_0,t_0)$ est la famille des fonctions de structure “conjuguées” à la famille exponentielle. Si $u(\cdot)$ est de la forme ci-dessus, alors

$$\begin{aligned}u(\lambda|x_1,x_2,\dots,x_n) &= \frac{(\frac{1}{c(\lambda)})^{n+n_0}\exp\big(-\lambda(T+t_0)\big)}{\int_{\zeta\in L}(\frac{1}{c(\zeta)})^{n+n_0}\exp\big(-\zeta(T+t_0)\big)\,d\zeta}\\ &= u(\lambda;n_0+n,t_0+T);\end{aligned}$$

on retrouve donc une loi de la famille des fonctions de structure conjuguées mais avec les paramètres n_0+n et t_0+T. La densité de probabilité *a priori* du montant annuel de sinistres vaut

$$\begin{aligned}g(x) &= \int_{\lambda\in L} g_\lambda(x)u(\lambda;x_0,n_0)\,d\lambda\\ &= \int_{\lambda\in L}\frac{a(x)\exp\big(-\lambda t(x)\big)}{c(\lambda)}\frac{\exp(-\lambda x_0)}{(c(\lambda))^{n_0}}\frac{1}{d(x_0,n_0)}\,d\lambda\\ &= \frac{a(x)}{d(x_0,n_0)}\int_{\lambda\in L}\frac{\exp\big(-\lambda(x_0+t(x))\big)}{(c(\lambda))^{n_0+1}}\,d\lambda\\ &= \frac{a(x)}{d(x_0,n_0)}\,d(x_0+t(x);n_0+1).\end{aligned}$$

Quant à la densité de probabilité *a posteriori* de la charge annuelle des sinistres, elle est donnée par

$$\begin{aligned} g(x|x_1,\dots,x_n) &= \int_{\lambda\in L} g_\lambda(x)u(\lambda|x_1,\dots,x_n)\,d\lambda \\ &= \int_{\lambda\in L} \frac{a(x)\exp\big(-\lambda t(x)\big)\exp\big(-\lambda(x_0+T)\big)}{(c(\lambda))^{n_0+n+1}d(x_0+T,n_0+n)}\,d\lambda \\ &= \frac{a(x)}{d(x_0+T,n_0+n)}\int_{\lambda\in L}\frac{\exp\big(-\lambda(x_0+T+t(x))\big)}{(c(\lambda))^{n_0+n+1}}\,d\lambda \\ &= \frac{a(x)}{d(x_0+T,n_0+n)}d(x_0+T+t(x),n_0+n+1). \end{aligned}$$

Considérons à présent un cas particulier de la famille exponentielle pour lequel $t(x)=x$. La densité s'écrit alors

$$g_\lambda(x) = \frac{a(x)\exp(-\lambda x)}{c(\lambda)}$$

où

$$c(\lambda) = \int_{x=0}^{\infty} a(x)\exp(-\lambda x)\,dx.$$

Les fonctions de structure conjuguées $u(\cdot;n_0,x_0)$ sont alors données par

$$u(\lambda;n_0,x_0) = \frac{\exp(-\lambda x_0)}{(c(\lambda))^{n_0}}\frac{1}{d(n_0,x_0)}.$$

Pour une police de paramètre de risque Λ, le montant moyen de sinistre vaut

$$\mu(\lambda) = \int_0^\infty x\frac{a(x)\exp(-\lambda x)}{c(\lambda)}\,dx.$$

Or, on remarque que

$$c'(\lambda) = \frac{d}{d\lambda}c(\lambda) = -\int_{x=0}^{\infty} xa(x)\exp(-\lambda x)\,dx,$$

d'où

$$\mu(\lambda) = -\frac{c'(\lambda)}{c(\lambda)} = -\frac{d\ln(c(\lambda))}{d\lambda}.$$

La moyenne non-conditionnelle μ peut alors s'écrire

$$\begin{aligned} \mu &= \int_{x=0}^{\infty} xg(x)\,dx \\ &= \int_{\lambda\in L}\mu(\lambda)u(\lambda;n_0,x_0)\,d\lambda \\ &= -\int_{\lambda\in L}\frac{c'(\lambda)}{c(\lambda)}\frac{\exp(-\lambda x_0)}{(c(\lambda))^{n_0}}\frac{1}{d(n_0,x_0)}\,d\lambda. \end{aligned}$$

En intégrant cette dernière expression par parties, il vient

$$\begin{aligned}\mu &= \frac{1}{d(n_0,x_0)}\left\{\left[\frac{\exp(-\lambda x_0)}{n_0(c(\lambda))^{n_0}}\right]_L + \int_{\lambda\in L}\frac{x_0\exp(-\lambda x_0)}{n_0(c(\lambda))^{n_0}}\,d\lambda\right\}\\ &= \frac{1}{n_0}[u(\lambda;n_0,x_0)]_L + \frac{x_0}{n_0}.\end{aligned}$$

En faisant l'hypothèse que $u(\cdot;n_0,x_0)$ est nulle aux extrémités de L le premier terme s'annule et il reste

$$\mu = \frac{x_0}{n_0},$$

qui est l'espérance du montant de sinistre en ne disposant d'aucune information.

La prime pure *a posteriori* vaut quant à elle

$$\begin{aligned}p(x_1,x_2,\ldots,x_n) &= \mathbb{E}[X_{in+1}|X_{i1}=x_1,X_{i2}=x_2,\ldots,X_{in}=x_n]\\ &= \int_{\lambda\in L}\mu(\lambda)u(\lambda|x_1,\ldots,x_n)\,d\lambda\\ &= \int_{\lambda\in L}\mu(\lambda)u\left(\lambda;n_0+n,x_0+\sum_{i=1}^n x_i\right)d\lambda\\ &= \frac{x_0+\sum_{i=1}^n x_i}{n_0+n}.\end{aligned}$$

Cette prime *a posteriori* est bien une prime de crédibilité: en effet elle peut encore s'écrire

$$\begin{aligned}p(x_1,x_2,\ldots,x_n) &= \frac{n_0}{n_0+n}\times\frac{x_0}{n_0} + \frac{n}{n_0+n}\times\frac{1}{n}\sum_{i=1}^n x_i\\ &= \frac{n_0}{n_0+n}\mu + \frac{n}{n_0+n}\overline{x}\end{aligned}$$

qui apparaît bien comme une combinaison linéaire convexe entre la prime pure collective et la prime observée, avec

$$\alpha = \frac{n}{n_0+n},\quad 0\leq\alpha\leq 1.$$

Ainsi, dans le cas particulier où on prend comme densité des sinistres une densité exponentielle et la famille conjuguée pour la fonction de structure, la prime de Bayès est une prime de crédibilité.

Exemple 10.2.1 (Couple Exponentielle-Gamma). *Il s'agit cette fois d'un cas continu, où*

$$g_\lambda(x) = \lambda\exp(-\lambda x),\ \lambda > 0.$$

Il s'agit bien d'un membre de la famille exponentielle, avec

$$a(x) = 1,\ t(x) = x \text{ and } c(\lambda) = \frac{1}{\lambda}.$$

La famille des fonctions de structure conjuguées est de la forme

$$\begin{aligned} u(\lambda; n_0,x_0) &= \frac{\exp(-\lambda x_0)\lambda^{n_0}}{d(n_0,x_0)} \\ &= \frac{x_0^{n_0+1}}{\Gamma(n_0+1)}\lambda^{n_0}\exp\{-\lambda x_0\}; \end{aligned}$$

on retrouve donc la densité de probabilité associée à une loi Gamma de paramètres n_0+1 *et* x_0. *La densité a priori du montant des sinistres est donnée par*

$$\begin{aligned} g(x) &= \int_{\lambda=0}^{\infty} g_\lambda(x)u(\lambda; n_0,x_0)\,d\lambda \\ &= \frac{x_0^{n_0+1}}{\Gamma(n_0+1)}\int_{\lambda=0}^{\infty}\exp\big(-\lambda(x_0+x)\big)\lambda^{n_0+1}\,d\lambda \\ &= \frac{x_0^{n_0+1}}{\Gamma(n_0+1)}\frac{\Gamma(n_0+2)}{(x_0+x)^{n_0+2}} \\ &= \frac{(n_0+1)x_0^{n_0+1}}{(x_0+x)^{n_0+2}} \\ &= \frac{n_0+1}{x_0}\left(1+\frac{x}{x_0}\right)^{-n_0-2}, \end{aligned}$$

où on reconnaît la densité de probabilité associée à la loi de Paréto.

Crédibilité fréquentielle

Le cas discret où les X_{it} prennent leurs valeurs dans $\mathbb{N}$ est intéressant si on s'intéresse non pas au montant des sinistres mais au nombre de ceux-ci. Supposons que

$$\Pr[X_{it} = k|\Lambda = \lambda] = g_\lambda(k) = \frac{a_k\lambda^k}{c(\lambda)},\ k \in \mathbb{N},$$

où $c(\cdot)$ est une constante de normalisation égale à

$$c(\lambda) = \sum_{k=0}^{\infty} a_k\lambda^k$$

et où $a_k \geq 0$ pour tout k. Dans ce cas, la fonction de stucture conjuguée vaut

$$u(\lambda; n_0,k_0) = \frac{\lambda^{k_0}}{(c(\lambda))^{n_0}} \frac{1}{d(n_0,k_0)},$$

où $d(n_0,k_0)$ est un facteur de normalisation donné par

$$d(n_0,k_0) = \int_{\lambda \in L} \frac{\lambda^{k_0}}{(c(\lambda))^{n_0}} d\lambda.$$

La propriété établie dans le cas continu se transpose au cas discret, à savoir si on prend pour le nombre de sinistres une loi exponentielle discrète et si on choisit la famille conjuguée pour la fonction de structure *a priori*, la fonction de structure *a posteriori* est de la forme

$$u(\lambda | k_1,k_2,\ldots,k_n) = u\left(\lambda; n_0 + n, k_0 + \sum_{i=1}^{n} k_i\right);$$

la forme analytique *a priori* et *a posteriori* est donc identique. Dans ce cas également, la prime de Bayès est une prime de crédibilité.

Exemple 10.2.2 (Couple Bernoulli-Beta). *Il s'agit d'un portefeuille dont les contrats peuvent donner lieu à 0 ou 1 sinistre par an , c'est-à-dire*

$$\begin{cases} g_\lambda(0) &= 1-\lambda, \\ g_\lambda(1) &= \lambda, \\ g_\lambda(k) &= 0, \; k = 2,3,\ldots, \end{cases}$$

où $\lambda \in [0,1]$ est la probabilité qu'il y ait un sinistre. Il s'agit bien d'un modèle exponentiel discret pour lequel

$$g_\lambda(k) = a_k(1-\lambda)\left(\frac{\lambda}{1-\lambda}\right)^k$$

où $a_0 = a_1 = 1$ et $a_k = 0$ pour tout $k \geq 2$. C'est donc bien une famille exponentielle avec

$$c(\lambda) = \frac{1}{1-\lambda}.$$

La famille conjuguée est donnée par

$$\begin{aligned} u(\lambda; n_0,k_0) &= \left(\frac{\lambda}{1-\lambda}\right)^{k_0} (1-\lambda)^{n_0} \frac{1}{d(n_0,k_0)} \\ &= \frac{\lambda^{k_0}(1-\lambda)^{n_0-k_0}}{d(n_0,k_0)}. \end{aligned}$$

Il faut que

$$d(n_0,k_0) = \int_0^1 \lambda^{k_0}(1-\lambda)^{n_0-k_0}\, d\lambda$$

converge. Or

$$d(n_0,k_0) < \infty \Leftrightarrow \left\{ \begin{array}{l} k_0 > -1 \\ n_0 - k_0 > -1 \end{array} \right.$$

et on reconnaît une fonction Bêta, i.e.

$$d(n_0,k_0) = B(k_0+1,n_0-k_0+1).$$

A priori, la probabilité que la police donne lieu à un sinistre dans l'année est donnée par

$$\begin{aligned} g(1) &= \int_{\lambda=0}^1 \lambda u(\lambda;n_0,k_0)\, d\lambda \\ &= \frac{1}{B(k_0+1,n_0-k_0+1)} \int_{\lambda=0}^1 \lambda^{k_0+1}(1-\lambda)^{n_0-k_0}\, d\lambda \\ &= \frac{B(k_0+2,n_0-k_0+1)}{B(k_0+1,n_0-k_0+1)} = \frac{k_0+1}{n_0+2}, \end{aligned}$$

d'où on déduit $g(0) = 1 - g(1)$.

Ainsi le nombre annuel de sinistre a a priori une loi de Bernoulli de paramètre

$$\frac{k_0+1}{n_0+2},$$

qui est donc la moyenne a priori μ. *Examinons à présent la loi a posteriori:*

$$\begin{aligned} g(1|k_1,k_2,\ldots,k_n) &= \int_{\lambda=0}^1 \lambda u\left(\lambda; n_0+n, k_0+\sum_{i=1}^n k_i\right) d\lambda \\ &= \frac{k_0+\sum_{i=1}^n k_i + 1}{n_0+n+2} \\ &= \frac{n_0+2}{n_0+n+2} \times \frac{k_0+1}{n_0+2} + \frac{n}{n_0+n+2} \times \frac{1}{n}\sum_{i=1}^n k_i. \end{aligned}$$

Si on voit $g(1|k_1,k_2,\ldots,k_n)$ *comme la prime pure a posteriori, on retrouve bien la structure d'une prime de crédibilité.*

Type de dépendance induite par le modèle de crédibilité bayésienne

Quelle que soit la fonction h, nous avons

$$\begin{aligned}\mathbb{C}[h(X_{is}),h(X_{it})] &= \mathbb{E}\Big[\mathbb{C}[h(X_{is}),h(X_{it})|\Lambda_i]\Big]\\ &\quad +\mathbb{C}\Big[\mathbb{E}[h(X_{is})|\Lambda_i],\mathbb{E}[h(X_{it})|\Lambda_i]\Big]\\ &= \mathbb{V}\Big[\mathbb{E}[h(X_{i1})|\Lambda_i]\Big]\geq 0\end{aligned}$$

puisque les X_{it} sont indépendants conditionnellement à Λ_i, et identiquement distribués. Les coûts annuels des sinistres semblent donc être positivement dépendants. Les résultats suivants précisent notre intuition. Rappelons que les concepts de dépendance positive par quadrant et de croissance conditionnelle ont fait l'objet des sections 8.5.2 et 8.5.4.

Propriété 10.2.3. *(i) Si $\overline{G}_\lambda(x)\leq\overline{G}_{\lambda'}(x)$ quel que soit x lorsque $\lambda\leq\lambda'$, alors quels que soient les sous-ensemble disjoints $\mathcal{I}$ et $\mathcal{J}$ de $\{1,2,\ldots,n\}$, $\sum_{t\in\mathcal{I}}X_{it}$ et $\sum_{s\in\mathcal{J}}X_{is}$ sont positivement dépendants par quadrant.*

(ii) Si $x\mapsto\frac{g_\lambda(x)}{g_{\lambda'}(x)}$ décroît sur le support des X_{it} pour $\lambda\leq\lambda'$, alors $(X_{i1},X_{i2},\ldots,X_{in})$ est conditionnellement croissant.

Démonstration. Nous ne démontrons que (i). Clairement, quelles que soient les fonctions croissantes h_1 et h_2,

$$\begin{aligned}&\mathbb{C}\left[h_1\left(\sum_{t\in\mathcal{I}}X_{it}\right),h_2\left(\sum_{s\in\mathcal{J}}X_{is}\right)\right]\\ &= \mathbb{E}\left[\mathbb{C}\left[h_1\left(\sum_{t\in\mathcal{I}}X_{it}\right),h_2\left(\sum_{s\in\mathcal{J}}X_{is}\right)\Big|\Lambda_i\right]\right]\\ &\quad +\mathbb{C}\left[\mathbb{E}\left[h_1\left(\sum_{t\in\mathcal{I}}X_{it}\right)\Big|\Lambda_i\right],\mathbb{E}\left[h_2\left(\sum_{s\in\mathcal{J}}X_{is}\right)\Big|\Lambda_i\right]\right].\end{aligned}$$

Le premier terme du membre de droite est non-négatif en raison de l'indépendance conditionnelle des X_{it}. Comme l'inégalité

$$\Pr\left[\sum_{t\in\mathcal{I}}X_{it}>x|\Lambda_i=\lambda\right]\leq\Pr\left[\sum_{t\in\mathcal{I}}X_{it}>x|\Lambda_i=\lambda'\right]$$

est satisfaite quelle que soit $\lambda \leq \lambda'$ (il suffit d'invoquer le Corollaire 6.2.5 pour s'en convaincre), la fonction

$$\begin{aligned}\lambda \mapsto h_1^*(\lambda) &= \mathbb{E}\left[h_1\left(\sum_{t\in\mathcal{I}} X_{it}\right)\Big|\Lambda_i = \lambda\right] \\ &= \int_{y=0}^{+\infty} \Pr\left[\sum_{t\in\mathcal{I}} X_{it} > y\Big|\Lambda_i = \lambda\right] dy\end{aligned}$$

est non-décroissante. Dès lors,

$$\begin{aligned}&\mathbb{C}\left[\mathbb{E}\left[h_1\left(\sum_{t\in\mathcal{I}} X_{it}\right)\Big|\Lambda_i\right],\mathbb{E}\left[h_2\left(\sum_{s\in\mathcal{J}} X_{is}\right)\Big|\Lambda_i\right]\right] \\ &\qquad = \mathbb{C}[h_1^*(\Lambda_i),h_2^*(\Lambda_i)] \geq 0\end{aligned}$$

ce qui achève la démonstration. □

Equilibre financier d'un système de tarification a posteriori

Au départ, la compagnie n'a pas recours à une méthode de tarification *a posteriori* et réclame à tous les assurés une prime identique. Le montant de celle-ci est tel que l'encaissement total suffit en moyenne à dédommager les sinistres survenus. Suite à l'introduction d'un système de tarification a posteriori, les primes réclamées aux assurés vont varier, mais il importe que le montant total encaissé par l'assureur reste constant, le montant moyen total des sinistres n'étant pas modifié. On dit qu'un système de tarification a posteriori a la propriété d'équilibre financier lorsque l'encaissement reste stable au cours du temps. La crédibilité bayésienne remplit bien cette propriété puisque la prime pure a posteriori obtenue satisfait

$$\mathbb{E}[p(X_{i1},\ldots,X_{in})] = \mu.$$

10.2.3 Crédibilité bayésienne fréquentielle sans tarification a priori

Description du modèle

Notons N_{it} le nombre de sinistres déclarés par l'assuré i au cours de l'année t. Connaissant la fréquence annuelle de sinistre ϑ de cet assuré, $N_{it} \sim \mathcal{P}oi(\vartheta)$. En pratique, ϑ est inconnu, de sorte que la fréquence annuelle de sinistre de l'assuré est $\lambda\Theta_i$, où λ est la fréquence annuelle moyenne au niveau du portefeuille et Θ_i

représente le niveau de risque inconnu de l'assuré ($\mathbb{E}[\Theta_i] = 1$, de sorte que $\Theta_i < 1$ caractérise un assuré meilleur conducteur que la moyenne du portefeuille, alors que $\Theta_i > 1$ indique un assuré moins bon conducteur que la moyenne du portefeuille).

Connaissant le niveau de risque Θ_i de l'assuré i, les nombres annuels de sinistre qu'il génère sont indépendants, i.e.

$$\begin{aligned}\Pr[N_{i1} = k_1, \ldots, N_{it} = k_t | \Theta_i = \theta] &= \prod_{j=1}^{t} \Pr[N_{ij} = k_j | \Theta_i = \theta] \\ &= \prod_{j=1}^{t} \exp(-\lambda\theta) \frac{(\lambda\theta)^{k_j}}{k_j!} \\ &= \exp(-t\lambda\theta) \frac{(\lambda\theta)^{k_\bullet}}{\prod_{j=1}^{t} k_j!}\end{aligned}$$

où $k_\bullet = \sum_{j=1}^{t} k_j$ est le nombre total de sinistres déclarés par l'assuré durant les t premières années. La dépendance existant entre les nombres annuels de sinistres $N_{i1}, N_{i2}, \ldots$ est donc induite par notre ignorance quant à la qualité intrinsèque Θ_i du conducteur:

$$\Pr[N_{i1} = k_1, \ldots, N_{it} = k_t] = \int_{\theta > 0} \exp(-t\lambda\theta) \frac{(\lambda\theta)^{k_\bullet}}{\prod_{j=1}^{t} k_j!} u(\theta) d\theta$$

où $u(\cdot)$ est la fonction de densité de Θ_i, encore appelée fonction de structure, décrivant la répartition des conducteurs en fonction de leur qualité.

Non prise en compte de l'ancienneté des sinistres

Si dans ce modèle nous nous intéressons au nombre de sinistres causés au cours de l'année $t+1$ par un assuré dans le portefeuille depuis t années et qui a généré $k_1, k_2, \ldots, k_t$ sinistres durant cette période, il vient

$$\begin{aligned}&\Pr[N_{i,t+1} = k | N_{i1} = k_1, \ldots, N_{it} = k_t] \\ &= \frac{\Pr[N_{i,t+1} = k, N_{i1} = k_1, \ldots, N_{it} = k_t]}{\Pr[N_{i1} = k_1, \ldots, N_{it} = k_t]} \\ &= \frac{1}{k!} \frac{\int_{\theta>0} \exp(-(t+1)\lambda\theta)(\lambda\theta)^{k+k_\bullet} u(\theta) d\theta}{\int_{\theta>0} \exp(-t\lambda\xi)(\lambda\xi)^{k_\bullet} u(\xi) d\xi} \\ &= \Pr[N_{i,t+1} = k | N_{i\bullet} = k_\bullet].\end{aligned}$$

On constate que la loi de $N_{i,t+1}$ connaissant $N_{i1},\ldots,N_{it}$ ne dépend des nombres passés de sinistre que par l'intermédiaire de leur somme $N_{i\bullet} = \sum_{j=1}^{t} N_{ij}$. C'est une particularité importante du modèle considéré, lequel ne prend pas en compte l'ancienneté des sinistres. Le pouvoir prédictif des sinistres est donc le même quel que soit leur âge: un sinistre survenu il y a 20 ans apporte la même information sur le futur qu'un sinistre survenu l'an dernier. C'est évidemment une hypothèse forte, souvent invalidée par les données. Techniquement, c'est une conséquence de l'invariance dans le temps de l'hétérogénéité du portefeuille: si l'effet aléatoire était autorisé à varier dans le temps, les sinistres n'auraient plus le même pouvoir prédictif.

Type de dépendance

Nous avons le résultat suivant.

Propriété 10.2.4. *La fonction*

$$\Pr[\Theta_i > \theta | N_{i1} = k_1,\ldots,N_{it} = k_t] = \Pr[\Theta_i > \theta | N_{i\bullet} = k_\bullet]$$

est une fonction croissante de $k_\bullet$.

On peut même montrer que le vecteur $(\Theta_i,N_{i1},\ldots,N_{it})$ est conditionnellement croissant, ce qui traduit une dépendance positive forte entre les nombres annuels de sinistre.

Ainsi, lorsque $N_{i\bullet}$ augmente alors Θ_i a tendance à devenir de plus en plus grande. Ceci rend $N_{i,t+1}$ plus grande, comme le montre le résultat suivant.

Propriété 10.2.5. *A j fixé, la fonction* $\Pr[N_{i,t+1} > j | N_{i\bullet} = k_\bullet]$ *est une fonction croissante de* $k_\bullet$.

Dès lors, une augmentation de $N_{i\bullet}$ rend $N_{i,t+1}$ plus grande par l'intermédiaire de Θ_i, ce qui aboutit à une majoration de la prime payée par l'assuré.

Modèle binomial négatif

Supposons que conditionnellement à $\Lambda_i = \lambda$, les N_{it} sont indépendants et de même loi $\mathcal{P}oi(\lambda)$. De plus, supposons que la densité de probabilité de Λ_i est de la forme

$$u(\lambda) = \frac{\tau^a}{\Gamma(a)} \exp(-\tau\lambda)\lambda^{a-1}$$

i.e., $\Lambda_i \sim \mathcal{G}am(\alpha,\tau)$. Montrons qu'*a posteriori*

$$u(\lambda|k_1,k_2,\ldots,k_t) = \frac{(\tau+t)^{a+k_\bullet}}{\Gamma(a+k_\bullet)}\exp\big(-\lambda(\tau+t)\big)\lambda^{a+k_\bullet-1},$$

où $k_\bullet = \sum_{i=1}^{t} k_i$. Partant de

$$\begin{aligned}&\Pr[N_{i1}=k_1,N_2=k_2,\ldots,N_{it}=k_t|\Lambda_i=\lambda]\\ =& \prod_{j=1}^{t}\Pr[N_{ij}=k_j|\Lambda_i=\lambda] = \exp(-\lambda t)\frac{\lambda^{k_\bullet}}{k_1!k_2!\ldots k_t!},\end{aligned}$$

on tire

$$\begin{aligned}&\Pr[N_{i1}=k_1,N_2=k_2,\ldots,N_{it}=k_t]\\ =& \int_{\lambda=0}^{+\infty}\Pr[N_{i1}=k_1,N_2=k_2,\ldots,N_{it}=k_t|\Lambda_i=\lambda]u(\lambda)d\lambda\\ =& \frac{\tau^a}{k_1!k_2!\ldots k_t!\Gamma(a)}\int_{\lambda=0}^{+\infty}\exp\big(-\lambda(\tau+t)\big)\lambda^{k_\bullet+a-1}\,d\lambda\\ =& \frac{\tau^a}{(t+\tau)^{a+k_\bullet}}\frac{\Gamma(a+k_\bullet)}{\Gamma(a)}\frac{1}{k_1!k_2!\ldots k_t!}.\end{aligned}$$

La densité *a posteriori* est dès lors donnée par

$$\begin{aligned}u(\lambda|k_1,k_2,\ldots,k_t) &= \frac{\Pr[N_{i1}=k_1,N_{i2}=k_2,\ldots,N_{it}=k_t|\lambda]u(\lambda)}{\Pr[N_{i1}=k_1,N_{i2}=k_2,\ldots,N_{it}=k_t]}\\ &= \frac{\frac{\exp\{-\lambda t\}\lambda^{k_\bullet}}{k_1!k_2!\ldots k_t!}\frac{\tau^a\exp\{-\lambda\tau\}\lambda^{a-1}}{\Gamma(a)}}{\frac{\tau^a}{(t+\tau)^{a+k_\bullet}}\frac{\Gamma(a+k_\bullet)}{\Gamma(a)}\frac{1}{k_1!k_2!\ldots k_t!}},\end{aligned}$$

ce qui donne bien l'expression annoncée après simplification. *A posteriori*,

$$\mathbb{E}[\Lambda_i|N_{i1}=k_1,N_{i2}=k_2,\ldots,N_{it}=k_t] = \lambda_{t+1}(k_1,k_2,\ldots,k_t)$$

apparaît ainsi comme la moyenne associée à la loi Gamma de paramètre $a+k_\bullet$ et $\tau+t$, soit

$$\lambda_{t+1}(k_1,k_2,\ldots,k_t) = \frac{a+k_\bullet}{\tau+t}.$$

Notez que λ_{t+1} a la structure d'une prime de crédibilité (en posant le montant moyen de sinistre à 1), puisque

$$\lambda_{t+1}(k_1,k_2,\ldots k_t) = \frac{\tau}{\tau+t}\times\frac{a}{\tau}+\frac{t}{\tau+t}\times\frac{k_\bullet}{t}$$

où $\frac{a}{\tau}$ est la fréquence collective de sinistre et $\frac{k_\bullet}{t}$ est la fréquence observée pour la police considérée ; le facteur de crédibilité est donc

$$\alpha = \frac{t}{\tau + t}.$$

Notez que, théoriquement, la prime *a posteriori* ne dépend que du nombre $k_\bullet$ des sinistres causés par l'assuré dans le passé, et pas de la répartition $k_1, k_2, \ldots, k_t$ de ceux-ci dans le temps.

La Figure 10.1 montre $u(\lambda|k_1)$ pour différentes valeurs de k_1, de même que $u(\lambda)$ pour des valeurs plausibles des paramètres a et τ. La Figure 10.2 montre $u(\lambda|k_1, \ldots, k_{10})$ pour différentes valeurs de $k_1 + \ldots + k_{10}$ (0, 1 et 5), de même que $u(\lambda)$. La Figure 10.3 montre $u(\lambda|k_1, \ldots, k_{20})$ pour différentes valeurs de $k_1 + \ldots + k_{20}$ (0, 1 et 5), de même que $u(\lambda)$. On voit clairement la déformation de la fonction de structure a posteriori, qui se décale vers la droite lorsque le nombre de sinistres déclarés dans le passé augmente.

10.2.4 Crédibilité bayésienne fréquentielle avec tarification a priori

Description du modèle

Supposons à présent que le système de tarification a posteriori se superpose à une personnalisation des fréquences a priori. Dans ce cas, le modèle devient

$$[N_{it}|\Theta_i = \theta] \sim \mathcal{P}oi(\lambda_{it}\theta), \ t = 1,2, \ldots, T_i,$$

où T_i est le nombre de périodes d'observation pour l'assuré i, et où Θ_i est une variable aléatoire positive de moyenne 1. Au niveau du portefeuille, les effets aléatoires Θ_i, $i = 1,2, \ldots, n$ sont indépendants et identiquement distribués. L'effet aléatoire Θ_i permet de rendre compte de la surdispersion des données empiriques tout en générant la dépendance sérielle entre les N_{it} à i fixé. Comme l'ignorance de variables explicatives est la raison d'être de l'introduction de Θ_i dans le modèle, nous considérons donc que la dépendance entre nombres annuels de sinistres causés par un assuré est apparente, et due à notre manque d'information à propos de celui-ci.

Nature de la dépendance induite par le modèle

Comme précédemment, connaissant $N_{i1}, N_{i2}, \ldots, N_{iT_i}$, la loi conditionnelle de N_{iT_i+1} ne dépend que de la somme $N_{i\bullet} = \sum_{t=1}^{T_i} N_{it}$

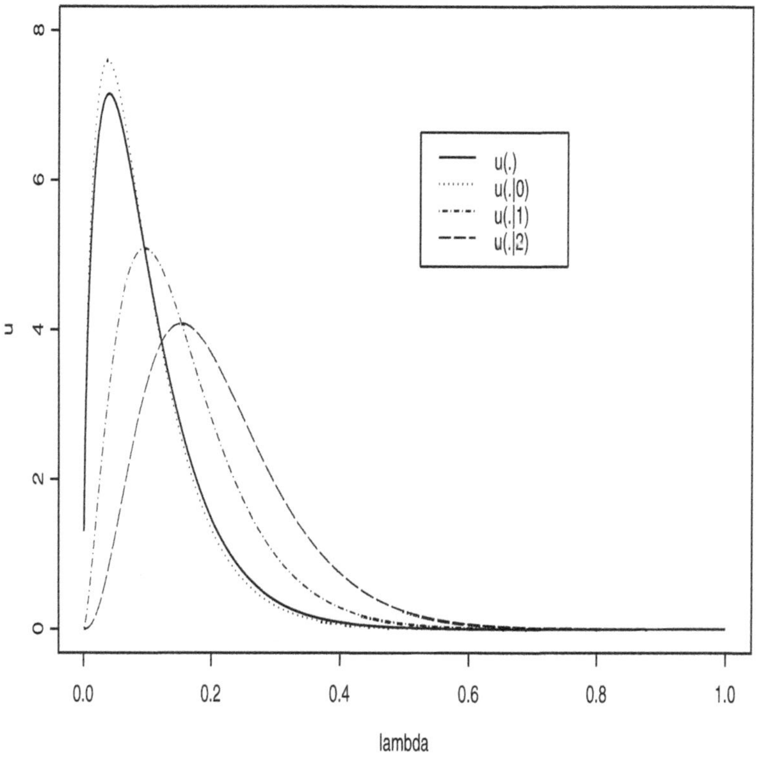

FIG. 10.1 – *Fonction de structure a priori* $u(\lambda)$ *et a posteriori* $u(\lambda|k_1)$ *pour différentes valeurs de* k_1 *avec* $a = 1.6$ *et* $\tau = 16$.

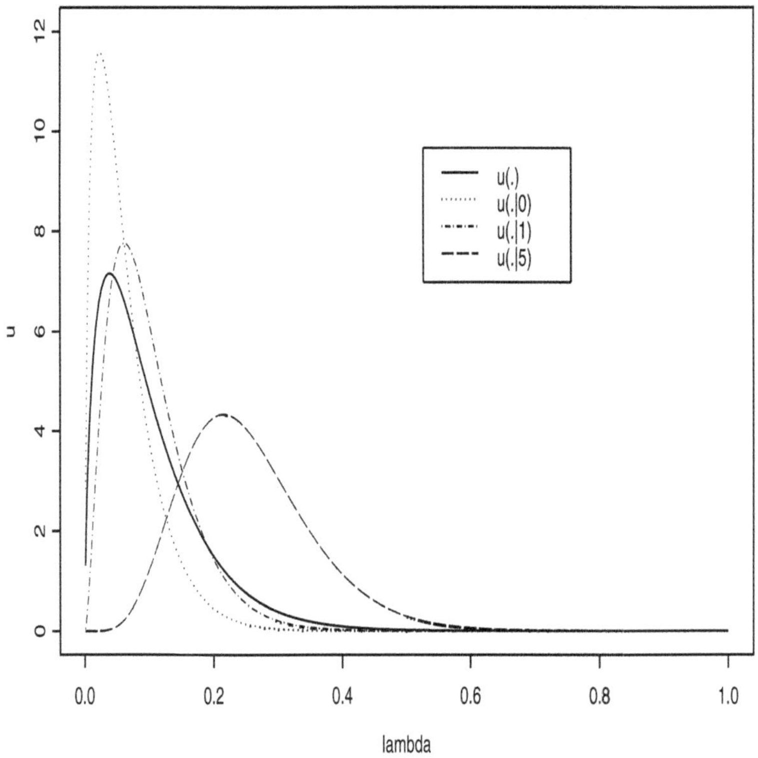

FIG. 10.2 – *Fonction de structure a priori* $u(\lambda)$ *et a posteriori* $u(\lambda|k_1,\ldots,k_{10})$ *pour différentes valeurs de* $k_1+\ldots+k_{10}$ *avec* $a = 1.6$ *et* $\tau = 16$.

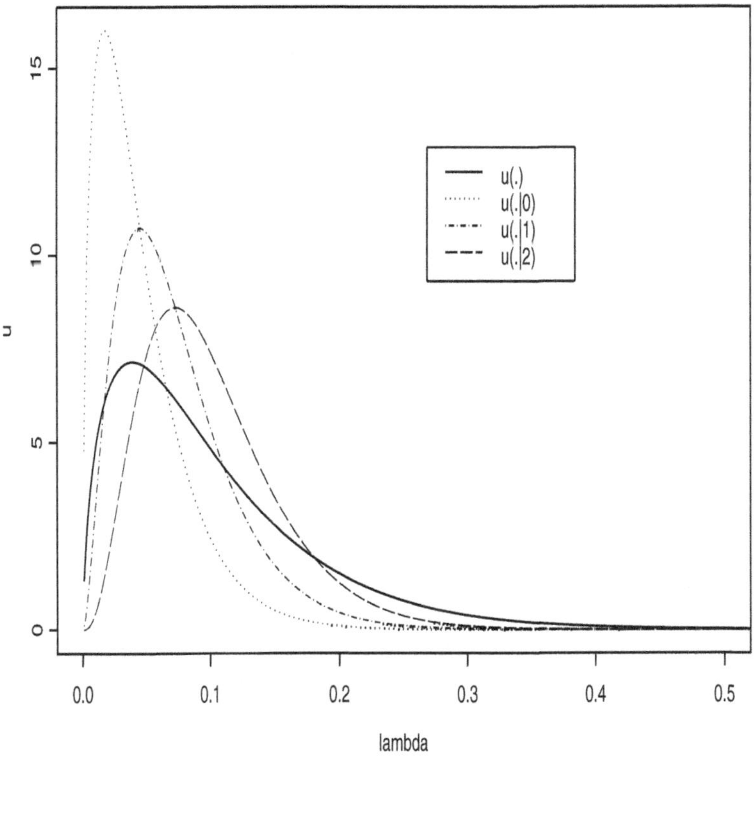

FIG. 10.3 – *Fonction de structure a priori* $u(\lambda)$ *et a posteriori* $u(\lambda|k_1,\ldots,k_{20})$ *pour différentes valeurs de* $k_1+\ldots+k_{20}$ *avec* $a = 1.6$ *et* $\tau = 16$.

et pas de la répartition des sinistres au cours des T_i périodes d'observation. C'est la conséquence directe de l'invariance de Θ_i au cours du temps. Le nombre de sinistre N_{iT_i+1} dépend fortement du passé sinistre résumé dans $N_{i\bullet}$, comme en témoigne le résultat suivant.

Propriété 10.2.6. *(i) Quel que soit* $\theta > 0$, $\Pr[\Theta_i > \theta | N_{i\bullet} = k] \leq \Pr[\Theta_i > \theta | N_{i\bullet} = k']$ *pour tout* $k \leq k'$.

(ii) Quel que soit $j \in \mathbb{N}$, $\Pr[N_{iT_i+1} > j | N_{i\bullet} = k] \leq \Pr[N_{iT_i+1} > j | N_{i\bullet} = k']$ *pour tout* $k \leq k'$.

(iii) $(N_{iT_i+1}, N_{i\bullet})$ *est conditionnellement croissant.*

Loi *a priori* de Θ_i et des N_{it}

Le modèle classique suppose que les effets aléatoires Θ_i, $i = 1,2,\ldots,n$, sont indépendants et de même loi Gamma de moyenne 1 et de variance $1/a$; la densité de Θ_i est donc donnée par

$$f_\Theta(\theta) = \frac{1}{\Gamma(a)} a^a \theta^{a-1} \exp(-a\theta),\ \theta \in \mathbb{R}^+.$$

Ce choix de densité f_Θ se justifie par des considérations purement analytiques (la loi Gamma étant la loi conjuguée à la loi de Poisson). Dans ce cas, N_{it} est de loi Binomiale Négative, et les probabilités sont

$$\begin{aligned}
&\Pr[N_{it} = n_{it} | \boldsymbol{x}_{it}] \\
&= \int_{\theta \in \mathbb{R}^+} \Pr[N_{it} = n_{it} | \boldsymbol{x}_{it}, \Theta_i = \theta] f_\Theta(\theta) d\theta \\
&= \int_{\theta \in \mathbb{R}^+} \exp(-\theta\lambda_{it} \frac{(\theta\lambda_{it})^{n_{it}}}{n_{it}!} \frac{1}{\Gamma(a)} a^a \theta^{a-1} \exp(-a\theta) d\theta \\
&= \binom{a + n_{it} - 1}{n_{it}} \left(\frac{\lambda_{it}}{a+\lambda_{it}}\right)^{n_{it}} \left(\frac{a}{a+\lambda_{it}}\right)^a,
\end{aligned}$$

pour $n_{it} \in \mathbb{N}$.

Loi *a posteriori* de Θ_i et des N_{it}

La loi de probabilité du vecteur aléatoire $\boldsymbol{N}_i = (N_{i1},N_{i2},\ldots,N_{iT_i})$ est décrite par

$$\begin{aligned}
&\Pr[N_{i1}=n_{i1},N_{i2}=n_{i2},\ldots,N_{iT_i}=n_{iT_i}]\\
&= \int_{\theta\in\mathbb{R}^+} \Pr[N_{i1}=n_{i1},N_{i2}=n_{i2},\ldots,N_{iT_i}=n_{iT_i}|\Theta_i=\theta]f_\Theta(\theta)d\theta\\
&= \int_{\theta\in\mathbb{R}^+} \left\{\prod_{t=1}^{T_i}\Pr[N_{it}=n_{it}|\Theta_i=\theta]\right\} f_\Theta(\theta)d\theta\\
&= \int_{\theta\in\mathbb{R}^+} \left\{\prod_{t=1}^{T_i}\exp(-\theta\lambda_{it})\frac{(\theta\lambda_{it})^{n_{it}}}{n_{it}!}\right\} f_\Theta(\theta)d\theta\\
&= \left\{\prod_{t=1}^{T_i}\frac{\lambda_{it}^{n_{it}}}{n_{it}!}\right\}\left(\frac{a}{a+\sum_{t=1}^{T_i}\lambda_{it}}\right)^a\left(a+\sum_{t=1}^{T_i}\lambda_{it}\right)^{-\sum_{t=1}^{T_i}n_{it}} \qquad (10.4)\\
&\qquad \frac{\Gamma\left(a+\sum_{t=1}^{T_i}n_{it}\right)}{\Gamma(a)}.
\end{aligned}$$

La densité jointe des variables N_{it}, $t=1,2,\ldots,T_i$ et Θ_i est donnée par

$$\begin{aligned}
&\prod_{t=1}^{T_i}\exp\Big(-\theta_i\lambda_{it}\Big)\frac{\{\theta_i\lambda_{it}\}^{n_{it}}}{n_{it}!}\frac{1}{\Gamma(a)}a^a\theta_i^{a-1}\exp(-a\theta_i)\\
&\propto\ \exp\left\{-\theta_i\sum_{t=1}^{T_i}\lambda_{it}\right\}\theta_i^{\sum_{t=1}^{T_i}n_{it}+a-1}\exp(-a\theta_i). \qquad (10.5)
\end{aligned}$$

La loi conditionnelle de Θ_i sachant les sinistres passés de l'assuré, c'est-à-dire sachant $N_{it}=n_{it}$, $t=1,2,\ldots,T_i$, est obtenue en faisant le rapport de (10.4) et (10.5), ce qui donne

$$\begin{aligned}
&\frac{\exp\left\{-\theta_i\left(a+\sum_{t=1}^{T_i}\lambda_{it}\right)\right\}\theta_i^{a+\sum_{t=1}^{T_i}n_{it}-1}}{\int_{\xi\in\mathbb{R}^+}\exp\left\{-\xi\left(a+\sum_{t=1}^{T_i}\lambda_{it}\right)\right\}\xi^{a+\sum_{t=1}^{T_i}n_{it}-1}d\xi}\\
&= \exp\left\{-\theta_i\left(a+\sum_{t=1}^{T_i}\lambda_{it}\right)\right\}\theta_i^{a+\sum_{t=1}^{T_i}n_{it}-1}\frac{\left(a+\sum_{t=1}^{T_i}\lambda_{it}\right)^{a+\sum_{t=1}^{T_i}n_{it}}}{\Gamma\left(a+\sum_{t=1}^{T_i}n_{it}\right)}.
\end{aligned}$$

Conditionnellement aux sinistres causés durant les T_i périodes passées par l'assuré i dans le portefeuille, Θ_i suit donc une loi

Gamma dont les deux premiers moments sont

$$\begin{aligned}\mathbb{E}[\Theta_i|N_{it}=n_{it},t=1,2,\ldots,T_i] &= \frac{a+\sum_{t=1}^{T_i} n_{it}}{a+\sum_{t=1}^{T_i} \lambda_{it}}\\ \mathbb{V}[\Theta_i|N_{it}=n_{it},t=1,2,\ldots,T_i] &= \frac{a+\sum_{t=1}^{T_i} n_{it}}{\left(a+\sum_{t=1}^{T_i} \lambda_{it}\right)^2}.\end{aligned}$$

La première de ces deux quantités multipliée par λ_{i,T_i+1} est donc l'anticipation de la fréquence annuelle de sinistres pour la période T_i+1, c'est-à-dire

$$\begin{aligned}&\mathbb{E}[N_{i,T_i+1}|N_{it}=n_{it},t=1,2,\ldots,T_i]\\ =\;&\lambda_{i,T_i+1}\mathbb{E}[\Theta_i|N_{it}=n_{it},t=1,2,\ldots,T_i]\\ =\;&\lambda_{i,T_i+1}\frac{a+\sum_{t=1}^{T_i} n_{it}}{a+\sum_{t=1}^{T_i} \lambda_{it}}.\end{aligned}$$

On constate donc que les assurés pour lesquels $\sum_{t=1}^{T_i} n_{it} > \sum_{t=1}^{T_i} \lambda_{it}$ subiront une augmentation de prime puisque

$$\mathbb{E}[N_{i,T_i+1}|N_{it}=n_{it},t=1,2,\ldots,T_i] > \mathbb{E}[N_{i,T_i+1}] = \lambda_{i,T_i+1}.$$

Notez que ces individus ont déclaré plus de sinistres que ce à quoi l'assureur s'attendait. Inversément, les assurés pour lesquels $\sum_{t=1}^{T_i} n_{it} < \sum_{t=1}^{T_i} \lambda_{it}$, c'est-à-dire ceux ayant déclaré moins de sinistres que ce à quoi l'assureur s'attendait, verront leur prime diminuer.

10.3 Crédibilité linéaire

10.3.1 Modèle de Bühlmann

Description du modèle

La prime de Bayès pour l'année $n+1$,

$$p(x_1,x_2,\ldots,x_n) = \mathbb{E}[X_{in+1}|X_{i1}=x_1,\ldots,X_{in}=x_n]$$

est optimale au sens des moindres carrés. Pratiquement cependant, l'espérance conditionnelle admet rarement d'expression explicite et la détermination de cette prime nécessite souvent de lourds calculs. Pour ces raisons, Hans Bühlmann a proposé en 1967 de se limiter aux primes qui dépendent linéairement des observations. Plus précisément, on exigera pour l'année $n+1$ une prime de la forme

$$c_0 + c_1X_{i1} + c_2X_{i2} + \ldots + c_nX_{in}$$

où les c_i sont choisis de telle sorte à minimiser l'écart quadratique moyen

$$\mathbb{E}[\mu(\Lambda_i) - c_0 - c_1 X_{i1} - c_2 X_{i2} - \ldots - c_n X_{in}]^2.$$

Le modèle de Bühlmann repose sur les hypothèses suivantes:

H1 le portefeuille contient K polices indépendantes; le contrat i, $i = 1,2,\ldots,K$, est caractérisé par un paramètre de risque inconnu Λ_i à valeurs dans $L \subseteq \mathbb{R}^+$, de fonction de répartition U et par la suite des sinistres observés. En d'autres termes, un contrat est représenté par un vecteur aléatoire

$$(\Lambda_i; X_{i1}, X_{i2}, \ldots, X_{in})$$

où X_{ij} est le montant de sinistre pour l'année j, relativement au contrat i. On suppose tous ces vecteurs indépendant et identiquement distribués.

H2 conditionnellement à $\Lambda_i = \lambda$, les variables aléatoires $X_{it}, t = 1,2,\ldots$, sont indépendantes et identiquement distribuées de fonction de répartition G_λ.

H3 les deux premiers moments

$$\mu(\lambda) = \int_{x=0}^{\infty} x\, dG_\lambda(x) \text{ et } \sigma^2(\lambda) = \int_{x=0-}^{\infty} \left(x - \mu(\lambda)\right)^2 dG_\lambda(x)$$

existent et sont finis.

Paramètres de structure

La moyenne *a priori* est donnée par

$$\mu = \mathbb{E}[X_{it}] = \mathbb{E}[\mu(\Lambda_i)],$$

tandis que la variance *a priori* σ^2 se décompose en

$$\sigma^2 = \mathbb{V}[X_{it}] = \Sigma^2 + M^2$$

où

$$\Sigma^2 = \mathbb{E}[\sigma^2(\Lambda_i)] = \int_{\lambda \in L} \sigma^2(\lambda)\, dU(\lambda)$$

et

$$M^2 = \mathbb{V}[\mu(\Lambda_i)] = \int_{\lambda \in L} \left(\mu(\lambda) - \mu\right)^2 dU(\lambda).$$

La signification des paramètres Σ^2 et M^2 est la suivante:

(i) Σ^2 mesure la part du hasard dans la variance *a priori*;

(ii) M^2 mesure la part de la variance due à l'hétérogénéité du portefeuille.

Pour un portefeuille homogène, $\mu(\lambda) = \mu$ et $M^2 = 0$. Une valeur positive pour M^2 indique donc un portefeuille hétérogène.

Obtention de la prime de crédibilité

Avant de déterminer les coefficients $c_0,c_1,\ldots,c_n$, nous devons effectuer un certain nombre de calculs préliminaires. Tout d'abord, calculons la covariance entre les montants annuels des sinistres. Soient s et $t \in \mathbb{N}$, il vient

$$\begin{aligned}\mathbb{C}[X_{it},X_{is}] &= \mathbb{E}\Big[\mathbb{C}[X_{it},X_{is}|\Lambda_i]\Big] + \mathbb{C}\Big[\mathbb{E}[X_{it}|\Lambda_i],\mathbb{E}[X_{is}|\Lambda_i]\Big] \\ &= \delta_{s,t}\mathbb{E}[\sigma^2(\Lambda_i)] + \mathbb{C}[\mu(\Lambda_i),\mu(\Lambda_i)] \\ &= \delta_{s,t}\Sigma^2 + M^2,\end{aligned}$$

où $\delta_{s,t} = 1$ si $s = t$ et 0 sinon. A présent, calculons la covariance entre les montants annuels des sinistres et la moyenne *a priori*. Soit $t \in \mathbb{N}$, il vient

$$\begin{aligned}\mathbb{C}[X_{it},\mu(\Lambda_i)] &= \mathbb{E}\Big[\mathbb{C}[X_{it},\mu(\Lambda_i)|\Lambda_i]\Big] + \mathbb{C}\Big[\mathbb{E}[X_{it}|\Lambda_i],\mathbb{E}[\mu(\Lambda_i)|\Lambda_i]\Big] \\ &= \mathbb{V}[\mu(\Lambda_i)] = M^2.\end{aligned}$$

Déterminons à présent les estimateurs de crédibilité, à savoir les valeurs de $c_0,c_1,\ldots,c_n$ qui minimisent

$$\mathbb{E}[\mu(\Lambda_i) - c_0 - c_1X_{i1} - \ldots - c_nX_{in}]^2.$$

Pour ce faire, il suffit d'annuler les dérivées partielles de la fonction objectif par rapport aux paramètres $c_0,c_1,\ldots,c_n$. Ceci mène à

$$\begin{aligned}&\frac{\partial}{\partial c_0}\mathbb{E}[\mu(\Lambda_i) - c_0 - c_1X_{i1} - \ldots - c_nX_{in}]^2 = 0 \\ \Leftrightarrow\quad &-2\mathbb{E}[\mu(\Lambda_i) - c_0 - c_1X_{i1} - \ldots - c_nX_{in}] = 0,\end{aligned}$$

et

$$\begin{aligned}&\frac{\partial}{\partial c_k}\mathbb{E}[\mu(\Lambda_i) - c_0 - c_1X_{i1} - \ldots - c_nX_{in}]^2 = 0 \quad k = 1,\ldots,n \\ \Leftrightarrow\quad &-2\mathbb{E}[X_{ik}(\mu(\Lambda_i) - c_0 - c_1X_{i1} - \ldots - c_nX_{in})] = 0\end{aligned}$$

pour $k = 1,\ldots,n$. On a donc un système de $n+1$ équations à $n+1$ inconnues, à savoir

$$\left\{\begin{array}{l}\mu\left(1 - \sum_{k=1}^n c_k\right) = c_0 \\ 0 = \mathbb{C}[X_{ik},\mu(\Lambda_i)] + \mu^2 - c_0\mu - \sum_{t=1}^n c_t\{\mathbb{C}[X_{ik},X_{it}] + \mu^2\} \\ \qquad\qquad \text{pour } k = 1,2,\ldots,n,\end{array}\right.$$

puisque

$$\mathbb{E}[X_{ik}\mu(\Lambda_i)] = \mathbb{C}[X_{ik},\mu(\Lambda_i)] + \mu^2 \text{ et } \mathbb{E}[X_{ik}X_{it}] = \mathbb{C}[X_{ik},X_{it}] + \mu^2.$$

On peut simplifier les n dernières équations du système grâce à la première: en effet

$$\mu^2 - c_0\mu - \sum_{t=1}^{n} c_t\mu^2 = \mu\left\{\mu\left(1 - \sum_{t=1}^{n} c_t\right) - c_0\right\} = 0.$$

Il reste donc

$$\begin{cases} \mu\left(1 - \sum_{k=1}^{n} c_k\right) = c_0 \\ \mathbb{C}[X_{ik},\mu(\Lambda_i)] - \sum_{t=1}^{n} c_t\mathbb{C}[X_{ik},X_{it}] = 0 \\ \qquad \text{pour } k = 1,2,\ldots,n, \end{cases}$$

qui se réduit encore à

$$\begin{cases} \mu\left(1 - \sum_{k=1}^{n} c_k\right) = c_0 \\ M^2 - \sum_{t=1}^{n} c_t\left(\delta_{k,t}\Sigma^2 + M^2\right) = 0 \text{ pour } k = 1,2,\ldots,n. \end{cases}$$

Les n dernières équations de ce système sont donc

$$M^2 - c_k\Sigma^2 - M^2\sum_{t=1}^{n} c_t = 0, \ \ k = 1,2,\ldots,n.$$

On déduit facilement de cette dernière relation que les c_k doivent être constants, i.e. $c_k = c$ pour $k = 1,2,\ldots,n$, d'où

$$c(\Sigma^2 + nM^2) = M^2 \Rightarrow c = \frac{M^2}{\Sigma^2 + nM^2}.$$

Enfin, la première équation donne la valeur de c_0, à savoir

$$\begin{aligned} c_0 &= \mu(1 - nc) \\ &= \mu\left(1 - n\frac{M^2}{\Sigma^2 + nM^2}\right) \\ &= \frac{\Sigma^2}{\Sigma^2 + nM^2}\mu \end{aligned}$$

et

$$c_k = \frac{M^2}{\Sigma^2 + nM^2} \text{ pour } k = 1,2,\ldots,n.$$

La prime de crédibilité linéaire pour l'année $n+1$ est donc

$$\begin{aligned} p_\ell(X_{i1},X_{i2},\ldots,X_{in}) &= \frac{\Sigma^2}{\Sigma^2+nM^2}\mu + \sum_{k=1}^{n} \frac{M^2}{\Sigma^2+nM^2} X_{ik} \\ &= \frac{\Sigma^2}{\Sigma^2+nM^2}\mu + \frac{nM^2}{\Sigma^2+nM^2}.\frac{1}{n}\sum_{k=1}^{n} X_{ik}. \end{aligned}$$

Il s'agit d'une prime de crédibilité car cette prime *a posteriori* apparaît comme une moyenne pondérée de la moyenne *a priori* μ et de la moyenne observée $\frac{1}{n}\sum_{k=1}^{n} X_{ik}$. Le facteur de crédibilité est

$$\alpha = \frac{nM^2}{\Sigma^2+nM^2}$$

qui est bien de la forme

$$\frac{n}{n_0+n} \text{ où } n_0 = \frac{\Sigma^2}{M^2}.$$

Le facteur de crédibilité tend en croissant vers 1 lorsque le nombre d'observations n tend vers $+\infty$.

On voit également que le facteur de crédibilité α croît avec M^2, ce dernier paramètre mesurant l'hétérogénéité du portefeuille. A la limite, si M^2 tend vers $+\infty$, α tend vers 1. Lorsque l'hétérogénéité du portefeuille augmente, le poids accordé à la prime d'expérience est donc d'autant plus grand. Par contre, lorsque Σ^2, qui mesure les fluctuations observées au sein du portefeuille qui sont dues au hasard, augmente, α diminue. En effet, une grande valeur de Σ^2 traduit de fortes différences de sinistralité de polices à polices, mais du fait du hasard et pas de l'hétérogénéité du portefeuille.

Estimateurs des paramètres de structure

Il faut estimer les paramètres M^2, Σ^2 et μ sur base des observations. Supposons disposer pour chaque police de n années d'observations; pour la police i, on dispose ainsi de $X_{i1},X_{i2},\ldots,X_{in}$, $i=1,2,\ldots,K$. En pratique, on dispose souvent de nombres d'observations différents par police, mais la méthode ci-dessous peut être adaptée à cette situation, dans le même esprit.

Estimation de μ Pour la police i, on définit

$$\hat{\mu}_i = X_{i\bullet} = \frac{1}{n}\sum_{t=1}^{n} X_{it}, \; i=1,2,\ldots,K.$$

On a alors

$$\mathbb{E}[\hat{\mu}_i|\Lambda_i] = \frac{1}{n}\sum_{t=1}^{n}\mathbb{E}[X_{it}|\Lambda_i] = \mu(\Lambda_i).$$

Si on définit

$$\hat{\mu} = \frac{1}{K}\sum_{i=1}^{K}\hat{\mu}_i = \frac{1}{nK}\sum_{i=1}^{K}\sum_{t=1}^{n}X_{it} \equiv X_{\bullet\bullet},$$

$\hat{\mu}$ est un estimateur non biaisé de μ. En effet,

$$\begin{aligned}\mathbb{E}[\hat{\mu}] &= \frac{1}{K}\sum_{i=1}^{K}\mathbb{E}\Big[\mathbb{E}[\hat{\mu}_i|\Lambda_i]\Big]\\ &= \frac{1}{K}\sum_{i=1}^{K}\mathbb{E}[\mu(\Lambda_i)] = \mu.\end{aligned}$$

Estimation de Σ^2 Pour estimer la variance relative à la police i, on utilise

$$\hat{\sigma}_i^2 = \frac{1}{n-1}\sum_{t=1}^{n}(X_{it} - X_{i\bullet})^2.$$

Vérifions à présent que $\mathbb{E}[\hat{\sigma}_i^2|\Lambda_i] = \sigma^2(\Lambda_i)$. On part de

$$\begin{aligned}\mathbb{E}[(X_{it} - X_{i\bullet})^2|\Lambda_i] &= \mathbb{V}[X_{it} - X_{i\bullet}|\Lambda_i]\\ &= \mathbb{V}[X_{it}|\Lambda_i] + \mathbb{V}[X_{i\bullet}|\Lambda_i] - 2\mathbb{C}[X_{it},X_{i\bullet}|\Lambda_i].\end{aligned}$$

Or, $\mathbb{C}[X_{it},X_{is}|\Lambda_i] = \delta_{s,t}\sigma^2(\Lambda_i)$, d'où l'on tire

$$\mathbb{C}[X_{it},X_{i\bullet}|\Lambda_i] = \frac{1}{n}\sum_{s=1}^{n}\mathbb{C}[X_{it},X_{is}|\Lambda_i] = \frac{1}{n}\sigma^2(\Lambda_i).$$

De plus,

$$\begin{aligned}\mathbb{V}[X_{i\bullet}|\Lambda_i] &= \mathbb{C}[X_{i\bullet},X_{i\bullet}|\Lambda_i]\\ &= \frac{1}{n}\sum_{t=1}^{n}\mathbb{C}[X_{it},X_{i\bullet}|\Lambda_i] = \frac{1}{n}\sigma^2(\Lambda_i).\end{aligned}$$

On obtient finalement

$$\begin{aligned}\mathbb{E}[(X_{it} - X_{i\bullet})^2|\Lambda_i] &= \sigma^2(\Lambda_i)\left(1 + \frac{1}{n} - \frac{2}{n}\right)\\ &= \frac{n-1}{n}\sigma^2(\Lambda_i).\end{aligned}$$

Ainsi

$$\mathbb{E}[\hat{\sigma}_i^2|\Lambda_i] = \frac{1}{n-1}\sum_{t=1}^{n}\frac{n-1}{n}\sigma^2(\Lambda_i) = \sigma^2(\Lambda_i).$$

Pour estimer Σ^2 sans biais, on utilise

$$\widehat{\Sigma}^2 = \frac{1}{K}\sum_{i=1}^{K}\hat{\sigma}_i^2 = \frac{1}{K(n-1)}\sum_{i=1}^{K}\sum_{t=1}^{n}(X_{it} - X_{i\bullet})^2.$$

C'est bien un estimateur non biaisé. En effet,

$$\mathbb{E}[\hat{\sigma}_i^2] = \mathbb{E}\Big[\mathbb{E}[\hat{\sigma}_i^2|\Lambda_i]\Big] = \mathbb{E}[\sigma^2(\Lambda_i)] = \Sigma^2,$$

et de ce fait $\mathbb{E}[\hat{\Sigma}^2] = \Sigma^2$.

Estimation de M^2 Pour estimer $\hat{M}^2$, on se base sur $(X_{i\bullet} - X_{\bullet\bullet})^2$, analogue échantillon de $(\mu(\Lambda_i) - \mu)^2$. On propose alors comme estimateur

$$\frac{1}{K}\sum_{i=1}^{K}(X_{i\bullet} - X_{\bullet\bullet})^2. \tag{10.6}$$

Voyons si nous avons un estimateur non biaisé :

$$\mathbb{E}[X_{i\bullet} - X_{\bullet\bullet}]^2 = \mathbb{V}[X_{i\bullet}] + \mathbb{V}[X_{\bullet\bullet}] - 2\mathbb{C}[X_{i\bullet},X_{\bullet\bullet}].$$

Or, de par l'indépendance des polices,

$$\begin{aligned}\mathbb{C}[X_{it},X_{js}] &= \delta_{i,j}\mathbb{C}[X_{it},X_{is}] \\ &= \delta_{i,j}\left(\delta_{s,t}\Sigma^2 + M^2\right),\end{aligned}$$

d'où l'on tire

$$\begin{aligned}\mathbb{C}[X_{i\bullet},X_{js}] &= \frac{1}{n}\sum_{t=1}^{n}\mathbb{C}[X_{it},X_{js}] \\ &= \delta_{i,j}\frac{1}{n}(\Sigma^2 + nM^2),\end{aligned}$$

et, de là, finalement

$$\begin{aligned}\mathbb{C}[X_{i\bullet},X_{j\bullet}] &= \frac{1}{n}\sum_{s=1}^{n}\mathbb{C}[X_{i\bullet},X_{js}] \\ &= \frac{1}{n}\delta_{i,j}\sum_{s=1}^{n}(\Sigma^2 + nM^2) \\ &= \delta_{i,j}\frac{1}{n}(\Sigma^2 + nM^2).\end{aligned}$$

De plus,

$$\mathbb{V}[X_{i\bullet}] = \mathbb{C}[X_{i\bullet}, X_{i\bullet}] = \frac{\Sigma^2}{n} + M^2.$$

Partant de

$$\mathbb{C}[X_{\bullet\bullet}, X_{j\bullet}] = \frac{1}{K}\sum_{i=1}^{K}\mathbb{C}[X_{i\bullet}, X_{j\bullet}] = \frac{1}{K}\left(\frac{\Sigma^2}{n} + M^2\right),$$

on obtient

$$\mathbb{V}[X_{\bullet\bullet}] = \frac{1}{K}\sum_{j=1}^{K}\mathbb{C}[X_{\bullet\bullet}, X_{j\bullet}] = \frac{1}{K}\left(\frac{\Sigma^2}{n} + M^2\right).$$

En conclusion, il vient

$$\begin{aligned}
\mathbb{E}[X_{i\bullet} - X_{\bullet\bullet}]^2 &= \mathbb{V}[X_{i\bullet}] + \mathbb{V}[X_{\bullet\bullet}] - 2\mathbb{C}[X_{i\bullet}, X_{\bullet\bullet}] \\
&= \left(\frac{\Sigma^2}{n} + M^2\right)\left(1 - \frac{1}{K}\right) \\
&= \frac{K-1}{K}\left(\frac{\Sigma^2}{n} + M^2\right).
\end{aligned}$$

La moyenne de notre candidat-estimateur (10.6) vaut donc

$$\mathbb{E}\left[\frac{1}{K}\sum_{i=1}^{K}(X_{i\bullet} - X_{\bullet\bullet})^2\right] = \frac{K-1}{K}\left(\frac{\Sigma^2}{n} + M^2\right).$$

Il suffit à présent de corriger l'estimateur proposé pour en faire un estimateur non biaisé de M^2; pour ce faire, on propose

$$\widehat{M^2} = \frac{1}{K-1}\sum_{i=1}^{K}(X_{i\bullet} - X_{\bullet\bullet})^2 - \frac{\Sigma^2}{n}.$$

Or Σ^2 est inconnu. On peut néanmoins remplacer Σ^2 par $\hat{\Sigma}^2$ et garder un estimateur non biaisé de M^2 (car $\hat{\Sigma}^2$ est un estimateur non biaisé de Σ^2). Finalement, l'estimateur de M^2 est

$$\widehat{M^2} = \frac{1}{K-1}\sum_{i=1}^{K}(X_{i\bullet} - X_{\bullet\bullet})^2 - \frac{\hat{\Sigma}^2}{n}.$$

Exemple 10.3.1. *Considérons les données du Tableau 10.1. Ce dernier reprend les nombres annuels de sinistres causés par 20 polices sur 10 ans (on s'intéresse uniquement au nombre des sinistres,* *ce qui revient à prendre comme unité monétaire le montant moyen de ceux-ci). On suspecte la non-homogénéité du portefeuille: certaines polices n'ont causé aucun sinistre sur 10 ans, tandis que d'autres (comme la police numéro 9) en ont occasionné jusqu'à 6. Les trois dernières colonnes du tableau reprennent les valeurs de* $\hat{\mu}_i$,$\hat{\sigma}_i^2$ *et de la prime* p_ℓ *pour la onzième année. Pour les données du Tableau 10.1, on obtient* $\hat{\mu} = X_{\bullet\bullet} = 0.145$, $\hat{\Sigma}^2 = 0.1038889$ *et* $\hat{M}^2 = 0.0216901$.

Le facteur de crédibilité vaut

$$\hat{\alpha} = \frac{n\hat{M}^2}{\hat{\Sigma}^2 + n\hat{M}^2} = 0.6761462,$$

soit environ 68%. On donne donc un poids de 68% aux observations et un poids complémentaire (soit près de 32%) à la moyenne collective $\hat{\mu}$. *Sans mettre en œuvre une technique de tarification* a posteriori, *on réclamait une prime de* $\hat{\mu} = p_{coll} = 0.145$ *à chaque assuré. Grâce au modèle de crédibilité, les meilleurs risques (ceux qui n'ont causé aucun sinistre sur 10 ans) se verront réclamer une prime de 0,047 (soit environ 1/3 de la prime collective) et les pires devront payer jusque 0,4526 (police numéro 9), soit près du triple de la prime collective.*

Exemple 10.3.2. *Dans le Tableau 10.2, on a rendu deux mauvais risques encore plus mauvais (à savoir, les polices numéro 9 et numéro 17), laissant les autres inchangés par rapport au Tableau 10.1. Cette fois,* $\hat{\mu} = X_{\bullet\bullet} = 0.165$, $\hat{\Sigma}^2 = 0.1416667$ *et* $\hat{M}^2 = 0.0387544$. *On voit que les estimations de* μ, Σ^2 *et* M^2 *augmentent, de même que le facteur de crédibilité, qui passe* $\hat{\alpha} = 0.7323057$. *L'augmentation de* α *signifie dans le cas présent que l'effet de* M^2 *sur* α *est donc plus fort que celui de* Σ^2. *Il y a donc encore plus de poids accordé aux observations. Les meilleurs risques sont à présent chargés à 0.0442 et les pires à 0.63.*

Exemple 10.3.3. *Une compagnie d'assurance couvre les employés de deux sociétés (contrats "groupe") depuis trois ans. Les montants annuels des sinistres dont l'actuaire dispose sont les suivants:*

Société i	*Année t*			$\overline{x}_{i\bullet}$	$\hat{\sigma}_i^2$
	1	*2*	*3*		
1	*5*	*8*	*11*	*8*	*9*
2	*11*	*13*	*12*	*12*	*1*

On a donc $K = 2$, $n = 3$, $\widehat{\mu} = \frac{1}{2}(8+12) = 10$, $\widehat{\Sigma}^2 = \frac{1}{2}(9+1) = 5$ *et* $\widehat{M^2} = (8-10)^2 + (12-10)^2 - \frac{5}{3} = \frac{19}{3}$. *Le facteur de crédibilité est estimé à*

$$\widehat{\alpha} = \frac{n\widehat{M^2}}{\widehat{\Sigma}^2 + n\widehat{M^2}} = 0.7917.$$

Police no.	1	2	3	4	5	6	7	8	9	10	$\hat{\mu}_i$	$\hat{\sigma}_i^2$	p_ℓ
1	0	0	0	0	0	0	0	0	0	0	0.00	0.000	0.0470
2	0	0	0	0	0	0	0	0	0	0	0.00	0.000	0.0470
3	1	0	1	0	0	0	0	0	0	0	0.20	0.178	0.1822
4	0	0	0	0	0	0	0	0	0	0	0.00	0.000	0.0470
5	0	0	0	0	0	0	0	0	0	0	0.00	0.000	0.0470
6	0	0	0	0	0	1	0	0	1	0	0.20	0.178	0.1822
7	0	1	1	0	0	0	0	0	0	0	0.20	0.178	0.1822
8	0	0	0	0	0	0	0	0	0	0	0.00	0.000	0.0470
9	0	1	1	0	1	1	1	0	0	1	0.60	0.267	0.4526
10	0	0	1	0	0	0	0	0	0	0	0.10	0.100	0.1146
11	1	1	0	0	1	0	0	0	1	0	0.40	0.267	0.3174
12	0	0	0	0	0	1	0	1	0	1	0.30	0.233	0.2498
13	0	0	0	0	0	0	0	0	1	0	0.10	0.100	0.1146
14	0	0	0	0	0	0	1	0	0	0	0.10	0.100	0.1146
15	0	0	0	0	0	0	0	0	0	0	0.00	0.000	0.0470
16	0	0	0	0	0	0	0	0	0	0	0.00	0.000	0.0470
17	1	1	0	1	0	0	1	0	0	1	0.50	0.278	0.3850
18	1	0	0	0	0	0	0	0	0	0	0.10	0.100	0.1146
19	0	0	0	0	0	0	0	0	0	1	0.10	0.100	0.1146
20	0	0	0	0	0	0	0	0	0	0	0.00	0.000	0.0470

TAB. 10.1 – *Nombres annuels de sinistres relatifs à 20 polices observées sur 10 ans.*

Police no.	1	2	3	4	5	6	7	8	9	10	$\hat{\mu}_i$	$\hat{\sigma}_i^2$	p_ℓ
1	0	0	0	0	0	0	0	0	0	0	0.00	0.000	0.0442
2	0	0	0	0	0	0	0	0	0	0	0.00	0.000	0.0442
3	1	0	1	0	0	0	0	0	0	0	0.20	0.178	0.1905
4	0	0	0	0	0	0	0	0	0	0	0.00	0.000	0.0442
5	0	0	0	0	0	0	0	0	0	0	0.00	0.000	0.0442
6	0	0	0	0	0	1	0	0	1	0	0.20	0.178	0.1906
7	0	1	1	0	0	0	0	0	0	0	0.20	0.178	0.1906
8	0	0	0	0	0	0	0	0	0	0	0.00	0.000	0.0442
9	0	1	1	0	1	2	1	0	0	1	0.70	0.456	0.5568
10	0	0	1	0	0	0	0	0	0	0	0.10	0.100	0.1174
11	1	1	0	0	1	0	0	0	1	0	0.40	0.267	0.3371
12	0	0	0	0	0	1	0	1	0	1	0.30	0.233	0.2639
13	0	0	0	0	0	0	0	0	1	0	0.10	0.100	0.1174
14	0	0	0	0	0	0	1	0	0	0	0.10	0.100	0.1174
15	0	0	0	0	0	0	0	0	0	0	0.00	0.000	0.0442
16	0	0	0	0	0	0	0	0	0	0	0.00	0.000	0.0442
17	1	1	0	1	3	0	1	0	0	1	0.80	0.844	0.6300
18	1	0	0	0	0	0	0	0	0	0	0.10	0.100	0.1174
19	0	0	0	0	0	0	0	0	0	1	0.10	0.100	0.1174
20	0	0	0	0	0	0	0	0	0	0	0.00	0.000	0.0442

TAB. 10.2 – *Nombres annuels de sinistres relatifs à 20 polices observées sur 10 ans, après agravation des polices 9 et 17.*

Les primes a posteriori pour la 4ème année sont

$$\widehat{\alpha}\overline{x}_{1\bullet} + (1 - \widehat{\alpha})\widehat{\mu} = 0.7917 \times 8 + 0.2083 \times 10 = 8.42$$

pour la société 1, et

$$\widehat{\alpha}\overline{x}_{2\bullet} + (1 - \widehat{\alpha})\widehat{\mu} = 0.7917 \times 12 + 0.2083 \times 10 = 11.58$$

pour la société 2.

Exemple 10.3.4. *Reprenons la situation précédente avec de nouvelles observations pour la police 2, à savoir:*

Société i	*Année t* 1	2	3	$\overline{x}_{i\bullet}$	$\widehat{\sigma}_i^2$
1	5	8	11	8	9
2	2	8	14	8	36

On obtient facilement $\widehat{\mu} = \frac{1}{2}(8+8) = 8$, $\widehat{\Sigma}^2 = \frac{1}{2}(9+36) = 22.5$ *et*

$$\widehat{M}^2 = (8-8)^2 + (8-8)^2 - \frac{22.5}{3} = -7.5 < 0!!!!$$

Un modèle de crédibilité linéaire peut ainsi fort bien fournir des estimations inadmissibles; on doit alors renoncer à l'approche de Bülhmann.

Exemple 10.3.5. *Un groupe de 340 assurés contre le vol localisés dans une "zone sensible" a produit 240 déclarations de sinistre durant une année. Le détail des statistiques est donné dans le tableau suivant:*

Nombre de sinistres	*Nombre d'assurés*
0	200
1	80
2	50
3	10

On suppose que le nombre N de sinistres déclarés par un assuré obéit à la loi de Poisson, mais que la moyenne de celle-ci peut varier entre assurés, i.e. $[N_i|\Lambda_i = \lambda] \sim \mathcal{P}oi(\lambda)$ *pour l'assuré i. Le nombre moyen de sinistre est estimé à* $\widehat{\mathbb{E}[N_i]} = \frac{210}{340} = 0.618$. *De plus,*

$$\begin{aligned} &\sigma^2(\Lambda_i) = \mathbb{V}[N_i|\Lambda_i] = \mathbb{E}[N_i|\Lambda_i] = \Lambda_i \\ \Rightarrow\ &\widehat{\Sigma}^2 = \mathbb{E}[\widehat{\sigma^2(\Lambda_i)}] = \widehat{\mathbb{E}[\Lambda_i]} = \widehat{\mathbb{E}[N_i]} = 0.618. \end{aligned}$$

Comme

$$\widehat{\sigma}^2 = \frac{80 + 50 \times 4 + 10 \times 9}{340} - \left(\frac{210}{340}\right)^2 = 0.706$$

on en déduit

$$\widehat{M}^2 = \widehat{\sigma}^2 - \widehat{\Sigma}^2 = 0.706 - 0.618 = 0.088.$$

Ainsi, le coefficient de crédibilité pour un assuré de ce portefeuille vaut

$$\widehat{\alpha} = \frac{1 \times \widehat{M^2}}{\widehat{\Sigma}^2 + 1 \times \widehat{M^2}} = 0.125.$$

Un assuré qui aurait déclaré deux sinistres verrait ainsi passer sa prime à

$$0.125 \times 2 + 0.875 \times 0.618 = 0.791$$

contre 0.618 a priori.

10.3.2 Modèle de Bühlmann-Straub

Description du modèle

Par rapport au modèle de Bühlmann, le modèle de Bühlmann-Straub introduit une pondération pour chaque observation. Plus précisément, on considère un portefeuille de K polices observées durant n années. Le modèle repose sur les hypothèses suivantes:

H1: chaque contrat est caractérisé par un vecteur aléatoire $(\Lambda_i, X_{i1}, X_{i2}, ..., X_{in})$ où X_{ij} est le montant de sinistre relatif au contrat i pour l'année j et où Λ_i est un paramètre de risque inconnu. Les Λ_i sont indépendants et identiquement distribués, de fonction de répartition U. On suppose les vecteurs $(\Lambda_i, X_{i1}, X_{i2}, ..., X_{in})$ indépendants pour $i = 1,2,...,K$.

H2: Conditionnellement à Λ_i, les variables aléatoires X_{it}, $t = 1,2,...$, sont indépendantes.

H3: On suppose que

$$\mathbb{E}[X_{it}|\Lambda_i] = \mu(\Lambda_i) \text{ et } \mathbb{V}[X_{it}|\Lambda_i] = \frac{1}{w_{it}}\,\sigma^2(\Lambda_i)$$

existent et sont finis; w_{it} est un poids traduisant l'importance de la police i au cours de l'année t au sein du portefeuille.

En outre, nous adoptons les notations suivantes :

$$\mu = \mathbb{E}[\mu(\Lambda_i)],\ \Sigma^2 = \mathbb{E}[\sigma^2(\Lambda_i)] \text{ et } M^2 = \mathbb{V}[\mu(\Lambda_i)]$$

Comme précédemment, M^2 est une mesure de l'hétérogénéité du portefeuille.

Quelques calculs préliminaires...

Nous aurons besoin du lemme suivant dans la suite de cette section.

Lemme 10.3.6. *Dans le modèle de Bühlmann-Straub,*

(i) $\mathbb{C}[X_{it},X_{is}] = \delta_{s,t} \quad \frac{1}{w_{it}} \quad \Sigma^2 + M^2$

(ii) $\mathbb{C}[X_{it},\mu(\Lambda_i)] = M^2$.

Démonstration. Prouvons (i). Pour ce faire, partons de

$$\begin{aligned} \mathbb{C}[X_{it},X_{is}] &= \mathbb{E}\Big[\mathbb{C}[X_{it},X_{is}|\Lambda_i]\Big] + \mathbb{C}\Big[\mathbb{E}[X_{it}|\Lambda_i],\mathbb{E}[X_{is}|\Lambda_i]\Big] \\ &= \delta_{s,t}\,\frac{1}{w_{it}}\,\mathbb{E}[\sigma^2(\Lambda_i)] + \mathbb{V}[\mu(\Lambda_i)], \end{aligned}$$

puisque X_{it} et X_{is} sont indépendants conditionnellement à Λ_i.

Passons à (ii). Il suffit de remarquer que

$$\mathbb{C}[X_{it},\mu(\Lambda_i)] = \mathbb{E}\Big[\mathbb{C}[X_{it},\mu(\Lambda_i)|\Lambda_i]\Big] + \mathbb{C}\Big[\mathbb{E}[X_{it}|\Lambda_i],\mathbb{E}[\mu(\Lambda_i)|\Lambda_i]\Big] = M^2$$

puisque, conditionnellement à Λ_i , $\mu(\Lambda_i)$ est une constante. □

Obtention de la prime de crédibilité

Nous désirons à présent déterminer les constantes $c_{i0},c_{i1},\ldots,c_{in}$ telles que l'écart quadratique moyen

$$\mathbb{E}\Big[(\mu(\Lambda_i) - c_{i0} - c_{i1}X_{i1} - c_{i2}X_{i2}\ldots - c_{in}X_{in})^2\Big]$$

soit minimum. En annulant les dérivées partielles par rapport à c_{i0} et aux c_{ik}, $k = 1,2,\ldots,n$, on obtient le système d'équation

$$\begin{cases} \mathbb{E}\Big[\mu(\Lambda_i) - c_{i0} - \sum_{t=1}^n c_{it}X_{it}\Big] = 0 \\ \mathbb{E}\Big[X_{ik}(\mu(\Lambda_i) - c_{i0} - \sum_{t=1}^n c_{it}X_{it})\Big] = 0, \quad k = 1,2,\ldots,n, \end{cases}$$

qui porte le nom de système des équations normales. La première équation nous donne

$$\mu\left(1 - \sum_{t=1}^n c_{it}\right) - c_{i0} = 0$$

et les suivantes peuvent se réécrire

$$\begin{aligned} &\mathbb{E}[X_{ik}\mu(\Lambda_i)] - c_{i0}\,\mu - \sum_{t=1}^n c_{it}\,\mathbb{E}[X_{ik}X_{it}] = 0 \\ \Leftrightarrow\ &\mathbb{C}[X_{ik},\mu(\Lambda_i)] + \mu^2 - c_{i0}\,\mu - \sum_{t=1}^n c_{it}\Big(\mathbb{C}[X_{ik},X_{it}] + \mu^2\Big) = 0 \\ \Leftrightarrow\ &\mathbb{C}[X_{ik},\mu(\Lambda_i)] - \sum_{t=1}^n c_{it}\mathbb{C}[X_{ik},X_{it}] = 0 \end{aligned}$$

où la dernière équivalence s'obtient grâce à la première des équations normales. Ainsi, grâce au Lemme 10.3.6,

$$M^2 - \sum_{t=1}^{n} c_{it}\left(\delta_{tk}\frac{1}{w_{ik}}\Sigma^2 + M^2\right) = 0$$

$$\Leftrightarrow \quad w_{ik}\, M^2\left(1 - \sum_{t=1}^{n} c_{it}\right) = c_{ik}\Sigma^2,$$

$k = 1,2,...,n$. En sommant sur k les n relations ci-dessus, il vient

$$w_{i\bullet}\, M^2\left(1 - \sum_{t=1}^{n} c_{it}\right) = \sum_{k=1}^{n} c_{ik}\,\Sigma^2$$

où $w_{i\bullet} = \sum_{k=1}^{n} w_{ik}$. On obtient ainsi

$$\sum_{t=1}^{n} c_{it} = \frac{M^2 w_{i\bullet}}{\Sigma^2 + M^2 w_{i\bullet}}$$

et de là

$$c_{ik} = \frac{M^2 w_{ik}}{\Sigma^2}\left(1 - \frac{M^2 w_{i\bullet}}{\Sigma^2 + M^2 w_{i\bullet}}\right) = \frac{M^2 w_{ik}}{\Sigma^2 + M^2 w_{i\bullet}},$$

$k = 1,2,...,n$. Enfin,

$$c_{i0} = \mu\frac{\Sigma^2}{\Sigma^2 + M^2 w_{i\bullet}} = \left(1 - \frac{M^2 w_{i\bullet}}{\Sigma^2 + M^2 w_{i\bullet}}\right)\mu$$

L'estimateur de crédibilité de $\mu(\Lambda_i)$ est donné par

$$\frac{\Sigma^2}{\Sigma^2 + M^2 w_{i\bullet}}\,\mu + \frac{M^2 w_{i\bullet}}{\Sigma^2 + M^2 w_{i\bullet}}\quad\frac{1}{w_{i\bullet}}\sum_{k=1}^{n} w_{ik}X_{ik}.$$

Cette dernière prime est une prime de crédibilité: le facteur de crédibilité pour la police i est

$$\alpha_i = \frac{M^2 w_{i\bullet}}{\Sigma^2 + M^2 w_{i\bullet}}$$

et la moyenne arithmétique des X_{it} est remplacée par une moyenne pondérée

$$X_{i\bullet} = \frac{1}{w_{i\bullet}}\sum_{k=1}^{n} w_{ik}X_{ik}.$$

Remarque 10.3.7. *1. Dans le cas particulier où tous les poids sont égaux à 1 (c'est-à-dire $w_{it} = 1$ pour tout i et pour tout t), on retrouve exactement l'estimateur de crédibilité du modèle de Bühlmann.*

2. Dans le modèle de Bühlmann-Straub, les facteurs de crédibilité varient de police à police, en fonction du poids accordé à chacune d'elles.

3. Examinons l'influence des paramètres du modèle sur α_i: tout d'abord, $\alpha_i \to 1$ si $w_{i\bullet} \to \infty$, ensuite α_i augmente si M^2 augmente et diminue si Σ^2 augmente.

Estimation des paramètres de structure

Rappelons que $w_{i\bullet} = \sum_{t=1}^{n} w_{it}$ et notons $w_{\bullet\bullet} = \sum_{i=1}^{K}\sum_{t=1}^{n} w_{it}$. De même, comme nous avions noté $X_{i\bullet} = \frac{1}{w_{i\bullet}} \sum_{t=1}^{n} w_{it}X_{it}$, posons

$$X_{\bullet\bullet} = \frac{1}{w_{\bullet\bullet}} \sum_{i=1}^{K} w_{i\bullet}X_{i\bullet} = \frac{1}{w_{\bullet\bullet}} \sum_{i=1}^{K}\sum_{t=1}^{n} w_{it}X_{it}.$$

Estimation de μ Pour la police i , on estime $\mu(\Lambda_i)$ par $\hat{\mu}_i = X_{i\bullet}$. Cet estimateur satisfait $\mathbb{E}[\hat{\mu}_i|\Lambda_i] = \mu(\Lambda_i)$. Ensuite, on utilise

$$\hat{\mu} = \frac{1}{w_{\bullet\bullet}} \sum_{i=1}^{K} w_{i\bullet}\hat{\mu}_i = X_{\bullet\bullet}$$

pour estimer sous biais la moyenne collective μ ; bien entendu $\mathbb{E}[\hat{\mu}] = \mu$.

Estimation de Σ^2 La variance $\sigma^2(\Lambda_i)$ pour la $i$ème police est estimée par

$$\hat{\sigma}_i = \frac{1}{n-1} \sum_{t=1}^{n} w_{it}(X_{it} - X_{i\bullet})^2.$$

On a $\mathbb{E}[\hat{\sigma}_i^2|\Lambda_i] = \sigma^2(\Lambda_i)$ et $\mathbb{E}[\hat{\sigma}_i^2] = \Sigma^2$. En effet,

$$\mathbb{E}[(X_{it} - X_{i\bullet})^2] = \mathbb{V}[X_{it} - X_{i\bullet}]$$

car $\mathbb{E}[X_{it}] = \mathbb{E}[X_{i\bullet}] = \mu$ d'où $\mathbb{E}[X_{it} - X_{i\bullet}] = 0$. Dès lors,

$$\mathbb{E}\Big[(X_{it} - X_{i\bullet})^2\Big] = \mathbb{V}[X_{it}] - 2\,\mathbb{C}[X_{it},X_{i\bullet}] + \mathbb{V}[X_{i\bullet}].$$

Grâce au Lemme 10.3.6(i), nous pouvons écrire

$$\begin{aligned}\mathbb{C}[X_{it},X_{i\bullet}] &= \frac{1}{w_{i\bullet}}\sum_{s=1}^{n} w_{is}\,\mathbb{C}[X_{it},X_{is}]\\ &= \frac{1}{w_{i\bullet}}\sum_{s=1}^{n} w_{is}\left(\delta_{s,t}\,\frac{1}{w_{it}}\Sigma^2 + M^2\right) = \frac{\Sigma^2}{w_{i\bullet}} = M^2.\end{aligned}$$

Ainsi

$$\mathbb{E}\Big[(X_{it} - X_{i\bullet})^2\Big] = \Sigma^2\left(\frac{1}{w_{it}} - \frac{1}{w_{i\bullet}}\right)$$

et

$$\begin{aligned}\mathbb{E}[\hat{\sigma}_i^2] &= \frac{1}{n-1}\Sigma^2\sum_{t=1}^{n} w_{it}\left(\frac{1}{w_{it}} - \frac{1}{w_{i\bullet}}\right)\\ &= \frac{n}{n-1}\,\Sigma^2 + \frac{1}{n-1}\Sigma^2 = \Sigma^2.\end{aligned}$$

Pour montrer que $\mathbb{E}[\hat{\sigma}_i^2|\Lambda_i] = \sigma^2(\Lambda_i)$ partons de

$$\begin{aligned}\mathbb{E}[(X_{it} - X_{i\bullet})^2|\Lambda_i] &= \mathbb{V}[X_{it}|\Theta_i] - 2\mathbb{C}[X_{it},X_{i\bullet}|\Lambda_i] + \mathbb{V}[X_{i\bullet}|\Lambda_i]\\ &= \frac{1}{w_{it}}\,\sigma^2(\Lambda_i) - \frac{2}{w_{i\bullet}}\sum_{s=1}^{n}\mathbb{C}[X_{it},X_{is}|\Lambda_i]w_{is}\\ &\quad +\frac{1}{w_{i\bullet}}\sum_{t=1}^{n}\mathbb{C}[X_{it},X_{i\bullet}|\Lambda_i]\\ &= \frac{1}{w_{it}}\,\sigma^2(\Lambda_i) - \frac{2}{w_{i\bullet}}\sigma^2(\Lambda_i) + \frac{\sigma^2(\Lambda_i)}{w_{i\bullet}}\\ &= \frac{\sigma^2(\Lambda_i)}{w_{it}} - \frac{\sigma^2(\Lambda_i)}{w_{i\bullet}}.\end{aligned}$$

Ainsi,

$$\begin{aligned}\mathbb{E}[\hat{\sigma}_i^2|\Lambda_i] &= \frac{1}{n-1}\sum_{t=1}^{n} w_{it}\mathbb{E}[(X_{it} - X_{i\bullet})^2|\Lambda_i]\\ &= \frac{1}{n-1}\sum_{t=1}^{n} w_{it}(\frac{1}{w_{it}} - \frac{1}{w_{i\bullet}})\sigma^2(\Lambda_i) = \sigma^2(\Lambda_i).\end{aligned}$$

Au niveau du portefeuille, on utilise

$$\hat{\Sigma}^2 = \frac{1}{K}\sum_{i=1}^{K}\hat{\sigma}_i^2 = \frac{1}{K(n-1)}\sum_{i=1}^{K}\sum_{t=1}^{n} w_{it}(X_{it} - X_{i\bullet})^2.$$

Estimation de M^2 Calculons

$$\begin{aligned}\mathbb{E}[(X_{i\bullet}-X_{\bullet\bullet})^2] &= \mathbb{V}[X_{i\bullet}-X_{\bullet\bullet}]\\ &= \mathbb{V}[X_{i\bullet}]-2\mathbb{C}[X_{i\bullet},X_{\bullet\bullet}]+\mathbb{V}[X_{\bullet\bullet}].\end{aligned}$$

Or,

$$\begin{aligned}\mathbb{C}[X_{it},X_{i\bullet}] &= \frac{1}{w_{i\bullet}}\sum_{s=1}^{n}\mathbb{C}[X_{it},X_{is}]w_{is}=\frac{\Sigma^2}{w_{i\bullet}}+M^2=\mathbb{V}[X_{i\bullet}],\\ \mathbb{C}[X_{i\bullet},X_{j\bullet}] &= \delta_{ij}\left(\frac{\Sigma^2}{w_{i\bullet}}+M^2\right)\\ \mathbb{C}[X_{i\bullet},X_{\bullet\bullet}] &= \frac{1}{w_{\bullet\bullet}}\sum_{j=1}^{K}w_{j\bullet}\mathbb{C}[X_{i\bullet},X_{j\bullet}]=\frac{\Sigma^2}{w_{\bullet\bullet}}+M^2\frac{w_{i\bullet}}{w_{\bullet\bullet}}\end{aligned}$$

et

$$\begin{aligned}\mathbb{V}[X_{\bullet\bullet}] &= \mathbb{C}[X_{\bullet\bullet},X_{\bullet\bullet}]=\frac{1}{w_{\bullet\bullet}}\sum_{i=1}^{K}w_{i\bullet}\mathbb{C}[X_{i\bullet},X_{\bullet\bullet}]\\ &= \frac{\Sigma^2}{w_{\bullet\bullet}}+M^2\sum_{i=1}^{K}\frac{w_{i\bullet}^2}{w_{\bullet\bullet}^2}\end{aligned}$$

d'où l'on tire finalement

$$\begin{aligned}\mathbb{E}\Big[(X_{i\bullet}-X_{\bullet\bullet})^2\Big] &= \frac{\Sigma^2}{w_{i\bullet}}+M^2-2\left(\frac{\Sigma^2}{w_{\bullet\bullet}}+M^2\frac{w_{i\bullet}}{w_{\bullet\bullet}}\right)+\frac{\Sigma^2}{w_{\bullet\bullet}}\\ &\quad +M^2\sum_{j=1}^{K}\frac{w_{j\bullet}^2}{w_{\bullet\bullet}^2}\\ &= \Sigma^2\left(\frac{1}{w_{i\bullet}}-\frac{1}{w_{\bullet\bullet}}\right)+M^2\left(1-2\frac{w_{i\bullet}}{w_{\bullet\bullet}}+\sum_{j=1}^{K}\frac{w_{j\bullet}^2}{w_{\bullet\bullet}^2}\right)\end{aligned}$$

de sorte que

$$\mathbb{E}\left[\sum_{i=1}^{K}w_{i\bullet}(X_{i\bullet}-X_{\bullet\bullet})^2\right]=\Sigma^2(K-1)+M^2\left(w_{\bullet\bullet}-\frac{1}{w_{\bullet\bullet}}\sum_{i=1}^{K}w_{i\bullet}^2\right).$$

Pour estimer sans biais M^2, on utilise donc

$$\hat{M}^2=\frac{w_{\bullet\bullet}}{w_{\bullet\bullet}^2-\sum_{i=1}^{K}w_{i\bullet}^2}\left\{\sum_{i=1}^{K}w_{i\bullet}(X_{i\bullet}-X_{\bullet\bullet})^2-(K-1)\hat{\Sigma}^2\right\}.$$

	Année t							
Police i	1	2	3	4	5	6	7	8
1	1738	1642	1794	2051	2079	2234	2032	2035
	7861	9251	8706	8575	7917	8263	9456	8003
2	1364	1408	1597	1444	1342	1675	1470	1448
	1600	1742	1523	1515	1622	1602	1964	1515
3	1759	1685	1479	1763	1674	2103	1502	1622
	1147	1357	1329	1204	998	1077	1277	1218
4	1223	1146	1010	1257	1426	1532	1953	1123
	407	396	348	341	315	328	352	331
5	1456	1499	1609	1741	1482	1572	1606	1735
	2902	3172	3046	3068	2693	2910	3275	2697
Police i	9	10	11	12	$\hat{\mu}_i$	$\hat{\sigma}_i^2$	α_i	Prime
1	2115	2262	2267	2517	2060.9	5.4×10^8	.9847	2057.9
	7365	7832	7849	9077				
2	1464	1831	1612	1471	1511.2	33867351	.9276	1536.9
	1527	1748	1654	1861				
3	1828	2155	2233	2059	1805.8	75886618	.8958	1811.9
	896	1003	1108	1121				
4	1343	1243	1762	1306	1353.0	25770615	.7279	1492.4
	287	384	321	342				
5	1607	1573	1613	1690	1599.8	24858525	.9588	1610.8
	2663	3017	3242	3425				

TAB. 10.3 – *Description du portefeuille – Modèle de Bühlmann-Straub.*

Police i	$\hat{\mu}_i$	$\hat{\sigma}_i^2$	α_i	Prime
1	2063.8	61513	.9496	2044.0
2	1510.5	20147	.9496	1518.6
3	1821.8	65741	.9496	1814.2
4	1360.3	74357	.9496	1376.0
5	1598.6	8445	.9496	1602.2

TAB. 10.4 – *Description du portefeuille – Modèle de Bühlmann.*

Exemple 10.3.8. *Considérons le portefeuille de 5 polices observées durant 12 années décrit au Tableau 10.3. Les poids des X_{it} sont donnés sous les coûts des sinistres. On obtient $\hat{\mu} = 1865.404$, $\hat{\Sigma}^2 = 1.3912 \times 10^8$ et $\hat{M}^2 = 89638.71$.*

Si on avait négligé les poids (c'est-à-dire en posant $w_{it} \equiv 1$), on aurait obtenu les résultats du Tableau 10.4, avec $\hat{\mu} = 1671.017$, $\hat{\Sigma}^2 = 46040.47$ et $\hat{M}^2 = 72310.02$.

Si on compare les Tableaux 10.3 et 10.4, on voit que les primes ont peu varié, à l'exception de celle relative à la police 4: la somme des poids pour cette police est plus faible, ce qui rend donc le facteur de crédibilité également plus faible.

Exemple 10.3.9. *On demande de calculer les primes pour la 4ème année des deux contrats "groupe" dont l'expérience est décrite dans le tableau suivant:*

Société i	*Année t*				
	1	*2*	*3*	*4*	
1	*8 000*	*11 000*	*15 000*	-	*Montant des sinistres*
	40	*50*	*70*	*75*	*Taille du groupe*
	200	*220*	*214.29*	-	*Moyenne*
2	*20 000*	*24 000*	*19 000*	-	*Montant des sinistres*
	100	*120*	*115*	*95*	*Taille du groupe*
	200	*200*	*165.22*	-	*Moyenne*

On a

$$\begin{aligned}
\overline{x}_{1\bullet} &= \frac{8000+11000+15000}{160} = 212.5\\
\overline{x}_{2\bullet} &= \frac{20000+24000+19000}{335} = 188.06\\
\widehat{\mu} &= \frac{1}{495}\big(160\times 212.5 + 335\times 188.06\big) = 195.96\\
\widehat{\Sigma}^2 &= \frac{\begin{array}{l}40\times(200-212.5)^2+50\times(220-212.5)^2\\ +70\times(214.29-212.5)^2+100\times(200-188.06)^2\\ +120\times(200-188.06)^2+115\times(165.22-188.06)^2\end{array}}{2\times 2}\\
&= 25160.58\\
\widehat{M}^2 &= \frac{\begin{array}{l}160\times(212.5-195.96)^2+335\times(188.06-195.96)^2\\ -25160.58\end{array}}{495-\frac{1}{495}(160^2+335^2)}\\
&= 182.48.
\end{aligned}$$

Les coefficients de crédibilité valent respectivement $\widehat{\alpha}_1 = 0.537$ *et* $\widehat{\alpha}_2 = 0.708$.

Le modèle de Bülhmann-Straub fournit ainsi une sinistralité moyenne de

$$\begin{aligned}
& 0.537\times 212.5 + 0.463\times 195.96 \text{ pour la société 1}\\
\text{et } & 0.708\times 188.06 + 0.292\times 195.96 \text{ pour la société 2.}
\end{aligned}$$

Le montant total de sinistre attendu généré par ces sociétés durant l'année 4 vaut

$$\begin{aligned}
& 75\times 204.84 = 15363 \text{ pour la société 1}\\
\text{et } & 95\times 190.37 = 18085.15 \text{ pour la société 2.}
\end{aligned}$$

Crédibilité linéaire fréquentielle: modèle de Poisson avec segmentation a priori

Si nous définissons $X_{it} = \frac{N_{it}}{\lambda_{it}}$, il est facile de vérifier que les hypothèses sous-tendant le modèle de Bühlmann-Straub sont satisfaites. En notant $\sigma^2 = \mathbb{V}\text{ar}[\Theta_i]$, la fréquence attendue de sinistre pour la nouvelle période d'assurance vaut donc

$$\lambda_{i,T_i+1}\frac{1+\sigma^2 N_{i\bullet}}{1+\sigma^2\lambda_{i\bullet}}. \tag{10.7}$$

où

$$N_{i\bullet}=\sum_{t=1}^{T_i}N_{it} \text{ et } \lambda_{i\bullet}=\sum_{t=1}^{T_i}\lambda_{it}.$$

Il est intéressant de mentionner qu'on obtient la même expression de la prime a posteriori qu'en retenant la loi Gamma pour l'effet aléatoire Θ_i.

Remarque 10.3.10. *La formule* (10.7) *montre bien que les tarification a priori et a posteriori interagissent: les corrections a posteriori dépendent de la qualité du risque a priori. Celui qui est jugé meilleur conducteur a priori obtient moins de réduction s'il ne déclare pas de sinistre qu'un autre conducteur jugé moins bon a priori. Néanmoins, même si l'assuré jugé mauvais a priori jouit de réduction plus importantes s'il ne déclare pas de sinistre, les fréquences révisées de l'assuré jugé meilleur a priori sont toujours inférieures.*

Les pénalisations suite à la déclaration d'un sinistre sont plus fortes pour l'assuré jugé meilleur conducteur a priori. Si on ne reconnaît pas cette interaction, cela a pour effet d'augmenter le bonus accordé en cas de non-déclaration de sinistres aux conducteurs ayant bénéficié de réductions a priori, tout en diminuant le malus qui leur est infligé lorsqu'ils déclarent un sinistre. Les assurés qui ont subi des surprimes a priori se retrouvent donc pénalisés une seconde fois a posteriori, pour les mêmes raisons. Clairement, un système de crédibilité uniforme superposé à une segmentation a priori porte donc atteinte à l'équité du tarif.

10.4 Crédibilité totale

De grandes sociétés dont la sinistralité est plutôt faible pourraient exiger des primes basées sur leur propre expérience; si tel est le cas, on parle de crédibilité totale. A cet égard, l'actuaire doit se demander si la taille de la société est suffisante que pour lui accorder une crédibilité totale.

Supposons que le montant des sinistres générés par la société est $S=\sum_{k=1}^{N}X_k$, où $N\sim\mathcal{P}oi(\lambda)$ et où les X_k sont indépendants et de même loi (de moyenne μ et de variance σ^2), et indépendants de N.

On n'accordera une crédibilité totale à la société que si la probabilité que S s'écarte de la prime pure $\mathbb{E}[S]$ est suffisamment faible, i.e. si

$$\begin{aligned} & \Pr\Big[\big|S - \mathbb{E}[S]\big| > c\mathbb{E}[S]\Big] \leq \epsilon \\ \Leftrightarrow \quad & \Pr\Big[(1-c)\mathbb{E}[S] < S < (1+c)\mathbb{E}[S]\Big] \geq 1 - \epsilon. \end{aligned}$$

Le théorème central-limite nous permet d'obtenir l'approximation

$$\frac{c\mathbb{E}[S]}{\sqrt{\mathbb{V}[S]}} = \frac{c\lambda\mu}{\sqrt{\lambda(\sigma^2+\mu^2)}} \approx z_{\epsilon/2} \Rightarrow \lambda_F = \frac{z_{\epsilon/2}^2}{c^2}\left(1 + \left(\frac{\sigma}{\mu}\right)^2\right).$$

La valeur de λ_F doit s'interpréter comme une mesure de volume que doit représenter la société pour pouvoir lui accorder une crédibilité totale.

Dans l'expression de λ_F, les montants des sinistres interviennent par l'intermédiaire de leur coefficient de variation σ/μ; si ce dernier augmente, λ_F augmente également. Si nous prenons $c = 3\%$ et $\epsilon = 5\%$, on a

$$\lambda_F = \left(\frac{1.96}{3\%}\right)^2 \left(1 + \left(\frac{\sigma}{\mu}\right)^2\right) = 4268\left(1 + \left(\frac{\sigma}{\mu}\right)^2\right).$$

Si les montants des sinistres sont constants (réparation forfaitaire), on a la valeur minimum de λ_F (à savoir, 4 268 dans notre cas). On comprend bien à la lecture de ce qui précède que bien rares sont les assurés à pouvoir prétendre à l'application de la crédibilité totale.

10.5 Crédibilité multivariée

10.5.1 Modélisation

Dans cette section, basée sur Denuit, Pitrebois & Walhin (2001), nous distinguons les sinistres matériels des sinistres corporels causés par les assurés du portefeuille afin de tenir compte de leurs coûts respectifs dans la tarification a priori et a posteriori. Plus précisément, notons N_{it}^{mat} le nombre des sinistres comportant exclusivement des dégâts matériels causés par l'assuré i durant la $t$ème période d'assurance, et N_{it}^{corp} le nombre des sinistres comportant des dégâts corporels causés par ce même assuré; $N_{it}^{\text{tot}} = N_{it}^{\text{mat}} + N_{it}^{\text{corp}}$ représente le nombre total de sinistres sur la période.

On introduit deux effets aléatoires traduisant notre ignorance de certaines caractéristiques essentielles des assurés, Θ_i^{mat} et Θ_i^{corp}, disons, possiblement corrélés et tels que $\mathbb{E}[\Theta_i^{\text{mat}}] = \mathbb{E}[\Theta_i^{\text{corp}}] = 1$. Ceci introduit donc de la dépendance au sein des couples $(N_{it}^{\text{mat}}, N_{it}^{\text{corp}})$ ainsi qu'entre les séries temporelles obtenues en faisant varier t (à i fixé). Plus précisément, on suppose que conditionnellement à $\Theta_i^{\text{mat}} = \theta_i^{\text{mat}}$,

$$N_{it}^{\text{mat}} \sim \mathcal{P}oi\big(\lambda_{it}^{\text{mat}} \theta_i^{\text{mat}}\big)$$

et, conditionnellement à $\Theta_i^{\text{corp}} = \theta_i^{\text{corp}}$

$$N_{it}^{\text{corp}} \sim \mathcal{P}oi\big(\lambda_{it}^{\text{corp}} \theta_i^{\text{corp}}\big).$$

La spécification du modèle est la suivante:

(i) conditionnellement à Θ_i^{corp}, les variables aléatoires N_{it}^{corp}, $t = 1,2,\ldots,T_i$, sont indépendantes;

(ii) conditionnellement à Θ_i^{mat}, les variables aléatoires N_{it}^{mat}, $t = 1,2,\ldots,T_i$, sont indépendantes;

(iii) conditionnellement à $(\Theta_i^{\text{mat}}, \Theta_i^{\text{corp}})$, les suites de variables aléatoires $\{N_{it}^{\text{corp}}, t = 1,2,\ldots,T_i\}$ et $\{N_{it}^{\text{mat}}, t = 1,2,\ldots,T_i\}$, sont indépendantes;

(iv) la matrice variance-covariance du couple $(\Theta_i^{\text{corp}}, \Theta_i^{\text{mat}})$ d'effets aléatoires est
$$\begin{pmatrix} \sigma_{\text{corp}}^2 & \sigma_{\text{cm}} \\ \sigma_{\text{cm}} & \sigma_{\text{mat}}^2 \end{pmatrix}.$$

Notez que les éléments de la matrice variance-covariance des effets aléatoires doivent satisfaire aux conditions

$$\sigma_{\text{corp}}^2 \geq 0, \ \sigma_{\text{mat}}^2 \geq 0 \text{ et } |\sigma_{\text{cm}}| \leq \sigma_{\text{corp}} \sigma_{\text{mat}}.$$

Si les estimations des variances et de la covariance ne satisfont pas à ces conditions, alors le modèle n'est pas d'application [1].

Notons

$$N_{i\bullet}^{\text{corp}} = \sum_{t=1}^{T_i} N_{it}^{\text{corp}} \text{ et } N_{i\bullet}^{\text{mat}} = \sum_{t=1}^{T_i} N_{it}^{\text{mat}}$$

les nombres totaux des sinistres matériels et corporels déclarés par l'assuré i depuis son entrée dans le portefeuille. Conditionnellement à $\Theta_i^{\text{mat}} = \theta_i^{\text{mat}}$,

$$N_{i\bullet}^{\text{mat}} \sim \mathcal{P}oi\big(\lambda_{i\bullet}^{\text{mat}} \theta_i^{\text{mat}}\big) \text{ où } \lambda_{i\bullet}^{\text{mat}} = \mathbb{E}[N_{i\bullet}^{\text{mat}}] = \sum_{t=1}^{T_i} \lambda_{it}^{\text{mat}}$$

1. A la différence d'une spécification paramétrique, un modèle de crédibilité linéaire peut très bien fournir des estimations hors du domaine paramétrique, traduisant par là l'inadéquation du modèle aux données étudiées.

et, conditionnellement à $\Theta_i^{\text{corp}} = \theta_i^{\text{corp}}$,

$$N_{i\bullet}^{\text{corp}} \sim \mathcal{P}oi\big(\lambda_{i\bullet}^{\text{corp}}\theta_i^{\text{corp}}\big) \text{ où } \lambda_{i\bullet}^{\text{corp}} = \mathbb{E}[N_{i\bullet}^{\text{corp}}] = \sum_{t=1}^{T_i} \lambda_{it}^{\text{corp}},$$

et ce en vertu de l'indépendance conditionnelle des nombres annuels de sinistres dans chaque catégorie. Nous pouvons alors écrire

$$\begin{aligned}\mathbb{V}[N_{i\bullet}^{\text{mat}}] &= \mathbb{E}\big[\mathbb{V}[N_{i\bullet}^{\text{mat}}|\Theta_i^{\text{mat}}]\big] + \mathbb{V}\big[\mathbb{E}[N_{i\bullet}^{\text{mat}}|\Theta_i^{\text{mat}}]\big]\\ &= \lambda_{i\bullet}^{\text{mat}} + \{\lambda_{i\bullet}^{\text{mat}}\}^2\sigma_{\text{mat}}^2;\end{aligned}$$

de même

$$\mathbb{V}[N_{i\bullet}^{\text{corp}}] = \lambda_{i\bullet}^{\text{corp}} + \{\lambda_{i\bullet}^{\text{corp}}\}^2\sigma_{\text{corp}}^2;$$

et enfin

$$\begin{aligned}\mathbb{C}[N_{i\bullet}^{\text{mat}},N_{i\bullet}^{\text{corp}}] &= \mathbb{E}\big[\mathbb{C}[N_{i\bullet}^{\text{mat}},N_{i\bullet}^{\text{corp}}|\Theta_i^{\text{mat}},\Theta_i^{\text{corp}}]\big]\\ &\quad+\mathbb{C}\big[\mathbb{E}[N_{i\bullet}^{\text{mat}}|\Theta_i^{\text{mat}},\Theta_i^{\text{corp}}],\mathbb{E}[N_{i\bullet}^{\text{corp}}|\Theta_i^{\text{mat}},\Theta_i^{\text{corp}}]\big]\\ &= \lambda_{i\bullet}^{\text{mat}}\lambda_{i\bullet}^{\text{corp}}\sigma_{\text{cm}}.\end{aligned}$$

Les équations ci-dessus suggèrent naturellement les estimateurs suivants pour les paramètres σ_{mat}^2, σ_{corp}^2 et σ_{cm}:

$$\begin{aligned}\widehat{\sigma_{\text{mat}}^2} &= \frac{\sum_{i=1}^n\Big\{\big(n_{i\bullet}^{\text{mat}} - \widehat{\lambda_{i\bullet}^{\text{mat}}}\big)^2 - n_{i\bullet}^{\text{mat}}\Big\}}{\sum_{i=1}^n\{\widehat{\lambda_{i\bullet}^{\text{mat}}}\}^2}\\ \widehat{\sigma_{\text{corp}}^2} &= \frac{\sum_{i=1}^n\Big\{\big(n_{i\bullet}^{\text{corp}} - \widehat{\lambda_{i\bullet}^{\text{corp}}}\big)^2 - n_{i\bullet}^{\text{corp}}\Big\}}{\sum_{i=1}^n\{\widehat{\lambda_{i\bullet}^{\text{corp}}}\}^2}\\ \widehat{\sigma_{\text{cm}}} &= \frac{\sum_{i=1}^n\Big\{n_{i\bullet}^{\text{mat}} - \widehat{\lambda_{i\bullet}^{\text{mat}}}\Big\}\Big\{n_{i\bullet}^{\text{corp}} - \widehat{\lambda_{i\bullet}^{\text{corp}}}\Big\}}{\sum_{i=1}^n\widehat{\lambda_{i\bullet}^{\text{mat}}}\widehat{\lambda_{i\bullet}^{\text{corp}}}}\end{aligned}$$

lesquels s'avèrent convergents dans le modèle avec effets aléatoires.

10.5.2 Prime de crédibilité linéaire

Dans l'approche de crédibilité linéaire, nous cherchons à déterminer le meilleur prédicteur linéaire

$$c_i^{\text{mat}} + c_i^{\text{mat/mat}}N_{i\bullet}^{\text{mat}} + c_i^{\text{corp/mat}}N_{i\bullet}^{\text{corp}}$$

de la prime inconnue $\lambda_{i,T_i+1}^{\text{mat}}\Theta_i^{\text{mat}}$ au sens des moindres carrés, ainsi que le meilleur prédicteur linéaire

$$c_i^{\text{corp}} + c_i^{\text{mat/corp}}N_{i\bullet}^{\text{mat}} + c_i^{\text{corp/corp}}N_{i\bullet}^{\text{corp}}$$

de $\lambda_{i,T_i+1}^{\text{corp}}\Theta_i^{\text{corp}}$. Nous devons donc minimiser simultanément les écarts quadratiques moyens $\mathcal{Q}^{\text{mat}}$ et $\mathcal{Q}^{\text{corp}}$ donnés par

$$\mathcal{Q}^{\text{mat}} = \mathbb{E}\Big[\Big\{\lambda_{i,T_i+1}^{\text{mat}}\Theta_i^{\text{mat}} - c_i^{\text{mat}} - c_i^{\text{mat/mat}}N_{i\bullet}^{\text{mat}} - c_i^{\text{corp/mat}}N_{i\bullet}^{\text{corp}}\Big\}^2\Big]$$

et

$$\mathcal{Q}^{\text{corp}} = \mathbb{E}\Big[\Big\{\lambda_{i,T_i+1}^{\text{corp}}\Theta_i^{\text{corp}} - c_i^{\text{corp}} - c_i^{\text{mat/corp}}N_{i\bullet}^{\text{mat}} - c_i^{\text{corp/corp}}N_{i\bullet}^{\text{corp}}\Big\}^2\Big].$$

On peut donner les significations suivantes aux coefficients:

$c_i^{\text{mat/mat}}$ évalue le pouvoir prédictif des sinistres matériels sur l'occurrence future de sinistres matériels;

$c_i^{\text{corp/mat}}$ évalue le pouvoir prédictif des sinistres corporels sur l'occurrence future de sinistres matériels;

$c_i^{\text{mat/corp}}$ évalue le pouvoir prédictif des sinistres matériels sur l'occurrence future de sinistres corporels;

$c_i^{\text{corp/corp}}$ évalue le pouvoir prédictif des sinistres corporels sur l'occurrence future de sinistres corporels.

L'annulation des dérivées premières des écarts quadratiques moyens $\mathcal{Q}^{\text{mat}}$ et $\mathcal{Q}^{\text{corp}}$ par rapport aux six paramètres fournit le système suivant:

$$c_i^{\text{mat}} = \lambda_{i,T_i+1}^{\text{mat}} - c_i^{\text{mat/mat}}\lambda_{i\bullet}^{\text{mat}} - c_i^{\text{corp/mat}}\lambda_{i\bullet}^{\text{corp}} \quad (10.8)$$

$$c_i^{\text{corp}} = \lambda_{i,T_i+1}^{\text{corp}} - c_i^{\text{mat/corp}}\lambda_{i\bullet}^{\text{mat}} - c_i^{\text{corp/corp}}\lambda_{i\bullet}^{\text{corp}} \quad (10.9)$$

$$0 = \lambda_{i,T_i+1}^{\text{mat}}\mathbb{E}[\Theta_i^{\text{mat}}N_{i\bullet}^{\text{mat}}] - c_i^{\text{mat}}\lambda_{i\bullet}^{\text{mat}} - c_i^{\text{mat/mat}}\mathbb{E}\{N_{i\bullet}^{\text{mat}}\}^2 - c_i^{\text{corp/mat}}\mathbb{E}[N_{i\bullet}^{\text{mat}}N_{i\bullet}^{\text{corp}}] \quad (10.10)$$

$$0 = \lambda_{i,T_i+1}^{\text{mat}}\mathbb{E}[\Theta_i^{\text{mat}}N_{i\bullet}^{\text{corp}}] - c_i^{\text{mat}}\lambda_{i\bullet}^{\text{corp}} - c_i^{\text{mat/mat}}\mathbb{E}[N_{i\bullet}^{\text{mat}}N_{i\bullet}^{\text{corp}}] - c_i^{\text{corp/mat}}\mathbb{E}\{N_{i\bullet}^{\text{corp}}\}^2 \quad (10.11)$$

$$0 = \lambda_{i,T_i+1}^{\text{corp}}\mathbb{E}[\Theta_i^{\text{corp}}N_{i\bullet}^{\text{mat}}] - c_i^{\text{corp}}\lambda_{i\bullet}^{\text{mat}} - c_i^{\text{mat/corp}}\mathbb{E}\{N_{i\bullet}^{\text{mat}}\}^2 - c_i^{\text{corp/corp}}\mathbb{E}[N_{i\bullet}^{\text{mat}}N_{i\bullet}^{\text{corp}}] \quad (10.12)$$

$$0 = \lambda_{i,T_i+1}^{\text{corp}}\mathbb{E}[\Theta_i^{\text{corp}}N_{i\bullet}^{\text{corp}}] - c_i^{\text{corp}}\lambda_{i\bullet}^{\text{corp}} - c_i^{\text{mat/corp}}\mathbb{E}[N_{i\bullet}^{\text{mat}}N_{i\bullet}^{\text{corp}}] - c_i^{\text{corp/corp}}\{N_{i\bullet}^{\text{corp}}\}^2. \quad (10.13)$$

Les espérances qui interviennent dans ce système valent

$$\begin{aligned}
\mathbb{E}[\Theta_i^{\text{mat}} N_{i\bullet}^{\text{mat}}] &= \lambda_{i\bullet}^{\text{mat}} \sigma_{\text{mat}}^2 + \lambda_{i\bullet}^{\text{mat}} \\
\mathbb{E}[\Theta_i^{\text{corp}} N_{i\bullet}^{\text{corp}}] &= \lambda_{i\bullet}^{\text{corp}} \sigma_{\text{corp}}^2 + \lambda_{i\bullet}^{\text{corp}} \\
\mathbb{E}[\Theta_i^{\text{mat}} N_{i\bullet}^{\text{corp}}] &= \lambda_{i\bullet}^{\text{corp}} \sigma_{\text{cm}} + \lambda_{i\bullet}^{\text{corp}} \\
\mathbb{E}[\Theta_i^{\text{corp}} N_{i\bullet}^{\text{mat}}] &= \lambda_{i\bullet}^{\text{mat}} \sigma_{\text{cm}} + \lambda_{i\bullet}^{\text{mat}} \\
\mathbb{E}[\{N_{i\bullet}^{\text{mat}}\}^2] &= \lambda_{i\bullet}^{\text{mat}} + \{\lambda_{i\bullet}^{\text{mat}}\}^2 (\sigma_{\text{mat}}^2 + 1) \\
\mathbb{E}[\{N_{i\bullet}^{\text{corp}}\}^2] &= \lambda_{i\bullet}^{\text{corp}} + \{\lambda_{i\bullet}^{\text{corp}}\}^2 (\sigma_{\text{corp}}^2 + 1) \\
\mathbb{E}[N_{i\bullet}^{\text{mat}} N_{i\bullet}^{\text{corp}}] &= \lambda_{i\bullet}^{\text{mat}} \lambda_{i\bullet}^{\text{corp}} (\sigma_{\text{cm}} + 1).
\end{aligned}$$

En injectant ces expressions dans (10.10)-(10.13), on peut vérifier que les coefficients $c_i^{\text{corp/corp}}$, $c_i^{\text{corp/mat}}$, $c_i^{\text{mat/corp}}$ et $c_i^{\text{mat/mat}}$ sont solutions du système linéaire suivant:

$$\begin{aligned}
\lambda_{i,T_i+1}^{\text{mat}} \sigma_{\text{mat}}^2 &= c_i^{\text{mat/mat}} (1 + \lambda_{i\bullet}^{\text{mat}} \sigma_{\text{mat}}^2) + c_i^{\text{corp/mat}} \lambda_{i\bullet}^{\text{corp}} \sigma_{\text{cm}} \\
\lambda_{i,T_i+1}^{\text{mat}} \sigma_{\text{cm}} &= c_i^{\text{mat/mat}} \lambda_{i\bullet}^{\text{mat}} \sigma_{\text{cm}} + c_i^{\text{corp/mat}} (1 + \lambda_{i\bullet}^{\text{corp}} \sigma_{\text{corp}}^2) \\
\lambda_{i,T_i+1}^{\text{corp}} \sigma_{\text{cm}} &= c_i^{\text{mat/corp}} (1 + \lambda_{i\bullet}^{\text{mat}} \sigma_{\text{mat}}^2) + c_i^{\text{corp/corp}} \lambda_{i\bullet}^{\text{corp}} \sigma_{\text{cm}} \\
\lambda_{i,T_i+1}^{\text{corp}} \sigma_{\text{corp}}^2 &= c_i^{\text{mat/corp}} \lambda_{i\bullet}^{\text{mat}} \sigma_{\text{cm}} + c_i^{\text{corp/corp}} (1 + \lambda_{i\bullet}^{\text{corp}} \sigma_{\text{corp}}^2).
\end{aligned}$$

Ceci donne finalement :

$$\begin{aligned}
c_i^{\text{corp/mat}} &= \frac{\lambda_{i,T_i+1}^{\text{mat}} \sigma_{\text{cm}}}{(1 + \lambda_{i\bullet}^{\text{mat}} \sigma_{\text{mat}}^2)(1 + \lambda_{i\bullet}^{\text{corp}} \sigma_{\text{corp}}^2) - \lambda_{i\bullet}^{\text{mat}} \lambda_{i\bullet}^{\text{corp}} \sigma_{\text{cm}}^2} \\
c_i^{\text{mat/corp}} &= \frac{\lambda_{i,T_i+1}^{\text{corp}} \sigma_{\text{cm}}}{(1 + \lambda_{i\bullet}^{\text{mat}} \sigma_{\text{mat}}^2)(1 + \lambda_{i\bullet}^{\text{corp}} \sigma_{\text{corp}}^2) - \lambda_{i\bullet}^{\text{mat}} \lambda_{i\bullet}^{\text{corp}} \sigma_{\text{cm}}^2} \\
c_i^{\text{mat/mat}} &= \lambda_{i,T_i+1}^{\text{mat}} \frac{\sigma_{\text{mat}}^2 + \lambda_{i\bullet}^{\text{corp}} (\sigma_{\text{mat}}^2 \sigma_{\text{corp}}^2 - \sigma_{\text{cm}}^2)}{(1 + \lambda_{i\bullet}^{\text{mat}} \sigma_{\text{mat}}^2)(1 + \lambda_{i\bullet}^{\text{corp}} \sigma_{\text{corp}}^2) - \lambda_{i\bullet}^{\text{mat}} \lambda_{i\bullet}^{\text{corp}} \sigma_{\text{cm}}^2} \\
c_i^{\text{corp/corp}} &= \lambda_{i,T_i+1}^{\text{corp}} \frac{\sigma_{\text{corp}}^2 + \lambda_{i\bullet}^{\text{mat}} (\sigma_{\text{mat}}^2 \sigma_{\text{corp}}^2 - \sigma_{\text{cm}}^2)}{(1 + \lambda_{i\bullet}^{\text{mat}} \sigma_{\text{mat}}^2)(1 + \lambda_{i\bullet}^{\text{corp}} \sigma_{\text{corp}}^2) - \lambda_{i\bullet}^{\text{mat}} \lambda_{i\bullet}^{\text{corp}} \sigma_{\text{cm}}^2}.
\end{aligned}$$

On s'aperçoit facilement que $c_i^{\text{corp/mat}}$ et $c_i^{\text{mat/corp}}$ croissent avec σ_{cm} et décroissent avec σ_{mat}^2 et σ_{corp}^2.

Il suffit alors d'injecter ces solutions dans les deux équations (10.8)-(10.9) du système de départ pour obtenir c_i^{mat} et c_i^{corp} :

$$\begin{aligned}
c_i^{\text{mat}} &= \lambda_{i,T_i+1}^{\text{mat}} \frac{1 + \lambda_{i\bullet}^{\text{corp}} \sigma_{\text{corp}}^2 - \lambda_{i\bullet}^{\text{corp}} \sigma_{\text{cm}}}{(1 + \lambda_{i\bullet}^{\text{mat}} \sigma_{\text{mat}}^2)(1 + \lambda_{i\bullet}^{\text{corp}} \sigma_{\text{corp}}^2) - \lambda_{i\bullet}^{\text{mat}} \lambda_{i\bullet}^{\text{corp}} \sigma_{\text{cm}}^2} \\
c_i^{\text{corp}} &= \lambda_{i,T_i+1}^{\text{corp}} \frac{1 + \lambda_{i\bullet}^{\text{mat}} \sigma_{\text{mat}}^2 - \lambda_{i\bullet}^{\text{mat}} \sigma_{\text{cm}}}{(1 + \lambda_{i\bullet}^{\text{mat}} \sigma_{\text{mat}}^2)(1 + \lambda_{i\bullet}^{\text{corp}} \sigma_{\text{corp}}^2) - \lambda_{i\bullet}^{\text{mat}} \lambda_{i\bullet}^{\text{corp}} \sigma_{\text{cm}}^2}.
\end{aligned}$$

10.5.3 Une approche sur données désagrégées

Le modèle décrit à la section précédente travaille avec des données agrégées sur chaque assuré (c'est-à-dire qu'on travaille avec $N_{i\bullet}^{\text{mat}}$ et $N_{i\bullet}^{\text{corp}}$ plutôt qu'avec les nombres annuels N_{it}^{mat} et N_{it}^{corp}, $t = 1,2,\ldots,T_i$). Le choix n'est pas tout à fait innocent en ce qui concerne les estimations des variances σ_{mat}^2 et σ_{corp}^2, ainsi que de la covariance σ_{cm}, comme nous le verrons plus loin.

Commençons par justifier le travail sur données agrégées pour le calcul des prédicteurs linéaires des primes. Pour ce faire, cherchons à déterminer le meilleur prédicteur linéaire $c_{i0}^{\text{mat}} + \sum_{t=1}^{T_i} c_{it}^{\text{mat/mat}} N_{it}^{\text{mat}} + \sum_{t=1}^{T_i} c_{it}^{\text{corp/mat}} N_{it}^{\text{corp}}$ de la prime inconnue $\lambda_{i,T_i+1}^{\text{mat}} \Theta_i^{\text{mat}}$ au sens des moindre carrés, ainsi que le meilleur prédicteur linéaire $c_{i0}^{\text{corp}} + \sum_{t=1}^{T_i} c_{it}^{\text{mat/corp}} N_{it}^{\text{mat}} + \sum_{t=1}^{T_i} c_{it}^{\text{corp/corp}} N_{it}^{\text{corp}}$ de $\lambda_{i,T_i+1}^{\text{corp}} \Theta_i^{\text{corp}}$. Nous devons donc minimiser simultanément

$$
\begin{aligned}
\widetilde{\mathcal{Q}}^{\text{mat}} &= \mathbb{E}\Bigg[\bigg\{\lambda_{i,T_i+1}^{\text{mat}} \Theta_i^{\text{mat}} - c_{i0}^{\text{mat}} - \sum_{t=1}^{T_i} c_{it}^{\text{mat/mat}} N_{it}^{\text{mat}} \\
&\qquad - \sum_{t=1}^{T_i} c_{it}^{\text{corp/mat}} N_{it}^{\text{corp}}\bigg\}^2\Bigg]
\end{aligned}
$$

et

$$
\begin{aligned}
\widetilde{\mathcal{Q}}^{\text{corp}} &= \mathbb{E}\Bigg[\bigg\{\lambda_{i,T_i+1}^{\text{corp}} \Theta_i^{\text{corp}} - c_{i0}^{\text{corp}} - \sum_{t=1}^{T_i} c_{it}^{\text{mat/corp}} N_{it}^{\text{mat}} \\
&\qquad - \sum_{t=1}^{T_i} c_{it}^{\text{corp/corp}} N_{it}^{\text{corp}}\bigg\}^2\Bigg].
\end{aligned}
$$

En tenant un raisonnement comparable à celui suivi plus haut, on obtient facilement en dérivant $\widetilde{\mathcal{Q}}^{\text{mat}}$ par rapport à c_{i0}^{mat} et à $c_{is}^{\text{mat/mat}}$ puis en égalant ces dérivées à zéro,

$$
\begin{aligned}
c_{i0}^{\text{mat}} &= \lambda_{i,T_i+1}^{\text{mat}} - \sum_{t=1}^{T_i} c_{it}^{\text{mat/mat}} \lambda_{it}^{\text{mat}} - \sum_{t=1}^{T_i} c_{it}^{\text{corp/mat}} \lambda_{it}^{\text{corp}} \\
c_{is}^{\text{mat/mat}} &= \lambda_{i,T_i+1}^{\text{mat}} \mathbb{V}[\Theta_i^{\text{mat}}] - \sigma_{\text{mat}}^2 \sum_{t=1}^{T_i} c_{it}^{\text{mat/mat}} \lambda_{it}^{\text{mat}} \\
&\qquad - \sigma_{\text{cm}} \sum_{t=1}^{T_i} c_{it}^{\text{corp/mat}} \lambda_{it}^{\text{corp}};
\end{aligned}
$$

on voit donc à partir de cette dernière relation que $c_{is}^{\text{mat/mat}}$ ne dépend pas de s. Un raisonnement similaire conduirait à remarquer que $c_{is}^{\text{mat/corp}}$, $c_{is}^{\text{corp/mat}}$ et $c_{is}^{\text{corp/corp}}$ ne dépendent pas non plus de s. Ceci justifie l'approche agrégée retenue plus haut.

Néanmoins, l'estimation des paramètres σ^2_{mat}, σ^2_{corp} et σ_{cm} sur base de données individuelles fournit des estimateurs différents de $\widehat{\sigma^2_{\text{mat}}}$, $\widehat{\sigma^2_{\text{corp}}}$ et $\widehat{\sigma_{\text{cm}}}$ obtenus plus haut. En effet, en n'agrégeant plus les données au niveau des assurés, et en suivant une méthode des moments en tout point semblable à celle ayant mené à $\widehat{\sigma^2_{\text{mat}}}$, $\widehat{\sigma^2_{\text{corp}}}$ et $\widehat{\sigma_{\text{cm}}}$, on obtient

$$
\begin{aligned}
\widetilde{\sigma^2_{\text{mat}}} &= \frac{\sum_{i=1}^n \sum_{t=1}^{T_i} \left\{ \left(n_{it}^{\text{mat}} - \widehat{\lambda_{it}^{\text{mat}}}\right)^2 - n_{it}^{\text{mat}} \right\}}{\sum_{i=1}^n \sum_{t=1}^{T_i} \{\widehat{\lambda_{it}^{\text{mat}}}\}^2} \\
\widetilde{\sigma^2_{\text{corp}}} &= \frac{\sum_{i=1}^n \sum_{t=1}^{T_i} \left\{ \left(n_{it}^{\text{corp}} - \widehat{\lambda_{it}^{\text{corp}}}\right)^2 - n_{it}^{\text{corp}} \right\}}{\sum_{i=1}^n \sum_{t=1}^{T_i} \{\widehat{\lambda_{it}^{\text{corp}}}\}^2} \\
\widetilde{\sigma_{\text{cm}}} &= \frac{\sum_{i=1}^n \sum_{t=1}^{T_i} \left\{ n_{it}^{\text{mat}} - \widehat{\lambda_{it}^{\text{mat}}} \right\} \left\{ n_{it}^{\text{corp}} - \widehat{\lambda_{it}^{\text{corp}}} \right\}}{\sum_{i=1}^n \sum_{t=1}^{T_i} \widehat{\lambda_{it}^{\text{mat}}} \widehat{\lambda_{it}^{\text{corp}}}}.
\end{aligned}
$$

En pratique, on préfère $\widehat{\sigma^2_{\text{mat}}}$, $\widehat{\sigma^2_{\text{corp}}}$ et $\widehat{\sigma_{\text{cm}}}$ à $\widetilde{\sigma^2_{\text{mat}}}$, $\widetilde{\sigma^2_{\text{corp}}}$ et $\widetilde{\sigma_{\text{cm}}}$, respectivement, car la variance des premiers est plus faible. Néanmoins, la comparaison de ces estimateurs permet d'aprécier l'adéquation du modèle. En effet, tous ces estimateurs étant convergents, des valeurs très différentes obtenues sur base des données individuelles et agrégées suggèrent que le modèle pourrait être mal spécifié.

10.6 Crédibilité hiérarchique

10.6.1 Motivation: les flottes automobiles

Ce sont les personnes morales qui détiennent le plus souvent des flottes de véhicules. Dans ce cas, les portefeuilles de polices couvrant de telles flottes comportent plusieurs niveaux: les flottes et les véhicules au sein de celles-ci. La taille des flottes est une variable déterminante dans l'analyse actuarielle.

Les modèles de crédibilité développés pour les flottes sont basés sur des effets aléatoires hiérarchisés, qui permettent de séparer un effet propre à la flotte, et un effet propre à chaque véhicule au sein de celle-ci.

10.6.2 Modèle à effets aléatoires pour portefeuilles stratifiés

L'indice $f = 1,\ldots,F$ représentera désormais la flotte, et les véhicules au sein de chaque flotte seront indicés par $i = 1,\ldots,m_f$, où m_f désigne la taille de la flotte f. Soit N_{fi} le nombre de sinistres relatifs au véhicule i dans la flotte f. Conditionnellement à un effet aléatoire $\Theta_{fi} = \theta$, nous supposerons N_{fi} de loi $\mathcal{P}oi(\lambda_{fi}\theta)$. L'effet aléatoire Θ_{fi} reprend l'effet résiduel de toutes les variables cachées sur le nombre des sinistres.

Le nombre attendu de sinistre pour le véhicule i de la flotte f, noté $\lambda_{fi} = \mathbb{E}[N_{fi}]$, est fonction de caractéristiques observables et relatives soit à la flotte, soit spécifiquement au véhicule. Plus précisément, nous considérerons que λ_{fi} se met sous la forme

$$\lambda_{fi} = d_{fi}\exp(\boldsymbol{\alpha}^t\boldsymbol{x}_f + \boldsymbol{\beta}^t\boldsymbol{z}_{fi})$$

où

- d_{fi} est l'exposition au risque pour le véhicule f de la flotte i;
- $\boldsymbol{x}_f$ reprend l'information relative à la flotte i, telle que secteur d'activité, nombre d'employés, etc.
- $\boldsymbol{z}_{fi}$ reprend l'information propre au véhicule i au sein de la flotte f, telle que puissance, carburant, affectation, kilométrage, etc.

La spécification de λ_{fi} fait volontairement penser à la régression de Poisson présentée dans le chapitre précédent. Il faut cependant ici tenir compte de l'aspect stratifié du portefeuille lors de la phase d'estimation des paramètres de régression $\boldsymbol{\alpha}$ et $\boldsymbol{\beta}$.

Une manière bien commode d'estimer ces paramètres consiste à procéder comme suit. Tout d'abord, on agrège la sinistralité au niveau de chaque flotte, en calculant $N_{f\bullet} = \sum_{i=1}^{m_f} N_{fi}$, pour une exposition au risque de $d_{f\bullet} = \sum_{i=1}^{m_f} d_{fi}$. On utilise alors une première régression de Poisson sur $\boldsymbol{x}_f$ afin d'obtenir $\widehat{\boldsymbol{\alpha}}$. Ensuite, on crée l'offset $\widehat{\boldsymbol{\alpha}}^t\boldsymbol{x} + \ln d_{fi}$, et on régresse les N_{fi} sur les $\boldsymbol{z}_{fi}$ afin d'obtenir $\widehat{\boldsymbol{\beta}}$. Dans cette seconde phase d'estimation, on tiendra compte de la corrélation existant entre les véhicules au sein d'une même flotte grâce à la technique des GEE exposée plus haut (option Repeated dans la procédure GENMOD de SAS). Ces estimations pourront éventuellement être améliorées en s'en servant comme valeurs initiales de la maximisation de la fonction de vraisemblance jointe.

Les effets aléatoires Θ_{fi} sont éclatés en un facteur spécifique à la flotte, noté R_f, et un facteur propre au véhicule i au sein de la flotte, noté S_{fi}. Nous supposons de plus que $\{R_f,\ f =$

$1,\ldots,F\}$ et $\{S_{fi},\ f=1,\ldots,F,\ i=1,\ldots,m_f\}$ sont mutuellement indépendantes et constituées de variables aléatoires indépendantes et identiquement distribuées. L'effet véhicule S_{fi} reflète notamment le comportement du (ou des) conducteur(s) de ce véhicule. L'effet flotte R_f reflète l'attention portée par les dirigeants de la société possédant la flotte aux règles de sécurité, aux entretiens des véhicules, aux horaires imposés aux chauffeurs, etc. de même que la santé financière de l'entreprise (qui peut influencer la prévention des accidents, et donc le niveau de risque de la flotte).

Dans une approche semi-paramétrique, l'actuaire ne spécifie que les deux premiers moments des effets aléatoires (leur loi n'est donc pas fixée). Nous supposerons donc désormais que $\mathbb{E}[R_f]=\mathbb{E}[S_{fi}]=1$ et nous noterons $\mathbb{V}[R_f]=\sigma_R^2$ et $\mathbb{V}[S_f]=\sigma_S^2$. Nous avons alors

$$\begin{aligned}\mathbb{E}[\Theta_{fi}] &= \mathbb{E}[R_f]\mathbb{E}[S_{fi}]=1\\ \mathbb{V}[\Theta_{fi}] &= \sigma_\Theta^2=\mathbb{E}[R_f^2]\mathbb{E}[S_{fi}^2]-1=\sigma_R^2+\sigma_S^2+\sigma_R^2\sigma_S^2.\end{aligned}$$

De même,

$$\begin{aligned}\mathbb{V}[N_{fi}] &= \lambda_{fi}+\lambda_{fi}^2\sigma_\Theta^2\\ \mathbb{C}[N_{fi},N_{fi'}] &= \mathbb{E}\Big[\mathbb{C}[N_{fi},N_{fi'}|R_f]\Big]\\ &\quad +\mathbb{C}\Big[\mathbb{E}[N_{fi}|R_f],\mathbb{E}[N_{fi'}|R_f]\Big]\\ &= \lambda_{fi}\lambda_{fi'}\sigma_R^2 \text{ pour } i\neq i'.\end{aligned}$$

Après avoir obtenu les $\widehat{\lambda}_{fi}$, on estime les autres paramètres à partir de

$$\begin{aligned}\widehat{\sigma}_R^2 &= \frac{\sum_{f=1}^F\sum_{i\neq i'}(n_{fi}-\widehat{\lambda}_{fi})(n_{fi'}-\widehat{\lambda}_{fi'})}{\sum_{f=1}^F\sum_{i\neq i'}\widehat{\lambda}_{fi}\widehat{\lambda}_{fi'}}\\ \widehat{\sigma}_\Theta^2 &= \frac{\sum_{f=1}^F\sum_{i=1}^{m_f}\Big\{(n_{fi}-\widehat{\lambda}_{fi})^2-n_{fi}\Big\}}{\sum_{f=1}^F\sum_{i=1}^{m_f}\widehat{\lambda}_{fi}^2}.\end{aligned}$$

De la relation $\sigma_\Theta^2=\sigma_R^2+\sigma_S^2+\sigma_R^2\sigma_S^2$, il est alors facile de déduire un estimateur pour σ_S^2, à savoir

$$\widehat{\sigma}_S^2=\frac{\widehat{\sigma}_\Theta^2-\widehat{\sigma}_R^2}{1+\widehat{\sigma}_R^2}.$$

La valeur de $\widehat{\sigma}_R^2$ traduit le degré de corrélation des passés sinistres des différents véhicules appartenant à la même flotte. Si $\widehat{\sigma}_R^2>0$ alors cette dépendance est positive, et l'historique d'un véhicule révèle des informations quant aux autres véhicules de la même flotte. Notez que le numérateur du rapport définissant $\widehat{\sigma}_R^2$ peut encore se mettre sous la forme

$$\begin{aligned}
&\sum_{f=1}^{F}\sum_{i\neq i'}(n_{fi}-\widehat{\lambda}_{fi})(n_{fi'}-\widehat{\lambda}_{fi'})\\
&= \sum_{f=1}^{F}\sum_{i=1}^{m_f}\sum_{i'=1}^{m_f}(n_{fi}-\widehat{\lambda}_{fi})(n_{fi'}-\widehat{\lambda}_{fi'})-\sum_{f=1}^{F}\sum_{i=1}^{m_f}(n_{fi}-\widehat{\lambda}_{fi})^2\\
&= \sum_{f=1}^{F}(n_{f\bullet}-\widehat{\lambda}_{f\bullet})^2-\sum_{f=1}^{F}\sum_{i=1}^{m_f}(n_{fi}-\widehat{\lambda}_{fi})^2
\end{aligned}$$

où

$$n_{f\bullet}=\sum_{i=1}^{m_f}n_{fi} \text{ et } \widehat{\lambda}_{f\bullet}=\sum_{i=1}^{m_f}\lambda_{fi}.$$

Comme nous l'avons expliqué plus haut, nous pourrions avoir $\widehat{\sigma}_S^2<0$ dans certains cas, ce qui indique que le modèle de crédibilité hiérarchique ne peut s'appliquer aux données analysées. Expliquons à présent la signification de $\widehat{\sigma}_S^2>0 \Leftrightarrow \widehat{\sigma}_\Theta^2>\widehat{\sigma}_R^2$. Cela implique que

$$\begin{aligned}
&\frac{\sum_{f=1}^{F}\sum_{i=1}^{m_f}\left\{(n_{fi}-\widehat{\lambda}_{fi})^2-n_{fi}\right\}}{\sum_{f=1}^{F}\sum_{i=1}^{m_f}\widehat{\lambda}_{fi}^2}\\
&> \frac{\sum_{f=1}^{F}(n_{f\bullet}-\widehat{\lambda}_{f\bullet})^2-\sum_{f=1}^{F}\sum_{i=1}^{m_f}(n_{fi}-\widehat{\lambda}_{fi})^2}{\sum_{f=1}^{F}\widehat{\lambda}_{f\bullet}^2-\sum_{f=1}^{F}\sum_{i=1}^{m_f}\widehat{\lambda}_{fi}^2}.
\end{aligned}$$

Quelques manipulations montrent que cette inégalité est vérifiéesi, et seulement si,

$$\frac{\sum_{f=1}^{F}\sum_{i=1}^{m_f}\left\{(n_{fi}-\widehat{\lambda}_{fi})^2-n_{fi}\right\}}{\sum_{f=1}^{F}\sum_{i=1}^{m_f}\widehat{\lambda}_{fi}^2}>\frac{\sum_{f=1}^{F}(n_{f\bullet}-\widehat{\lambda}_{f\bullet})^2-n_{f\bullet}}{\sum_{f=1}^{F}\widehat{\lambda}_{f\bullet}^2}.$$

Dès lors, $\widehat{\sigma}_S^2>0$ si la surdispersion relative calculée au niveau des véhicules est plus élevée que cette même surdispersion caclulée au niveau des flottes.

10.6.3 Crédibilité linéaire

Nous sommes à présent en mesure de calculer une prime de crédibilité linéaire pour chaque véhicule d'une flotte donnée, disons

f_0, à partir de l'historique des sinistres de la flotte (avec des coefficients de crédibilité propres au véhicule considéré, disons i_0). Dans la mesure où les coefficients de crédibilité sont calculés séparément pour chaque flotte, nous omettons désormais l'indice f propre à la flotte, par simplicité.

Supposons que la flotte a été observée au cours d'une période d'un an, et calculons les révisions des fréquences pour l'année suivante. Le flotte est supposée comprendre m véhicules au cours de la première année. En supposant que la prime de crédibilité pour le véhicule i_0 ne dépend que du nombre total $\sum_{i=1}^m N_i$ de sinistres relatifs à l'ensemble de la flotte, nous cherchons les coefficients a_{i_0} et b_{i_0} qui minimisent

$$\mathcal{Q} = \mathbb{E}\left[\left(\Theta_{i_0} - a - b\sum_{i=1}^m N_i\right)^2\right].$$

En annulant $\partial\mathcal{Q}/\partial a$, on obtient $1 = a_{i_0} + b_{i_0}\sum_{i=1}^m \mathbb{E}[N_i]$ de sorte que la prime de crédibilité peut s'exprimer en fonction de coefficients de crédibilité

$$1 + b_{i_0}\sum_{i=1}^m (N_i - \lambda_i) \equiv 1 - \text{cred}_{i_0} + \text{cred}_{i_0}\frac{\sum_{i=1}^m N_i}{\sum_{i=1}^m \lambda_i}.$$

La minimisation de $\mathcal{Q}$ mène alors à

$$\text{cred}_{i_0} = b_{i_0}\sum_{i=1}^m \lambda_i = \frac{\mathbb{C}\left[\Theta_{i_0}, \sum_{i=1}^m N_i\right]}{\mathbb{V}\left[\sum_{i=1}^m N_i\right]}\sum_{i=1}^m \lambda_i.$$

Les éléments intervenant dans les calculs sont

$$\begin{aligned}
\widehat{\mathbb{C}[\Theta_{i_0}, N_i]} &= \widehat{\lambda}_i \mathbb{C}[\Theta_{i_0}, \Theta_i] = \begin{cases} \widehat{\lambda}_i \sigma_R^2 \text{ si } i_0 \neq i \\ \widehat{\lambda}_{i_0}\sigma_\Theta^2 \text{ si } i_0 = i \end{cases} \\
\widehat{\mathbb{V}[N_i]} &= \widehat{\lambda}_i + \widehat{\lambda}_i \widehat{\sigma}_\Theta^2 \\
\widehat{\mathbb{C}[N_i, N_{i'}]} &= \widehat{\lambda}_i \widehat{\lambda}_{i'} \widehat{\sigma}_R^2 \text{ pour } i \neq i'.
\end{aligned}$$

10.6.4 Le cas des nouveaux véhicules

Si le véhicule n'a pas été observé durant la première année alors

$$\begin{aligned}
\text{cred}_{i_0} = \alpha &= \frac{\widehat{\sigma}_R^2 \sum_{i=1}^m \widehat{\lambda}_i}{\sum_{i=1}^m \widehat{\lambda}_i + \sum_{i=1}^m \widehat{\lambda}_i^2 \widehat{\sigma}_\Theta^2 + \sum_{i\neq i'} \widehat{\lambda}_i \widehat{\lambda}_{i'} \widehat{\sigma}_R^2}\sum_{i=1}^m \widehat{\lambda}_i \\
&= \frac{\widehat{\sigma}_R^2 \sum_{i=1}^m \widehat{\lambda}_i}{1 + \widehat{\sigma}_R^2 \sum_{i=1}^m \widehat{\lambda}_i + (\widehat{\sigma}_\Theta^2 - \widehat{\sigma}_R^2)\frac{\sum_{i=1}^m \widehat{\lambda}_i^2}{\sum_{i=1}^m \widehat{\lambda}_i}}.
\end{aligned}$$

Nous remarquons que cred_{i_0} augmente avec la variance estimée $\widehat{\sigma}_R^2$ de l'effet flotte et avec la fréquence de sinistres $\sum_{i=1}^m \widehat{\lambda}_i$ pour l'ensemble de la flotte.

10.6.5 Le cas des véhicules existant

Si le véhicule appartenait à la flotte au cours de la première année alors

$$\text{cred}_{i_0} = \alpha + \beta_{i_0} \text{ avec } \beta_{i_0} = \frac{(\widehat{\sigma}_\Theta^2 - \widehat{\sigma}_R^2)\widehat{\lambda}_{i_0}}{1 + \widehat{\sigma}_R^2 \sum_{i=1}^m \widehat{\lambda}_i + (\widehat{\sigma}_\Theta^2 - \widehat{\sigma}_R^2)\frac{\sum_{i=1}^m \widehat{\lambda}_i^2}{\sum_{i=1}^m \widehat{\lambda}_i}}.$$

Le coefficient de crédibilité apparaît donc comme la somme d'un terme α propre à la flotte (et donc commun à tous les véhicules de la flotte) et d'un terme β_{i_0} spécifique au véhicule.

10.6.6 Flottes ouvertes

La plupart des polices que l'on peut trouver sur le marché couvrent des flottes ouvertes, c'est-à-dire que l'entreprise possédant la flotte n'est pas obligée de déclarer à la compagnie tout nouveau véhicule, ou toute aliénation d'un véhicule existant. Dans ce contexte, une prime de crédibilité calculée au niveau du véhicule paraît peu réaliste.

Si on désigne par ϱ le taux moyen de rotation des véhicules dans la flotte, un facteur de crédibilité valant $\alpha + (1 - \varrho)\overline{\beta}$ peut être retenu pour la flotte, où $\overline{\beta}$ est la moyenne des β_i.

10.7 Notes bibliographiques

Les origines de la théorie de la crédibilité remontent à MOWBRAY (1914) et WHITNEY (1918). Mais il fallut attendre les travaux de BÜHLMANN (1967, 1969) pour avoir une théorie rigoureuse; voyez également BÜHLMANN (1970). Le livre de DANNENBURG ET AL. (1996) offre une introduction très abordable au sujet, de même que KLUGMAN ET AL. (1998) et KAAS ET AL. (2001).

Le modèle de crédibilité fréquentielle avec variables explicatives fut introduit dans DIONNE & VANASSE (1989,1992). Mentionnons les travaux remarquables de PINQUET (1997,1998), et la synthèse de PINQUET (1999).

Le type de dépendance induite par les modèles actuariels de crédibilité a été étudié par PURCARU & DENUIT (2002a,b,2003), ainsi que par Brouhns & Denuit (2003). Une comparaison des corrections induites par différents types de modèles est proposée par Purcaru, Guillén & Denuit (2004). Pinquet, Guillen & Bolancé (2001) étudient une base de données espagnole à l'aide d'un modèle de crédibilité dont les effets aléatoires évoluent dans le temps. Ceci permet de prendre en compte l'ancienneté des sinistres, ce que ne permettent pas les modèles décrits dans ce chapitre. A ce propos, on pourra également consulter Gerber & Jones (1975) et Sundt (1988).

Pour plus de détails sur le traitement statistique des modèles de Poisson mélange pour les nombres de sinistres (notamment dans le cas de mélangeantes Gamma, et Gamma mélanges), le lecteur pourra utilement se référer à Denuit & Lambert (2001) ainsi qu'aux références mentionnées dans cet article. En ce qui concerne les portefeuilles couvrant des flottes de véhicules, nous renvoyons le lecteur à Desjardins, Dionne & Pinquet (2001).

Durant tout ce chapitre, nous avons considérés des prédicteurs optimaux au sens de la minimisation de l'erreur quadratrique moyenne. Bermudez, Denuit & Dhaene (2001) et Denuit & Dhaene (2001) ont considéré d'autres fonctions de perte, pour aboutir à des corrections a posteriori dont la sévérité pouvait être contrôlée à l'aide d'un paramètre (tout en conservant la propriété d'équilibre financier).

10.8 Exercices

Exercice 10.8.1. *Considérons une population séparée en deux sous-populations (modélisées par un paramètre Θ), de bons et de mauvais conducteurs, en proportions égales. La moitié des conducteurs, les bons, correspondant à $\Theta = B$, ont une probabilité 1/5 d'avoir un accident dans l'année et 4/5 de ne pas en avoir. L'autre moitié des conducteurs, les mauvais, correspondant à $\Theta = M$, ont une probabilité 2/5 d'avoir un accident dans l'année et 3/5 de ne pas en avoir.*

Un conducteur a souscrit une police d'assurance depuis 3 ans, et sur les 3 années, il a eu 2 accidents. Calculer l'espérance du nombre de sinistres pour les deux prochaines années.

Exercice 10.8.2. *On suppose le coût de sinistre X modélisé par une loi normale de variance ν (donnée) de moyenne Θ, où Θ suit une loi normale, de moyenne μ et de variance a. Donner la loi (non conditionelle) de X, puis son espérance et sa variance. Etant* *données k observations $X_1,\ldots,X_k$, donner un estimateur a posteriori de Θ et le comparer à l'estimateur de Bühlmann.*

Exercice 10.8.3. *On suppose que pour un individu, sa fréquence annuelle de sinistre a pour moyenne λ et pour variance σ^2, avec $\lambda \sim \mathcal{U}ni\,[0.5,1.5]$, et que σ^2 suit une loi exponentielle de moyenne 1,25. Un assuré tiré au hasard n'a pas eu de sinistre la première année. En utilisant la théorie de la crédibilité de Bühlmann, estimer le nombre de sinistre pour l'année 2.*

Exercice 10.8.4. *On suppose avoir les statistiques suivantes sur les fréquences d'accident pour des assurances auto individuelles:*

	Professionnel		*Personnel*	
	Moyenne	*Variance*	*Moyenne*	*Variance*
Campagne	1,0	0,50	1,5	0,80
Ville	2,0	1,00	2,5	1,00
Total	1,8	1,06	2,3	1,12

et on suppose qu'il y a autant de contrats pour des utilisations personnelles que professionnelles. Déterminer le facteur de crédibilité de Bühlmann pour un conducteur se présentant, sachant qu'on ne peut pas savoir s'il aura un usage professionnel ou personnel de son véhicule, en campagne ou en ville.

Exercice 10.8.5. *Dans un portefeuille se côtoient 3 types de conducteurs (A, B et C, disons). Les conducteurs de type A représentent la moitié du portefeuille, ceux de type B le tiers. Connaissant le type de conducteur, les nombres annuels de sinistres $N_1,N_2,\ldots$ sont des variables aléatoires indépendantes et de même loi décrite au tableau suivant:*

	$\Pr[N_t = \cdot\,\vert\, Classe]$				
Classe	*0*	*1*	*2*	*3*	*4*
A	*1/3*	*1/3*	*1/3*		
B		*1/6*	*2/3*	*1/6*	
C			*1/6*	*2/3*	*1/6*

Un assuré pris au hasard a eu 1 sinistre la première année. Calculer l'espérance du nombre de sinistres pour la seconde année.

Exercice 10.8.6. *Une compagnie d'assurances a en portefeuille deux contrats "groupe", dont les statistiques sur les trois dernières années sont reprises ci-dessous. Calculez la prime d'expérience pour l'année 4 pour chacune des deux sociétés.*

		Année t			
Société i		*1*	*2*	*3*	*4*
1	*Coût moyen/assuré:*	*200*	*100*	*150*	-
	# assurés:	*100*	*100*	*200*	*100*
2	*Coût moyen/assuré:*	*300*	*200*	*400*	-
	# assurés:	*200*	*200*	*200*	*200*

Exercice 10.8.7. *Soit N_i, $i = 1,2,\ldots$, le nombre des sinistres causés par un assuré au cours de la ième année. Conditionnellement à $\Theta = \theta$, les N_i sont indépendantes et de loi de Poisson de moyenne θ. L'effet aléatoire Θ est supposé de loi Gamma de moyenne a/τ et de variance a/τ^2.*

1. *On a observé pour cet assuré k_1 sinistres la première année, k_2 la seconde et k_3 la troisième. Calculez la prime réclamée à*

cet assuré pour la quatrième année à l'aide de la méthode de Bayes.

2. *Comparez le résultat ci-dessus avec la prime obtenue dans le modèle de Bühlmann. Expliquez.*

Exercice 10.8.8. *Considérons un portefeuille constitué de 5 polices, chacune d'elles ayant été observée durant 5 années. Chaque police donne lieu à 0 ou 1 sinistre par an; notons I_{it} le nombre de sinistre produit par la police i durant l'année t, $i,t = 1,2,3,4,5$.*

En supposant le coût moyen d'un sinistre unitaire, calculez les primes pour la sixième année dans le modèle de Bühlmann sachant que

$$\sum_{t=1}^{5} I_{it} = 0 \text{ pour } i = 1,2,3,$$

et

$$\sum_{t=1}^{5} I_{4t} = 1, \quad \sum_{t=1}^{5} I_{5t} = 2 \text{ et } \sum_{t=1}^{5} I_{5t}^2 = 2.$$

Chapitre 11

Systèmes bonus-malus

11.1 Introduction

11.1.1 Hétérogénéité résiduelle

Dans la tarification a priori, les réductions ou majorations de prime sont octroyées sur base des observations faites par la compagnie dans un passé récent sur des assurés au profil identique. L'assuré est donc identifié à un collectif d'assurés qui lui sont indiscernables sur base de l'information détenue par la compagnie, et se voit appliquer une tarification basée sur l'expérience relative à ce collectif. Bien évidemment, le groupe d'individus auquel est identifié l'assuré ne lui est pas en tout point semblable: il subsiste une hétérogénéité plus ou moins forte, selon l'étendue et la pertinence de l'information dont dispose l'assureur. Ceci peut également s'expliquer par le fait que de nombreux facteurs non observables (ou non mesurables objectivement) influencent vraisemblablement la sinistralité; citons pour mémoire l'agressivité au volant, la consommation de boissons alcoolisées ou de drogues, la justesse des réflexes et l'acuité du jugement. En vertu de la théorie de la crédibilité, le montant de la prime est réajusté a posteriori en fonction de la sinistralité constatée, laquelle révèle les facteurs non observables évoqués plus haut. Ce processus de révélation peut se voir comme une manière détournée de récupérer de l'information non accessible a priori.

La nature de la dépendance existant entre les nombres annuels des sinistres déclarés par un assuré est complexe:

1. dans une approche endogène, l'historique des individus modifie leur profil de risque (il s'agit du phénomène statistique de contagion vraie). Un accident de voiture modifie généralement la perception du danger inhérent à la conduite et encourage

l'assuré à plus de prudence, réduisant ainsi sa probabilité de sinistre. De plus, les mécanismes de personnalisation des primes a posteriori sont des incitants à la prudence et induisent une contagion négative entre nombres annuels de sinistre.

2. dans une approche exogène, la dépendance entre les nombres annuels des sinistres n'est qu'apparente et résulte exclusivement de la révélation des caractéristiques cachées de l'assuré. On peut ainsi songer au kilométrage annuel ou à des traits de caractère indépendants de l'historique. Cette hétérogénéité résiduelle des individus peut être prise en compte par un effet aléatoire dans un modèle statistique.

Quelle que soit l'explication qui prévaut, le nombre de sinistres déclarés dans le passé est souvent la variable la plus pertinente pour prédire le nombre futur de sinistre. De plus, l'occurrence d'un sinistre augmente sensiblement la probabilité d'en déclarer d'autres dans le futur, ce qui semble conforter l'approche exogène mentionnée plus haut.

La théorie de la crédibilité est souvent réservée aux personnes morales en raison de sa haute technicité et de la difficulté d'un formalisme contractuel. La plupart des compagnies qui pratiquent l'assurance automobile ont adopté un système de tarification *a posteriori* connu sous le nom de système bonus-malus pour les assurances vendues aux particuliers. Dans certains pays, comme en France, l'Etat impose un tel système aux assureurs. La fonction de ce système est de répartir plus équitablement les coûts entre les bons et les mauvais conducteurs. Différentes études ont montré que, bien plus que l'âge, le sexe ou l'usage du véhicule, ce sont les sinistres causés par un assuré dans le passé qui prédisent le mieux ceux qu'il occasionnera dans le futur.

11.1.2 Objectifs des systèmes bonus-malus

L'instauration d'un système bonus-malus poursuit essentiellement trois buts. Tout d'abord, il s'agit de responsabiliser les assurés et de les inciter à plus de prudence au volant. En application du système bonus-malus, les assurés qui ont causé un sinistre pour lequel la compagnie a dû intervenir voient leur prime augmenter l'année suivante. Les assurés ont donc un intérêt objectif à prendre autant de précautions que possible au volant. A ce titre, le système bonus-malus est un mécanisme permettant de combattre le risque moral (c'est-à-dire la tendance naturelle des assurés à prendre moins de précautions lorsqu'ils se savent couverts par une police d'assurance).

Ensuite, il s'agit d'ajuster le montant de la prime au cours du temps afin que celui-ci reflète le risque réel que représente l'assuré. A ce titre, le mécanisme du système bonus-malus s'inscrit dans le cadre de la théorie de la crédibilité. Dans un environnement segmenté, il s'agit d'affiner l'opinion que l'assureur se faisait a priori du risque à assurer (telle que reflétée par le tarif) grâce à la sinistralité observée.

Enfin, il s'agit de répondre aux poussées consuméristes. Le système bonus-malus permet d'augmenter la prime des assurés qui mettent des sinistres à la charge de la collectivité, et de diminuer d'autant la prime des bons conducteurs.

11.1.3 Soif de bonus

Les pénalités induites par les systèmes bonus-malus dépendent exclusivement du nombre de sinistres en tort déclarés par l'assuré. Leur coût n'est pas pris en compte. On peut avancer plusieurs raisons à cela:

1. Souvent, les sinistres de quelque gravité nécessitent des délais de règlement assez longs. Pensez par exemple à un sinistre avec dégâts corporels, où il faut attendre que l'état de la victime soit stabilisé avant de pouvoir déterminer le montant des indemnités.
2. Les montants payés par l'assureur sont versés aux tiers lésés au titre d'indemnisation de leurs préjudices. Ainsi, un assuré qui renverserait un piéton exposerait son assureur à des dépenses très différentes selon que ce piéton est un vieillard malade seul au monde ou un jeune cadre dynamique père de deux enfants en bas âge. On voit mal comment les caractéristiques de l'assuré pourraient expliquer ce phénomène (même si on comprend bien que le profil de l'assuré puisse expliquer la probabilité d'avoir un accident avec dégâts corporels). Dans le même ordre d'idées, un assuré qui accrocherait un autre véhicule obligerait son assureur à payer des indemnités très différentes selon que le véhicule tiers est une limousine ou une voiture bas de gamme.

Une conséquence de l'instauration d'un système bonus-malus est l'apparition du phénomène de "bonus hunger", traduit en français par la "soif de bonus": comme les pénalités du système sont indépendantes du montant des sinistres, les assurés ont tout intérêt à dédommager eux-mêmes les petits sinistres. Ceci a pour avantage que les sinistres de faible montant, dont les coûts de gestion seraient disproportionnés par rapport au préjudice à réparer, ne parviennent normalement pas à la compagnie.

11.1.4 Systèmes à classes et systèmes "à la française"

On distingue deux types de mécanisme bonus-malus: les systèmes à classes et les systèmes "à la française". Dans ce dernier cas, la prime payé par l'assuré est réduite en cas d'absence de sinistre (d'un pourcentage fixé) et une pénalité multiplicative est appliquée par sinistre déclaré.

Au contraire des systèmes à la française, un système bonus-malus à classes enferme l'assuré dans une échelle comptant un certain nombre de niveaux. Formellement, un système à classes se présente comme suit:

Niveau	Prime	Prime relative
s	b_s	r_s
$\vdots$	$\vdots$	$\vdots$
ℓ	$b_\ell = r_\ell \times BP$	r_ℓ
$\vdots$	$\vdots$	$\vdots$
0	b_0	r_0

Le niveau 0 est celui auquel est associée la plus grande ristourne, alors que le niveau s correspond à la pénalité maximale. A chaque échelon est associé un pourcentage. Si l'assuré occupe le niveau ℓ, la prime qu'il devra payer s'obtient en appliquant le pourcentage r_ℓ à la prime de base BP librement fixée par l'assureur (et pouvant donc dépendre des caractéristiques de l'assuré). Un degré de l'échelle est prévu pour le nouvel assuré. Ensuite, un réajustement de la position de l'assuré sur cette échelle est effectué annuellement en fonction de la sinistralité de cet assuré et conformément aux règles du système. Ces règles sont fixes et ne tiennent généralement compte que du degré de l'année précédente et du nombre de sinistres occasionnés depuis. L'application de ce système aura pour effet de pénaliser d'une augmentation de prime le responsable d'un ou de plusieurs accidents, tandis que l'assuré n'ayant pas fait jouer la couverture de la compagnie pendant un an bénéficiera d'une réduction de prime.

On notera que la mise en place des système bonus-malus dans les pays francophone fut possible grâce à un certain nombre d'études au début des années 60, dont Fréchet (1959), Delaporte (1959),

Thépaut (1959) - toutes trois présentées lors de la conférence ASTIN à La Baule en juin 1959 (intitulée "*no claim bonus in motor insurance*") - Franckx (1960) ou encore Bühlmann (1964).

11.1.5 Petit historique du système bonus-malus en France

Les origines du système bonus-malus français remontent à la fin des années 50, même s'il a fallu attendre 1976 pour qu'il devienne obligatoire.

Le bonus malus est désigné en France par le terme de coefficient de réduction majoration. Un bonus de 50% correspond à un coefficient de 0,50. Un bonus de 0% correspond à un coefficient de 1, etc. Inversement un coefficient de 1,25 désigne un malus de 25%. Le coefficient est arrondi par défaut deux chiffres après la virgule et évolue suivant les sinistres déclarés. Si l'assuré n'a déclaré aucun sinistre durant l'année, le coefficient qui lui a été attribué l'année précédente est multiplié par un coefficient de 0,95 (ou de 0,97 si l'assuré utilise son véhicule pour effectuer des tournées de clientèle, comme médecin, commercial non sédentaire, etc.). Si l'assuré déclare un sinistre dont il n'est responsable que partiellement, le nouveau coefficient est obtenu en multipliant l'ancien par 1,125. En cas d'accident totalement responsable, le coefficient multiplicateur passé à 1,25 (ou 1,20 si tournées de clientèle).

En tout état de cause, le coefficient ne peut jamais être inférieur à 0,50, ni dépasser 3, 50. De plus, si l'assuré subit un malus pendant 24 mois complet et ne cause aucun sinistre, son coefficient est automatiquement ramené à 1 soit 0% de bonus. Après deux années consécutives sans sinistre, le coefficient applicable ne peut donc être supérieur à 1. Aucune majoration n'est appliquée pour le premier sinistre survenu après une période d'au moins trois ans au cours de laquelle le coefficient de réduction majoration a été égal à 0,50.

Les sinistres déclarés sont centralisés par les compagnies d'assurances auprès du fichier de l'AGIRA. Ceci afin d'éviter toute fausse déclaration. L'assureur délivre au souscripteur un relevé d'informations à chaque échéance annuelle du contrat ou, à défaut, à la demande du souscripteur ou lors de la résiliation du contrat par l'une des parties. Ce relevé précise notamment le nombre, la nature, la date de survenance et le conducteur responsable des sinistres survenus au cours des cinq périodes annuelles précédentes, ainsi que la part de responsabilité retenue et le coefficient de réduction majoration appliqué à la dernière échéance annuelle. Le conducteur qui désire être assuré auprès d'un nouvel assureur s'engage à fournir à celui-ci le relevé d'informations, délivré par l'assureur du contrat qui le garantissait précédemment.

Le système français s'applique à toutes les polices du marché. Cette obligation n'a pas été remise en cause par la commission européenne.

11.1.6 Petit historique du système bonus-malus en Belgique

La première forme de tarification d'expérience en Belgique remonte à 1961, lorsqu'une compagnie d'assurance de taille moyenne introduisit sur le marché belge une police comprenant une clause dite NCD (pour l'anglais "No-Claim Discount"): en application de cette clause contractuelle, la prime payée par les assurés était réduite s'ils ne déclaraient pas de sinistre à la compagnie. Cette innovation eut tant de succès que cette compagnie doubla sa part de marché en 5 ans, attirant dans son portefeuille d'excellents conducteurs, en vertu du mécanisme bien connu de l'antisélection.

Devant l'ampleur du phénomène, l'Etat belge instaura dès 1971 un mécanisme officiel de bonus-malus. Il s'agissait d'une échelle comportant 18 niveaux, numérotés de 1 à 18. L'assuré au degré minimum payait 60% de la prime de base, tandis que celui au sommet de l'échelle en payait 200%. Le niveau de base (correspondant à 100%) était le 10. Les assurés qui utilisaient leur véhicule dans le cadre de leurs loisirs et pour se rendre sur le lieu de leur travail entraient dans le système au niveau 6 ; on leur reconnaissait ainsi une réduction implicite de 15% par rapport aux assurés qui utilisaient leur véhicule dans le cadre de leur activité professionnelle, lesquels étaient versés dans la classe 10. Chaque année de couverture valait aux assurés une descente inconditionnelle d'un degré dans l'échelle. Chaque sinistre déclaré était pénalisé par une remontée de 3 degrés. De plus, un assuré n'ayant pas déclaré de sinistre durant 4 années consécutives ne pouvait se trouver à un niveau excédant 10. Détail qui a son importance, un système performant fut mis en place au niveau du marché belge afin d'empêcher toute évasion du système: lors du changement de compagnie, l'assuré devait présenter au nouvel assureur un certificat établi par l'ancien assureur attestant du degré occupé dans l'échelle, et de tout sinistre non encore réglé pouvant influencer la position de l'assuré. De plus, les polices de l'époque avaient une durée de 10 ans, ce qui assurait une grande stabilité au marché.

Force fut pourtant de constater que le système introduit en 1971 résista mal à l'usure du temps. Un des buts de ce système était de discriminer les bons et les mauvais conducteurs. Intuitivement, les conducteurs moyens devaient graviter au centre de l'échelle (classes 6-12), les mauvais se concentrer dans le haut de l'échelle et les bons dans le bas de celle-ci. Comme le système élimine l'effet d'un sinistre en tort après 3 ans, les conducteurs moyens resteront au milieu de l'échelle pour autant que leur fréquence de sinistre avoisine 1/3. Ceux dont la fréquence excède 1/3 se concentreront dans le haut de l'échelle, et ceux dont la fréquence est inférieure à ce seuil se retrouveront dans le bas de l'échelle. Tout le système nécessitait donc une fréquence de sinistre de l'ordre de 1/3 pour fonctionner. La fréquence sur le marché était cependant à l'époque déjà largement en dessous de cette valeur. En 1971, année de l'introduction du système, la fréquence annuelle moyenne n'était que de 22%. Durant les années '70, à la suite du premier choc pétrolier, des limitations des vitesses maximales autorisées, de la lutte contre l'alcool au volant, de l'obligation du port de la ceinture de sécurité et de la conscientisation de la population à propos des dangers de la route, la fréquence annuelle tomba à 10%. Dès lors, les assurés belges se concentraient immanquablement dans les échelons les plus bas du système, et tous se voyaient gratifier d'importantes réductions de prime. Une diminution sensible de l'encaissement des compagnies belges a suivi, lesquelles n'avaient d'autre alternative que de remonter le niveau de la prime de base. En 1987, 57% des assurés belges se trouvaient à l'échelon 1 (et jouissaient donc de la ristourne la plus élevée), près de 75% occupaient les niveaux 1 à 3 et seulement 1% se trouvaient dans la zone malus, payant donc plus que la prime de base.

En 1992, le législateur belge décida d'introduire une nouvelle échelle bonus-malus à 23 niveaux décrite à la Table 11.1. Les 23 niveaux sont numérotés de 0 à 22. Le niveau 0 est le plus avantageux: les assurés qui s'y trouvent ne paient que 54% de la prime de base (correspondant au niveau 14). Le niveau 22 est le moins avantageux: les assurés qui s'y trouvent doivent supporter 200% de la prime de base. Selon l'usage du véhicule, le nouveau conducteur est placé à l'échelon 14 (usage professionnel) ou 11 (usage limité aux loisirs et au chemin du travail). On retrouve donc la même pénalisation pour les véhicules utilisés à des fins professionnelles que dans le système précédent. L'assuré descend inconditionnellement chaque année d'un niveau dans l'échelle. Chaque sinistre déclaré durant une période est pénalisé par une remontée de 5 niveaux. En aucun cas, les assurés ne peuvent descendre sous le niveau 0, ni dépasser le niveau 22. De plus, le législateur a prévu qu'un assuré sans sinistre depuis 4 années consécutives et qui se trouverait à un niveau supérieur à 14 sera immédiatement ramené au niveau 14. Il s'agit là d'une concession aux jeunes conducteurs qui ont connu des débuts difficiles mais se sont ensuite améliorés. Ainsi, un assuré au niveau 17 qui ne déclare aucun sinistre sera envoyé au niveau 16 ou 14 selon le nombre d'années sans sinistre. Cette règle complique quelque peu la tâche des actuaires: en effet, il faut retenir le passé sinistre des 5 dernières années pour les assurés se trouvant dans les degrés les plus élevés de l'échelle.

Degré	Niveau de prime
22	200
21	160
20	140
19	130
18	123
17	117
16	111
15	105
14	100
13	95
12	90
11	85
10	81
9	77
8	73
7	69
6	66
5	63
4	60
3	57
2	54
1	54
0	54

TAB. 11.1 – *Système bonus-malus belge de 1992.*

Techniquement, la nouvelle échelle bonus-malus souffra hélas des mêmes défauts que l'ancienne. Fin 1999, 50% des assurés se trouvaient au niveau 0, 75% se trouvaient dans les niveaux 0 à 4 et seulement un 1% se trouvait dans la zone malus.

Le système belge ne permet aux assureurs que de fixer le montant de la prime de base (correspondant au niveau 14 de l'échelle). La manière dont le montant de cette prime évolue en fonction de la sinistralité observée des assurés est entièrement déterminée par le système officiel. Le gouvernement estima donc que le système bonus-malus belge de 1992 constituait une entrave à la liberté tarifaire que garantissent les directives européennes en matière d'assurance. Afin d'éviter l'ire de la Commission [1], il permit alors aux compagnies de

1. L'avenir devait donner tort au gouvernement belge, dans la mesure où, au terme d'une longue procédure devant le Cour de Justice européenne, le Grand-

définir elles-mêmes le mécanisme de personnalisation a posteriori qu'elles entendent appliquer à leurs assurés.

Bien entendu, afin de ne pas déstabiliser le marché, la suppression de l'échelle officielle s'est faite graduellement. Depuis le premier février 2002, les compagnies sont libres d'associer le pourcentage de leur choix aux différents échelons du système officiel. Seuls l'enfermement de l'assuré dans l'échelle belge à 23 niveaux et les règles de transition sont maintenus, et ce jusqu'au premier janvier 2004. Passée cette date, toute référence à l'échelle officielle disparaît définitivement et une attestation de sinistralité couvrant les 5 dernières années devra être présentée par l'assuré au nouvel assureur en cas de changement de compagnie, ceci pour garantir une certaine information publique.

11.1.7 Plan du chapitre

Dans ce chapitre nous montrerons tout d'abord comment calibrer un système bonus-malus à l'aide de la théorie des chaînes de Markov. Il est essentiel de tenir compte de la tarification *a priori* lors de l'établissement de l'échelle bonus-malus. Les pourcentages associés aux différents échelons doivent être déterminés en fonction de l'étendue de la différenciation opérée a priori par l'assureur. Nous verrons également comment évaluer les performances d'un tel système. Comme premier critère, nous utiliserons le degré moyen relatif à l'état stable. C'est le degré qu'occupera un assuré moyen au moment où le système bonus-malus atteint l'état stationnaire. Le coefficient de variation des primes des assurés constituera un deuxième critère d'évaluation d'un système bonus-malus. Plus les primes payées par les assurés sont variables, moins il y a de solidarité et plus le système bonus-malus est sévère. Ensuite, nous examinerons deux concepts d'efficacité: l'efficacité de Loimaranta et celle de Lemaire. Nous terminerons en évaluant la rétention optimale des assurés soumis à un mécanisme bons-malus.

Duché de Luxembourg et la France ont pu maintenir leurs systèmes bonus-malus nationaux respectifs.

11.2 Echelles en univers non-segmenté

11.2.1 Exemple introductif: le modèle bon/mauvais conducteur

Reprenons le modèle bon/mauvais conducteur de l'Exemple 3.7.3. du Tome I. Un assuré pris au hasard dans le portefeuille génère une suite de nombre de sinistres $N_1,N_2,N_3,\ldots$ au cours de ses années de conduite. Ces variables aléatoires sont supposées de loi $\mathcal{MP}oi(\lambda,\Theta)$, où Θ prend deux valeurs: θ_1 avec la probabilité ϱ et θ_2 avec la probabilité $1-\varrho$, $\theta_1 < \theta_2$. Il y a donc deux types de conducteurs qui cohabitent au sein du portefeuille: les bons dont la fréquence annuelle de sinistres vaut $\lambda\theta_1$ et les mauvais dont la fréquence annuelle vaut $\lambda\theta_2$. La proportion de bons conducteurs dans le portefeuille vaut ϱ. Conditionnellement à Θ, c'est-à-dire connaissant la qualité du conducteur, les variables aléatoires $N_1,N_2,N_3,\ldots$ sont supposées indépendantes et identiquement distribuées.

Supposons que l'assureur utilise une échelle bonus-malus à trois niveaux, numérotés 0, 1 et 2. Les nouveaux assurés font leur entrée dans le système au niveau 1. Chaque année sans sinistre est récompensée par une descente d'un degré dans l'échelle. Chaque sinistre est pénalisé par une remontée d'un niveau.

Si nous notons L_t le niveau occupé par l'assuré au cours de la période $(t,t+1)$, $t=0,1,2,\ldots$, nous avons $L_0=1$ et la loi du niveau L_1 occupé au cours de la deuxième année pour un bon conducteur est donnée par

$$\begin{aligned}
\Pr[L_1=0|\Theta=\theta_1] &= \exp(-\lambda\theta_1)\\
\Pr[L_1=1|\Theta=\theta_1] &= 0\\
\Pr[L_1=2|\Theta=\theta_1] &= 1-\exp(-\lambda\theta_1).
\end{aligned}$$

De la même manière, pour un mauvais conducteur,

$$\begin{aligned}
\Pr[L_1=0|\Theta=\theta_2] &= \exp(-\lambda\theta_2)\\
\Pr[L_1=1|\Theta=\theta_2] &= 0\\
\Pr[L_1=2|\Theta=\theta_2] &= 1-\exp(-\lambda\theta_2).
\end{aligned}$$

Non conditionnellement, nous avons bien entendu

$$\Pr[L_1=\ell]=\varrho\Pr[L_1=\ell|\Theta=\theta_1]+(1-\varrho)\Pr[L_1=\ell|\Theta=\theta_2],\ \ell=0,1,2.$$

L'hypothèse d'indépendance conditionnelle des nombres annuels de sinistre permet d'écrire

$$\Pr[L_{t+1} = \ell | L_t = 0, \Theta = \theta_1] = \begin{cases} \exp(-\lambda\theta_1) \text{ pour } \ell = 0 \\ \lambda\theta_1 \exp(-\lambda\theta_1) \text{ pour } \ell = 1 \\ 1 - \exp(-\lambda\theta_1)(1 + \lambda\theta_1) \text{ pour } \ell = 2 \end{cases}$$

pour les bons conducteurs, et

$$\Pr[L_{t+1} = \ell | L_t = 0, \Theta = \theta_2] = \begin{cases} \exp(-\lambda\theta_2) \text{ pour } \ell = 0 \\ \lambda\theta_2 \exp(-\lambda\theta_2) \text{ pour } \ell = 1 \\ 1 - \exp(-\lambda\theta_2)(1 + \lambda\theta_2) \text{ pour } \ell = 2 \end{cases}$$

pour les mauvais. De la même manière, on a

$$\Pr[L_{t+1} = \ell | L_t = 1, \Theta = \theta_1] = \begin{cases} \exp(-\lambda\theta_1) \text{ pour } \ell = 0 \\ 0 \text{ pour } \ell = 1 \\ 1 - \exp(-\lambda\theta_1) \text{ pour } \ell = 2 \end{cases}$$

et

$$\Pr[L_{t+1} = \ell | L_t = 2, \Theta = \theta_1] = \begin{cases} 0 \text{ pour } \ell = 0 \\ \exp(-\lambda\theta_1) \text{ pour } \ell = 1 \\ 1 - \exp(-\lambda\theta_1) \text{ pour } \ell = 2 \end{cases}$$

avec des expressions similaires pour les mauvais conducteurs.

On peut ranger les probabilités $\Pr[L_{t+1} = \ell_2 | L_t = \ell_1, \Theta = \theta_1]$ dans une matrice

$$\boldsymbol{P}(\theta_1) = \begin{pmatrix} \exp(-\lambda\theta_1) & \lambda\theta_1 \exp(-\lambda\theta_1) & 1 - \exp(-\lambda\theta_1)(1 + \lambda\theta_1) \\ \exp(-\lambda\theta_1) & 0 & 1 - \exp(-\lambda\theta_1) \\ 0 & \exp(-\lambda\theta_1) & 1 - \exp(-\lambda\theta_1) \end{pmatrix}$$

qui a la propriété que la somme de chacune des lignes donne 1 (une telle matrice est dite stochastique). Cette matrice est appelée matrice de transition, car elle décrit les transitions opérées par les assurés entre les différents niveaux du système bonus-malus.

De la même manière, pour les mauvais conducteurs, les probabilités de passer du niveau ℓ_1 au niveau ℓ_2 d'une année à l'autre se rangent dans la matrice

$$\boldsymbol{P}(\theta_2) = \begin{pmatrix} \exp(-\lambda\theta_2) & \lambda\theta_2 \exp(-\lambda\theta_2) & 1 - \exp(-\lambda\theta_2)(1 + \lambda\theta_2) \\ \exp(-\lambda\theta_2) & 0 & 1 - \exp(-\lambda\theta_2) \\ 0 & \exp(-\lambda\theta_2) & 1 - \exp(-\lambda\theta_2) \end{pmatrix}.$$

L'évolution dans le système est gouvernée pour un bon conducteur par la relation

$$\Pr[L_t = \ell_2|\Theta = \theta_1] = \sum_{\ell_1=0}^{2} \Pr[L_t = \ell_2|L_{t-1} = \ell_1,\Theta = \theta_1] \Pr[L_{t-1} = \ell_1|\Theta = \theta_1].$$

En recourant au formalisme matriciel et en notant $\boldsymbol{p}^{(t)}(\theta_1)$ le vecteur colonne dont la composante ℓ est $\Pr[L_t = \ell|\Theta = \theta_1]$, nous voyons que

$$\boldsymbol{p}^{(t)}(\theta_1) = \boldsymbol{P}^t(\theta_1)\boldsymbol{p}^{(t-1)}(\theta_1). \tag{11.1}$$

En itérant (11.1), il vient alors

$$\boldsymbol{p}^{(t)}(\theta_1) = \underbrace{\boldsymbol{P}^t(\theta_1)\boldsymbol{P}^t(\theta_1)\cdots\boldsymbol{P}^t(\theta_1)}_{t \text{ facteurs}} \begin{pmatrix} 0 \\ 1 \\ 0 \end{pmatrix}$$

puisque $\Pr[L_0 = 1] = 1$ d'où $\boldsymbol{p}^{(0)}(\theta_1) = (0,1,0)^t$. Il suffit de calculer les différentes puissances de la transposée $\boldsymbol{P}^t(\theta_1)$ de la matrice de transition $\boldsymbol{P}(\theta_1)$ des bons conducteurs pour obtenir la loi de probabilité des niveaux $L_1,L_2,L_3,\ldots$ qu'ils occuperont dans l'échelle au cours du temps.

On pourrait s'interroger quant à la stabilisation éventuelle des proportions de bons conducteurs dans les différents niveaux de l'échelle. Mathématiquement, ceci revient à étudier le comportement asymptotique de $\boldsymbol{p}^{(t)}(\theta_1)$ lorsque $t \to +\infty$, i.e. à chercher l'existence d'une limite

$$\pi_\ell(\theta_1) = \lim_{t\to+\infty} \Pr[L_t = \ell|\Theta = \theta_1] = \lim_{t\to+\infty} \boldsymbol{p}^{(t)}(\theta_1).$$

En notant $\boldsymbol{\pi}(\theta_1)$ le vecteur dont la composante ℓ est $\pi_\ell(\theta_1)$, on obtient en passant à la limite pour $t \to +\infty$ dans les deux membres de (11.1) qu'un tel vecteur $\boldsymbol{\pi}(\theta_1)$, s'il existe, doit satisfaire la relation

$$\boldsymbol{\pi}(\theta_1) = \boldsymbol{P}^t(\theta_1)\boldsymbol{\pi}(\theta_1)$$

de sorte que $\boldsymbol{\pi}(\theta_1)$ doit être un vecteur propre de $\boldsymbol{P}^t(\theta_1)$ associé à la valeur propre 1, et tel que $\sum_{\ell=0}^{2} \pi_\ell(\theta_1) = 1$. De la même manière, le vecteur $\boldsymbol{\pi}(\theta_2)$ qui donne la répartition des mauvais conducteurs dans les différents niveaux de l'échelle après un temps suffisamment long s'obtient en résolvant le système

$$\boldsymbol{\pi}(\theta_2) = \boldsymbol{P}^t(\theta_2)\boldsymbol{\pi}(\theta_2)$$

		Au cours de l'année						
		0	1	2	3	4	5	∞
Pourcentage de	0	0	95.12	90.48	94.79	94.58	94.77	94.77
bons conducteurs	1	100	0	9.16	4.64	5.05	4.84	4.86
au niveau	2	0	4.88	0.35	0.57	0.37	0.38	0.37
		Au cours de l'année						
		0	1	2	3	4	5	∞
Pourcentage de	0	0	86.07	74.08	83.65	82.31	83.38	83.34
mauvais conducteurs	1	100	0	23.10	11.99	14.56	13.32	13.49
au niveau	2	0	13.93	2.82	4.37	3.13	3.30	3.17
		Au cours de l'année						
		0	1	2	3	4	5	∞
Pourcentage de	0	0	90.60	82.28	89.22	88.45	89.07	89.06
conducteurs	1	100	0.00	16.13	8.31	9.81	9.09	9.17
au niveau	2	0	9.40	1.59	2.47	1.75	1.84	1.77

TAB. 11.2 – *Evolution de la répartition des assurés dans l'échelle (en pourcents).*

avec la contrainte $\boldsymbol{e}^t\boldsymbol{\pi}(\theta_2) = 1$. Les vecteurs $\boldsymbol{\pi}(\theta_1)$ et $\boldsymbol{\pi}(\theta_2)$ ainsi obtenus décrivent la loi stationnaire du système bonus-malus. Ce qualificatif vient du fait qu'une fois que les proportions $\boldsymbol{\pi}(\theta_1)$ et $\boldsymbol{\pi}(\theta_2)$ sont atteintes, le système les conserve indéfiniment et atteint donc un régime stationnaire.

Prenons par exemple $\lambda = 10\%$, $\theta_1 = 0.5$, $\theta_2 = 1.5$ et $\varrho = 50\%$. Ceci signifie que les bons conducteurs qui représentent la moitié du portefeuille ont une fréquence annuelle de sinistre de $\lambda\theta_1 = 5\%$, tandis que les mauvais ont une fréquence valant $\lambda\theta_2 = 15\%$.

Le Tableau 11.2 décrit pour ces valeurs la répartition (en % du portefeuille) des assurés entre les différents niveaux de l'échelle au cours du temps (si à l'instant initial, tous les assurés sont au niveau 1). Il s'agit donc des vecteurs $\boldsymbol{p}^{(t)}(\theta_1)$ et $\boldsymbol{p}^{(t)}(\theta_2)$, pour $t = 1,2,\ldots$ Comme on peut le constater, la répartition des assurés dans l'échelle se stabilise rapidement. Nous avons $\boldsymbol{p}^{(t)}(\theta_1) \approx \boldsymbol{\pi}(\theta_1)$ et $\boldsymbol{p}^{(t)}(\theta_2) \approx \boldsymbol{\pi}(\theta_2)$ pour $t \geq 5$. Comme le régime stationnaire fournit rapidement une bonne approximation des lois $\boldsymbol{p}^{(t)}(\theta_1)$ et $\boldsymbol{p}^{(t)}(\theta_2)$ dans l'exemple que nous analysons, nous allons baser la suite des calculs sur les probabilités stationnaires $\boldsymbol{\pi}(\theta_1)$ et $\boldsymbol{\pi}(\theta_2)$.

Une fois la proportion d'assurés dans chaque niveau stabilisée, on note L le niveau occupé par un conducteur dans l'échelle. Nous avons donc

$$\Pr[L = \ell|\Theta = \theta_1] = \pi_\ell(\theta_1) \text{ et } \Pr[L = \ell|\Theta = \theta_2] = \pi_\ell(\theta_2)$$

pour $\ell = 0,1,2$. La loi de probabilité de L est ainsi décrite dans le Tableau 11.2.

Demandons-nous à présent quelle est la probabilité qu'un assuré qui occupe le niveau ℓ une fois le système stabilisé soit un bon conducteur. Nous avons

Niveau ℓ	$\Pr[\Theta = \theta_1 \| L = \ell]$	$\Pr[\Theta = \theta_2 \| L = \ell]$
0	53.21	46.79
1	26.48	73.52
2	10.44	89.56

TAB. 11.3 – *Probabilité que l'assuré soit un bon ou un mauvais conducteur en fonction du niveau occupé dans l'échelle bonus-malus en régime stationnaire (en pourcents).*

$$\Pr[\Theta = \theta_1 | L = \ell]$$
$$= \frac{\Pr[L = \ell | \Theta = \theta_1] \Pr[\Theta = \theta_1]}{\Pr[L = \ell | \Theta = \theta_1] \Pr[\Theta = \theta_1] + \Pr[L = \ell | \Theta = \theta_2] \Pr[\Theta = \theta_2]}.$$

Le Tableau 11.3 reprend les probabilités $\Pr[\Theta = \theta_1 | L = \ell]$ et $\Pr[\Theta = \theta_2 | L = \ell]$ en fonction des niveaux occupés dans l'échelle. On constate que l'échelle a un bon pouvoir de discrimination dans les niveaux élevés: au niveau 2, il y a ainsi 9 fois plus de chance d'être un mauvais conducteur qu'un bon. Par contre, au niveau le plus bas où se concentrent près de 90% des assurés du portefeuille, l'échelle discrimine très mal les deux catégories de conducteurs.

Si a priori (c'est-à-dire sans information sur la qualité du conducteur), il y a 50 chances sur 100 que l'assuré soit un bon conducteur, a posteriori le niveau occupé dans l'échelle permet de préciser la qualité du conducteur (car il reflète la sinistralité passée de celui-ci). En supposant les coûts moyens des sinistres unitaires, la prime a priori vaut

$$\Pr[\Theta = \theta_1] \lambda \theta_1 + \Pr[\Theta = \theta_2] \lambda \theta_2.$$

A posteriori, cette prime passe à

$$\Pr[\Theta = \theta_1 | L = \ell] \lambda \theta_1 + \Pr[\Theta = \theta_2 | L = \ell] \lambda \theta_2$$

pour les assurés occupant le niveau ℓ de l'échelle.

Nous pouvons encore écrire la prime a posteriori comme

$$\lambda \Big(\Pr[\Theta = \theta_1 | L = \ell] \theta_1 + \Pr[\Theta = \theta_2 | L = \ell] \theta_2 \Big) = \lambda \mathbb{E}[\Theta | L = \ell],$$

ce qui nous permet de mieux comprendre le fonctionnement d'une échelle bonus-malus (par rapport à ce que nous avons vu en théorie de la crédibilité dans le chapitre précédent). Le niveau ℓ occupé par le conducteur renseigne quant à la loi de Θ et précise donc la qualité du risque. La réévaluation des fréquences annuelles de sinistre passe donc par le calcul des $\mathbb{E}[\Theta | L = \ell]$, pour $\ell = 0,1,2$. Dans l'exemple numérique, elles valent

$$\begin{aligned} \mathbb{E}[\Theta|L=0] &= 0.9679 \\ \mathbb{E}[\Theta|L=1] &= 1.2352 \\ \mathbb{E}[\Theta|L=2] &= 1.3956. \end{aligned}$$

Ces quantités, exprimées en pourcents, sont les primes relatives associées aux différents niveaux de l'échelle. Le système bonus-malus à trois niveaux calibré sur le modèle bon/mauvais risques avec les valeurs des paramètres données plus haut associe une prime relative $r_2 = 139.56\%$ au niveau 2, $r_1 = 123.52\%$ au niveau 1 et $r_0 = 96.79\%$ au niveau 0.

On constate sur base de cet exemple simple que le système n'accorde que très peu de ristourne aux assurés occupant le niveau le plus bas (à peine 3%) alors que les pénalités subies par les assurés aux niveaux 1 et 2 sont considérables (23 et 40%). Ceci s'explique par le manque de sévérité de l'échelle considérée ici.

11.2.2 Echelles et chaînes de Markov

Généralisons à présent la démarche suivie pour traiter l'exemple introductif. Ceci se fera à l'aide des chaînes de Markov.

Modélisation du parcours de l'assuré dans l'échelle

Notons λ la fréquence annuelle moyenne de sinistre au niveau du portefeuille. On considère que le nombre annuel de sinistres causés par un assuré pris au hasard dans le portefeuille est de loi $\mathcal{MP}oi(\lambda,\Theta)$, où Θ est une variable aléatoire positive de moyenne 1 (souvent supposée de loi $\mathcal{G}am(a,a)$).

Considérons une compagnie d'assurance ayant recours à un système bonus-malus. Chaque assuré occupe alors un degré dans l'échelle bonus-malus, supposée en compter $s+1$ (numérotés de 0 à s). Le degré 0 donne droit à la ristourne maximale, la prime relative augmentant avec le niveau pour atteindre son maximum en s. Nous noterons dorénavant L_t le degré occupé par l'assuré entre les instants t et $t+1$. La trajectoire de l'assuré est ainsi représentée par le processus stochastique à temps discret $\{L_t,\ t \in \mathbb{N}\}$. On suppose que le système est tel que le degré d'un assuré pour une période d'assurance donnée est déterminé par le degré de la période précédente et le nombre de sinistres relatifs à cette période. Si l'assuré descend inconditionnellement d'un niveau par an dans l'échelle et que chaque sinistre est pénalisé par une remontée de ω degrés, le niveau L_{t+1} où sera versé l'assuré à l'instant $t+1$ est donné par

$$L_{t+1} = \max\{\min\{L_t + \omega N_{t+1} - 1,s\},0\}.$$

De manière générale, nous avons $L_{t+1} = \Psi(L_t,N_{t+1})$ où $\Psi(\cdot,\cdot)$ est une fonction non-décroissante en ses deux arguments. Dès lors, conditionnellement à la qualité du risque

$$\begin{aligned}\Pr[L_{t+1} = \ell_{t+1}|L_t = \ell_t, \ldots ,L_0 = \ell_0,\Theta]&\\ &= \Pr[L_{t+1} = \ell_{t+1}|L_t = \ell_t,\Theta] \qquad (11.2)\end{aligned}$$

pour autant que la trajectoire $\ell_0, \ldots ,\ell_t$ soit possible, i.e.

$$\Pr[L_t = \ell_t, \ldots ,L_0 = \ell_0] > 0.$$

La relation (11.2) exprime le fait que l'état occupé présentement par l'assuré dans l'échelle résume toute l'information utile pour connaître son évolution future. En d'autres termes, la prévision de cette dernière ne peut être améliorée par la connaissance des niveaux occupés aux instants 1, 2, ... Cette propriété nous permettra de modéliser l'évolution d'un assuré à l'aide d'un processus de Markov. En effet, une chaîne de Markov est un processus stochastique dans lequel le développement futur dépend uniquement de l'état présent et non de l'histoire du processus ou de la manière dont l'état présent a été atteint. C'est un processus "sans mémoire" tel que les différents états de la chaîne représentent les différents échelons du système bonus-malus. La connaissance du niveau occupé à l'instant présent et du nombre de sinistres occasionnés par l'assuré durant l'année suffit pour déterminer le niveau que l'assuré occupera l'année suivante. Il n'est donc pas nécessaire de savoir comment a été atteint le niveau qu'il occupe actuellement.

Remarque 11.2.1. *Le système bonus-malus en vigueur en France peut se représenter à l'aide d'une chaîne de Markov, en associant un niveau à chaque pourcentage entre 50 et 350 (voyez par exemple* KELLE *(2000)). Ceci permet donc de traiter le système français à l'aide du formalisme des chaînes de Markov introduit dans ce chapitre, en le ramenant à un système bonus-malus à classes.*

Remarque 11.2.2. *Beaucoup de systèmes prévoient des clauses dites de retour rapide. Typiquement, un assuré qui n'aurait pas eu de sinistre pendant plusieurs années consécutives et qui, malgré cela, se trouve toujours à un degré supérieur au degré d'entrée, est automatiquement ramené au degré de base.*

Niveau	Niveau après k accidents					
k	0	1	2	3	4	5
22	21.1	22	22	22	22	22
21.0	20.1	22	22	22	22	22
21.1	20.2	22	22	22	22	22
20.0	19.1	22	22	22	22	22
20.1	19.2	22	22	22	22	22
20.2	19.3	22	22	22	22	22
19.0	18.1	22	22	22	22	22
19.1	18.2	22	22	22	22	22
19.2	18.3	22	22	22	22	22
19.3	14	22	22	22	22	22
18.0	17	22	22	22	22	22
18.1	17.2	22	22	22	22	22
18.2	17.3	22	22	22	22	22
18.3	14	22	22	22	22	22
17	16	21.0	22	22	22	22
17.2	16.3	21.0	22	22	22	22
17.3	14	21.0	22	22	22	22
16	15	20.0	22	22	22	22
16.3	14	20.0	22	22	22	22
15	14	19.0	22	22	22	22
14	13	18.0	22	22	22	22
13	12	17	22	22	22	22
12	11	16	21.0	22	22	22
11	10	15	20.0	22	22	22
10	9	14	19.0	22	22	22
9	8	13	18.0	22	22	22
8	7	12	17	22	22	22
7	6	11	16	21.0	22	22
6	5	10	15	20.0	22	22
5	4	9	14	19.0	22	22
4	3	8	13	18.0	22	22
3	2	7	12	17	22	22
2	1	6	11	16	21.0	22
1	0	5	10	15	20.0	22
0	0	4	9	14	19.0	22

TAB. 11.4 – *Règle de transition du système belge de 1992, compte tenu de la clause de retour rapide.*

De telles clauses rendent bien souvent le système non-markovien, car, dans la zone malus, il faut mémoriser les sinistres de plusieurs années antérieures pour décider si l'assuré peut bénéficier de ces clauses spéciales. En pratique, il suffit généralement de dédoubler certains états afin de recouvrer le caractère markovien.

Illustrons cette technique sur l'échelle belge de 1992. Les degrés 16 à 21 sont éclatés en sous-niveaux, en fonction du nombre d'années consécutives sans accident. Le niveau $j.i$, $16 \leq j \leq 21$, *regroupe les conducteurs au niveau* j *avec* i *années consécutives sans sinistres déclarés. Le Tableau 11.4 décrit les règles de transition du système belge. Si on note* n_j *le nombre de sous-niveaux nécessaires pour le niveau* j*, ces valeurs sont données dans le Tableau 11.5.*

Probabilités de transition

Notons

$$p_{\ell_1 \ell_2}(\vartheta) = \Pr[L_{t+1} = \ell_2 | L_t = \ell_1, \lambda\Theta = \vartheta]$$

j	n_j
22	1
21	2
20	3
19	4
18	4
17	3
16	2
15	1
14	1
13	1
12	1
11	1
10	1
9	1
8	1
7	1
6	1
5	1
4	1
3	1
2	1
1	1
0	1

TAB. 11.5 – *Sous-niveaux de l'échelle belge de 1992.*

la probabilité qu'une police soit transférée du degré ℓ_1 au degré ℓ_2 au cours d'une période, pour un assuré de fréquence annuelle de sinistre ϑ. Il est évident que $p_{\ell_1\ell_2}(\vartheta) \geq 0$ et $\sum_{\ell_2=0}^{s} p_{\ell_1\ell_2}(\vartheta) = 1$ quel que soit ϑ. La matrice

$$\boldsymbol{P}(\vartheta) = \begin{pmatrix} p_{00}(\vartheta) & \cdots & p_{0s}(\vartheta) \\ \vdots & \ddots & \vdots \\ p_{s0}(\vartheta) & \cdots & p_{ss}(\vartheta) \end{pmatrix}$$

représente alors la matrice de transition de la chaîne de Markov décrivant le parcours de l'assuré dans l'échelle. Le fait que la fréquence annuelle de sinistres soit indépendante du temps rend cette chaîne de Markov homogène.

Les règles de transition d'un système bonus-malus peuvent être décrites à l'aide de transformations T_k telles que $T_k(\ell_1) = \ell_2$ si la police est transférée du degré ℓ_1 au degré ℓ_2 lorsque k sinistres ont été déclarés au cours d'une période. Ces transformations T_k peuvent être décrites sous forme matricielle:

$$\boldsymbol{T}_k = \begin{pmatrix} t_{00}^{(k)} & \cdots & t_{0s}^{(k)} \\ \vdots & \ddots & \vdots \\ t_{s0}^{(k)} & \cdots & t_{ss}^{(k)} \end{pmatrix}$$

où $t_{\ell_1\ell_2}^{(k)} = 1$ si $T_k(\ell_1) = \ell_2$ et $t_{\ell_1\ell_2}^{(k)} = 0$ autrement. Pour que le système soit consistant, il faut évidemment que pour chaque ℓ_1, il n'existe qu'un et un seul ℓ_2 tel que $t_{\ell_1\ell_2}^{(k)} = 1$.

La probabilité $p_{\ell_1\ell_2}(\vartheta)$ qu'une police soit transférée du degré ℓ_1 au degré ℓ_2 au cours d'une période, pour un assuré caractérisé par un paramètre de risque ϑ est égale à

$$p_{\ell_1\ell_2}(\vartheta) = \sum_{k=0}^{+\infty} \Pr[N = k|\lambda\Theta = \vartheta] t_{\ell_1\ell_2}^{(k)}.$$

La matrice de transition peut alors s'écrire

$$\boldsymbol{P}(\vartheta) = \sum_{k=0}^{+\infty} \Pr[N = k|\lambda\Theta = \vartheta] \boldsymbol{T}_k.$$

Lois transitoires

Notons $p_{\ell_1\ell_2}^{(\nu)}(\vartheta)$ la probabilité qu'un assuré dont la fréquence annuelle de sinistres est ϑ soit envoyé du niveau ℓ_1 au niveau ℓ_2 en ν années, i.e.

$$p_{\ell_1\ell_2}^{(\nu)}(\vartheta) = \Pr[L_{t+\nu} = \ell_2|L_t = \ell_1, \lambda\Theta = \vartheta].$$

Clairement,

$$\begin{aligned} p_{\ell_1\ell_2}^{(\nu)}(\vartheta) &= \sum_{k=0}^{s} \Pr[L_{t+\nu} = \ell_2|L_{t+\nu-1} = k, L_t = \ell_1, \lambda\Theta = \vartheta] \\ &\qquad \Pr[L_{t+\nu-1} = k|L_t = \ell_1, \lambda\Theta = \vartheta] \\ &= \sum_{k=0}^{s} p_{k\ell_2}(\vartheta) p_{\ell_1 k}^{(\nu-1)}(\vartheta) \end{aligned}$$

où on reconnaît la formule correspondant à la multiplication matricielle. Ainsi, la νème puissance de la transposée $\boldsymbol{P}^t(\vartheta)$ de la matrice $\boldsymbol{P}(\vartheta)$ fournit la matrice de transition en ν pas dont l'élément $(\ell_1\ell_2)$, noté $p_{\ell_1\ell_2}^{(\nu)}(\vartheta)$, est la probabilité qu'un assuré dont la fréquence annuelle de sinistres est ϑ soit envoyé du niveau ℓ_1 au niveau ℓ_2 en ν transitions.

Si nous notons

$$p_{\ell}^{(\nu)}(\vartheta) = \Pr[L_\nu = \ell|\lambda\Theta = \vartheta]$$

et si nous désignons par $\boldsymbol{p}^{(\nu)}(\vartheta)$ le vecteur dont la ℓème composante est $p_{\ell}^{(\nu)}(\vartheta)$, nous avons alors

$$\boldsymbol{p}^{(\nu)}(\vartheta) = \boldsymbol{P}^t(\vartheta)\boldsymbol{p}^{(\nu-1)}(\vartheta). \qquad (11.3)$$

En général, $\boldsymbol{p}^{(0)}(\vartheta)$ est fixé par l'assureur (il s'agit du niveau d'entrée dans le système), de sorte qu'une application successive de la dernière relation permet de calculer $\boldsymbol{p}^{(\nu)}(\vartheta)$, lequel donne les pourcentages d'assurés occupant les différents niveaux de l'échelle après ν années.

Loi stationnaire

Tous les systèmes bonus-malus rencontrés en pratique comportent un nombre fini de niveaux, parmi lesquels figure un niveau "super-bonus", que l'assuré atteint après un nombre suffisant d'années sans sinistres, et dans lequel il demeure aussi longtemps qu'il ne déclare pas de sinistre. La matrice de transition $\boldsymbol{P}(\vartheta)$ décrivant le parcours d'un assuré de fréquence annuelle de sinistre ϑ dans une telle échelle est régulière, i.e. il existe un entier $\xi_0 \geq 1$ tel que tous les éléments de la matrice $\{\boldsymbol{P}(\vartheta)\}^{\xi_0}$ sont strictement positifs.

Dans ce cas, la chaîne de Markov décrivant la trajectoire de l'assuré dans l'échelle est ergodique et possède de ce fait une loi stationnaire représentée par le vecteur de probabilités $\boldsymbol{\pi}(\vartheta)$, dont la ℓème composante $\pi_\ell(\vartheta)$ est la probabilité qu'un assuré depuis suffisamment longtemps en portefeuille et dont la fréquence annuelle de sinistre est ϑ occupe le niveau ℓ i.e.

$$\boldsymbol{\pi}(\vartheta) = \lim_{\nu \to +\infty} \boldsymbol{p}^{(\nu)}(\vartheta).$$

Il est intéressant de noter que $\boldsymbol{\pi}(\vartheta)$ ne dépend pas du niveau dans lequel sont versés les nouveaux assurés (c'est une conséquence du caractère markovien du système, qui oublie donc son passé).

Rappelons comment s'obtiennent les probabilités stationnaires $\pi_\ell(\vartheta)$. En repartant de l'équation (11.3), on voit que si limite il y a, celle-ci doit satisfaire l'équation

$$\lim_{\nu \to +\infty} \boldsymbol{p}^{(\nu)}(\vartheta) = \boldsymbol{P}^t(\vartheta) \lim_{\nu \to +\infty} \boldsymbol{p}^{(\nu-1)}(\vartheta)$$

$$\Leftrightarrow \boldsymbol{\pi}(\vartheta) = \boldsymbol{P}^t(\vartheta)\boldsymbol{\pi}(\vartheta).$$

Dès lors, le vecteur $\boldsymbol{\pi}(\vartheta)$ est solution du système

$$\begin{cases} \boldsymbol{\pi}^t(\vartheta) = \boldsymbol{\pi}^t(\vartheta)\boldsymbol{P}(\vartheta), \\ \boldsymbol{\pi}^t(\vartheta)\boldsymbol{e} = 1. \end{cases} \tag{11.4}$$

Le résultat suivant que l'on peut trouver dans ROLSKI ET AL. (1999) nous donne l'expression explicite de $\boldsymbol{\pi}(\vartheta)$.

Propriété 11.2.3. *Soit $\boldsymbol{E}$ la matrice de dimension $(s+1)\times(s+1)$ dont tous les éléments valent 1. On a*

$$\boldsymbol{\pi}^t(\vartheta) = \boldsymbol{e}^t\big(\mathbf{I} - \boldsymbol{M}(\vartheta) + \boldsymbol{E}\big)^{-1}.$$

11.2.3 Méthode de Norberg

Principe

Prenons un assuré au hasard dans le portefeuille. Sa fréquence annuelle de sinistre est inconnue. Le nombre N de sinistre qu'il déclarera au cours de l'année est de loi $\mathcal{MP}oi(\lambda,\Theta)$, où $\mathbb{E}[\Theta] = 1$. NORBERG (1976) suggère de déterminer les r_ℓ de façon, à minimiser $\mathcal{Q} = \mathbb{E}[(\Theta - r_L)^2]$. L'idée est donc de choisir les r_ℓ qui approximent le mieux Θ au sens des moindres carrés. En développant l'expression de $\mathcal{Q}$, il vient

$$\begin{aligned}\mathcal{Q} &= \sum_{\ell=0}^{s}\mathbb{E}\Big[(\Theta - r_\ell)^2\Big|L=\ell\Big]\Pr[L=\ell]\\ &= \sum_{\ell=0}^{s}\int_{\theta>0}(\theta - r_\ell)^2 u(\theta|\ell)d\theta\Pr[L=\ell]\end{aligned}$$

où $u(\cdot|\ell)$ désigne la densité de Θ sachant $L=\ell$. Clairement,

$$u(\theta|\ell) = \frac{\Pr[L=\ell|\Theta=\theta]u(\theta)}{\Pr[L=\ell]}$$

d'où l'on tire

$$\mathcal{Q} = \int_{\theta>0}\sum_{\ell=0}^{s}(\theta - r_\ell)^2\pi_\ell(\lambda\theta)u(\theta)d\theta.$$

Prime relative

Il suffit à présent d'imposer $\frac{\partial}{\partial r_\ell}\mathcal{Q} = 0$ pour obtenir l'équation

$$0 = \int_{\theta>0}(\theta - r_\ell)\pi_\ell(\lambda\theta)u(\theta)d\theta$$

d'où l'on tire finalement

$$r_\ell = \frac{\int_{\theta\geq 0}\theta\pi_\ell(\lambda\theta)u(\theta)d\theta}{\int_{\theta\geq 0}\pi_\ell(\lambda\theta)u(\theta)d\theta}. \tag{11.5}$$

Il est bon de noter que $r_\ell = \mathbb{E}[\Theta|L=\ell]$. En effet,

$$\begin{aligned}\mathbb{E}[\Theta|L=\ell] &= \int_{\theta>0} \theta u(\theta|\ell)d\theta \\ &= \frac{1}{\Pr[L=\ell]} \int_{\theta>0} \theta\pi_\ell(\theta\lambda)u(\theta)d\theta\end{aligned}$$

ce qui coïncide bien avec r_ℓ donné en (11.5). On réévalue donc l'espérance de Θ sachant que l'assuré occupe le niveau ℓ pour obtenir les primes relatives associées aux différents niveaux de l'échelle.

Equilibre financier

Au départ, la compagnie n'a pas recours à une méthode de tarification *a posteriori* et réclame à tous les assurés d'une même classe de tarif une prime identique. Le montant de celle-ci est tel que l'encaissement total suffit en moyenne à dédommager les sinistres déclarés. Suite à l'introduction d'un système bonus-malus, les primes réclamées aux assurés vont varier, mais il importe que le montant total encaissé par l'assureur reste constant, le montant moyen total des sinistres n'étant pas modifié. On dit qu'un système bonus-malus a la propriété d'équilibre financier lorsque l'encaissement reste stable au cours du temps.

Dans notre cas, ceci revient à $\mathbb{E}[r_L] = 1$. Lorsque les r_ℓ sont calculés conformément à (11.5), le système jouit de la propriété d'équilibre financier puisque

$$\begin{aligned}\mathbb{E}[r_L] &= \sum_{\ell=0}^{s} r_\ell \Pr[L=\ell] \\ &= \sum_{\ell=0}^{s} \mathbb{E}[\Theta|L=\ell]\Pr[L=\ell] = \mathbb{E}[\Theta] = 1.\end{aligned}$$

11.2.4 Méthode de Gilde et Sundt

Principe

La formule (11.5) produit des r_ℓ parfois très irréguliers. C'est pourquoi il peut être désirable pour des raisons commerciales d'imposer une structure aux pourcentages associés aux différents niveaux. On peut ainsi penser à une échelle linéaire de la forme $r_\ell^{lin} = \alpha + \beta\ell$, $\ell = 0,1,\ldots,s$. Dans ce cas $r_0^{lin} = \alpha$ est le niveau minimal de prime dont l'assuré devra s'acquitter et la remontée d'un niveau dans l'échelle s'accompagnera d'une hausse de prime de β.

Prime relative

Gilde & Sundt (1989) ont proposé de déterminer α et β afin de minimiser $\mathbb{E}[(\Theta - \alpha - \beta L)^2]$. En vertu de la théorie du modèle linéaire étudiée au Chapitre 9, la solution est donnée par

$$\beta = \frac{\lambda \mathbb{C}[L,\Theta]}{\mathbb{V}[L]} \text{ et } \alpha = \lambda - \frac{\lambda \mathbb{C}[L,\Theta]}{\mathbb{V}[L]}\mathbb{E}[L]. \tag{11.6}$$

Dans le cas d'une échelle linéaire, le pourcentage associé au niveau ℓ sera donc de la forme

$$r_\ell^{lin} = 1 + \frac{\mathbb{C}[L,\Theta]}{\mathbb{V}[L]}(\ell - \mathbb{E}[L])$$

où

$$\begin{aligned}
\mathbb{E}[L] &= \sum_{\ell=0}^{s} \ell \int_{\theta \geq 0} \pi_\ell(\lambda\theta)u(\theta)d\theta \\
\mathbb{V}[L] &= \sum_{\ell=0}^{s} \ell^2 \int_{\theta \geq 0} \pi_\ell(\lambda\theta)u(\theta)d\theta - (\mathbb{E}[L])^2 \\
\mathbb{C}[L,\Theta] &= \sum_{\ell=0}^{s} \ell \int_{\theta \geq 0} \theta\pi_\ell(\lambda\theta)u(\theta)d\theta - \mathbb{E}[L].
\end{aligned}$$

Equilibre financier

Dans ce cas également le système jouit de la propriété d'équilibre financier, puisque

$$\mathbb{E}[r_L^{lin}] = 1 + \frac{\mathbb{C}[L,\Theta]}{\mathbb{V}[L]}\mathbb{E}\Big[L - \mathbb{E}[L]\Big] = 1.$$

Ainsi, l'introduction d'une échelle bonus-malus n'aura aucun impact sur l'encaissement une fois le régime stationnaire atteint.

11.3 Echelles en univers segmenté

11.3.1 Exemple introductif

Supposons que l'assureur ait remarqué que la fréquence des sinistres était plus élevée en agglomération qu'en zone rurale (du fait de la densité du trafic) et décide de reconnaître cette différence dans son tarif. Notons λ_A et λ_R les fréquences annuelles de sinistres en agglomération et en zone rurale, respectivement, et supposons que le portefeuille soit composé d'une proportion de w_A conducteurs urbains et de $w_R = 1 - w_A$ ruraux.

En ville comme à la campagne subsiste néanmoins une certaine hétérogénéité, se traduisant par une diminution de la fréquence de sinistre de 50% pour les bons conducteurs, et une majoration de 50% pour les mauvais conducteurs (aussi bien en ville qu'à la campagne). Ainsi, la fréquence de sinistre d'un conducteur prélevé au hasard dans le portefeuille est $\Lambda\Theta$ (aléatoire puisqu'on ne connaît ni la qualité de sa conduite, ni son lieu de résidence), avec

$$\Lambda = \begin{cases} \lambda_A \text{ avec la probabilité } w_A \\ \lambda_R \text{ avec la probabilité } w_R \end{cases}$$

et

$$\Theta = \begin{cases} 0.5 \text{ avec la probabilité } \frac{1}{2} \\ 1.5 \text{ avec la probabilité } \frac{1}{2} \end{cases}$$

en reprenant les valeurs qui ont servi aux illustrations numériques de la Section 11.2.1. Notez que Θ représente un effet résiduel indépendant de Λ: il s'agit de l'effet résiduel de toutes les autres variables, le lieu de résidence excepté. Dans cette mesure, Θ et Λ peuvent être considérées comme étant indépendantes. De plus, $\mathbb{E}[\Theta] = 1$.

Dans ce cas, il y a donc une double évaluation du risque par l'assureur: a priori, il reconnaît le risque plus élevé des citadins en faisant varier la prime en fonction de la zone de conduite et ensuite, a posteriori, il utilise la statistique sinistre pour faire évoluer l'assuré dans l'échelle bonus-malus, et la prime varie en conséquence. Bien entendu, l'échelle ne doit corriger que l'hétérogénéité résiduelle modélisée par Θ. Les corrections a posteriori doivent donc être basées sur $\mathbb{E}[\Theta|L = \ell]$. Si cette dernière quantité est supérieure à 1, il s'agit d'un assuré dont le passé sinistre indique qu'il est plus dangereux que la moyenne des conducteurs circulant dans la même zone (rurale ou urbaine). Au contraire, une valeur inférieure à 1 correspond à un assuré dont le passé sinistre, tel que reflété par le niveau occupé dans l'échelle, indique un niveau de risque inférieur à la moyenne des conducteurs circulant dans la même zone. Dans le premier cas, l'assuré se verra infliger une majoration de prime tandis que dans le deuxième cas, l'assuré bénéficiera d'une ristourne.

Reste donc à calculer $\mathbb{E}[\Theta|L = \ell]$ pour $\ell = 0,1,2$. Pour ce faire, écrivons

$$\mathbb{E}[\Theta|L = \ell] = 0.5\,\Pr[\Theta = 0.5|L = \ell] + 1.5\,\Pr[\Theta = 1.5|L = \ell]$$

Niveau ℓ	$\Pr[\Theta = 0.5 \vert L = \ell]$	$\Pr[\Theta = 1.5 \vert L = \ell]$	$\mathbb{E}[\Theta \vert L = \ell]$	$\mathbb{E}[\Lambda \vert L = \ell]$
0	53.21	46.79	96.79	9.95
1	26.58	73.42	123.42	10.36
2	10.50	89.50	139.50	10.74

TAB. 11.6 – *Echelle bonus-malus en univers segmenté.*

puis

$$\begin{aligned}
&\Pr[\Theta = 0.5|L = \ell] \\
= \;& \frac{\Pr[L = \ell|\Theta = 0.5]0.5}{\Pr[L = \ell]} \\
= \;& \frac{1}{2\Pr[L = \ell]}\Big(\Pr[L = \ell|\Theta = 0.5,\Lambda = \lambda_A]\Pr[\Lambda = \lambda_A|\Theta = 0.5] \\
&\qquad + \Pr[L = \ell|\Theta = 0.5,\Lambda = \lambda_B]\Pr[\Lambda = \lambda_B|\Theta = 0.5]\Big) \\
= \;& \frac{1}{2\pi_\ell}\Big(w_A\pi_\ell(0.5\lambda_A) + w_B\pi_\ell(0.5\lambda_B)\Big)
\end{aligned}$$

où l'on a utilisé l'hypothèse d'indépendance entre Λ et Θ. Reste à calculer π_ℓ. Cette probabilité s'obtient par un double conditionnement, par rapport à Λ et à Θ:

$$\begin{aligned}
\pi_\ell = \Pr[L = \ell] \;=\;& \Pr[L = \ell|\Theta = \theta_1,\Lambda = \lambda_A]\Pr[\Theta = \theta_1,\Lambda = \lambda_A] \\
&+ \Pr[L = \ell|\Theta = \theta_2,\Lambda = \lambda_A]\Pr[\Theta = \theta_2,\Lambda = \lambda_A] \\
&+ \Pr[L = \ell|\Theta = \theta_1,\Lambda = \lambda_B]\Pr[\Theta = \theta_1,\Lambda = \lambda_B] \\
&+ \Pr[L = \ell|\Theta = \theta_2,\Lambda = \lambda_B]\Pr[\Theta = \theta_2,\Lambda = \lambda_B] \\
=\;& \pi_\ell(\lambda_A\theta_1)w_A\varrho + \pi_\ell(\lambda_A\theta_2)w_A(1-\varrho) \\
&+ \pi_\ell(\lambda_B\theta_1)w_B\varrho + \pi_\ell(\lambda_B\theta_2)w_B(1-\varrho).
\end{aligned}$$

De la même manière,

$$\Pr[\Theta = 1.5|L = \ell] = \frac{1}{2\pi_\ell}\Big(w_A\pi_\ell(1.5\lambda_A) + w_B\pi_\ell(1.5\lambda_B)\Big).$$

Si nous supposons par exemple que $\lambda_A = 8\%$, $\lambda_B = 12\%$ et $w_A = 50\%$, nous obtenons $\mathbb{E}[\Lambda] = 10\%$, ce qui coïncide avec la valeur de λ de l'exemple introductif décrit à la Section 11.2.1. Le Tableau 11.6 donne les résultats obtenus avec ces valeurs numériques.

Les valeurs de $\Pr[\Theta = 0.5|L = \ell]$ et de $\Pr[\Theta = 1.5|L = \ell]$ sont quasi-identiques à celles obtenues précédemment, comme on pouvait s'y attendre. Les primes relatives $\mathbb{E}[\Theta|L = \ell]$ sont légèrement moins dispersées que celles obtenues sans la distinction a priori entre zone rurale et zone urbaine.

Afin d'apprécier la mesure dans laquelle les tarifications a priori et a posteriori interagissent, on peut encore calculer $\mathbb{E}[\Lambda|L=\ell]$, cette dernière espérance devant croître avec ℓ, si la tarification a priori a un sens. Clairement,

$$\begin{aligned}
\mathbb{E}[\Lambda|L=\ell] &= \lambda_A \Pr[\Lambda=\lambda_A|L=\ell] + \lambda_B \Pr[\Lambda=\lambda_B|L=\ell] \\
&= \lambda_A \frac{\Pr[L=\ell|\Lambda=\lambda_A]w_A}{\pi_\ell} + \lambda_B \frac{\Pr[L=\ell|\Lambda=\lambda_B]w_B}{\pi_\ell} \\
&= \frac{\lambda_A w_A}{2\pi_\ell}\Big(\pi_\ell(0.5\lambda_A)+\pi_\ell(1.5\lambda_A)\Big) \\
&\quad + \frac{\lambda_B w_B}{2\pi_\ell}\Big(\pi_\ell(0.5\lambda_B)+\pi_\ell(1.5\lambda_B)\Big).
\end{aligned}$$

Les valeurs de ces espérances conditionnelles sont reprises dans la dernière colonne du Tableau 11.6. On constate effectivement une croissance de la moyenne conditionnelle de Λ en fonction du niveau ℓ occupé.

11.3.2 Modélisation de la sinistralité en univers segmenté

Tentons à présent de généraliser l'approche suivie pour traiter l'exemple introductif ci-dessus. Supposons que le portefeuille a été partitionné en classes de risque sur base de l'information disponible a priori. Au sein de la $k$ème classe de risque, le nombre annuel de sinistres par police est de loi $\mathcal{MP}oi(\lambda_k,\Theta)$, où l'effet aléatoire Θ dont la loi ne dépend pas de la classe de risque, modélise l'hétérogénéité résiduelle du portefeuille.

Si nous prélevons au hasard un assuré au sein du portefeuille, sa fréquence annuelle de sinistres a priori est notée Λ; il s'agit d'une variable aléatoire car on ne connaît pas la classe de risque dont cet assuré provient. Nous notons w_k l'importance relative de la $k$ème classe de risque; nous avons alors $\Pr[\Lambda=\lambda_k]=w_k$. Conditionnellement à $\Lambda=\lambda_k$, le nombre annuel de sinistres est de loi $\mathcal{MP}oi(\lambda_k,\Theta)$.

11.3.3 Sévérité des corrections a posteriori en fonction du degré de différenciation a priori

La correction a posteriori du montant de la prime doit être fonction de la mesure dans laquelle les caractéristiques des assurés interviennent dans la fixation du montant de la prime à la conclusion du contrat. Le système bonus-malus (comme toute la théorie de la crédibilité par ailleurs) a pour seul et unique but de différencier les "bons" conducteurs des "mauvais", sur base de la sinistralité observée. Il est clair qu'un assureur qui utilise de nombreuses caractéristiques de l'assuré pour décider si oui ou non il accepte de le couvrir, ainsi que pour déterminer le montant de la prime, pourra déjà prédire assez précisément la sinistralité future de l'assuré. Au contraire, un assureur qui n'utiliserait aucune caractéristique de l'assuré pour fixer le montant de la prime (et qui n'aurait donc aucune connaissance du profil de son assuré) serait bien en peine de décider a priori si tel individu est un bon ou un mauvais conducteur. Dès lors, un assureur qui prend largement en compte les caractéristiques de l'assuré pour déterminer la prime en début de contrat ne doit que modérément corriger la prime a posteriori. Un de ses confrères qui ne tiendrait compte a priori que de peu de facteurs devrait quant à lui recourir à une échelle bonus-malus plus sévère. Justifions à présent ces affirmations.

Comme Θ représente un effet résiduel des variables non incorporées dans le tarif, les variables aléatoires Λ et Θ sont supposées indépendantes. Afin de bien comprendre comment l'hétérogénéité résiduelle est fonction de la précision du degré de différenciation a priori de l'assureur, examinons la formule suivante, qui indique comment l'hétérogénéité du portefeuille se décompose:

$$\mathbb{V}[N] = \lambda + \lambda^2\mathbb{V}[\Theta] + \mathbb{V}[\Lambda](1 + \mathbb{V}[\Theta]).$$

Comme $\lambda = \mathbb{E}[\Lambda]$ est constante, quel que soit le degré de segmentation a priori, on constate qu'une différenciation tarifaire plus poussée accroîtra $\mathbb{V}[\Lambda]$, ce qui aura pour effet de décroître $\mathbb{V}[\Theta]$, puisque $\mathbb{V}[N]$ est constante. Ainsi, l'assureur qui segmente plus a priori aura une variance résiduelle plus faible et devra tenir compte dans une moindre mesure de la statistique sinistre pour réévaluer le montant des primes payées par les assurés.

11.3.4 Méthode de Norberg en univers segmenté

Sélectionnons un assuré au hasard dans le portefeuille. Nous désignons par L le niveau qu'il occupe dans l'échelle en régime stationnaire. La loi de L est donnée par

$$\Pr[L = \ell] = \sum_k w_k \int_{\theta \geq 0} \pi_\ell(\lambda_k\theta)u(\theta)d\theta,$$

où w_k est la proportion d'assurés faisant partie de la $k$ème classe de risque, dont la fréquence annuelle de sinistre a priori est λ_k.

Afin de déterminer les pourcentages à associer aux différents niveaux de l'échelle, on minimise à nouveau l'écart quadratique moyen entre Θ et r_L, c'est-à-dire

$$\begin{aligned}
\mathcal{Q} = \mathbb{E}\Big[(\Theta - r_L)^2\Big] &= \sum_{\ell=0}^{s} \mathbb{E}\Big[(\Theta - r_\ell)^2 \Big| L = \ell\Big] \Pr[L = \ell] \\
&= \sum_{\ell=0}^{s} \int_{\theta>0} (\theta - r_\ell)^2 \Pr[L = \ell | \Theta = \theta] u(\theta) d\theta \\
&= \sum_{k} w_k \int_{\theta>0} \sum_{\ell=0}^{s} (\theta - r_\ell)^2 \pi_\ell(\lambda_k\theta) u(\theta) d\theta.
\end{aligned}$$

La solution s'obtient en résolvant $\frac{\partial}{\partial r_\ell}\mathcal{Q} = 0$ avec

$$\frac{\partial}{\partial r_\ell}\mathcal{Q} = -2\sum_{k} \int_{\theta>0} (\theta - r_\ell)\pi_\ell(\lambda_k\theta)u(\theta)d\theta$$

qui donne

$$r_\ell = \frac{\sum_k w_k \int_{\theta>0} \theta\pi_\ell(\lambda_k\theta)u(\theta)d\theta}{\sum_k w_k \int_{\theta>0} \pi_\ell(\lambda_k\theta)u(\theta)d\theta}.$$

Il est intéressant de noter que $r_\ell = \mathbb{E}[\Theta | L = \ell]$ puisque

$$\begin{aligned}
&\mathbb{E}[\Theta | L = \ell] \\
&= \mathbb{E}\Big[\mathbb{E}[\Theta | L = \ell, \Lambda] \Big| L = \ell\Big] \\
&= \sum_{k} \mathbb{E}[\Theta | L = \ell, \Lambda = \lambda_k] \Pr[\Lambda = \lambda_k | L = \ell] \\
&= \sum_{k} \int_{\theta>0} \theta \frac{\Pr[L = \ell | \Theta = \theta, \Lambda = \lambda_k] w_k}{\Pr[L = \ell]} u(\theta) d\theta. \qquad (11.7)
\end{aligned}$$

On voit facilement que $\mathbb{E}[r_L] = 1$, ce qui garantit l'équilibre financier du système une fois que le régime stationnaire est atteint.

Pour terminer, notons que si l'assureur ne différencie pas les primes a priori, tous les λ_k sont égaux à λ et (11.7) donne (11.5). La méthode de GILDE & SUNDT (1989) s'étend également naturellement au cas segmenté.

11.3.5 Interaction entre les corrections a posteriori induites par l'échelle et la tarification a priori

Le degré d'interaction entre les tarifications a priori et a posteriori se mesure par les variations de

$$\begin{aligned}\mathbb{E}[\Lambda|L=\ell] &= \sum_k \lambda_k \Pr[\Lambda=\lambda_k|L=\ell] \\ &= \sum_k \lambda_k \frac{\Pr[L=\ell|\Lambda=\lambda_k]w_k}{\pi_\ell} \\ &= \frac{\sum_k \lambda_k w_k \int_{\theta\geq 0}\pi_\ell(\lambda_k\theta)u(\theta)d\theta}{\sum_k w_k \int_{\theta\geq 0}\pi_\ell(\lambda_k\theta)u(\theta)d\theta}. \qquad (11.8)\end{aligned}$$

Si la tarification a priori est pertinente (dans le sens qu'une forte fréquence a priori reflète effectivement un niveau de risque élevé), $\mathbb{E}[\Lambda|L=\ell]$ devrait aller croissant avec le niveau ℓ. Ceci montre bien que les assurés dont les fréquences de sinistre a priori sont les plus basses ont tendance à se concentrer dans les niveaux inférieurs de l'échelle, alors que ceux dont les fréquences de sinistre a priori sont les plus élevées se retrouvent au contraire dans le haut de l'échelle. Dès lors, les assurés qui ont bénéficié de ristournes a priori (car leur profil de risque donnait à penser qu'ils causeraient peu de sinistres) seront également récompensés a posteriori (car ils graviteront dans le bas de l'échelle). Au contraire, les assurés réputés mauvais conducteurs a priori et donc pénalisés à la souscription par l'application d'un tarif plus élevé seront à nouveau pénalisés par le système de personnalisation a posteriori dans la mesure où ils auront tendance à occuper les niveaux les plus élevés de l'échelle.

11.4 Illustrations numériques

11.4.1 Tarification a priori

Afin d'illustrer les méthodes décrites plus haut, nous considérons le portefeuille d'assurance automobile observé durant l'année 1997, analysé au Chapitre 9.

11.4.2 Echelle -1/top

Il s'agit d'une échelle à six niveaux, numérotés de 0 à 5. Le nouvel assuré est placé au niveau 5. Chaque année sans sinistre lui vaut une descente d'un degré. La déclaration d'au moins un sinistre a pour effet de renvoyer l'assuré au niveau 5, quel que soit l'échelon qu'il occupait au début de l'année. Notez que la philosophie d'un tel système est fondamentalement différente de celle des échelles bonus-malus standards. En effet, il n'est nullement question ici de faire correspondre sur le long terme la prime payée par l'assuré au risque qu'il représente: il s'agit seulement de punir les conducteurs rendus responsables d'un sinistre (combattant de la sorte le risque moral) et de récompenser ceux qui ne font pas appel à la garantie de la compagnie.

Les règles de transition de cette échelle sont décrites au tableau suivant:

Classe de départ	Classe d'arrivée si 0 sinistre	$\geq$1 sinistre
5 (start)	4	5
4	3	5
3	2	5
2	1	5
1	0	5
0	0	5

La matrice de transition $\boldsymbol{P}(\vartheta)$ pour un assuré dont la fréquence annuelle de sinistre est ϑ vaut

$$\boldsymbol{P}(\vartheta) = \begin{pmatrix} \exp(-\vartheta) & 0 & 0 & 0 & 0 & 1-\exp(-\vartheta) \\ \exp(-\vartheta) & 0 & 0 & 0 & 0 & 1-\exp(-\vartheta) \\ 0 & \exp(-\vartheta) & 0 & 0 & 0 & 1-\exp(-\vartheta) \\ 0 & 0 & \exp(-\vartheta) & 0 & 0 & 1-\exp(-\vartheta) \\ 0 & 0 & 0 & \exp(-\vartheta) & 0 & 1-\exp(-\vartheta) \\ 0 & 0 & 0 & 0 & \exp(-\vartheta) & 1-\exp(-\vartheta) \end{pmatrix}.$$

Le calibrage de l'échelle à l'aide de la méthode de Norberg (sans tenir compte puis en tenant compte de la segmentation a priori) donne les résultats suivants:

Niveau ℓ	$\Pr[L=\ell]$	Sans segm. a priori $\mathbb{E}[\Theta\vert L=\ell]$	Avec segm. a priori $\mathbb{E}[\Theta\vert L=\ell]$	$\mathbb{E}[\Lambda\vert L=\ell]$
5	10.2%	166.6%	143.2%	12.8%
4	8.6%	154.4%	136.3%	12.5%
3	7.2%	143.8%	130.1%	12.2%
2	6.2%	134.6%	124.5%	12.0%
1	5.3%	126.5%	119.4%	11.8%
0	62.4%	70.8%	79.6%	10.6%

La deuxième colonne donne les proportions d'assurés dans les différents échelons en régime stationnaire. La Figure 11.1 décrit les lois transitoires associées à l'échelle -1/Top pour une fréquence annuelle de sinistres valant 10%. On constate que le régime stationnaire est atteint après 5 ans.

La troisième colonne décrit les pourcentages associés aux 6 échelons si aucune différenciation tarifaire n'est opérée a priori. Les assurés au niveau 0 sont gratifiés d'une ristourne de l'ordre de 30%, et ceux au niveau 5 sont pénalisés de 66.6%. La quatrième colonne reprend ces mêmes pourcentages si l'assureur segmente a priori. Ceci a pour effet de limiter l'ampleur des corrections a posteriori. La ristourne au niveau 0 n'est plus que de 20% et la pénalité au niveau 5 de 43.2%. Finalement, on voit que $\mathbb{E}[\Lambda|L=\ell]$ est croissante en ℓ, ce qui traduit bien la concentration des bons conducteurs dans le bas de l'échelle et celle des mauvais dans le haut de l'échelle.

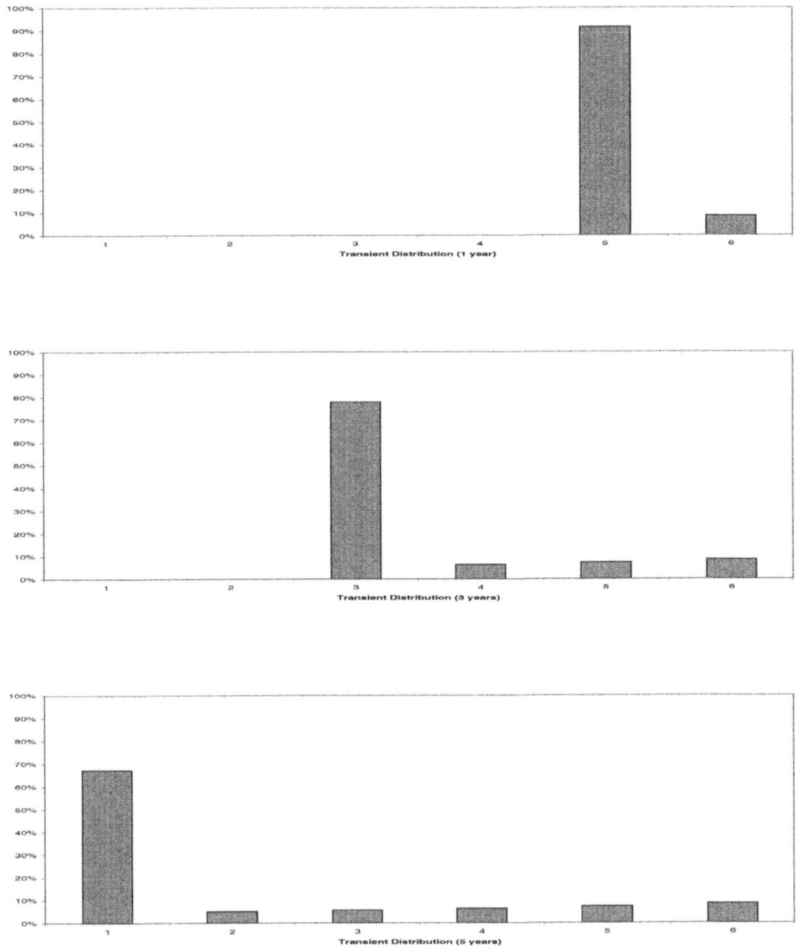

FIG. 11.1 – *Evolution des assurés dans l'échelle -1/Top:* $p_{6\ell}^{(1)}(0.1)$, $p_{6\ell}^{(3)}(0.1)$ *et* $p_{6\ell}^{(5)}(0.1) = \pi_\ell(0.1)$.

11.4.3 Echelle -1/+2

Il s'agit de l'échelle "soft" de TAYLOR (1997). On peut parler de système bonus-malus typique. Les nouveaux assurés sont versés dans le niveau 6. Chaque année sans sinistre vaut une descente d'un degré dans l'échelle, et chaque sinistre est pénalisé par une remontée de deux niveaux.

Les règles de transition associées à cette échelle sont décrites dans le tableau suivant:

Classe de départ	Classe d'arrivée si				
	0 sinistre	1 sinistre	2 sinistres	3 sinistres	≥4 sinistres
8	7	8	8	8	8
7	6	8	8	8	8
6 (start)	5	8	8	8	8
5	4	7	8	8	8
4	3	6	8	8	8
3	2	5	7	8	8
2	1	4	6	8	8
1	0	3	5	7	8
0	0	2	4	6	8

La matrice de transition $\boldsymbol{P}(\vartheta)$ associée à ce système bonus-malus s'écrit

$$\boldsymbol{P}(\vartheta) = \begin{pmatrix} p_0 & 0 & p_1 & 0 & p_2 & 0 & p_3 & 0 & 1-\Sigma \\ p_0 & 0 & 0 & p_1 & 0 & p_2 & 0 & p_3 & 1-\Sigma \\ 0 & p_0 & 0 & 0 & p_1 & 0 & p_2 & 0 & 1-\Sigma \\ 0 & 0 & p_0 & 0 & 0 & p_1 & 0 & p_2 & 1-\Sigma \\ 0 & 0 & 0 & p_0 & 0 & 0 & p_1 & 0 & 1-\Sigma \\ 0 & 0 & 0 & 0 & p_0 & 0 & 0 & p_1 & 1-\Sigma \\ 0 & 0 & 0 & 0 & 0 & p_0 & 0 & 0 & 1-p_0 \\ 0 & 0 & 0 & 0 & 0 & 0 & p_0 & 0 & 1-p_0 \\ 0 & 0 & 0 & 0 & 0 & 0 & 0 & p_0 & 1-p_0 \end{pmatrix}.$$

où

$$p_k = \frac{\vartheta^k}{k!}\exp(-\vartheta)$$

et Σ représente la somme des éléments des colonnes 1 à 8 de la même ligne.

Le calibrage de l'échelle -1/+2 à l'aide de la méthode de Norberg (sans tenir compte puis en tenant compte de la segmentation a priori) donne les résultats suivants:

Niveau ℓ	$\Pr[L=\ell]$	Sans segm. a priori	Avec segm. a priori	
		$\mathbb{E}[\Theta\mid L=\ell]$	$\mathbb{E}[\Theta\mid L=\ell]$	$\mathbb{E}[\Lambda\mid L=\ell]$
8	1.1%	325.3%	267.5%	17.2%
7	1.1%	294.0%	246.4%	16.2%
6	1.4%	258.0%	218.4%	15.2%
5	1.6%	234.0%	202.1%	14.5%
4	2.6%	194.5%	171.0%	13.5%
3	2.9%	179.2%	160.7%	13.1%
2	7.9%	133.9%	126.0%	12.0%
1	6.8%	127.2%	121.5%	11.8%
0	74.7%	75.6%	83.5%	10.7%

Les conclusions sont identiques à celles tirées pour l'échelle -1/Top.

11.4.4 Echelle -1/+4

Passons à présent à l'échelle sévère de TAYLOR (1997). Chaque sinistre est à présent pénalisé par une remontée de 4 degrés dans l'échelle. Les règles de transition associées à ce système sont décrites dans le tableau suivant:

Classe de départ	Classe d'arrivée si		
	0 sinistre	1 sinistre	$\geq$2 sinistres
8	7	8	8
7	6	8	8
6 (start)	5	8	8
5	4	8	8
4	3	8	8
3	2	7	8
2	1	6	8
1	0	5	8
0	0	4	8

Examinons à présent les valeurs obtenues pour l'échelle -1/+4 à l'aide de la méthode de Norberg (sans tenir compte puis en tenant compte de la segmentation a priori):

Niveau ℓ	$\Pr[L=\ell]$	Sans segm. a priori	Avec segm. a priori	
		$\mathbb{E}[\Theta\|L=\ell]$	$\mathbb{E}[\Theta\|L=\ell]$	$\mathbb{E}[\Lambda\|L=\ell]$
8	4.6%	225.1%	186.8%	14.3%
7	4.3%	203.0%	173.2%	13.7%
6	4.0%	185.7%	162.5%	13.2%
5	3.8%	171.7%	153.8%	12.9%
4	7.0%	130.0%	122.6%	11.9%
3	6.1%	123.0%	118.0%	11.7%
2	5.3%	116.7%	113.8%	11.6%
1	4.7%	111.1%	109.9%	11.5%
0	60.3%	64.9%	75.0%	10.5%

Il est intéressant de comparer les valeurs obtenues pour l'échelle -1/+4 à celles obtenues plus haut pour l'échelle -1/+2. La plus forte pénalisation des sinistres assure une plus grande dispersion des assurés dans l'échelle. Le niveau 0 regroupe à présent environ 60% des conducteurs, contre 75% précédemment. Ceci a pour effet d'augmenter la ristourne au niveau 0 et de réduire les pénalités associées aux niveaux élevés.

11.5 Performances des échelles bonus-malus

11.5.1 Le degré moyen relatif à l'état stationnaire

Noté RSAL (pour l'anglais "Relative Stationary Average Level"), le degré moyen relatif à l'état stationnaire est le degré qu'occupe un conducteur moyen au moment où le système bonus-malus a atteint l'état stationnaire. Il évalue la concentration des polices dans les degrés inférieurs du système bonus-malus.

La stabilité des systèmes bonus-malus, au sens strict, ne peut être atteinte qu'après un nombre infini d'années, une fois le régime stationnaire atteint. En pratique, les compagnies d'assurances sont plutôt intéressées par la stabilisation du niveau de prime moyen et de sa variance. C'est pourquoi, dans ce qui suit, nous désignerons par stabilité le fait que la moyenne et la variance du niveau de prime soient devenues plus ou moins constantes. La stabilité au sens strict est alors appelée "stabilité totale".

11.5.2 La prime moyenne relative à l'état stationnaire

Notée RSAP (pour l'anglais "Relative Stationary Average Premium"), la prime moyenne relative à l'état stationnaire est définie par

$$\text{RSAP} = \frac{\begin{array}{c}\text{niveau de prime moyen stationnaire} \\ \text{- niveau de prime minimal}\end{array}}{\text{niveau de prime maximal - niveau de prime minimal}}.$$

Exprimé en pourcentage, cet indice détermine la prime d'un assuré moyen relativement à une prime minimale de 0 et une prime maximale de 100. Une petite valeur de l'indice RSAP indique que la plupart des polices se concentrent dans les classes inférieures. Par contre, un indice RSAP plus élevé signifierait une meilleur répartition des assurés parmi toutes les classes. Idéalement, l'indice RSAP devrait être égal à environ 50%.

11.5.3 Le coefficient de variation des primes

L'assurance consiste en un transfert du risque de l'assuré vers la compagnie d'assurances. Si on ne tient pas compte de la sinistralité des assurés, ce transfert est total, c'est-à-dire qu'entre les assurés existe une solidarité parfaite si bien que les primes payées par les assurés ne varient pas. Par contre, si on introduit un système bonus-malus, les primes varient d'une année à l'autre, selon les sinistres que l'accusé a causés durant l'année précédente. La solidarité entre les assurés peut être évaluée par une mesure de la variabilité des primes annuelles. Pour cela, on utilise le coefficient de variation (rapport entre l'écart-type et la moyenne). Même pour les systèmes bonus-malus les plus sévères, ces coefficients sont encore très proche de 0, ce qui veut dire que les assurés ne doivent supporter qu'une petite partie du risque eux-mêmes.

11.5.4 Efficacité de Loimaranta

Il existe de nombreuses mesures de la qualité d'un système bonus-malus, au nombre desquelles figurent les concepts d'efficacité, hérités d'économie. L'efficacité d'un système bonus-malus mesure la réaction du système lorsque la fréquence de sinistres change. En toute logique, les primes payées par les assurés doivent augmenter avec la fréquence de sinistres. Une augmentation relative de la fréquence de sinistres devrait entraîner la même augmentation relative de la prime. Ainsi, par exemple, considérons deux assurés, l'un ayant une fréquence de sinistres égale à 0.10, l'autre à 0.11: après une période suffisamment longue, le deuxième assuré devrait payer 10% de primes en plus que le premier. Un système bonus-malus ayant cette propriété est dit parfaitement élastique. En réalité, l'accroissement est le plus souvent inférieure à 10%. S'il est, par exemple, de 2% au lieu de 10%, l'élasticité du système vaut alors 20%. Dans ce qui suit, nous examinerons un concept asymptotique d'élasticité connu sous le nom d'efficacité de Loimaranta.

Notons $b(\vartheta)$ la prime moyenne à l'état stationnaire d'un assuré dont la fréquence annuelle de sinistres est ϑ. Idéalement, un accroissement $\frac{d\vartheta}{\vartheta}$ de la fréquence de sinistres devrait entraîner une augmentation identique, $\frac{db(\vartheta)}{b(\vartheta)}$, de la prime. Un système bonus-malus sera appelé parfaitement élastique lorsque

$$\frac{\frac{d\vartheta}{\vartheta}}{\frac{db(\vartheta)}{b(\vartheta)}} = 1$$

L'élasticité $\mathrm{Eff}(\vartheta)$ d'un système bonus-malus est définie par:

$$\mathrm{Eff}(\vartheta) = \frac{\frac{db(\vartheta)}{b(\vartheta)}}{\frac{d\vartheta}{\vartheta}} = \frac{d\ln b(\vartheta)}{d\ln\vartheta}.$$

C'est donc l'élasticité de la prime moyenne asymptotique $b(\vartheta)$ par rapport à la fréquence de sinistres ϑ.

Clairement,

$$b(\vartheta) = \sum_{\ell=0}^{s} \pi_\ell(\vartheta) \cdot b_\ell$$

et

$$\frac{db(\vartheta)}{d\vartheta} = \sum_{\ell=0}^{s} \frac{d\pi_\ell(\vartheta)}{d\vartheta} b_\ell,$$

où b_ℓ est la prime associée au niveau ℓ de l'échelle. Des équations pour déterminer les $\frac{d\pi_\ell(\vartheta)}{d\vartheta}$ peuvent être obtenues en différenciant le système (11.4) qui définit la distribution stationnaire. Il faut donc résoudre le système linéaire

$$\frac{d\boldsymbol{\pi}^t(\vartheta)}{d\vartheta} = \frac{d\boldsymbol{\pi}^t(\vartheta)}{d\vartheta}\boldsymbol{P}(\vartheta) + \boldsymbol{\pi}^t(\vartheta)\frac{d\boldsymbol{P}(\vartheta)}{d\vartheta}$$

sous la contrainte

$$\sum_{\ell=0}^{s} \frac{d\pi_\ell(\vartheta)}{d\vartheta} = 0.$$

11.5.5 L'efficacité de Lemaire

L'efficacité de Loimaranta présente deux inconvénients majeurs:

1. d'abord, c'est un concept asymptotique. L'efficacité de Loimaranta n'est donc intéressante que dans la mesure où l'on envisage un système immuable pendant un très grand nombre d'années. Malheureusement, de tels systèmes sont rares et d'ici à ce que l'état stationnaire soit atteint, les règles du système et les conditions économiques auront vraisemblablement changé. De plus, en pratique, ce qui intéresse les conducteurs et les compagnies d'assurances, c'est ce qui se passera dans les quelques années à venir et non dans 30 ans ou plus;
2. ensuite, on peut encore reprocher à l'efficacité de Loimaranta de dépendre uniquement de la fréquence annuelle de sinistre et non de la classe de départ, ce qui n'est pas nécessairement réaliste. En effet, dans certains pays, des catégories différentes d'assurés rentrent dans le système dans des classes différentes. Il serait donc préférable de définir une mesure d'efficacité qui dépende de la classe de départ et qui prenne en compte les différences de primes pendant les premières années.

L'efficacité de Lemaire (qui n'est en fait qu'un cas particulier de l'efficacité de De Pril) va remédier à ces deux inconvénients.

Introduisons d'abord un taux d'actualisation $\beta < 1$ et notons $v_i^{(n)}(\vartheta)$ l'espérance actualisée de tous les paiements consentis pendant n années par un assuré dont la fréquence annuelle de sinistres est ϑ se trouvant au début de la première période d'assurance au degré i. Les $\{v_i^{(n)}(\vartheta),\ n = 1,2,\ldots\}$ satisfont au schéma de récurence suivant :

$$v_i^{(n)}(\vartheta) = b_i + \beta \sum_{k=0}^{+\infty} \Pr[N = k|\lambda\Theta = \vartheta] v_{T_k(i)}^{(n-1)}(\vartheta),\ i = 0,1,\ldots,s.$$

Il y aura $n \cdot (s+1)$ espérances différentes à calculer, ce qui peut s'avérer laborieux, surtout pour les systèmes bonus-malus sophistiqués et les longues durées de vie des contrats d'assurance. En passant d'un horizon fini à un horizon infini, nous pouvons simplifier les calculs considérablement, sans pour autant trop changer les valeurs pour les contrats dont la durée est suffisamment longue. Soit

$$v_i(\vartheta) = \lim_{n\to\infty} v_i^{(n)}(\vartheta),$$

l'espérance actualisée sur horizon infini de toutes les primes payées par un assuré dont la fréquence annuelle de sinistres vaut ϑ, se trouvant alors initialement au niveau i de l'échelle. Les composantes du vecteur

$$\boldsymbol{v}(\vartheta) = (v_0(\vartheta),v_1(\vartheta),\ldots,v_s(\vartheta))^t$$

satisfont alors aux équations suivantes :

$$v_i(\vartheta) = b_i + \beta \sum_{k=0}^{+\infty} \Pr[N = k|\lambda\Theta = \vartheta] v_{T_k(i)}(\vartheta), \; i = 0,1,\ldots,s. \quad (11.9)$$

Proposition 11.5.1. *Le système d'équations (11.9) possède une et une seule solution.*

Démonstration. Soit O la transformation définie par $O\boldsymbol{v} = \boldsymbol{w}$, où

$$w_i(\vartheta) = b_i + \beta \sum_{k=0}^{\infty} \Pr[N = k|\lambda\Theta = \vartheta] v_{T_k(i)}(\vartheta), \; i = 0,1,\ldots,s.$$

Choisissons comme norme $\|\boldsymbol{v}\| = \max_i |v_i|$. Alors nous avons

$$\begin{aligned} \|O\boldsymbol{w} - O\boldsymbol{v}\| &= \max_i \left| \beta \sum_{k=0}^{\infty} \Pr[N = k|\lambda\Theta = \vartheta] \left(w_{T_k(i)}(\vartheta) - v_{T_k(i)}(\vartheta) \right) \right| \\ &\leq \beta \sum_{k=0}^{\infty} \Pr[N = k|\lambda\Theta = \vartheta] \max_i \left| w_{T_k(i)}(\vartheta) - v_{T_k(i)}(\vartheta) \right| \\ &\leq \beta \max_j |w_j(\vartheta) - v_j(\vartheta)| = \beta \|\boldsymbol{w} - \boldsymbol{v}\|, \end{aligned}$$

en posant $j = T_k(i)$. Par conséquent la transformation O est une contraction et il n'existe qu'un seul point fixe. □

L'efficacité de Lemaire $\text{Eff}_i(\vartheta)$ peut être définie de la même manière que l'efficacité de Loimaranta en utilisant $v_i(\vartheta)$ au lieu de $b(\vartheta)$. Ainsi

$$\text{Eff}_i(\vartheta) = \frac{\frac{dv_i(\vartheta)}{v_i(\vartheta)}}{\frac{d\vartheta}{\vartheta}} = \frac{d \ln v_i(\vartheta)}{d \ln(\vartheta)};$$

$\text{Eff}_i(\vartheta)$ est l'élasticité de l'espérance actualisée des paiements par rapport à la fréquence de sinistre. Cette approche-ci de l'efficacité dépend de la classe de départ. Ainsi, l'efficacité transitoire présente un avantage par rapport à l'efficacité asymptotique: elle peut être utilisée pour définir la classe initiale (en choisissant celle qui maximise $\text{Eff}_i(\vartheta)$ pour une valeur moyenne de ϑ). De plus, l'efficacité de Lemaire attache plus de poids à ce qui se passe dans les premières années, qu'à ce qui se passe après un grand nombre d'années (par le jeu de l'actualisation).

Pour le calcul des $\text{Eff}_i(\vartheta)$, nous avons besoins des dérivées $\frac{dv_i(\vartheta)}{d\vartheta}$ que nous pouvons obtenir en résolvant le système

$$\frac{dv_i(\vartheta)}{d\vartheta} = \beta \sum_{k=0}^{\infty} \frac{\exp(-\vartheta)\vartheta^k}{k!} \left(\left(\frac{k}{\vartheta} - 1 \right) v_{T_k(i)}(\vartheta) + \frac{dv_{T_k(i)}(\vartheta)}{d\vartheta} \right).$$

Par une démonstration similaire à celle de la Proposition 11.5.1, nous pouvons montrer que le système ne possède qu'une et une seule solution.

11.5.6 La rétention optimale moyenne

Notion

L'introduction d'un système bonus-malus indépendant du montant de sinistres en assurance automobile incite les assurés à prendre eux-mêmes en charge les frais résultant de petits sinistres pour ainsi éviter une augmentation des primes futures. Ce phénomène est appelé la “soif de bonus”.

L'importance de la soif de bonus est liée à la sévérité d'un système bonus-malus: un système bonus-malus sévère s'accompagne d'un nombre élevé de sinistres non déclarés. Si les frais de sinistres supportés par l'assuré sont raisonnables, la soif de bonus a le même effet que l'introduction d'une franchise et réduit les coûts administratifs de la compagnie d'assurances.

L'algorithme suivant permet de déterminer une stratégie de rétention optimale pour l'assuré; il est basé sur la programmation dynamique. Pour chaque classe du système bonus-malus, l'algorithme détermine le niveau de rétention optimal; en dessous de ce montant, l'assuré a intérêt à ne pas déclarer le sinistre à la compagnie d'assurances et à dédommager lui-même la partie adverse. Le modèle repose sur les hypothèses suivantes:

1. on suppose l'horizon infini, c'est-à-dire qu'on suppose que les assurés conduisent éternellement. Manifestement, ceci ne correspond pas à la réalité, mais l'effet de cette hypothèse pour des longues durées d'assurance est minime;
2. les sinistres sont distribués uniformément sur l'année, c'est-à-dire que nous devons actualiser le montant moyen des sinistres sur la moitié de l'année. En pratique, si l'on observe la sinistralité sur quelques années, on ne constate pas d'effet saisonnier notable. Donc, l'impact de cette hypothèse est négligeable;
3. le nombre des sinistres et le montant de ceux-ci sont indépendants.

Formulation du problème de décision

Définissons la stratégie de l'assuré par un vecteur $\boldsymbol{x} = (x_0,x_1,\ldots,x_s)^t$, où x_i est la limite de rétention pour le degré i. Tout sinistre de montant inférieur ou égal à x_i sera pris en charge par l'assuré, tandis que les autres seront déclarés à la compagnie d'assurances. Considérons un assuré qui vient de causer un accident de montant x à l'instant t, $0 \leq t < 1$. Notons f_X la fonction de densité de la variable aléatoire X représentant le montant d'un sinistre. Etant donnée une stratégie spécifique, la probabilité p_i pour qu'un accident ne soit pas déclaré, si l'assuré se trouve au degré i, vaut

$$p_i = \Pr[X \leq x_i] = \int_{y=0}^{x_i} f_X(y)dy;$$

pour cet assuré, la probabilité $\overline{p}_k^i(\vartheta)$ de déclarer k sinistres au cours d'une période vaut

$$\overline{p}_k^i(\vartheta) = \sum_{h=k}^{\infty} \Pr[N = h|\lambda\Theta = \vartheta] \left(\begin{array}{c} h \\ k \end{array} \right) (1-p_i)^k p_i^{h-k}.$$

L'espérance mathématique du nombre de sinistres déclarés par un assuré au degré i, noté $\overline{\vartheta}_i$, est égale à

$$\overline{\vartheta}_i = \sum_{k=0}^{\infty} k\overline{p}_k^i(\vartheta).$$

L'espérance du coût d'un sinistre non déclaré par un assuré au degré i vaut

$$\mu_i = \mathbb{E}[X|X \leq x_i] = \frac{1}{p_i} \int_{y=0}^{x_i} y f_X(y)dy.$$

En supposant que le nombre et les montants des sinistres sont indépendants, l'assuré devra débourser en moyenne $\mu_i(\vartheta - \overline{\vartheta_i})$ à titre de dédommagement des sinistres non déclarés à la compagnie d'assurances. L'espérance du coût total pour cette période est égale à

$$\overline{CT}_{x_i} = b_i + \beta^{\frac{1}{2}} \mu_i(\vartheta - \overline{\vartheta_i})$$

où β est le taux d'actualisation (rappelons que tous les sinistres sont supposés avoir lieu en milieu de période).

Soit $v_i(\vartheta)$ l'espérance actualisée de tous les paiements effectués par un assuré dont la fréquence annuelle de sinistres est ϑ se trouvant initialement au degré i. Les composantes du vecteur

$$\boldsymbol{v} = (v_0(\vartheta),v_1(\vartheta),\ldots,v_s(\vartheta))^t$$

satisfont alors au système

$$v_i(\vartheta) = \overline{CT}_{x_i} + \beta \sum_{k=0}^{\infty} \overline{p}_k^i(\vartheta) v_{T_k(i)}(\vartheta), \ i = 0,1,\ldots,s. \tag{11.10}$$

Lorsque tous les sinistres sont déclarés à la compagnie, le système (11.10) coïncide évidemment avec le système (11.9). Par une démonstration analogue à celle de la Proposition 11.5.1, nous pouvons montrer que le système (11.10) ne possède qu'une et une seule solution, pour une stratégie $\boldsymbol{x}$ donnée. Le vecteur $\boldsymbol{v}(\vartheta)$ des solutions du système donnera alors une évaluation numérique du coût de chaque stratégie possible.

Détermination de la stratégie optimale

Déterminons à présent la stratégie optimale. Un assuré provoquant un sinistre de montant x à l'instant t, $0 \leq t \leq 1$, a deux stratégies à sa disposition:

1. soit il ne déclare pas le sinistre et l'espérance du coût total actualisé au moment du sinistre vaut alors
$$\beta^{-t}\overline{CT}_{x_i} + x + \beta^{1-t} \sum_{k=0}^{\infty} \overline{p}_k^i\big(\vartheta(1-t)\big) v_{T_{k+m}(i)}(\vartheta)$$
où m est le nombre de sinistres déjà déclarés pendant la période.
2. soit il déclare l'accident à la compagnie et l'espérance du coût total vaut
$$\beta^{-t}\overline{CT}_{x_i} + \beta^{1-t} \sum_{k=0}^{\infty} \overline{p}_k^i\big(\vartheta(1-t)\big) v_{T_{k+m+1}(i)}(\vartheta).$$

La limite de rétention x_i est le montant de sinistre x pour lequel les deux stratégies sont équivalentes. Donc,

$$x_i = \beta^{1-t} \sum_{k=0}^{\infty} \overline{p}_k^i\big(\vartheta(1-t)\big) \Big(v_{T_{k+m+1}(i)}(\vartheta) - v_{T_{k+m}(i)}(\vartheta) \Big), \tag{11.11}$$

pour $i = 0,1,\ldots,s$.

Ces équations constituent un système de s équations à s inconnues $x_1,x_2,\ldots,x_s$ (car les x_i apparaissent implicitement dans les $\overline{p}_k^i(\vartheta(1-t))$). Ce système fournit une nouvelle stratégie $\boldsymbol{x}$ correspondant à un vecteur de coût $\boldsymbol{v}(\vartheta)$ fixé. La politique optimale

$$\boldsymbol{x}^* = (x_0^*, x_1^*, \ldots, x_s^*)$$

peut alors être déterminée par approximations successives au moyen de l'algorithme suivant:

Première itération

Partie A: Choisissons une stratégie $\boldsymbol{x}^0$ arbitraire. La plus intéressante, mais pas nécessairement celle qui mène le plus rapidement à la solution optimale, est $\boldsymbol{x}^0 = (0,0,\ldots,0)$, la stratégie qui consiste à déclarer tous les sinistres. Cette stratégie de départ nous permettra de calculer l'amélioration de l'espérance du coût induite par la prise en charge de certains sinistres. Le premier système (11.10) se simplifie et donne

$$v_i(\vartheta) = b_i + \beta \sum_{k=0}^{\infty} \Pr[N = k|\lambda\Theta = \vartheta] v_{T_k(i)}(\vartheta)$$

et fournit le vecteur des coûts $\boldsymbol{v}^0(\vartheta)$ correspondant à la stratégie initiale.

Partie B: Une stratégie améliorée $\boldsymbol{x}^1$ peut alors être obtenu par les relations (11.11) qui se réduisent dans ce cas particulier à

$$\begin{aligned} x_i &= \beta^{1-t} \sum_{k=0}^{\infty} \Pr[N = k|\lambda\Theta \\ &= (1-t)\vartheta]\Big(v_{T_{k+m+1}(i)}(\vartheta) - v_{T_{k+m}(i)}(\vartheta)\Big), \end{aligned}$$

$i = 0,1,\ldots,s.$

Deuxième itération

Partie A: En insérant $\boldsymbol{x}^1$ dans le système (11.10), nous pouvons déterminer le coût $\boldsymbol{v}^1(\vartheta)$ pour cette stratégie-là. Ce coût sera inférieur à celui correspondant à la stratégie $\boldsymbol{x}^0$.

Partie B: En insérant le nouveau coût $\boldsymbol{v}^1(\vartheta)$ dans le système (11.11), nous trouverons une meilleure stratégie $\boldsymbol{x}^2$.

Itérations suivantes L'insertion successive de $\boldsymbol{x}$ et $\boldsymbol{v}(\vartheta)$ dans les deux systèmes (11.10) et (11.11) permet de trouver une suite de stratégies, qui s'améliorent de plus en plus et réduisent les coûts.

Les cas considérés dans Lemaire (1995) montrent que cette suite converge vers la solution optimale $\boldsymbol{x}^*$ et $\boldsymbol{v}^*(\vartheta)$. La stratégie de rétention optimale dépend donc :

1. du degré i occupé par l'assuré en début de période,

2. du taux d'actualisation β,
3. de la fréquence des sinistres ϑ,
4. de l'instant t du sinistre et
5. du nombre m de sinistres déjà déclarés depuis le début de la période.

La stratégie optimale est une fonction croissante de t: la rétention limite augmente lorsque l'échéance de la police (et la réduction de prime en résultant) s'approche. Pourtant, l'influence de t sur $\boldsymbol{x}$ est moins importante que celle de C_i, β ou ϑ. En posant $t = 0$ (et par conséquent $m = 0$), les calculs se simplifient énormément, mais les rétentions ne sont réduites que légèrement.

11.6 Notes bibliographiques

La référence incontournable pour les systèmes bonus-malus est le livre de Lemaire (1995). Ce chapitre est basé sur plusieurs articles récents de Pitrebois, Denuit & Walhin (2003a,b,c,2004).

Tous les calculs de ce chapitre ont été basés sur la loi stationnaire. En pratique, il est parfois intéressant de faire intervenir également les lois transitoires, en particulier pour les systèmes nécessitant de nombreuses années avant de se stabiliser. Dans ce cas, la police prélevée au hasard dans le portefeuille est représentée par le triplet (Λ,Θ,A), où Λ et Θ sont telles que décrites précédemment, et où A est l'ancienneté de la police dans le portefeuille. La loi de probabilité de A décrit l'âge des polices en portefeuille: ainsi $\Pr[A = k]$ est la proportion de polices qui sont dans le portefeuille depuis k années. Nous déterminons alors les pourcentages à attacher à chacun des niveaux de l'échelle en minimisant $\mathbb{E}[(\Theta - r_{L_A})^2]$ où L_A désigne le niveau occupé par la police dans l'échelle (en régime transitoire, donc). Voyez par exemple Borgan, Hoem & Norberg (1981).

Il est essentiel de tenir compte des résiliations, dans la mesure où elles surviendront majoritairement parmi les assurés occupant les niveaux les plus élevés de l'échelle, et briseront l'équilibre financier du système (les ristournes octroyées par les conducteurs ne déclarant pas de sinistre étant exactement compensées par les pénalités que subissent ceux qui en déclarent). La conclusion de nouvelles affaires et la résiliation d'affaires en portefeuille sera prise en compte en rajoutant un état au processus de Markov, comme l'ont suggéré Centeno & Silva (2001): des transitions des niveaux de l'échelle vers cet état seront synonymes de résiliation, alors que des transitions de cet état vers un des niveaux de l'échelle signifieront la conclusion d'une nouvelle police dont le titulaire est versé dans le niveau en question (compte tenu de son passé sinistre).

Mentionnons encore les travaux suivants, qui n'ont pas été abordés dans ce chapitre. Pitrebois, Denuit & Walhin (2005a) ont considéré des échelles bonus-malus avec des pénalisations différentes en fonction de la gravité des sinistres. D'autre part, dans Pitrebois, Denuit & Walhin (2005b), les systèmes bonus-malus sont couplés avec des franchises variables en fonction de la position occupée dans l'échelle. Cette approche semble particulièrement attractive. Enfin, Walhin & Paris (2000,2001) examinent certains aspects techniques liés à l'utilisation des échelles bonus-malus, comme la censure des nombres de sinistres qui en découle.

Denuit & Dhaene (2001) ont considéré des échelles bonus-malus dont les pourcentages étaient obtenus à l'aide d'une fonction de perte exponentielle (et plus quadratique comme dans tout ce chapitre). Ceci a fourni des corrections dont la sévérité pouvait être contrôlée à l'aide d'un paramètre, tout en conservant la propriété d'équilibre financier.

Brouhns, Guillén, Denuit & Pinquet (2003) ont considéré des effets aléatoires dynamiques et un profil de risque évolutif pour les conducteurs assurés. Dans ce cas, certes plus réaliste, seules les méthodes de simulation permettent d'obtenir des résultats.

11.7 Exercices

Exercice 11.7.1. *Considérons un portefeuille d'assurance automobile. Soit N le nombre annuel de sinistres déclarés par un assuré. La compagnie distingue a priori les hommes et les femmes. Sur base de ses statistiques, elle a obtenu*

$$\Pr[N = 0|homme] = 0.8 = 1 - \Pr[N = 1|homme]$$

et

$$\Pr[N = 0|femme] = 0.9 = 1 - \Pr[N = 1|femme],$$

en notations évidentes. Le portefeuille est constitué de 60% d'hommes et de 40% de femmes.

Bien entendu, tous les hommes et toutes les femmes ne conduisent pas de la même façon. Parmi les hommes, il y a 50% de bons conducteurs dont la fréquence annuelle de sinistre est de 0.08 et 50% de mauvais conducteurs dont la fréquence annuelle est de 0.32. De même, chez les femmes, il y a 50% de bonnes conductrices dont la fréquence annuelle de sinistres est de 0.04 et 50% de mauvaises conductrices dont la fréquence annuelle de sinistre est de 0.16.

Comme la qualité des conducteurs masculins ou féminins est inobservable a priori, la compagnie décide d'appliquer un mécanisme de personnalisation a posteriori basé sur l'échelle suivante:

Niveaux	*% de prime de base*
3	r_3
2	r_2
1	r_1

Les règles de transition sont les suivantes: un nouvel assuré est placé au niveau 3, toute année sans sinistre donne droit à une descente d'un degré tandis qu'un sinistre est pénalisé par un retour au niveau 3.

1. *Un nouvel assuré masculin se présente à la compagnie; quelle est la prime qui lui sera réclamée s'il s'identifie parfaitement au portefeuille existant?*
2. *En supposant que les nombres annuels de sinistres sont des variables aléatoires indépendantes et identiquement distribuées conditionnellement au sexe et à la qualité du conducteur qui les a causés, comparez la répartition des hommes et des femmes dans l'échelle en régime stationnaire? Commentez.*
3. *Déterminez* r_1, r_2 *et* r_3 *pour les hommes (sur base de la distribution stationnaire).*

Exercice 11.7.2. *Considérons un portefeuille d'assurance automobile segmenté selon le sexe du conducteur. Soit* N *le nombre annuel de sinistres déclarés par un assuré prélevé au hasard au sein de ce portefeuille. Conditionnellement à* $\Lambda\Theta$, N *est de loi de Poisson de moyenne* $\Lambda\Theta$, *où*

$$\Lambda = \begin{cases} 0.1 \text{ si l'assuré est une femme} \\ 0.2 \text{ si l'assuré est un homme} \end{cases}$$

et

$$\Theta = \begin{cases} 0.5 \text{ avec la probabilité } \frac{1}{2} \\ 1.5 \text{ avec la probabilité } \frac{1}{2}. \end{cases}$$

Les variables aléatoires Λ *et* Θ *sont supposées indépendantes. Le portefeuille est constitué de 60% d'hommes et de 40% de femmes.*

On demande:

(a) *Une femme couverte depuis dix ans a déclaré un seul sinistre au cours de cette période. Quelle est la réévaluation de sa fréquence annuelle de sinistre au terme de ces 10 ans?*

(b) *La compagnie décide d'appliquer aux hommes et aux femmes le même mécanisme de personnalisation a posteriori basé sur l'échelle ci-dessous:*

Niveaux	*% de prime de base*
3	r_3
2	r_2
1	r_1

Les règles de transition sont les suivantes: un nouvel assuré est placé au niveau 3, toute année sans sinistre donne droit à une descente d'un degré et au moindre sinistre, l'assuré est renvoyé au niveau 3 (quel que soit le niveau qu'il occupait).

(i) *Déterminez* r_1, r_2 *et* r_3 *sur base de la méthode de Norberg (à l'aide de la distribution stationnaire).*

(ii) *Déterminez* r_1, r_2 *et* r_3 *sur base de la méthode de Gilde & Sundt (à l'aide de la distribution stationnaire).*

Exercice 11.7.3. *Notons* N_t *le nombre annuel de sinistres causés par une police du portefeuille. Supposons que connaissant* Θ, *les* N_t *soient des variables aléatoires indépendantes et identiquement distribuées de loi conditionnelle*

$$\Pr[N_t = 1|\Theta = \theta] = 1 - \Pr[N_t = 0|\Theta = \theta] = \theta$$

avec

$$\Theta = \begin{cases} 0.1 \text{ avec la probabilité } 0.8 \\ 0.2 \text{ avec la probabilité } 0.2. \end{cases}$$

On demande:

a) *Considérons un assuré qui n'a déclaré aucun sinistre au cours des trois premières années de couverture. A combien réévaluez-vous la probabilité qu'il cause 1 sinistre au cours de l'année 4.*

b) *Afin de corriger l'hétérogénéité du portefeuille induite par* Θ, *l'actuaire recourt à une échelle bonus-malus à trois niveaux, numérotés 0, 1 et 2. L'entrée se fait au niveau 1. Chaque année sans sinistre vaut à l'assuré une descente d'un degré dans l'échelle. Chaque sinistre est pénalisé par une remontée d'un niveau.*

(i) *Donnez la matrice de transition sachant* $\Theta = 0.1$.

(ii) *Quelle la répartition des assurés du portefeuille entre les trois niveaux en régime stationnaire?*

(iii) *Quelles primes relatives associer aux différents échelons?*

Chapitre 12

Microéconomie de l'assurance et contrats optimaux

12.1 Introduction

L'objectif de ce chapitre est de montrer comment utiliser les outils de la micro-économie (théorie des contrats et économie de l'incertain) dans l'analyse et la compréhension des comportements d'offre et de demande sur le marché de l'assurance. Historiquement, la théorie microéconomique de l'assurance est née au milieu des années soixante de la rencontre entre un actuaire, Karl Borch, et un économiste, Kenneth Arrow, qui devait par la suite être couronné par le prix Nobel[1]. Karl Borch voulait fournir un fondement théorique satisfaisant aux pratiques des assureurs. Kenneth Arrow cherchait un champ d'application à l'économie de l'incertain, théorie économique qu'il avait contribué à faire naître. Depuis Arrow et Borch, le rapprochement entre l'actuariat et la théorie microéconomique n'a cessé d'être fructueux, tant et si bien que la théorie de l'utilité est devenue aujourd'hui un des piliers méthodologiques des sciences actuarielles.

La théorie de la décision en environnement incertain permet de prendre en compte, de façon relativement synthétique, la variété des comportement des agents économiques face au risque. On peut ainsi

1. Ou plutôt le "*Prix de la Banque de Suède de sciences économiques en mémoire à Alfred Nobel*" (et qui n'est donc pas décerné par l'Académie des Sciences, mais par une institution financière, comme le rappelle LEBARON (2000)).

donner un sens précis aux concepts de prime de risque, d'aversion pour le risque et modéliser le choix des investisseurs. La théorie de l'utilité espérée vise essentiellement à rationaliser les choix des agents économiques confrontés à des situations risquées. A cet égard, nous supposerons dans tout ce chapitre que l'agent économique ne s'intéresse qu'au niveau de sa richesse finale.

Les développements marquants de la théorie de la décision dans l'incertain sont surtout liés aux noms de Bernoulli, von Neumann, Morgenstern et Savage. Cette théorie a connu une développement considérable par la suite avec les approches initiées par Arrow, Mossin, Elrich ou Becker. En particulier, il est possible de décrire le comportement des agents dans l'incertain, ou plus généralement dans l'incertain non-probabilisé (parfois appelé ambiguïté). Depuis, les travaux dans le domaine ont été très nombreux et se sont orientés dans différentes directions, dont la principale est, sans aucun doute, l'analyse des problèmes d'asymétrie d'information sur le marché de l'assurance.

La première section rappellera les bases des modèles de décision dans l'incertain et le partage optimal (assureur/assuré) des risques dans une économie d'échange. La deuxième partie poursuivra le Chapitre 5 du Tome 1, sur la notion d'aversion et des mesures de risque. La troisième partie insistera sur l'offre et la demande d'assurance, ainsi que sur la forme des contrats optimaux (à partir des travaux d'Arrow). La quatrième sera consacrée à l'équilibre sur le marché de l'assurance en présence d'information asymétrique (quelle qu'elle soit). Enfin, la dernière section abordera d'un point de vue économique l'approche initiée dans le Chapitre 8 du Tome 1, de comportement des agents face à plusieurs risques. En particulier, nous étudierons la couverture d'un risque en présence d'une composante non-assurable, plus généralement les mécanismes de couverture de plusieurs risques (indépendants ou non).

12.2 Décision dans l'incertain

La microéconomie est la branche de l'économie qui s'intéresse aux mécanismes de décisions d'acheteurs et vendeurs. Les produits échangés sur le marché de l'assurance sont des risques. En effet, un individu qui achète un contrat d'assurance échange, contre le paiement d'une prime, le risque qu'il possède, contre un autre risque, qui peut correspondre à une richesse certaine (dans le cas d'une assurance complète) ou comporte un reliquat du risque. Formellement, moyennant le paiement d'une prime $\pi(X)$, il échange le risque X contre le versement d'une indemnité $I(X)$ [2]. A tout risque financier, on peut associer une variable aléatoire réelle et ainsi ramener l'analyse des comportements d'assurance à un problème de choix dans l'incertain qu'on peut traiter à l'aide des modèles de décision correspondants.

12.2.1 Le modèle d'espérance d'utilité de von Neuman et Morgenstern

L'espérance mathématique comme critère de choix?

Considérons un décideur face à deux investissements dont les revenus financiers sont représentés par les variables aléatoires X et Y. La manière la plus simple de choisir entre ces deux investissements est de calculer les revenus moyens, et d'opter pour l'investissement dont le revenu moyen est le plus élevé. Afin de se convaincre que les individus ne se comportent pas comme le voudrait la simple comparaison des espérances mathématiques, examinons l'exemple suivant.

Exemple 12.2.1. *Considérons les deux fortunes aléatoires suivantes: X = 10 000 € et*

$$Y = \begin{cases} \text{-4 000 € avec la probabilité 0.3} \\ \text{18 000 € avec la probabilité 0.7.} \end{cases}$$

S'il opte pour X, le décideur reçoit 10 000 € avec certitude. Par contre, avec Y, il s'expose à une perte de 4 000 € dans 30% des cas et à un gain de 18 000 € dans 70% des cas. Comme

$$\mathbb{E}[X] = 10\ 000 < \mathbb{E}[Y] = 11\ 400$$

un décideur qui agit de manière à maximiser l'espérance mathématique de sa fortune devrait opter pour Y. Néanmoins, les auteurs, comme la plupart des lecteurs sans doute, choisiraient X, car présentant moins de risque. Tout individu déclarant préférer X rejette donc implicitement le critère d'évaluation fondé sur l'espérance mathématique.

2. Il faut parfois considérer le risque de défaut de l'assureur, et envisager le cas où, suite à la faillite de celui-ci, l'assuré pourrait ne pas bénéficier de l'indemnité promise en cas de sinistre. Si, au cours du siècle dernier, le risque de défaut était quasiment nul, force est de constater aujourd'hui que la faillite d'un assureur est devenue envisageable (même si le plus souvent, des solutions sont trouvées au niveau du marché afin de ne pas laisser d'assurés sans couverture).

Notons néanmoins ici un point important: l'aspect temporel. On se placera dans ce chapitre dans des modèles à deux dates. L'agent économique prend une décision à la date 0, et on s'intéresse à des gains ou des pertes à la date 1 (modèle à une période). En particulier, aucun aspect dynamique n'est pris en compte ici, et à *long terme* une stratégie risquée peut s'avérer plus payante, sans pour autant être *trop* risquée.

Exemple 12.2.2. *Ainsi, dans l'Exemple 12.2.1 ci-dessus, le gain moyen sur un grand nombre de parties convergera (en probabilité) vers 11 400 € pour Y, ce qui excèdera le gain de 10 000 € fourni systématiquement par X. Autrement dit, à long terme, la loi des grands nombres nous garantit que l'investissement en Y sera plus rentable, tout en étant plus risqué.*

Le problème posé par Nicholas Bernoulli

Le critère de choix basé sur l'espérance mathématique comporte encore d'autres désavantages, comme l'a fait remarquer Nicholas Bernoulli dès 1738. Plus précisément, ce dernier mit au concours de l'Académie des Sciences de Saint-Pétersbourg le problème suivant:

> "*une pièce équilibrée est lancée jusqu'à ce qu'elle montre Face. Le joueur reçoit une somme de 2^n si la pièce tombe pour la première fois sur face au nème essai. Combien accepteriez-vous de payer pour participer à ce jeu?*".

Comme la pièce est équilibrée, la probabilité de recevoir 2^n € est celle d'obtenir $n-1$ fois pile puis une fois face, soit $(1/2)^n$. Le gain moyen associé à ce jeu vaut ainsi

$$\sum_{n=1}^{+\infty} 2^n \frac{1}{2^n} = +\infty,$$

de sorte qu'un joueur basant ses décisions sur l'espérance mathématique devrait accepter de payer une somme infinie pour y prendre part. Néanmoins, il est apparu que, bien que le gain moyen soit théoriquement infini, la somme maximale que les décideurs acceptent de payer pour prendre part à ce jeu est finie, et même modeste. Ce paradoxe apparent est connu dans la littérature sous le nom de Paradoxe de Saint-Pétersbourg.

Les solutions apportées au problème

Trois solutions ont été proposées à ce paradoxe par les savants de l'époque:

1. la première introduit la contrainte de la richesse de l'organisateur du jeu, et consiste à considérer comme non crédible toute promesse de paiement supérieure à cette richesse. Ceci revient donc à borner le gain maximum du joueur par la capacité financière de l'organisateur du jeu, et rend donc le gain moyen fini.
2. la deuxième propose de considérer comme impossible tous les événements dont la probabilité est inférieure à un certain seuil. Bien entendu, le gain moyen dépend alors du choix de ce seuil, largement arbitraire.
3. la troisième solution, due à Gabriel Cramer et Daniel Bernoulli et axiomatisée beaucoup plus tard par Von Neumann et Morgenstern au tournant de la seconde guerre mondiale, consiste à introduire une fonction d'utilité du revenu représentant les préférences de l'agent économique. C'est cette approche que nous allons détailler ci-après.

Remarque 12.2.3. *Ce qui précède ne remet cependant pas en cause l'intérêt de l'espérance mathématique pour l'actuaire. Comme nous l'avons vu au Chapitre 2, cet outil mathématique permet, lorsque les hypothèses sous-tendant la loi des grands nombres sont satisfaites, de calculer la prime pure, somme qu'une compagnie d'assurance doit réclamer à ses clients pour être en mesure de dédommager les sinistres tombant sous la couverture, sans excédant ni déficit. Ceci s'explique par le contexte dans lequel la compagnie d'assurance exerce ses activités, groupant un grand nombre de risques semblables et indépendants au sein d'un portefeuille. Ainsi, le critère de l'espérance mathématique est-il tout à fait valable pour évaluer une fortune aléatoire pour autant que celle-ci soit comprise dans un grand ensemble de variables aléatoires indépendantes et identiquement distribuées. Lorsque la fortune doit être considérée isolément, ou que de la dépendance apparaît, le critère de l'espérance mathématique n'est plus satisfaisant.*

Le principe de Bernoulli

Gabriel Cramer et Daniel Bernoulli proposèrent de résoudre le paradoxe de Saint-Pétersbourg en affirmant que les décideurs ne basaient par leurs décisions sur les revenus moyens des investissements. Au contraire, un même gain pouvait être ressenti très différemment selon la richesse initiale du décideur, et certains traits de son caractère. Très sommairement, un gain de 1 € est ressenti très différemment par une pauvre hère sans le sou et par un millionaire. C'est pourquoi ils introduisirent le concept de la "*valeur morale de l'argent*" comme critère de choix plutôt que la traditionnelle valeur moyenne. Formellement, tout décideur est supposé posséder une fonction d'utilité u telle que l'utilité (ou la valeur morale) d'une fortune de x € est donnée par $u(x)$.

Un décideur devant choisir un investissement parmi ceux modélisés par les variables aléatoires X et Y préférera celui menant, en moyenne, à l'utilité la plus élevée. Ainsi, pour autant que la fortune initiale du décideur se monte à ω, il acceptera de prendre part au jeu décrit par Nicholas Bernoulli pour autant que l'inégalité

$$u(\omega) \leq \sum_{n=1}^{+\infty} u\left(\omega - p + 2^n\right) \frac{1}{2^n} \tag{12.1}$$

soit satisfaite, où p représente le montant de la participation qui lui est réclamée. Ici, l'individu compare l'utilité procurée par sa participation au jeu (membre de droite de (12.1)) à celle qu'il aurait en refusant d'y prendre part (membre de gauche de (12.1)). L'inégalité (12.1) exprime le fait que le décideur ne participera au jeu que si son utilité moyenne s'en trouve augmentée.

Cramer suggéra que l'utilité $u(x)$ d'une fortune de x € est donnée par la racine carrée $\sqrt{x}$ de cette fortune. Bernoulli quant à lui suggéra une fonction d'utilité logarithmique $u(x) = \ln x$. Par exemple, pour une fortune initiale de 10 000 € et une fonction d'utilité logarithmique, le décideur ne prendra part au jeu que si on lui réclame moins de 14.25 € à cet effet, et ceci alors que le gain moyen est infini. Notez que les fonctions d'utilité proposées par Cramer et Bernoulli sont toutes les deux croissantes et concaves. Ces deux propriétés sont fondamentales, comme nous le verrons plus loin.

Terminons cette section par un exemple simple en assurance montrant l'intérêt de la notion de l'utilité pour l'actuaire.

Exemple 12.2.4. *Supposons qu'un individu soit soumis à un risque de perte S tel que*

$$S = \begin{cases} 250\,000 \text{ € , } \textit{avec une probabilité } 0.001, \\ 0 \text{ € , } \textit{avec une probabilité } 0.999. \end{cases}$$

On peut imaginer que S représente les conséquences d'un incendie qui ravagerait le domicile de l'assuré avec une probabilité de

0.001. Dans ce cas, $\mathbb{E}[S] = 250$ € *. La plupart des individus seront prêts à s'assurer pour une prime* $p > \mathbb{E}[S]$ *plutôt que de risquer de perdre 250 000 € . Ceci montre bien que l'utilité de l'argent n'est pas linéaire. Et c'est justement parce que les assurés sont riscophobes que la compagnie d'assurance pourra ajouter un chargement de sécurité, lui garantissant ainsi la solvabilité.*

Axiomatisation du modèle d'espérance d'utilité

On suppose que chaque agent a une relation de préférence, notée $\preceq$, dans l'ensemble des variables aléatoires réelles, noté $\mathcal{X}$. On notera classiquement $\sim$ l'indifférence (au sens où $X \sim Y$ si, et seulement si, $X \preceq Y$ et $Y \preceq X$). En pratique, on remarquera que cette relation d'ordre peut être définie sur les lois de probabilité, et non pas sur les variables aléatoires elles-mêmes: toute l'information est alors contenue dans la connaissance de la fonction de répartition F_X de la variable aléatoire X. On parle aussi d'hypothèse de neutralité au sens où un agent est neutre entre deux variables aléatoires admettant la même fonction de répartition. Cette notion correspond au premier axiome du modèle d'espérance d'utilité:

Axiome 1 La relation de préférences $\preceq$ ne dépend que de la loi de probabilité des variables aléatoires en présence ($X \sim Y$ si $X =_{\text{loi}} Y$), et on notera indifféremment $X \preceq Y$ ou $F_X \preceq F_Y$.

Introduisons à présent la notion d'indicateur des préférences.

Définition 12.2.5. *Une fonction* $V : \mathcal{X} \to I\!R$ *représente la relation de préférences* $\preceq$ *si, et seulement si, pour tout* $X,Y \in \mathcal{X} : X \preceq Y$ *est équivalent à* $V(X) \leq V(Y)$*.*

Avant d'énoncer les axiomes proposés par von Neuman et Morgenstern sur la relation d'ordre, rappelons que F_Z est une combinaison convexe de F_X et F_Y s'il existe $\lambda \in [0,1]$ tel que:

$$F_Z(x) = \lambda F_X(x) + (1 - \lambda) F_Y(x), \text{ pour tout } x.$$

Clairement, F_Z est encore une fonction de répartition, correspondant à un mélange discret des lois de probabilité correspondant aux fonctions de répartition F_X et F_Y. Les axiomes du modèle d'espérance d'utilité sont alors les suivants:

Axiome 2 La relation de préférences $\preceq$ est totale, réflexive et transitive.

Axiome 3 Quelles que soient les fonctions de répartition F_X, F_Y et F_Z satisfaisant $F_X \preceq F_Y \preceq F_Z$, il existe $\lambda,\mu \in]0,1[$ tels que

$$\lambda F_X + (1-\lambda)F_Z \preceq F_Y \preceq \mu F_X + (1-\mu)F_Z.$$

L'Axiome 3 est souvent appelé axiome de continuité. Il garantit que les préférences des décideurs évoluent de façon lisse, sans saut brutal. En effet, si $F_X \preceq F_Y \preceq F_Z$ est vérifié, cet axiome nous assure que cet ordre ne sera pas affecté si on mélange F_X, la situation la plus défavorable, avec F_Z, la situation la plus favorable, dans une certaine proportion. De même, mélanger F_Z à F_X, dans une certaine proportion, ne modifie pas la préférence pour cette situation.

Axiome 4 Quelles que soient les fonctions de répartition F_X, F_Y et F_Z et quel que soit $\lambda \in [0,1]$,

$$F_X \preceq F_Y \text{ implique } \lambda F_X + (1-\lambda)F_Z \preceq \lambda F_Y + (1-\lambda)F_Z.$$

L'Axiome 4 est connu comme l'axiome d'indépendance. Ce dernier peut être affaibli (mais reste équivalent sous l'hypothèse de neutralité), en considérant le *principe de la chose sûre*: un agent respecte ce principe s'il conserve ses préférences entre deux variables aléatoires qui donnent le même résultat pour un état de la nature donné, lorsque ce résultat est modifié.

Axiome 5 Soient X et Y deux variables constantes, telles $\Pr[X = x] = \Pr[Y = y] = 1$, alors $F_X \preceq F_Y$ implique $x \leq y$.

L'indépendance est l'axiome essentiel dans la théorie de von Neumann-Morgenstern car il implique la possibilité de trouver un indicateur des préférences, parmi toutes les fonctions représentant les préférences, qui a la forme d'espérance mathématique de l'utilité des résultats de la décision. Cette fonction censée représenter les préférences est alors linéaire par rapport aux probabilités et non-obligatoirement linéaire par rapport aux résultats. Ces axiomes permettent d'obtenir un théorème dit de représentation des préférences dans le modèle d'espérance d'utilité (voyez par exemple VON NEUMANN & MORGENSTERN (1944) ou FISHBURN (1970) pour une démonstration).

Théorème 12.2.6. *La relation des préférences $\preceq$ vérifie les axiomes 1-5 si, et seulement si, il existe une fonction $u : \mathbb{R} \to \mathbb{R}$, continue, strictement croissante et unique à une transformation affine croissante près telle que quelles que soient les fonctions de répartition*

F_X et F_Y :

$$\begin{aligned} F_X \preceq F_Y \quad &\Leftrightarrow \quad \int_{\mathbb{R}} u(x)dF_X(x) \leq \int_{\mathbb{R}} u(x)dF_Y(x) \\ &\Leftrightarrow \quad \mathbb{E}[u(X)] \leq \mathbb{E}[u(Y)]. \end{aligned}$$

La représentation des préférences se fait alors à l'aide de la relation

$$V_{EU}(X) = \mathbb{E}[u(X)].$$

Les préférences induites par la fonction d'utilité d'un décideur ne sont définies qu'à une transformation linéaire positive près. En effet, un décideur qui aurait une fonction d'utilité $\widetilde{u}(\cdot) = au(\cdot) + b$ avec $a > 0$, aurait exactement les mêmes préférences qu'un décideur dont la fonction d'utilité est $u(\cdot)$. Ainsi, la mesure de l'utilité est cardinale, ce qui l'apparente à des mesures de distance, de durée ou de chaleur.

Remarque 12.2.7. *En particulier, ceci nous permet de standardiser la fonction d'utilité u de façon à ce que $u(0) = 0$ et $u'(0) = 1$. Il suffit en effet de remplacer u par $\widetilde{u}$ définie par*

$$\widetilde{u}(x) = \frac{u(x)}{u'(0)} - \frac{u(0)}{u'(0)}.$$

12.2.2 De la notion de subjectivité des probabilités

Si la théorie a été formulée en supposant que les agents connaissent la probabilité de survenance des événements, les préférences dans un incertain *non-probabilisé* peuvent être représentées par le même type de critère. La loi de probabilité qui intervient alors est subjective. L'ensemble de choix dans ce contexte est un ensemble d'actes (applications qui à un état de la nature associent un résultat). L'axiomatique du modèle d'espérance subjective d'utilité représentant les préférences dans ce contexte est due à SAVAGE (1954), suivant ainsi les travaux fondateurs de Ramsey et de de Finetti dans les années 30.

Cette subjectivité face à l'incertain fait que les agents restent rationnels, mais n'utilisent pas les probabilités *objectives*. Ils se font alors leur propre idée du risque, en introduisant un critère subjectif. Ceci a été obervé en particulier dans les années 70 pour les événements *a priori* difficilement quantifiables tels que les événements rares (probabilité d'avoir un accident de la route, d'avoir un enfant trisomique, d'être contaminé par le virus HIV, etc.). De façon analogue, comme le montre d'ailleurs PERETTI-WATEL (2000), les individus ont généralement tendance à surestimer leur capacité à maîtriser les événements (notion de "*biais d'optimisme*"). Par exemple, tous les conducteurs automobiles ont ainsi une haute opinion de leur habilité au volant et de leur capacité à éviter les accidents (voyez, par exemple, BARJONNET, KHLIFI & MIGNOT (1997)).

Un certain nombre d'études ont également montré qu'il était nécessaire de faire intervenir la notion de temps dans la réflexion sur l'aversion pour le risque, induite par la notion de *prudence*. En particulier pour des investissements financiers, un horizon court semble rendre les agents plus conservateurs.

LAFFONT (1991) note que les agents tendent à prendre en compte les probabilités de survenance des différents événements possibles, mais surtout, ils cherchent à se protéger contre ceux qu'ils pensent être les plus néfastes. Ils cherchent alors à minimiser la perte maximale possible. Cette situation permet de modéliser le principe de *précaution*. L'agent cherche alors à éviter le pire. En théorie des jeux, cette statégie s'appelle la stratégie *minmax*. Aussi, dans le cadre de cette théorie, un agent très risquophobe ne tient alors plus compte des probabilités, mais l'hypothèse de rationalité de son comportement n'est pas rejetée pour autant.

Dans l'approche de de Finetti-Savage, un théorème de représentation peut être obtenu en introduisant un concept plus général que l'utilité, à savoir la notion de capacité (voir Section 12.2.5).

12.2.3 Les limites du modèle d'espérance d'utilité dans le risque: le paradoxe d'Allais et l'effet de certitude

ALLAIS (1953) montre que les agents peuvent adopter un comportement en contradiction avec le modèle d'espérance d'utilité tout en étant "rationnels". L'origine de ces comportements s'avère être la violation de l'axiome d'indépendance (et même plus faiblement le principe de la chose sûre). Plusieurs études empiriques ont validé par la suite la violation de cet axiome.

Exemple 12.2.8. *Si l'on demande de choisir entre les deux loteries suivantes*

$$\begin{cases} \text{Loterie } A & 100\% \text{ de chance de recevoir } 1 \text{ million } €, \\ \text{Loterie } B & \begin{cases} 10\% \text{ de chance de recevoir } 5 \text{ millions } € \\ 89\% \text{ de chance de recevoir } 1 \text{ million } € \\ 1\% \text{ de chance de ne rien recevoir,} \end{cases} \end{cases}$$

puis entre les deux suivantes

$$\begin{cases} \textit{Loterie C} & \begin{cases} 11\% \textit{ de chance de recevoir } 1 \textit{ million } € \\ 89\% \textit{ de chance de ne rien recevoir,} \end{cases} \\ \textit{Loterie D} & \begin{cases} 10\% \textit{ de chance de recevoir } 5 \textit{ millions } € \\ 90\% \textit{ de chance de ne rien recevoir,} \end{cases} \end{cases}$$

les gens préfèrent généralement A à B, et D à C ce qui viole les axiomes de l'espérance d'utilité. En effet, une personne préférant A à B possède une fonction d'utilité satisfaisant

$$u(1) \geq 0.1u(5) + 0.89u(1) + 0.01u(0),$$

c'est-à-dire $0.11u(1) \geq 0.1u(5) + 0.01u(0)$. *En ajoutant* $0.89u(0)$ *aux deux membres, on obtient alors*

$$0.11u(1) + 0.89u(0) \geq 0.1u(5) + 0.9u(0),$$

c'est-à-dire qu'il préfèrerait C à D. Dans ce paradoxe, on a alors une surpondération (subjective) de la certitude par rapport à une situation incertaine.

Toutes ces expériences mettent en évidence un phénomène appelé *effet de certitude* ou *effet de sécurité* (comme le nommait Allais): la combinaison convexe de deux fonctions de répartition avec une troisième peut inverser l'ordre des préférences si la fonction de répartition préférée au départ correspond à une variable dégénérée (donnant le même résultat sur tous les états de la nature) et si après le mélange, les deux fonctions de répartition correspondent à des variables non dégénérées.

Ce comportement peut s'expliquer par le fait que l'agent est sensible au fait que le choix certain lui garantit un gain minimum plus élevé que le choix risqué, alors que si ce n'est plus le cas après mélange, il se tourne vers la recherche du gain potentiel (espéré) le plus important. Pour un tel agent il existe donc une grande différence psychologique entre un niveau de gain minimum garanti avec une probabilité de 100% et un niveau de gain minimum atteint avec une probabilité proche de 100%. Cette "surpondération" de la certitude se traduira dans le modèle par une transformation subjective des probabilités qui s'ajoute à la transformation subjective des paiements représentée par la fonction d'utilité de von Neumann et Morgenstern.

12.2.4 Les limites du modèle d'espérance d'utilité dans l'incertain non-probabilisé: le paradoxe d'Ellsberg et la notion d'ambiguïté

Les travaux d'Ellsberg avaient pour objectif de départ de montrer que dans la vie réelle, il existe des situations incertaines (voyez la Section 2.2.2 pour une définition de la notion d'incertitude) qui ne peuvent pas être traitées comme des situations risquées dans le sens où les agents ne peuvent pas toujours attribuer des probabilités subjectives aux événements.

Exemple 12.2.9. *A partir d'une urne contenant 300 boules, 100 rouges et 200 bleues ou vertes, on considère les loteries suivantes*

$$\begin{cases} \textit{Loterie A:} & \textit{gagner } 1000 \text{ €} \quad \textit{si la boule tirée est rouge} \\ \textit{Loterie B:} & \textit{gagner } 1000 \text{ €} \quad \textit{si la boule tirée est bleue,} \end{cases}$$

puis les deux suivantes

$$\begin{cases} \textit{Loterie C:} & \textit{gagner } 1000 \text{ €} \quad \textit{si la boule tirée n'est pas rouge} \\ \textit{Loterie D:} & \textit{gagner } 1000 \text{ €} \quad \textit{si la boule tirée n'est pas bleue,} \end{cases}$$

les gens préfèrent généralement A à B, et C à D ce qui viole les axiomes de l'espérance d'utilité. En effet, préférer A à B et C à D signifie que

$$\begin{cases} \Pr[\textit{boule rouge}] \geq \Pr[\textit{boule bleue}] \\ \Pr[\textit{boule non rouge}] \geq \Pr[\textit{boule non bleue}], \end{cases}$$

or $\Pr[\textit{boule non rouge}] = 1 - \Pr[\textit{boule rouge}]$, *ainsi que pour la boule bleue. Ces préférences semblent venir du fait que le pari sur le fait que la boule sera ou ne sera pas rouge est plus "sûr" que le pari sur le fait que la boule sera ou ne sera pas bleue.*

On peut en déduire que le modèle de Savage ne peut pas prendre en compte une modification des préférences suite à une modification du degré d'incertitude. Pour prendre en compte ce type de considérations, il faudrait que le principe de la chose sûre ne soit conservé que dans les cas où la modification des résultats communs de deux actes n'entraîne pas de modification de l'incertitude.

Cette constatation a donné naissance à une classe de modèles qui s'appuient sur le même type de réflexions que dans le risque. Mais avant, il convient d'introduire un concept technique permettant de généraliser la notion d'espérance, celle d'intégrale de Choquet.

12.2.5 Extension de la notion d'espérance: l'intégrale de Choquet

Nous avions vu (à la Section 2.2.2. du Tome 1) qu'un axiome fondamental pour définir une mesure de probabilité était la propriété d'additivité dans le cas d'événements incompatibles, i.e. pour deux événements incompatibles,

$$\Pr[E \cup F] = \Pr[E] + \Pr[F].$$

Cette notion de probabilité a alors permis de définir la notion fondamentale d'espérance (et de prime pure, voir Chapitre 3). En particulier, la Propriété 3.2.7 garantit que l'espérance mathématique d'un risque X peut se représenter comme l'intégrale sur $\mathbb{R}^+$ de la fonction de queue associée. Cette propriété s'étend aux variables aléatoires réelles d'espérance finie comme suit:

$$\mathbb{E}[X] = -\int_{-\infty}^{0} \Pr[X \leq t]\, dt + \int_{0}^{\infty} \Pr[X > t]\, dt.$$

Choquet a proposé en 1957 de définir ces notions dans un cadre plus général, en excluant l'hypothèse d'additivité, et en définissant non plus des probabilités, mais des capacités.

Définition 12.2.10. *Considérons un espace probabilisable* $(\Omega,\mathcal{A})$. *La fonction d'ensemble* $\nu : \mathcal{A} \to \mathbb{R}$ *est une capacité si*

- $\nu(\emptyset) = 0$ *et* $\nu(\Omega) = 1$ *(propriété de normalisation)*
- *pour tout* A,B *dans* $\mathcal{A}$, *si* $A \subset B$ *alors* $\nu[A] \leq \nu[B]$.

Cette capacité sera dite convexe si, et seulement si, pour tout A *et* B *dans* $\mathcal{A}$,

$$\nu[A \cup B] + \nu[A \cap B] \leq \nu[A] + \nu[B].$$

Enfin, elle sera dite monotonement continue si pour toute suite $\{A_n,\ n = 1,2,\ldots\}$ *monotone (au sens de l'inclusion) telle que* $A_n \to A$, $\nu(A_n) \to \nu(A)$ *lorsque* $n \to +\infty$.

Nous sommes a présent en mesure de définir l'intégrale dite de Choquet.

Définition 12.2.11. *Soit* X *une variable aléatoire, on appelle intégrale de Choquet de* X *relativement à la capacité* ν *la valeur* $\int X d\nu$ *définie par*

$$\int X d\nu = \int_{-\infty}^{0} (\nu[X > t] - 1)\, dt + \int_{0}^{\infty} \nu[X > t]\, dt.$$

On notera que si ν est une probabilité, alors l'intégrale de Choquet est simplement l'espérance de X. Les capacités ne vérifiant plus les propriétés d'additivité, on en déduit que l'intégrale de Choquet, contrairement à l'espérance n'est pas nécessairement linéaire. On a toutefois le résultat suivant, qui garantit l'additivité de l'intégrale de Choquet dans le cas particulier où les variables aléatoires en présence sont comonotones (cette notion correspond à la dépendance parfaite; elle a été introduite dans la Section 8.2).

Proposition 12.2.12. *Si X et Y sont deux variables aléatoires comonotones, alors*

$$\int (X+Y)\,d\nu = \int X d\nu + \int Y d\nu.$$

12.2.6 Généralisation des modèles d'espérance d'utilité: les modèles dépendants du rang

Comme nous l'avons expliqué plus haut, la perception de la vraisemblance d'un événement (et donc de la probabilité associée) dépend de l'ordre des richesses dans les différents états de la nature. Ainsi, la modification dans une décision (par la combinaison convexe avec une autre par exemple) qui implique une modification de l'ordre des richesses suivant les états de la nature modifie les croyances ce qui implique le non respect des axiomes de la théorie d'espérance d'utilité (indépendance et chose sûre).

L'axiome d'indépendance est ici remplacé par un axiome plus faible.

Axiome 4'. Soient X et Y deux risques discrets, prenant respectivement les valeurs $\{x_1,...,x_n\}$ et $\{y_1,...,y_n\}$ avec les probabilités p_i, i.e. $p_i = \Pr[X = x_i] = \Pr[Y = y_i]$ pour $i = 1,...,n$. On supposera que $x_1 \leq ... \leq x_n$ et $y_1 \leq ... \leq y_n$, et qu'il existe k_0 tel que $x_{k_0} = y_{k_0}$. Si X' et Y' sont obtenus à partir de X et Y en remplaçant $x_{k_0} = y_{k_0}$ par n'importe quelle autre valeur commune qui garde la même place, alors $X \preceq Y \Leftrightarrow X' \preceq Y'$.

Sous les Axiomes 1, 2, 3 et 4', la représentation des préférences correspondante est alors

$$V_{RDEU}(X) = \int u(x)d(g\circ \Pr)(x).$$

La fonction $g(\cdot)$ vérifie, en général, $g(p) + g(1-p) \neq 1$. Il s'en suit que l'intégrale ci-dessus n'est pas une intégrale classique, il s'agit d'une intégrale de Choquet. Dans le cas où $g(p) = p$, on retrouve la représentation des préférences du modèle d'espérance d'utilité. Ce modèle sera également parfois appelé modèle dual de Yaari.

On notera que ce modèle a initialement été proposé par QUIGGIN (1982) qui, au lieu de transformer les probabilités, proposa le premier de transformer le cumul des probabilité, c'est-à-dire la fonction de répartition. Ce modèle RDEU (d'espérance d'utilité dépendant du rang) intègre à la fois une transformation (non-linéaire) des résultats, au travers de la fonction u, ainsi qu'une transformation (non-linéaire) des probabilités, au travers de la fonction g. Dans son article fondateur, Quiggin évoquait une sur-pondération des petites probabilités, et une sous-pondératon des grandes. Pour plus de détails, voyez QUIGGIN (1993).

12.3 Mesure de risque et aversion pour le risque

12.3.1 Aversion pour le risque et prix du risque

L'aversion pour le risque peut être vue sous deux angles: un agent économique peut être qualifié d'adversaire du risque s'il manifeste une attirance pour les gains certains plutôt que pour les gains risqués ou bien si, entre deux variables aléatoires, il préfère toujours la moins risquée. Ces deux types de comportements correspondent respectivement à l'aversion faible et à l'aversion forte vis-à-vis du risque.

Aversion faible pour le risque

Le premier concept d'aversion pour le risque se fonde sur une préférence pour les gains certains, la référence étant alors la prime pure (c'est-à-dire l'espérance mathématique de la variable aléatoire). Ce type de comportement sera qualifié d'aversion faible pour le risque.

Définition 12.3.1. *Un décideur sera dit faiblement risquophobe si, à toute variable aléatoire, il préfère la variable qui lui donne son espérance avec certitude.*

Dans le modèle d'espérance d'utilité, l'aversion faible pour le risque correspond à une fonction d'utilité concave. Les notions d'équivalent certain et de prime de risque peuvent alors être utilisés afin de caractériser l'aversion pour le risque.

Définition 12.3.2. *On appelle équivalent certain de X la constante*

$c_X \in I\!R$ *telle que* $c_X \sim X$. *On appelle prime de risque de* X, *la constante* $\rho_X \in I\!R$ *tel que* $(\mathbb{E}[X] - \rho_X) \sim X$.

La prime de risque peut ainsi être vue comme le montant maximal qu'un agent est prêt à payer pour échanger la variable X contre son espérance. De plus, on obtient aisément que $\rho_X = \mathbb{E}[X] - c_X$. La prime de risque est un moyen de mesurer l'intensité de l'aversion faible pour le risque, qui permet de comparer le degré d'aversion pour le risque de différents agents.

Remarque 12.3.3. *Avant de poursuivre, insistons sur le fait que l'aversion pour le risque n'implique pas le rejet pur et simple de tout aléa. Le fait que la prime de risque d'un décideur risquophobe est toujours positive indique qu'il est prêt à payer pour se débarrasser d'un aléa. Dans le cas d'un actif financier, par exemple, le décideur risquophobe acceptera de vendre l'actif pour un prix inférieur au rendement attendu de celui-ci. Il n'en reste pas moins que le décideur conservera l'actif risqué dans son patrimoine si le marché ne lui offre pas le prix qu'il exige pour s'en défaire. Il suffit donc que l'espérance mathématique du rendement excède la prime de risque pour que le décideur risquophobe exige d'être payé pour sortir l'actif de son patrimoine. Dans le contexte de l'assurance, l'assuré risquophobe est prêt à débourser la prime de risque en plus de la prime pure pour la prise en charge du risque par la compagnie d'assurance. Donc, rien n'empêche un décideur risquophobe de détenir des actifs risqués, pour autant que le rendement procuré par ceux-ci justifie la prise de risque (i.e. la substitution d'une part de la richesse constante* ω *en actifs risqués).*

Aversion forte pour le risque

La notion forte nécessite au préalable de définir la notion d'accroissement du risque. Or il existe plusieurs notions d'accroissement du risque et à chacune d'elle correspond une définition spécifique d'aversion forte pour le risque. La variance comme mesure du risque peut sembler intuitive, mais dans certains cas elle conduit à des incohérences. Pour introduire une relation relativement générale, nous utiliserons la relation $\preceq_{\mathrm{TVaR}}$ introduite dans le Tome I.

Définition 12.3.4. *Un décideur sera dit fortement risquophobe si, pour toutes les variables aléatoires* X *et* Y *telles que* $X \preceq_{TVaR} Y$, *il préfère* X *à* Y.

Les modèles d'espérance d'utilité dépendant du rang, qui séparent l'attitude vis-à-vis de la richesse de l'attitude vis-à-vis du risque, permettent aussi de séparer l'aversion faible de l'aversion forte pour le risque. Dans ces modèles, les caractérisations de ces attitudes sont basées sur des conditions faisant intervenir en même temps la fonction d'utilité et la fonction de déformation des probabilités: un agent est faiblement adversaire du risque si, et seulement si, $u'' < 0$ et $g(p) \leq p$. En revanche, l'aversion forte pour le risque correspond à $u'' < 0$ et $g'' > 0$.

La comparaison des comportements dans le risque de deux agents est basée sur une comparaison de leurs primes de risque. Une approximation locale de la prime de risque fait apparaître un indice d'aversion pour le risque qui sera un critère dans la comparaison de ces comportements (théorème de Arrow-Pratt),

Proposition 12.3.5. *Soit X une variable aléatoire telle que $X = \omega + \varepsilon$ avec $\omega \in I\!R$, $\mathbb{E}[\varepsilon] = 0$, $\mathbb{V}[\varepsilon] = \sigma^2$. La fonction d'utilité du décideur est supposée strictement croissante et deux fois continûment dérivable. Alors,*

$$\rho_X \approx \frac{\sigma^2}{2}\left(-\frac{u''(\omega)}{u'(\omega)}\right).$$

Démonstration. Par la définition de ρ_X, on a

$$\mathbb{E}[u(X)] = \int u(\omega + t)dF_X(t) = u(\omega - \rho_X).$$

Un développement de Taylor de $u(\omega - \rho_X)$ et de $u(\omega + \varepsilon)$ pour chaque réalisation de ε donne

$$\begin{aligned} u(\omega - \rho_X) &= u(\omega) - \rho_X u'(\omega) + \rho_X \delta(\omega,\rho) \\ &\quad \text{avec } \lim_{\rho \to 0} \delta(\omega,\rho) = 0, \\ u(\omega + t) &= u(\omega) + tu'(\omega) + \frac{t^2}{2}u''(\omega) + t^2\delta'(\omega,t) \\ &\quad \text{avec } \lim_{t \to 0} \delta(\omega,t) = 0. \end{aligned}$$

En intégrant l'expression ci-dessus et en égalisant avec la première, on obtient l'approximation souhaitée. □

Le résultat précédent donne une valeur locale de la prime de risque (au voisinage d'un niveau de richesse ω) qui permet d'isoler dans la valeur de cette prime une partie objective (la variance de ε) et une partie subjective (dépendant des préférences individuelles).

La partie subjective de la prime de risque est appelée coefficient absolu d'aversion pour le risque et notée $I_A(w)$ avec

$$I_A(\omega) = -\frac{u''(\omega)}{u'(\omega)}.$$

Par définition, un individu sera plus averse au risque qu'un autre si, pour toute variable aléatoire, sa prime de risque est supérieure à celle du deuxième individu. Ceci permet de comprendre pourquoi des individus, dans des situations identiques, ont des primes de risque différentes en raison de leur degré d'aversion au risque. Depuis 1738 et les travaux de Bernoulli, l'aversion pour le risque est associée à la concavité de la fonction d'utilité. Mais il a fallu attendre les travaux de PRATT (1964) et ARROW (1971) pour voir apparaître la fonction I_A mesurant la force de l'aversion pour le risque en fonction de la richesse du décideur. La définition de I_A est donc locale: elle décrit l'attrait de l'individu à se couvrir pour de petits risques et peut se voir comme une prime de risque par unité de variance. Nous établissons cependant ci-dessous une certaine dualité entre les préférences globales et locales.

La proposition suivante (de Arrow et Pratt) permet la comparaison des attitudes vis-à-vis du risque de deux individus à partir des caractéristiques de leurs fonctions d'utilité.

Proposition 12.3.6. *Soient deux décideurs 1 et 2 satisfaisant aux axiomes du modèle d'espérance d'utilité, caractérisés respectivement par les fonctions d'utilité u_1 et u_2, strictement croissantes et deux fois continûment dérivables. Les affirmations suivantes sont équivalentes :*

(i) $\rho_X^1 \geq \rho_X^2$;

(ii) il existe $\varphi : I\!R \to I\!R$, croissante et concave telle que $u_1 = \varphi(u_2)$;

(iii) pour tout $x \in I\!R$, $I_A^1(x) \geq I_A^2(x)$.

Ce résultat permet de déceler quand un décideur présente plus d'aversion pour le risque qu'un autre. En effet, le décideur dont la fonction d'utilité est u_1 est davantage risquophobe que celui dont la fonction d'utilité est u_2 puisque

(i) le degré d'aversion au risque est toujours plus élevé avec u_1 qu'avec u_2;

(ii) la prime que le décideur dont la fonction d'utilité est u_1 est prêt à payer pour remplacer un risque par son espérance mathématique est toujours plus élevée que celle qu'un décideur dont la fonction d'utilité est u_2 serait prêt à débourser;

(iii) la fonction d'utilité u_1 est "plus concave" que u_2.

12.3.2 La notion de prudence, ou de précaution

Pour reprendre la définition de Kimball (1990), la notion de prudence exprime la volonté de l'agent de se prémunir contre le risque, alors que le concept d'aversion pour le risque traduit sa volonté de le transférer à un autre agent (un assureur par exemple). Aussi, pour un agent risquophobe, le comportement prudent ne peut apparaître que lorsqu'il ne peut pas transférer la totalité du risque qu'il supporte. Dans ce cas, la façon de gérer le risque résiduel va être différente selon qu'il a un comportement prudent ou non.

Dans le cadre du modèle d'espérance d'utilité, l'impact, en terme d'utilité, d'une modification du choix est mesurée par l'utilité marginale espérée. Un agent prudent est donc prêt à payer un montant positif pour que l'utilité marginale de sa décision soit certaine, plutôt qu'aléatoire.

De façon générale, les attitudes vis-à-vis de l'aléa portant sur le résultat d'une modification de la décision sont mis en évidence lorsqu'on s'interroge sur la variable certaine qui a la même utilité marginale que la loterie risquée de départ. Kimball définit ainsi, pour un risque X et pour une richesse initiale ω, une prime de prudence, par analogie avec la prime de risque de Arrow-Pratt.

Définition 12.3.7. *On appelle prime de prudence ou prime de précaution, notée $\psi(X,\omega)$, la solution de l'équation*

$$\mathbb{E}[u'(\omega+X)] = u'(\omega+\mathbb{E}[X]-\psi(X,\omega)). \tag{12.2}$$

Le comportement prudent correspond donc à $\psi(X,\omega) > 0$. L'inégalité de Jensen permet de montrer que

(i) $\mathbb{E}[u'(\omega+X)] \leq u'(\omega+\mathbb{E}[X])$ si $u'(\cdot)$ est concave,

(ii) $\mathbb{E}[u'(\omega+X)] \geq u'(\omega+\mathbb{E}[X])$ si $u'(\cdot)$ est convexe,

(iii) $\mathbb{E}[u'(\omega+X)] = u'(\omega+\mathbb{E}[X])$ si $u'(\cdot)$ est linéaire, ce qui correspond à une fonction d'utilité quadratique.

On constate que la caractérisation du comportement prudent, en termes de propriétés de la fonction d'utilité, dépend de l'attitude vis-à-vis du risque. Pour un agent risquophobe ($u''(\cdot) < 0$), on a alors

(i) $\psi(X,\omega) > 0$ si $u'(\cdot)$ est convexe,

(ii) $\psi(X,\omega) < 0$ si $u'(\cdot)$ est concave,

(iii) $\psi(X,\omega) = 0$ si $u'(\cdot)$ est linéaire, ce qui correspond à une fonction d'utilité quadratique.

On en déduit que, dans le cadre du modèle d'espérance d'utilité, le comportement prudent d'un agent riscophobe est caractérisé par une utilité marginale convexe : $u'''(\cdot) > 0$.

De la même manière qu'à partir de la prime de risque, Arrow et Pratt déduisent le coefficient d'aversion absolue pour le risque, Kimball déduit, de la prime de prudence, les coefficients de prudence absolue et relative. Un développement limité des deux côtés de l'égalité (12.2) donne une valeur approchée, mais explicite, pour la prime de prudence

$$\psi(X,\omega) \approx -\frac{1}{2}\mathbb{V}[X]\frac{u'''(\omega+\mathbb{E}[X])}{u''(\omega+\mathbb{E}[X])}.$$

On définit η_A (coefficient de prudence absolue) à partir de cette expression, comme

$$\eta_A(\mathbb{E}[X],\omega) = -\frac{u'''(\omega+\mathbb{E}[X])}{u''(\omega+\mathbb{E}[X])}.$$

12.3.3 Mesures de prudence et d'aversion

Arrow et Pratt avaient introduit, au milieu des années 60, les notions d'aversion absolue et d'aversion relative,

$$I_A(\omega) = -\frac{u''(\omega)}{u'(\omega)} \text{ et } I_R(\omega) = -\frac{\omega u''(\omega)}{u'(\omega)}.$$

Kimball (1990) a introduit les notions de prudence absolue et de prudence relative, mesurées par

$$\eta_A(\omega) = -\frac{u'''(\omega)}{u''(\omega)} \text{ et } \eta_R(\omega) = -\frac{\omega u'''(\omega)}{u''(\omega)}.$$

Le coefficient de prudence absolue permet de comparer le degré de prudence de deux agents. On remarque en effet que la prime de prudence croît avec le coefficient de prudence absolue. Ainsi, si un agent 1 a, pour tout niveau de richesse, un coefficient de prudence positif et supérieur à celui d'un agent 2, la prime de précaution qui lui correspond sera toujours supérieure à celle de l'agent 2 et ce, quelle que soit la richesse et quel que soit le risque X.

Aussi, pour résumer schématiquement, on notera que certains agents préfèrent

- les situations certaines aux situations risquées (notion d'aversion faible pour le risque),
- les situations "*peu*" risquées aux situations "*très*" risquées (notion d'aversion forte pour le risque),
- les situations "*peu*" incertaines aux situations "*très*" incertaines (notion d'aversion forte pour l'incertitude, ou de prudence).

12.4 Offre et demande d'assurance

12.4.1 Normalisation des comportements

Une théorie de l'assurance peut être déduite de la théorie d'espérance d'utilité. En 1834 déjà, Barrois construisit une théorie très complète de l'assurance incendie, basée sur la fonction d'utilité logarithmique utilisée par Bernoulli. Ce n'est toutefois qu'après les travaux de von Neumann et Morgenstern que la théorie de l'utilité fut appliquée avec succès au contrat d'assurance. Dès le début des années soixante, Borch mit en évidence l'intérêt de cette théorie pour les actuaires dans de nombreux travaux, qui eurent une influence considérable sur l'actuariat moderne.

Le principal apport de cette approche est de normaliser les comportements des agents économiques. Ainsi, considérant un agent économique dont la fonction d'utilité est u, et dont le patrimoine est soumis à un risque X, celui-ci décidera de souscrire un contrat d'assurance pour autant que ce contrat augmente son utilité moyenne, i.e. pour autant que $u(\omega - \pi) \geq \mathbb{E}[u(\omega - X)]$ où ω est la richesse de l'agent (qui peut être aléatoire, et même éventuellement corrélée à X), et où π est la prime dont l'assuré doit s'acquitter pour obtenir la couverture de l'assureur.

12.4.2 La demande d'assurance

Les modèles de demande d'assurance s'intéressent au montant de couverture acheté par un individu pour couvrir un risque, en considérant différentes formes de contrats, et en s'intéressant à l'impact des caractéristiques individuelles sur la demande d'assurance. On considère pour cela un individu de richesse initiale ω qui fait face à un risque représenté par une variable aléatoire $X \in [0,S]$ avec $S \leq \omega$; S peut représenter le prix d'une voiture qui peut être accidentée, où d'une maison qui peut brûler. L'individu est supposé risquophobe, avec une fonction d'utilité u strictement croissante et concave. La compagnie d'assurance est supposée neutre au risque et proposant ses produits à un prix déterminé par le marché.

Sous sa forme la plus générale, un contrat d'assurance est caractérisé par une prime fixe (que l'assuré paye à l'assureur) et par une indemnité (versée par l'assureur à l'assuré) contingente au montant du dommage subi. On note $\pi[I(\cdot)]$ la prime correspondant à une indemnité $I(X)$ (voir Section 5.5 du Tome 1). En particulier, si l'assureur recourt au principe de l'espérance mathématique (Définition

4.4.2), $\pi[I(\cdot)] = (1+\lambda)\mathbb{E}[I(\cdot)]$ (comme nous le supposerons souvent par la suite).

On suppose de plus que sont interdites la sur-assurance (l'indemnité ne peut pas être supérieure au montant de la perte) et l'assurance négative (l'assuré ne peut se voir imposer de payer quelque chose à l'assureur en cas de survenance d'un sinistre), conformément à la plupart des réglementations en vigueur. Ceci correspond formellement à $0 \leq I(x) \leq x$ quel que soit $x \geq 0$.

12.4.3 Le modèle de Mossin

On se place dans le cas où soit aucun sinistre ne survient ($X = 0$), soit il détruit entièrement le bien assuré ($X = S$). Aussi,

$$X = \begin{cases} 0, \text{ avec la probabilité } 1-q, \\ S, \text{ avec la probabilité } q. \end{cases}$$

La fonction d'utilité u de l'individu est supposée concave (l'assuré est donc risquophobe), croissante et deux fois continûment différentiable. En l'absence d'assurance, l'utilité espérée vaut

$$v_0 = (1-q)u(\omega) + qu(\omega - S)$$

où ω est la richesse de l'assuré (supposée connue et constante). Si l'assuré signe une police d'assurance complète dont la prime vaut π, l'utilité moyenne devient $v = u(\omega - \pi)$. Il va donc souscrire ce contrat si $v > v_0$. Or ce sera le cas si π n'excède pas un montant $\pi_{\max}$ défini implicitement par l'équation $u(\omega - \pi_{\max}) = v_0$ au-delà duquel la prime est jugée trop élevée. On peut alors obtenir le résultat suivant.

Proposition 12.4.1. *La prime $\pi_{\max}$ vérifie*

(i) $\pi_{\max} > qS$*;*

(ii) $\pi_{\max}$ *est une fonction croissante de S et de q;*

(iii) si le coefficient d'aversion au risque est décroissant alors $\pi_{\max}$ est une fonction décroissante de ω.

Démonstration. L'inégalité du point (i) se déduit aisément puisque

$$u(\omega - \pi_{\max}) = v_0 = \mathbb{E}[u(\omega - X)] \leq u(w - \mathbb{E}[X]) = u(\omega - qS).$$

Passons à (ii). Clairement, v_0 est une fonction décroissante de q, puisque

$$v_0 = q \underbrace{\left(u(\omega - S) - u(\omega)\right)}_{\leq 0 \text{ car } u \text{ croissante}} + u(\omega).$$

De plus, v_0 est également une fonction décroissante en S, toujours en vertu de la croissance de u. Le résultat s'obtient alors à partir de la définition implicite de $\pi_{\max}$. Afin d'établir (iii), partons de l'équation implicite donnant $\pi_{\max}$ vue comme fonction de ω, q et S étant fixés, à savoir

$$u\big(\omega - \pi_{\max}(\omega)\big) = qu(\omega - S) + (1-q)u(\omega). \qquad (12.3)$$

En dérivant par rapport à ω, on obtient

$$u'(\omega - \pi_{\max}(\omega))\left(1 - \frac{d}{d\omega}\pi_{\max}(\omega)\right) = qu'(\omega - S) + (1-q)u'(\omega)$$

d'où l'on tire

$$\frac{d}{d\omega}\pi_{\max}(\omega) = 1 - \frac{qu'(\omega - S) + (1-q)u'(\omega)}{u'(\omega - \pi_{\max}(\omega))}.$$

Dès lors, $d\pi_{\max}(\omega)/d\omega$ a le signe de

$$\psi(\pi_{\max}) \;=\; u'(\omega - \pi_{\max}) - qu'(\omega - S) - (1-q)u'(\omega).$$

En extrayant la valeur de q de l'équation (12.3), il vient

$$\begin{aligned}\psi(\pi_{\max}) \;=\; & u'(w - \pi_{\max}) - \frac{u(w) - u(\omega - \pi_{\max})}{u(\omega) - u(\omega - S)}u'(\omega - S) \\ & - \frac{u(\omega - \pi_{\max}) - u(\omega - S)}{u(\omega) - u(\omega - S)}u'(w\omega).\end{aligned}$$

Remarquons que $\psi(0) = \psi(S) = 0$, de sorte que

$$\frac{d}{d\pi_{\max}}\psi = -u''(\omega - \pi_{\max}) + u'(\omega - \pi_{\max})\frac{u'(\omega - S) - u'(\omega)}{u(\omega) - u(\omega - S)}$$

s'annule au moins une fois sur l'intervalle $]0,S[$. Comme l'aversion au risque est décroissante (i.e. $-u''/u'$ décroît), toute racine de $d\psi/d\pi_{\max}$ est un maximum. Par conséquent, $\psi \geq 0$ sur $[0,S]$, d'où l'on tire finalement que $d\pi_{\max}(\omega)/d\omega \leq 0$, comme annoncé. □

Commentons ces résultats. Le point (i) nous apprend que l'assurance n'est susceptible de dégager des profits que si les individus sont risquophobes. Le point (ii) nous indique que la prime maximum acceptable est une fonction croissante du risque, i.e. si q et/ou S augmentent, $\pi_{\max}$ fera de même. Enfin, (iii) implique que si, comme on l'accepte communément, l'aversion au risque décroît avec la richesse, la prime maximum acceptable décroît avec la richesse de l'assuré.

Mais l'assurance complète est-elle la meilleure couverture possible pour un assuré, ou cela dépend-il de la risquophobie de l'assuré?

Exemple 12.4.2. *Supposons que l'assureur réclame à l'assuré la prime* $(1+\lambda)\mathbb{E}[X]$ *où* λ *représente le taux de chargement permettant de passer de la prime pure à la prime commerciale. Le coût de l'assurance est donc proportionnel à la taille du risque. La prime de risque est quant à elle proportionnelle à la variance du risque. Elle varie donc comme le carré de la taille du risque. Cette évolution linéaire du coût de l'assurance confrontée à l'évolution quadratique des bénéfices de l'assurance en fonction de la taille du risque explique pourquoi on n'assure que des risques importants. Par exemple, seules les voitures neuves sont assurées en dégâts matériels. Au fur et à mesure que la valeur du véhicule diminue, leurs propriétaires optent pour la couverture responsabilité civile seule.*

Aussi, l'assurance totale ne constitue donc pas nécessairement le meilleur choix pour l'assuré. C'est Mossin qui dès 1968 a montré que l'assurance à 100% n'est jamais optimale dès lors que le montant réclamé par l'assureur excède la prime pure. L'argument est le même: le coût de l'assurance est proportionnel au taux de couverture alors que son bénéfice est une fonction quadratique de celui-ci. Ainsi, aller jusqu'au dernier euro de couverture a un bénéfice marginal nul alors que son coût marginal est positif.

12.4.4 Le modèle général de demande d'assurance

On se placera désormais dans un cadre un peu plus général que le précédant, en supposant que le montant du sinistre X, peut prendre toutes les valeurs de l'intervalle $[0,S]$. La prime commerciale comprendra un chargement proportionnel à la prime pure $\pi[I(X)] = (1+\lambda)\mathbb{E}[I(X)]$ avec $\lambda \geq 0$, où $\mathbb{E}[I(X)]$ est la prime pure. Les agents sont supposés avoir un comportement conforme au modèle d'espérance d'utilité et être risquophobes: ils ont une fonction d'utilité u, deux fois continûment dérivable, croissante et concave.

Deux types de contrats sont proposés par les assureurs, des contrats *proportionnels*, de telle sorte que $I_\gamma(X) = \gamma X$, et des contrats *avec découvert obligatoire* $d \in [0,S]$, caractérisés par l'indemnité $I_d(X) = (X-d)_+$. Ce sont ces deux cas qui vont être abordés dans les sections suivantes, en s'inspirant de Jeleva & Villeneuve (2003).

12.4.5 Cas particulier de l'assurance proportionnelle

La richesse aléatoire $W(\gamma,X)$ d'un agent, assuré pour une proportion γ, s'écrit :

$$W(\gamma,X) = \omega - (1-\gamma)X - (1+\lambda)\gamma\mathbb{E}[X].$$

Ainsi, la couverture optimale est caractérisée par une proportion γ^* solution du programme

$$\max_{\gamma\in[0,1]} \{\mathbb{E}[u\,(W(\gamma,X))]\} \tag{12.4}$$

Proposition 12.4.3. *Les caractéristiques du contrat optimal proportionnel dépendent du taux de chargement, à savoir*

(i) En l'absence de chargement ($\lambda = 0$), la couverture optimale est une assurance complète ($\gamma^* = 1$) ;

(ii) Lorsque la prime d'assurance est chargée ($\lambda > 0$), la couverture optimale est une assurance partielle ($\gamma^* < 1$).

Démonstration. Les conditions de premier et de second ordre du problème (12.4) s'écrivent, si on ne tient pas compte de la contrainte $\gamma \in [0,1]$:

$$\frac{d\mathbb{E}[u\,(W(\gamma,X))]}{d\gamma} = \mathbb{E}\left[(X-(1+\lambda)\mathbb{E}[X])u'(W(\gamma,X))\right] = 0$$
$$\frac{d^2\mathbb{E}[u\,(W(\gamma,X))]}{d\gamma^2} = \mathbb{E}\left[(X-(1+\lambda)\mathbb{E}[X])^2u''(W(\gamma,X))\right] < 0.$$

La condition de second ordre est vérifiée grâce à la concavité de la fonction d'utilité u.

Deux preuves sont possibles pour le résultat, l'une utilisant la valeur de la condition de premier ordre en $\gamma = 1$ et l'autre, basée sur les propriétés de la covariance. C'est la première qui est exposée ici. Nous avons

$$\frac{d\mathbb{E}[u\,(W(\gamma,X))]}{d\gamma} = \mathbb{C}[u'(W(\gamma,X)),X] - \lambda\mathbb{E}[X]\mathbb{E}[u'(W(\gamma,X))]$$

$$\begin{aligned}\left.\frac{d\mathbb{E}[u\,(W(\gamma,X))]}{d\gamma}\right|_{\gamma=1} &= \mathbb{C}[u'(cste),X] - \lambda\mathbb{E}[X]\mathbb{E}[u'(W(1,X))]\\ &= -\lambda\mathbb{E}[X]\mathbb{E}[u'(W(1,X))]\end{aligned}$$

de sorte que

$$\lambda = 0 \Longrightarrow \left.\frac{d\mathbb{E}[u(W(\gamma,X))]}{d\gamma}\right|_{\gamma=1} = 0 \Longrightarrow \gamma^* = 1,$$

et

$$\lambda > 0 \Longrightarrow \left.\frac{d\mathbb{E}[u(W(\gamma,X))]}{d\gamma}\right|_{\gamma=1} < 0 \Longrightarrow \gamma^* < 1.$$

ce qui prouve les résultats annoncés. □

Commentons brièvement ces résultats. Si le chargement de sécurité de la compagnie est positif, seuls les individus risquophobes s'assurent (ceux dont la fonction d'utilité est linéaire sont indifférents au risque et refusent de s'assurer car on leur réclame plus que la prime pure). De plus, si l'assureur renonce à inclure un chargement de sécurité dans ses primes (et décide donc de réclamer aux assurés la prime pure), les assurés risquophobes opteront pour la couverture la plus complète qui soit. Enfin, si la compagnie inclut un chargement de sécurité positif, alors les assurés rationnels renonceront à la couverture complète de leur dommage et opteront pour un découvert obligatoire proportionnel.

Effet de la richesse ω sur la couverture optimale γ^*

Les résultats suivants étudient l'impact de la variation de la richesse et du taux de chargement sur les comportements de demande d'assurance. Il s'agit de l'étude standard en microéconomie concernant l'effet de la richesse et du prix sur la demande d'un bien. On peut ainsi déterminer le type de bien qu'est l'assurance.

Proposition 12.4.4. *L'impact de la richesse sur la demande d'assurance dépend principalement des variations de l'attitude vis-à-vis du risque de l'agent en fonction de sa richesse. Soit $\lambda > 0$.*

(i) $\frac{\partial \gamma^*}{\partial w} < 0$ *si u est une fonction DARA ($I'_A(w) < 0$), c'est-à-dire si l'aversion absolue pour le risque est décroissante,*

(ii) $\frac{\partial \gamma^*}{\partial w} = 0$ *si u est une fonction CARA ($I'_A(w) = 0$), c'est-à-dire si l'aversion absolue pour le risque est constante,*

(iii) $\frac{\partial \gamma^*}{\partial w} > 0$ *si u est une fonction IARA ($I'_A(w) > 0$), c'est-à-dire si l'aversion absolue pour le risque est croissante.*

Démonstration. Pour obtenir le résultat, on utilise le théorème des fonctions implicites

$$\frac{\partial \gamma^*}{\partial w} = -\left(\frac{\partial^2 \mathbb{E}[u\,(W(\gamma,X))]}{\partial \gamma \partial w}\right)\left(\frac{\partial^2 \mathbb{E}[u\,(W(\gamma,X))]}{\partial \gamma^2}\right)^{-1},$$

et on étudie le signe de $\partial^2 \mathbb{E}[u\,(W(\gamma,X))]/\partial\gamma\partial w$. Pour ce faire, écrivons

$$\left.\frac{\partial^2 \mathbb{E}[u\,(W(\gamma,X))]}{\partial \gamma \partial w}\right|_{\gamma^*} = \int_0^S u''(W(\gamma^*,x))(x-(1+\lambda)\mathbb{E}[X])dF_X(x).$$

Posons $x_0 = (1+\lambda)\mathbb{E}[X]$ et $y_0 = w - x_0$, et multiplions la dernière expression par $-\frac{u'(W(\gamma^*,x))}{u'(W(\gamma^*,x))}$. On obtient alors

$$\begin{aligned}
&\left.\frac{\partial^2 \mathbb{E}[u\,(W(\gamma,X))]}{\partial \gamma \partial w}\right|_{\gamma^*} \\
= &\ -\int_0^{x_0} I_A(W(\gamma^*,x))u'(W(\gamma^*,x))(x-x_0)dF_X(x) \\
&\ -\int_{x_0}^{S} I_A(W(\gamma^*,x))u'(W(\gamma^*,x))(x-x_0)dF_X(x) \\
< &\ -I_A(y_0)\int_0^S u'(W(\gamma^*,x))(x-(1+\lambda)\mathbb{E}[X])dF_X(x) = 0
\end{aligned}$$

où l'inégalité précédente résulte de la décroissance de $I_A(x)$ dans le cas d'une fonction d'utilité DARA. Ceci prouve (i). Le raisonnement menant à (ii) et (iii) est analogue. □

Notons toutefois que les fonctions CARA, DARA et IARA ne forment pas une partition de l'ensemble des fonctions d'utilité, et donc, les conditions de la proposition sont suffisantes, mais aucunement nécessaires.

Effet du taux de chargement λ sur la couverture optimale γ^*

L'impact du taux de chargement sur la demande d'assurance est en général indéterminé. En effet,

$$\frac{\partial \gamma^*}{\partial \lambda} = -\left(\frac{\partial^2 \mathbb{E}[u\,(W(\gamma,X))]}{\partial \gamma \partial \lambda}\right)\left(\frac{\partial^2 \mathbb{E}[u\,(W(\gamma,X))]}{\partial \gamma^2}\right)^{-1},$$

et donc

$$\text{signe}\left(\frac{\partial\gamma^*}{\partial\lambda}\right) = \text{signe}\left(\frac{\partial^2\mathbb{E}[u\,(W(\gamma,X))]}{\partial\gamma\partial\lambda}\right).$$

Comme

$$\frac{\partial^2\mathbb{E}[u\,(W(\gamma,X))]}{\partial\gamma\partial\lambda} = -\mathbb{E}[X]\mathbb{E}[u'(W(\gamma,X))] - \gamma\mathbb{E}[X]\frac{\partial^2\mathbb{E}[u\,(W(\gamma,X))]}{\partial\gamma\partial w},$$

l'accroissement du taux de chargement entraîne deux effets qui vont dans des sens opposés : l'effet de substitution et l'effet de revenu. Lorsque le taux de chargement augmente, le coût marginal de l'assurance augmente et l'individu substitue de la rétention de risque à l'assurance, et donc décroît sa demande d'assurance. Par ailleurs, l'accroissement de la couverture entraîne un appauvrissement réel de l'individu puisque sa richesse diminue, qu'il y ait ou non de sinistre. Ainsi, s'il a une aversion absolue pour le risque décroissante, la réduction de sa richesse va entraîner une augmentation de son aversion vis-à-vis du risque et il va donc désirer augmenter sa couverture. Si l'aversion absolue pour le risque décroît très rapidement, l'effet revenu peut l'emporter sur l'effet substitution et l'accroissement du taux de chargement va entraîner une augmentation de la couverture. Dans ce cas, l'assurance est un bien de Giffen (ou bien inférieur).

La Proposition 12.4.4 entraîne ainsi directement le résultat suivant,

Proposition 12.4.5. *Soit $\lambda > 0$ et $0 < \gamma^* < 1$. Si les préférences d'un agent sont CARA ou IARA, la demande d'assurance diminue suite à une augmentation du taux de chargement. Si les préférences sont DARA, la demande d'assurance peut augmenter si le taux de chargement augmente.*

Effet de l'aversion pour le risque sur la couverture optimale γ^*

On s'intéresse maintenant à l'impact d'une modification du risque, et de l'aversion pour le risque sur la demande d'assurance. Le résultat suivant montre qu'un accroissement de l'aversion pour le risque entraîne toujours, conformément à l'intuition, un accroissement de la couverture.

Proposition 12.4.6. *On suppose $\lambda > 0$ et $0 < \gamma^* < 1$. Soient deux individus 1 et 2 qui diffèrent uniquement par leur fonction d'utilité. Soit u_1 la fonction d'utilité de l'individu 1 et u_2, celle de l'individu 2 avec $u_2 = \varphi(u_1)$ avec φ* croissante et concave. *Alors, si γ_1^* et γ_2^**

sont les montants de couverture optimale respectivement pour les individus 1 et 2, on a $\gamma_2^* > \gamma_1^*$.

Démonstration. On a $\mathbb{E}[u_i(W(\gamma,X))]$ concave en γ pour $i = 1{,}2$. Ainsi, pour obtenir le résultat, il suffit de montrer:

$$\left.\frac{d\mathbb{E}[u_2(W(\gamma,X))]}{d\gamma}\right|_{\gamma=\gamma_1^*} > 0.$$

En utilisant la concavité de la fonction φ, on peut écrire

$$\begin{aligned}
&\left.\frac{d\mathbb{E}[u_2(W(\gamma,X))]}{d\gamma}\right|_{\gamma=\gamma_1^*}\\
= &\left.\frac{d\mathbb{E}[\varphi\{u_1(W(\gamma,X))\}]}{d\gamma}\right|_{\gamma=\gamma_1^*}\\
= &\int_0^S \varphi'\{u_1(W(\gamma_1^*,X))\}u_1'(W(\gamma_1^*,X))\,(x-(1+\lambda)\mathbb{E}[X])dF_X(x)\\
> &\ \varphi'\{u_1(y_0)\}\int_0^S u_1'(W(\gamma_1^*,X))\,(x-(1+\lambda)\mathbb{E}[X])dF_X(x) = 0.
\end{aligned}$$

De la concavité de $\mathbb{E}[u_2(W(\gamma,X))]$ en γ, il suit que $\gamma_2^* > \gamma_1^*$. □

12.4.6 Cas particulier de l'assurance avec découvert obligatoire

Dans le cas d'assurance avec découvert obligatoire, l'assuré n'est indemnisé que pour les pertes au dessus d'un certain montant, spécifié dans le contrat (voir Section 5.5.4). Sa richesse aléatoire $W(d,X)$ dans le cas où il achète un contrat d'assurance avec un découvert obligatoire de montant d, s'écrit

$$W(d,X) = \omega - X + (X-d)_+ - (1+\lambda)\mathbb{E}[(X-d)_+],$$

en supposant là aussi que la prime s'obtienne avec un chargement proportionel à la prime pure.

Rappelons que l'assurance totale correspond ici à $d = 0$, dans ce cas toutes les pertes sont couvertes, et l'absence d'assurance correspond au cas $d = S$, aucune perte n'étant alors couverte. Le programme donnant le montant optimal de découvert obligatoire s'écrit :

$$\max_{d\in[0,S]} \{\mathbb{E}[u(W(d,X))]\} \tag{12.5}$$

On retrouve le même type de résultat que pour l'assurance proportionnelle.

Proposition 12.4.7. *Les caractéristiques du contrat optimal avec découvert obligatoire sont fonction du taux de chargement, à savoir*

(i) En l'absence de chargement ($\lambda = 0$), la couverture optimale est une assurance complète ($d^* = 0$) ;

(ii) Lorsque la prime d'assurance est chargée ($\lambda > 0$), la couverture optimale est une assurance partielle ($d^* > 0$).

Démonstration. Notons d'abord qu'une intégration par parties donne :

$$\pi(d,X) = (1+\lambda)\left((S-d) - \int_d^S F_X(x)dx\right).$$

De plus, $\dfrac{\partial \pi(d,X)}{\partial d} = -(1+\lambda)\overline{F}_X(d)$. Par ailleurs,

$$\mathbb{E}[u\,(W(d,X))] = \int_0^d u(\omega - x - \beta(d,X))dF_X(x) + \overline{F}_X(d)u(\omega - d - \pi(d,X)).$$

On suppose que le taux de chargement est suffisamment faible pour que l'assurance nulle ne soit pas optimale. La condition de premier ordre du programme (12.5) s'écrit, après quelques transformations

$$\begin{aligned}
& \frac{d\mathbb{E}[u\,(W(d,X))]}{dd} \\
= \;& -u'(\omega - d - \beta(d,X))\overline{F}_X(d) - \frac{\partial \pi(d,X)}{\partial d}\mathbb{E}[u'\,(W(d,X))] \\
= \;& \overline{F}_X(d)\left\{(1+\lambda)\mathbb{E}[u'\,(W(d,X))] - u'(\omega - d - \beta(d,X))\right\} = 0.
\end{aligned}$$

La condition de second ordre est vérifiée grâce à la concavité de la fonction d'utilité.

La preuve de la proposition repose sur le fait que quels que soient $x \in [0,S]$ et pour d on a

$$W(d,x) \geq w - d - \pi(d,X)$$

Les cas suivants peuvent alors se présenter

(i) Si $d = 0$ alors $W(d,x) = \omega - d - \pi(d,X)$ pour tout x.

(ii) Si $d > 0$ alors il existe au moins un $\widehat{x}$ tel que $W(d,\widehat{x}) > \omega - d - \pi(d,X)$ et donc $\mathbb{E}[u'\,[W(d,X)]] < u'(\omega - d - \pi(d,X))$.

Il suit directement que

- si $\lambda = 0$ alors la condition de premier ordre ne peut être vérifiée que si $d = 0$.
- si $\lambda > 0$ en $d = 0$ alors

$$(1 + \lambda)\mathbb{E}[u'(W(d,X))] > u'(\omega - d - \beta(d,X)),$$

pour obtenir une égalité, il faut augmenter d.

Ceci achève la démonstration. □

12.5 Asymétrie d'information et antisélection

12.5.1 Information incomplète

La nature du risque, les préférences des agents, les coûts de gestion des assureurs et les règles du marché sont autant d'éléments qui déterminent les caractéristiques des échanges, leur degré d'efficacité et la distribution du surplus engendré. Mais rien ne garantit que le risque *propre* des agents ou leurs préférences soient connus aussi bien des assureurs que des assurés.

La quantité de données que possède un assureur sur la sinistralité d'un grand nombre d'individus peut constituer une *asymétrie d'information* (voyez la section 3.8.7 pour une définition précise de cette notion) : un certain nombre d'outils statistiques lui permettent, à partir de ces données, de créer des groupes homogènes d'individus et d'estimer de façon fiable, le risque des membres de chacun de ces groupes. Un assureur connaît a priori mieux que n'importe qui la probabilité d'avoir un accident d'automobile dans l'année (voir le Chapitre 9 sur la tarification a priori). En revanche, l'assuré peut également avoir des informations dont l'assureur ne dispose pas, ce qui constitue une asymétrie d'information dans l'autre sens. En assurance santé, un grand nombre d'informations sont connues de l'assuré, et de lui seul.

Cette présence d'asymétrie d'information (ce dont tous les agents sont conscients) modifie leurs comportements stratégiques et a donc une répercussion sur les caractéristiques du mécanisme de transfert de risque.

Remarque 12.5.1. *Les professionnels de l'assurance partagent pour la plupart l'impression que les assurés sont loin de la rationalité sous-tendant l'approche basée sur le principe de Bernoulli. Ceci ne* *remet néanmoins pas en cause l'intérêt de la micro-économie de l'assurance. En effet, comme l'ont très bien fait remarquer* Henriet & Rochet *(1991), il est extrêmement difficile de distinguer une information incomplète d'un manque de rationalité. De manière générale, les assurés ont une perception très vague des risques qui les menacent (ils éprouvent d'immenses difficultés à évaluer la probabilité qu'ils soient victimes d'un accident, et encore davantage l'étendue du préjudice qui peut en résulter). De plus, les produits et formules d'assurance existant sur le marché sont parfois très variés, et les assurés ne disposent bien souvent que d'une information partielle sur l'offre des assureurs (ce qui justifie la fonction des courtiers, par exemple). La complexité de ces produits, et la méconnaissance des règles élémentaires du calcul des probabilités de la part du grand public contribuent clairement à l'opacité du marché. Même si le consommateur est rationnel, il se satisfera probablement d'une solution lui procurant un niveau d'utilité raisonnable, même s'il sait que de meilleures formules existent sur le marché.*

12.5.2 Antisélection, aléa moral et signaux

Les modèles étudiant les échanges à l'équilibre en présence d'information asymétrique, peuvent être regroupés en plusieurs catégories. La première distinction qui peut être faite est de savoir si c'est l'assureur ou l'assuré qui possède l'information. Un élément supplémentaire, qui permet une classification plus fine, est le type d'information concerné. On obtient ainsi les grands groupes suivants, chaque famille utilisant des méthodes de résolution spécifiques:

- lorsque ce sont les intervenants non informés qui ont l'initiative dans la proposition d'une transaction et que l'information porte sur les caractéristiques inaltérables des agents, on parle de modèles d'*antisélection*. Typiquement, ce sera le cas lorsque ce sont les assurés qui connaissent leur risque, et que ce sont eux qui décident ou non d'acheter un contrat d'assurance;
- lorsque les intervenants non informés ont l'initiative, mais l'information porte sur les actions des agents, on parle d'*aléa moral*. Typiquement l'individu garant sa voiture à un emplacement risqué, créé une situation d'aléa moral.
- lorsque l'initiative appartient aux agents les mieux informés, on parle de modèles *de signaux*. Typiquement, les assureurs peuvent proposer des contrats avec ou sans franchise, à tel ou tel client.

L'importance de l'antisélection en assurance, bien que formalisée tardivement, est un problème connu depuis longtemps. Dès 1895, l'actuaire Miles Dawson notait ainsi que, "*en pratique, en assurance décès, les assurés qui quittent le portefeuille entraînent une baisse de l'espérance de vie observée: les personnes les plus résistantes* [et donc les moins risquées] *ont tendance à ne plus s'assurer, et restent alors les plus gros risques. Les tables de mortalité sont calculées sous certaines hypothèses qu'il convient de mettre à jour régulièrement afin de prendre en compte cette sélection adverse*".

De la même façon, l'aléa moral est aussi connu de longue date par les actuaires. Comme le citait Moss (2002), un guide pratique de l'assurance datant des années 1840 notait qu'une part non négligeable des sinistres était due à des sinistres d'origine criminelle ou à de l'"*inattention intéressée*", ne relevant plus complètement du hasard. Ces comportements jugés immoraux ont fait que dès 1860, les assureurs utilisèrent le terme d'"*aléa moral*".

Nous nous intéressons, dans ce chapitre, aux cas où l'asymétrie d'information porte sur les caractéristiques objectives des agents et non pas sur leurs actions.

12.5.3 Le modèle d'équilibre de Rothschild & Stiglitz

L'analyse du marché concurrentiel d'assurance en présence d'information privée des assurés sur leur risque objectif, s'est développée à partir de l'article pionnier de Rothschild & Stiglitz (1976). Les auteurs supposent qu'il existe deux groupes de risques dans la population que l'assureur ne peut pas distinguer, et montrent que, à l'équilibre (s'il existe), l'assureur propose un contrat différent pour chaque groupe de risque. La mise en évidence, dans ce contexte, de situations d'inexistence d'équilibre, a orienté les travaux vers la recherche de mécanismes permettant de remédier à cette inefficacité. Plusieurs auteurs ont apporté des solutions, plus ou moins crédibles, à l'inexistence d'équilibre. Une autre direction dans laquelle se sont engagées les recherches sur le sujet est l'étude des contrats répétés, aussi bien avec plein engagement qu'avec des possibilités de renégociation : le fait d'avoir ou non un accident pendant une période donnée, permet à l'assureur de réviser ses croyances sur le risque d'un agent et de modifier les conditions du contrat, lorsque la renégociation est possible.

La recherche s'est ainsi concentrée, pendant une quinzaine d'années, autour d'une information privée, portant sur le risque de l'agent, et non sur ses préférences. Ce fait peut s'expliquer par une hiérarchie, du point de vue de l'assureur, des caractéristiques de l'agent. La probabilité de perte est, en effet, primordiale pour l'assureur, car elle détermine ce qu'un contrat d'assurance lui coûte : pour un nombre donné d'individus identiques, elle détermine le nombre de ceux qui auront un accident et donc les indemnités que l'assureur aura à verser. Une erreur importante sur la probabilité de perte d'un grand nombre d'assurés, peut avoir des conséquences dramatiques (car la prime étant calculée sur une mauvaise base, l'assureur peut avoir du mal à verser toutes les indemnités nécessaires).

La prise en compte de l'hétérogénéité des agents en termes de préférences est aussi très importante, car ce sont ces préférences qui déterminent les choix des agents. Son rôle apparaît surtout lorsque, pour faire révéler les risques objectifs, l'assureur propose différents contrats aux différents groupes de risque. Si, dans ce cas, les préférences des agents diffèrent, sans que l'assureur en tienne compte, les choix des agents peuvent être différents de ceux anticipés par l'assureur. L'étude du cas où les agents ont de l'information privée sur leurs préférences, pose des difficultés techniques notables et n'a été étudié que récemment par LANSBERGER & MEILIJSON (1994), dans le cas où l'assureur est en situation de monopole.

12.5.4 Etude des mécanismes d'antisélection

Dans cette première partie, nous allons considérer le cas d'un monopole de l'assureur. Le cas plus complexe avec une concurrence entre assureurs sera évoqué en fin de section.

L'asymétrie d'information porte sur la probabilité de sinistre

On considère dans ce modèle une population d'individus, dans le cadre d'un modèle d'espérance d'utilité. L'assureur sait qu'à l'intérieur de cette population, deux niveaux de risque sont possibles et connaît ces deux niveaux et leur proportion dans la population. Cependant, lorsqu'un individu se présente, il est incapable de l'identifier comme ayant l'un ou l'autre des deux niveaux de risque. L'individu, quant à lui, connaît parfaitement son risque (dans la littérature sur le sujet, on parle souvent du "type" de l'agent plutôt que de son "risque"). On retrouve comme cas particulier les modèles Poisson-mélange (Section 3.7.2).

L'étude des contrats d'assurance en présence d'asymétrie d'information dans le cas où l'assureur est en situation de monopole est fondée sur les modèles de Principal-Agent, où l'assureur a la place du Principal, qui a l'initiative de proposer un, ou des contrats, et l'assuré est l'Agent qui possède l'information privée. L'assureur peut proposer un contrat unique ou un menu de contrats.

Les deux types d'agents dans l'économie sont notés H (hauts risques) et B (bas risques). Il subissent, tous les deux, un risque de perte d'un montant unique S, ont une richesse initiale ω et leur attitude vis-à-vis du risque est représentée par la même fonction d'utilité u, supposée croissante et concave. Leurs probabilités de perte sont notées respectivement p_H et p_B avec $p_H > p_B$ et le groupe d'agents de type H représente une proportion λ de la population.

Avant de déterminer les caractéristiques des contrats optimaux, on montre une propriété des préférences des agents qui rend possible l'offre de contrats séparateurs basés sur le fait que l'un des deux types d'agents est prêt à payer plus que l'autre pour une augmentation de sa couverture: les courbes d'indifférence des agents H et B ne se coupent qu'une fois (condition dite de single crossing).

Lorsqu'une compagnie d'assurance est incapable de reconnaître le risque d'un individu qui se présente pour acheter un contrat, elle cherche à déterminer les couples de contrats (prime-indemnité) qui maximisent son profit en tenant compte du fait qu'un agent n'achète un contrat que s'il le préfère à la non assurance (contrainte de participation) et ne choisit le contrat qui lui est destiné que s'il le préfère au contrat proposé à l'autre type de contrat (contrainte de révélation). Les résultats de Stiglitz (1977) peuvent être résumés comme suit.

Proposition 12.5.2. *(i) Le contrat optimal pour les hauts risques est une assurance complète.*

(ii) Si les bas risques achètent un contrat d'assurance non nulle, leur utilité est la même que s'ils n'achetaient pas d'assurance.

(iii) Les hauts risques sont indifférents entre le contrat qui leur est destiné et le contrat destiné aux bas risques.

(iv) Les contrats proposés aux hauts risques et aux bas risques sont toujours différents.

(v) Il existe une proportion finie de hauts risques, telle que, au-dessus de cette proportion critique, aucun contrat n'est offert aux bas risques.

L'asymétrie d'information porte sur les préférences

L'étude de l'asymétrie d'information sur les préférences des individus a attiré moins l'attention dans la mesure où la non prise en compte de cette asymétrie a des conséquences moins graves sur les profits de l'assureur que l'asymétrie sur les caractéristiques du risque. En effet, l'avantage informationnel des agents concernant leur risque peut provoquer des pertes pour la compagnie, alors que lorsqu'il s'agit des préférences, il ne s'agit que d'un manque à gagner, et ce, uniquement pour une compagnie en situation de monopole.

Les résultats qui seront présentés ci-dessous montrent même que, dans certaines situations, il est optimal pour la compagnie de ne pas chercher à faire révéler l'information sur les préférences et de proposer un contrat unique. Le modèle est plus général que celui de Stiglitz, les montants de perte étant des variables continues.

La population est composée de deux types d'individus risquophobes, qui ont la même richesse aléatoire W (variable aléatoire continue), mais diffèrent par l'intensité de leur aversion vis-à-vis du risque. Les individus de type H sont plus risquophobes que les individus de type B (au sens d'Arrow-Pratt). Les individus de type H ont une fonction d'utilité v avec $v' > 0$ et $v'' < 0$. Ils sont en proportion λ dans la population. Les individus de type B ont une fonction d'utilité u avec $u' > 0$ et $u'' < 0$.

On peut alors obtenir le résultat suivant, dû à Landsberger & Meilijson (1994).

Proposition 12.5.3. *(i) En l'absence d'asymétrie d'information, l'assureur maximise son profit en proposant aux deux types d'individus leurs equivalents certains de la non-assurance, c'est-à-dire $u^{-1}(\mathbb{E}[u(W)])$ aux individus de type B et $v^{-1}(\mathbb{E}[v(W)])$ aux individus de type H, où W désigne la richesse (aléatoire) des individus.*

(ii) Avec asymétrie d'information, si $u(x)/v(x) \to 0$ si $x \to -\infty$, il est possible pour l'assureur de proposer des contrats qui lui permettent d'obtenir approximativement le profit de premier rang (sans asymétrie d'information).

(iii) Avec asymétrie d'information, les indemnités proposées sont bornées, les contrats séparateurs qui maximisent le profit sont tels que :

(a) Les individus de type H obtiennent une couverture complète ;

(b) Les individus de type B obtiennent une couverture partielle et sont indifférents entre leur contrat et la non assurance;

(c) Il existe λ^* tel que, si $\lambda < \lambda^*$, un seul contrat, d'assurance complète, est proposé : tous les agents obtiennent $u^{-1}(\mathbb{E}[u(W)])$.

Antisélection et concurrence

Encore une fois, ROTHSCHILD & STIGLITZ (1976) ont été les premiers à étudier l'équilibre concurrentiel sur le marché de l'assurance en présence d'information asymétrique. Ils adoptent le concept d'équilibre de Nash qu'ils adaptent au marché de l'assurance. Le processus concurrentiel est représenté par un jeu à deux étapes: à la première étape, les agents non informés offrent *simultanément* un ou des contrats, en considérant les offres des concurrentes comme données (la stratégie de chaque compagnie est une meilleure réponse aux stratégies des rivales). A la seconde étape, les agents informés opèrent un choix parmi ces contrats offerts. La définition de l'équilibre sur le marché de l'assurance qui découle de ce type de comportement des firmes est la suivante.

Définition 12.5.4 (Equilibre de Nash-Rothschild-Stiglitz). *Un équilibre sur le marché de l'assurance est un ensemble de contrats tel que:*

(i) chaque contrat est non - déficitaire;

(ii) il n'existe pas de contrat en dehors de l'ensemble des contrats d'équilibre qui, s'il est offert conjointement aux contrats d'équilibre, serait profitable.

On suppose ici que les compagnies peuvent imposer des *contrats exclusifs,* c'est-à-dire ont le pouvoir de limiter les achats des consommateurs à un contrat unique. Les hypothèses du modèle sont identiques à celles de la section précédente. Les conditions de premier ordre de ce programme conduisent naturellement à l'égalité des taux marginaux de substitution de l'assureur et de l'assuré pour chaque type de risque. Ainsi, les contrats d'équilibre en information parfaite correspondent à des contrats d'assurance complète tarifés à la prime pure de chaque type.

En *information asymétrique* sur les probabilités de sinistre, le haut risque, n'étant pas reconnu comme tel, choisira le contrat destiné au bas risque qui lui offre un niveau de couverture identique pour une prime plus faible. Ceci entraîne des pertes pour la compagnie. Ainsi, dans la détermination des contrats d'équilibre il faut désormais tenir compte de l'inobservabilité des types des individus par l'assureur.

12.6 Couverture des risques multiples

12.6.1 Contexte

Le Chapitre 8 du Tome 1 abordait en détail la modélisation des risques multiples. Nous allons voir ici le comportement des assureurs en présence de plusieurs risques, assurables ou pas.

Exemple 12.6.1. *Considérons tout d'abord deux risques pouvant être affecté par un choc commun. Par exemple un assuré souhaitant couvrir sa maison et son automobile peut voir un incendie de l'habitation détruire les deux biens si l'automobile était stationnée dans le garage. En assurance-décès pour des couples, les conjoints peuvent décéder simultanément (dans un accident de voiture par exemple). Aussi, certains risques sont naturellement positivement corrélés. En revanche, il est possible que deux risques soient négativement corrélés. Considérons le cas de l'assurance automobile, où un risque est exclu par la police d'assurance (et donc sera à la charge de l'assuré), par exemple le risque de vandalisme. Le fait que l'assuré doit malgré tout faire face à ce risque fait que, pour lui le vrai risque se décompose en deux, un assurable, et l'autre non. La somme des deux étant bornée par le montant du bien assuré (la valeur du véhicule), les risques sont alors négativement corrélés. Dans cet exemple, on a en fait des risques exclusifs (voyez la Section 8.2.3).*

Rappelons que dans le cas de la gestion de plusieurs risques, un certain nombre de propriétés sont souhaitables, et qu'elles imposent alors certaines contraintes. Par exemple, si X et Y sont deux risques tels que, si u désigne la fonction d'utilité d'un agent, $\mathbb{E}[u(X)] \leq \mathbb{E}[u(Y)]$, il peut paraître naturel que si Z est indépendant de X et Y, alors

$$\mathbb{E}[u(X+Z)] \leq \mathbb{E}[u(Y+Z)].$$

Cette propriété, bien que naturelle, n'a pourtant rien d'universel, comme le montre le résultat suivant.

Proposition 12.6.2. *Les propriétés suivantes sont équivalentes*

- *Si Y est préféré à X au sens où $\mathbb{E}[u(X)] \leq \mathbb{E}[u(Y)]$, alors, $\mathbb{E}[u(X+Z)] \leq \mathbb{E}[u(Y+Z)]$ pour tout Z indépendant de X et Y,*
- *La fonction d'utilité u est CARA.*

12.6.2 Risque assurable et risque non-assurable

Doherty & Schlesinger (1983) ont montré que lorsque les risques assurables et non-assurables sont indépendants, l'assuré choisit une couverture complète si la prime réclamée par la compagnie ne comporte pas de chargement, et une couverture partielle sinon. En cas de risques positivement dépendants et si la prime ne comporte pas de chargement, il est optimal de surassurer (si cela est possible) le risque assurable, de telle sorte qu'une couverture indirecte contre le risque non-assurable est obtenue. Ainsi, le risque total est davantage maîtrisé. Si la prime d'assurance comporte un chargement, il convient d'ajouter des hypothèses supplémentaires. Dans le cas de dépendance négative, il est possible que les risques se couvrent mutuellement, et les agents peuvent alors moins s'assurer (on parle d'autoassurance).

EECKHOUDT & KIMBALL (1992) ont ajouté de l'information supplémentaire sur la compréhension des mécanismes d'assurance (en considérant le cas général de variables continues, sans pour autant rechercher la forme du contrat optimal). Si la prudence est positive et décroissante avec la richesse, la présence d'un risque non-assurable indépendant ou positivement corrélé avec le risque assurable aura tendance à augmenter les montants optimaux de couverture de ce dernier.

De manière plus formelle, on considère un agent dont la richesse initiale est ω, soumis à deux risques X (assurable) et Y (non-assurable) supposés indépendants. On notera $I(X)$ l'indemnité associée au contrat d'assurance permettant de couvrir X. L'agent cherche alors à résoudre

$$\max\{\mathbb{E}\left[u(\omega - (1+\lambda)\mathbb{E}[I(X)] - (X+Y) + I(X))\right]\}.$$

Aussi, si on note $v(x) = \mathbb{E}[u(x - Y)]$, on note que, clairement, v est strictement concave et croissante, et de l'indépendance entre les risques X et Y, on en déduit que de façon équivalente, l'agent cherche à résoudre

$$\max\left\{\mathbb{E}\left[v(\omega - (1+\lambda)\mathbb{E}[I(X)] - X + I(X))\right]\right\}.$$

Ce programme correspond à celui abordé dans la Section 12.4, et donc les résultats obtenus précédemment sont valides, en particulier sur la forme optimale des contrats,

Proposition 12.6.3. *En présence d'un risque non-assurable, indépendant du risque assurable, le contrat optimal est un contrat avec découvert obligatoire. Et dans le cas particulier où $\lambda = 0$ (pas de chargement), la couverture optimale est une assurance complète.*

Néanmoins, il peut paraître légitime de s'interroger, afin de savoir si la couverture est alors plus importante qu'en l'absence de risque non-assurable. Pour répondre à cette question, il convient de rajouter un certain nombre d'hypothèse sur la fonction d'utilité u.

Proposition 12.6.4. *Si u est 4 fois dérivable, DARA et vérifie l'hypothèse DAP (c'est-à-dire si le coefficient de prudence absolue η_A est décroissant), alors la présence d'un risque non-assurable, indépendant du risque assurable, va induire une couverture plus importante.*

Néanmoins, comme nous l'avons noté en introduction, supposer que le risque résiduel non-assurable (on parle aussi de *background risk*) est indépendant du risque assurable est un hypothèse très forte. Comme nous l'avions noté en détails dans le Chapitre 8, caractériser le type de dépendance peut s'avérer relativement complexe. DOHERTY & SCHLESINGER (1983) se sont limités à étudier le cas où les risques étaient Gaussiens, et la dépendance était alors caractérisée par la corrélation. EECKHOUDT & KIMBALL (1992) ont considéré le cas de la dominance stochastique à l'ordre 3. Enfin, TIBILETTI (1995) a considéré le cas de l'ordre de concordance (introduit à la Section 8.4.1 du Tome 1), avec des hypothèses fortes sur les préférences.

12.6.3 Présence de plusieurs risques assurables

Dans ce cas, en s'appuyant sur les modèles financiers, on peut penser que si la multiplicité permet la diversification, la demande d'assurance pourrait être moins importante.

Considérons là aussi deux risques X et Y que nous supposerons indépendants, les deux étant assurables, mais avec des couvertures distinctes et séparées. La richesse (aléatoire) de l'agent assuré s'écrit alors

$$W = \omega - X + I_X(X) - (1+\lambda_X)\mathbb{E}[I_X(X)] - Y + I_Y(Y) - (1+\lambda_Y)\mathbb{E}[I_Y(Y)].$$

Rappelons que si le contrat associé au risque X prévoit un découvert obligatoire, la prime s'écrit alors

$$\pi(d_X) = (1+\lambda_X)\int_{d_X}^{\infty}(x - d_X)dF_X(x)$$

qui vérifie $\pi'(d_X) = -(1+\lambda_X)\overline{F}_X(d_X) < 0$. Notons $\gamma = \pi^{-1}$, l'inverse de la prime. Alors

$$\gamma_X'(p) = \frac{-1}{(1+\lambda_X)\overline{F}_X(\gamma_X(p))}.$$

L'assuré doit alors résoudre le programme suivant:

$$\max\Big\{\mathbb{E}\Big[u\Big(\omega-(1+\lambda_X)\mathbb{E}[I_X(X)]-(1+\lambda_Y)\mathbb{E}[I_Y(Y)]$$
$$-X-Y+I_X(X)+I_Y(Y)\Big)\Big]\Big\}.$$

Proposition 12.6.5. *Il existe un unique couple de contrats optimaux de la forme* $I_X(x)=(x-d_X)_+$ *et* $I_Y(y)=(y-d_Y)_+$.

Démonstration. Le programme que doit résoudre l'assuré est de la forme

$$\begin{aligned}&\max\{\mathbb{E}[u(\omega-(1+\lambda_X)\,\mathbb{E}\left[(X-d_X)_+\right]-(1+\lambda_Y)\,\mathbb{E}\left[(X-d_Y)_+\right]\\&\quad -X-Y+(X-d_X)_++(Y-d_Y)_+)]\}\end{aligned}$$

qui admet une solution car la fonction

$$\begin{aligned}(d_X,d_Y)\ \mapsto\ &\mathbb{E}\left[u(\omega-(1+\lambda_X)\,\mathbb{E}\left[(X-d_X)_+\right]-(1+\lambda_Y)\,\mathbb{E}[(X-d_Y)_+]\right.\\&-X-Y+(X-d_X)_++(Y-d_Y)_+)]\end{aligned}$$

est continue, et l'unicité sera assurée par la stricte concavité. Pour montrer que le contrat avec franchise est optimal, notons

$$\begin{aligned}\Delta U\ =\ &\mathbb{E}[u(\omega-(1+\lambda_X)\,\mathbb{E}\left[(X-d_X)_+\right]-(1+\lambda_Y)\,\mathbb{E}\left[(X-d_Y)_+\right]\\&-X-Y+(X-d_X)_++(Y-d_Y)_+)]\\&-\mathbb{E}[u(\omega-(1+\lambda_X)\,\mathbb{E}\left[I_X\left(X\right)\right]-(1+\lambda_Y)\,\mathbb{E}\left[I_Y\left(Y\right)\right]\\&-X-Y+I_X\left(X\right)+I_Y\left(Y\right))].\end{aligned}$$

Montrons alors que tous les autres contrats (caractérisés par les fonctions d'indemnité I_X et I_Y respectivement), tels que $\mathbb{E}[I_X(X)]=\mathbb{E}[(X-d_X)_+]$, et $\mathbb{E}[I_Y(Y)]=\mathbb{E}[(Y-d_Y)_+]$, sont dominés par les deux proposés. Quelques calculs permettent de montrer, en notant $\pi_X\left(X\right)=\left(1+\lambda_X\right)\mathbb{E}\left[\left(X-d_X\right)_+\right]=\left(1+\lambda_X\right)\mathbb{E}\left[I_X\left(X\right)\right]$ (et de même pour la prime associée au risque Y) que

$$\mathbb{E}\Big[u'\Big(\omega-\pi_X\left(X\right)-\pi_Y\left(Y\right)-X-Y+I_X\left(X\right)$$
$$+I_Y\left(Y\right)\Big)\left(X-d_X\right)_+-I_X\left(X\right)\Big]=0,$$

et de même, que

$$\mathbb{E}\Big[u'\Big(\omega-\pi_X\left(X\right)-\pi_Y\left(Y\right)-X-Y+I_X\left(X\right)$$

$$+I_Y(Y)\Big)(Y-d_Y)_+ - I_Y(Y)\Big] = 0,$$

en utilisant l'indépendance entre les risques X et Y. Aussi, ΔU qui est nécessairement supérieure à la somme de ces deux expression est alors toujours positive, la nullité étant atteinte pour $I_X(x) = (x-d_X)_+$ et $I_Y(y) = (y-d_Y)_+$. □

Exemple 12.6.6. *Dans le cas où l'agent a une fonction d'utilité CARA, on obtient aisément que les polices optimales sont identiques au cas où l'agent assurait un risque unique, $X+Y$.*

12.7 Notes bibliographiques

Historiquement, Borch (1962) a appliqué le modèle d'équilibre général en présence d'incertitude au partage des risques dans un ensemble d'agents (ici de réassureurs) et a mis en évidence la forme du partage optimal en fonction de l'attitude vis-à-vis du risque. Arrow (1971) a déterminé la forme optimale du contrat d'assurance entre un assureur et un assuré en fonction des coûts de transaction et de l'attitude vis-à-vis du risque de l'assureur. Quelques années plus tard, Mossin (1968) a étudié la demande d'assurance (lorsque la forme du contrat est fixée), et Ehrlich & Becker (1972) se sont intéressés aux mécanismes alternatifs de gestion des risques: la prévention optimale et sa place par rapport à l'assurance. Ces papiers qui parfois datent restent toutefois très clairs, et un lecteur intéressé par ces sujets pourra utilement les consulter.

Pour une présentation plus complète de la micro-économie de l'assurance, nous renvoyons à Henriet & Rochet (1991), ou Gayant (2001) - ce dernier présentant un ouvrage synthétique et clair sur la prise de décision en environnement risqué. Des rappels de base de microéconomie se trouvent également dans Malinvaud (1999) ou Varian (2003). Une introduction très abordable aux théories du choix en univers incertain est proposée par Gerber (1987), Gerber & Pafumi (1998) et Denuit, Dhaene & Van Wouwe (1999).

Les “Handbooks” publiés par Dionne en 1992 et 2000 proposent de très bonnes revues de la littérature sur le sujet. Le lecteur intéressé pourra également consulter Cohen & Tallon (2000) qui présente de façon claire et succincte l'apport des modèles non-additifs en économie.

12.8 Exercices

Exercice 12.8.1. *Considérons un agent économique obéissant au modèle d'espérance d'utilité, attiré par le profit et soumis à un risque X. Un assureur est prêt à couvrir ce risque contre paiement d'une prime.*

(i) Montrez qu'il existe alors une limite $\pi_{\max}$, dépendant de la richesse w de l'assuré, du risque X qui menace son patrimoine et des préférences de l'assuré reflétées par sa fonction d'utilité u, au-delà de laquelle l'assuré refusera de souscrire la police.

(ii) Montrez que $\mathbb{E}[X] \leq \pi_{\max}$ si l'assuré est risquophobe (i.e. si u est concave).

Exercice 12.8.2. *Considérons le risque*

$$X = \begin{cases} m - h, \text{ avec la probabilité } \frac{1}{2}, \\ m + h, \text{ avec la probabilité } \frac{1}{2}. \end{cases}$$

Montrez que tous les décideurs risquophobes s'accordent à trouver que le risque s'aggrave quand sa variance augmente.

Exercice 12.8.3. *Considérons un décideur dont la fonction d'utilité est*

$$u(x) = \frac{1 - \exp(-cx)}{c}, \quad c > 0.$$

1. *Ce décideur est-il guidé par le profit?*
2. *Ce décideur présente-t-il de l'aversion au risque?*
3. *Montrez que le montant maximum que ce décideur accepterait de payer pour assurer le risque*

$$X = \begin{cases} 0, \text{ avec la probabilité } p, \\ s, \text{ avec la probabilité } 1 - p. \end{cases}$$

est $\pi_{\max} = \frac{1}{c} \ln(p + (1 - p) \exp(cs))$.

Chapitre 13

Approche dynamique du passif et provisionnement

13.1 Introduction

Un rôle important, et central, de l'actuaire non-vie, est le calcul des provisions (essentiellement pour sinistres à payer). En particulier, il existe différentes méthodes techniques de provisionnement, que nous allons étudier dans ce chapitre. Ces provisions techniques sont destinées à permettre le règlement intégral des engagements pris envers les assurés et bénéficaires de contrats. Elles sont liées à la technique même de l'assurance, et imposées par la réglementation, pour tenir compte de "l'inversion du cycle de production", expliquée dans le Tome I. Les provisions techniques mesurent ainsi les engagements restant à honorer par l'assureur, et représentent, en moyenne en assurance non-vie, 75% du total du bilan.

Cette notion comptable nécessite néanmoins un modèle probabiliste sous-jacent, puisqu'il s'agit *prévoir* une charge finale, prenant en compte des sinistres non encore déclarés mais survenus, ou mal connus. Longtemps, le rôle des actuaires était de trouver la meilleur prévision possible du montant de provisions nécessaires (la notion de *best estimate*) mais cette approche montre rapidement ses limites (dans une optique de gestion des risques, et de bonne connaissance de son portefeuille). L'estimation du montant de provisions pose ainsi un certain nombre de problèmes aux praticiens: faut-il inclure une marge de sécurité (les gestionnaires de sinistres préférant éviter d'avoir à reprovisionner)? Comment doit-on prendre en compte des événements atypiques (fraude, sinistres d'une gravité exceptionnelle,...)? Comment un régulateur peut-il croire qu'un montant de provision n'est pas suffisant? Que se passe-t-il si on provisionne moins, risque-t-on une faillite certaine?

La méthode Chain-Ladder (présentée en détails en Section 13.3) est probablement la méthode la plus simple et la plus utilisée par les compagnies d'assurance au siècle dernier. Toutefois, si elle propose un estimateur du montant de provisions, il est difficile d'en extraire davantage d'information.

Cette méthode de calcul de provision (également appelée "*cadence de règlements*") est relativement ancienne puisqu'on peut trouver sa trace dans des livres de droit des années 1930 (voyez par exemple ASTESAN (1938)): "*pour une société d'assurance donnée, il existe un certain rythme dans le règlement des sinistres survenus au cours de chaque exercice* [...] *ce rythme est appelé la cadence des règlements*". Pour cela, on utilise le fait que "*les entreprises d'assurances, lors de l'inventaire, établissent une ventilation par exercice des règlements de sinistres effectués au cours de l'année*", en notant que "*la cadence des règlements varie avec les branches*".

Comme le note ASTESAN (1938), décrivant la méthode Chain-Ladder, "*son apparente rigueur mathématique et sa simplicité semblent résoudre sans effort toutes les difficultés. Il n'en est malheureusement rien.* [...] *La cadence de règlements ne peut être constante que si l'assureur prend en charge un nombre de sinistres suffisant pour que la loi des grands nombres puisse jouer. Les changements de jurisprudence qui aggravent la responsabilité des assurés et les dépréciations monétaires aboutissement à une augmentation des indemnités allouées, et ralentissent la cadence des règlements des exercices antérieurs dont les sinistres non encore réglés se trouvent majorés*".

Comme le rappelait HENRY (1937), "*La méthode de la cadence numérique appliquée aux éléments statistiques que nous possédons nous paraît donc devoir donner des résultats empreints d'une assez grande incertitude.*"

D'autres méthodes seront également proposées par la suite, introduisant une approche *stochastique*, permettant d'obtenir une marge d'erreur sur le montant des provisions. Nous insisterons en particulier sur les différentes méthodes permettant d'avoir une distribution prédictive de ce montant.

13.2 Notation et motivation

Les provisions techniques sont soumises à des contraintes réglementaires. Elles doivent, en particulier, faire l'objet de deux évaluations. La première dite *dossier par dossier*, revient à sommer les montants en suspens pour l'ensemble des sinistres connus. A cela une évaluation forfaitaire relative aux sinistres tardifs doit être ajoutée. La seconde évaluation repose sur les *cadences de règlement*, c'est-à-dire sur le paiement des sinistres pour déterminer les sommes dues par exercice de survenance.

Remarque 13.2.1. *Les méthodes que nous présenterons ici sont en euros constants, c'est-à-dire ne prenant pas en compte une actualisation des provisions. Cette actualisation a longtemps été interdite par la législation, mais commence a être introduite par la réglementation européennne, pour certaines queues de règlements. En particulier, en assurance construction, si l'on suppose que les paiements uniformément répartis sur* 15 *ans (pour un montant annuel de P), et que l'argent puisse être placé à un taux (fixe) $r = 3\%$, il suffit de placer* 12.3 *fois le montant P, au lieu de* 15 *sans escompter, soit un montant* 18% *plus faible. L'effet de ce facteur d'escompte n'est pas négligeable sur des branches très longues.*

13.2.1 La dynamique de la vie des sinistres

Pour un type de risque (RC automobile, santé, marine...), les sinistres sont constatés (avec plus ou moins de retard), puis payés (là aussi avec un laps de temps plus ou moins long). Les prestations à payer pour une compagnie d'assurance couvrent alors plusieurs années de développement (dépendant des caractéristiques propres de la branche considérée) et de son ancienneté. Les différents aspects de la vie des sinistres peuvent être visualisés sur la Figure 13.1, correspondant à l'analogue des diagrammes de Lexis utilisés en assurance vie.

Le déroulement dépend fortement du type de risque considéré. Ainsi, le tableau suivant donne une idée des cadences de règlement pour différentes branches:

Règlements en	n	$n+1$	$n+2$	$n+3$	$n+4$
Multirisque habitation	55%	90%	94%	95%	96%
Automobile	55%	79%	84%	99%	90%
dont corporel	13%	38%	50%	65%	72%
Responsabilité civile	10%	25%	35%	40%	45%

On constate donc que pour les branches RC, automobile (partie corporelle) et générale, moins de 15% des sinistres sont réglés après

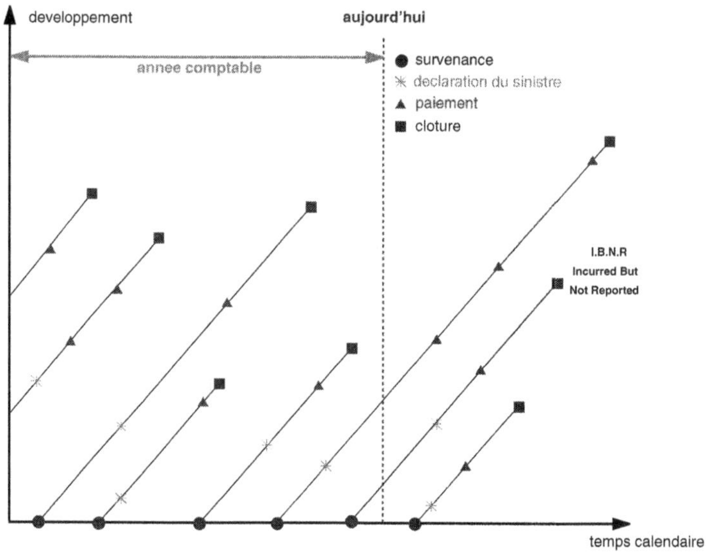

Fig. 13.1 – *Aspect dynamique de la gestion des sinistres (survenance, déclaration, paiements, clôture).*

1 an et il faut attendre 2 à 5 ans pour que la moitié des sinistres soient réglés. Pendant tout ce temps, le bilan doit refléter le coût probable de ces sinistres.

L'exercice de rattachement de la sinistralité (pour étudier la profitabilité d'une branche) va dépendre de la nature du contrat :

- L'exercice de survenance : pour la grande majorité des contrats (notamment tous ceux couvrant des risques de masse - automobile, habitation , santé, etc.). Les primes acquises au titre d'un exercice sont mises en face des sinistres survenus au cours de la même période.
- Les sinistres dans certains cas peuvent être analysés par exercice de souscription ou être rattachés à la date de déclaration (par exemple en transport, ou en construction).

Pour certains types de risque (en particulier en responsabilité civile), la notion même d'année de survenance peut être relativement difficile à définir, comme le montre l'exemple suivant.

Exemple 13.2.2. *En responsabilité civile médicale, un très grand nombre de dates interviennent dans la vie d'un sinistre: le fait générateur (une intervention médicale), puis le sinistre survient (un* *effet secondaire de l'intervention est détecté au bout de quelques mois), puis le sinistre est déclaré à l'assureur, puis évalué, expertisé, indemnisé... La date de survenance est alors difficile à définir de façon précise: doit-on considérer comme date celle de l'intervention, ou la date où le sinistre se déclare? De la même façon pour un dégât des eaux: doit-on considérer la date à laquelle une tuyauterie a commencé à fuir ou la date à laquelle les dégâts ont été constatés à l'étage inférieur?*

13.2.2 Les délais avant déclaration

Pour la plupart des sinistres, il existe un délai plus ou moins long pour que la personne déclare le sinistre à l'assureur. Dans le Chapitre 7 du Tome 1, nous avions supposé que la *survenance* des sinistres suivait un processus de Poisson homogène. Il peut paraître légitime de se demander si le résultat reste vrai pour les déclarations de ces sinistres.

Pour un sinistre i, on notera T_i la date de survenance, et D_i le délai avant déclaration, de telle sorte que $(T_i + D_i)$ correspond à la date de déclaration du $i$ème sinistre. Si N_t désigne le nombre de sinistres survenus sur l'intervalle $(0,t)$, le nombre de sinistres non encore déclarés en t est

$$M_t = \sum_{i=1}^{N_t} \mathbb{I}\left[T_i + D_i > t\right].$$

Proposition 13.2.3. *Si le temps entre la survenance et la déclaration admet pour distribution F, et si $\{N_t,\ t \geq 0\}$ est un processus de Poisson homogène de paramètre λ, alors $\{M_t,\ t \geq 0\}$ est un processus de Poisson non-homogène, d'intensité*

$$\Lambda_M\left(t\right) = \lambda \int_0^t F\left(x\right) dx.$$

En particulier, on notera que

$$\mathbb{E}\left[N_t\right] = \lambda t \text{ et } \mathbb{E}\left[M_t\right] = \lambda \int_0^t F\left(x\right) dx = \mathbb{E}\left[N_t\right] - \int_0^t \overline{F}\left(x\right) dx.$$

13.2.3 Les triangles de run-off

Les méthodes de provisionnement sont toutes basées sur les triangles, reflétant la dynamique des sinistres, et permettant d'avoir une vision agrégée de ceux-ci (pour une histoire des méthodes utilisées pour provisionner les sinistres à payer en assurance non-vie, consultez REID (1986)). Les notations seront ici les suivantes :

- i correspond à l'indice des années de survenance $i = 1,...,n$.
- j correspond à l'indice des années de développement $j = 1,...,n$.
- $Y_{i,j}$ correspond au montant des sinistres survenus l'année i et payés l'année $i + j$ (ou après j années de développement), on parle également d'incréments,
- $C_{i,j}$ correspond aux paiements agrégés des sinistres survenus l'année i, en j années de développement, i.e. $C_{i,j} = Y_{i,1}+Y_{i,2}+ ... + Y_{i,j}$, on parle également de montant cumulé.

En utilisant ces notations, la sinistralité d'une branche est représentée par les triangles cumulés, ou non cumulés (appelés triangles de run-off) présentés ci-dessous:

$$\begin{array}{ccccc}
C_{1,1} & C_{1,2} & \cdots & C_{1,n-1} & C_{1,n} \\
C_{2,1} & C_{2,2} & \cdots & C_{2,n-1} & \\
\vdots & \vdots & & & \\
C_{n-1,1} & C_{n-1,2} & & & \\
C_{n,1} & & & &
\end{array}$$

ou

$$\begin{array}{ccccc}
Y_{1,1} & Y_{1,2} & \cdots & Y_{1,n-1} & Y_{1,n} \\
Y_{2,1} & Y_{2,2} & \cdots & Y_{2,n-1} & \\
\vdots & \vdots & & & \\
Y_{n-1,1} & Y_{n-1,2} & & & \\
Y_{n,1} & & & &
\end{array}$$

La lecture peut alors se faire par ligne, par colonne, ou par diagonale:

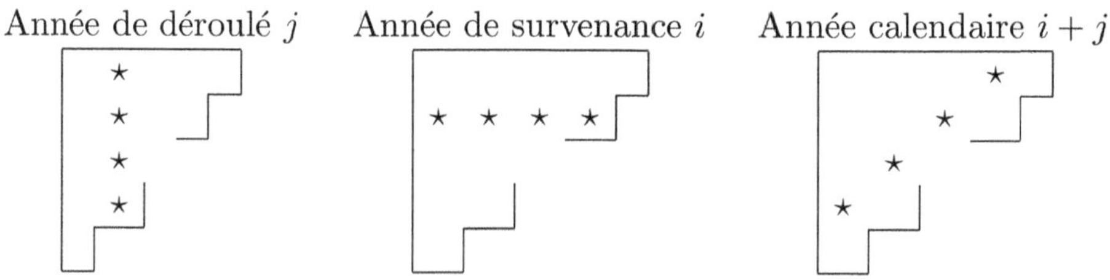

Les lignes (années de survenance) doivent en particulier refléter les changements relatifs à la soucription et les effets tailles du portefeuille. Les colonnes (années de développement) permettent de prendre en compte le fait que les risques ont un déroulé plus ou moins long. Les diagonales reflètent quant à elles l'inflation, parfois jurisprudentielle. Notons que tous les ans, le triangle est complété en ajoutant une nouvelle diagonale, reflétant les paiements effectués en $n+1$, pour les sinistres survenus l'année $n+1$ (en bas à gauche), en n (sur la ligne précédente), etc.

Exemple 13.2.4. *Considérerons le triangle de paiements suivants.*

	1	2	3	4	5	6	7
1995	23,758	25,356	19,468	11,258	6,458	4,268	2,312
1996	31,245	32,496	27,034	15,664	8,615	5,156	
1997	26,312	31,467	24,672	13,055	6,158		
1998	30,470	35,012	25,491	12,589			
1999	49,756	51,831	35,267				
2000	50,420	52,315					
2001	56,762						

en montant non-cumulé, ou, en montant cumulé

	1	2	3	4	5	6	7
1995	23,758	49,114	68,582	79,840	86,298	90,566	92,878
1996	31,245	63,741	90,775	106,439	115,054	120,210	
1997	26,312	57,779	82,451	95,506	101,604		
1998	30,470	65,482	90,973	103,562			
1999	49,756	101,587	136,854				
2000	50,420	102,735					
2001	56,762						

Aussi, on notera par exemple qu'en 1999, 49,756 € *ont été payés pour les sinistres survenus en* 1999, *et* 6,458 € *pour les sinistres survenus en* 1995. *Ainsi, le montant des paiements effectués pour les sinistres survenus en* 1998 *était, à fin* 2000 *de* 90,973 € .

Remarque 13.2.5. *S'il est possible de supposer que les effets lignes et colonnes sont indépendants, les effets calendaires auront des impacts à la fois sur le développement et sur la sinistralité par année de survenance.*

Le calcul des réserves consiste alors à prévoir le montant final des sinistres afin de provisionner les paiements non encore effectué. Pratiquement, sous l'hypothèse que n est le temps maximal nécessaire pour clore une année, cela signifie qu'il s'agit de compléter la partie inférieur du triangle. On cherche alors les $\widehat{Y}_{i,j}$ et les $\widehat{C}_{i,j}$ pour $i+j \geq n+2$, c'est-à-dire ceux sous la diagonale:

$$\begin{array}{ccccc}
C_{1,1} & C_{1,2} & \cdots & C_{1,n-1} & C_{1,n} \\
C_{2,1} & C_{2,2} & \cdots & C_{2,n-1} & \widehat{C}_{2,n} \\
\vdots & \vdots & & & \\
C_{n-1,1} & C_{n-1,2} & & \widehat{C}_{n-1,n-1} & \widehat{C}_{n-1,n} \\
C_{n,1} & \widehat{C}_{n,2} & & \widehat{C}_{n,n-1} & \widehat{C}_{n,n}
\end{array}$$

ou

$$\begin{array}{|ccccc|}
\hline
Y_{1,1} & Y_{1,2} & \cdots & Y_{1,n-1} & Y_{1,n} \\
Y_{2,1} & Y_{2,2} & \cdots & Y_{2,n-1} & \widehat{Y}_{2,n} \\
\vdots & \vdots & & & \\
Y_{n-1,1} & Y_{n-1,2} & & \widehat{Y}_{n-1,n-1} & \widehat{Y}_{n-1,n} \\
Y_{n,1} & \widehat{Y}_{n,2} & & \widehat{Y}_{n,n-1} & \widehat{Y}_{n,n} \\
\hline
\end{array}$$

Ayant estimé ces payements futurs, le montant de provisions pour l'année de souscription i est alors donné par

$$\widehat{R}_i = \widehat{C}_{i,n} - C_{i,n+1-i} = \widehat{Y}_{i,n+2-i} + \widehat{Y}_{i,n+3-i} + \ldots + \widehat{Y}_{i,n}$$

soit, un montant total de réserve nécessaire

$$R = \sum_{i=1}^{n} \widehat{R}_i = \sum_{i=1}^{n} \widehat{C}_{i,n} - C_{i,n+1-i} = \sum_{(i,j)\in\Delta_n} \widehat{Y}_{i,j}$$

où Δ_n désigne l'ensemble $\{(i,j)\,,\, i+j \geq n+2,\, i \leq n \text{ et } j \leq n\}$.

Remarque 13.2.6. *Cette définition mathématique correspond bien à la définition comptable des provisions: il s'agit du montant qui permettra le règlement intégral des sinistres (la somme des paiements déjà effectués et de la provision devant correspondre à la charge totale). Si C_i désigne la charge finale de l'ensemble des sinistres survenus l'année i, $C_i = \lim_{n\to\infty} C_{i,n}$, alors R_i le montant de réserves nécessaires pour les sinistres survenus l'année i est $R_i = C_i - C_{i,n-i+1}$, et enfin, le montant total de provisions, $R = R_1 + \ldots + R_n$.*

Dans la suite, nous noterons E_i l'exposition relative à l'année i, Π_i le montant des primes acquises pour l'année i et N_i le nombre de polices relatif à l'année i.

13.3 Les méthodes déterministes

Les méthodes déterministes reposent sur l'hypothèse de stabilité du délai s'écoulant entre la survenance d'un sinistre et le(s) réglement(s), quel que soit l'exercice de survenance, en absence d'inflation, de changement de structure de portefeuille, des garanties des contrats, des franchises, et plus généralement de la gestion des sinistres. Si toutes ces hypothèses sont vérifiées sur une période suffisamment longue (au moins 5 ans), les méthodes déterministes peuvent être un premier outil intéressant pour prévoir la charge finale, en utilisant les cadences de règlement observées sur le passé.

13.3.1 La méthode Chain Ladder

Cette méthode compte parmi les plus populaires, car elle est facile à mettre en oeuvre, et facile à comprendre. L'idée est que le déroulement des paiements est gouverné par des facteurs de déroulement (notés λ_j) qui ne dépendent que de l'année de déroulement : le modèle sous-jacent est alors de la forme $C_{i,j} = \lambda_j C_{i,j-1}$. Les paramètres intervenant dans la méthode Chain Ladder présentent l'avantage d'avoir une interprétation claire, et sont facilement estimables. L'inconvénient étant que cette estimation est relativement peu robuste. Cette méthode ne fait aucune hypothèse quand à la loi que peuvent suivre les coûts des sinistres, ou leur fréquence.

Etant donné un triangle, sur n années (c'est-à-dire que l'on a $1 + 2 + ... + n = n(n+1)/2$ observations), le but est de considérer des modèles faisant intervenir un minimum de paramètres, afin de prévoir le mieux possible les montants des paiements futurs.

13.3.2 Les link-ratios

La méthode Chain Ladder est fondée sur l'utilisation de link-ratios, encore appelés coefficients de passage, coefficients de déroulement ou coefficients de développement, entre les différentes années de développement. Les hypothèses sous-jacentes (qui seront détaillées dans la section 13.4.1) sont

(H1) les années de survenance sont indépendantes entre elles,

(H2) les années de développement sont les variables explicatives du comportement des sinistres futurs.

La méthode standard de Chain Ladder consiste à supposer que les $(C_{i,j})_{j=1,..,n}$ sont liés par un modèle de la forme

$$C_{i,k+1} = \lambda_k C_{i,k} \text{ pour tout } i,k = 1,..,n.$$

Les coefficients λ_k sont appelés link-ratios. Ils peuvent être estimés, à l'aide des observations, par le rapport des totaux relatifs aux éléments communs de deux colonnes successives, c'est-à-dire par

$$\widehat{\lambda}_k = \frac{\sum_{i=1}^{n-k} C_{i,k+1}}{\sum_{i=1}^{n-k} C_{i,k}} \text{ pour } k = 1,...,n-1.$$

Et à partir de ces coefficients de passage, il est alors possible d'obtenir une estimation des montants de provisions, en considérant

$$\widehat{C}_{i,j} = \left(\widehat{\lambda}_{n+1-i} ... \widehat{\lambda}_{j-1}\right) C_{i,n+1-i}. \tag{13.1}$$

Exemple 13.3.1 (Suite de l'Exemple 13.2.4). *Nous supposerons que 1995 correspond à $i = 1$, 1996 à $i = 2$, etc. Nous avons, par exemple,*

$$\widehat{\lambda}_4 = \frac{\sum_{i=1}^{3} C_{i,k+1}}{\sum_{i=1}^{3} C_{i,k}} = \frac{C_{1,5} + C_{2,5} + C_{3,5}}{C_{1,4} + C_{2,4} + C_{3,4}} = \frac{303{,}016}{281{,}785} = 1.075.$$

Autrement dit, pour une année de survenance donnée, le total des règlement au bout de 4 *ans doit être* 7.5% *plus élevé qu'au bout de* 3 *ans. De façon plus générale, on a*

k	1	2	3	4	5	6
$\sum_{i=1}^{n-k} C_{i,k}$	211,961	337,703	332,781	281,785	201,352	90,566
$\sum_{i=1}^{n-k} C_{i,k+1}$	440,438	469,635	385,347	303,016	210,776	92,878
λ_k	2.078	1.391	1.158	1.075	1.047	1.026

On peut alors compléter la partie inférieure du triangle comme suit:

	1	*2*	*3*	*4*	*5*	*6*	*7*
1995	23,758	49,114	68,582	79,840	86,298	90,566	92,878
1996	31,245	63,741	90,775	106,439	115,054	120,210	**123,278**
1997	26,312	57,779	82,451	95,506	101,664	**106,422**	**109,139**
1998	30,470	65,482	90,973	103,562	**111,364**	**116,577**	**119,553**
1999	49,756	101,587	136,854	**158,471**	**170,411**	**178,387**	**182,941**
2000	50,420	102,735	**142,870**	**165,438**	**177,903**	**186,230**	**190,984**
2001	56,762	**117,946**	**164,025**	**189,935**	**204,245**	**213,805**	**219,263**

Dans ce cas, le montant total des réserves nécessaires pour l'année 1998 *est* 119,553 − 103,562 € *. Au total, toutes années de survenance confondues, le montant des provisions doit s'élever à* 323,371 € *.*

13.3.3 Les boni-mali, ou la mise à jour des estimations

Dans les exemples considérés jusqu'ici, on se plaçait en fin d'année 2001, et on cherchait à estimer le montant total de réserve nécessaire lors de la clôture des comptes. En pratique, l'exercice sera répété en fin d'année 2002, ce qui induira généralement une mise à jour des estimations. Considérons le triangle de paiements de l'Exemple 13.2.4, et supposons que le montant des réserves a été obtenu par la méthode Chain Ladder (i.e. 323,371 en fin 2001). Supposons qu'en fin 2002, on rajoute la diagonale suivante au triangle de paiements (cumulé): 92,878 pour 1995, 124,156 pour 1996, 107,236 pour 1997, 113,455 pour 1998, 160,233 pour 1999, 138,653 pour 2000, 123,156 pour 2001 et 61,262 pour 2002. Aussi, les montants de paiements effectués en 2002 sont les suivants, pour chacun des exercices antérieurs:

Année de survenance	1996	1997	1998	1999	2000	2001
Montant de paiements estimé à fin 2001	3,068	4,758	7,802	21,617	40,135	61,183
Montant de paiements (réel) à fin 2002	3,569	5,031	8,365	22,131	39,152	62,285
Différence	501	273	563	514	-983	1,102

On peut noter une légère différence avec les prévisions faites par Chain Ladder (+1 970 sur un total de 138,563, soit un montant supérieur de +1,5%). Toutefois, ces différences auront un impact non négligeables sur le montant total des réserves. Si l'on compare les estimations de la charge finale pour les exercices antérieurs à 2002, on obtient le tableau suivant:

	Fin 2001	Fin 2002	Boni/Mali
Exercice 1995	92,878	92,878	-
Exercice 1996	123,278	123,779	+ 501
Exercice 1997	109,139	109,863	+ 724
Exercice 1998	119,553	120,953	+ 1,400
Exercice 1999	182,941	185,683	+ 2,742
Exercice 2000	190,984	192,512	+ 1,528
Exercice 2001	219,263	223,079	+ 3,816
Total			+ 10,712

Aussi, sur les années antérieurs, en payant 1,970 de plus que ce qui avait été prévu par la méthode Chain Ladder en 2002, le montant total de réserves nécessaires pour les années antérieures nécessitera un apport de 10,712: on parle d'un mali de 10,712 sur les exercices antérieurs.

13.3.4 Critiques de la méthode Chain Ladder

Cette méthode, relativement simpliste, pose malgré tout quelques problèmes :

- le schéma de développement est identique pour toutes les années de survenance, c'est-à-dire que le coût du sinistre au bout de j années de déroulé est proportionnel au coût l'année précédente, ou même de n'importe quelle année $i < j$, et ce coefficient de proportionalité ne change pas (et correspond à $\lambda_{j-1}\lambda_{j-2}...\lambda_i$, comme le rappelle l'équation (13.1)). Ceci n'est généralement pas le cas en pratique dans plusieurs situations :
  - changement de jurisprudence : dans ce cas-là, il peut y avoir un saut au niveau des paiements, qui seront alors beaucoup plus élevés si les paiements ont lieu aujourd'hui que s'ils avaient eu lieu l'année passée;
  - changement de management (au niveau de la gestion des sinistres, ou de la souscription) : pour diverses raisons, une entreprise qui pensait qu'il pouvait être intéressant de faire traîner les sinistres dans la durée (et aller au tribunal plutôt que payer rapidement) peut penser, par la suite, qu'il peut être intéressant de payer très rapidement les sinistres (en particulier pour des raisons de coûts internes).

- pour les années récentes, l'incertitude est très importante : le coefficient multiplicatif de la dernière année est le produit de $n-1$ estimations de coefficients de proportionnalité. Cette incertitude est d'autant plus grande pour les risques longs, où les premiers paiements commencent au bout de quelques années : si les paiments de la première année représentent de l'ordre de 1% du montant total, avoir payé 0.8% ou 1.2% va faire varier le montant total de provisions pour cette année de 50% ! L'utilisation des triangles de paiements dans ce cas peut s'avérer hasardeux.
- pour reprendre le point précédant, cette méthode déterministe ne permet pas d'obtenir de mesure de précision (ou plutôt d'imprécision) sur les estimations...

13.3.5 Quelques variantes sur la méthode Chain-Ladder

Pondération

Il est possible d'introduire des pondérations lors de l'estimation des λ_k, pour accorder plus ou moins d'importance aux exercices passés. Parmi les types de pondération utilisées, on pourra considérer

- des pondérations accordant plus de poids aux années récentes et moins aux années éloignées
- des pondérations tenant compte de l'exposition réelle au risque de chacune des années, c'est-à-dire que les pondérations sont liées au nombre de contrats, ou à la prime acquise associée aux contrats en vigueur l'année i.

Dans ces deux cas, on considère alors des link-ratios de la forme

$$\widehat{\lambda}_k = \frac{1}{\sum_{i=1}^{n-k} \omega_{i,k}} \sum_{i=1}^{n-k} \omega_{i,k}\lambda_{i,k} \text{ pour } \lambda_{i,k} = \frac{C_{i,k+1}}{C_{i,k}} \text{ pour } k = 1,...,n-1.$$

On peut d'ailleurs noter que si $\omega_{i,k} = C_{i,k}$, on retrouve la méthode standard.

Exemple 13.3.2 (Suite de l'Exemple 13.2.4). *Les coefficients de transition $\lambda_{i,k}$, pour chacune des années de survenance, sont les suivants:*

	$0 \to 1$	$1 \to 2$	$2 \to 3$	$3 \to 4$	$4 \to 5$	$5 \to 6$
1995	2.067	1.396	1.164	1.080	1.049	1.025
1996	2.040	1.424	1.172	1.080	1.044	
1997	2.195	1.427	1.158	1.064		
1998	2.149	1.389	1.138			
1999	2.041	1.347				
2000	2.037					

Méthode de London Chain

Dans la méthode dite London Chain, on suppose que la dynamique des $(C_{ij})_{j=1,..,n}$ est donnée par un modèle de la forme

$$C_{i,k+1} = \lambda_k C_{i,k} + \alpha_k \text{ pour tout } i,k = 1,..,n.$$

De façon pratique, on peut noter que la méthode standard de Chain Ladder, reposant sur un modèle de la forme $C_{i,k+1} = \lambda_k C_{i,k}$, ne pouvait être appliqué que lorsque les points $(C_{i,k},C_{i,k+1})$ sont sensiblement alignés (à k fixé) sur une droite passant par l'origine. La méthode London Chain suppose elle aussi que les points soient alignés sur une même droite, mais on ne suppose plus qu'elle passe par l'origine.

Exemple 13.3.3 (Suite de l'Exemple 13.2.4). *On obtient la droite passant au mieux par le nuage de point et par* 0 *sur la Figure 13.2.*

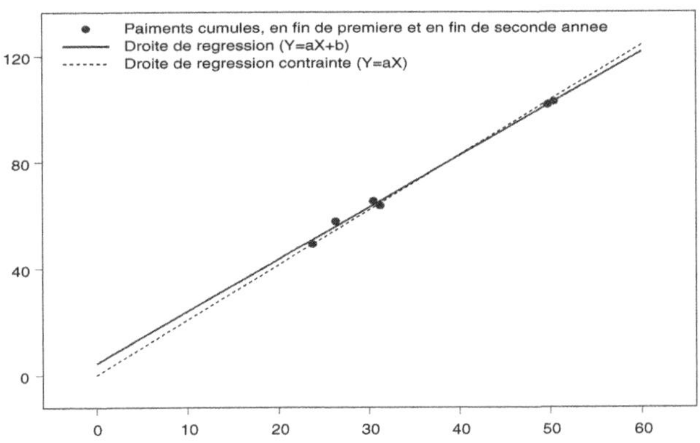

FIG. 13.2 – *Droite de régression et points* $(C_{i,k},C_{i,k+1})$ *pour* $i = 1$.

Dans ce modèle, on a alors $2n$ paramètres à identifier : λ_k et α_k pour $k = 1,...,n$. La méthode la plus naturelle consiste à estimer ces paramètres à l'aide des moindres carrés, c'est-à-dire que l'on cherche, pour tout k,

$$\left(\widehat{\lambda}_k,\widehat{\alpha}_k\right) = \arg\min \left\{ \sum_{i=1}^{n-k} (C_{i,k+1} - \alpha_k - \lambda_k C_{i,k})^2 \right\}$$

ce qui donne, en vertu des résultats du Chapitre 9 sur le modèle linéaire,

$$\widehat{\lambda}_k = \frac{\frac{1}{n-k}\sum_{i=1}^{n-k} C_{i,k}C_{i,k+1} - \overline{C}_k^{(k)}\overline{C}_{k+1}^{(k)}}{\frac{1}{n-k}\sum_{i=1}^{n-k} C_{i,k}^2 - \overline{C}_k^{(k)2}},$$

où

$$\overline{C}_k^{(k)} = \frac{1}{n-k}\sum_{i=1}^{n-k} C_{i,k} \text{ et } \overline{C}_{k+1}^{(k)} = \frac{1}{n-k}\sum_{i=1}^{n-k} C_{i,k+1}$$

et où la constante est donnée par $\widehat{\alpha}_k = \overline{C}_{k+1}^{(k)} - \widehat{\lambda}_k \overline{C}_k^{(k)}$.

Exemple 13.3.4 (Suite de l'Exemple 13.2.4). *On obtient les coefficients suivants:*

k	1	2	3	4	5	6
$\widehat{\lambda}_k$	1,951	1,277	1,128	1,074	1,031	1,026
$\widehat{\alpha}_k$	4,468	7,709	2,515	0,111	1,603	–

On peut noter que les coefficients $\widehat{\lambda}_k$ sont relativement proches de ceux obtenus par la méthode standard de Chain Ladder, ce qui semble confirmer l'impression fournie par la Figure 13.2, qui montrait que les pentes des droites sont sensiblement les mêmes. Pour l'estimation des provisions, le triangle obtenu s'écrit alors

	1	2	3	4	5	6	7
1995	23,758	49,114	68,582	79,840	86,298	90,566	92,878
1996	31,245	63,741	90,775	106,439	115,054	120,210	**123,278**
1997	26,312	57,779	82,451	95,506	101,664	**109,314**	**112,105**
1998	30,470	65,482	90,973	103,562	**111,353**	**119,722**	**122,779**
1999	49,756	101,587	136,854	**156,849**	**168,592**	**181,206**	**185,832**
2000	50,420	102,735	**138,854**	**159,104**	**171,015**	**183,809**	**188,501**
2001	56,762	**115,235**	**154,811**	**177,099**	**190,345**	**204,572**	**209,795**

Le montant total de réserves nécessaires est alors de 295,178 € *. Cette valeur est à comparer avec celle fournie par la méthode Chain-Ladder, à savoir 323,371 € . On constate donc des différences non négligeables en fonction de la méthode d'évaluation utilisée.*

13.3.6 Utilisation des provisions constituées: la méthode Projected Case Estimate

Principe

Notons que les méthodes de provisionnement, présentées ici comme projection des paiements futurs, peuvent généralement être adaptées à la modélisation de la charge totale (paiements et réserves dites dossier-dossier, constituées par les gestionnaires de sinistres). Ces provisions sont généralement inadéquates, principalement pour deux raisons:

1. tout d'abord, elles ne sont constituées que pour les sinistres déclarés à la compagnie d'assurance (et ne prennent donc pas

en compte les sinistres survenus non encore déclarés, qu'il convient pourtant de provisionner);

2. de plus, elles sont éventuellement constituées à l'ouverture d'un sinistre, en utilisant des montants forfaitaires (basés sur les premières informations rapportées à l'assureur, type de sinistre, nombre de personnes impliquées, etc.).

Taylor (2000) propose ainsi la méthode suivante, dite "*projected case*". Deux facteurs de developpement sont alors utilisés, un pour les paiements, et un pour les réserves. Notez que l'utilisation de la méthode de Chain Ladder sur les montants totaux (paiements + réserves) de sinistres suppose que les paiements et les réserves se développent de façon identique. La méthode étudiée dans cette section emploie deux types de facteurs de développement: l'un pour les réserves et l'autre pour les paiements. Cette méthode permet d'utiliser toute l'information disponible, tout en liant entre elles les évolutions des paiements et des réserves.

L'utilisation du triangle des réserves peut s'avérer pertinente dans certaines branches à déroulement très lent, où très peu de sinistres ont été réglés la première année. La méthode Chain Ladder donne des résultats peu robuste compte tenu de la grande sensibilité à la première valeur pour la dernière année. L'utilisation des réserves constituées est alors une alternative particulièrement intéressante.

Modèle pour les réserves

Notons Q_{ij} la provision pour les sinistres survenus au cours de l'année i, inscrite au passif du bilan en fin d'année $i + j - 1$. Le modèle retenu pour l'évolution des réserves est le suivant :

$$Q_{ij+1} = k_{j+1} \cdot Q_{ij} - Y_{ij+1}, \quad (13.2)$$

où k_{j+1} mesure la variation que subit, entre les années j et $j+1$, la prévision qu'on fait sur le coût total des sinistres survenus en l'année d'accident i.

En effet, Q_{ij+1} représente l'estimation de ce qu'il reste à payer à la fin de l'année de développement $j+1$ et Q_{ij} représente cette même estimation à la fin de l'année de développement j. Si l'estimation n'a pas changé (c'est-à-dire $k_{j+1} = 1$), alors Q_{ij+1} est égal à la différence entre Q_{ij} et ce qui est payé en l'année $j + 1$, soit Y_{ij+1}.

L'estimateur de k_{j+1} choisi est une moyenne pondérée par les

Q_{ij} des coefficients individuels :

$$\hat{k}_{j+1} = \frac{\sum_{i=1}^{n-j} (Y_{ij+1} + Q_{ij+1})}{\sum_{i=1}^{n-j} Q_{ij}}. \tag{13.3}$$

Modèle pour les paiements

Le montant Y_{ij+1} payé au cours de l'année de développement $j+1$ est une fraction de Q_{ij}, ce qui avait été mis en réserve à la fin de l'année précédente :

$$Y_{ij+1} = h_{j+1} \cdot Q_{ij}. \tag{13.4}$$

A nouveau, ces coefficients de développement sont estimés par une moyenne pondérée par les Q_{ij} des coefficients individuels :

$$\hat{h}_{j+1} = \frac{\sum_{i=1}^{n-j} Y_{ij+1}}{\sum_{i=1}^{n-j} Q_{ij}}. \tag{13.5}$$

Extrapolation des triangles

Le triangle des paiements et le triangle des réserves sont complétés simultanément, diagonale par diagonale, à l'aide des deux modèles (13.2) et (13.4), utilisés l'un après l'autre.

On commence par la première diagonale inconnue du triangle des paiements :

$$\hat{Y}_{i,n-i+2} = \hat{h}_{n-i+2} \cdot Q_{i,n-i+1} \text{ pour } i = 2, \ldots, n.$$

On complète ensuite la première diagonale inconnue du triangle des réserves de sinistres :

$$\hat{Q}_{i,n-i+2} = \hat{k}_{n-i+2} \cdot Q_{i,n-i+1} - \hat{Y}_{i,n-i+2} \text{ pour } i = 2, \ldots, n.$$

On continue avec la diagonale suivante de la matrice des paiements :

$$\hat{Y}_{i,n-i+3} = \hat{h}_{n-i+3} \cdot \hat{Q}_{i,n-i+2} \text{ pour } i = 3, \ldots, n.$$

Et ainsi de suite...

Lien avec la méthode de Chain Ladder

Si on combine les deux modèles (13.2) et (13.4) en un seul, on obtient

$$Q_{i,j+1} = \big(k_{j+1} - h_{j+1}\big) \cdot Q_{ij}.$$

En remplaçant les différents termes du facteur $k_{j+1} - h_{j+1}$ par les estimateurs (13.3) et (13.5), nous obtenons

$$\hat{Q}_{i,j+1} = \frac{\sum_{i=1}^{n-j} Q_{i,j+1}}{\sum_{i=1}^{n-j} Q_{i,j}} \cdot Q_{i,j},$$

ce qui revient à appliquer la méthode de Chain Ladder standard au triangle des réserves.

Plutôt que de procéder tel qu'expliqué plus haut, on peut donc tout simplement compléter le triangle des réserves par la méthode de Chain Ladder, calculer les coefficients $\hat{h}_{j+1}$ par la formule (13.5) et enfin compléter le triangle des paiements.

Exemple 13.3.5. *Considérons le triangle des paiements annuels et le triangle des réserves suivants:*

$$\boldsymbol{Y} = \begin{pmatrix} 15.40 & 4.90 & 7.77 & 7.19 & 4.30 \\ 16.61 & 2.60 & 11.03 & 9.12 & \\ 21.35 & 7.29 & 5.59 & & \\ 24.52 & 8.49 & & & \\ 30.47 & & & & \end{pmatrix}$$

et

$$\boldsymbol{Q} = \begin{pmatrix} 20.0 & 17.39 & 11.06 & 4.50 & 0.60 \\ 22.0 & 22.40 & 13.13 & 5.20 & \\ 22.5 & 18.66 & 15.22 & & \\ 25.0 & 20.32 & & & \\ 25.0 & & & & \end{pmatrix}.$$

On peut appliquer la méthode de Chain Ladder au triangle des charges cumulées (obtenu en additionnant les paiements cumulés et les réserves constituées), c'est-à-dire au triangle

$$\boldsymbol{C} = \begin{pmatrix} 35.40 & 37.69 & 39.13 & 39.76 & 40.16 \\ 38.61 & 41.61 & 43.37 & 44.56 & \\ 43.85 & 47.30 & 49.45 & & \\ 49.52 & 53.33 & & & \\ 55.47 & & & & \end{pmatrix}.$$

Calculons les coefficients de développement $\hat{\lambda}_k$, ce qui donne

$$\hat{\lambda}_1 = 1.0750 \qquad \hat{\lambda}_2 = 1.0423 \qquad \hat{\lambda}_3 = 1.0221 \qquad \hat{\lambda}_4 = 1.0101.$$

Ces coefficients de développement permettent de compléter le triangle des charges:

$$C = \begin{pmatrix} 35.40 & 37.69 & 39.13 & 39.76 & 40.16 \\ 38.61 & 41.61 & 43.37 & 44.56 & \mathbf{45.01} \\ 43.85 & 47.30 & 49.45 & \mathbf{50.54} & \mathbf{51.05} \\ 49.52 & 53.33 & \mathbf{55.58} & \mathbf{56.81} & \mathbf{57.38} \\ 55.47 & \mathbf{56.63} & \mathbf{62.15} & \mathbf{63.52} & \mathbf{64.16} \end{pmatrix}.$$

Nous pouvons finalement estimer les réserves R_i pour $i = 2, \ldots, 5$ par $\hat{R}_i = \hat{C}_{i5} - C_{i,6-i}$, ce qui donne les valeurs reprises au tableau suivant:

i	$\hat{R}_i$	$\widehat{mse}(\hat{R}_i)$	$\sqrt{\widehat{mse}(\hat{R}_i)}$	$\sqrt{\widehat{mse}(\hat{R}_i)}$ en % de $\hat{R}_i$
2	0.45	0.0521	0.2282	50.90%
3	1.60	0.2766	0.5259	32.89%
4	4.05	0.3715	0.6095	15.05%
5	8.69	0.5740	0.7576	8.72%

Cette approche impose cependant un même développement aux paiements et aux réserves. Afin de s'affranchir de cette contrainte, nous pouvons appliquer la méthode Projected Case Estimate. Les coefficients du modèle des réserves, calculés par (13.3) sont :

$$\hat{k}_2 = 1.1402 \quad \hat{k}_3 = 1.0915 \quad \hat{k}_4 = 1.0752 \quad \hat{k}_5 = 1.0889.$$

Les coefficients du modèle des paiements, calculés par (13.5) sont :

$$\hat{h}_2 = 0.2601 \quad \hat{h}_3 = 0.4173 \quad \hat{h}_4 = 0.6742 \quad \hat{h}_5 = 0.9556.$$

Les deux triangles de paiements et de réserves peuvent alors être complétés diagonale par diagonale pour obtenir

$$\boldsymbol{Y} = \begin{pmatrix} 15.40 & 4.90 & 7.77 & 7.19 & 4.30 \\ 16.61 & 2.60 & 11.03 & 9.12 & \mathbf{4.97} \\ 21.35 & 7.29 & 5.59 & \mathbf{10.26} & \mathbf{5.83} \\ 24.52 & 8.49 & \mathbf{8.48} & \mathbf{9.24} & \mathbf{5.25} \\ 30.47 & \mathbf{6.50} & \mathbf{9.18} & \mathbf{10.00} & \mathbf{5.68} \end{pmatrix}$$

et

$$\boldsymbol{Q} = \begin{pmatrix} 20.0 & 17.39 & 11.06 & 4.50 & 0.60 \\ 22.0 & 22.40 & 13.13 & 5.20 & \mathbf{0.69} \\ 22.5 & 18.66 & 15.22 & \mathbf{6.10} & \mathbf{0.81} \\ 25.0 & 20.32 & \mathbf{13.70} & \mathbf{5.49} & \mathbf{0.73} \\ 25.0 & \mathbf{22.00} & \mathbf{14.84} & \mathbf{5.95} & \mathbf{0.79} \end{pmatrix}.$$

Si on recumule les paiements et qu'on les ajoute aux réserves de sinistres, on obtient les résultats totaux suivants :

$$\begin{pmatrix} 35.40 & 37.69 & 39.13 & 39.76 & 40.16 \\ 38.61 & 41.61 & 43.37 & 44.56 & \mathbf{45.02} \\ 43.85 & 47.30 & 49.45 & \mathbf{50.60} & \mathbf{51.14} \\ 49.52 & 53.33 & \mathbf{55.19} & \mathbf{56.22} & \mathbf{56.71} \\ 55.47 & \mathbf{58.98} & \mathbf{60.99} & \mathbf{62.11} & \mathbf{62.63} \end{pmatrix}.$$

On obtient donc des résultats du même ordre de grandeur qu'avec la méthode Chain Ladder, mais avec des différences plus sensibles pour les dernières années.

Notez que les coefficients de développement de la méthode de Chain Ladder calculés pour le triangle des réserves ci-dessus sont

$$\hat{\lambda}_1 = 0.8801 \quad \hat{\lambda}_2 = 0.6743 \quad \hat{\lambda}_3 = 0.4010 \quad \hat{\lambda}_4 = 0.1333.$$

Commentaire

La méthode Projected Case Estimate utilise plus d'information que la méthode Chain Ladder. Néanmoins, les montants provisionnés par la compagnie n'ont pas la même objectivité que les montants payés par celle-ci. Dans certains cas, les politiques de provisionnement sont guidées par des considérations fiscales et l'utilisation de réserves bilantaires peut s'avérer critiquable.

13.3.7 La méthode des moindres carrés de De Vylder

Cette méthodologie repose sur une modélisation des incréments (en non plus des paiements agrégés comme jusqu'à présent) de la forme

$$Y_{i,j} = r_j \cdot p_i$$

où p_i correspond à la charge ultime des sinistres survenus au cours de l'année i, et r_j la proportion du montant p_i payé l'année j. Le triangle des paiements s'écrit alors:

$$\begin{array}{lllll} r_1 \cdot p_1 & r_2 \cdot p_1 & \cdots & r_{n-1} \cdot p_1 & r_n \cdot p_1 \\ r_1 \cdot p_2 & r_2 \cdot p_2 & \cdots & r_{n-1} \cdot p_2 & \\ \vdots & \vdots & & & \\ r_1 \cdot p_{n-1} & r_2 \cdot p_{n-1} & & & \\ r_1 \cdot p_n & & & & \end{array}$$

Les coefficients r_j et p_i sont obtenus en minimisant la somme des carrés des écarts entre les valeurs observées Y_{ij} et leur forme théorique $r_j p_i$, soit

$$\sum_{i+j\leq n} \left(Y_{i,j} - r_j \cdot p_i\right)^2,$$

avec pour contrainte d'identifiabilité $r_1 + ... + r_n = 1$. Ceci donne que

$$\widehat{p_i} = \frac{\sum_j \widehat{r_j} Y_{i,j}}{\sum_j \widehat{r_j^2}} \text{ et } \widehat{r_j} = \frac{\sum_i \widehat{p_j} Y_{i,j}}{\sum_i \widehat{p_j^2}}.$$

Remarque 13.3.6. *Cette méthode présente l'avantage de rester stable en supposant qu'il existe une inflation (calendaire) constante, de taux ν, i.e.*

$$Y_{i,j} = r_j \cdot p_i \cdot \nu^{i+j}.$$

L'inflation est alors intégrée aux coefficients r_j et p_i.

Exemple 13.3.7 (Suite de l'Example 13.2.4). *On obtient les r_j et les p_i donnés dans le tableau suivant:*

	1	*2*	*3*	*4*	*5*	*6*	*7*
$\widehat{r}_j$	0.261	0.278	0.207	0.118	0.065	0.043	0.025
$\widehat{p}_i$	92,056	121,776	109,585	120,709	183,958	190,118	217,383

Ces valeurs permettent de reconstituer la partie inférieure du tableau des paiements annuels, à savoir:

	1	*2*	*3*	*4*	*5*	*6*	*7*
1995	24,037	49,720	68,796	79,670	85,713	89,744	92,056
1996	31,797	65,772	91,007	105,392	113,386	118,719	**121,776**
1997	28,614	59,188	81,896	94,841	102,034	**106,833**	**109,585**
1998	31,519	65,196	90,209	104,469	**112,392**	**117,679**	**120,709**
1999	48,034	99,358	137,477	**159,208**	**171,283**	**179,339**	**183,958**
2000	49,642	102,685	**142,080**	**164,539**	**177,019**	**185,344**	**190,118**
2001	56,762	**117,411**	**162,456**	**188,136**	**202,405**	**211,924**	**217,383**

Cette méthode donne ainsi un total de provisions nécessaires de l'ordre de 321,383 € , *fort proche de la valeur obtenue à l'aide de la méthode Chain Ladder.*

13.3.8 La méthode de séparation de Taylor

Cette méthode a été proposée par Taylor (1974). L'idée est de considérer l'inflation comme un facteur endogène aux triangles. On travaille pour cela sur les triangles non-agrégés, et l'on suppose que le montant des paiements Y_{ij}, relatifs aux sinistres survenus l'année i, et payés l'année $i + j - 1$ est de la forme suivante

$$Y_{ij} = r_j \cdot \mu_{i+j-1} \text{ pour tout } i,j.$$

Le triangle des paiements s'écrit alors

$r_1 \cdot \mu_1$	$r_2 \cdot \mu_2$	$\cdots$	$r_{n-1} \cdot \mu_{n-1}$	$r_n \cdot \mu_n$
$r_1 \cdot \mu_2$	$r_2 \cdot \mu_3$	$\cdots$	$r_{n-1} \cdot \mu_n$	
$\vdots$	$\vdots$			
$r_1 \cdot \mu_{n-1}$	$r_2 \cdot \mu_n$			
$r_1 \cdot \mu_n$				

Autrement dit, les paiements sont fonctions d'une cadence de paiement r_j, dépendant du temps de développement j (que l'on retrouve sur l'ensemble de la $j$ème colonne) et d'un facteur calendaire (ou d'inflation) μ_{i+j-1} dépendant de l'année du paiement $i+j-1$ (que l'on retrouve sur l'ensemble de la $i+j$ème diagonale).

Le but est alors d'estimer les coefficients de développement $r_1,r_2,..,r_n$ et les facteurs d'inflation $\mu_1,\mu_2,...,\mu_n$. Pour estimer ces $2n$ coefficients, on fera comme précédemment l'hypothèse de normalisation des r_j, à savoir $r_1 + r_2 + ... + r_n = 1$ (certains auteurs parlent alors parfois de séparation arithmétique). Aussi, la somme sur la diagonale est

$$d_n = Y_{1,n} + Y_{2,n-1} + ... + Y_{n,1} = \mu_n \left(r_1 + r_2 + ... + r_k\right) = \mu_n.$$

Pour la première surdiagonale, on peut noter que

$$d_{n-1} = Y_{1,n-1} + Y_{2,n-2} + ... + Y_{n-1,1} = \mu_{n-1}\left(1 - r_n\right)$$

et de plus, en considérant la $n$ème colonne, $\gamma_n = Y_{1,n} = r_n \mu_n$ d'où

$$r_n = \frac{\gamma_n}{\mu_n} \text{ et } \mu_{n-1} = \frac{d_{n-1}}{1 - r_n}.$$

De façon générale, pour la $i$ème surdiagonale, on peut noter que

$$\begin{aligned} d_{n-i} &= Y_{1,n-i} + Y_{2,n-i-1} + ... + Y_{n-i,1} \\ &= \mu_{n-i}(r_1 + r_2 + ... + r_{n-i}) \\ &= \mu_{n-i}\big(1 - (r_n + r_{n-1} + ... + r_{n-i+1})\big), \end{aligned}$$

et de plus, en considérant la $n-i+1$ème colonne,

$$\begin{aligned} \gamma_{n-i+1} &= Y_{1,n-i+1} + Y_{2,n-i+1} + ... + Y_{i-1,n-i+1} \\ &= r_{n-i+1}\mu_{n-i+1} + ... + r_{n-i+1}\mu_{n-1} + r_{n-i+1}\mu_n \end{aligned}$$

d'où

$$r_{n-i+1} = \frac{\gamma_{n-i+1}}{\mu_n + \mu_{n-1} + ... + \mu_{n-i+1}},$$

et

$$\mu_{k-i} = \frac{d_{n-i}}{1 - (r_n + r_{n-1} + ... + r_{n-i+1})}.$$

Exemple 13.3.8 (Suite de l'Exemple 13.2.4). *Il est possible d'extraire les cadences et les facteurs d'inflation. Ceci donne*

k	1	2	3	4	5	6	7
d_k	23,758	56,601	78,276	100,229	131,562	153,680	170,559
γ_k	268,723	228,477	131,932	52,566	21,231	9,424	2,312
μ_k	73,705	90,855	95,440	109,926	137,391	155,791	170,559
r_k	0.322	0.300	0.197	0.091	0.045	0.028	0.013

Sous cette forme, le facteur d'inflation ne paraît peut-être pas explicite. En se ramenant en base 100, *il est alors possible de mieux visualiser l'impact de l'inflation. Toutefois, dans ce cas, pour pouvoir effectuer le calcul des provisions, il est alors nécessaire de faire des prévisions d'inflation future. On obtient*

k	1	2	3	4	5	6	7
μ_k	73,705	90,855	95,440	109,926	137,391	155,791	170,559
(base 100)	100	123	129	149	186	211	231

en prévoyant un taux d'inflation annuel de l'ordre de +10%, *on obtient la partie inférieure du triangle suivante. En effet, le coefficient* μ_k *devient alors*

k	7	8	9	10	11	12
μ_k	170,559	187,615	206,375	227,014	249,715	274,687
(base 100)	231	24	307	338	409	450

ce qui permet de reconstituer les paiements futurs

	1	2	3	4	5	6	7
1995	23,758	25,356	19,468	11,258	6,458	4,268	2,312
1996	31,245	32,496	27,034	15,664	8,615	5,156	**2,543**
1997	26,312	31,467	24,672	13,055	6,158	**5,417**	**2,797**
1998	30,470	35,012	25,491	12,589	**8,589**	**5,959**	**3,077**
1999	49,756	51,831	35,267	**17,191**	**9,448**	**6,555**	**3,384**
2000	50,420	52,315	**36,993**	**18,910**	**10,393**	**7,211**	**3,723**
2001	56,762	**56,404**	**40,692**	**20,801**	**11,432**	**7,932**	**4,095**

Ce tableau étant non-cumulé, on le cumule alors afin d'avoir une estimation du montant total des réserves nécessaires,

	1	2	3	4	5	6	7
1995	23,758	49,114	68,582	79,840	86,298	90,566	92,878
1996	31,245	63,741	90,775	106,439	115,054	120,210	**122,753**
1997	26,312	57,779	82,451	95,506	101,664	**107,081**	**109,879**
1998	30,470	65,482	90,973	103,562	**112,151**	**118,110**	**121,188**
1999	49,756	101,587	136,854	**154,045**	**163,493**	**170,049**	**173,434**
2000	50,420	102,735	**139,728**	**158,638**	**169,031**	**176,242**	**179,966**
2001	56,762	**113,166**	**153,859**	**174,660**	**186,093**	**194,025**	**198,121**

D'où un montant des réserves nécessaire de l'ordre de 283,555 € . *A titre d'information, avec différentes prévisions d'inflation, on obtient les montant de réserve suivants*

taux prévu	+5%	+10%	+15%	+20%	+25%
montant de réserves	258,388	283,555	310,832	340,412	372,501

On peut d'ailleurs noter que l'inflation moyenne était, par an, de

$$(170{,}559/73{,}705)^{1/6} - 1 \approx 15\%$$

L'estimation obtenue dans le cas ordinaire de Chain Ladder correspond à une prévision d'inflation de l'ordre de 17%.

13.4 Les méthodes stochastiques

Rappelons ici que le but du calcul des provisions est de *prévoir* une charge totale, pour une année de survenance donnée. Le problème est alors identique à tout problème de prévision.

13.4.1 Le modèle de Mack

Lien avec le modèle de De Vylder

La méthode standard de Chain Ladder consiste à supposer que l'on a un modèle de la forme $C_{i,k+1} = \lambda_k C_{i,k}$ pour tout $i,k = 1,..,n$. La version stochastique de cette relation consiste à écrire

$$\mathbb{E}\left[C_{i,j+1}\right] = \lambda_j \mathbb{E}\left[C_{i,j}\right] \text{ pour tout } i,j = 1,..,n. \tag{13.6}$$

Le modèle (13.6) est intimement lié au modèle de De Vylder, comme le montre le résultat suivant.

Proposition 13.4.1. *Le modèle* (13.6) *est équivalent à* $\mathbb{E}\left[Y_{ij}\right] = c_i r_j$ *pour tout* i,j, *avec* $\sum_{j=1}^n r_j = 1$ *et* $Y_{i,j} = C_{i,j} - C_{i,j-1}$.

Démonstration. Montrons tout d'abord que (13.6) $\Longrightarrow \mathbb{E}\left[Y_{ij}\right] = c_i r_j$. En appliquant de façon itérative (13.6), on obtient

$$\mathbb{E}\left[C_{i,n}\right] = \lambda_j \lambda_{j+1} ... \lambda_{n-1} . \mathbb{E}\left[C_{ij}\right],$$

et donc, en inversant,

$$\begin{aligned} \mathbb{E}\left[Y_{i,j}\right] &= \mathbb{E}\left[C_{i,j}\right] - \mathbb{E}\left[C_{i,j-1}\right] \\ &= \left(\frac{1}{\lambda_j \lambda_{j+1} ... \lambda_{n-1}} - \frac{1}{\lambda_{j-1} \lambda_{j+1} ... \lambda_{n-1}}\right) \mathbb{E}\left[C_{i,n}\right]. \end{aligned}$$

En posant

$$\begin{aligned} c_i &= \mathbb{E}\left[C_{i,n}\right] \\ r_1 &= \left(\prod_{k=1}^{n-1} \lambda_k\right)^{-1} \\ r_j &= \left(\prod_{k=j}^{n-1} \lambda_k\right)^{-1} - \left(\prod_{k=j-1}^{n-1} \lambda_k\right)^{-1} \\ &\quad \text{pour } j = 2,...,n-1 \text{ et } r_n = 1 - 1/\lambda_{n-1}, \end{aligned}$$

on obtient que $\mathbb{E}[Y_{ij}] = c_i r_j$ pour tout i,j.

Réciproquement, montrons que $\mathbb{E}\left[Y_{ij}\right] = c_i r_j \Longrightarrow$ (13.6). L'espérance de la somme cumulée des règlements s'écrit

$$\mathbb{E}\left[C_{i,j}\right] = \mathbb{E}\left[Y_{i,1}\right] + ... + \mathbb{E}\left[Y_{i,j}\right] = c_i(r_1 + ... + r_j)$$

et donc

$$\frac{\mathbb{E}\left[C_{i,j+1}\right]}{\mathbb{E}\left[C_{ij}\right]} = \frac{r_1 + ... + r_j + r_{j+1}}{r_1 + ... + r_j} = \lambda_j \text{ pour } j = 1,...,n-1,$$

ce qui achève la démonstration. □

Version stochastique de Chain Ladder

Mack (1993) a proposé un modèle non paramétrique, conditionnel à la réalisation du triangle, permettant d'estimer les erreurs commises lors de l'évaluation des réserves. Pour cela, il suppose l'indépendance ligne par ligne, i.e.

(H1) $\left(C_{i,j}\right)_{j=1,...,n}$ et $\left(C_{i',j}\right)_{j=1,...,n}$ sont indépendants pour $i \neq i'$,

et qu'il est possible de lier l'espérance conditionelle de $C_{i,j+1}$, sachant le passé $C_{i,1},...,C_{i,j}$, à la dernière observation $C_{i,j}$, à un facteur multiplicatif près, correspondant à un link ratio, i.e.

(H2) $\mathbb{E}\left[C_{i,j+1}|C_{i,1},...,C_{i,j}\right] = \lambda_j \cdot C_{i,j}$.

Sous ces deux hypothèses, Mack (1993) a montré que le modèle stochastique induit fournit exactement les mêmes réserves que la méthode standard de Chain Ladder.

Proposition 13.4.2. *Sous les hypothèses (H1) et (H2), pour tout* $k > n - i + 1$, *on a, en notant les données historiques* $\mathcal{H}_i = \{C_{ij}|i + j \leq n + 1\}$

$$\mathbb{E}\left[C_{i,k}|\mathcal{H}_i\right] = \lambda_{n-i+1}\lambda_{n-i+2}...\lambda_{k-1} \cdot C_{i,n+1-i}$$

Propriétés des estimateurs Chain Ladder

La spécification d'un modèle stochastique grâce à H1 et H2 permet d'étudier les propriétés des estimateurs des coefficients de développement de la méthode Chain Ladder.

Proposition 13.4.3. *Sous les hypothèses (H1) et (H2), les estimateurs standards de Chain Ladder, i.e.*

$$\widehat{\lambda}_j = \frac{\sum_{i=1}^{n-j} C_{i,j+1}}{\sum_{i=1}^{n-j} C_{i,j}} \quad \text{pour } j = 1,...,n-1$$

sont sans biais, et non corrélés.

Démonstration. D'après (H2),

$$\mathbb{E}\left[C_{i,j+1}|C_{i,1},...,C_{i,j}\right] = \mathbb{E}\left[C_{i,j+1}|\mathcal{H}_j\right] = \lambda_j \cdot C_{ij},$$

et donc

$$\mathbb{E}\left[\widehat{\lambda}_j|\mathcal{H}_j\right] = \frac{\sum_{i=1}^{n-j} \mathbb{E}\left[C_{i,j+1}|\mathcal{H}_j\right]}{\sum_{i=1}^{n-j} C_{i,j}} = \frac{\sum_{i=1}^{n-j} \lambda_j \cdot C_{ij}}{\sum_{i=1}^{n-j} C_{i,j}} = \lambda_j.$$

En prenant l'espérance, on obtient que

$$\mathbb{E}\left[\widehat{\lambda}_j\right] = \mathbb{E}\left[\mathbb{E}\left[\widehat{\lambda}_j|\mathcal{H}_j\right]\right] = \lambda_j;$$

$\widehat{\lambda}_j$ est donc un estimateur sans biais de λ_j.

De plus, pour $j < k$,

$$\begin{aligned} \mathbb{E}\left[\widehat{\lambda}_j\widehat{\lambda}_k\right] &= \mathbb{E}\left[\mathbb{E}\left[\widehat{\lambda}_j\widehat{\lambda}_k|\mathcal{H}_k\right]\right] \\ &= \mathbb{E}\left[\widehat{\lambda}_j\mathbb{E}\left[\widehat{\lambda}_k|\mathcal{H}_k\right]\right] \\ &= \mathbb{E}\left[\widehat{\lambda}_k\right]\mathbb{E}\left[\widehat{\lambda}_j\right], \end{aligned}$$

ce qui achève la démonstration. □

Comme le note Mack, cette absence de corrélation entre les estimateurs peut paraître suprenante car les estimateurs reposent sur les mêmes observations. Cette non corrélation est néanmoins centrale puisqu'elle permet d'écrire

$$\mathbb{E}\left[\widehat{\lambda}_j\widehat{\lambda}_{j+1}...\widehat{\lambda}_{k-1}\widehat{\lambda}_k\right] = \lambda_j\lambda_{j+1}...\lambda_{k-1}\lambda_k.$$

Donc, le montant de réserves estimé $\widehat{R}_i = \widehat{C}_{i,n} - C_{i,j}$ est un estimateur non biaisé du *vrai* montant de réserves $R_i = C_{i,n} - C_{i,j}$.

Erreur de prévision

A partir de ces estimations, il est possible d'étudier plus précisément l'erreur de prévision, en s'intéressant à la distance moyenne entre l'estimateur $\widehat{R}_i$ et la vraie valeur R_i. Pour cela, il convient de rajouter une troisième hypothèse à H1-H2 formulées plus haut:

(H3) $\mathbb{V}\left[C_{i,k+1}|C_{i,1},...,C_{i,k}\right] = C_{i,k} \cdot \sigma_k^2$

pour $i = 1,...,n$ et $k = 1,...,n-1$. Nous sommes alors en mesure d'énoncer le résultat suivant.

Proposition 13.4.4. *L'erreur quadratique moyenne, ou mean squared error, du montant de provisions pour l'année i,* $\widehat{R}_i = \widehat{C}_{i,n} - C_{i,j}$*, définie par*

$$mse\left(\widehat{R}_i\right) = \mathbb{E}\left[\left(\widehat{R}_i - R_i\right)^2 \middle| \mathcal{H}_i\right]$$

est estimée par

$$\widehat{mse}\left(\widehat{R}_i\right) = \widehat{C}_{i,n}^2 \sum_{k=n-i+1}^{n-1} \frac{\widehat{\sigma}_k^2}{\widehat{\lambda}_k^2}\left(\frac{1}{\widehat{C}_{i,k}} + \frac{1}{\sum_{j=1}^{n-k} C_{j,k}}\right),$$

où $\widehat{C}_{i,k} = \widehat{\lambda}_{n-i+1}...\widehat{\lambda}_{k-1}.C_{i,n-i+1}$ *pour tout* $k > n-i+1$*, avec la convention* $\widehat{C}_{i,n-i+1} = C_{i,n-i+1}$*, et*

$$\widehat{\sigma}_k^2 = \frac{1}{n-k-1}\sum_{i=1}^{n-k} C_{i,k}\left(\frac{C_{i,k+1}}{C_{i,k}} - \widehat{\lambda}_k\right)^2, \quad k = 1,...,n-2.$$

La valeur de $\widehat{\sigma}_k^2$ *pour* $k = n-1$ *est alors extrapolée de telle sorte que*

$$\frac{\widehat{\sigma}_{n-3}^2}{\widehat{\sigma}_{n-2}^2} = \frac{\widehat{\sigma}_{n-2}^2}{\widehat{\sigma}_{n-1}^2}$$

ce qui donne

$$\widehat{\sigma}_{n-1}^2 = \min\left\{\frac{\widehat{\sigma}_{n-2}^4}{\widehat{\sigma}_{n-3}^2}, \min\left\{\widehat{\sigma}_{n-3}^2, \widehat{\sigma}_{n-2}^2\right\}\right\}.$$

Pour la démonstration de ce résultat, de même que pour celle du corollaire suivant, nous renvoyons à Mack (1993).

Corollaire 13.4.5. *L'erreur quadratique moyenne du montant total de provisions,* $\widehat{R} = \widehat{R}_2 + ... + \widehat{R}_n$ *peut être estimée par*

$$\widehat{mse}\left(\widehat{R}\right) = \sum_{i=2}^{n}\left(\left(mse\left(\widehat{R}_i\right)\right)^2 + \widehat{C}_{i,n}\left(\sum_{j=i+1}^{n}\widehat{C}_{j,n}\right)\sum_{k=n-i+1}^{n-1}\frac{\frac{2\widehat{\sigma}_k^2}{\widehat{\lambda}_k^2}}{\sum_{j=1}^{n-k}C_{j,k}}\right)$$

Exemple 13.4.6 (Suite de l'Exemple 13.2.4). *On obtient les estimations suivantes pour les* $\widehat{\sigma}_k^2$ *et* $\sqrt{\widehat{mse}\left(\widehat{R_k}\right)}$*:*

k	1	2	3	4	5	6	7
$\widehat{\sigma}_k^2$	2	35	151	95	258	95	
$\sqrt{\widehat{mse}\left(\widehat{R_k}\right)}$		5145	7911	9362	14222	15494	19936

D'où finalement

année	1996	1997	1998	1999	2000	2001
$\widehat{R_i}$	3,068	7,475	15,991	46,087	88,249	162,501
$\sqrt{\widehat{mse}\left(\widehat{R_i}\right)}$	5,145	7,911	9,362	14,222	15,494	19,936
%	167.7%	105.8%	58.5%	30.9%	17.6%	12.3%

Vérification des hypothèses H1-H2-H3

Comme le note Mack (1993), cette méthode reposant sur trois hypothèses fondamentales qu'il est nécessaire de tester. Si ces trois hypothèses ne sont pas vérifiées, le modèle n'est alors pas valide. Différentes approches permettent de vérifier empiriquement la validité de H1-H2-H3 ont été proposées par Mack (1993).

L'hypothèse H1 suppose l'indépendance entre les différentes années de survenance. Cette hypothèse peut, en effet, ne pas être vérifiée, en pratique, pour plusieurs raisons:

- changement dans l'oganisation de l'équipe de gestion des sinistres, qui peut, par exemple, payer plus rapidement,
- facteur d'inflation (qui, certes, n'intervient pas de façon calendaire, par ligne, mais plutôt par diagonale, mais qui rendra les vecteurs non indépendants).

L'hypothèse H2 se traduit quant à elle par le fait que, à j donné, les points $(C_{i,j}, C_{i,j+1})$ doivent être sensiblement alignés, sur une droite de pente $\widehat{\lambda}_j$ passant par l'origine. De façon similaire, il est possible de donner une interprétation graphique à l'hypothèse H3: à j donné, les points $(C_{i,j}, D_{i,j})$ où

$$D_{i,j} = \frac{C_{i,j+1} - \widehat{\lambda}_j . C_{i,j}}{\sqrt{C_{i,j}}}$$

correspond aux résidus d'une estimation par moindre carrés, doivent être non structurés.

Mack a proposé une méthode pour tester la validité des hypothèses sous-tendant son modèle. Nous renvoyons par exemple à Pitrebois et al. (2002) pour un exemple.

Inclusion d'un *tail factor*

Comme le développement des sinistres survenus en l'année d'accident i n'est pas nécessairement terminé après n années de développement, on utilise un *tail factor* $\hat{\lambda}_{ult} > 1$ pour estimer le montant ultime $C_{i,ult}$ par

$$\hat{C}_{i,ult} = \hat{C}_{in}\,\hat{\lambda}_{ult}.$$

On peut prendre

$$\hat{\lambda}_{ult} = \prod_{k=n}^{\infty} \hat{\lambda}_k,$$

où les $\hat{\lambda}_k$ futurs sont estimés par une extrapolation linéaire de $\ln(\hat{\lambda}_k - 1)$. Mais il faut prendre garde que ce *tail factor* soit plausible et en concordance avec l'expérience acquise sur le développement futur des sinistres.

Formules d'erreur pour les ratios S/P

Nous nous intéressons ici au ratio S/P, d'une grande importance pour l'assureur. Supposons que les C_{ik} représentent les montants de sinistres à charge de l' assureur. Pour l'année de survenance i, nous définissons donc le ratio S/P correspondant par $(S/P)_i = \dfrac{C_{in}}{\Pi_i}$, soit le montant final des sinistres de l'année i divisé par l'encaissement de primes relatif à l'année i. Ce ratio est estimé par $(S\hat{/}P)_i = \dfrac{\hat{C}_{in}}{\Pi_i}$ et l'erreur d'estimation est directement obtenue par

$$\widehat{mse[(S\hat{/}P)_i]} = (\frac{1}{\Pi_i})^2 \widehat{mse(\hat{C}_{in})},$$

où $\widehat{mse(\hat{C}_{in})}$ a été obtenu plus haut.

Exemple 13.4.7 (Suite de l'Exemple 13.3.5). *Les erreurs sur les réserves sont données dans le tableau suivant:*

i	$\hat{R}_i$	$\widehat{mse(\hat{R}_i)}$	$\sqrt{\widehat{mse(\hat{R}_i)}}$	$\sqrt{\widehat{mse(\hat{R}_i)}}$ en % de $\hat{R}_i$
2	0.45	0.0521	0.2282	50.90%
3	1.60	0.2766	0.5259	32.89%
4	4.05	0.3715	0.6095	15.05%
5	8.69	0.5740	0.7576	8.72%

Pour des encaissements annuels donnés, nous obtenons les résultats suivants :

i	$\hat{C}_{in}$	Π_i	$\widehat{S/P}$	$\sqrt{\widehat{mse(S\hat{/}P)}}$	$\sqrt{\widehat{mse(S\hat{/}P)}}$ en % de $S\hat{/}P$
2	45.01	64	0.7033	0.0036	0.51%
3	51.05	77	0.6630	0.0068	1.03%
4	57.38	78	0.7357	0.0078	1.06%
5	64.16	85	0.7548	0.0089	1.18%

Pour se faire une idée de la sinistralité attendue on travaille souvent avec un S/P moyen calculé sur les dernières années de survenance. Définissons ainsi

$$(S/P)_m = \frac{1}{n-m+1}\sum_{i=m}^{n}\frac{C_{in}}{\Pi_i},$$

le S/P moyen des années de survenance m ($1 \leq m \leq n$) à n et estimons-le en remplaçant simplement C_{in} par $\hat{C}_{in}$. Ceci donne

$$\begin{aligned}\widehat{mse}[(\hat{S/P})_m] &= \frac{1}{(n-m+1)^2}\sum_{i=m}^{n}\left\{\frac{mse(\hat{C}_{in})}{(\Pi_i)^2}\right.\\ &\quad\left. + \frac{\hat{C}_{in}}{\Pi_i}\left(\sum_{j=i+1}^{n}\frac{\hat{C}_{jn}}{\Pi_j}\right)\sum_{k=n+1-i}^{n-1}\frac{2\hat{\sigma}_k^2/\hat{\lambda}_k^2}{\sum_{j=1}^{n-k}C_{jk}}\right\}.\end{aligned}$$

Exemple 13.4.8 (Suite de l'Exemple 13.3.5). *Avec $(S/P)_m$ étant le ratio S/P moyen calculé sur les années i à n (c'est-à-dire $m = i$), cela nous donne :*

i	$\hat{C}_{in}$	Π_i	$\widehat{(S/P)}_m$	$\sqrt{\widehat{mse}[(\hat{S/P})_m]}$	$\sqrt{\widehat{mse}[(\hat{S/P})_m]}$ en % de $(\hat{S/P})_m$
1	40.16	60	0.7052	0.0039	0.55%
2	45.01	64	0.7142	0.0049	0.68%
3	51.05	77	0.7178	0.0060	0.84%
4	57.38	78	0.7452	0.0070	0.93%
5	64.16	85	0.7548	0.0089	1.18%

13.4.2 Le modèle log-linéaire de Christophides

Ce modèle est directement inspiré par le modèle de De Vylder. On suppose que les incréments vérifient $Y_{i,j} = r_j \cdot p_i$ où p_i correspond à la charge ultime des sinistres survenus au cours de l'année i, et r_j la proportion du montant p_i payé l'année j (qui ne dépend que de j). En passant en logarithme, on peut alors considérer le modèle log-linéaire suivant,

$$X_{i,j} = \log Y_{i,j} = \alpha_i + \beta_j + \varepsilon_{i,j},$$

où les $\varepsilon_{i,j}$ correspondent aux termes d'erreur. La condition d'identifiabilité de modèle s'écrit ici $\beta_0 = 0$. On supposera que les erreurs sont indépendantes et gaussiennes, $\varepsilon_{i,j} \sim \mathcal{N}or\left(0,\sigma^2\right)$. Dès lors, $X_{ij} \sim \mathcal{N}or(\alpha_i + \beta_j,\sigma^2)$, indépendantes.

En particulier, on peut noter que $X_{i,j}$ est également gaussien, avec $\mathbb{E}\left[X_{i,j}\right] = \alpha_i + \beta_j$ et $\mathbb{V}[X_{i,j}] = \sigma^2$. Ce modèle étant simplement un modèle de régression, il est aisément mis en oeuvre.

Exemple 13.4.9 (Suite de l'Exemple 13.2.4). *On obtient que les coefficients de la régression sont donnés par*

	1	2	3	4	5	6	7
α_i	10,10	10,38	10,22	10,31	10,75	10,80	10,95
β_j		0,08	−0,19	−0,77	−1,38	−1,78	−2,35

avec $\widehat{\sigma} = 4.22$.

Remarque 13.4.10. *Comme nous l'avions expliqué dans le Chapitre 9, les modèles log-linéaires ne sont pas des modèles GLM, mais ils sont d'utilisation aisée. Parmi les inconvénients de ces modèles, notons que si des incréments sont négatifs, il est impossible de les utiliser. De plus, l'estimation des provisions croît avec la variance des données.*

13.4.3 Le modèle Poissonnien de Renshaw et Verrall

Modèle

Renshaw & Verrall (1998) ont utilisé un modèle *GLM* afin de répliquer les résultats obtenus par la méthode standard de Chain Ladder. On considère les paiements non cumulés, c'est-à-dire les variables $Y_{i,j}$. On suppose que les sommes par colonne sont positives, i.e. $\sum_{i=1}^{n-j+1} Y_{ij} \geq 0$ pour tout $j = 1,\ldots,n$. Cette hypothèse n'empêche néanmoins pas d'avoir des paiements négatifs certaines années.

On suppose que pour tout i,j, $Y_{ij} \sim \mathcal{P}oi(\mu_{ij})$, indépendante, avec

$$\ln \mu_{ij} = \mu + \alpha_i + \beta_j,$$

et les contraintes d'identification $\alpha_1 = \beta_1 = 0$. On cherche alors, numériquement, les estimateurs du maximum de vraisemblance des α_i, β_j et de μ. Une fois ceux-ci obtenus, on pose alors

$$\widehat{C}_{i,n} = C_{i,n-i+1} + \sum_{j=n-i+2}^{n} \exp\left(\widehat{\mu} + \widehat{\alpha}_i + \widehat{\beta}_j\right), \tag{13.7}$$

où $i = 2,3,\ldots,n$.

Maximum de vraisemblance conditionnel

Il est alors possible d'obtenir ces estimateurs d'une autre façon, à l'aide de la vraisemblance conditionnelle. On notera $p_{i|j}$ la probabilité, pour un sinistre survenu l'année i, d'être déclaré au bout de j années. Par une hypothèse de "*stationnarité*", on peut supposer que le temps de déclaration n'est pas fonction de l'année de survenance. Alors

$$p_{j|i} = \frac{p_j}{\sum_{k=1}^{n-i+1} p_k},$$

où p_j la probabilité (non conditionelle) qu'un sinistre soit déclaré au bout de j années. On suppose que les sinistres sont tous clos en au plus n années, i.e. $\sum_{k=1}^{n} p_k = 1$.

Proposition 13.4.11. *Les estimateurs des p_j peuvent être obtenus de façon récursive, à savoir*

$$\begin{aligned}\widehat{p}_j &= \frac{Y_{1,j} + Y_{2,j} + \ldots + Y_{n-j+1,j}}{C_{1,n} + (1-\widehat{p}_n)^{-1} C_{2,n-1} + \ldots + (1-\widehat{p}_{j+1} - \ldots - \widehat{p}_n)^{-1} C_{n-j+1,j}} \\ &= \frac{Y_{1,j} + Y_{2,j} + \ldots + Y_{n-j+1,j}}{C_{1,n} + \widehat{C}_{2,n} + \ldots + \widehat{C}_{n-j+1,n}}. \qquad (13.8)\end{aligned}$$

Ces estimateurs coïncident avec les estimateurs du maximum de vraisemblance (conditionnelle).

Démonstration. La vraisemblance conditionnelle s'écrit ici

$$\mathcal{L}_C = \prod_{i=1}^{n} \frac{C_{i,n-i+1}!}{\prod_{j=1}^{n-i+1} Y_{i,j}!} \prod_{j=1}^{n-i+1} p_{j|i},$$

en utilisant le fait que, conditionnellement à i, la date de déclaration suit une loi multinomiale, d'où la log-vraisemblance conditionnelle

$$\begin{aligned}\log \mathcal{L}_C &= \sum_{i=1}^{n} \sum_{j=1}^{n-i+1} Y_{ij} \log p_{j|i} \\ &= \sum_{i=1}^{n} \sum_{j=1}^{n-i+1} Y_{ij} \left(\log p_j - \log \sum_{k=1}^{n-i+1} p_k \right),\end{aligned}$$

compte tenu de l'expression de $p_{j|i}$. Notons que le terme p_n n'apparaît qu'une fois, pour $i = 1$. Aussi,

$$\frac{\partial \log \mathcal{L}_C}{\partial p_n} = \frac{Y_{1n}}{p_n} - \sum_{j=1}^{n} \frac{Y_{1,j}}{\sum_{k=1}^{n} p_k},$$

et $\partial \log \mathcal{L}_C / \partial p_n = 0$ implique

$$\widehat{p}_n = \frac{Y_{1,n}}{\sum_{k=1}^{n} Y_{1,k}} = \frac{Y_{1,n}}{C_{1,n}}.$$

En supposant qu'aux ordres $u = j+1, j+2, \ldots, n$,

$$\widehat{p}_u = \left(\sum_{i=1}^{n-u+1} Y_{i,u} \right) \left(\sum_{i=1}^{n-u+1} \frac{C_{i,n-i+1}}{\sum_{k=1}^{n-i+1} p_k} \right)^{-1},$$

on peut noter qu'au rang j, l'équation de vraisemblance peut s'écrire

$$\begin{aligned}\frac{\partial \log \mathcal{L}_C}{\partial p_j} &= \sum_{i=1}^{n-j+1}\left(\frac{Y_{i,j}}{p_j} - \sum_{j=1}^{n-i+1}\frac{Y_{i,j}}{\sum_{k=1}^{n-i+1} p_k}\right)\\ &= \frac{\sum_{i=1}^{n-j+1} Y_{i,j}}{p_j} - \sum_{i=1}^{n-j+1}\frac{C_{i,n-i+1}}{\sum_{k=1}^{n-i+1} p_k}.\end{aligned}$$

Alors $\partial \log \mathcal{L}_C / \partial p_j = 0$ implique

$$\widehat{p}_j = \left[\sum_{i=1}^{n-j+1} Y_{i,j}\right]\left[\sum_{i=1}^{n-j+1}\frac{C_{i,n-i+1}}{\sum_{k=1}^{n-i+1} p_k}\right]^{-1}. \qquad (13.9)$$

En notant

$$\widehat{C}_{i,n} = \frac{C_{i,n-i+1}}{1-\sum_{j=n-i+2}^{n}\widehat{p}_j} \text{ pour } i = 2,3,...,n, \qquad (13.10)$$

on peut alors réécrire (13.9) sous la forme (13.8), comme annoncé. □

Lien avec la méthode Chain Ladder

Dans le cas d'un modèle de Poisson, la méthode de Chain Ladder est une méthode simple pour obtenir des estimateurs du maximum de vraisemblance conditionnelle.

Proposition 13.4.12. *En notant, de façon récursive*

$$\widehat{\lambda}_j = \frac{1}{1-\widehat{p}_{j-1}\cdot\widehat{\lambda}_{j+1}\widehat{\lambda}_{j+2}...\widehat{\lambda}_{n-1}}, \qquad (13.11)$$

les estimateurs $\widehat{C}_{i,n}$ coïncident avec les estimateurs du modèle Chain Ladder standard, sous l'hypothèse d'un modèle Poissonnien.

Démonstration. Avec les $\widehat{\lambda}_j$ définis par (13.11), on a

$$\widehat{\lambda}_j\widehat{\lambda}_{j+1}...\widehat{\lambda}_{n-1} = (1-\widehat{p}_{j+1}-...-\widehat{p}_n)^{-1},$$

de telle sorte que

$$\begin{aligned}\widehat{\lambda}_{j-1}\widehat{\lambda}_j\widehat{\lambda}_{j+1}...\widehat{\lambda}_{n-1} &= (1-\widehat{p}_j-\widehat{p}_{j+1}-...-\widehat{p}_n)^{-1}\\ &= \left(\widehat{p}_j-\left(\widehat{\lambda}_j\widehat{\lambda}_{j+1}...\widehat{\lambda}_{n-1}\right)^{-1}\right)^{-1},\end{aligned}$$

et donc, (13.10) peut se réécrire

$$\widehat{C}_{n-j+1,n} = \frac{C_{n-j+1,j}}{1-\sum_{k=j+1}^{n}\widehat{p}_k} = C_{n-j+1,j}\cdot\widehat{\lambda}_j\widehat{\lambda}_{j+1}...\widehat{\lambda}_{n-1}$$

comme annoncé. □

13.5 Modèles GLM et provisionnement

13.5.1 Principe

Nous avons vu en détails dans la section précédente le modèle poissonnien, avec lien logarithmique, qui permet d'obtenir un montant estimé égal à celui obtenu par la méthode Chain-Ladder. Ceci présente un avantage pratique non négligeable (la méthode Chain Ladder servant presque toujours de référence), mais c'est le seul. De façon plus générale, il est possible de considérer la classe des modèles linéaires généralisés.

Supposons que les paiements annuels $Y_{i,j}$ sont indépendants, et appartiennent à la famille exponentielle, de densité (9.31), c'est-à-dire

$$f\left(y_{i,j}|\theta_{i,j},\phi\right)=\exp\left(\frac{y_{i,j}\theta_{i,j}-b\left(\theta_{i,j}\right)}{\phi/\omega_{ij}}+c\left(y_{i,j},\phi\right)\right),$$

dont la moyenne et la variance sont

$$\begin{cases}\mu_{i,j}=\mathbb{E}\left[Y_{i,j}\right]=b'\left(\theta_{i,j}\right)\\ \mathbb{V}\left[Y_{i,j}\right]=b''\left(\theta_{i,j}\right)\frac{\phi}{\omega_{ij}}=V\left(\mu_{i,j}\right)\frac{\phi}{\omega_{ij}}.\end{cases}$$

La plupart des modèles de provisionnement sont basés sur un prédicteur linéaire de la forme $\eta_{i,j}=\alpha_i+\beta_j$. La fonction lien lie l'espérance $\mu_{i,j}$ au prédicteur linéaire, $\eta_{i,j}=g\left(\mu_{i,j}\right)$, où g est monotone et dérivable.

Exemple 13.5.1. *Dans le modèle de* RENSHAW & VERRALL *(1998), le modèle (déterministe) de Chain Ladder prédit exactement les mêmes montants que le modèle poissonnien avec une fonction de lien logarithmique, $Y_{i,j}\sim\mathcal{P}oi\left(\alpha_i\beta_j\right)$ indépendants. Afin de rendre le modèle identifiable, on suppose également que $\beta_1+...+\beta_n=1$, de telle sorte que les β_j indiquent la fraction des sinistres réglés au cours de l'année de développement j, et α_i désigne un effet volume. L'estimation par maximum de vraisemblance des α_i et β_j coïncide avec la méthode dite des marges. En effet, la vraisemblance s'écrit*

$$\mathcal{L}=\prod_{i,j}\exp\left(-\alpha_i\beta_j\right)\frac{\left(\alpha_i\beta_j\right)^{Y_{i,j}}}{Y_{i,j}!}$$

ce qui permet d'écrire la log-vraisemblance sous la forme

$$\log\mathcal{L}=\sum_{i,j}\left(-\alpha_i\beta_j+Y_{i,j}\log\left(\alpha_i\beta_j\right)-\log\left(Y_{i,j}!\right)\right).$$

Le maximum de vraisemblance est obtenu en calculant

$$\frac{\partial \log \mathcal{L}}{\partial \alpha_i} = \sum_j \left(-\beta_j + Y_{i,j} \frac{\beta_j}{\alpha_i \beta_j} \right)$$

qui s'annulle pour

$$\widehat{\alpha}_i = \frac{\sum_j Y_{i,j}}{\sum_j \beta_j}.$$

Exemple 13.5.2. *Les méthodes de séparation peuvent également s'écrire à l'aide des modèles GLM, en notant que pour le modèle de séparation arithmétique,* $Y_{i,j} \sim \mathcal{P}oi\left(\beta_j \gamma_{i+j-1}\right)$ *indépendants (avec comme contrainte* $\beta_1 + ... + \beta_n = 1$*) et pour le modèle de séparation géométrique* $Y_{i,j} \sim \mathcal{LN}or\left(\log\left(\beta_j \gamma_{i+j-1}\right), \sigma^2\right)$ *independants (avec comme contrainte* $\beta_1 \times ... \times \beta_n = 1$*).*

Exemple 13.5.3. *Dans le modèle de De Vylder,* α_i *et* β_j *sont déterminés en minisant*$\sum_{i,j}\left(Y_{i,j} - \alpha_i \beta_j\right)^2$ *ou, de façon équivalent, les* α_i *et* β_j *sont obtenus comme estimateurs du maximum de vraisemblance dans le modèle*$Y_{i,j} \sim \mathcal{N}or\left(\alpha_i \beta_j, \sigma^2\right)$ *indépendants.*

13.5.2 Modèles de Tweedie

En reprenant les modèles de Tweedie (présentés dans la Section 9.8.14 sur la tarification a priori), on obtient une famille relativement large de lois exponentielles, pour lesquelles la fonction variance est une fonction exponentielle.

Exemple 13.5.4 (Suite de l'Exemple 13.2.4). *On obtient ici* $\widehat{\gamma} \approx 1{,}5$ *(la Figure 13.3 présente l'évolution de la vraisemblance en fonction de* γ*). Aussi, la loi sous-jacente suggérée ici se retrouve entre la loi de Poisson (*$\gamma = 1$*) et la loi Gamma (*$\gamma = 2$*).*

Rappelons que le modèle GLM est caractérisé par trois composantes: la fonction variance V, la fonction de lien g et les cofacteurs $\boldsymbol{X}$. Plus formellement, il convient de spécifier $V\left(\mu_{i,j}\right)$ où $\mu_{i,j} = \mathbb{E}\left[Y_{i,j}\right]$ et $g\left(\mu_{i,j}\right) = \eta_{i,j}$ où $\eta_{i,j} = \boldsymbol{X\beta} = \alpha_i + \beta_j$, où nous avons supposé que seuls des effects lignes et colonnes sont à prendre en compte. Une famille relativement large de modèles GLM est caractérisée par des fonctions variance et de lien de type puissance, i.e.$V(x) = x^\gamma$ et $g(x) = x^\theta$.

Remarque 13.5.5. *Rappelons que si* $\gamma \to 0$, 1 *ou* 2, *on retrouve respectivement le modèle Normal, Poisson ou Gamma. Et si* $\theta \to -1$, 0, 1 *ou* 2 *on retrouve des fonctions de lien inverse, logarithmique, identité, ou quadratique.*

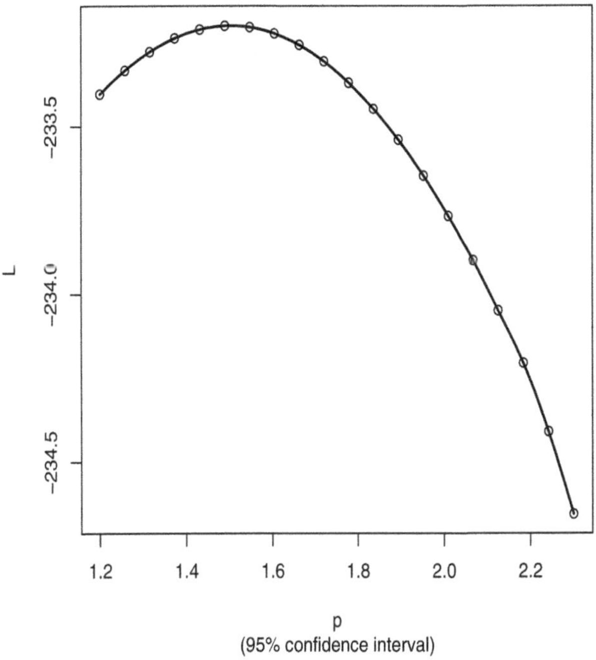

FIG. 13.3 – *Expression de la vraisemblance pour le modèle de Tweedie, en fonction du paramètre γ, pour un modèle GLM intégrant des facteurs colonnes et des facteurs lignes.*

Notons que l'utilisation de la déviance $D(\gamma,\theta)$ n'est pas pertinente puisque deux déviances pour des fonctions de variance différentes (et donc des γ différents) ne sont pas comparables. On peut dans ce cas recourir à la méthode de quasi-vraisemblance étendue (EQL), ou à la méthode de pseudo-vraisemblance (PL), que nous présentons brièvement ci-dessous.

Méthode de quasi-vraisemblance étendue

Cette méthode ajoute un terme correcteur à la déviance (permettant de corriger les déformations de la fonction de variance), à savoir

$$EQL = \sum_{i,j\in\Delta} D_{i,j} + \sum_{i,j\in\Delta} \log\left(2\pi\phi V\left(Y_{i,j}\right)\right)$$

où

$$D_{i,j} = 2\int_{\mu_{i,j}}^{Y_{i,j}} \frac{Y_{i,j}-s}{V(s)}ds.$$

Toutefois, notons que le nombre p de paramètres n'intervient pas ici: il est alors possible de tenir compte du nombre de degrés de liberté en considérant

$$EQL^* = \sum_{i,j\in\Delta} D_{i,j} + \frac{n-p}{n}\sum_{i,j\in\Delta} \log\left(2\pi\phi V\left(Y_{i,j}\right)\right).$$

La pseudo-vraisemblance

On cherche ici à minimiser

$$PL = \sum_{i,j\in\Delta} X_{i,j}^2 + \frac{n-p}{n}\sum_{i,j\in\Delta} \log\left(2\pi\phi V\left(\mu_{i,j}\right)\right)$$

où

$$X_{i,j}^2 = \frac{\left(Y_{i,j}-\mu_{i,j}\right)^2}{V\left(\mu_{i,j}\right)}.$$

Cette dernière distance permet de déterminer le *meilleur* modèle au sein de la sous-classe des modèles GLM, en considérant les deux programmes d'optimisation suivants,

$$\begin{aligned}
(1) &: \left(\beta^*\left(\theta,\gamma\right),\phi^*\left(\theta,\gamma\right)\right) = \underset{\beta,\phi}{\operatorname{argmin}}\left\{PL\left(\beta,\phi,\theta,\gamma\right)\right\}\\
(2) &: \left(\theta^*,\gamma^*\right) = \underset{\gamma,\theta}{\operatorname{argmin}}\left\{PL\left(\beta^*\left(\theta,\gamma\right),\phi^*\left(\theta,\gamma\right),\theta,\gamma\right)\right\}.
\end{aligned}$$

13.5.3 Quel modèle factoriel retenir ?

Dans le modèle que nous avons présenté, nous avons supposé qu'il était possible d'écrire la moyenne $\mu_{i,j}$ comme une combinaison linéaire d'un effet ligne et d'un effet colonne,

$$\mu_{i,j} = \mathbb{E}[Y_{i,j}] = g^{-1}(\mu + \alpha_i + \beta_j).$$

Ce modèle peut néanmoins être simplifié dans certains cas, on considérant par exemple un effet linéaire en fonction de l'année de survenance,

$$\mu_{i,j} = g^{-1}(\mu + \alpha \cdot i + \beta_j),$$

ou un effet linéaire en fonction du déroulé,

$$\mu_{i,j} = g^{-1}(\mu + \alpha_i + \beta \cdot j),$$

voire un effet linéaire en chacune des variables,

$$\mu_{i,j} = g^{-1}(\mu + \alpha \cdot i + \beta \cdot j).$$

Différentes transformations des deux échelles de temps sont également envisageables. Ainsi, dans des modèles log-linéaires, on peut avoir recours à des variables explicatives telles que $\ln i$ ou $\ln j$, correspondant à des effets "puissance" des années de survenance ou de développement.

13.6 Choix de la méthode de provisionnement

Dans ce panorama des méthodes de provisionnement, nous avons vu qu'un très grand nombre de modélisations pouvaient être proposées. Et comme il n'existe pas a priori de méthode universelle qui puisse s'appliquer à toutes les compagnies, tous les types de gestion des sinistres, tous les types de risques ..., le choix de l'actuaire peut s'avérer délicat. Le problème se pose d'autant plus que le déroulement est lent (responsabilité civile, construction...).

Le provisionnement est soumis à un grand nombre de contraintes, fiscales, manageriales, mais surtout règlementaires (sur ce dernier point, TOSETTI ET AL. (2001) proposent un état des lieux, pour le marché français). On notera que le dilemme entre règles prudentielles (ou règlementaires), qui imposent que les provisions techniques doivent être "*suffisantes*" pour couvrir les engagements pris et règles fiscales est loin d'être simple. Tous les schémas de provisions ignorent les règles fiscales, ce qui peut à l'occasion induire certains conflits.

En pratique, face à l'ensemble des estimations possibles, il peut s'avérer difficile de trouver "*le*" niveau de provisionnement adéquat. Quelques idées peuvent néanmoins être utilisées pour choisir entre les différents modèles. On peut ainsi par exemple étudier la façon dont le triangle a grossi par le passé, et voir quel modèle a proposé les meilleurs estimations. On dispose d'un triangle comprenant n exercices, et on s'intéresse au premier sous-triangle de m années:

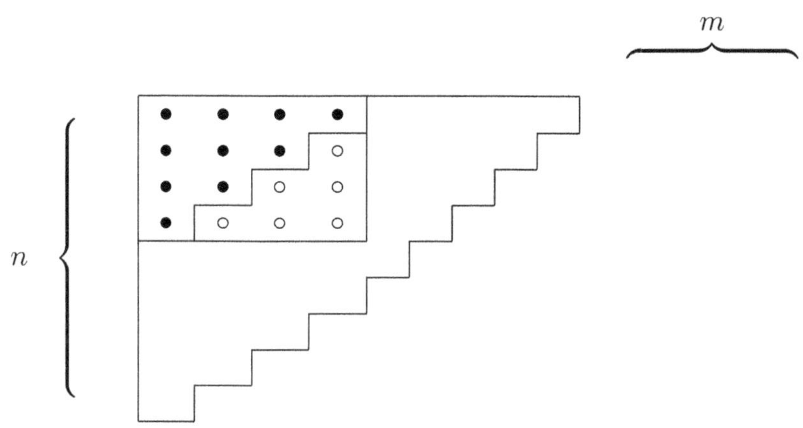

Trois ensembles sont alors à distinguer dans le triangle,

(1) le triangle supérieur (points noirs •), correspondant au triangle observé voilà $n - m$ années,

(2) le complément du triangle supérieur (points blancs ∘) correspondant à ce qui était prédit à l'aide du triangle supérieur,

(3) le complément (en blanc dans le triangle), comprenant à la fois les années de survenance les plus récentes (les $n - m$ dernières), qui n'étaient pas prises en compte lors de la constitution du triangle supérieur, et les $n - m$ dernières années de déroulé.

Une idée naturelle peut être d'utiliser le modèle proposé sur le triangle supérieur (1), puis de comparer les valeurs prédites par ce modèle pour le triangle inférieur (2) avec les vraies valeurs. Le "*meilleur*" modèle sera alors celui qui minimise la somme des carrés des erreurs.

Notons que cette approche ne peut être utilisée que si l'on dispose d'un grand nombre d'années d'observation, ce qui est loin d'être toujours le cas.

13.7 Etudes de cas pratiques

13.7.1 Assurance automobile

Données

Les statistiques suivantes proviennent de contrats en responsabilité civile automobile d'une compagnie allemande. Nous disposons de données concernant les montants payés et les montants en réserve pour les sinistres survenus entre 1985 et 1998. Ces données ont été analysées en détails dans PITREBOIS ET AL. (2002).

Les Tableaux 13.1 et 13.2 reprennent respectivement les données de paiements et de réserves. Nous examinons les montants sans tenir compte de l'inflation, c'est-à-dire qu'on fait l'hypothèse implicite d'une inflation constante sur toute la période d'observation. Nous pouvons soit travailler avec les paiements, soit avec les montants totaux (paiements plus réserves).

Paiements

Les résultats obtenus pour les paiements par la méthode Chain Ladder et la méthode Projected Case Estimate se trouvent dans le Tableau 13.3. La méthode Projected Case Estimate donne des résultats plus élevés que Chain Ladder quand on se rapproche des années de survenance plus récentes. C'est surtout vrai pour le montant correspondant à l'année 1998, ce qui est dû à un coefficient $\hat{h}_2$ (voir Tableau 13.4) et à une réserve de départ particulièrement élevés.

Le Tableau 13.4 présente les coefficients de développement de la méthode de Chain Ladder, $\hat{\lambda}_k$ et les $\hat{\sigma}_k$ correspondants ainsi que les coefficients de développement du modèle des réserves $(\widehat{k}_{j+1})$ et du modèle des paiements (h_{j+1}) de la méthode Projected Case Estimate.

Le Tableau 13.5 présente les résultats du calcul des erreurs standards sur les réserves estimées par Chain Ladder. On observe une décroissance de l'erreur standard relative au fil des années de survenance.

Charges

Le Tableau 13.6 présente les résultats pour les charges, à savoir la somme des paiements effectués et des réserves constituées.
Remarquons que pour la méthode de Chain Ladder, les résultats sont obtenus en travaillant directement avec le triangle des montants

	1	2	3	4	5	6	7	8	9	10	11	12	13	14
1985	31499	43711	45509	46312	46786	47204	47404	47768	47963	48168	48428	48557	48863	49081
1986	36822	49591	51733	52841	53605	54156	54857	55256	55433	55791	56014	56416	56640	
1987	40962	53307	55310	56594	57359	58096	58525	58886	59416	59721	60031	60472		
1988	43350	56043	57981	58942	59844	60463	61006	61349	61715	61934	62267			
1989	42638	55788	58168	59980	60944	62208	63360	64064	64617	65018				
1990	44666	60675	63281	64662	65543	66268	66797	67314	68541					
1991	58291	83957	87690	90437	92102	94021	95751	96794						
1992	69050	93642	97694	100042	101654	103027	104706							
1993	68513	91377	95537	98251	100020	100857								
1994	63337	85106	88755	91226	93105									
1995	62555	81700	84782	86785										
1996	59407	78481	81517											
1997	61091	79892												
1998	74211													

TAB. 13.1 – *Paiements cumulés (en milliers).*

	1	2	3	4	5	6	7	8	9	10	11	12	13	14
1985	30298	17875	9181	6324	5280	4390	4086	3724	3176	2748	2711	2441	1790	1160
1986	31562	19374	12314	9068	7352	6098	5492	4436	4095	4006	3932	3935	3716	
1987	30975	17637	13143	9940	8285	7141	6381	6132	5500	4430	4330	3977		
1988	30663	15453	10983	7834	6309	5608	4597	4113	3558	3510	3312			
1989	34256	22821	16002	12937	10224	8722	7798	7001	6452	4982				
1990	33768	20393	16368	11470	9336	8534	8808	8444	6500					
1991	52319	31160	24682	20420	18519	17992	15417	14928						
1992	43031	25069	22502	21257	20804	20306	14730							
1993	52012	26968	21766	19263	19601	17641								
1994	48321	24106	23127	21173	23077									
1995	48787	24120	24334	23765										
1996	47640	23303	22950											
1997	54561	28220												
1998	83807													

TAB. 13.2 – *Réserves de sinistres (en milliers).*

	Chain Ladder	Projected Case Estimate
1985	49,081,105	49,081,105
1986	58,892,686	57,092,631
1987	61,048,730	61,221,169
1988	63,232,335	63,149,034
1989	66,354,966	66,688,925
1990	70,310,892	70,849,125
1991	100,146,339	102,722,924
1992	109,235,417	111,178,780
1993	106,563,521	109,038,895
1994	99,674,656	104,711,187
1995	94,416,888	99,791,030
1996	90,899,256	94,394,931
1997	92,784,165	96,358,740
1998	115,382,193	137,137,105

TAB. 13.3 – *Paiements cumulés finaux par année de survenance.*

	Chain Ladder : λ_k	Chain ladder : σ_k	PCE : k_{j+1}	PCE : h_{j+1}
1	1.3388	296.1864	0.9803	0.4294
2	1.0415	27.4872	0.9391	0.1289
3	1.0250	39.8119	0.9418	0.1010
4	1.0162	24.0810	1.0056	0.0836
5	1.0132	40.7404	0.9921	0.0799
6	1.0128	44.4508	0.9427	0.0884
7	1.0083	17.9956	0.9987	0.0710
8	1.0086	43.0330	0.9551	0.0900
9	1.0051	9.5186	0.9290	0.0653
10	1.0050	4.9988	1.0486	0.0765
11	1.0059	19.0237	1.0323	0.0886
12	1.0051	11.9030	0.9468	0.0832
13	1.0045	7.4477	0.7700	0.1218

TAB. 13.4 – *Coefficients de développement.*

Année	Réserve	$\sqrt{mse(R_i)}$	$\sqrt{mse(R_i)}$ en % de R_i
1986	252,683	82,361	33%
1987	576,893	145,563	25%
1988	965,571	232,266	24%
1989	1,337,211	244,398	18%
1990	1,769,736	269,468	15%
1991	3,352,433	598,863	18%
1992	4,529,328	667,898	15%
1993	5,706,261	830,105	15%
1994	6,569,621	912,313	14%
1995	7,631,816	919,035	12%
1996	9,382,503	988,059	11%
1997	12,891,799	1,040,287	8%
1998	41,170,897	3,336,963	8%
Total	96,136,752	5,158,558	5%

TAB. 13.5 – *Erreurs sur les réserves.*

	Chain Ladder	PCE
1985	50,241,285	50,241,285
1986	59,865,862	59,501,603
1987	63,730,359	63,447,369
1988	64,978,186	64,898,375
1989	69,564,580	69,246,803
1990	74,188,488	73,731,695
1991	110,019,968	108,449,549
1992	117,600,047	116,420,902
1993	115,832,609	114,402,232
1994	113,440,579	111,111,297
1995	108,038,881	105,867,657
1996	100,916,012	99,328,943
1997	102,887,504	101,274,010
1998	149,074,994	145,178,959

TAB. 13.6 – *Charges finales par année de survenance.*

totaux obtenus en additionnant les triangles des paiements et des réserves. Pour la méthode Projected Case Estimate, les montants sont obtenus en sommant les triangles de paiements et de réserves complétés séparément. Si on applique séparément la méthode de Chain Ladder aux triangles de paiements et de réserves, et puis qu'on les somme, on obtient des montants plus faibles (par exemple; 116,315,139 € en 1998).

Test des hypothèses du modèle de Mack

Si nous éprouvons la validité des hypothèses H1 et H2 sous-tendant la version stochastique de la méthode Chain-Ladder proposée par Mack, sur le triangle des paiements courants (de taille $n = 14$), nous constatons donc que les tests conduisent à rejeter la non corrélation des coefficients de développement successifs mais pas l'absence d'effet d'une année calendrier. En examinant les coefficients de développement individuels présentés dans le Tableau 13.7, nous constatons que les années de survenance plus récentes ne se comportent pas tout-à-fait comme les années plus anciennes, les coefficients sont plus faibles la première année et plus élevés l'année suivante. Ceci nous amène à considérer que le triangle est en fait composé de plusieurs blocs homogènes.

Décomposition du triangle initial

Nous séparons le triangle en deux groupes : nous considérons que les 8 premières années de survenance forment un groupe et les 6 dernières un autre groupe. Nous obtenons donc deux triangles à compléter séparément et sur lesquels effectuer les tests. Les hypothèses à la base du modèle de Mack ne sont cette fois pas rejetées (à 95%).

Adaptation des formules d'erreur

Les mesures de variabilité des réserves estimées par la méthode de Chain Ladder (données dans le Tableau 13.5) ont été effectuées pour des coefficients de développement calculés de manière standard, c'est-à-dire en utilisant toutes les données disponibles.

En pratique, si on travaille avec un nombre important d'années de survenance et si on s'aperçoit, comme dans notre exemple, qu'il y a une cassure dans le triangle des données, c'est-à-dire que les sinistres survenus lors des années les plus récentes ne se développent

	1-2	2-3	3-4	4-5	5-6	6-7	7-8	8-9	9-10	10-11	11-12	12-13	13-14
1985	0.9966	0.8880	0.9625	0.9892	0.9909	0.9980	1.0000	0.9931	0.9956	1.0044	0.9973	0.9932	0.9919
1986	1.0085	0.9287	0.9666	0.9846	0.9885	1.0016	0.9891	0.9972	1.0045	1.0025	1.0068	1.0001	
1987	0.9862	0.9649	0.9720	0.9866	0.9938	0.9949	1.0017	0.9984	0.9882	1.0033	1.0014		
1988	0.9660	0.9646	0.9683	0.9907	0.9988	0.9929	0.9979	0.9971	1.0026	1.0020			
1989	1.0223	0.9435	0.9831	0.9760	0.9967	1.0032	0.9987	1.0001	0.9849				
1990	1.0336	0.9825	0.9558	0.9836	0.9990	1.0107	1.0020	0.9905					
1991	1.0407	0.9761	0.9865	0.9979	1.0126	0.9925	1.0050						
1992	1.0591	1.0125	1.0092	1.0096	1.0071	0.9684							
1993	0.9819	0.9912	1.0018	1.0179	0.9906								
1994	0.9781	1.0244	1.0046	1.0337									
1995	0.9504	1.0311	1.0131										
1996	0.9508	1.0264											
1997	0.9348												

TAB. 13.7 – *Coefficients de développement individuels pour les montants totaux.*

pas de la même façon que ceux des années antérieures, les coefficients de développement sont estimés à partir des années les plus récentes.

Nous travaillons donc avec le triangle de données suivant, comportant n années de survenance et n années de développement.

$$\left(\begin{array}{cccc|cccc}
C_{11} & C_{12} & \cdots & C_{1,n-m} & C_{1,n-m+1} & \cdots & C_{1,n-1} & C_{1n} \\
C_{21} & C_{22} & \cdots & C_{2,n-m} & C_{2,n-m+1} & \cdots & C_{2,n-1} & \\
\vdots & \vdots & & \vdots & \vdots & \iddots & & \\
C_{m1} & C_{m2} & \cdots & C_{m,n-m} & C_{m,n-m+1} & & & \\
\hline
C_{m+1,1} & C_{m+1,2} & \cdots & C_{m+1,n-m} & & & & \\
\vdots & \vdots & \iddots & & & & & \\
C_{n-1,1} & C_{n-1,2} & & & & & & \\
C_{n1} & & & & & & &
\end{array}\right)$$

Nous supposons que les m premières années de survenance forment un bloc, c'est-à-dire ont un développement semblable, et que les $n-m$ dernières années forment un autre bloc, avec un schéma de développement différent de celui du premier bloc.

Nous utilisons la méthode de Chain Ladder pour obtenir les montants ultimes de sinistres. Nous considérons donc que les données satisfont aux trois hypothèses H1-H2-H3. Les estimateurs $\hat{\lambda}_k$ de λ_k et $\hat{\sigma}_k^2$ de σ_k^2 auront la même forme que précédemment, mais différeront en fonction de k :

- pour k allant de 1 à $n-m-1$, les coefficients sont calculés à partir des années de survenance les plus récentes, soit de $m+1$ à n,
- pour k allant de $n-m$ à $n-1$, les coefficients sont calculés comme avant, à partir des années de survenance 1 à m.

Les coefficients de développement $\hat{\lambda}_k$ sont donc toujours le résultat de régressions linéaires pondérées par $\frac{1}{C_{ik}}$, mais sur un nombre de données moindre. Tout se passe comme si on travaillait sur deux triangles différents auxquels on applique, séparément, la méthode de Chain Ladder. Remarquons que tant qu'on travaille sur les deux triangles de façon séparée, on n'a pas besoin de $\hat{\lambda}_{n-m}$ et $\hat{\sigma}_{n-m}^2$, coefficients permettant de passer d'un triangle à l'autre. De plus, les trois hypothèses H1-H2-H3 doivent être vérifiées sur les deux triangles séparés et pas sur l'ensemble de données de départ.

Le triangle supérieur droit, $\{C_{ij}$, pour $1 \leq i \leq m$ et $n-m+1 \leq j \leq n+1-i\}$ conduit aux montants ultimes $C_{1n}, \hat{C}_{2n}, \ldots, \hat{C}_{mn}$ tandis que le triangle inférieur gauche $\{C_{ij}$, pour

$m+1 \leq i \leq n$ et $1 \leq j \leq n+1-i\}$ conduit aux montants ultimes $C_{m+1,n-m}$,$\hat{C}_{m+2,n-m}$, ... ,$\hat{C}_{n,n-m}$, comme le montre la figure suivante:

$$\left(\begin{array}{cccc|cccc} C_{11} & C_{12} & \ldots & C_{1,n-m} & C_{1,n-m+1} & \ldots & C_{1,n-1} & C_{1n} \\ C_{21} & C_{22} & \ldots & C_{2,n-m} & C_{2,n-m+1} & \ldots & C_{2,n-1} & \hat{C}_{2n} \\ \vdots & \vdots & & \vdots & \vdots & & \vdots & \vdots \\ C_{m1} & C_{m2} & \ldots & C_{m,n-m} & C_{m,n-m+1} & \ldots & \hat{C}_{m,n-1} & \hat{C}_{mn} \\ \hline C_{m+1,1} & C_{m+1,2} & \ldots & C_{m+1,n-m} & & & & \\ \vdots & \vdots & & \vdots & & & & \\ C_{n-1,1} & C_{n-1,2} & \ldots & \hat{C}_{n-1,n-m} & & & & \\ C_{n1} & \hat{C}_{n2} & \ldots & \hat{C}_{n,n-m} & & & & \end{array}\right)$$

Ecrivons explicitement les formules fournissant les coefficients $\hat{\lambda}_k$ et $\hat{\sigma}_k^2$. Les estimateurs des coefficients de développement sont donnés par

$$\begin{aligned} \hat{\lambda}_k &= \frac{\displaystyle\sum_{i=m+1}^{n-k} C_{i,k+1}}{\displaystyle\sum_{i=m+1}^{n-k} C_{ik}} \text{ pour } k=1,\ldots,n-m-1, \\ \hat{\lambda}_k &= \frac{\displaystyle\sum_{i=1}^{n-k} C_{i,k+1}}{\displaystyle\sum_{i=1}^{n-k} C_{ik}} \text{ pour } k=n-m,\ldots,n-1. \end{aligned} \tag{13.12}$$

Les $\hat{\lambda}_k$ sont des estimateurs sans biais des λ_k. Les estimateurs des σ_k sont

$$\begin{aligned} \hat{\sigma}_k^2 &= \tfrac{1}{(n-k)-m-1} \sum_{i=m+1}^{n-k} C_{ik}\,(\frac{C_{i,k+1}}{C_{ik}} - \hat{\lambda}_k)^2 \text{ pour } k=1,\ldots,n-m-2, \\ \hat{\sigma}_k^2 &= \tfrac{1}{n-k-1} \sum_{i=1}^{n-k} C_{ik}\,(\frac{C_{i,k+1}}{C_{ik}} - \hat{\lambda}_k)^2 \text{ pour } k=n-m,\ldots,n-2. \end{aligned} \tag{13.13}$$

Il s'agit d'estimateurs sans biais des σ_k^2. Il faut encore estimer σ_{n-m-1}^2 et σ_{n-1}^2, ce qui peut se faire par extrapolation sur base des $\hat{\sigma}_k^2$ précédents ou par une formule du type de celle utilisée dans la Proposition 13.4.4.

Donc, l'application de Chain Ladder aux deux triangles séparément nous permet d'utiliser la formule de la Proposition 13.4.4 pour estimer la variabilité des réserves :

– pour le bloc supérieur droit

$$\widehat{mse(\hat{C}_{in})} = \hat{C}_{in}^2 \sum_{k=n+1-i}^{n-1} \frac{\hat{\sigma}_k^2}{\hat{\lambda}_k^2} \left(\frac{1}{\hat{C}_{ik}} + \frac{1}{\sum_{j=1}^{n-k} C_{jk}} \right)$$

pour $i = 2, \ldots, m$;

– pour le bloc inférieur gauche

$$\widehat{mse(\hat{C}_{i,n-m})} = \hat{C}_{i,n-m}^2 \sum_{k=n+1-i}^{n-m-1} \frac{\hat{\sigma}_k^2}{\hat{\lambda}_k^2} \left(\frac{1}{\hat{C}_{ik}} + \frac{1}{\sum_{j=m+1}^{n-k} C_{jk}} \right)$$

pour $i = m+2, \ldots, n$.

On voudrait encore pouvoir estimer les montants ultimes $\hat{C}_{in}$ pour $i = m+1, \ldots, n$ et leur variabilité. Pour cela, il faut donc d'abord faire une hypothèse sur la façon dont on va compléter le bloc restant, à savoir le bloc inférieur droit. Nous allons envisager trois hypothèses différentes.

Première hypothèse. On applique Chain Ladder avec les coefficients λ_k estimés sur les années d'accident 1 à m. On suppose donc que le bloc à compléter satisfait aux hypothèses pour appliquer Chain Ladder et qu'il se développe comme dans les années de survenance plus anciennes (comme le bloc supérieur droit). Nous obtenons alors, pour $i = m+1, \ldots, n$:

$$\widehat{mse(\hat{C}_{in})} = \hat{C}_{in}^2 \left(\sum_{k=n+1-i}^{n-m-1} \frac{\hat{\sigma}_k^2}{\hat{\lambda}_k^2} \left(\frac{1}{\hat{C}_{ik}} + \frac{1}{\sum_{j=m+1}^{n-k} C_{jk}} \right) \right.$$
$$\left. + \sum_{k=n-m}^{n-1} \frac{\hat{\sigma}_k^2}{\hat{\lambda}_k^2} \left(\frac{1}{\hat{C}_{ik}} + \frac{1}{\sum_{j=1}^{n-k} C_{jk}} \right) \right],$$

où les $\hat{\lambda}_k$ sont calculés par (13.12) et les $\hat{\sigma}_k^2$ sont calculés par (13.13). Pour la démonstration de cette formule, nous renvoyons à PITREBOIS ET AL. (2002).

Deuxième hypothèse. Utiliser des facteurs de développement calculés sur les m premières années pour compléter la partie inférieure de la matrice, alors qu'on l'avait coupée en deux justement parce que le développement des années récentes était différent de celui des années antérieures, n'est peut-être pas très logique.

Une autre hypothèse consiste à supposer que le développement total, depuis l'année 1 jusqu'à l'année n est le même pour toutes les années de survenance (depuis 1 jusque n). Nous supposons donc que $C_{in} = \lambda_{tot} \cdot C_{i1}$ pour tout i. Nous estimons alors λ_{tot} par $\hat{\lambda}_{tot}$ sur les m premières années de survenance :

$$\hat{\lambda}_{tot} = \frac{\sum_{i=1}^{m} \hat{C}_{in}}{\sum_{i=1}^{m} C_{i1}}.$$

Nous examinons ensuite quel est le développement total déjà subi par les sinistres survenus durant les années $m+1$ à n et nous l'estimons par

$$\hat{\lambda}_{int} = \frac{\sum_{i=m+1}^{n} \hat{C}_{i,n-m}}{\sum_{i=m+1}^{n} C_{i1}}.$$

En calculant le rapport $\hat{\lambda}_{tot}/\hat{\lambda}_{int}$, nous obtenons le facteur par lequel multiplier les montants de sinistres estimés en année de développement $(n-m)$ afin d'obtenir les montants de ces sinistres en l'année de développement n. Ce facteur est donc comparable à un *tail factor*,

$$\hat{\lambda}_{ult} = \frac{\hat{\lambda}_{tot}}{\hat{\lambda}_{int}}.$$

Bien entendu, d'autres définitions du $\hat{\lambda}_{ult}$ peuvent être utilisées pour compléter le triangle inférieur.

Troisième hypothèse. Le problème de la deuxième hypothèse est qu'on ne connaît pas la part du sinistre qui est payée durant la première année de développement. On peut donc difficilement estimer quel est le coefficient de développement total permettant d'arriver aux montants ultimes.

Une troisième façon de compléter le bloc inférieur droit, façon qui n'utilise que les données du bloc inférieur gauche, est de partir des coefficients de développement estimés pour les années de développement 1 à $n-m-1$ et d'extrapoler pour obtenir les coefficients des années de développement suivantes. On peut par exemple ajuster une courbe exponentielle négative. SHERMAN (1984) montre qu'on obtient un meilleur ajustement en utilisant une courbe de la forme $\lambda_t = 1 + at^{-b}$, où t représente l'année de développement et λ_t le coefficient de développement pour l'année t. On peut réécrire la fonction comme $\ln(\lambda_t - 1) = \ln a + b \ln \frac{1}{t}$, et obtenir les paramètres a et b par une régression linéaire de $\ln(\lambda_t - 1)$ sur $\ln \frac{1}{t}$.

Comparaison des trois hypothèses. Le fonctionnement de ces trois hypothèses peut être résumé de la façon suivante. Prenons le cas où, dans les années récentes, les sinistres se développent au début plus rapidement que par le passé. L'hypothèse 1 suppose alors que ces sinistres vont, par la suite, reprendre le même développement que les sinistres des années antérieures. L'hypothèse 2 suppose que, au total, ces sinistres se développent comme dans le passé, et que donc, s'ils se développent plus vite au début, ils se développeront moins vite par la suite. Enfin, l'hypothèse 3 suppose que si les sinistres se développent plus vite au début, ils continuent à le faire par la suite. Seule une connaissance approfondie du portefeuille et de la réservation permet de choisir l'hypothèse la plus proche de la réalité.

Application aux données allemandes

Le bloc inférieur gauche et le bloc supérieur droit sont complétés séparément par la méthode de Chain Ladder. Examinons les trois hypothèses envisagées pour compléter le bloc inférieur droit.

1. **Première hypothèse.**
   Le bloc inférieur droit est complété en utilisant les coefficients du bloc supérieur droit. Nous obtenons les résultats présentés dans le Tableau 13.8.
2. **Deuxième hypothèse.**
   Le bloc inférieur droit est complété en utilisant un *tail factor*. Le développement total après 14 années subi par les sinistres survenus entre 1985 et 1992 est en moyenne $\hat{\lambda}_{tot} = 1.5691$. Le développement déjà subi sur les 6 premières années par les sinistres survenus entre 1993 et 1998 est en moyenne $\hat{\lambda}_{int} = 1.4536$. Nous devons donc encore multiplier les montants obtenus en sixième année de développement pour le bloc inférieur gauche par $\hat{\lambda}_{ult} = \frac{\hat{\lambda}_{tot}}{\hat{\lambda}_{int}} = 1.0795$ pour obtenir les

k	λ_k	σ_k	i	C_{in}	R_i	$\sqrt{mse(R_i)}$	$\sqrt{mse(R_i)}$ en % de R_i
1	1.3228	129.7850	1986	56,892,686	252,683	82,361	33%
2	1.0414	33.7574	1987	61,048,730	576,893	145,563	25%
3	1.0267	24.4490	1988	63,232,335	965,571	232,266	24%
4	1.0193	17.7686	1989	66,354,966	1,337,211	244,398	18%
5	1.0084	12.9136	1990	70,310,892	1,769,736	269,468	15%
6	1.0128	44.4508	1991	100,146,339	3,352,433	598,863	18%
7	1.0083	17.9956	1992	109,235,417	4,529,328	667,898	15%
8	1.0086	43.0330	1993	106,563,521	5,706,261	830,105	15%
9	1.0051	9.5186	1994	99,195,748	6,090,713	815,077	13%
10	1.0050	4.9988	1995	94,242,946	7,457,874	817,941	11%
11	1.0059	19.0237	1996	90,886,836	9,370,083	845,387	9%
12	1.0051	11.9030	1997	92,760,555	12,867,689	934,280	7%
13	1.0045	7.4477	1998	113,978,529	39,767,233	1,791,697	5%

TAB. 13.8 – *Résultats pour le bloc inférieur droit complété sur base de l'hypothèse 1.*

montants ultimes (après 14 années de développement). Nous trouvons alors les résultats présentés dans le Tableau 13.9.

i	C_{in}	R_i	$\sqrt{mse(R_i)}$	$\sqrt{mse(R_i)}$ en % de R_i
1986	56,892,686	252,683	82,361	33%
1987	61,048,730	576,893	145,563	25%
1988	63,232,335	965,571	232,266	24%
1989	66,354,966	1,337,211	244,398	18%
1990	70,310,892	1,769,736	269,468	15%
1991	100,146,339	3,352,433	598,863	18%
1992	109,235,417	4,529,328	667,898	15%
1993	108,865,326	8,008,066	830,105	10%
1994	101,338,408	8,233,373	519,729	6%
1995	96,278,623	9,493,551	547,325	6%
1996	92,850,021	11,333,268	601,415	5%
1997	94,763,701	14,871,335	714,654	5%
1998	116,440,501	42,229,205	1,654,940	4%

TAB. 13.9 – *Résultats pour le bloc inférieur droit complété sur base de l'hypothèse 2.*

3. **Troisième hypothèse.**
   Nous repartons des coefficients estimés par la méthode de Chain Ladder sur le triangle inférieur gauche, à savoir les $\widehat{\lambda}_k$ pour $k = 1, \ldots ,5$ donnés dans le Tableau 13.8.
   Nous ajustons alors une courbe puissance inverse par régression linéaire de $\ln(\lambda_k - 1)$ sur $\ln(1/k)$ et nous trouvons le modèle
   $$\hat{\lambda}_k = 1 + 0.2671\, k^{-2.1038},$$
   ce qui conduit aux coefficients du Tableau 13.10.

k	6	7	8	9	10	11	12	13
λ_k	1.0062	1.0045	1.0034	1.0026	1.0021	1.0017	1.0014	1.0012

TAB. 13.10 – *Coefficients pour le bloc inférieur droit.*

Nous complétons alors le bloc inférieur droit par ces coefficients pour obtenir les montants ultimes présentés au Tableau 13.11.

i	1993	1994	1995	1996	1997	1998
$C_{i,14}$	103,206,942	96,071,243	91,274,445	88,024,048	89,838,263	110,388,390

TAB. 13.11 – *Résultats pour le bloc inférieur droit complété par l'hypothèse 3.*

En résumé, l'hypothèse 1 suppose que les sinistres des années plus récentes, qui se sont développés moins vite au début, vont ensuite reprendre le même développement que les sinistres des années antérieures. L'hypothèse 2 suppose que, au total, ces sinistres se développent comme dans le passé, et que donc, s'ils se développent moins au début, ils se développeront plus vite par la suite. L'hypothèse 3 suppose que si les sinistres se sont développés moins vite au début, ils continueront à le faire par la suite. Elle conduit donc à des montants finaux moins élevés.

13.7.2 RC médicale

Contexte

Le second exemple est tiré de DENUIT, MARÉCHAL & CLOSON (2005). Il concerne la RC médicale. Les statistiques utilisées, qui seront présentées en détail dans la suite de cette section, se rapportent à l'ensemble du marché belge de la RC médicale. Il s'agit de chiffres globaux, sans ventilation des indemnisations par poste ni détail du type de dommage subi.

De manière générale, les statistiques relatives à la sinistralité de la branche RC médicale présentent des fluctuations très importantes (même au niveau du marché). Cette instabilité rend la modélisation des tendances lourdes difficile. Les cadences de déclaration et de règlement diffèrent significativement entre les acteurs du marché, ce qui, d'une part, rend impossible l'extrapolation de l'expérience d'une compagnie à l'ensemble du marché et, d'autre part, rend les données agrégées difficilement interprétables (car résultant de l'amalgame de statistiques très hétérogènes).

S'agissant d'une branche à développement particulièrement long (il faut souvent une vingtaine d'années avant que tous les sinistres relatifs à un exercice comptable soient définitivement réglés), les statistiques disponibles concernent souvent des périodes trop courtes que pour pouvoir appréhender l'ensemble du développement des sinistres. Afin de ne pas sous-évaluer les coûts pour l'assureur, il est alors primordial de tenir compte également des montants provisionnés (grâce à la méthode Projected Case Estimate, par exemple).

Néanmoins, les provisions bilantaires ne jouissent pas de la même objectivité que les paiements effectués par les assureurs. En effet, des considérations fiscales peuvent par exemple fausser les montants mis en réserve, qui sont également sujets à des erreurs d'évaluation de la part des gestionnaires. La méthode décrite ici permet de baser l'évaluation des réserves uniquement sur les paiements effectués. Nous utiliserons ici une approche basée sur les GLM, qui nous permettra d'une part de combiner deux triangles de paiements, afin de tirer parti d'un historique plus long, et d'éviter le recours au triangle des réserves (comme dans la méthode Projected Case Estimate).

Statistiques disponibles

Les chiffres du Tableau 13.12 sont tirés de DENUIT, MARÉCHAL & CLOSON (2005). Ils concernent l'ensemble du marché belge de la RC médicale. Il s'agit des paiements effectués par les entreprises pratiquant la RC médicale, ventilés selon l'année de survenance du sinistre et l'année de développement. En plus du triangle du Tableau 13.12, couvrant la période 1995-2003, un autre triangle relatif à la période 1977-1994 est donné dans le Tableau 13.13. L'utilisation des GLM permet de combiner ces deux triangles et offre donc la possibilité d'étudier des développements nettement plus longs (jusque 18 années dans notre exemple).

Méthode d'analyse

Le modèle utilisé pour les paiements dans les triangles de règlement est de la forme

$$Y_{ij} \sim \mathcal{G}am(\mu_{ij},\nu) \text{ indépendantes,} \tag{13.14}$$

où $\mu_{ij} = \mu\alpha_i\beta_j\gamma_c$ où $c = i + j - 1$ représente l'année au cours de laquelle le paiement Y_{ij} a été effectué.

L'année de survenance et l'année de développement sont donc traitées comme des facteurs, dont l'influence sur les paiements Y_{ij} est quantifiée par les paramètres $\alpha_1 = 1, \alpha_2, \ldots, \alpha_n$ pour l'année de survenance, et $\beta_1 = 1, \beta_2, \ldots, \beta_n$ pour l'année de développement. De même, l'influence de l'année c au cours de laquelle le paiement a été effectué est prise en compte sous la forme d'un facteur, auquel sont associés les paramètres $\gamma_1 = 1, \gamma_2, \ldots, \gamma_n$. Notez que la triple restriction $\alpha_1 = \beta_1 = \gamma_1 = 1$ garantit que $\mathbb{E}[C_{11}] = \mu$, ce qui rend ce paramètre interprétable: il s'agit du coût moyen de sinistre payé au cours du premier exercice de développement du premier exercice de survenance.

	1	2	3	4	5	6	7	8	9
1995	351 216	421 171	322 063	256 867	621 839	354 512	392 900	318 850	747 719
1996	327 393	346 258	223 327	510 957	843 210	1 159 873	399 618	412 160	
1997	223 873	325 930	757 637	297 396	557 279	396 627	360 084		
1998	227 194	1 695 840	375 980	534 282	448 557	784 881			
1999	576 451	473 079	282 135	572 956	557 513				
2000	464 973	379 183	609 119	268 196					
2001	391 599	301 595	346 843						
2002	295 655	270 087							
2003	409 862								

TAB. 13.12 – *Paiements effectués par l'ensemble des compagnies pratiquant la RC médicale en Belgique sur la période 1995-2003 (en euro).*

	1	2	3	4	5	6	7	8	9
1977	18 011	56 854	37 184	12 500	5 689	2 981	41 926	3 424	8 288
1978	28 427	30 451	35 166	19 340	57 938	17 666	186 625	8 093	5 559
1979	32 542	38 954	73 381	16 956	10 569	84 645	58 936	12 441	15 324
1980	46 965	80 371	62 229	38 111	31 133	37 934	14 591	10 199	228 007
1981	66 074	75 858	77 359	93 609	270 991	75 638	131 035	31 815	31 262
1982	71 866	123 772	129 960	430 218	207 216	152 282	554 245	99 732	1 318 332
1983	89 517	146 514	114 075	85 916	115 677	112 544	132 857	121 477	401 811
1984	151 880	286 541	95 229	129 413	148 437	305 304	194 343	299 141	763 858
1985	146 505	327 310	143 681	127 752	169 156	222 100	227 662	37 570	109 023
1986	117 378	138 631	158 335	433 408	342 113	269 353	231 048	155 166	143 714
1987	190 370	160 190	111 596	318 419	219 122	718 776	1 091 554	143 933	
1988	141 526	177 744	141 289	225 469	521 889	202 799	208 811		
1989	306 433	298 051	285 758	622 272	239 688	447 375			
1990	339 487	248 094	291 055	282 212	170 361				
1991	246 946	408 746	225 238	556 849					
1992	296 081	250 685	198 849						
1993	289 274	243 339							
1994	316 043								

	10	11	12	13	14	15	16	17	18
1977	833	19 363	3 876	137 234	7 044	2 484	25 702	5 124	27 060
1978	105 358	3 451	14 939	17 807	13 965	125 821	22 271	5 980	
1979	6 888	3 310	9 554	3 661	43 789	81 989	28 490		
1980	201 443	34 107	55 542	6 423	1 784	26 716			
1981	5 774	23 699	15 843	7 990	35 186				
1982	118 232	253 918	82 645	119 460					
1983	140 180	158 197	22 454						
1984	135 566	130 683							
1985	84 493								

TAB. 13.13 – *Paiements effectués par l'ensemble des compagnies pratiquant la RC médicale en Belgique sur la période 1977-1994 (en euro).*

Résultats de l'analyse

L'approche par régression gamma nous permet de considérer simultanément les deux triangles présentés ci-dessus.

On effectue une première analyse faisant intervenir l'année de survenance et les cadences de développement comme deux facteurs explicatifs des paiements effectués, de même qu'une inflation constante. Cette inflation est jugée non significative (p-valeur de 67%, l'effet diagonal étant sans doute pris en compte par les deux facteurs ligne et colonne). Ceci nous a conduit à réajuster le modèle sans faire apparaître explicitement l'inflation (ce qui laisse le AIC inchangé, le modèle étant suparamétré). Les paramètres estimés sont représentés à la Figure 13.4. Les α_i estimés suggèrent une évolution logarithmique avec le temps, ce qui est confirmé par un modèle d'ajustement par moindres carrés, comme représenté à la Figure 13.5.

Nous ajustons un nouveau modèle de régression Gamma aux paiements, en faisant entrer logarithmiquement l'exercice de survenance sur l'échelle du score. Ceci fournit de nouvelles estimations des paramètres β_j, que l'on peut voir à la Figure 13.6. On constate une variabilité très importante des valeurs estimées des β_j, et aucune structure claire ne se dégage de la Figure 13.6. C'est pourquoi nous ajustons ces paramètres à l'aide d'un modèle paramétrique dans un vision prudente, et nous les lissons par une procédure loess (moindres carrés pondérés locaux). Le résultat est visible à la Figure 13.7.

Dans la vision prudente, nous ne retenons que les $\widehat{\beta}_j$ les plus élevés (nous excluons les développements 8, 10, 11, 12 et 14), et nous les ajustons par un modèle faisant intervenir l'écart absolu entre l'exercice de développement et le 9ème exercice (l'allure des $\widehat{\beta}_j$ à la Figure 13.6 suggérant un pic en $j = 9$). Dans ce cas, le coût estimé des sinistres survenus au cours de l'année i et payé au cours de l'année $i + j - 1$ est estimé à

$$\dot{C}_{ij} = \exp\Big(9.53810+1.05577\times\ln(i-1976)+1.06755-0.13519\times|j-9|\Big). \tag{13.15}$$

Notez que, de cette manière, le modèle extrapole les paiements relatifs aux développements supérieurs à 18.

Dans la seconde approche, nous nous contentons de lisser les $\widehat{\beta}_j$ représentés à la Figure 13.6. Pour ce faire, nous utilisons la méthode loess. Le résultat est visible à la Figure 13.7. Dans cette seconde approche, le coût estimé des sinistres survenus au cours de l'année

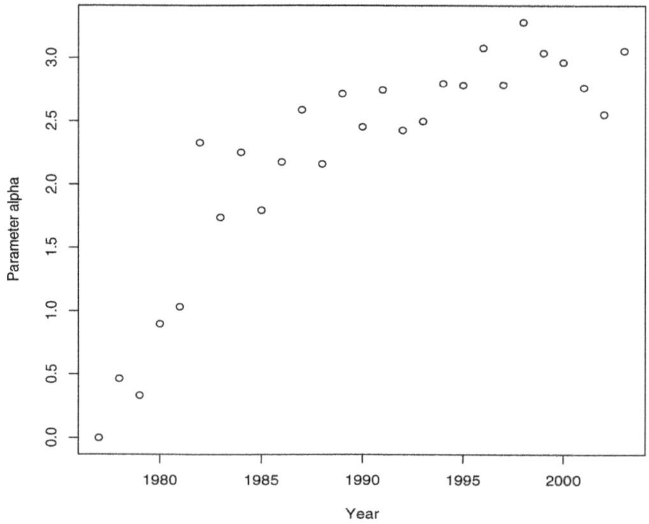

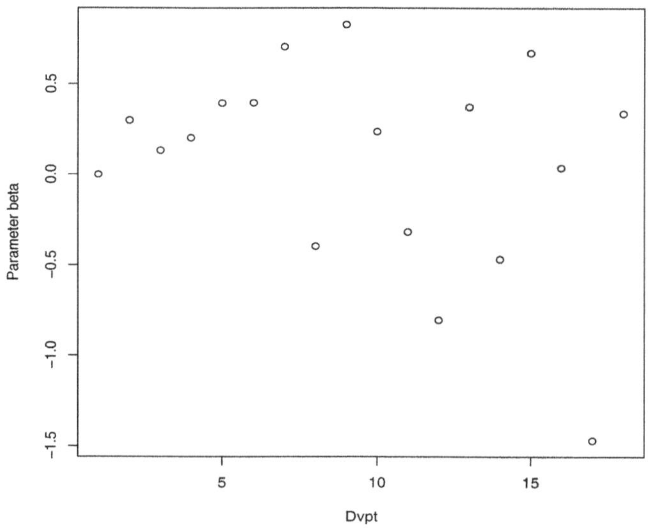

FIG. 13.4 – *Valeurs estimées des paramètres associés aux années de survenance α_i (en haut) et aux exercices de développement β_j (en bas).*

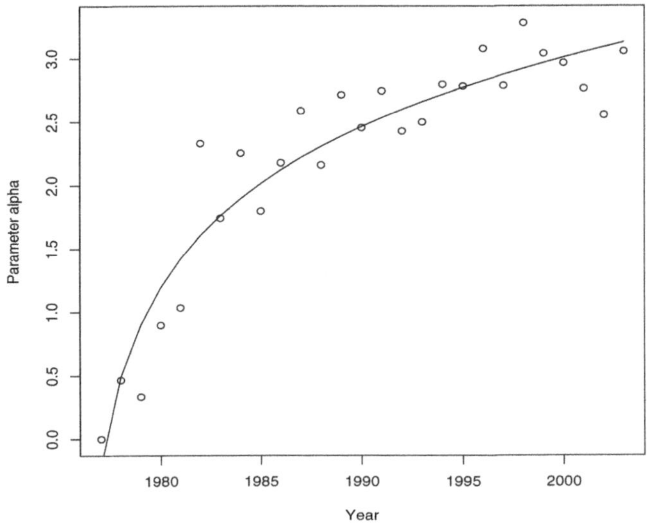

FIG. 13.5 – *Valeurs estimées des paramètres* α_i, *et ajustement à l'aide du modèle* $\widehat{\alpha}_i = \xi_0 + \xi_1 \ln i + \epsilon_i$, *les erreurs* ϵ_i *étant indépendantes de loi normale centrée de variance* σ^2, *avec* $\widehat{\xi_0} = -0.20961$, $\widehat{\xi_1} = 1.01273$ *et* $\widehat{\sigma} = 0.3008$. *Ce modèle est jugé pertinent, avec un coefficient d'ajustement corrigé de* $R^2 = 88.87\%$.

j	$\widehat{\beta}_j^{\text{lissé}}$
1	0.14649271
2	0.20873407
3	0.26826620
4	0.32467000
5	0.37795030
6	0.42798080
7	0.42452745
8	0.37352271
9	0.29895322
10	0.21354746
11	0.14255255
12	0.07456330
13	-0.03192677
14	-0.15230832
15	-0.26941366
16	-0.38084912
17	-0.49219166
18	-0.61053851
19	-0.73674507
20	-0.86994378
21	-1.00924607
22	-1.15383458
23	-1.30299144
24	-1.45609974
25	-1.61263456

TAB. 13.14 – *Lissage des β_j par la méthode Loess.*

i et payé durant l'année $i + j - 1$ vaut

$$\exp\left(9.53810 + 1.05577 \times \ln(i - 1976) + \widehat{\beta}_j^{\text{lissé}}\right) \qquad (13.16)$$

où les valeurs des $\widehat{\beta}_j^{\text{lissé}}$ sont reprises dans le Tableau 13.14.

Reconstitution des flux globaux

La reconstitution pour l'année 1977 à l'aide de (13.15), avec le développement le plus long, est excellente, puisque le modèle prédit une charge totale (en 20 ans de développement) de 440 456.90 € alors que la charge observée est de 415 577 € . On voit cependant à la Figure 13.8 que, malgré la bonne reconstitution de la charge totale de sinistre, des différences importantes subsistent entre certains flux annuels. Ceci provient de l'instabilité des paiements relatifs au produit RC médicale.

La reconstitution obtenue à l'aide des coefficients β_j lissés à l'aide de la méthode loess est également visible à la Figure 13.8. On obtient grâce à (13.16) un coût total de 294 223.2 € pour l'année 1977, soit nettement moins que la somme des paiements effectués. Il s'agit d'un phénomène fréquemment observé en assurance dommages, où les techniques de lissage conduisent souvent à une sous-estimation des coûts.

13.8 Notes bibliographiques

Une partie de ce chapitre provient de PITREBOIS, DE LONGUEVILLE, DENUIT & WALHIN (2002) et de MAGIS, DENUIT & WALHIN (2003).

Les ouvrages abordant les questions du provisionnement en assurance non-vie sont relativement rares. On notera néanmoins TAYLOR (2000), qui présente un panorama relativement large des techniques utilisées, ainsi que KAAS, GOOVAERTS, DHAENE & DENUIT (2001) qui présentent le provisionnement comme une application des modèles GLM.

L'article de ENGLAND ET VERRALL (2002) présente très clairement la problématique en la plaçant dans le cadre général des modèles GLM et GAM.

Enfin, SCHMIDT (1999) propose une bibliographie très complète des travaux consacrés au provisionnement au cours du 20ème siècle.

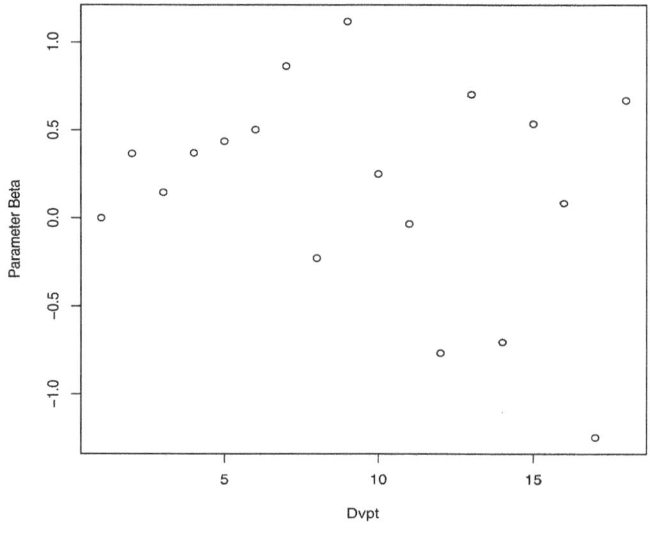

FIG. 13.6 – *Valeurs estimées des paramètres* β_j *associés aux exercices de développement.*

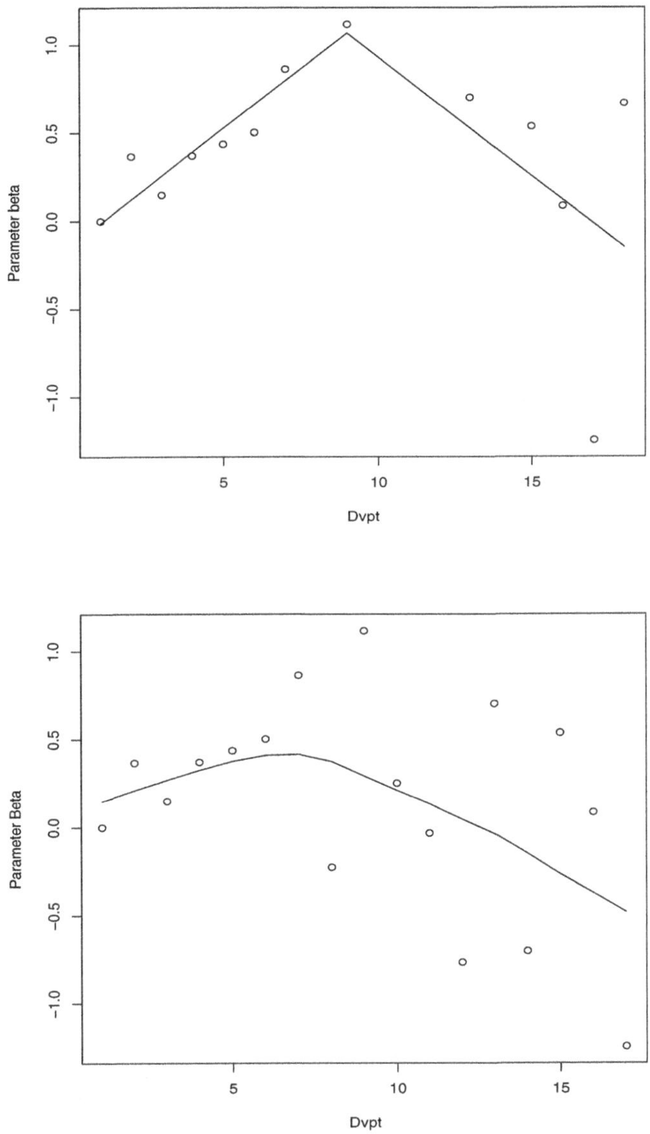

FIG. 13.7 – *Ajustement des valeurs estimées des paramètres β_j par une modèle linéaire dans une vision prudente (en haut) et lissage par la méthode loess (en bas).*

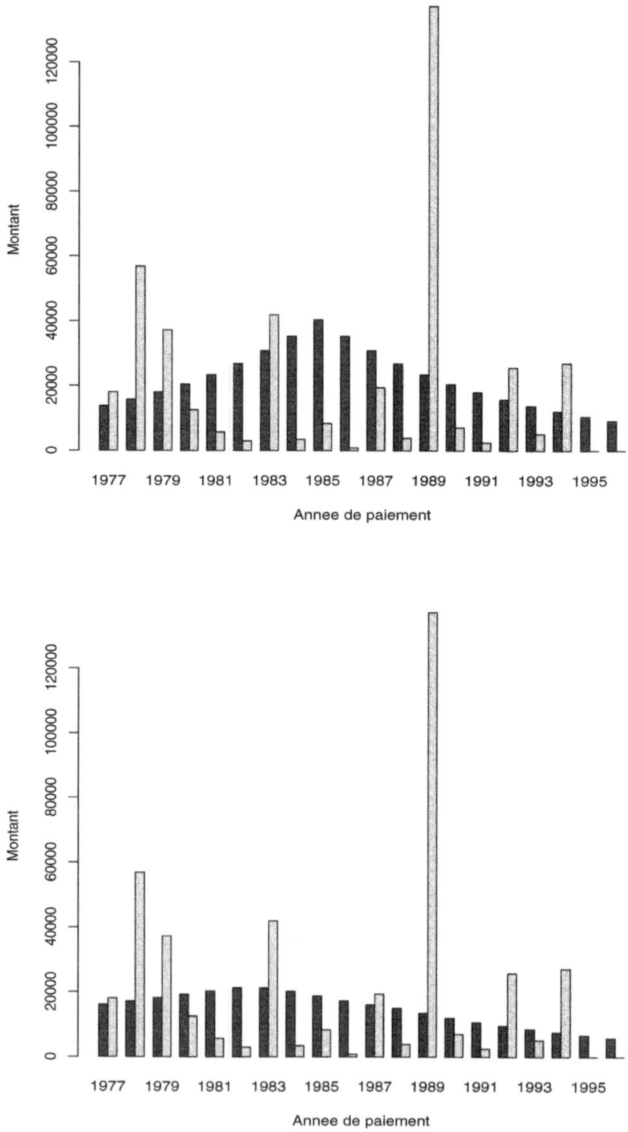

FIG. 13.8 – *Paiements observés et prédits par le modèle pour l'année de survenenance 1977, RC médicale, à l'aide de* (13.15) *(en haut) ou de* (13.16) *(en bas).*

Chapitre 14

Théorie des extrêmes et couverture des catastrophes

14.1 Introduction

14.1.1 La notion de catastrophe

Avant d'aborder l'approche mathématique des catastrophes et des événements extrêmes, il convient de s'interroger un instant sur la notion même de *catastrophe*. Est-ce un événement caractérisé par un coût financier colossal? Peut-être, mais rappelons que sur les marchés financiers, une variation de quelques pourcents d'un indice boursier peut correspondre à une perte de plusieurs milliards d'euros. Et personne ne parle de *catastrophe*. Faut-il alors la caractériser par le nombre de victimes? Là aussi, rappelons que des dizaines de milliers de personnes perdent chaque année la vie sur les routes européennes, et que l'on parle alors d'*accidents* de la route, pas de *catastrophe*. En revanche, si un avion de ligne s'écrase, avec à son bord une centaine de passagers, on parle alors de *catastrophe*. Comme le soulignent GODARD, HENRY, LAGADEC & MICHEL-KERJAN (2002), peut-être est-ce la simultanéité et la nature même des dommages qui interviennent dans la définition d'une *catastrophe*. On doit avoir des conséquences significatives avec, à l'origine, un même fait générateur.

Les principaux outils utilisés en assurance non-vie sont la loi des grands nombres et le théorème central limite (voir Chapitres 3 et 4 du Tome 1). Mais comment peut-on gérer des risques extrêmes dont la variance est souvent infinie? Ce chapitre tente d'apporter des éléments de réponse à cette question.

14.1.2 Pourquoi gérer les événements extrêmes *ex ante*?

Historiquement, la survenance d'une catastrophe a longtemps été considérée comme une fatalité, avec une connotation religieuse, longtemps entretenue par l'Eglise. Mais au 16ème et au 17ème siècle, le besoin de protection pénètre la pensée politique, en particulier avec Machiavel, mais surtout Hobbes qui dans son *Leviathan*, en 1651 place la protection collective au coeur de son analyse.

Le 1er novembre 1755, un séisme ravagea Lisbonne et fut suivi d'un raz-de-marée qui provoqua la mort de 20 000 personnes (on parlerait aujourd'hui d'un tsunami). Voltaire composa alors un célèbre poème (*Poème sur le désastre de Lisbonne*) qui a été considéré comme la première laïcisation des risques naturels: ceux-ci étaient interprétés en termes géophysiques et non plus théologiques. Le déluge n'était plus un châtiment divin, mais une inondation gigantesque. Les catastrophes relevaient désormais de la science.

Mais l'Histoire retiendra également la réponse de Rousseau quelques semaines plus tard dans sa *Lettre sur la Providence*: "*sans quitter votre sujet de Lisbonne, convenez, par exemple, que la nature n'avait point rassemblé là vingt mille maisons de six à sept étages, et que si les habitants de cette grande ville eussent été dispersés plus également, et plus légèrement logés, le dégât eût été beaucoup moindre, et peut-être nul. Combien de malheureux ont péri dans ce désastre, pour vouloir prendre l'un ses habits, l'autre ses papiers, l'autre son argent?*". La notion de catastrophe prendra la dimension qu'elle a aujourd'hui après la seconde guerre mondiale.

14.1.3 Quel type de catastrophes?

Deux types de catastrophes sont à envisager: celles dites naturelles, et celles faisant intervenir le facteur humain (correspondant à des *catastrophes technologiques*).

Les catastrophes technologiques (et "*humaines*")

En 1974, l'explosion de l'usine chimique de cyclohexane à Flixborough au nord de Londres tua une trentaine de personnes, en blessa une centaine, et endommagea près de 2500 habitations. Si le désastre fut évité (l'usine employait plus de 500 personnes), il ne s'agissait alors que d'un "*accident*". C'est la répétition des ces événements qui fit prendre conscience du risque.

A la fin des années 70, l'accident chimique à Seveso (en 1976), la marée noire de l'Amoco-Cadiz (en 1978), l'accident nucléaire de Three Mile Island (en 1979), l'explosion de la plateforme Ixtoc-1 au Mexique (en 1979), puis l'accident ferroviaire de transport de matières dangereuses (TMD), causant une évacuation de longue durée pour plus de 200 000 personnes à Mississauga au Canada (en 1979), ont introduit le concept de risque technologique "*majeur*".

Toutefois, ces accidents ont été perçus comme de fausses alertes (qui ont permis de mettre en avant les inefficacités de la gestion des crises) puisqu'elles n'ont causé aucun mort (pour les dernières en tout cas). Les années 80 firent passer "*de l'alerte à l'alarme*", suite à l'explosion d'un stockage de gaz à Mexico (en 1984, plusieurs centaines de morts), une fuite d'isocyanate de méthyle à Bhopal (en 1984, plusieurs milliers de morts), et enfin l'explosion de la centrale nucléaire à Tchernobyl (en 1986, 5 millions de personnes exposées aux radiations, 1 700 000 irradiées, au moins).

Mais la crise ne concernait alors que des régions du tiers-monde ou du bloc soviétique, même si des incidents permirent aux pays occidentaux d'entrevoir le risque potentiel.

Une usine appartenant au même groupe que celle de Bhopal connut un incident sérieux aux Etats-Unis en 1985, et le dépôt de Sandoz pris feu à Bâle en 1989. L'impuissance des pouvoirs publics face aux crises majeures revint également au grand jour suite à la marée noire causée par l'Exxon Valdez (en 1989). La liste des catastrophes ayant pour origine un facteur humain ne s'arrêtera pourtant pas là (affaires du sang contaminé, de l'amiante, naufrages du Aegan Sea, de l'Erika, du Prestige ou du Tasman Spirit, explosion de l'usine AZF à Toulouse, affaires de vaches folles et d'OGM, attaques du 11 septembre contre le World Trade Center à New York, etc.).

Un mot sur le risque industriel

Sans pour autant correspondre à chaque fois à une catastrophe, les risques industriels peuvent générer des coûts d'une ampleur colossale, comme en témoigne le Tableau 14.1.

En 1996 en France, sur plus de 12 600 sinistres incendies entreprises (représentant près de 1,4 milliard d'euros), 4% des plus gros sinistres représentent plus de 90% de la charge totale. Le plus gros sinistre (incendie du Crédit Lyonnais) représentait à lui seul 21% de la charge totale, et le second (incendie Eurotunnel) 12%. Quatre

Coût individuel	Nombre	Coût	Poids
0 – 15 000	11 121	54.4 M	3.9%
15 000 – 75 000	930	57.2 M	4.1%
75 000 – 150 000	182	37.7 M	2.7%
150 000 – 750 000	299	202.4 M	14.5%
750 000 – 1 500 000	64	114.4 M	8.2%
plus de 1 500 000	74	915.6 M	65.6%
total	12 670	1 395.7 M	100.0%
Crédit Lyonnais		297.3 M	21.3%
Eurotunnel		172.7 M	12.3%
Ste Française Hoechst		25.8 M	1.8%
Superba		15.2 M	1.1%
Pedelhez		14.9 M	1.1%

TAB. 14.1 – *Coût des sinistres incendies entreprise, en France, en 1996, avec la distribution du coût pour les 12 670 sinistres, et les 5 plus gros (Source: F.F.S.A. - Fédération Française des Sociétés d'Assurances).*

ans plus tôt, en 1992, l'incendie d'une raffinerie Total représentait 40% de la charge des sinistres de l'année. Enfin, plus récemment, les tempêtes de 1999 ont coûté aux compagnies d'assurance françaises près de 3,4 milliards d'euros, soit 75% de l'encaissement en multirisque habitation. Ces ordres de grandeurs permettent de mieux comprendre à quel point ces quelques sinistres ont un impact sur le résultat d'une compagnie.

Les catastrophes naturelles

Notons que la plupart des catastrophes importantes en termes de coût assuré (à l'exception des attentats du World Trade Center en 2001 et de l'explosion d'une plate forme pétrolière en 1988) sont généralement dûes à des catastrophes naturelles : ouragan (typhon ou tempête), tremblement de terre ou inondation, comme en témoigne le Tableau 14.2.

Si le risque de catastrophe naturelle est partagé par tout le monde, sa nature est spécifique à la zone géographique considérée. En Allemagne, le nord est particulièrement exposé aux vents violents, alors que le risque d'inondation semble pouvoir affecter tout le pays. La Belgique est elle aussi soumis à ces deux risques, les inondations pouvant être causées par entrée d'eaux maritimes ou par débordement des fleuves et rivières. L'Espagne est elle soumise essentiellement au risque d'inondation. Les Etats-Unis semblent quant à eux bénéficier d'une panoplie relativement large, entre les tremblement de terre en Californie, les cyclones à l'est et au sud-est, les inondations dans la partie centrale (zone à laquelle il convient d'ajouter la *tornado alley*).

La Figure 14.1 montre que la tendance des coûts engendrés par

Montant	Victimes	Date	Evénement - *Pays*
21 062	3 025	11.09.2001	Attaque terroriste (WTC) *USA*
20 900	43	23.08.1992	Ouragan Andrew *USA, Bahamas*
17 312	60	17.01.1994	Tremblement de terrre Northridge *USA*
7 598	51	27.09.1991	Typhoon Mireille *Japon*
6 441	95	25.01.1990	Tempête hivernale Daria *France, Europe*
6 382	110	25.12.1999	Tempête hivernale Lothar *France, Europe*
6 203	71	15.09.1989	Ouragan Hugo *Puerto Rico, USA*
4 839	22	15.10.1987	Tempêtes et inondations *France, Europe*
4 476	64	25.02.1990	Tempête hivernale Vivian *Europe centrale*
4 445	26	22.09.1999	Typhon Bart *Japon*
3 969	600	20.09.1998	Ouragan Georges *USA, Caraïbes*
3 261	33	05.06.2001	Tempête tropicale Allison, inondations *USA*
3 205	45	02.05.2003	Orage, grêles *USA*
3 100	167	06.07.1988	Explosion platforme Piper Alpha *Mer du Nord*
2 973	6 425	17.01.1995	Tremblement de terre Kobe *Japon*
2 641	45	27.12.1999	Tempête hivernale Martin *France, Suisse*
2 597	70	10.09.1999	Ouragan Floyd *USA, Bahamas*
2 548	38	06.08.2002	Inondations *Europe*
2 526	59	01.10.1995	Ouragan Opal *USA, Mexique*
2 288	26	20.10.1991	Incendies, sècheresse *USA*
2 277	-	06.04.2001	Grêle, inondations *USA*
2 220	246	10.03.1993	Blizard, tornades *USA, Mexique*
2 090	4	11.09.1992	Ouragan Iniki *USA*
1 959	23	23.10.1989	Explosion usine pétrochimique *USA*
1 899	-	29.08.1979	Ouragan Frederic *USA*

TAB. 14.2 – *Montant assuré et nombre de victimes des plus gros sinistres survenus sur la période 1970-2003 (Source: Swiss Re).*

les catastrophes naturelles est clairement à la hausse.

On notera néanmoins qu'il est parfois délicat de définir une "*catastrophe naturelle*", en partie à cause de la dimension temporelle. Certains événements sont très brefs (séisme, inondation éclair), mais d'autres sont beaucoup plus longs (sécheresse, épidémie). Les impacts directs et surtout indirects sont également difficiles à quantifier. Lors du séisme de Kobe en 1995, la majorité des victimes ont été brûlées ou asphyxiées par les incendies causés par la rupture des canalisations de gaz suite au tremblement de terre. Dans la plupart des grandes catastrophes, ce sont les impacts indirects (parfois éloignés de la source même de la catastrophe) qui font souvent le plus de victimes.

14.1.4 Présentation des données

Dans les premières sections de ce chapitre, nous analyserons un ensemble de sinistres incendies survenus au Danemark entre 1980 et 1990. La série de 2167 sinistres est représentée sur la Figure 14.2, et un ajustement de lois paramétriques usuelles est présentée sur la Figure 14.3. La courbe en trait plein qui s'ajuste le mieux aux données, sur les valeurs les plus importantes, correspond à une loi de Pareto.

14.2 Loi limite des maxima

14.2.1 Comportement du maximum en grand échantillon

On considère un échantillon $X_1,...,X_n$ de variables aléatoires indépendantes et de même fonction de répartition F, et on définit la statistique d'ordre associée, notée $X_{1:n},...,X_{n:n}$, par

$$\min\{X_1,...,X_n\} = X_{1:n} \leq X_{2:n} \leq$$
$$... \leq X_{n-1:n} \leq X_{n:n} = \max\{X_1,...,X_n\}.$$

De la même façon que pour la somme, on peut se demander s'il existe une "*loi des grands nombres*" et un "*théorème central limite*" pour le maximum. En d'autres termes, en le normalisant convenablement, peut-on trouver une loi limite non-dégénérée pour le maximum? Et cette loi dépend-elle de la normalisation choisie? Notons x_F la borne supérieure du support de X, éventuellement infinie, i.e.

$$x_F = \sup\{x \in \mathbb{R} | F(x) < 1\} \leq \infty.$$

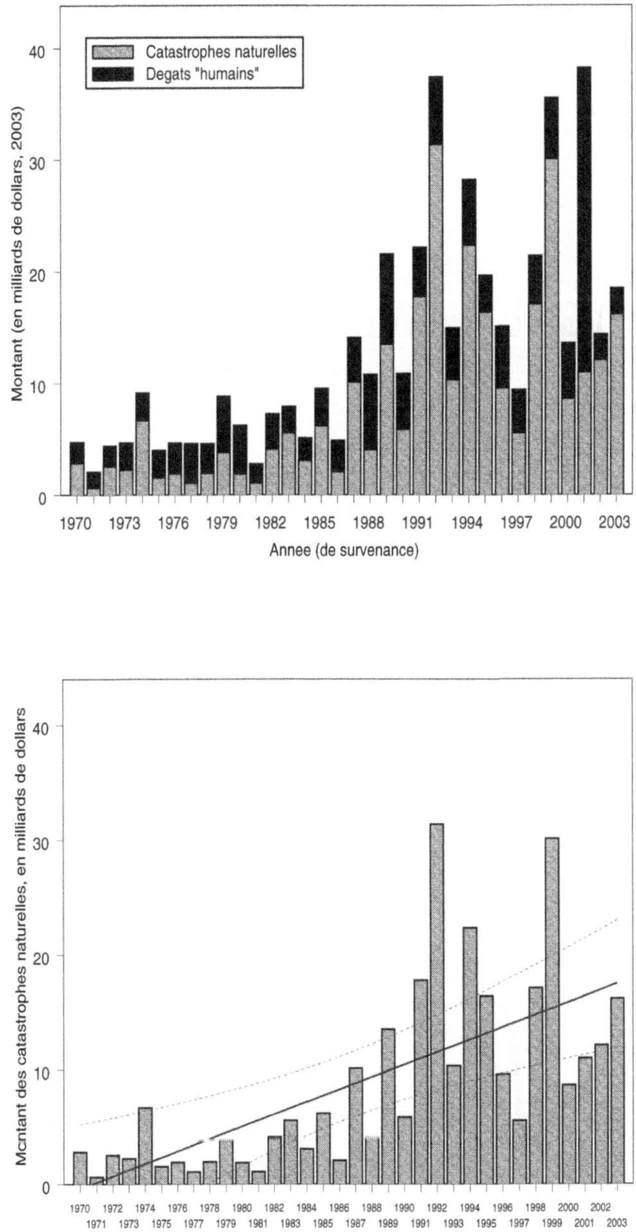

FIG. 14.1 – *Evolutions des montants de catastrophes (catastrophes naturelles ou humaines) de 1970 à 2003, en milliards de dollars (2003), et tendance pour les catastrophes naturelles (Source: Swiss Re).*

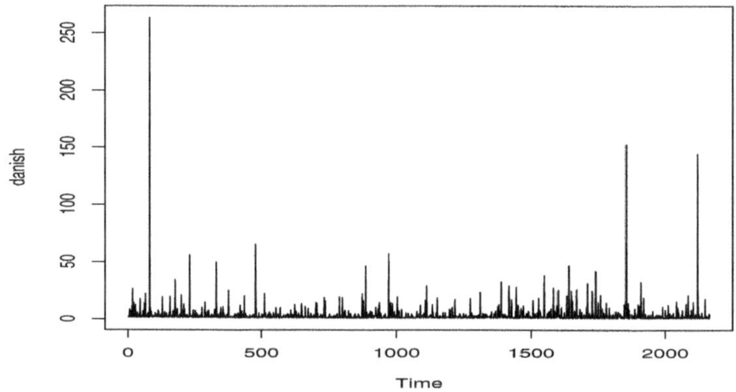

FIG. 14.2 – *Sinistres incendies, survenus au Danemark.*

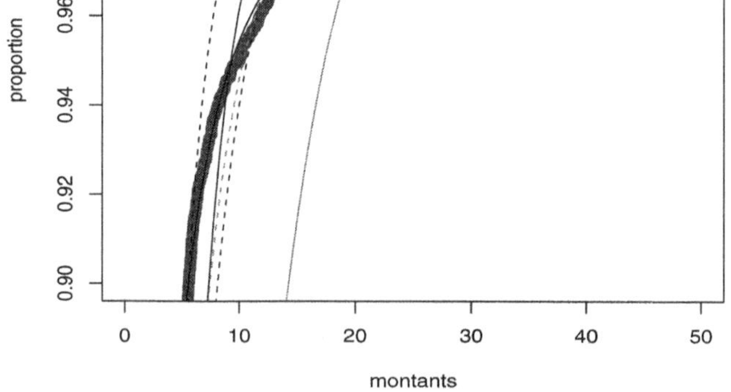

FIG. 14.3 – *Fonction de répartition (comparées à différentes lois paramétriques ajustées).*

Lorsque qu'on s'intéresse à la fonction de répartition $X_{n:n}$ la formule exacte

$$\Pr[X_{n:n} \leq x] = \big(F(x)\big)^n$$

n'est pas d'une grande utilité. En effet, pour tout $x < x_F$,

$$\lim_{n\to\infty} \Pr[X_{n:n} \leq x] = \lim_{n\to\infty} \big(F(x)\big)^n = 0.$$

Si $x_F < \infty$ alors pour tout $x \geq x_F$

$$\lim_{n\to\infty} \Pr[X_{n:n} \leq x] = \lim_{n\to\infty} \big(F(x)\big)^n = 1.$$

Cette dégénérescence de la limite explique pourquoi la théorie asymptotique des valeurs extrêmes a été développée. Il s'agira donc de normaliser $X_{n:n}$ de manière appropriée. De la même façon que pour la somme, un "*théorème central limite*" pour le maximum sera obtenu s'il est possible de trouver des constantes de normalisation $a_n \in \mathbb{R}$ et $b_n > 0$ telles que

$$\Pr\left[\frac{X_{n:n} - a_n}{b_n} \leq x\right] = F^n(a_n + b_n x) \to G(x), \text{ quand } n \to \infty,$$

où G est une fonction de répartition (non-dégénérée). La première difficulté est de voir si la forme de la loi limite dépend, ou non, des suites (a_n) et (b_n). Et si oui, quel peut être le lien entre les différentes lois limites. Ceci nous amène à introduire la notion suivante.

Définition 14.2.1. *On dit que deux variables aléatoires X et Y sont de même type s'il existe deux constantes $a \in \mathbb{R}$ et $b > 0$ telles que $X =_{loi} bY + a$.*

Autrement dit, les variables "*de même type*" ont la même loi de probabilité, à un facteur de translation et d'échelle près. Il est alors possible de montrer que si l'on considère des suites de normalisation différentes, les lois limites peuvent être différentes, mais sont nécessairement de même type. C'est précisément l'objet du résultat suivant.

Théorème 14.2.2. *Soient F une fonction de répartition, et (a_n), (b_n), (a_n') et (b_n') des suites de réels, avec $b_n, b_n' > 0$ telles que*

$$\lim_{n\to\infty} F^n(a_n + b_n x) = G(x) \text{ et } \lim_{n\to\infty} F^n(a_n' + b_n' x) = G'(x),$$

en tout point de continuité x, où G et G' sont des fonctions de répartition non-dégénérées. Alors,

$$\lim_{n\to\infty} \frac{b_n'}{b_n} = b > 0 \text{ et } \lim_{n\to\infty} \frac{a_n'}{a_n} = a \in \mathbb{R},$$

et G et G' sont de même type, satisfaisant

$$G'(x) = G(a + bx), \; x \in \mathbb{R}.$$

De la même façon que les lois limites pour les sommes étaient les lois stables, les lois limites pour le maximum vérifient la relation de stabilité suivante.

Définition 14.2.3. *Une loi de probabilité de fonction de répartition G est dite max-stable si, pour tout $n \geq 2$, il existe des constantes $a_n \in \mathbb{R}$ et $b_n > 0$ telles que*

$$G^n(a_n + b_n x) = G(x), \text{ pour tout } x \in \mathbb{R}.$$

Le résultat suivant indique que les fonctions de répartition max-stables que nous venons de définir correspondent aux lois limites des maxima.

Théorème 14.2.4. *La classe des lois max-stables coïncide avec la classe des limites possibles, non-dégénérées, pour les maxima normalisés de variables aléatoires indépendantes et de même loi.*

Démonstration. Supposons que

$$\lim_{n\to\infty} F^n(a_n + b_n x) = G(x), \text{ pour tout } x \in \mathbb{R},$$

où G est une fonction de répartition non-dégénérée. Notons que pour tout $k \in \mathbb{N}$,

$$\begin{aligned} \lim_{n\to\infty} F^{nk}(a_n + b_n x) &= \left(\lim_{n\to\infty} F^n(a_n + b_n x)\right)^k \\ &= G^k(x), \; x \in \mathbb{R}, \end{aligned}$$

avec de plus

$$\lim_{n\to\infty} F^{nk}(a_{nk} + b_{nk} x) = G(x), \; x \in \mathbb{R}.$$

D'après la propriété de lois limites de même type, on en déduit qu'il existe des constantes $a'_n \in \mathbb{R}$ et $b'_n > 0$ telles que

$$G^k(a'_k + b'_k x) = G(x), \text{ pour tout } x \in \mathbb{R},$$

c'est-à-dire que la loi G est max-stable. □

14.2.2 Grandes déviations

Soit $\{X_1,X_2,...\}$ une suite de variables aléatoires indépendantes et identiquement distribuées (des coûts de sinistres, par exemple), et notons $S_n = X_1 + ... + X_n$. La loi faible des grands nombres permet d'affirmer que si les X_i sont d'espérance finie μ, S_n/n converge en probabilité vers μ. C'est ce résultat qui permet de préconiser l'utilisation de la prime pure comme "*prime de référence* " (Chapitre 3 du Tome 1). Néanmoins, on peut s'intéresser au comportement de $\Pr[S_n/n > \mu + \varepsilon]$ quand $n \to \infty$, où $\varepsilon > 0$. Sous un certain nombre d'hypothèses, il est possible de montrer que

$$\Pr\left[\frac{S_n}{n} > \mu + \varepsilon\right] \sim \exp(-n \cdot h(\varepsilon)) \text{ quand } n \to \infty,$$

où h dépend de la loi des X_i (et correspond à la "*transformée de Cramér*").

Le théorème central limite correspond à un *grossissement* de S_n/n autour de la moyenne (en multipliant $S_n/n - \mu$ par un facteur $\sqrt{n}$), ce qui permet d'obtenir des équivalents du type

$$\Pr\left[\sqrt{n}\left(\frac{S_n}{n} - \mu\right) > a \cdot \sigma\right] \sim -\phi(a),$$

où ϕ désigne la densité de la loi $\mathcal{N}or(0,1)$.

Les résultats de grandes déviations sont différents, et ont été établis dans les années 1930 par Khinchine et Cramér. L'idée est ici d'obtenir une majoration de la forme

$$\Pr\left[\frac{S_n}{n} > a\right] \leq \exp(-n \cdot h(a)),$$

en utilisant l'inégalité de Markov, en supposant l'existence de la transformée de Laplace sur un voisinage de 0.

Notons qu'une autre caractérisation des lois max-stables est possible, comme le montre le résultat suivant.

Proposition 14.2.5. *La fonction de répartition G correspond à une loi max-stable si pour tout X_0, X_1, ..., X_n indépendantes et de même fonction de répartition G, il existe $a_n \in I\!R$ et $b_n > 0$ telles que*

$$\max\{X_1,...,X_n\} =_{loi} a_n + b_n X_0, \text{ pour tout } n \geq 2.$$

Sous cette forme, on retrouve une relation très proche de celle de la définition de stabilité rencontrée dans la Section 4.2.8 du Tome 1.

Examinons à présent les lois limites possibles pour les maxima, données par le résultat suivant, central dans la théorie des valeurs extrêmes.

Théorème 14.2.6. *Considérons une suite $X_1, X_2, \ldots$ de variables aléatoires indépendantes et de même fonction de répartition F. Supposons qu'il existe des constantes de normalisation $a_n \in \mathbb{R}$ et $b_n > 0$, et une loi non-dégénérée de fonction de répartition G telles que*

$$\frac{X_{n:n} - a_n}{b_n} \to_{loi} G.$$

Alors G est du même type qu'une des trois lois suivantes (données par leur fonction de répartition):

$$\begin{aligned} G_+(x) &= \exp\big(-(1+\xi x)^{-1/\xi}\big) \text{ pour } x \geq -1/\xi \text{ et } \xi > 0 \\ \Lambda(x) &= \exp\big(-\exp(-x)\big) \text{ pour } x \in \mathbb{R} \\ G_-(x) &= \exp\big(-(1+\xi x)^{-1/\xi}\big) \text{ pour } x \leq -1/\xi \text{ et } \xi < 0. \end{aligned}$$

Les fonctions de répartition G_+ ($\xi > 0$), Λ ($\xi = 0$) et G_- ($\xi < 0$) correspondent respectivement aux lois de Fréchet, de Gumbel et de Weibull.

En fonction de la limite G_+, Λ et G_-, on dira que F est dans le max-domaine d'attraction de G_+, de Λ ou de G_-. Ces trois lois sont en fait les trois cas particulier de la loi GEV - pour Generalized Extreme Value - correspondant à la représentation de Jenkinson-von Mises:

$$G_{\mu,\sigma,\xi}(x) = \begin{cases} \exp\left(-\left(1+\xi\frac{x-\mu}{\sigma}\right)^{-1/\xi}\right), & \text{si } \xi \neq 0, \\ \exp\left(-\exp\left(-\frac{x-\mu}{\sigma}\right)\right), & \text{si } \xi = 0, \end{cases}$$

si $\mu + \xi x/\sigma > 0$. Cette loi sera notée GEV(μ,σ,ξ) par la suite. De plus, nous noterons simplement G_ξ la fonction de répartition $G_{0,1,\xi}$. Ainsi, F appartient au max-domaine d'attraction de G_ξ, $\xi > 0$, lorsque F appartient au max-domaine d'attraction de G_+.

14.2.3 Estimation de la loi du maximum

En pratique, le maximum des n variables $X_1,\ldots,X_n$ ne constitue qu'une unique observation, ce qui rend l'estimation de la loi de cette observation délicate. Considérons un échantillon $X_1,\ldots,X_n$ de variables aléatoires indépendantes et de même loi, et notons Y le maximum. Si on peut disposer d'un échantillon de maxima $Y_1,\ldots,Y_m$

des méthodes classiques d'ajustement de loi seraient possibles (maximum de vraisemblance par exemple).

L'idée proposée par GUMBEL (1958) est de considérer des maxima par blocs: on subdivise l'échantillon de taille n en m échantillons de taille n/m. On note alors Y_i le maximum obtenu sur le $i$ème bloc (c'est-à-dire obtenu sur $\{X_{(i-1)n/m+1},X_{(i-1)n/m+2},...,X_{in/m}\}$). En particulier, si $\xi \neq 0$, la log-vraisemblance de l'échantillon $Y_1,...,Y_m$ de loi GEV(μ,σ,ξ) s'écrit

$$\begin{aligned}\log \mathcal{L} &= -m \log \sigma - (1+\xi^{-1}) \sum_{i=1}^{m} \log \left(1+\xi \frac{Y_i-\mu}{\sigma}\right) \\ &\quad - \sum_{i=1}^{m} \left(1+\xi \frac{Y_i-\mu}{\sigma}\right)^{-1/\xi}. \end{aligned} \tag{14.1}$$

Si $\xi = 0$, la log-vraisemblance devient

$$\begin{aligned}\log \mathcal{L} &= -m \log \sigma - \sum_{i=1}^{m} \exp \left(1+\xi \frac{Y_i-\mu}{\sigma}\right) \\ &\quad - \sum_{i=1}^{m} \left(1+\xi \frac{Y_i-\mu}{\sigma}\right). \end{aligned} \tag{14.2}$$

HOSKING & WALLIS (1987) ont montré que si $\xi > -1/2$, alors

$$\sqrt{m}\Big((\widehat{\mu},\widehat{\sigma},\widehat{\xi}) - (\mu,\sigma,\xi)\Big) \to_{\text{loi}} \mathcal{N}or(\mathbf{0},\boldsymbol{V}),$$

où nous renvoyons à cet auteur pour la forme de la matrice de variance-covariance $\boldsymbol{V}$.

14.2.4 La $(n-k)$ème plus grande valeur

Les résultats de la section précédante s'intéressaient à la plus grande valeur observée parmi n. En pratique, les k plus importantes valeurs peuvent avoir un impact considérable sur le résultat de l'assureur. Ceci nous amène à considérer les k plus grandes statistiques d'ordre.

Quelques rappels sur les statistiques d'ordre

A partir de n variables aléatoires $X_1,...,X_n$ indépendantes et de même fonction de répartition F, il est possible d'en déduire la loi de la $i$ème statistique d'ordre $X_{i:n}$, comme le montre le résultat suivant.

Proposition 14.2.7. *La fonction de répartition de* $X_{i:n}$ *est donnée par*

$$F_{i:n}(x) = \Pr[X_{i:n} \leq x] = \sum_{j=i}^{n} \binom{n}{j} \left(F(x)\right)^{j} \left(1 - F(x)\right)^{n-j}.$$

Démonstration. Ce résultat s'obtient en notant que les indicatrices $\mathbb{I}[X_i \leq x]$ sont indépendantes et de même loi de Bernouilli de paramètre $p = F(x)$. Si l'on s'intéresse à l'évènement $\{X_{i:n} \leq x\}$, on s'intéresse au cas où, dans l'échantillon de variables de Bernoulli, la valeur 1 apparaît plus de i fois. Comme le nombre de fois où 1 apparaît suit une loi Binomiale de paramètres $F(x)$ et n, on obtient le résultat annoncé. □

Corollaire 14.2.8. *Les lois des extrêmes sont alors respectivement*

$$F_{1:n}(x) = 1 - \left(1 - F(x)\right)^{n} \text{ et } F_{n:n}(x) = \left(F(x)\right)^{n}.$$

Exemple 14.2.9. *La Figure 14.4 représente les densités des statistiques d'ordre pour un échantillon* $\mathcal{N}or(0,1)$ *de taille* n*, ainsi que l'évolution de la densité du maximum pour des échantillons de tailles différentes.*

Remarque 14.2.10. *Cette écriture peut néanmoins se simplifier en introduisant les fonctions beta incomplètes. Pour mémoire, la fonction beta est définie, comme généralisation de la fonction gamma, par*

$$b(p,q) = \int_0^1 t^{p-1}(1-t)^{q-1}\,dt = \frac{\Gamma(p+q)}{\Gamma(p)\Gamma(q)}.$$

La fonction beta incomplète est obtenue en intégrant non plus sur $[0,1]$ *mais sur* $[0,s]$*, puis en normalisant*

$$b_s(p,q) = \frac{1}{b(p,q)} \int_0^s t^{p-1}(1-t)^{q-1}\,dt.$$

A l'aide de cette notation, il est aisé de montrer que

$$F_{i:n}(x) = b_{F(x)}(k,n-k+1).$$

Aussi, en notant $U_{k:n} = F(X_{k:n})$*, il est aisé de montrer que* $U_{k:n} \sim \mathcal{B}et(k,n-k+1)$ *pour tout* k*.*

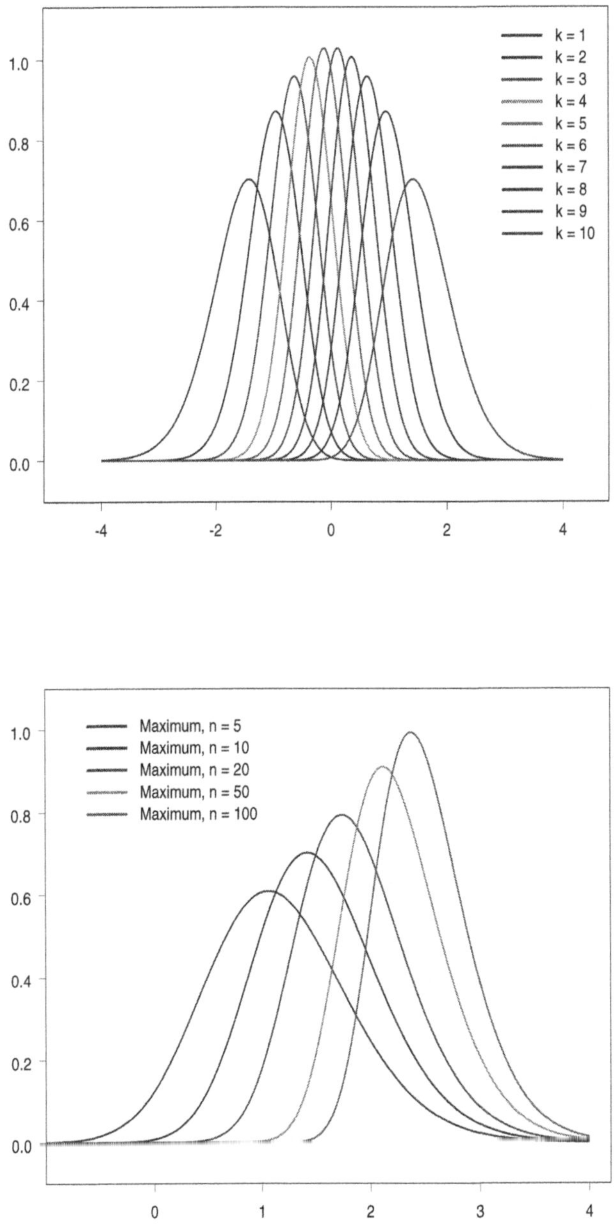

FIG. 14.4 – *Densités des statistiques d'ordre* $X_{k:n}$ *pour un échantillon de loi* $\mathcal{N}or(0,1)$ *de taille* $n = 10$ *au-dessus, et densité du maximum* $X_{n:n}$ *pour un échantillon de loi* $\mathcal{N}or(0,1)$ *de taille* $n = 5,10,...,100$*, en-dessous.*

Comportement limite quand k est fixé, et $n - k \to \infty$

Des résultats similaires à ceux obtenus sur $X_{n:n}$ peuvent être établis (voyez par exemple GALAMBOS (1987) ou BEIRLANT, GOEGEBEUR, SEGERS & TEUGELS (2004)). Nous reprenons ci-dessous les faits les plus marquants.

Proposition 14.2.11. *La loi normalisée (avec les suites* (a_n) *et* (b_n)*) de la kème plus grande valeur converge vers* G_k*, non dégénérée, c'est-à-dire*

$$\Pr\left[\frac{X_{n-k+1:n} - a_n}{b_n} \leq x\right] = F_{n-k+1:n}(a_n + b_n x) \to G_k(x),$$

si, et seulement si, la loi normalisée du maximum (avec les mêmes suites (a_n) *et* (b_n)*) converge vers une loi GEV de fonction de répartition* G*. Et dans ce cas,*

$$G_k(x) = G(x) \cdot \left(1 + \sum_{i=1}^{k-1} \frac{1}{i!} \left(-\log G(x)\right)^i\right).$$

Ce résultat peut s'obtenir en utilisant les mêmes suites de normalisation que pour le maximum, et en utilisant la fonction de répartition de la $n - k$ème valeur (obtenue à la Proposition 14.2.7).

Exemple 14.2.12. *Pour la loi* $\mathcal{N}or(0,1)$*, en posant* $b_n = \Phi^{-1}(1 - 1/n)$ *et* $a_n = 1/b_n$*, nous obtenons*

$$\Pr[X_{n-k+1:n} \leq a_n + b_n x] \to \exp(-\exp(-x)),\ x \geq 0,$$

(loi de Gumbel, ce résultat sera détaillé dans la Section 14.4.5). En utilisant ce résultat, on obtient, pour $k \geq 1$*, que*

$$\Pr[X_{n-k+1:n} \leq a_n + b_n x]$$
$$\to \exp(-\exp(-x)) \cdot \left(1 + \sum_{i=1}^{k-1} \frac{\exp(-ix)}{i!}\right),\ x \geq 0.$$

Par exemple, pour $k = 2$*, la loi limite s'écrit alors*

$$G_2(x) = \exp(-\exp(-x)) + \exp(-\exp(-x) - x),\ x \geq 0.$$

Aussi, si x *est suffisement grand, le comportement de la 2ème plus grande valeur est proche de celui de la plus grande.*

BEIRLANT, GOEGEBEUR, SEGERS & TEUGELS (2004) étudient plus précisément le comportement limite des statistiques d'ordre, y compris si $k \to \infty$, mais moins vite que n (c'est-à-dire $k = o(n)$).

14.2.5 Fréquence aléatoire des sinistres

Une des difficultés en assurance est précisément que le nombre de sinistres survenant au cours d'une période est une variable aléatoire. Aussi, la taille n de l'échantillon doit être vue comme une variable aléatoire N.

Pour cela, on peut utiliser la méthode dite de Rényi-Mogyoródi qui permet de conclure que si une statistique T_n vérifie

$$U_n(T,a,b) = \frac{T_n - a_n}{b_n} \to_{\text{loi}} G,$$

non dégénérée, quand $n \to \infty$, pour des suites de constantes (a_n) et (b_n), et que si N_t est un processus indépendant des X_i, avec $N_t \to_{\text{proba}} +\infty$ quand $t \to \infty$, alors $U_{N_t}(T,a,b)$ converge également vers G.

Des résultats relativement généraux peuvent être obtenus sur les maxima, avec pour hypothèse que $N_t/t \to_{\text{proba}} M$ quand $t \to \infty$, où M est une variable aléatoire positive. On a alors le résultat suivant.

Proposition 14.2.13. *Si le processus de comptage des sinistres (N_t) est tel que $N_t/t \to_{proba} M$ quand $t \to \infty$, où M est une variable aléatoire positive, de fonction de répartition F_M, et que les variables X_i sont indépendantes et de même loi, dans le max-domaine d'attraction d'une loi H, pour des constantes de normalisation a_n et b_n, alors*

$$\Pr[X_{N_t:N_t} \leq a_n + b_n x] \to \int_{\mathbb{R}^+} H^m dF_M(m)$$

lorsque $t \to +\infty$.

La démonstration de ce résultat est relativement technique, et peut être trouvée dans Galambos (1987). L'idée générale est de travailler sur du conditionnement (par rapport à $N_t = kt$), et d'utiliser des résultats sur les comportements limites pour des suites de variables échangeables.

Notons que des résultats peuvent également être obtenus dans le cas des sommes. Il s'agit de comportement dans les queues de distribution des lois composées (introduites dans la Section 7.3 du Tome 1).

14.3 Epaisseur des queues de distribution

Dans la terminologie actuarielle, un risque pouvant survenir avec une probabilité faible, mais pas nulle, et présenter une perte immense (ce qui pourrait être une caractéristique d'une catastrophe) est souvent dit "*à queue épaisse*". Il paraît donc naturel que l'étude de ces événements puisse être faite à partir du comportement asymptotique de la fonction de queue.

14.3.1 La notion de variation régulière

Fonction à variation régulière

Une fonction $h : \mathbb{R}^+ \to \mathbb{R}$ sera dite à variation régulière en l'infini si, et seulement si, il existe une fonction g telle que

$$\lim_{t\to\infty} \frac{h(tx)}{h(t)} = g(x) \text{ pour tout } x > 0. \tag{14.3}$$

On peut alors noter que pour tout $x,y > 0$,

$$\begin{aligned}\lim_{t\to\infty} \frac{h(txy)}{h(t)} &= \lim_{t\to\infty} \frac{h(txy)}{h(tx)} \frac{h(tx)}{h(t)} \\ &= \lim_{t\to\infty} \frac{h(txy)}{h(tx)} \lim_{t\to\infty} \frac{h(tx)}{h(t)} \\ &= g(y)\, g(x).\end{aligned}$$

Autrement dit, la fonction g vérifie nécessairement, pour tout $x,y > 0$, l'équation fonctionnelle de Cauchy

$$g(xy) = g(x)\, g(y) \tag{14.4}$$

dont la solution générale est de la forme $g(x) = x^\theta$ pour un certain $\theta \in \mathbb{R}$.

Définition 14.3.1. *Une fonction positive $h :]0, +\infty[\to \mathbb{R}$ est dite à variation régulière (en $+\infty$) d'indice α, noté $\mathcal{R}(\alpha)$ si h vérifie*

$$\lim_{x\to\infty} \frac{h(tx)}{h(x)} = t^\alpha \text{ pour tout } t > 0.$$

Si $\alpha = 0$, on parlera alors de fonction à variation lente, i.e. $h(tx)/h(x) \to 1$ quand $x \to \infty$, pour tout t. Et si $\alpha = \infty$, on parlera alors de fonction à variation rapide.

Aussi, de façon triviale, si h est une fonction à variation régulière d'indice α, alors il existe une fonction à variation lente $\mathcal{L}$ telle que $h(x) = x^\alpha \mathcal{L}(x)$. De plus, on peut noter que si $\alpha > 0$ alors $h(t) \to +\infty$ quand $t \to +\infty$, et que si $\alpha < 0$ alors $h(t) \to 0$ quand $t \to +\infty$. En revanche, rien ne peut être conclu pour les fonctions à variations lentes.

Parmi les fonctions à variation lente, on notera les fonctions constantes, $x \mapsto \log x$, les itérations du logarithme (c'est-à-dire $x \mapsto \log(\log x)$...), ainsi que les fonctions $x \mapsto \exp([\log x]^\gamma)$ où $0 < \gamma < 1$.

Propriétés des fonctions à variation régulière

Un grand nombre d'autres propriétés peuvent être obtenues pour les fonctions à variation régulières.

Proposition 14.3.2. *La notion de variation régulière est stable par intégration, différenciation, composition, somme, produit... Plus précisément,*

- *si f à variation régulière d'indice $\alpha > -1$, alors toute primitive de f sera à variation régulière d'indice $\alpha + 1$,*
- *si f à variation régulière d'indice α, alors si sa dérivée est monotone à partir d'un certain $z > 0$, sa dérivée sera à variation régulière d'indice $\alpha - 1$,*
- *si f à variation régulière d'indice α, alors f^κ sera à variation régulière d'indice $\alpha\kappa$.*
- *si f et g sont à variation régulière d'indices α et β respectivement, $f + g$ sera à variation régulière d'indice $\max\{\alpha,\beta\}$, $f \circ g$ sera à variation régulière d'indice $\alpha\beta$.*

Variation régulière pour variables aléatoires

Le résultat suivant, parfois appelé théorème Taubérien, permet de lier le comportement de la queue de distribution au comportement limite de sa transformée de Laplace.

Théorème 14.3.3. *Une variable aléatoire X, de fonction de répartition F et de transformée de Laplace L_F, est dite à variation régulière d'indice $-\alpha$, où $\alpha \leq 0$, si l'une des conditions suivantes, équivalentes, est vérifiée, où $\mathcal{L}_F$, $\mathcal{L}_{F^{-1}}$, $\mathcal{L}_L$ et $\mathcal{L}_f$ désignent des fonctions à variation lente:*

(i) La fonction de survie $\overline{F}$ est à variation régulière d'indice $-\alpha$, c'est-à-dire que $\overline{F}$ admet la représentation

$$\overline{F}(x) = x^{-\alpha}\mathcal{L}_F(x).$$

(ii) La fonction quantile, ou la Value-at-Risk, est à variation régulière, au sens où

$$F^{-1}(1 - 1/x) = x^{1/\alpha}\mathcal{L}_{F^{-1}}(x).$$

(iii) La transformée de Laplace vérifie $L_F(t) \sim t^\alpha \mathcal{L}_L(1/t)$.

(iv) Si la densité existe et vérifie $xf(x)/\overline{F}(x) \to \alpha$ quand $x \to \infty$, alors la densité est à variation régulière d'indice $-(1 + \alpha)$,

$$f(x) = x^{-(1+\alpha)}\mathcal{L}_f(x).$$

Une démonstration de se résultat peut se trouver dans BINGHAM, GOLDIE & TEUGELS (1987). Nous retiendrons ici le lien entre les propriétés de la fonction de survie en $+\infty$, et le comportement de la transformée de Laplace en 0. Rappelons en effet que dans le cas du modèle collectif, il peut être plus simple de travailler sur la transformée de Laplace. On notera de plus que si X est une variable positive, à variation régulière d'indice $-\alpha$, alors $\mathbb{E}[X^\kappa] < \infty$ si $\alpha < \kappa$ et $\mathbb{E}[X^\kappa] = \infty$ si $\alpha > \kappa$.

Exemple 14.3.4. *Pour une loi de Pareto,*

$$\overline{F}(x) = \left(\frac{\theta}{\theta + x}\right)^\alpha, \text{ pour } x \geq 0,$$

la fonction de survie est à variation régulière d'indice $-\alpha$. *De plus, la fonction quantile s'écrit*

$$F^{-1}(x) = \theta \cdot \left((1-x)^{-1/\alpha} - 1\right),$$

soit

$$F^{-1}(1 - 1/x) = \theta \cdot \left(x^{1/\alpha} - 1\right),$$

qui est à variation régulière d'indice $1/\alpha$. *Enfin, la transformée de Laplace n'admet pas de forme explicite simple, toutefois, un développement limité permet d'obtenir un équivalent en* 0.

Stabilité de la propriété de variation régulière par convolution

Notons que la propriété de variation régulière est stable par convolution, au sens où, si $\Pr[X > x] = x^{-\alpha}\mathcal{L}_X(x)$ et $\Pr[Y > y] = y^{-\alpha}\mathcal{L}_Y(y)$ où X et Y sont deux risques indépendants, alors $X + Y$ est à variation régulière de paramètre $-\alpha$, i.e.

$$\Pr[X + Y > s] \sim s^{-\alpha}\big(\mathcal{L}_X(s) + \mathcal{L}_Y(s)\big),$$

quand $s \to \infty$.

Le résultat s'étend naturellement à la somme de n variables aléatoires $X_1, \ldots, X_n$. Plus précisément, si $\Pr[X_i > x] = x^{-\alpha}\mathcal{L}(x)$ pour $i = 1,...,n$ alors, en notant $S_n = X_1 + ... + X_n$,

$$\Pr[S_n > x] \sim n s^{-\alpha}\mathcal{L}(x) = n \Pr[X > x],$$

quand $s \to \infty$. Aussi, si $X_1, \ldots, X_n$ sont indépendantes et de même loi à variation régulière, alors

$$\Pr[X_1 + ... X_n > x] \sim \Pr[\max\{X_1,...,X_n\} > x], \tag{14.5}$$

quand $x \to \infty$, c'est-à-dire que la queue de distribution de la somme de n sinistres correspond à la queue de distribution du maxima (on parlera alors de lois sous-exponentielles).

Le théorème de Karamata, intégration de fonctions à variation régulière

Le théorème de Karamata permet d'obtenir des résultats sur les moments d'ordre quelconque, pour des densités à variation régulière. Plus précisément, on a le résultat suivant,

Proposition 14.3.5. *si h est une fonction à variation régulière d'indice α, où $\alpha < -1$, alors $\int_y^\infty x^\alpha h(x)dx$ converge, et (sous quelques conditions techniques),*

$$-\frac{y^{\alpha+1}h(y)}{\int_y^\infty x^\alpha h(x)dx} \to \alpha + 1, \text{ quand } y \to \infty.$$

14.3.2 Variation régulière et max-domaine d'attraction de la loi de Fréchet

Dans cette section, nous allons lier le comportement en terme de variation régulière, et le comportement limite en terme de max-domaine d'attraction, dans le cas de lois limites de Fréchet ou de Gumbel.

Proposition 14.3.6. *Une fonction de répartition F appartient au max-domaine d'attraction de la loi de Fréchet de paramètre $\xi > 0$ si, et seulement si, $\overline{F}$ est une fonction à variation régulière d'indice $-1/\xi$, c'est-à-dire $\overline{F}(x) = x^{-1/\xi}\mathcal{L}(x)$, où $\mathcal{L}$ est une fonction à variation lente.*

Cette caractérisation des lois dans le max-domaine d'attraction pour les lois de Fréchet, à l'aide de résultats de variation régulière n'est malheureusement pas généralisable pour les lois dans le max-domaine d'attraction de la loi de Gumbel. Il convient pour cela d'utiliser les conditions de second ordre, qui ne seront pas présentées ici.

14.3.3 Somme, maximum et loi sous-exponentielle

Définition

Une notion particulièrement utile en sciences actuarielles, appelée sous-exponentialité, est définie ci-dessous.

Définition 14.3.7. *Une fonction de répartition F, à support dans*

$\mathbb{R}^+$, est dite sous-exponentielle si

$$\lim_{x\to\infty} \frac{\overline{F}^{\star(2)}(x)}{\overline{F}(x)} = 2.$$

Nous noterons dorénavant $\mathcal{S}$ la classe des fonctions de répartition sous-exponentielles.

Un raisonnement par récurrence mène alors au résultat suivant.

Proposition 14.3.8. *La fonction de répartition F telle que $F(0) = 0$ est sous-exponentielle si, seulement si, pour $n = 2,3,\ldots$*

$$\lim_{n\to\infty} \frac{\overline{F}^{\star(n)}(x)}{\overline{F}(x)} = n. \tag{14.6}$$

Propriétés

Quelle que soit la fonction de répartition F, on a l'égalité suivante :

$$\frac{\overline{F}^{\star(2)}(x)}{\overline{F}(x)} = 1 + \int_0^x \frac{\overline{F}(x-y)}{\overline{F}(x)}\, dF(y) \tag{14.7}$$

puisque

$$\begin{aligned} \overline{F}^{\star(2)}(x) &= 1 - F^{\star(2)}(x) = 1 - \int_0^x F(x-y)\, dF(y) \\ &= 1 - \int_0^x dF(y) + \int_0^x \overline{F}(x-y)\, dF(y) \\ &= 1 - F(x) + \int_0^x \overline{F}(x-y)\, dF(y). \end{aligned}$$

Nous pouvons donc énoncer le résultat suivant.

Propriété 14.3.9. *Si $F \in \mathcal{S}$ alors pour tout $y > 0$, on a*

$$\lim_{x\to\infty} \frac{\overline{F}(x-y)}{\overline{F}(x)} = 1 \tag{14.8}$$

et

$$\lim_{x\to\infty} \int_0^x \frac{\overline{F}(x-y)}{\overline{F}(x)}\, dF(y) = 1 \tag{14.9}$$

Démonstration. Pour tout $y \leq x$ l'identité (14.7) implique

$$\frac{\overline{F}^{\star(2)}(x)}{\overline{F}(x)} = 1 + \int_0^y \frac{\overline{F}(x-y)}{\overline{F}(x)}\,dF(y) + \int_y^x \frac{\overline{F}(x-y)}{\overline{F}(x)}\,dF(y).$$

Et à partir des inégalités

$$\int_0^y \frac{\overline{F}(x-t)}{\overline{F}(x)}\,dF(t) \geq F(y)$$

et

$$\int_y^x \frac{\overline{F}(x-t)}{\overline{F}(x)}\,dF(t) \geq \frac{\overline{F}(x-y)}{\overline{F}(x)}(F(x)-F(y)),$$

on déduit que

$$1 \leq \frac{\overline{F}(x-y)}{\overline{F}(x)} \leq \left(\frac{\overline{F}^{\star(2)}(x)}{\overline{F}(x)} - 1 - F(y)\right)\big(F(x)-F(y)\big)^{-1}.$$

Comme

$$\lim_{x\to\infty}\left(\frac{\overline{F}^{*2}(x)}{\overline{F}(x)} - 1 - F(y)\right)\Big(F(x)-F(y)\Big)^{-1} = 1,$$

en vertu de la définition des éléments de $\mathcal{S}$, nous en déduisons que (14.8) est vérifiée. La relation (14.9) est une conséquence directe de (14.7). □

Lien avec la loi du maximum

Nous avons vu en (14.5) que pour les risques à variation régulière, la queue de distribution de leur somme est équivalente à celle de leur maximum. Cette propriété est caractéristique des lois sous-exponentielles, comme le montre le résultat suivant.

Propriété 14.3.10. *Si $X_1,\ldots,X_n$ sont n variables aléatoires indépendantes et de même fonction de répartition $F \in \mathcal{S}$ alors*

$$\lim_{x\to\infty} \frac{\Pr[X_{n:n} > x]}{\Pr[S_n > x]} = 1 \tag{14.10}$$

Démonstration. Rappelons tout d'abord que pour tout réel a et pour tout entier $n \geq 1$ on a l'identité :

$$1 - a^n = (1-a)\sum_{k=0}^{n-1} a^k.$$

Comme $\lim_{x\to\infty} F(x) = 1$ nous avons également pour tout $n \geq 1$

$$\lim_{x\to\infty} \sum_{k=0}^{n-1} F^k(x) = n.$$

Il résulte de ces deux identités que

$$\begin{aligned} 1 &= \lim_{x\to\infty} \frac{\overline{F}^{\star(n)}(x)}{n\overline{F}(x)} \\ &= \lim_{x\to\infty} \frac{\overline{F}^{\star(n)}(x)}{\big(1-F(x)\big)\sum_{k=0}^{n-1} F^k(x)} \text{ avec } a = F(x) \\ &= \lim_{x\to\infty} \frac{\overline{F}^{\star(n)}(x)}{1-F^n(x)} \\ &= \lim_{x\to\infty} \frac{\Pr[X_{n:n} > x]}{\Pr[S_n > x]}, \end{aligned}$$

d'où la propriété annoncée. □

Le comportement dans les queues d'une somme de risques sous-exponentiels est alors essentiellement détermintée par la loi du maximum.

Indice de grands risques

Nous définissons ici un indice de grand risque, permettant de détecter empiriquement les situations dangereuses pour l'assureur.

Définition 14.3.11. *Si F_X est une fonction de répartition continue d'espérance $\mathbb{E}[X]$ finie, on définit l'indice de grands risques par*

$$D_{F_X}(p) = \frac{1}{\mathbb{E}[X]} \int_{1-p}^{1} F_X^{-1}(t)\, dt \text{ pour } p \in [0,1].$$

Notez la similarité entre l'indice défini ci-dessus et la TVaR introduite au Chapitre 5. Notez également que $p \longmapsto 1 - D_{F_X}(1-p)$ est la courbe de Lorenz.

La version empirique de $D_{F_X}(p)$ basée sur un échantillon de n variables aléatoires indépendantes et de même loi $X_1, X_2, \ldots, X_n$ est alors $T_n(p)$ la proportion des $[np]$ sinistres les plus importants par rapport à la somme de tous les sinistres, i.e.

$$T_n(p) = \frac{X_{1:n} + X_{2:n} + \ldots + X_{[np]:n}}{X_1 + \ldots + X_n} \text{ où } \frac{1}{n} < p \leq 1.$$

En effet, $T_n(p)$ peut également s'écrire

$$T_n(p) = D_{\widehat{F}_n}\left(\frac{[np]}{n} - \frac{1}{n}\right).$$

Exemple 14.3.12. *La Figure 14.5 montre l'évolution de T_n pour les sinistres incendies danois, et pour des lois paramétriques usuelles. On notera que les sinistres incendies sont effectivement des grands risques, et que l'allure des courbes rapelle celle de la loi de Pareto.*

14.4 Etude de la loi des excès

L'étude du maximum s'est historiquement imposée comme la première méthode pour étudier les phénomènes extrêmes. Néanmoins, en réassurance, une variable d'intérêt peut également être la loi des excès pour un seuil u suffisamment grand (c'est-à-dire la loi de X sachant $X > u$). Cette section propose des approximations pour la loi des excès.

14.4.1 Loi de Pareto généralisée

Définition

Dans cette section, nous allons nous intéresser au comportement de $X|X > u$, pour des seuils u suffisamment élevés, c'est-à-dire si $u \to \infty$. Cette étude fera naturellement apparaître la loi de Pareto généralisée, ou GPD, que nous définissons ci-après.

Définition 14.4.1. *Soit H la fonction de répartition définie par*

$$H(x) = \begin{cases} 1 - (1 + \xi x)^{-1/\xi}, & si\ \xi \neq 0, \\ 1 - \exp(-x), & si\ \xi = 0, \end{cases}$$

pour $x \geq 0$ si $\xi \geq 0$, et $0 \leq x \leq -1/\xi$ si $\xi < 0$. Cette fonction de répartition correspond à la loi de Pareto généralisée (GPD) de paramètre ξ. Une version à trois paramètres μ, σ et ξ de cette loi, notée GPD(ξ,σ,μ), est obtenue en remplaçant x par $(x - \mu)/\sigma$; la fonction de répartition correspondante est notée $H_{\xi,\sigma,\mu}$.

Notons que le paramètre σ joue un rôle fondamental ici, et on notera $H_{\xi,\sigma}$ la loi obtenue pour $\mu = 0$, dont la fonction de répartition est

$$H_{\xi,\sigma}(x) = 1 - \left(1 + \xi\frac{x}{\sigma}\right)^{-1/\xi}.$$

Cette loi sera également notée dans la suite GPD(ξ,σ).

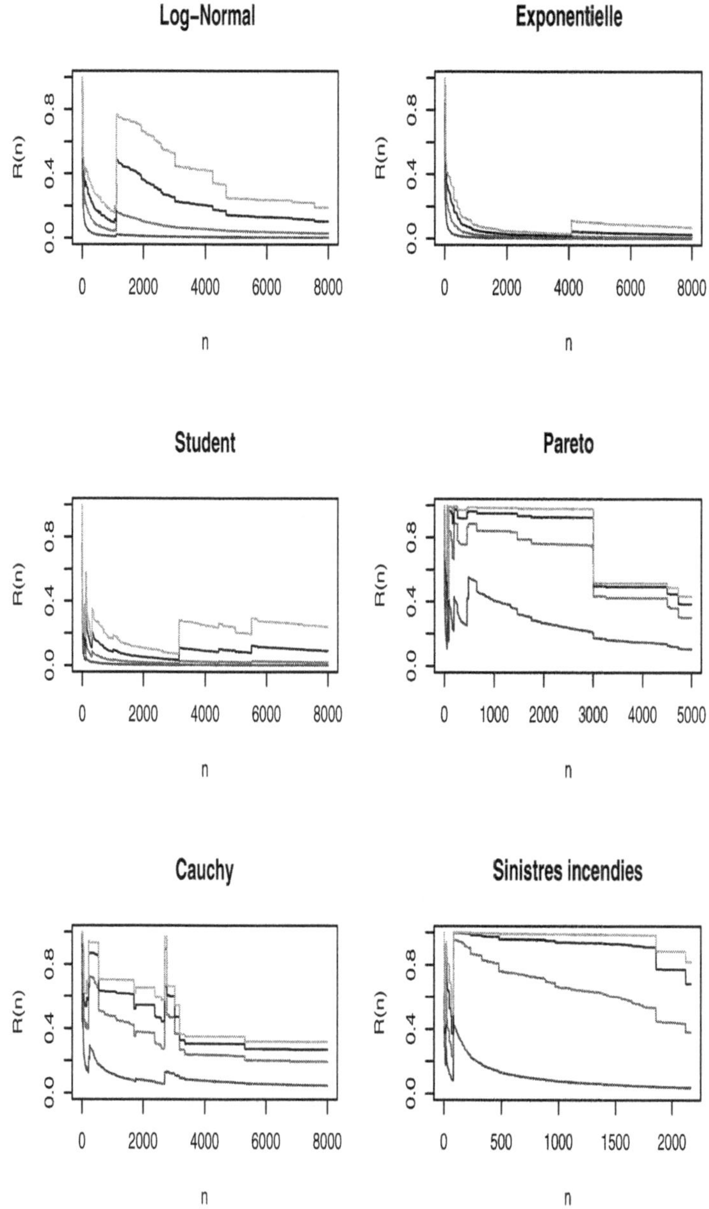

FIG. 14.5 – *Ratios $T_n(p)$ pour différentes lois paramétriques (log-normale, exponentielle, Cauchy...) pour $[np]$ = 1,2,3,4 (de bas en haut) et pour les sinistres incendies danois.*

Propriétés

Si $Y \sim \mathcal{E}xp(1)$ alors

$$X = \frac{\beta}{\xi}\big(\exp(\xi Y) - 1\big) \tag{14.11}$$

est de loi GPD(ξ,β). On peut donc voir la loi GPD comme une log-gamma.

Soit X une variable aléatoire de loi GPD(ξ,β). On a alors $\mathbb{E}[X] < \infty$ si, et seulement si, $\xi < 1$. Dans ce cas,

$$e(u) = \frac{\beta + \xi u}{1 - \xi} \tag{14.12}$$

$$\mathbb{E}[X] = \frac{\beta}{1 - \xi}. \tag{14.13}$$

Si $\xi < \frac{1}{2}$ alors $\mathbb{V}[X]$ existe et vaut

$$\mathbb{V}[X] = \frac{\beta^2}{(1-\xi)^2(1-2\xi)}. \tag{14.14}$$

Plus généralement, les moments de $X \sim$ GPD(ξ,σ) s'obtiennent grâce aux relations

$$\mathbb{E}\left[\left(1 + \frac{\xi}{\sigma}X\right)^{-r}\right] = \frac{1}{1 + \sigma r} \text{ où } r > -1/\xi,$$

et

$$\mathbb{E}\left[X^r\right] = \frac{\sigma^r}{\xi^{r+1}} \frac{\Gamma\left(1/\xi - r\right)}{\Gamma\left(1/\xi + 1\right)} r! \text{ pour } \xi < 1/r \text{ et } r \in \mathbb{N}.$$

Stabilité

La loi GPD est stable si on s'intéresse aux dépassements d'un niveau donné, comme le montre le résultat suivant.

Propriété 14.4.2. *Si X est une variable aléatoire GPD de fonction de répartition $H_{\xi,\sigma}$ alors $[X - u \mid X > u]$ est aussi GPD de fonction de répartition $H_{\xi,\sigma+\xi u}$ pour tout seuil $u > 0$.*

Démonstration. Démontrons le résultat pour $\xi \neq 0$. Il suffit d'écrire

$$\begin{aligned} \Pr[X - u > x \mid x > u] &= \frac{\overline{H}_{\xi,\sigma}(x+u)}{\overline{H}_{\xi,\sigma}(u)} \\ &= \left(1 + \xi\frac{x}{\sigma + \xi u}\right)^{-1/\xi} \\ &= \overline{H}_{\xi,\sigma+\xi u}(x), \end{aligned}$$

ce qui prouve le résultat. □

Loi GPD et mélange d'exponentielles

En posant $\alpha = 1/\xi$ (cette notation sera gardée tout au long de ce chapitre) et $\beta = \sigma/\xi$, il est possible de réécrire la fonction de répartition de la loi GPD (où $\mu = 0$) sous la forme

$$F_{\alpha,\beta}(x) = F(x|\alpha,\beta) = 1 - \left(1 + \frac{x}{\beta}\right)^{-\alpha}, \ x \geq 0,$$

dont la densité est alors

$$f(x|\alpha,\beta) = \frac{\alpha}{\beta}\left(1 + \frac{x}{\beta}\right)^{-\alpha-1}, \ x \geq 0.$$

Dans le cas où $\xi > 0$, cette dernière expression peut se réécrire (comme l'ont montré REISS & THOMAS (2001)) en mélange

$$f(x|\alpha,\beta) = \int_0^\infty y \exp(-\theta y)\pi(\theta|\alpha,\beta)d\theta, \ x \geq 0,$$

où la mélangeante

$$\pi(\theta|\alpha,\beta) = \frac{\beta^\alpha}{\Gamma(\alpha)}\theta^{\alpha-1}\exp(-\beta\theta), \ \theta \geq 0,$$

correspond à la densité de la loi Gamma de paramètres α et β.

Aussi, la loi de Pareto généralisée de paramètre $\xi > 0$ apparaît comme un mélange de lois exponentielles (qui sont dans le max-domaine d'attraction de la loi de Gumbel), dont le paramètre suit une loi Gamma. Ainsi, un mélange de lois à queue fine peut être à queue épaisse.

14.4.2 Théorème de Pickands-Balkema-de Haan

La loi GPD est particulièrement intéressante puisqu'elle correspond à la loi limite des excès, comme le montre le résultat suivant (connu sous le nom de théorème de Pickands-Balkema-de Haan).

Théorème 14.4.3. *La fonction de répartition F appartient au max-domaine d'attraction de G_ξ si, et seulement si,*

$$\lim_{u \to x_F} \sup_{0<x<x_F} \left\{\left|\Pr\left[X - u \leq x | X > u\right] - H_{\xi,\sigma(u)}\left(x\right)\right|\right\} = 0,$$

où $\sigma\left(\cdot\right)$ est une fonction positive.

Ce résultat fondamental montre que l'indice de queue ξ intervenant dans la limite du maximum est identique au paramètre ξ de la loi GPD décrivant le comportement des dépassements d'un niveau u suffisamment élevé. Ceci permet de noter le lien qui existe entre max-domaine d'attraction (et la loi GEV du maximum) et le comportement limite de la loi des excès.

L'approximation GPD de la Proposition 14.4.3 est illustrée à la Figure 14.6 pour les sinistres incendies danois, pour un seuil $u = 10$.

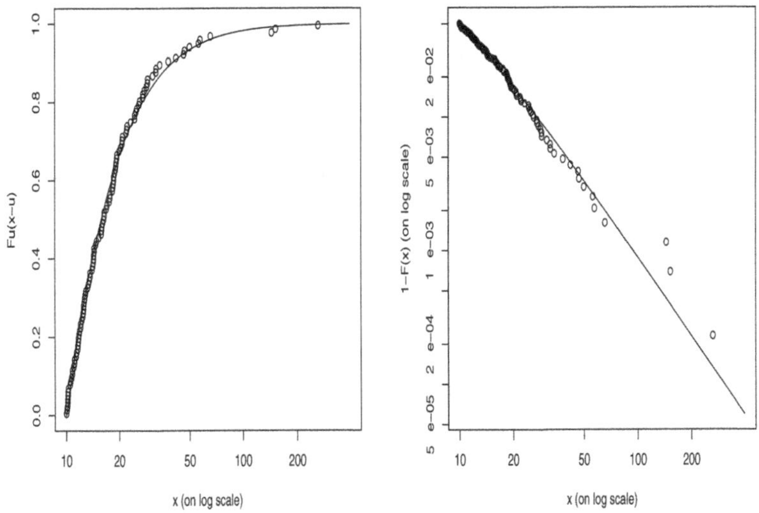

FIG. 14.6 – *Distribution des excès pour les sinistres incendies danois, seuil* $u = 10$*, et approximation GPD.*

14.4.3 Nombre de dépassements

Montrons que le nombre de dépassement d'un seuil suffisamment élevé suit approximativement la loi de Poisson.

Propriété 14.4.4. *Soit* N_n *le nombre de dépassements du seuil* u_n *dans un échantillon de taille* n*. Si la suite* (u_n) *des seuils vérifie*

$$\lim_{n\to\infty} n\overline{F}(u_n) = \tau \tag{14.15}$$

alors $N_n \to_{loi} \mathcal{P}oi(\tau)$ *lorsque* $n \to +\infty$.

Démonstration. Par définition

$$N_n = \sum_{i=1}^{n} \mathbb{I}[X_i > u_n] \sim \mathcal{B}in\big(n,\overline{F}(u_n)\big).$$

Comme $\mathbb{E}[N_n] = n\bar{F}(u_n)$ et

$$\lim_{n\to\infty} \mathbb{E}[N_n] = \lim_{n\to\infty} n\overline{F}(u_n) = \tau,$$

nous avons $N_n \to_{\text{loi}} \mathcal{P}oi(\tau)$ lorsque $n \to +\infty$. □

Ainsi, le nombre de sinsitres au-delà d'un seuil u suffisamment élevé suit approximativement une loi de Poisson de moyenne λ_u donnée par $n\overline{H}_{\xi,\sigma}(u)$.

14.4.4 Echantillon de taille poissonienne

Souvent, la taille de l'échantillon doit être considérée comme une variable aléatoire. En effet, si on s'intéresse au plus grand sinistre qui touchera le portefeuille au cours de l'an prochain, on s'intéresse en fait au maximum d'un nombre aléatoire d'observations (puisque le nombre de sinistres qui toucheront le portefeuille au cours de l'an prochain est inconnu). Nous considérons dans cette section le cas classique où le nombre d'observations suit la loi de Poisson.

Proposition 14.4.5. *Considérons une suite $X_1,X_2,\ldots$ de variables aléatoires indépendantes de même fonction de répartition $H_{\xi,\beta}$. Si N est une variable aléatoire de loi $\mathcal{P}oi(\lambda)$, indépendante des X_i, alors $M_N = \max\{X_1,\ldots,X_N\}$ est de loi $GEV(\mu,\sigma,\xi)$, avec*

$$\mu = \beta\xi^{-1}(\lambda^{\xi} - 1) \text{ et } \sigma = \beta\lambda^{\xi}.$$

Démonstration. Considérons tout d'abord $\xi \neq 0$ et déterminons dans ce cas la probabilité que le sinistre maximum M_N ne dépasse pas un seuil x donné:

$$\begin{aligned}
\Pr[M_N \leq x] &= \Pr[\max\{X_1, \ldots, X_N\} \leq x] \\
&= \sum_{n=0}^{\infty} \Pr[\max\{X_1, \ldots, X_N\} \leq x] \Pr[N = n] \\
&= \sum_{n=0}^{\infty} \left(\Pr[X_1 \leq x]\right)^n \Pr[N = n] \\
&= \sum_{n=0}^{\infty} \frac{\left(\lambda H_{\xi,\beta}(x)\right)^n}{n!} \exp\{-\lambda\} \\
&= \exp\Big(- \lambda\big(1 - H_{\xi,\beta}(x)\big)\Big) \\
&= \exp\Big(- \lambda\Big(1 + \xi\frac{x}{\beta}\Big)^{-1/\xi}\Big) \\
&= \exp\left(- \left(1 + \xi\frac{x - \xi^{-1}\beta(\lambda^{\xi} - 1)}{\beta\lambda^{\xi}}\right)^{-1/\xi}\right),
\end{aligned}$$

ce qui prouve le résultat lorsque $\xi \neq 0$. Dans le cas $\xi = 0$, il suffit de remarquer que

$$\Pr[M_N \leq x] = \exp\left(- \exp\left(-\frac{1}{\beta}(x - \beta \ln \lambda)\right)\right).$$

□

14.4.5 Exemples de comportement dans les queues

Cas de la loi exponentielle

Considérons la loi $\mathcal{E}xp(1)$ de fonction de répartition $F(x) = 1 - e^{-x}$. En posant $a_n = 1$ et $b_n = \log n$, alors

$$\begin{aligned}
F^n(a_n x + b_n) &= \left(1 - e^{-x-\log n}\right)^n \\
&= \left(1 - \frac{e^{-x}}{n}\right)^n \to \exp\left(-e^{-x}\right),
\end{aligned}$$

c'est-à-dire que la loi limite du maximum normalisé est la loi de Gumbel (de paramètre GEV $\xi = 0$). Aussi, les lois dans le domaine d'attraction de la loi de Gumbel sont parfois appelées de type exponentiel.

Pour l'approche par seuil, notons que,

$$\Pr\left[X > u + y | X > u\right] = \frac{1 - F\left(u + y\right)}{1 - F\left(u\right)} = \exp(-y),$$

pour tout $y > 0$. Aussi, la loi limite est la loi GPD de paramètre $\xi = 0$, avec $\sigma_u = 1$. Notons que dans le cas, la loi GPD n'est pas simplement la loi limite, mais il s'agit de la loi exacte pour tout u. Notons que pour ces deux approches, on retrouve le cas limite d'indice de queue nul ($\xi = 0$).

Cas de la loi de Pareto

Considérons la loi de Pareto, de fonction de queue $\overline{F}(x) = cx^{-\alpha}$, où $c > 0$, $\alpha > 0$. En notant $b_n = 0$ et $a_n = (nc)^{1/\alpha}$, on a alors pour $x > 0$,

$$F^n(a_n x) = \left(1 - c\,(a_n x)^{-\alpha}\right)^n = \left(1 - \frac{x^{-\alpha}}{n}\right)^n \to \exp\left(-x^{-\alpha}\right),$$

où la limite correspond à la loi de Fréchet. Aussi, les lois dans le domaine d'attraction de la loi de Fréchet sont parfois appelées de type Pareto.

Pour l'approche par seuil, posons $\sigma(u) = ub$ où $b > 0$, et notons F_u la fonction de répartition des excès au-delà du seuil u, de telle sorte que

$$\begin{aligned} F_u(\sigma(u)z) &= \frac{F(u+ubz) - F(u)}{1 - F(u)} \\ &\sim \frac{cu^{-\alpha} - c(u+ubz)^{-\alpha}}{cu^{-\alpha}} \\ &= 1 - (1+bz)^{-\alpha}. \end{aligned}$$

En posant $\xi = \frac{1}{\alpha} > 0$ et $b = \xi$ la limite est alors la loi GPD de paramètre ξ.

Cas d'une loi à support borné (à droite)

Considérons enfin la loi $\mathcal{U}ni(0,1)$, de fonction de répartition $F(x) = x$ sur $[0,1]$. Pour $x < 0$, supposons que $n > -x$ et notons $a_n = 1/n$ et $b_n = 1$. Alors

$$F^n(a_n x + b_n) = F^n\left(n^{-1}x + 1\right) = \left(1 + \frac{x}{n}\right)^n \to e^x$$

quand $n \to \infty$. Aussi, la distribution limite est la loi de Weibull, de paramètre $\xi = -1$.

En terme de loi des excès, notons que

$$\begin{aligned}\Pr\left[X > u+y | X > u\right] &= \frac{1-F\left(u+y\right)}{1-F\left(u\right)} \\ &= \frac{1-\left(u+y\right)}{1-u} \\ &= 1-\frac{y}{1-u},\end{aligned}$$

pour $0 \leq y \leq 1$, qui correspond à la loi GPD de paramètre $\xi = -1$ (obtenu en considérant dans le théorème de Balkema-Pickands-de Haan $\sigma_u = 1-u$).

Cas de la loi normale

Notons comme à l'accoutumée $\Phi(\cdot)$ la fonction de répartition de la loi $\mathcal{N}or(0{,}1)$. Comme

$$1-\Phi(x) \sim \frac{1}{x\sqrt{2\pi}}\exp(-x^2/2) \text{ lorsque } x \to \infty,$$

on en déduit que quand $u \to \infty$

$$\begin{aligned}\frac{1-\Phi(u+z/u)}{1-\Phi(u)} &\sim \left(1+\frac{z}{u^2}\right)^{-1}\cdot\exp\left(-\frac{1}{2}\left(u+\frac{z}{u}\right)^2+\frac{1}{2}u^2\right) \\ &\sim \exp(-z).\end{aligned}$$

Aussi, en considérant b_n solution de $\Phi(b_n) = 1-1/n$ et $a_n = 1/b_n$, on obtient

$$n\big(1-\Phi\left(a_n x+b_n\right)\big) = \frac{1-\Phi\left(a_n x+b_n\right)}{1-\Phi\left(b_n\right)} \to \exp(-x)$$

d'où

$$\lim_{n\to\infty}\Phi^n\left(a_n x+b_n\right) = \lim_{n\to\infty}\left(1-\frac{\exp(-x)}{n}\right)^n = \exp\left(-\exp(-x)\right),$$

c'est-à-dire que la limite du maximum est la loi de Gumbel.

En terme de loi des excès, posons $\sigma(u) = 1/u$, et alors

$$\frac{\Phi(u+\sigma(u)z)-\Phi(u)}{1-\Phi(u)} \to 1-\exp(-z) \text{ lorsque } u \to \infty,$$

de telle sorte que la loi limite correspond à celle obtenue dans le cas de la loi exponentielle.

14.4.6 Lois à queue épaisse: le max-domaine d'attraction de la loi de Fréchet

Le théorème de Pickands-Balkema-de Haan dit simplement que, même si les lois limites sont dans des familles différentes, le comportement de queue et du maximum est similaire et ne fait intervenir qu'un unique paramètre ξ. Plus précisément, ces deux approches permettent de distinguer deux cas, $\xi = 0$ et $\xi > 0$, correspondant respectivement à des queues de type exponentiel, ou des queues dites épaisses, de type Pareto.

Parmi les lois appartenant au max-domaine d'attraction de la loi de Fréchet ($\xi > 0$), on notera

- la loi de Cauchy, de densité $f(x) = (\pi(1+x^2))^{-1}$, $x \in \mathbb{R}$,
- les lois α-stable,
- la loi de Pareto pour $\alpha > 1$, de densité $f(x) = \alpha x^{-(\alpha+1)}$, $x > 1$,
- la loi log-gamma, de densité

$$f(x) = \alpha^{\beta}\Gamma(\beta)^{-1}(\log x)^{\beta-1}x^{-\alpha-1}, \ x > 1,$$

- la loi de Student, de densité

$$f(x) = \Gamma((n+1)/2)\left(1 + x^2/n\right)^{-(n+1)/2} / \sqrt{n\pi}\,\Gamma(n/2), \ x \in \mathbb{R}.$$

La caractérisation des lois appartenant au max-domaine d'attraction de la loi de Fréchet peut se faire en étudiant le comportement de la fonction de queue (en terme de variation régulière). Comme nous l'avons déjà noté, F appartient au max-domaine d'attraction de la loi de Fréchet de paramètre $\xi > 0$ si, et seulement si, $\overline{F}$ appartient à la classe $\mathcal{R}_{-1/\xi}$ des fonctions régulières d'indice $-1/\xi$, c'est-à-dire

$$\lim_{x\to\infty} \frac{\overline{F}(tx)}{\overline{F}(x)} = t^{-1/\xi}, \ t > 0.$$

Aussi, la fonction de queue décroît en fonction puissance.

Le résultat suivant complète la description du max-domaine d'attraction de la loi de Fréchet.

Proposition 14.4.6. *Si F admet f pour densité f et r pour taux de hasard, et que*

$$\lim_{x\to\infty} \frac{xf(x)}{\overline{F}(x)} = \lim_{x\to\infty} xr(x) = \frac{1}{\xi} > 0,$$

alors F appartient au max-domaine d'attraction de la loi de Fréchet.

14.4.7 Lois à queue fine: le max-domaine d'attraction de la loi de Gumbel

Si la décroissance de la fonction de queue était polynomiale pour les éléments du max-domaine d'attraction de la loi de Fréchet, elle est exponentielle pour les éléments du max-domaine d'attraction de la loi de Gumbel. Parmi les lois appartenant au max-domaine d'attraction de la loi de Gumbel ($\xi = 0$), on notera

- la loi exponentielle
- la loi gamma
- la loi normale
- la loi log-normale.

On supposera ici que $x_F = \infty$. Le résultat suivant complète la description du max-domaine d'attraction de la loi de Gumbel.

Proposition 14.4.7. *Si F est continue sur $]x_0,\infty[$, de densité f et de taux de hasard r, et que*

$$\lim_{x \to \infty} \frac{xf(x)}{F(x)} = \lim_{x \to \infty} xr(x) - \infty,$$

alors F appartient au max-domaine d'attraction de la loi de Gumbel.

14.5 Estimation de quantiles extrêmes

Parmi toutes les notions permettant d'évaluer les risques extrêmes, les probabilités d'événements rares (des coûts de sinistres dépassant un seuil très importants), ou de façon duale, les quantiles (ou VaR) associés à des niveaux élevés (99%, 99,9%, 99,99%... disons) sont les outils de prédilection de l'actuaire. Toutes ces quantités nécessitent une estimation de l'indice de queue ξ, indiquant l'important des risques extrêmes pour une loi donnée.

14.5.1 Estimation de l'indice de queue

Utilisation de la loi GEV

Considérons des variables aléatoires $X_1,...,X_n$ indépendantes et de même loi, et notons Y le maximum. Si on peut disposer d'un échantillon de maxima $Y_1,...,Y_m$ des méthodes classiques d'ajustement de loi seraient possibles (maximum de vraisemblance par exemple, avec les log-vraisemblances (14.1)-(14.2)).

Exemple 14.5.1. *Dans le cas des sinistres incendies danois, la* *méthode d'estimation basée sur les maxima par bloc fournit les estimations suivantes:*

	$\widehat{\mu}$	$\widehat{\sigma}$	$\widehat{\xi}$
Estimation	*1.483*	*0.593*	*0.917*
Ecart-type	*0.015*	*0.018*	*0.030*

La Figure 14.7 précise ces résultats.

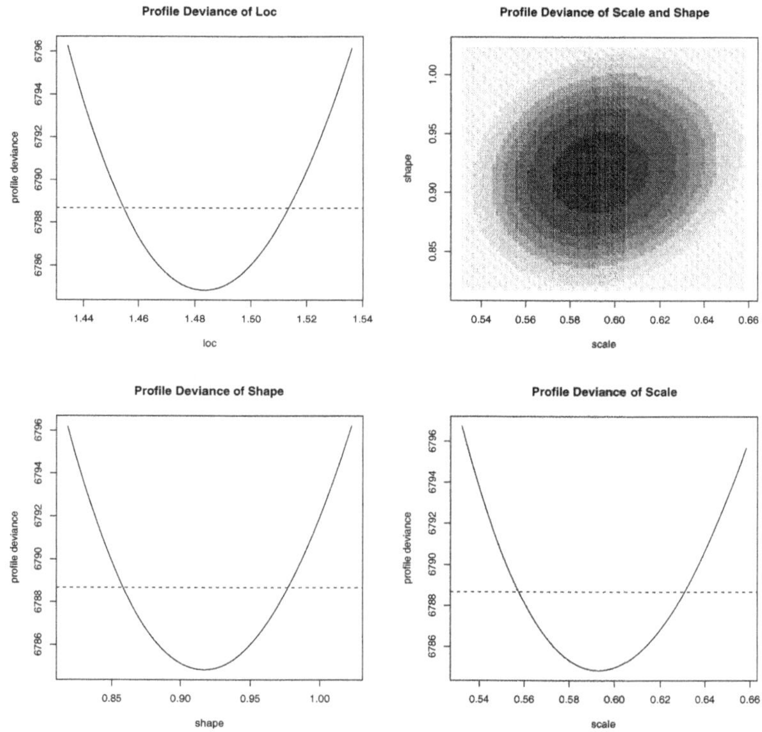

FIG. 14.7 – *Estimateur du paramètres de la loi GEV* $(\widehat{\mu},\widehat{\sigma},\widehat{\xi})$, *par maximum de vraisemblance, pour les sinistres incendies danois.*

Utilisation de la loi GPD

Il est également possible d'utiliser la méthode du maximum de vraisemblance pour estimer les paramètres ξ et σ de la loi GPD des excès, en invoquant le théorème de Pickands-Balkema-de Haan.

Pour $\xi \neq 0$, la log-vraisemblance calculée à partir de k excès au-dessus d'un seul u suffisamment élevé, $Y_1,...,Y_k$ disons, s'écrit

$$L(\beta,\xi) = -k \log \sigma - \left(1 + \frac{1}{\xi}\right) \sum_{i=1}^{k} \ln \left(1 + \xi \frac{Y_i}{\sigma}\right),$$

à condition que $1 + \xi Y_i/\sigma > 0$ pour tout $i = 1, \ldots, k$. La Figure 14.8 illustre les résultats obtenus de la sorte pour les sinistres danois, en fonction du niveau choisi.

Estimateurs de Pickands, Hill et variantes

La plupart des estimateurs du paramètre de queue reposent sur l'utilisation de la statistique d'ordre. L'estimateur de Hill est probablement l'estimateur le plus utilisé. Il repose sur l'idée que si la fonction de queue peut se représenter comme $\overline{F}(x) = x^{1/\xi}\mathcal{L}(x)$, la fonction quantile s'exprime comme $F^{-1}(1-p) = p^{-\xi}\mathcal{L}^*(1/p)$, soit

$$\log F^{-1}(1-p) = -\xi \log p + \log \mathcal{L}^*(1/p).$$

Comme un estimateur de $F^{-1}(1 - k/(n+1))$ est $X_{n-k+1:n}$, il suffit de représenter graphiquement le nuage de points

$$\left(\log(X_{n-k+1:n}), \log\left(\frac{k}{n+1}\right)\right), \quad k = 1,...,m,$$

qui doivent être alignés suivant une droite de pente ξ. L'estimateur de la pente est alors

$$\widehat{\xi} = \frac{\frac{1}{m}\sum_{j=1}^{m} \log X_{n-j+1:n} - \log X_{n-m:n}}{\frac{1}{m}\sum_{j=1}^{m} \log \frac{j}{n+1} - \log \frac{m}{n+1}}.$$

Pour m suffisamment grand, le dénominateur est approximativement égal à 1, d'où l'estimateur

$$\hat{\xi}_{n,m}^{Hill} = \frac{1}{m} \sum_{j=1}^{m} \log X_{n-j+1:n} - \log X_{n-m:n}.$$

La Figure 14.9 illustre cette technique d'estimation de ξ.

Deux autres estimateurs sont également largement utilisés, à savoir l'estimateur de Pickands

$$\xi_{n,m}^{Pickands} = \frac{1}{\log 2} \log \frac{X_{n-m:n} - X_{n-2m:n}}{X_{n-2m:n} - X_{n-4m:n}}$$

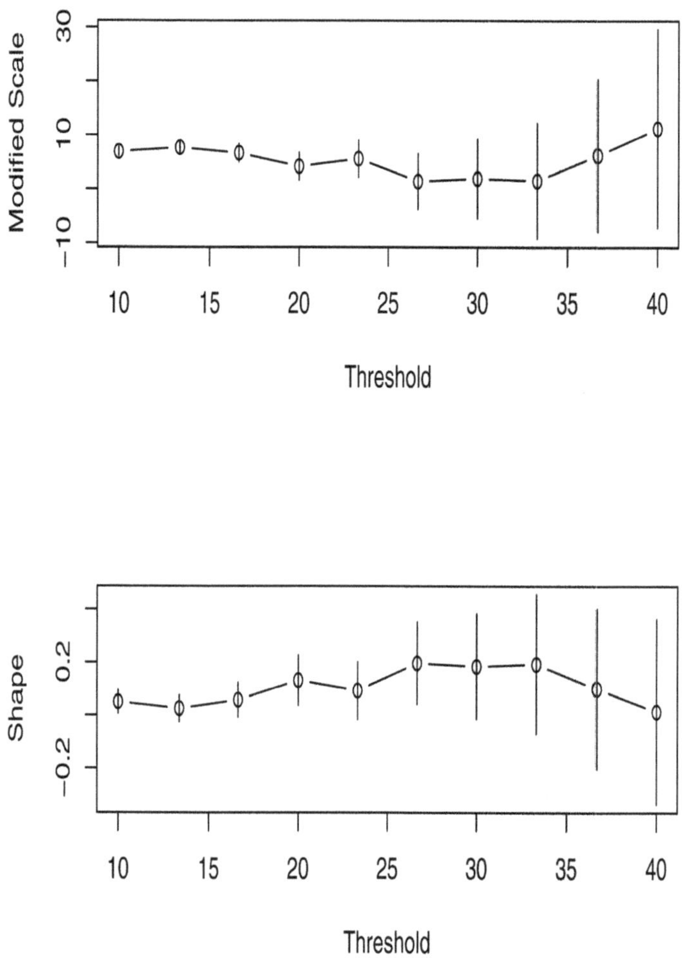

FIG. 14.8 – *Estimateur du maximum de vraisemblance des paramètres ξ et σ la loi GPD en fonction du seuil u pour les sinistres incendie danois.*

et celui de Dekkers-Einmalh-de Haan

$$\xi_{n,m}^{DEdH} = \xi_{n,m}^{H(1)} + 1 - \frac{1}{2}\left(1 - \frac{\left(\xi_{n,m}^{H(1)}\right)^2}{\xi_{n,m}^{H(2)}}\right)^{-1},$$

où

$$\xi_{n,m}^{H(r)} = \frac{1}{m}\sum_{i=1}^{m-1}\left(\log X_{n-i:n} - \log X_{n-m:n}\right)^r, \; r = 1,2,\ldots \tag{14.16}$$

La principale difficulté est à chaque fois le choix de m, le nombre de statistiques d'ordre prises en compte pour estimer ξ. Si m est trop important, on sort de la queue de distribution, et si m est trop faible, le peu d'observation rend l'estimateur instable.

Comparaison des estimateurs

Il est possible de montrer que ces estimateurs convergent quand $n \to \infty$, $m \to \infty$ et $m/n \to 0$. On a (*sous des hypothèses de régularité et de vitesse de convergence de* m *par rapport à* n) la normalité asymptotique des estimateurs:

$$\sqrt{m}\left(\xi_{n,m}^{Pickands} - \xi\right) \to_{\text{Loi}} \mathcal{N}or\left(0, \frac{\xi^2\left(2^{\xi+1}+1\right)}{\left(2\left(2^{\xi}-1\right)\log 2\right)^2}\right),$$

$$\sqrt{m}\left(\xi_{n,m}^{Hill} - \xi\right) \to_{\text{Loi}} \mathcal{N}or\left(0,\xi^2\right) \text{ pour } \xi > 0,$$

$$\sqrt{m}\left(\xi_{n,m}^{DEdH} - \xi\right) \to_{\text{Loi}} \mathcal{N}or\left(0,1+\xi^2\right) \text{ pour } \xi \geq 0.$$

L'estimateur de Hill présentant une variance asymptotique plus faible que les trois autres (dans le cas $\xi > 0$), il est généralement le plus utilisé.

14.5.2 Temps et période de retour

Les réassureurs parlent plutôt de période de retour que de quantiles. Cette notion est née en hydrologie (comme un grand nombre de notions et de résultats sur les valeurs extrêmes), et peut se définir comme suit.

Définition 14.5.2. *Soient* $X_1, X_2, \ldots$ *les montants des maxima annuels, supposés indépendants et identiquement distribués. Considérons un seuil* u *au delà duquel une observation est jugée*

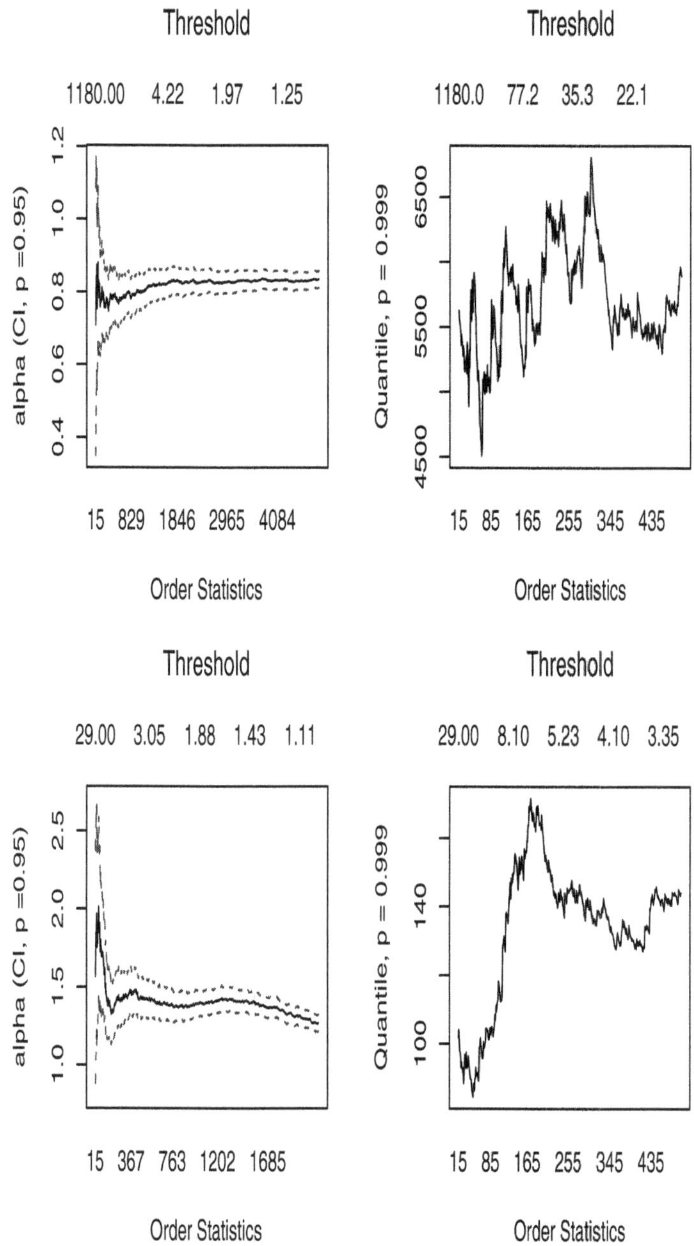

FIG. 14.9 – *Estimateur de Hill (à gauche) avec une loi de Pareto simulée (en haut) et les sinistres incendies danois (en bas), et l'estimateur du quantile à 99.9% associé (à droite).*

extrême. Le temps de retour est la variable aléatoire associée au premier dépassement du seuil u*, c'est-à-dire*

$$N(u) = \inf\{i \geq 1 | X_i \geq u\}.$$

La période de retour est alors définie comme le temps moyen de retur, c'est-à-dire comme $\mathbb{E}[N(u)]$.

Notons que la variable $N(u)$ suit une loi géométrique: en effet,

$$\Pr[N(u) = k+1] = \Pr[X_1 < u,...,X_k < u,X_{k+1} \geq u]$$

qui peut se réécrire, grâce à l'hypothèse d'indépendance des maxima annuels,

$$\begin{aligned}\Pr[N(u) = k+1] &= \Pr[X_1 < u]\Pr[X_2 < u] \\ &\quad ...\Pr[X_k < u]\Pr[X_{k+1} \geq u] \\ &= (1-p)^k p \text{ où } p = \Pr[X \geq u].\end{aligned}$$

Sous les hypothèses classiques d'indépendance et d'équidistribution, on en déduit que la période de retour vaut

$$\mathbb{E}[N(u)] = \frac{1}{p} = \frac{1}{\Pr[X \geq u]}.$$

Aussi, le seuil u associé à une crue centenaire vérifie $\Pr[X \geq u] = 1/100$, c'est-à-dire que le seuil est $u = \mathrm{VaR}[X,1/100]$. De façon duale on peut alors écrire

$$\mathbb{E}\left[N\left(\mathrm{VaR}\left[X;\frac{1}{T}\right]\right)\right] = T,$$

de telle sorte que le seuil associé à une crue de période de retour T est la VaR de niveau de probabilité $1/T$.

14.5.3 Approximation GPD pour une VaR

Notons

$$N_u = \sum_{i=1}^{n} \mathbb{I}[X_i > u],$$

le nombre de dépassement de u dans un échantillon $X_1,...,X_n$ de variables aléatoires indépendantes et de même fonction de répartition F. Pour $x > u$, nous avons

$$\begin{aligned}\overline{F}(x) &= \Pr[X > u]\Pr[X > x | X > u] \\ &= \overline{F}(u)\Pr[X > x | X > u] \\ &= \overline{F}(u)\overline{F}_u(x-u),\end{aligned}$$

avec $F_u(t) = \Pr[X - u \leq t | X > u]$ pouvant être approximé par une fonction de répartition GPD pour des valeurs appropriées de ξ et β.

Ayant estimé les paramètres de la GPD, un estimateur naturel de $\overline{F}(x)$ repose sur l'utilisation d'un estimateur empirique de $\overline{F}(u)$, et de l'approximation GPD de $\overline{F}_u(x)$, i.e.

$$\widehat{F}(x) = 1 - \frac{N_u}{n}\left(1 + \widehat{\xi}\frac{x - u}{\widehat{\beta}}\right)^{-1/\widehat{\xi}}$$

pour tout $x > u$, et u suffisamment grand. Par conséquent, un estimateur naturel de $\text{VaR}[X;p]$ est $\widehat{x}_p$ défini par

$$\widehat{x}_p = u + \frac{\widehat{\beta}}{\widehat{\xi}}\left(\left(\frac{n}{N_u}(1-p)\right)^{-\widehat{\xi}} - 1\right).$$

Notons qu'un intervalle de confiance asymptotique peut être obtenu en considérant la méthode de vraisemblance profilée (*profile likelihood*). Cette technique est illustrée aux Figures 14.10-14.11 pour les sinistres incendies danois.

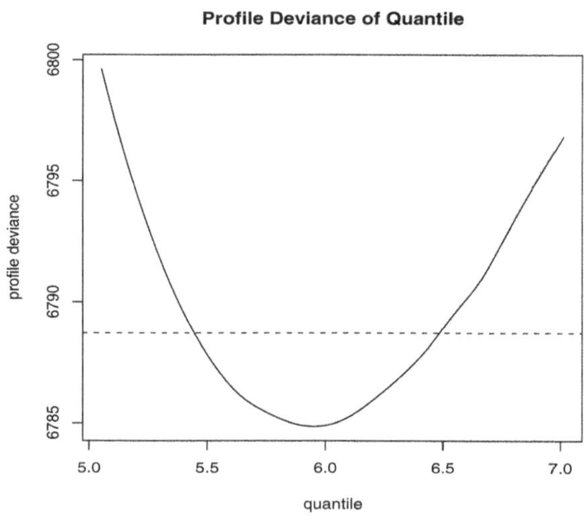

FIG. 14.10 – *Estimation du quantile à 90% pour les sinistres incendie danois, vraisemblance profilée.*

Remarque 14.5.3. *Supposons que l'on choisisse un seuil u tel que $u = X_{n-k:n}$. Le seuil est donc la kème plus grande observation. Dans* *ce cas, on a*

$$\widehat{x}_{p,k} = X_{n-k:n} + \frac{\widehat{\beta}_k}{\widehat{\xi}_k}\left(\left(\frac{n}{k}(1-p)\right)^{-\widehat{\xi}_k} - 1\right),$$

pour $k > n(1-p)$. *On notera que si* $k = [n(1-p)]$, $\widehat{x}_{p,k}$ *coïncide avec l'estimateur empirique du quantile, i.e.* $X_{[np+1]:n}$.

Remarque 14.5.4. *Le niveau* P_m *associé à une période de retour de* m *années (c'est-à-dire le niveau qui sera dépassé, en moyenne, toutes les* m *observations) est la solution de*

$$\Pr[X > u]\left(1 + \xi\left(\frac{P_m - u}{\sigma}\right)\right)^{1-\xi} = \frac{1}{m}.$$

Si $X|X > u$ *peut être modélisé par une loi GPD, on a alors*

$$P_m = u + \frac{\sigma}{\xi}\left((m \Pr[X > u])^{\xi} - 1\right),$$

sous l'hypothèse où $\xi \neq 0$, *et*

$$P_m = u + \sigma \log(m \Pr[X > u]),$$

si $\xi = 0$.

14.5.4 Estimateur de Hill pour une VaR

Rappelons que si $\overline{F}(x) = x^{-1/\xi}\mathcal{L}(x)$ avec $\xi > 0$ on a alors pour $x \geq X_{n-k:n}$ et k suffisamment faible,

$$\frac{\overline{F}(x)}{\overline{F}(X_{n-k:n})} = \frac{\mathcal{L}(x)}{\mathcal{L}(X_{n-k:n})}\left(\frac{x}{X_{n-k:n}}\right)^{-1/\xi}.$$

Si l'on suppose que le rapport des fonctions à variation lente est négligeable, alors

$$\overline{F}(x) \sim \overline{F}(X_{n-k:n})\left(\frac{x}{X_{n-k:n}}\right)^{-1/\xi}.$$

Aussi, un estimateur naturel de la fonction de répartition est

$$\widehat{F}(x) = 1 - \frac{k}{n}\left(\frac{x}{X_{n-k:n}}\right)^{-1/\xi_{n,k}^{Hill}},$$

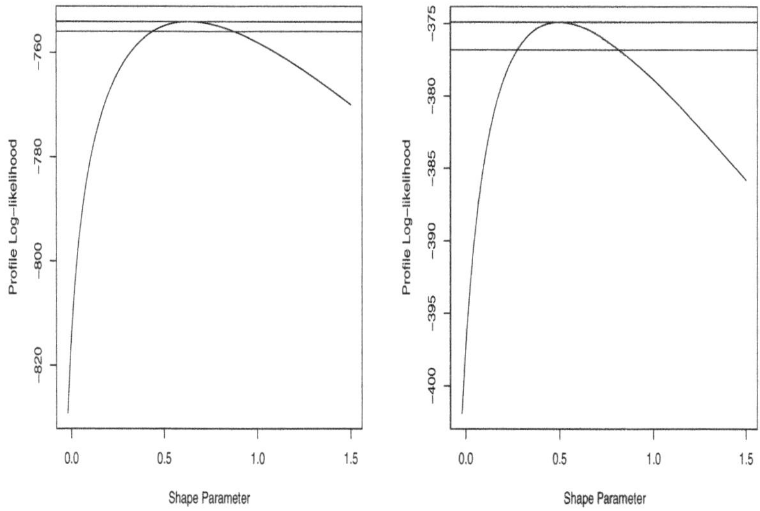

FIG. 14.11 – *Vraisemblance pour ξ, lois GPD, seuils* 5 *(à gauche) et* 10 *(à droite) pour les sinistres incendies danois.*

pour $x \geq X_{n-k:n}$. En considérant l'inverse de cette fonction, on en déduit l'estimation naturelle de la VaR suivante,

$$\widehat{x}_p^{Hill} = X_{n-k:n}\left(\frac{n}{k}(1-p)\right)^{-\xi_{n,k}^{Hill}},$$

pour des quantiles x_p tels que $p > 1-k/n$. Notons que cet estimateur peut également s'écrire

$$\widehat{x}_{p,k}^{Hill} = X_{n-k:n} + X_{n-k:n}\left(\left(\frac{n}{k}(1-p)\right)^{-\xi_{n,k}^{Hill}} - 1\right);$$

sous cette dernière forme, il peut ainsi être comparé à l'estimateur obtenu par maximum de vraisemblance sur le modèle GPD.

Rappelons que l'estimateur de Hill n'est pertinent que si $\xi > 0$ (et donc pas si $\xi = 0$). L'approche décrite ci-dessus n'est donc applicable que si $\xi > 0$. De plus, les propriétés de l'estimateur de Hill à distance finie (en particulier pour des petits échantillons) sont relativement décevantes. Néanmoins, les propriétés de l'estimateur de Hill ont été beaucoup plus étudiées dans la littérature que celles de l'estimateur du maximum de vraisemblance.

Exemple 14.5.5. *Considérons le cas de l'utilisation de l'estimateur de Hill pour des sinistres de loi exponentielle, de loi log-normale* *et de loi de Pareto (seul le dernier cas correspondant à $\xi > 0$). Pour les deux premiers cas, les valeurs théoriques sont $\xi = 0$, $VaR[X;0.99] = 4.6$ et $VaR[X;0.999] = 6.9$ pour la loi exponentielle, $\xi = 0$, $VaR[X;0.99] = 10.2$ et $VaR[X;0.999] = 22$ pour la loi log-normale. Les résultats sont visibles aux Figures 14.12-14.13-14.14.*

Remarque 14.5.6. *Les estimateurs de Hill ou de Pickands sont basés sur l'utilisation des k plus grandes observations. Comme les résultats asymptotiques sont obtenus quand $k \to \infty$ (avec $k/n \to 0$), on cherche une fonction $k^*(n)$ optimale:* de Haan & Peng *(1998) ont suggéré de retenir comme valeur optimale k^*, pour l'estimateur de Hill, la valeur qui, asymptotiquement, réduisait l'erreur quadratique moyenne (ou MSE), c'est-à-dire*

$$k^*(n) = 1 + n^{2\xi/(2\xi+1)} \cdot \left(\frac{(1+\xi)^2}{2\xi}\right)^{1/(2\xi+1)} \quad \text{si } \xi \in]0,1[,$$

et

$$k^*(n) = 2n^{2/3} \text{ si } \xi \in]1,\infty[.$$

14.5.5 Risque de cumul, extrêmes et lois composées

Un certain nombre de couvertures de réassurance permettent de couvrir le risque par événement, et non pas seulement par police. Aussi, pour un événement (une tempête, une inondation) on notera N le nombre de polices touchées, et X_i le montant du $i$ème sinistre. Les deux résultats suivants peuvent alors être obtenus (voyez par exemple Embrechts, Klüppelberg & Mikosh (1997)).

Proposition 14.5.7. *(i) Si $N \sim \mathcal{P}oi(\lambda)$, et si $G \sim \mathcal{CP}oi(\lambda,F)$, alors $\overline{G}$ est à variation régulière d'indice α si, et seulement si, $\overline{F}$ est à variation régulière d'indice α. De plus, dans ce cas,*

$$\lim_{x\to\infty} \frac{\overline{G}(x)}{\overline{F}(x)} = \lim_{x\to\infty} \frac{\Pr[X_1 + ... + X_N > x]}{\Pr[X_i > x]} = \lambda.$$

(ii) Si N est une variable aléatoire de comptage, et si G désigne la loi composée associée, avec $\overline{F}$ sous-exponentielle, alors $\overline{G}$ est également sous-exponentielle. De plus

$$\lim_{x\to\infty} \frac{\overline{G}(x)}{\overline{F}(x)} = \lim_{x\to\infty} \frac{\Pr[X_1 + ... + X_N > x]}{\Pr[X_i > x]} = \mathbb{E}[N],$$

dès lors qu'il existe $\varepsilon > 0$ tel que

$$\sum_{n=1}^{\infty} (1+\varepsilon)^n \cdot \Pr[N = n] < \infty.$$

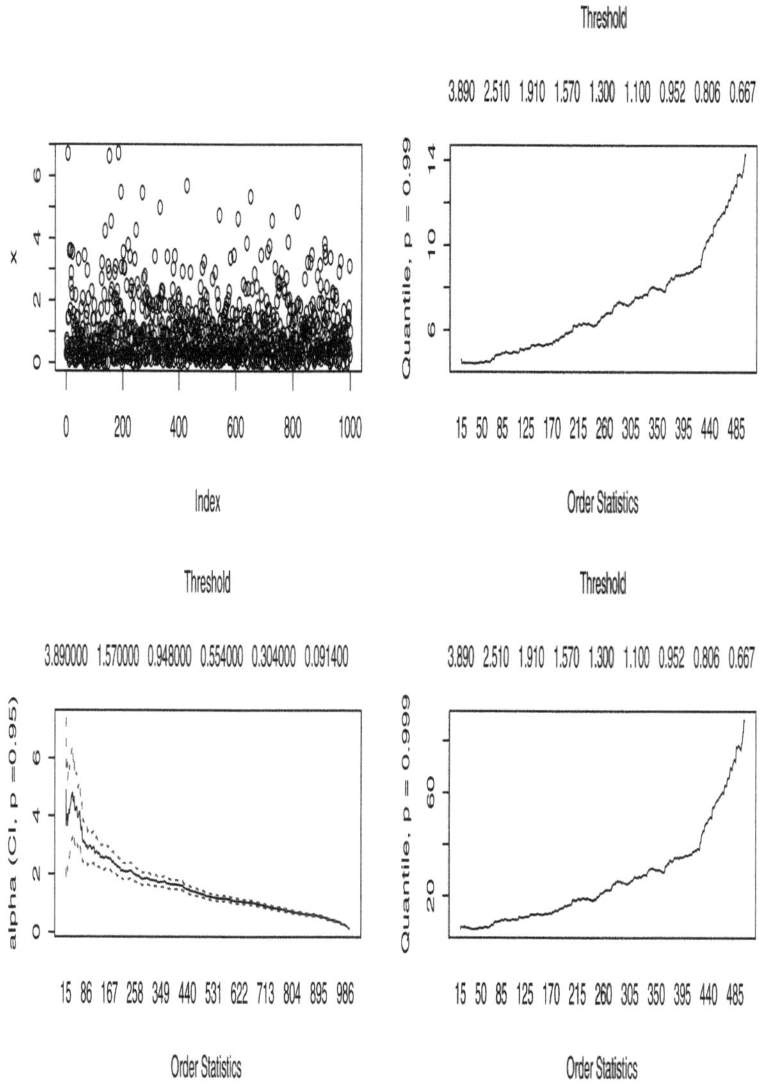

FIG. 14.12 – *Estimateur de Hill pour* 1,000 *simulations de loi exponentielle (à gauche), et estimation des quantiles à* 99% *et* 99.9% *(à droite).*

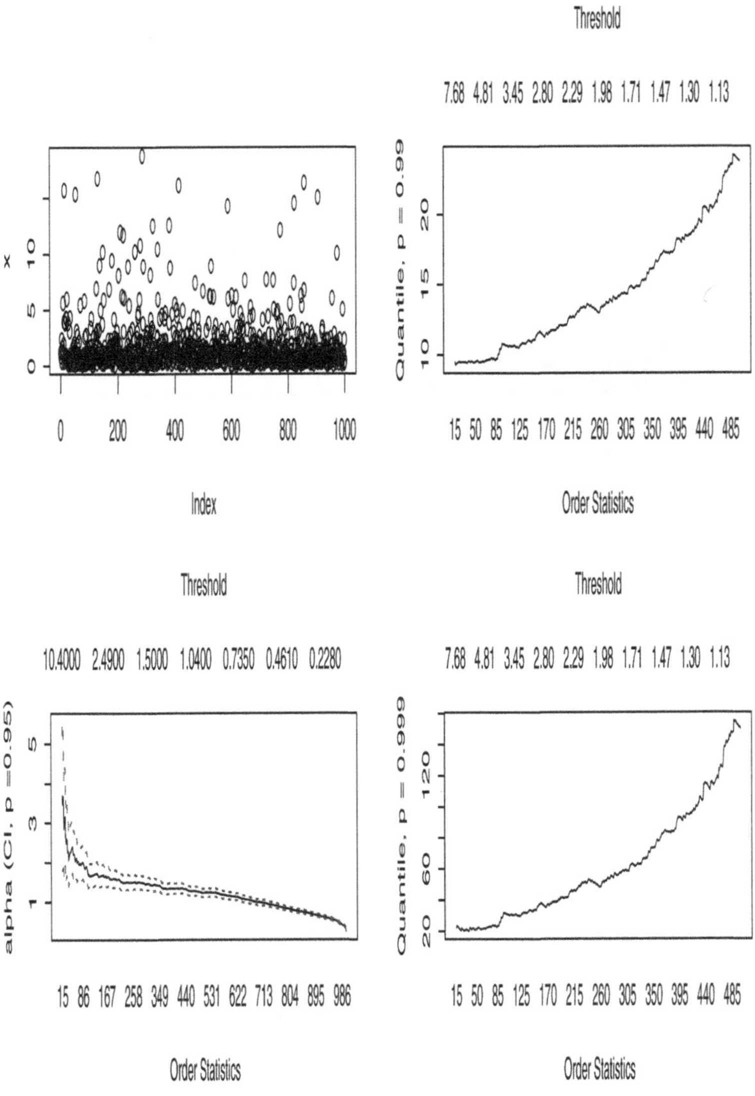

FIG. 14.13 – *Estimateur de Hill pour* 1,000 *simulations de loi log-normale (à gauche), et estimation des quantiles à* 99% *et* 99.9% *(à droite).*

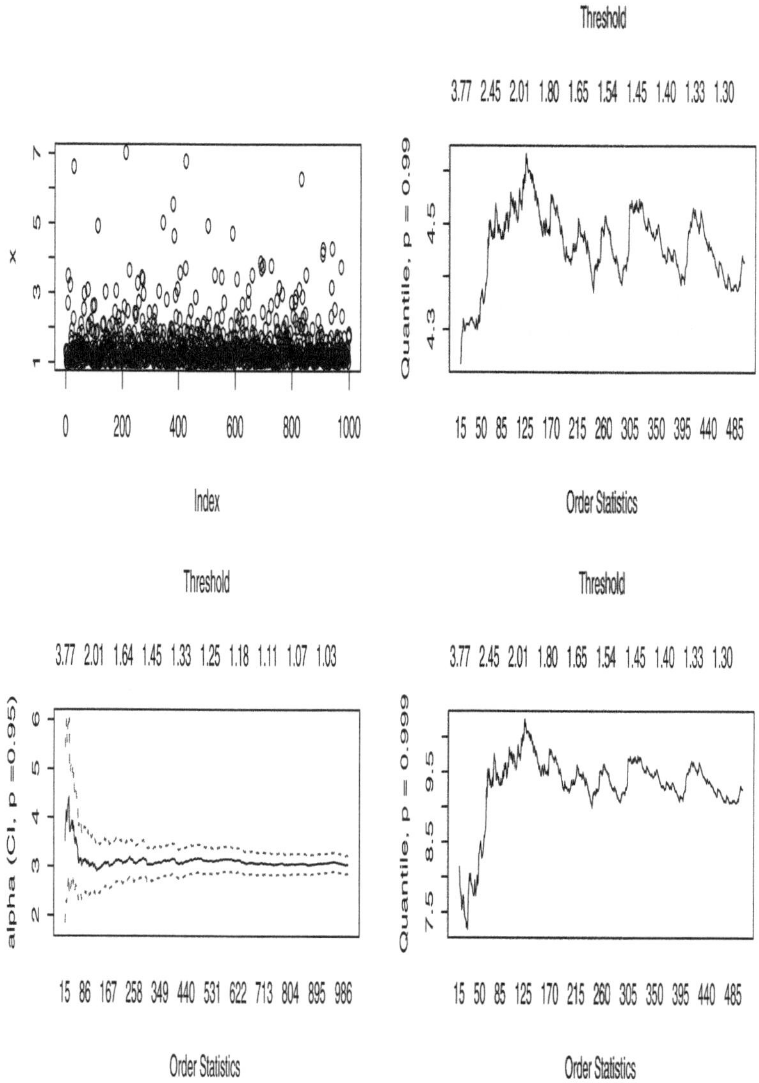

FIG. 14.14 – *Estimateur de Hill pour* 1,000 *simulations de loi de Pareto, et estimation des quantiles à* 99% *et* 99.9% *(à droite).*

14.6 Théorie des extrêmes multivariés

Le Chapitre 8 du Tome 1 a introduit un certain nombre d'outils permettant de modéliser les risques multiples. La dépendance éventuelle entre les extrêmes doit être prise en compte, puisque ces événements ont souvent un impact non négligeable sur les résultats d'une compagnie.

Une des difficultés pour l'analyse de ces risques est qu'il n'y a pas de façon unique de définir les extrêmes multivariés, en grande partie car il n'existe pas de relation d'ordre *naturelle* dans $\mathbb{R}^n$.

14.6.1 Maxima par composantes

L'extension de la théorie des extrêmes dans un cadre multivarié a été élaborée à la fin des années 50. Une présentation claire et détaillée est proposée par BEIRLANT ET AL (2004). On étudie alors la loi jointe du couple des maxima par composantes $(X_{n:n},Y_{n:n})$. De la même façon que dans le cas univarié, on suppose qu'il existe des suites de paramètres de normalisation, $\alpha_{X,n},\alpha_{Y,n} > 0$ et $\beta_{X,n},\beta_{Y,n}$ telles que

$$\begin{aligned} & \Pr\left[\frac{X_{n:n}-\beta_{X,n}}{\alpha_{X,n}} \leq x, \frac{Y_{n:n}-\beta_{Y,n}}{\alpha_{Y,n}} \leq y\right] \\ = \;& F_{X,Y}^n\left(\alpha_{X,n}x+\beta_{X,n},\alpha_{Y,n}y+\beta_{Y,n}\right) \\ \rightarrow \;& G\left(x,y\right), \end{aligned}$$

quand $n \to \infty$, où G est une fonction de répartition bivariée, dont les marginales sont supposées non-dégénérées. De la même façon que dans le cas univarié, G doit alors satisfaire des conditions dites de max-stabilité: pour tout $n \geq 1$ il existe $a_{X,n},a_{Y,n} > 0$ et $b_{X,n},b_{Y,n}$ telles que

$$\overline{G}^n\left(a_{X,n}x+b_{X,n},a_{Y,n}y+b_{Y,n}\right) = \overline{G}\left(x,y\right).$$

14.6.2 Expression des lois limites

Un grand nombre de résultats obtenus dans le cas univarié restent valables, en particulier, la loi limite ne dépend pas de la normalisation: considérons un échantillon $(X_1,Y_1),...,(X_n,Y_n),...$ de couples indépendants et de même fonction de répartition $F_{X,Y}$, et des coefficients de normalisation $\alpha_{X,n}$, $\alpha_{Y,n}$, $\alpha'_{X,n}$, $\alpha'_{Y,n} > 0$ et $\beta_{X,n}$, $\beta_{Y,n}$,

$\beta'_{X,n}$, $\beta'_{Y,n}$ tels

$$\begin{cases} F_{X,Y}^{n}\left(\alpha_{X,n}x+\beta_{X,n},\alpha_{Y,n}y+\beta_{Y,n}\right) \rightarrow G\left(x,y\right) \\ F_{X,Y}^{n}\left(\alpha'_{X,n}x+\beta'_{X,n},\alpha'_{Y,n}y+\beta'_{Y,n}\right) \rightarrow G'\left(x,y\right), \end{cases}$$

quand $n \rightarrow \infty$, où G et G' sont deux fonction de répartition non-dégénérées. Alors les lois marginales G et G' sont uniques à une transformation affine, i.e. il existe α_X,α_Y, β_X,β_Y telles que

$$G_X(x) = G'_X(\alpha_X x+\beta_X) \text{ et } G_Y(y) = G'_Y(\alpha_Y y+\beta_Y).$$

De plus, les copules de G et G' sont identiques, i.e. $C_G = C_{G'}$. De cette dernière propriété, on peut en déduire la notion de max-domaine d'attraction pour les copules.

Définition 14.6.1. *Le couple (X,Y) obéit à une loi extrême si, et seulement si,*

$$\begin{cases} \Pr\left[X \leq x\right] = \exp\left(-1/x\right), & x > 0, \\ \Pr\left[Y \leq y\right] = \exp\left(-1/y\right), & y > 0, \\ G\left(x,y\right) = \exp\left(-V\left(x,y\right)\right), & x,y > 0, \end{cases}$$

où

$$V\left(x,y\right) = 2\int_0^1 \max\left\{\frac{\omega}{x},\frac{1-\omega}{y}\right\} dH\left(\omega\right),$$

H étant une fonction de répartition sur $[0,1]$ de moyenne $1/2$.

Exemple 14.6.2. *Si H est la fonction de répartition associée à un masse de Dirac en $\omega = 1/2$ alors*

$$G\left(x,y\right) = \exp\left(-\max\left\{x^{-1},y^{-1}\right\}\right),\ x,y > 0,$$

ce qui correspond à un couple de variables aléatoires comonotones de lois marginales de Fréchet (de paramètre 1).

Exemple 14.6.3. *Si H admet pour densité h, définie par*

$$h\left(\omega\right) = \frac{1}{2}\left(\alpha^{-1}-1\right)\left(\omega\left(1-\omega\right)\right)^{-1-1/\alpha}\left(\omega^{-1/\alpha}+\left(1-\omega\right)^{-1/\alpha}\right)^{\alpha-2},$$

sur $]0,1[$ où $\alpha \in]0,1[$ alors on obtient le modèle logistique de Gumbel. Dans ce cas,

$$G\left(x,y\right) = \exp\left(-\left(x^{-1/\alpha}+y^{-1/\alpha}\right)^{\alpha}\right),\ x,y > 0,$$

(voyez la Section 8.6.3 pour la forme de la copule associée).

On peut encore représenter la fonction de répartition G extrême (avec des lois marginales Fréchet de paramètre 1) comme

$$G(x,y) = \exp\left(-\left(\frac{1}{x}+\frac{1}{y}\right)A\left(\frac{y}{x+y}\right)\right),$$

où A sera appelé *fonction de dépendance* du couple (X,Y). En reprenant les propriétés de H, on peut montrer que $A : [0,1] \to [1/2,1]$ vérifie $A(0) = A(1) = 1$, et

$$\max\{\omega,1-\omega\} \leq A(\omega) \leq 1, \qquad \omega \in [0,1], \tag{14.17}$$

A étant de plus une fonction convexe. La borne inférieure dans (14.17) correspondant à la comonotonie, et la borne supérieure à l'indépendance.

14.6.3 Estimation de la fonction de dépendance

Plusieurs estimateurs peuvent être considérés pour estimer la fonction de dépendance, parmi lesquels on retiendra les estimateurs de Pickands et de Deheuvels, pour ne citer qu'eux:

$$A_{Pickands}(\omega) = n\left\{\sum_{i=1}^{n}\min\left(\frac{X_i}{\omega},\frac{Y_i}{1-\omega}\right)\right\}^{-1}$$

et

$$\begin{aligned} A_{Deheuvels}(\omega) &= n\Big\{\sum_{i=1}^{n}\min\left(\frac{X_i}{\omega},\frac{Y_i}{1-\omega}\right)-\omega\sum_{i=1}^{n}X_i \\ &\quad -(1-\omega)\sum_{i=1}^{n}Y_i+n\Big\}^{-1}. \end{aligned}$$

14.6.4 Copules des lois extrêmes multivariées

Toute fonction de dépendance A génère une copule comme indiqué dans le résultat suivant.

Proposition 14.6.4. *Soit A une fonction de dépendance, alors C définie par*

$$C(u,v) = \exp\left((\log u + \log v)\,A\left(\frac{\log u}{\log u + \log v}\right)\right)$$

est une copule.

Exemple 14.6.5. *Si $A(\omega) = \exp\left((1-\omega)^\theta + \omega^\theta\right)^{1/\theta}$, alors C correspond à la copule de Gumbel.*

Exemple 14.6.6. *Si $A(\omega) = \max\{1-\alpha\omega,1-\beta(1-\omega)\}$, où $0 \leq \alpha,\beta \leq 1$, alors C correspond à la copule de Marshall et Olkin.*

14.6.5 Coefficient de corrélation

Il est possible de caractériser la plupart des mesures de concordance à partir de la fonction de dépendance A. En particulier, le τ de Kendall vaut

$$\tau = \int_0^1 \frac{\omega(1-\omega)}{A(\omega)} dA'(\omega)$$

et le ρ de Spearman

$$\rho = 12 \int_0^1 \frac{d\omega}{(A(\omega)+1)^2} - 3.$$

14.6.6 Comparaison de la dépendance

La fonction de dépendance A détermine le degré d'association entre les deux composantes du couple, comme en témoigne le résultat suivant.

Proposition 14.6.7. *Soient C_1 et C_2 deux copules extrêmes, de fonction de dépendance A_1 et A_2 respectivement. Alors, en notant $\preceq_{sm}$ l'ordre supermodulaire introduit à la Section 8.4, $C_1 \preceq_{sm} C_2$ si, et seulement si, $A_1(\omega) \leq A_2(\omega)$ pour tout $0 \leq \omega \leq 1$.*

14.6.7 Mesure de dépendance de queue

Définissons le coefficient λ de dépendance de queue forte.

Définition 14.6.8. *Soit (X,Y) un couple aléatoire. On définit les coefficients de dépendance de queue inférieure et supérieure, respectivement par,*

$$\lambda_L = \lim_{u \to 0} \Pr\left[X \leq F_X^{-1}(u) \,|Y \leq F_Y^{-1}(u)\right],$$

et

$$\lambda_U = \lim_{u \to 1} \Pr\left[X > F_X^{-1}(u) \,|Y > F_Y^{-1}(u)\right],$$

quand les limites existent.

Ces coefficients peuvent être introduits naturellement de la façon suivante: posons

$$\theta(x) = \frac{\log \Pr[\max\{X,Y\} \leq x]}{\log \Pr[X \leq x]},$$

alors

$$\lambda_U = 2 - \lim_{x \to \infty} \theta(x),$$

puisque, quand $x \to \infty$

$$2 - \frac{\log \Pr[\max\{X,Y\} \leq x]}{\log \Pr[X \leq x]} \sim \frac{\Pr[X > x, Y > x]}{\Pr[X > x]}$$
$$= \Pr[Y > x | X > x].$$

Notons que ces coefficients dependent uniquement de la copule du couple (X,Y) et nullement des lois marginales: si (X,Y) admet la copule C, les coefficients de dépendance de queue sont définis, dès lors que la limite existe, par

$$\lambda_L = \lim_{u \to 0} \frac{C(u,u)}{u} \text{ et } \lambda_U = \lim_{u \to 1} \frac{\overline{C}(u,u)}{1-u},$$

où $\overline{C}$ désigne le copule de survie associé à C (c'est-à-dire la fonction de répartition du couple $(1-U,1-V)$ si (U,V) admet pour fonction de répartition C).

Exemple 14.6.9. *Si (X,Y) est un vecteur Gaussien de corrélation r tel que $|r| \neq 1$, alors $\lambda_U = \lambda_L = 0$: un couple Gaussien est indépendant dans les queues.*

Remarque 14.6.10 (La dépendance de queue *faible*, η). *Dans un grand nombre de cas, l'indépendance de queue ($\lambda = 0$) sera validée. Aussi, il devient particulièrement difficile de comparer des types de dépendance entre eux. L'autre approche qui peut être considérée est la suivante: considérons un couple (X,Y) dont les lois maginales sont des lois de Fréchet de paramètre 1, et supposons que*

$$\Pr[X > t, Y > t] \sim \mathcal{L}(t) \cdot \Big(\Pr[X > t]\Big)^{1/\eta}, \; t \to \infty, \tag{14.18}$$

où $\mathcal{L}$ est une fonction à variation lente, et $\eta \in]0,1]$ sera appelé coefficient de dépendance de queue faible. On peut alors distinguer les cas suivants:

- *si $\eta = 1$, les queues sont parfaitement corrélées (comonotonie de queue),*
- *si $1/2 < \eta < 1$ et $\mathcal{L} \to c > 0$, les queues sont plus dépendantes que dans le cas indépendant,*
- *$\eta = 1/2$, les variables sont asymptotiquement indépendantes ($\lambda = 0$),*
- *$0 < \eta < 1/2$ les queues sont moins dépendantes que dans le cas indépendant.*

Notons que là aussi, le coefficient de queue η ne dépend que de la copule.

14.6.8 Application en réassurance, distinction coût et frais

Contexte

Considérons un traité stop-loss de rétention (ou priorité) R. Tant que le coût réel (C) n'excède pas R, le sinistre reste entièrement à la charge de l'assureur (y compris les frais), et s'il excède R, le réassureur rembourse le montant en excédant $(C - R)$, ainsi qu'une fraction des frais (F), *prorata capita*. On pourra également supposer que le réassureur souhaite limiter son engagement, en plafonnant à L les indemnités associées au coût réel. Formellement, le montant versé par le réassureur s'écrit, en fonction des coûts réels et des frais,

$$g(C,F) = \begin{cases} 0, \text{ si } C \leq R, \\ (C - R) + \frac{C-R}{C} \cdot F, \text{ si } R < C \leq L, \\ (L - R) + \frac{L-R}{C} \cdot F, \text{ si } L < C. \end{cases}$$

La prime pure de ce type de contrat s'écrit alors

$$\pi = \nu \cdot \mathbb{E}[N] \cdot \mathbb{E}[g(C,F)]$$

où ν désigne le nombre de polices dans le portefeuille, et $\mathbb{E}[N]$ le nombre moyen de sinistres par police.

La Figure 14.15 montre les coûts des sinistres et les frais de gestion associés, pour 1500 sinistres en responsabilité civile, aux Etats-Unis. Notons que nous omettrons dans cette section le fait que certaines observations ont été censurées, le plafond de la couverture ayant été atteint pour les coûts (réels) des sinistres.

Modélisations marginales des coûts et des frais

Dans un premier temps, il convient de modéliser les lois marginales du coût réel des sinistres d'un côté, et des frais engagés de l'autre. Le Tableau 14.3 décrit l'ajustement par des lois usuelles (Weibull, Lognormale et Pareto). Comme le notent Klugman & Parsa (1999) puis Frees & Valdez (1998), l'ajustement par des lois de Pareto peut être retenu.

Modélisation globale de la dépendance

La Figure 14.16 montre la représentation en terme de copule du couple coût réel - frais engagés.

La Figure 14.17 représente une modélisation avec des lois de Pareto généralisée pour les queues de distribution, et une structure

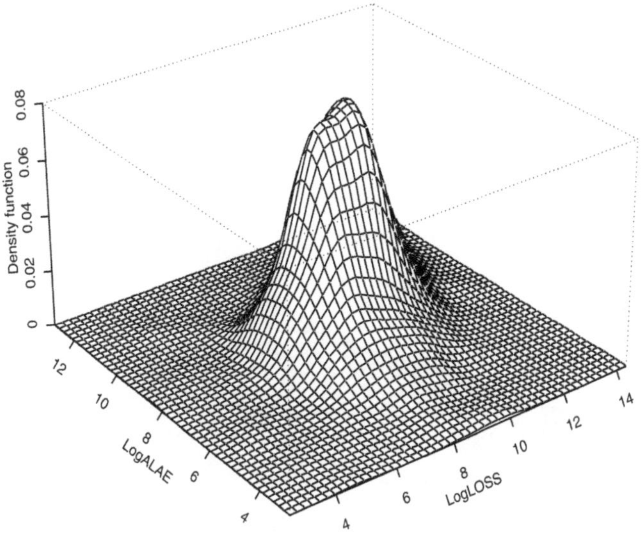

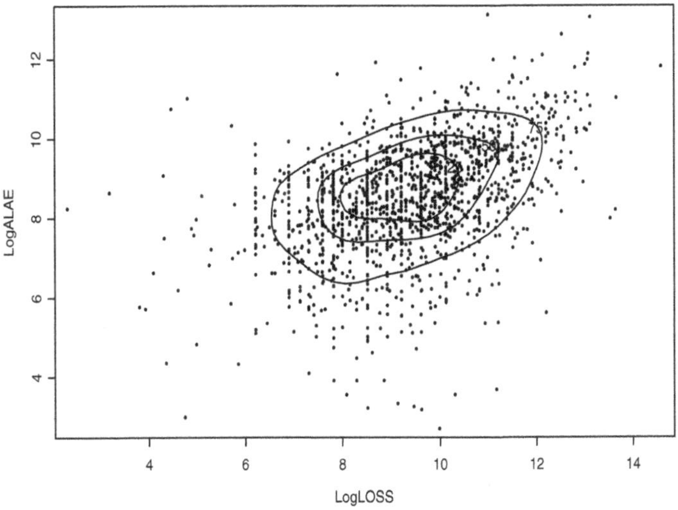

FIG. 14.15 – *Estimation de la densité du montant des sinistres et du montant des dépendances associées (montant en échelle logarithmique), avec les courbes de niveau.*

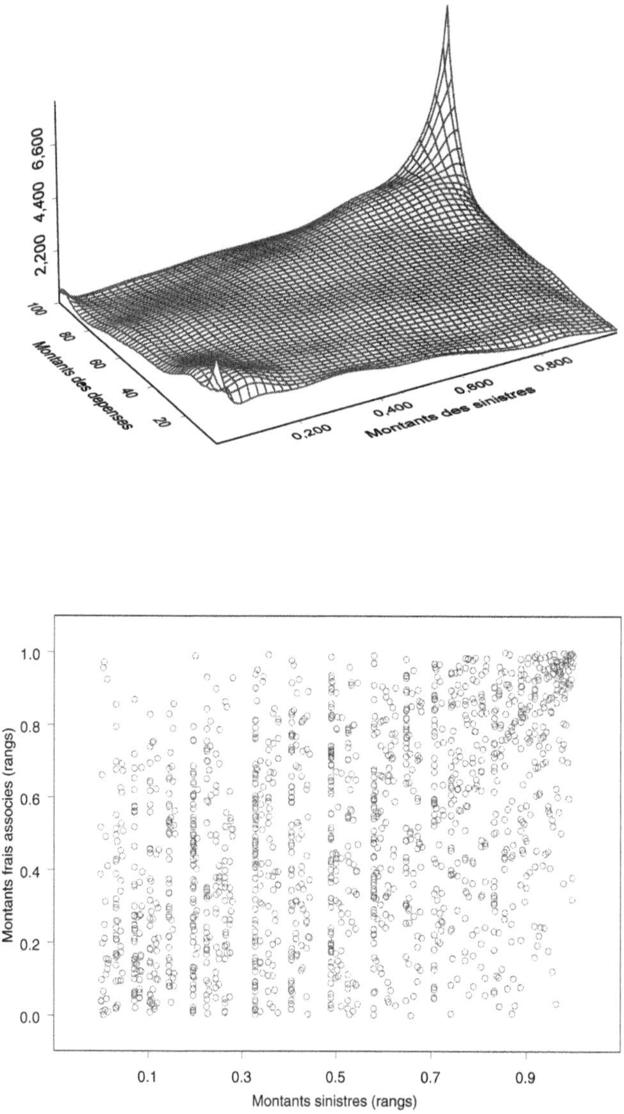

FIG. 14.16 – *Etude du copule du couple* (X,Y)*, avec le nuage des points* (U_i,V_i) *et une estimation de la densité.*

	coûts réels		frais engagés	
	α	β	α	β
Pareto $\mathcal{P}ar(\alpha,\beta)$	14453	1.135	15133	2.223
Weibull $\mathcal{W}ei(\alpha,\beta)$	0.644	24740	0.753	9694
Lognormale $\mathcal{LN}or(\alpha,\beta)$	9.322	1.609	8.502	1.413

TAB. 14.3 – *Estimation des paramètres (par maximum de vraisemblance) pour différentes lois marginales (Pareto, Weibull et Lognormale).*

de dépendance de type Gumbel. La fonction de répartition jointe s'écrit alors

$$
\begin{aligned}
F(x,y) &= \exp\left(-\left(\left(-\ln\left(1+\xi_X\frac{x-u_X}{\sigma_X}\right)_+^{-1/\xi_X}\right)^{1/\alpha}\right.\right. \\
&\left.\left. + \left(-\ln\left(1+\xi_Y\frac{y-u_Y}{\sigma_Y}\right)_+^{-1/\xi_Y}\right)^{1/\alpha}\right)^{\alpha}\right).
\end{aligned}
$$

Modélisation de la dépendance dans la queue supérieure

De la même façon que dans le cas univarié, il est possible d'utiliser la méthode des blocs pour étudier les extrêmes. Pour cela, à partir des 1500 observations jointes, on constitue 50 blocs de taille 30, et l'on essaye de modéliser la structure de dépendance de ces 50 maxima par blocs.

La Figure 14.18 montre ainsi l'estimation de la fonction de dépendance A, basé sur 50 maxima et 100 maxima (représentés sur la gauche). A droite figurent l'estimation de la fonction de dépendance par la copule de Gumbel (en trait plein), ainsi que deux estimateurs non-paramétriques de la fonction de dépendance.

Calcul des primes des contrats de réassurance

Supposons pour simplifier que la limite d'intervention du réassureur est infinie ($L = +\infty$). Notons tout d'abord que la fonction d'indemnité g est alors supermodulaire. Si le couple coût-frais est positivement dépendant par quadrant, on peut appliquer le théorème de Tchen (Section 8.4.2 du Tome 1), et en déduire

$$\mathbb{E}[g(C^{\perp},F^{\perp})] \leq \mathbb{E}[g(C,F)].$$

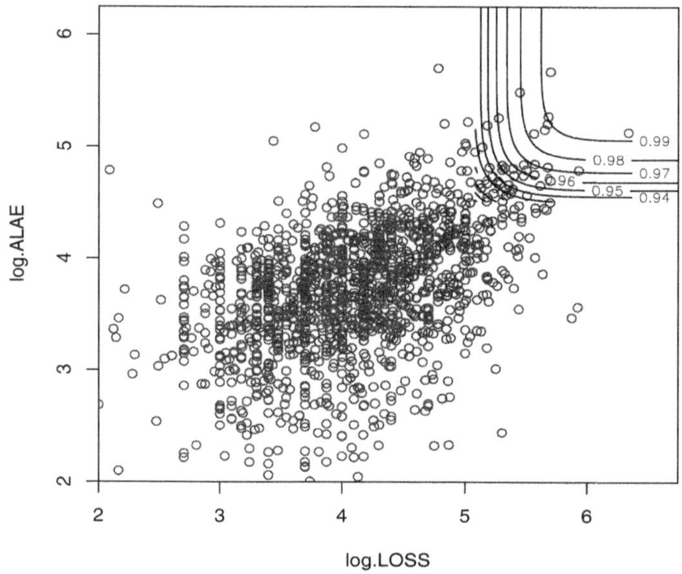

FIG. 14.17 – *Région d'excès.*

Autrement dit, supposer les deux composantes indépendantes tendrait à sous-estimer la prime pure. Le Tableau 14.4 compare ainsi les primes pures des contrats de réassurance, en fonction de la franchise R pour différent types de dépendance.

Notons qu'il est également possible de comparer les primes pures à structures marginales données (lois de Pareto), en utilisant une copule de Gumbel (comme l'ont fait FREES & VALDEZ (1998)), ou en utilisant la copule empirique. On notera que les écarts sont d'ailleurs relativement faibles. Le Tableau 14.5 montre ainsi l'évolution de la

R	Indépendance	Gumbel	Comonotonicité
10 000	33 309	36 766	39 963
50 000	19 108	21 228	23 271
100 000	12 403	13 801	15 408
500 000	1 800	1 875	2 308
1 000 000	805	850	985

TAB. 14.4 – *Montant des primes de réassurance, en fonction de la structure de dépendance.*

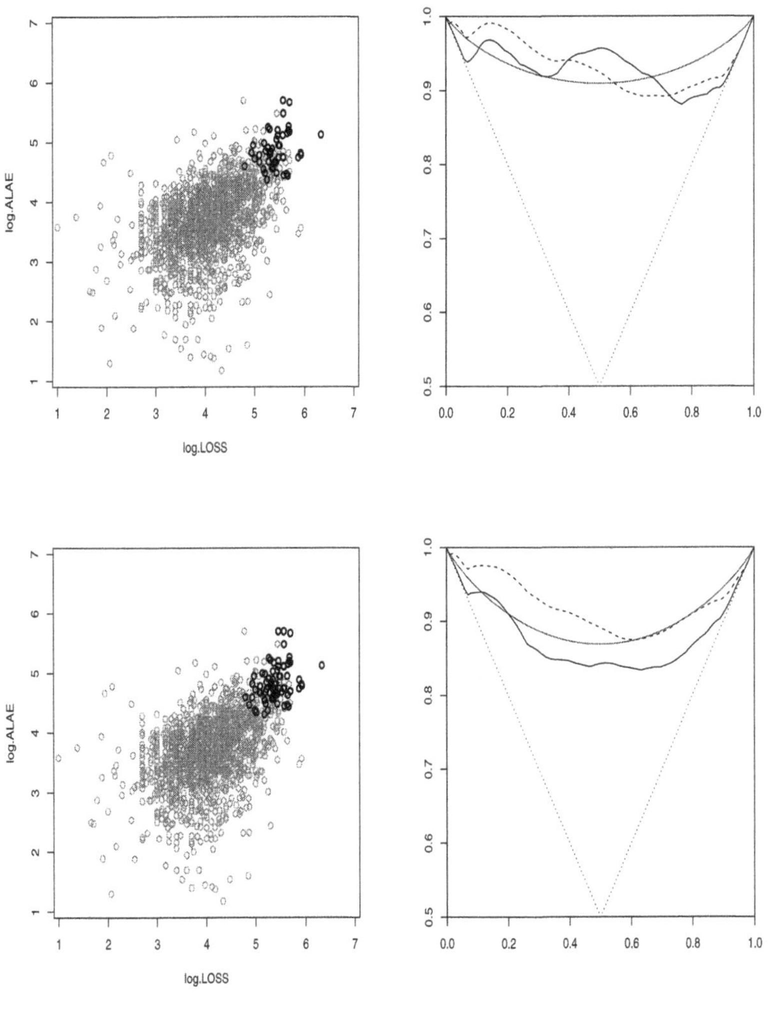

FIG. 14.18 – *Modélisation de la structure de dépendance pour des maxima par blocs, avec* 50 *blocs en haut, et* 100 *blocs en bas.*

R	Gumbel	Empirique
0	49 367	49 482
125 000	17 457	17 604
250 000	9 234	9 273
375 000	4 007	4 082

TAB. 14.5 – *Prime pure des contrats de réassurance, avec une structure de dépendance logistique (copule de Gumbel) et la version empirique.*

prime pure en fonction de R (L est supposé fixé, à 500 000).

14.7 Principaux traités de réassurance

14.7.1 La réassurance

Si l'assurance est relativement ancienne, la première transaction de réassurance semble remonter au 17ème siècle, où l'assureur d'un bateau avait cédé une partie de ses engagements à un autre assureur. En 2000, le nombre de réassureurs était inférieur à 200, pour un volume de primes émises nettes de rétrocession de l'ordre de 93 milliards de dollars (Munich Re et Swiss Re représentant chacun 15 milliards), dont 80% sont consacrés à l'assurance non-vie. Les 15 premiers réassureurs représentaient 80% des primes, avec un total de fonds propres excédant 160 milliards (dû en grande partie au troisième réassureur mondial, Berkshire Hathaway, présentant un ratio fonds propre/prime supérieur à 4.7, soit 50 milliards de dollars de fonds propres).

Deux formes de réassurance sont généralement distinguées:

1. la réassurance proportionelle, où les primes et les sinistres sont réparties entre l'assureur et le réassureur selon un ratio contractuel.
2. la réassurance non-proportionelle, où le montant payé par le réassureur dépend (contractuellement) d'un seuil (appelé priorité) en-deçà duquel l'assureur règlera la totalité des sinistres, le réassureur s'engageant à prendre à sa charge les sinistres excédant le seuil.

14.7.2 Réassurance proportionelle

Deux types de contrats seront distingués, le traité en quote-part et l'excédent de capitaux (ou de pleins).

L'excédent de capitaux

A tout risque $i = 1,...,n$, on associe un taux de rétention $0 \leq a_i \leq 1$, et on définit les primes et les sinistres correspondant avec le risque conservé et le risque cédé de la façon suivante:

	Risque total	Risque conservé	Risque cédé
Primes	$P = \sum_{i=1}^{n} P_i$	$\sum_{i=1}^{n} a_i P_i$	$\sum_{i=1}^{n} (1 - a_i) P_i$
Sinistres	$S = \sum_{i=1}^{n} S_i$	$\sum_{i=1}^{n} a_i S_i$	$\sum_{i=1}^{n} (1 - a_i) S_i$

Il s'agit d'un traité proportionnel au sens où, quelle que soit l'importance du sinistre, le réassureur paie à l'assureur une part du sinistre correspondant au prorata de prime qu'il a touché sur la police. Cette forme de réassurance est dite individuelle parce que la réassurance est déterminée contrat par contrat et pas au niveau du portefeuille.

En pratique, il y a plus souvent une somme assurée maximale par police acceptée par l'assureur, appelée le plein de souscription K_i. L'assureur précise l'engagement maximum par sinistre et par risque, appelé le plein de conservation ou rétention R_i. L'excédent de capitaux a une capacité C_i, qui est le plus souvent exprimée en multiple de pleins de conservation, nommés brièvement pleins $(C_i = \lambda_i K_i)$.

Le taux de rétention est alors défini par

$$1 - a_i = \frac{\min \{C_i, \max \{0, K_i - C_i\}\}}{K_i}.$$

Le traité en quote-part

Dans un traité quote-part, le taux de rétention (*noté* a) est constant pour toutes les polices. Le risque conservé et le risque cédé sont comme ci-dessous:

	Risque total	Risque conservé	Risque cédé
Primes	$P = \sum_{i=1}^{n} P_i$	$\sum_{i=1}^{n} aP_i = aP$	$\sum_{i=1}^{n} (1 - a) P_i = (1 - a) P$
Sinistres	$S = \sum_{i=1}^{n} S_i$	$\sum_{i=1}^{n} aS_i = aS$	$\sum_{i=1}^{n} (1 - a) S_i = (1 - a) S$

Il existe deux sortes de traités en quote-part : la quote-part générale - ou en participation pure - s'appliquant à l'ensemble du portefeuille de l'assureur, ou la quote-part sur rétention, s'appliquant sur un programme proportionnel.

Aspects pratiques de la réassurance proportionelle

Si le fonctionnement théorique de cette couverture peut paraître simple, en pratique, il convient d'intégrer un certain nombre de charges qui sont parfois non négligeables. En particulier, le réassureur ayant *a priori* moins de frais de gestion des sinistres que l'assureur, le réassureur paie une commission de réassurance, qui peut être fonction du ratio sinistres sur primes, du type de risque, du type de traité, par exemple. Le taux peut alors être compris en 20% et 40%.

Dans le cas où les résultats sont relativement bons pour le réassureur, il peut être amené à restituer une partie de son profit par une participation aux bénéfices.

14.7.3 Réassurance non-proportionelle

L'excédent de perte par risque : *Excess of Loss* (XL)

Le mécanisme des excédents de sinistre est comparable à celui d'une police avec découvert obligatoire: le réassureur paie l'assureur dès que le sinistre dépasse un certain niveau, la priorité π_i, et dans la limite d'un montant prévu dans le traité, la portée $M_i - \pi_i$. Donc M_i est le plafond du traité.

Si le montant annuel des sinistres peut être écrit comme

$$S_i = \sum_{j=1}^{N_i} Y_{ij}$$

où N_i est le nombre de sinistres liés au risque i et Y_{ij} est le montant du j-ème sinistre lié au risque i, alors les primes et les sinistres correspondants avec le risque conservé et le risque cédé sont déterminés comme ci-dessous:

	Risque total	Risque conservé	Risque cédé
Primes	$P = \sum_{i=1}^{n} P_i$	$(1-Q)\,P$	QP
Sinistres	$S = \sum_{i=1}^{n} S_i$	$\sum_{i=1}^{n} \overline{S}_i$	$\sum_{i=1}^{n} \left(S_i - \overline{S}_i\right)$

où

$$\left(S_i - \overline{S}_i\right) = \sum_{j=1}^{N_i} \min\left\{(Y_{ij} - \pi_i)_+ , M_i\right\}$$

et où le coefficient Q est fixé par le contrat.

Il est possible que π_i et M_i soient les mêmes pour des risques différents. Par exemple si a est la priorité (*ou la franchise*) de l'XL et b la portée (*la garantie offerte par le réassureur*), on note ce traité b Xs a, ou encore *portée* XS *priorité*.

La méthode la plus courante pour déterminer la prime de réassurance, et en particulier le coefficient Q, est d'utiliser les "*Burning Costs*", c'est-à-dire les montant des sinistres rapportés aux primes dans le passé. Toutefois, il convient d'être relativement prudent, d'utiliser des indices d'inflation et de vérifier si les conditions sont les mêmes. On doit tenir compte des risques en cours et des sinistres pas encore déclarés.

De la même manière que dans le cas de la réassurance proportionnelle les engagements de l'assureur sont couverts par le réassureur dans le cadre d'un programme de réassurance non proportionnelle composé de plusieurs excédents de sinistre s'empilant les uns sur les autres. On parle de tranches du programme (*layers*).

L'équilibre de l'excédent de sinistre est exprimé (*entre autre*) par le rate on line ou le payback (*durée d'amortissement*).

$$\text{Rate on Line} = 100 \times \frac{\text{prime de réassurance}}{\text{portée du traité}}$$

et

$$\text{Pay Back} \; = \frac{100}{\text{Rate on Line}}.$$

Exemple 14.7.1. *Considérons des coûts exponentiels, de paramètre λ. La prime pure d'un traité en excédent de sinistre, de priorité $d > 0$ et de portée infinie est*

$$\mathbb{E}[(X-d)_+] = \frac{1}{\lambda}\exp\left(-\lambda \cdot d\right),$$

Notons que pour des sinistres Pareto, dont la fonction de queue s'écrit $\Pr[X > x] = (\theta/(\theta + x))^\alpha$, la même prime passe à

$$\mathbb{E}[(X-d)_+] = \frac{\theta+d}{\alpha-1}\left(\frac{\theta}{\theta+d}\right)^\alpha, \textit{ pour } \alpha > 1.$$

Supposons que la prime considérée n'est pas la prime pure mais une prime de Wang, par exemple une prime PH-transform (d'opérateur de distorsion $g(x) = x^{1/\rho}$, comme présenté à la Section 5.2.6). La prime s'écrit alors alors

$$\pi(g,d) = \int_d^\infty g(\overline{F}(t))dt = \int_d^\infty \overline{F}(t)^{1/\rho}dt.$$

Dans le cas de sinistres exponentiels, la prime s'écrit alors

$$\pi(g,d) = \frac{\rho}{\lambda}\exp\left(-\frac{\lambda \cdot d}{\rho}\right),$$

et pour des sinistres Pareto,

$$\pi(g,d) = \frac{\beta + d}{\alpha/\rho - 1} \left(\frac{\beta}{\beta + d} \right)^{\alpha/\rho}, \text{ pour } \alpha > \rho.$$

L'excédent de perte par risque aggrégé : *Aggregate Loss* ou *Stop-Loss*

Le traité non proportionnel de type stop-loss a pour objet de couvrir l'assureur contre des sinistres très hauts et une accumulation de sinistres.

Dans le cas d'un aggregate loss, on regarde les sinistres cumulés d'une année. La priorité T et la portée U sont fixées au niveau du portefeuille. Alors, les primes et les sinistres correspondants avec le risque conservé et le risque cédé sont déterminés comme ci-dessous:

	Risque total	Risque conservé	Risque cédé
Primes	$P = \sum_{i=1}^{n} P_i$	$(1 - Q) P$	QP
Sinistres	$S = \sum_{i=1}^{n} S_i$	$\overline{S}$	$S - \overline{S}$

où

$$\overline{S} = \min \{S,T\} + \left((S - T)_+ - U\right)_+$$

et

$$S - \overline{S} = \min \left\{(S - T)_+ ,U\right\}.$$

Dans le cas d'un traité stop-loss, la priorité et la portée sont généralement exprimées en pourcentage de l'encaissement de l'assureur.

Ce type de traité permet à l'assureur de se couvrir contre une dérive de son ratio S/P (*sinistres/primes*). Toutefois, trois raisons majeures font que ce type de traité est rarement utilisé:

- dès que la priorité du traité est atteinte, l'assureur n'est plus impliqué dans l'aggravation ou non de la sinistralité : ces traités présentent un risque moral important;
- le prix de ces traités est difficile à estimer;
- si la priorité ne dépend pas d'un indice d'inflation, le risque cédé peut énormément augmenter.

Les traités ECOMOR

Les traités ECOMOR (excédent de coût moyen relatif) sont de type excédent de sinistre, mais dont le seuil n'est pas constant: il correspond au coût du $k$ème plus grand sinistre. La réassureur paiera alors

$$\begin{aligned} R &= \sum_{i=1}^{N} (X_{N-i+1:N} - X_{N-k+1:N})_+ \\ &= \sum_{i=1}^{k-1} X_{N-i+1:N} - (k-1)\, X_{N-k+1:N}. \end{aligned}$$

Aspects pratiques de la réassurance non-proportionnelle

Pour les risques à déroulé relativement lent, compte tenu des dérives jurisprudentielles ou d'inflation des coûts, une *clause de stabilisation* permet de prendre en compte les proportions qui existaient dans le partage des risques: la charge supplémentaire due à la dérive est alors partagée entre l'assureur et son réassureur. Dans le même ordre d'idée, des *clauses d'indexation* permettent de prendre en compte l'inflation dans les seuils.

14.8 Tarification de traités non-proportionnels

Deux méthodes seront présentées ici : la méthode du Burning Cost et la méthode de la loi de Pareto. Mais auparavant, redéfinissons quelques outils de statistique exploratoire afin de visualiser le comportement de queue.

14.8.1 Les graphiques quantile-quantile

Les graphiques quantiles-quantiles (Q-Q plot) permettent de tester graphiquement l'adéquation d'une famille de lois à des données. S'ils ont été historiquement été introduits pour les lois normales, notons qu'ils peuvent également être utiles pour un grand nombre de familles paramétriques.

Exemple 14.8.1. *Pour le modèle exponentiel, où* $F(x) = 1 - \exp(-\lambda x)$ *pour* $x \geq 0$*, la fonction quantile est donnée par*

$$F^{-1}(x) = -\frac{1}{\lambda}\log(1-u),\ u \in]0,1[.$$

L'idée est alors de vérifier si les points $(-\log(1-u), \widehat{F}_n^{-1}(u))$ *sont alignés pour différentes valeurs de* u*. On représente alors graphiquement les points* $(-\log(1-u_{i:n}), \widehat{F}_n^{-1}(u_{i:n}))$ *pour* $i = 1,\ldots,n$*, où*

Loi	Q-Q plot
Normale	$\left(\Phi^{-1}\left(u_{i:n}\right), X_{i:n}\right)$
Lognormale	$\left(\Phi^{-1}\left(u_{i:n}\right), \log X_{i:n}\right)$
Exponentielle	$\left(-\log\left(1-u_{i:n}\right), X_{i:n}\right)$
Pareto	$\left(-\log\left(1-u_{i:n}\right), \log X_{i:n}\right)$
Weibull	$\left(\log\left[-\log\left(1-u_{i:n}\right)\right], \log X_{i:n}\right)$

TAB. 14.6 – *Représentation Q-Q plot pour quelques lois paramétriques.*

$u_{i:n} = i/(n+1)$*Si le modèle exponentiel est valide, les points doivent être alignés (et la pente de la droite doit donner une estimation de* λ*).*

Le Tableau 14.6 indique les fonctions à étudier pour tracer des Q-Q plots. La Figure 14.19 illustre l'usage des QQ-plots sur base des sinistres incendies danois et de trois jeux de données simulés.

14.8.2 La fonction de moyenne en excès

L'étude de la loi de X conditionnellement à l'événement $\{X > x\}$ peut être particulièrement intéressante pour les couvertures de réassurance. L'excédent moyen de sinistre $e(t) = \mathbb{E}[X - t|X > t]$ défini dans le Tome I est très utile à cet égard, et souvent appelé fonction de moyenne en excès.

On représente graphiquement les couples $(X_{k:n}, e_{k:n})$ où

$$e_{k:n} = \frac{1}{k}\sum_{i=1}^{n} X_{n-i+1:n} - X_{n-k:n}$$

représente la version empirique de la fonction de moyenne en excès au point $X_{n-k:n}$. La Figure 14.20 décrit les fonctions moyenne en excès empirique pour les sinistres incendie danois ainsi que pour trois jeux de données simulés.

Exemple 14.8.2 (La méthode du Burning Cost). *Cette méthode revient à utiliser un estimateur empirique de la prime pure pour le réassureur. Pour un contrat en excès, de rétention* R*, la prime pure étant* $\mathbb{E}(X-R)_+$*, dont la version empirique est*

$$\widehat{\Pi}(R) = \frac{1}{n}\sum_{i=1}^{n}(X_i - R)_+,$$

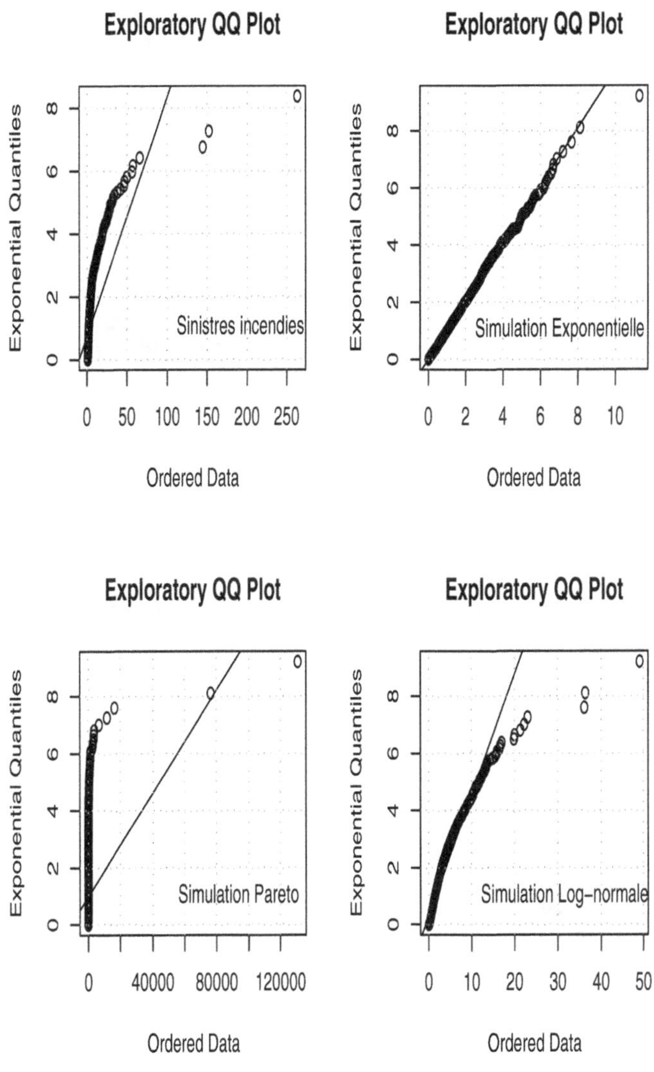

FIG. 14.19 – *Q-Q plot pour les sinistres incendie danois, et pour des simulations de lois paramétriques usuelles, afin de tester l'adéquation à une loi exponentielle.*

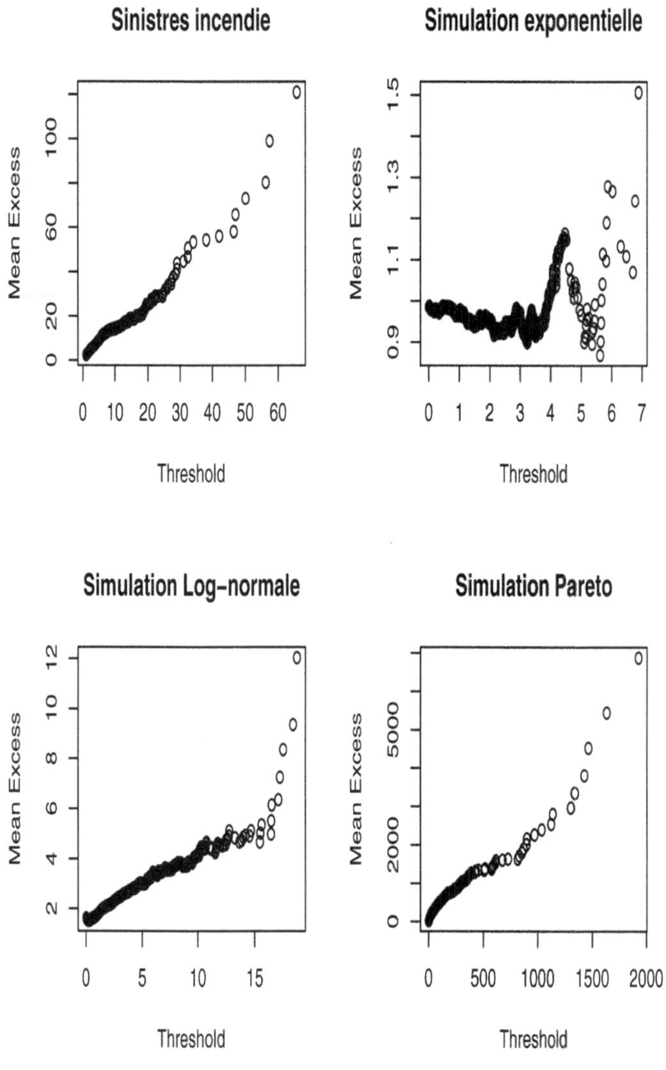

FIG. 14.20 – *Fonction de moyenne en excès pour les sinistres incendies danois, et pour des simulations de lois paramétriques usuelles.*

qui s'écrit simplement, si la priorité n'est pas trop élevée et que l'on peut trouver un k tel que $R = X_{n-k:n}$,

$$\widehat{\Pi}(R) = \frac{k}{n} e_{k,n}.$$

14.8.3 La courbe de Lorenz

Le Chapitre 5 du Tome 1 avait présenté des outils pour comparer les risques, en particulier les relations d'ordres basées sur la VaR et sur la TVaR. Dans le cadre de l'analyse des risques extrêmes, un autre ordre est particulièrement utilisé, l'ordre dit de Lorenz.

On suppose pour cela que les coûts des sinistres sont d'espérance finie, et on définit sur [0,1] la fonction de concentration par

$$\begin{aligned} L(p) &= \frac{1}{\mathbb{E}[X]} \int_0^{\mathrm{VaR}[X;p]} x dF(x) \\ &= \frac{1}{\mathbb{E}[X]} \int_0^p \mathrm{VaR}[X;u] du. \end{aligned}$$

En notant que $F(x)$ est simplement la proportion des sinistres dont le coût est inférieur à x, on peut interpréter $L(p)$ comme la contribution dans la charge des sinistres de p plus petits. On en déduit en particulier que L est croissante et convexe sur]0,1[. Cette fonction est également appelée *courbe de Lorenz*: elle est particulièrement utilisée en économie comme mesure de concentration.

Exemple 14.8.3. *Pour les lois usuelles, la courbe de Lorenz possède parfois une expression simple. En particulier, pour la loi exponentielle $\mathcal{E}xp(\lambda)$,*

$$L(p) = (1-p)\log(1-p) + p$$

qui ne dépend pas de λ, et

$$L(p) = 1 - (1-p)^{1-1/\alpha}$$

pour la loi de Pareto $\mathcal{P}ar(\alpha,\theta)$. Enfin, pour la loi log-normale $\mathcal{LN}(or)(\mu,\sigma)$,

$$L(p) = \Phi\left(\Phi^{-1}(p) - \sigma\right).$$

14.8.4 Approximation de la prime pure

Calculons la prime pure d'un traité XS (de portée infinie),

$$\pi(d) = \int_d^\infty \overline{F}(t) dt.$$

Si $\overline{F}(x) = x^{-1/\xi}\mathcal{L}(x)$, la prime $\pi(d)$ peut encore se réécrire

$$\pi(d) = \int_d^\infty t^{-1/\xi}\mathcal{L}(t)dt.$$

Si $\xi < 1$, le théorème de Karamata permet d'obtenir que

$$\pi(d) \sim \frac{d^{1-1/\xi}\mathcal{L}(d)}{1/\xi - 1},$$

quand $d \to \infty$. Une approximation de cette quantité est alors

$$\pi(d) \sim \frac{1}{1/\xi - 1} d \cdot \overline{F}(d),$$

qui peut s'estimer en considérant

$$\widehat{\pi}(d) \sim \frac{1}{1/\widehat{\xi} - 1} d \cdot \widehat{p}_d,$$

où $\widehat{p}(d)$ désigne un estimateur de $\Pr[X > d]$.

Remarque 14.8.4. *Si le calcul de la prime pure se fait grâce à l'approximation,*

$$\pi(d) \sim \pi^*(d) = \frac{d^{1-1/\xi}\mathcal{L}(d)}{1/\xi - 1},$$

il est possible de montrer que

$$\frac{\pi(d)}{\pi^*(d)} = 1 + \left(\frac{1}{\xi} - 1\right) \int_1^\infty t^{-1/\xi\left(\frac{\mathcal{L}(dx)}{\mathcal{L}(d)} - 1\right)} dt.$$

Le théorème de Potter (que l'on peut trouver notamment danq Bingham, Goldie & Teugels *(1987)) permet d'obtenir des majorations sur le terme intégré. Le théorème de convergence dominée permet de montrer que ce ratio tend effectivement vers 1.*

14.8.5 Approximation d'une prime de Wang

Si l'on s'intéresse aux primes obtenues par distortion, étudiées dans le Tome I, de la forme

$$\pi(g,d) = \int_d^\infty g(\overline{F}_X(t))dt,$$

des relations analogues peuvent être obtenues. Il faut juste supposer que $g(1/\cdot)$ est également à variation régulière, i.e. $g(x) =$

$x^{-\beta}\mathcal{L}'(1/x)$. En utilisant des résultats sur la composition des fonctions à variation régulière, on en déduit que

$$g(\overline{F}(x)) = x^{\beta/\xi}\mathcal{L}''(x).$$

Toujours en invoquant le théorème de Karamata, on en déduit que

$$\pi(g,d) \sim \frac{d^{1+\beta/\xi}\mathcal{L}''(d)}{-\beta/\xi - 1} \sim \frac{1}{-\beta/\xi - 1} d \cdot g(\overline{F}(d)).$$

Et toujours de la même façon, cette quantité peut être estimée en considérant

$$\widehat{\pi} \sim \frac{1}{-\beta/\widehat{\xi} - 1} d \cdot g(\widehat{p}_d).$$

L'estimation de la TVaR pour les sinistres incendie danois est illustrée à la Figure 14.21.

14.8.6 Couverture indicielle et titrisation

Parmi les nombreuses techniques utilisées pour couvrir les grands risques, la titrisation semble être devenue, depuis quelques années, un outil de choix pour couvrir les risques de catastrophes naturelles.

La plupart des plus grosses catastrophes (en montant assuré) sont d'origine naturelle. Parmi les plus importantes, rappelons que l'ouragan Andrew dévasta une partie de la Floride en 1992, causant plus de 20 milliards de dollars de dégâts. Et la plupart des scénarios de catastrophes centenaires dépassent ces montants aux Etats-Unis. Or, la capitalisation des compagnies d'assurance non-vie aux Etats-Unis était de 200 milliards de dollars en 2000. Si l'on note que ces montants représentent à peine 1% de la capitalisation des marchés financiers américains, il peut paraître intéressant de proposer des produits financiers permettant de couvrir ces risques.

L'investissement sur ce type de risque peut être particulièrement intéressant pour un investisseur puisqu'il peut trouver ainsi une source intéressante de diversification, les risques catastrophes étant généralement indépendants des risques de marché. Notons que la participation au capital d'une compagnie d'assurance ne représente pas une véritable diversification pour un investisseur car les résultats d'une compagnie d'assurance dépendent très fortement des marchés financiers (compte tenu du très grand nombre de titres financiers détenus par la compagnie). La titrisation peut alors être une solution, permettant de dissocier complètement le risque d'assurance des autres risques.

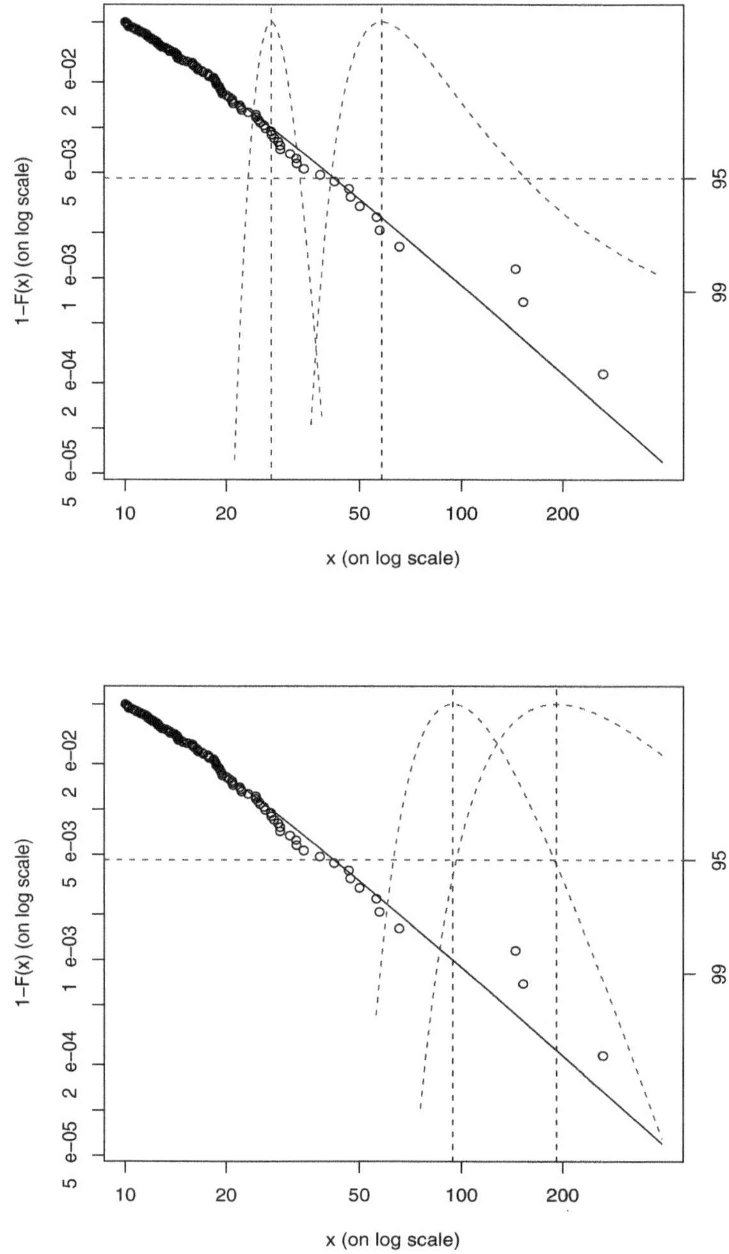

FIG. 14.21 – *Estimations de TVaR à 99% (en haut) et à 99.9% (en bas) pour les sinistres incendie danois, en utilisant la loi de Pareto généralisée, ajustée sur les sinistres excédant* 10.

Parmi toutes les solutions proposées, les Cat-bonds, ou obligations catastrophes, ont été les plus utilisées. Le transfert des risques de catastrophes naturelles se fait alors via l'émission d'obligation : si la catastrophe se réalise, les détenteurs d'obligations perdent des coupons et/ou du capital au profit de l'assureur.

L'assureur émet alors une obligation à taux variable, les fonds sont conservés dans une société ad-hoc (dite *SPV* - pour special purpose vehicle) qui établit une police de réassurance traditionelle pour l'assureur. Les fonds collectés sont transférés à l'assureur en cas de survenance de la catastrophe, et le *SPV* cesse de rembourser les obligations.

14.9 Ruine et grands risques

Dans le Chapitre 7, nous avions présenté un certain nombre de résultats analytiques, comme l'inégalité de Lundberg donnant une borne sur la probabilité de ruine à long terme (Propriété 7.3.24). Toutefois, tous les résultats ont été obtenus en se restreignant au cas où les fonctions de répartition de coûts de sinistres étaient de Cramér, c'est-à-dire admettant une fonction génératrice des moments $M_X(t)$ finie pour une valeur $t > 0$. Ceci exclut les lois de Pareto, mais aussi les lois Lognormales.

14.9.1 Probabilité de ruine en présence de grands sinistres: l'approximation de von Bahr

On suppose comme dans le Chapitre 7 que le processus de survenance est un processus de Poisson de paramètre λ. On notera c le taux de prime instantanné, κ le capital initial, et μ le coût moyen des sinistres. Alors (Théorème 7.3.13 du Tome 1), la probabilité de ruine $\psi(\kappa)$ est donnée par

$$\psi(\kappa) = \left(1 - \frac{\lambda\mu}{c}\right) \sum_{n=0}^{\infty} \left(\frac{\lambda\mu}{c}\right)^n \left(1 - \tilde{F}^{*(n)}(\kappa)\right), \qquad (14.19)$$

où $\tilde{F}$ est la fonction de répartition défine par

$$\tilde{F}(x) = \int_{y=0}^{x} \frac{\overline{F}(y)}{\mu} dy, \ x > 0.$$

On peut obtenir le résultat suivant en supposant que $\tilde{F}$ est sous-exponentielle.

Proposition 14.9.1. *Si $\tilde{F}$ est une loi sous-exponentielle, alors*

$$\psi(\kappa) \sim \left(\frac{c}{\lambda\mu} - 1\right)^{-1} (1 - \tilde{F}(\kappa)),$$

quand $\kappa \to \infty$.

Démonstration. La formule (14.19) permet d'écrire, pour $\kappa > 0$,

$$\frac{\psi(\kappa)}{1 - \tilde{F}(\kappa)} = \left(1 - \frac{\lambda\mu}{c}\right) \sum_{n=0}^{\infty} \left(\frac{\lambda\mu}{c}\right)^n \frac{1 - \tilde{F}^{*(n)}(\kappa)}{1 - \tilde{F}(\kappa)}.$$

En utilisant la sous-exponentialité de $\tilde{F}$, notons que

$$1 - \tilde{F}^{*(n)}(\kappa) \sim n \cdot (1 - \tilde{F}(\kappa))$$

quand $\kappa \to \infty$, et donc

$$\lim_{\kappa \to \infty} \frac{\psi(\kappa)}{1 - \tilde{F}(\kappa)} = \left(1 - \frac{\lambda\mu}{c}\right) \sum_{n=0}^{\infty} n \cdot \left(\frac{\lambda\mu}{c}\right)^n \sim \left(\frac{c}{\lambda\mu} - 1\right)^{-1}.$$

□

L'approximation établie ci-dessus est connue comme étant celle de von Bahr.

14.9.2 Utilisation de la formule de Pollaczeck-Khinchine-Beekman

On peut encore arriver à ce résultat comme suit. Si $Z_1, Z_2, \ldots$ dont des variables aléatoires indépendantes de fonction de répartition sous-exponentielle G, et si K est une variable de comptage indépendante des Z_i telle que $\varphi_K(z) = \mathbb{E}[z^K] < +\infty$ pour certaines valeurs de $z > 1$, alors

$$\frac{\Pr\left[\sum_{i=1}^{K} Z_i > t\right]}{\overline{G}(t)} = \sum_{n=0}^{+\infty} \Pr[K = n] \frac{\overline{G}^{*(n)}(t)}{\overline{G}(t)}$$

$$\to \sum_{n=0}^{+\infty} \Pr[K = n] n = \mathbb{E}[K]$$

d'où l'on tire

$$\Pr\left[\sum_{i=1}^{K} Z_i > t\right] \approx \mathbb{E}[K]\overline{G}(t).$$

Il suffit à présent d'invoquer le théorème de Pollaczeck-Khinchine-Beekman qui garantit que $\psi(\kappa) = \Pr\left[\sum_{i=1}^{K} Z_i > \kappa\right]$ où K est de loi géométrique de paramètre $\lambda\mu/c$ et où les Z_i sont indépendantes de fonction de répartititon $\tilde{F}$.

Exemple 14.9.2. *On peut montrer que si F correspond à la loi LogNormale*

$$1 - \tilde{F}(x) \sim \frac{\sigma x \exp\left(-\frac{1}{2\sigma^2}(\ln x - \mu)^2\right)}{\exp\left(\mu + \frac{\sigma^2}{2}\right)(\ln x)^2\sqrt{2\pi}}$$

de sorte que $\tilde{F}$ est toujours subexponentielle. Dans ce cas,

$$\psi(\kappa) \sim \frac{\frac{\lambda\mu}{c}}{1 - \frac{\lambda\mu}{c}}(1 - \tilde{F}(\kappa)).$$

Exemple 14.9.3. *Considérons des sinistres dont le coût individuel suit une loi de Pareto, $\overline{F}(x) = 1 - (\theta/x)^\alpha$. Si $\alpha > 1$, l'espérance est finie, et $\tilde{F}$ s'écrit*

$$\tilde{F}(x) = \frac{1}{\alpha}\left(\frac{\theta}{x}\right)^{\alpha-1}, \text{ pour } x \geq \theta,$$

et donc, l'approximation de la Proposition 14.9.1 permet d'écrire

$$\psi(\kappa) \sim \left(\frac{c}{\lambda\mu} - 1\right)^{-1} \cdot \frac{1}{\alpha}\left(\frac{\theta}{x}\right)^{\alpha-1}.$$

14.10 Notes bibliographiques

Historiquement, l'étude de la loi de probabilité du maximum d'un échantillon de n variables a été la première approche pour décrire les événements extrêmes. Fisher & Tippett (1928) ont, les premiers, déduit de manière heuristique les lois limites possibles pour le maximum d'une suite de variables aléatoires indépendantes et de même loi, avant que Gnedenko (1943) n'obtienne rigoureusement la convergence. Les applications ont commencé suite aux travaux de Gumbel (1958), en particulier en hydrologie.

Un certain nombre d'ouvrages récents proposent une approche simple et claire de la théorie des valeurs extrêmes. L'ouvrage de référence rappelant la plupart des résultats théoriques sur le sujet est Embrechts, Klüpelberg & Mikosch (1997). Kotz & Nadarajah (2000) proposent également, de façon moins poussée, un très bon état des lieux sur le sujet. Les statistiques d'ordre sont étudiées en détails dans DAVID (1981).

Pour la modélisation statistique, on retiendra COLES (2001), BEIRLANT, TEUGELS & VYNCKIER (1996) ainsi que BEIRLANT, GOEGEBEUR, SEGERS & TEUGELS (2004). Ces ouvrages présentent également plusieurs études de cas très détaillées et fort instructives.

Enfin, REISS & THOMAS (2001) proposent un certain nombre d'exemples pratiques, en finance, en assurance et en sciences de l'environnement. On pourra également consulter CEBRIAN, DENUIT & LAMBERT (2003) pour une étude de cas sur des données d'assurance hospitalisation d'Amérique du Nord. Pour une étude détaillée de la modélisation des coûts et des frais de règlement associés, examinée à la Section 14.6.8, voyez DENUIT, PURCARU & VANKEILEGOM (2004).

14.11 Exercices

Exercice 14.11.1. *Supposons que $X \sim \mathcal{U}ni\,(0,1)$ et considérons un échantillon $X_1,...,X_n$ tiré suivant cette loi. Montrez que*

$$\begin{aligned}
\mathbb{E}\left[X_{k:n}\right] &= n\binom{n-1}{k-1}\int_0^1 t^k\left[1-t\right]^{n-k}dt = \frac{k}{n+1} \\
\mathbb{V}\left[X_{k:n}\right] &= \frac{k\left(n-k+1\right)}{\left(n+1\right)^2\left(n+2\right)} \\
\mathbb{C}\left[X_{i:n},X_{j:n}\right] &= \frac{i\left(n-j+1\right)}{\left(n+1\right)^2\left(n+2\right)}.
\end{aligned}$$

Exercice 14.11.2. *Rappelons que le taux de hasard est la fonction $r\left(x\right)=f\left(x\right)/\overline{F}\left(x\right)$ définie pour $x\geq 0$ (voir Tome I).*

1. *Montrez que F est une loi sous-exponentielle si et seulement si*
$$\lim_{x\to\infty}\int_0^x \exp\left(zr\left(z\right)\right)f\left(z\right)dz = 1.$$
2. *Montrez que si $\exp\left(zr\left(z\right)\right)f\left(z\right)$ est intégrable sur $[0,\infty[$, alors F est une loi sous-exponentielle.*
3. *Montrez qui si les X_i sont indépendants et de même fonction de répartition F sous-exponentielle, alors pour $1\leq k\leq n$,*
$$\lim_{x\to\infty}\Pr\left[X_1+....+X_k>x|X_1+....+X_n>x\right]=\frac{k}{n}.$$

Exercice 14.11.3. *On suppose que la survenance de sinistres suit un processus Poissonien, de paramètre λ, et que les coûts individuels de ceux-ci sont indépendants et de même fonction de répartition F. Montrez que le plus gros sinistre survenu sur la période $[0,t]$ admet pour fonction de répartition*

$$F_{\max}(x) = \frac{\exp\big(-\lambda t\overline{F}(x)\big) - \exp(-\lambda t)}{1 - exp(-\lambda t)},\ x \geq 0.$$

Exercice 14.11.4. *On considère des variables $X_1,...,X_n$ indépendantes, mais non identiquement distribuées, telles que $\Pr[X_i > x] = \exp(-\theta_i x)$. Donnez la fonction de répartition du minimum $X_{1:n}$ et du maximum $X_{n:n}$.*

Exercice 14.11.5. *On suppose que les variables X_i sont indépendantes de même fonction de répartition F et de densité f, et on considère les dates de records, T_n définis par $T_0 = 1$ et $T_n = \min\{j > T_{n-1}|X_j > X_{T_{n-1}}\}$ pour $n \geq 1$. La suite des valeurs records est alors $R_n(X) = X_{T_n}$. On définie également la suite des indicateurs de records, $I_n = 1$ si X_n est un record, 0 sinon. Enfin, on posera $N_n = I_1 + ... + I_n$, le nombre de records observés parmi les n premières observations.*

1. *Donnez la loi conditionelle de $R_{n+1}(X)$ sachant $R_n(X)$. En déduire, de manière itérative que la densité de $R_n(X)$ s'écrit*

$$g_n(x) = \frac{1}{n!}\big(-\ln\overline{F}(x)\big)^n \cdot f(x).$$

2. *Montrez que les records sont stables par transformation strictement croissante des variables, c'est-à-dire que $R_n(g(X)) =_{loi} g(R_n(X))$.*
3. *Montrez que les variables I_n sont indépendantes, et que $I_n \sim \mathcal{B}er(1/n)$.*
4. *Montrez que*

$$\mathbb{E}[N_n] = \sum_{j=1}^{n}\frac{1}{j} \text{ et } \mathbb{V}[N_n] = \sum_{j=1}^{n}\frac{j-1}{j^2}.$$

5. *En déduire, en étudiant le comportement asymptotique quand $n \to \infty$, que*

$$\frac{N_n - \ln n}{\sqrt{n}} \to_{loi} \mathcal{N}or(0,1).$$

Chapitre 15

Méthodes de simulation

15.1 Introduction

L'utilisation des simulations peut s'avérer utile et précise lorsqu'il est impossible d'obtenir des expressions explicites, ou lorsque les calculs numériques sont trop coûteux en temps, comme dans l'exemple suivant.

Exemple 15.1.1. *Dans le cas du problème du voyageur de commerce, il s'agit de trouver le trajet optimal permettant de passer par n villes, afin de minimiser la distance parcourue. Ceci revient à calculer la longueur de $(n-1)!$ trajectoires. Avec (seulement) 12 villes à parcourir, il y a déjà 40 millions de trajectoires à calculer. Des méthodes de simulations, basées sur des minimisations à chaque étape (proches des algorithmes utilisés en génétique, l'idée étant ici, à partir d'un trajet, de choisir aléatoirement deux villes et d'intervertir leur place dans le chemin courant) permettent toutefois d'approcher l'optimum. On n'est pas sûr d'obtenir la meilleure solution (ce qui est d'ailleurs hors de portée pour $n > 20$), mais seulement une très bonne solution avec une probabilité élevée.*

Comme nous l'avons vu en détails dans le Chapitre 3, l'outil central en assurance non-vie est la prime pure, c'est-à-dire une espérance mathématique (sous les conditions de la loi des grands nombres). Or calculer l'espérance d'une variable aléatoire X de fonction de répartition F revient à calculer $\int x dF(x)$. Toutefois, ce calcul peut s'avérer complexe. Une méthode numérique consiste à simuler X un "*grand*" nombre de fois, de façon indépendante, puis d'approximer l'espérance par la moyenne empirique des réalisations

$x_1,\ldots,x_n$ ainsi obtenues, i.e.

$$\frac{1}{n}\left(x_1+...+x_n\right)\approx\mathbb{E}\left[X\right],$$

en vertu de la loi des grands nombres (Chapitre 3, Propriété 3.5.2.). On notera que l'on sait aussi, souvent, évaluer l'ordre de grandeur de l'erreur commise. En effet, si $\mathbb{E}[X^2]<\infty$, alors d'après le théorème central limite (Chapitre 4, Théorème 4.2.1) en notant l'erreur $\varepsilon_n = \left(X_1+...+X_n\right)/n-\mathbb{E}\left[X\right]=\overline{X}-\mathbb{E}\left[X\right]$, nous avons

$$\sqrt{n}\frac{\varepsilon_n}{\sqrt{\mathbb{E}[X^2]-\left(\mathbb{E}[X]\right)^2}}\rightarrow_{\text{loi}}\mathcal{N}or\left(0,1\right).$$

En pratique, ceci donne un intervalle de confiance à 95% sur l'espérance, approché par

$$\left[\overline{x}-1.96\frac{s_n}{\sqrt{n}},\overline{x}+1.96\frac{s_n}{\sqrt{n}}\right],$$

où s_n^2 estime sans biais la variance de X, i.e.

$$s_n^2=\frac{1}{n-1}\sum_{i=1}^{n}\left(x_i-\overline{x}\right)^2.$$

On peut ainsi décider du nombre n de simulations à effectuer pour obtenir une précision souhaitée.

De façon générale, les méthodes dites de Monte Carlo ont été beaucoup utilisées pour approximer des intégrales, de la forme $\int_0^1 g\left(x\right)dx$. En notant que si $U\sim\mathcal{U}ni(0,1)$, alors $\int_0^1 g\left(x\right)dx = \mathbb{E}\left[g\left(U\right)\right]$ peut être approchée par $\frac{1}{n}\left(g\left(u_1\right)+...+g\left(u_n\right)\right)$ où les u_i sont des tirages aléatoires dans la $\mathcal{U}ni\left(0,1\right)$, on voit que l'évaluation d'intégrales par simulation et celle d'espérances mathématiques sont intimement liées. Si la vitesse de convergence est plus faible que pour les méthodes numériques usuelles (en $\sigma/\sqrt{n}$), on notera qu'ici aucune propriété de régularité sur g n'est faite (contrairement aux méthodes numériques usuelles). La convergence en $O\left(1/\sqrt{n}\right)$ s'avère être un inconvénient, mais il est possible de montrer que pour des intégrales multiples, la vitesse est inchangée (contrairement aux méthodes numériques usuelles), i.e. en notant $U_1,U_2,\ldots,U_d$ des variables aléatoires indépendantes de loi $\mathcal{U}ni(0,1)$

$$\begin{aligned}\int_0^1\cdots\int_0^1 g(x_1,...,x_d)dx_1...dx_d &= \mathbb{E}[g\left(U_1,...,U_d\right)]\\ &\approx \frac{1}{n}\sum_{i=1}^{n} g\left(u_{i,1},u_{i,2},...,u_{i,d}\right)\end{aligned}$$

converge toujours en $O(1/\sqrt{n})$.

Exemple 15.1.2. *Cette méthode peut ainsi être utilisée pour évaluer par exemple la valeur de π. En effet, on voit facilement que*

$$\pi = 4\frac{\textit{Aire du disque de diamètre 2}}{\textit{Aire du carré de longueur 2}}.$$

Aussi, si (X,Y) est uniformément distribué sur le carré $[-1,1] \times [-1,1]$, alors on a

$$\pi = \Pr\left[X^2 + Y^2 \leq 1\right].$$

On obtient ainsi le résultat présenté sur la Figure 15.1 où on calcule le rapport du nombre de réalisations tombant dans le disque de rayon 1 sur le nombre total de simulations.

Remarque 15.1.3. *Notons que Georges Louis Leclerc Buffon proposa en 1777 une méthode différente pour calculer π, donnant ainsi lieu au premier exemple historique d'utilisation de méthodes dites de Monte Carlo. Considérons une série de lignes également espacées (bandes d'un parquet bien lisse, d'un carrelage ou d'un damier) et une aiguille ou une fine baguette bien équilibrée dont la longueur correspond à l'espacement entre les lignes. Lançons l'aiguille au hasard sur le parquet en notant $X = 1$ si l'aiguille rencontre une ligne et $X = 0$ sinon. Si on répète n fois cette expérience, en notant p le nombre de succès ($X = 1$), alors la proportion n/p doit fournir une bonne approximation de π. Si l'on veut un intervalle de confiance à 95%, une précision de 10^{-3} sera obtenue avec 900 000 lancés.*

Ce qui précède illustre bien l'importance de la génération de nombres aléatoires, de loi $\mathcal{U}ni(0,1)$. Nous noterons `Random` une fonction produisant de telles réalisations. Sur la notion de hasard et de générateur de nombre aléatoires sur $[0,1]$, on notera toutefois que les deux propriétés les plus importantes que doivent vérifier une fonction `Random` sont les suivantes:

(i) pour tout $0 \leq a \leq b \leq 1$,

$$\Pr\Big[\texttt{Random} \in \left]a,b\right]\Big] = b - a.$$

(ii) les appels successifs de cette fonction doivent générer des observations indépendantes, c'est-à-dire pour tout $0 \leq a \leq b \leq 1$, $0 \leq c \leq d \leq 1$

$$\Pr\Big[\texttt{Random}_1 \in \left]a,b\right], \texttt{Random}_2 \in \left]c,d\right]\Big] = (b-a)(d-c),$$

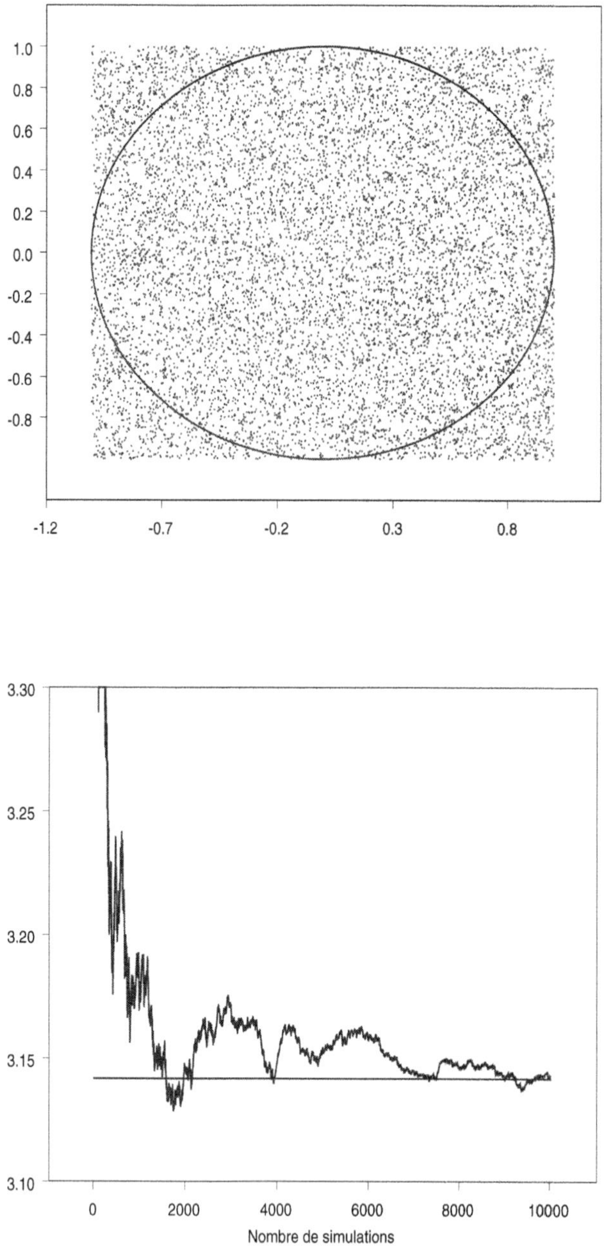

FIG. 15.1 – *Estimation de π par simulations de lois uniformes.*

ou de façon plus générale on parlera de k-uniformité si pour tout $0 \le a_i \le b_i \le 1$, $i = 1,...,k$,

$$\Pr\left[\texttt{Random}_1 \in]a_1,b_1] ,...,\texttt{Random}_k \in]a_k,b_k]\right] = \prod_{i=1}^{k} (b_i - a_i)\,.$$

En fait, la notion la plus intuitive et la plus importante du hasard n'a pas de rapport avec ces deux notions d'uniformité et d'indépendance: est aléatoire ce qui est imprévisible [1].

15.2 Principes généraux

La librairie standard de tout langage d'implémentation utilisé par un ordinateur contient un "*générateur aléatoire*", appelé désormais `Random`, fournissant une suite de nombres $x_1,...,x_n$ dans $[0,1]$, que rien ne permet de distinguer de réalisations $X_1(\omega),...,X_n(\omega)$ de n variables aléatoires indépendantes et de même loi $\mathcal{U}ni(0,1)$. L'aléa se manifeste alors par des appels successifs à cette fonction.

15.2.1 Nombres pseudo-aléatoires

Il existe un grand nombre de méthodes pour simuler des lois uniformes, appelées générateurs de nombres aléatoires, ou pseudo-aléatoires. L'idée est généralement de construire un générateur de nombres aléatoires en tirant de façon uniforme dans $\{0,1,....,M-1\}$ où M est un "*grand*" nombre (de l'ordre de 10^8) puis de diviser par M pour obtenir des "*réels*" appartenant à $[0,1]$.

Pour générer une suite de nombres pseudo-aléatoires dans $\{0,1,....,M-1\}$, à partir d'une graine (*seed* en anglais) u_0 on construit une suite $u_{n+1} = g(u_n)$ où g est une fonction définie sur $\{0,1,....,M-1\}$ à valeurs dans $\{0,1,....,M-1\}$. La méthode la plus utilisée est celle des "générateurs par congruence", où la fonction g est alors de la forme

$$g(u) = (Au + B) \text{ modulo } M.$$

1. Considérons la suite de pile ou face (représentée sous la forme 0/1) suivante

0110111001011101111000100110...

(suite de Champernowne), correspondant à la concaténation de la décomposition des entiers en base 2. Il est possible de montrer que cette suite est en particulier ∞-uniforme, mais peut-on parler d'aléa? On retrouve d'ailleurs ici la notion donnée par le dictionnaire pour le mot *hasard*: "*concours de circonstances imprévu et inexplicable*".

Le modulo M est souvent une puissance de 2 (2^{16} ou 2^{32}), car la division par M est alors plus facile numériquement. Il est aussi fréquent d'utiliser $2^{32}-1$ qui présente l'avantage d'être premier. La période est alors le plus grand nombre d'entiers dans $0,...,M-1$ qui peuvent être engendrés. Des conditions arithmétiques sur A, B et M sont alors imposées pour obtenir la plus grande période possible.

Remarque 15.2.1. *Le choix des constantes A, B et M reste un problème fondamental lors de la simulation. La Figure 15.2 représente dans un graphique en dimension* 3 *des nuages de points* (U_{i+1},U_i,U_{i-1}) *- 3000 simulations - avec l'algorithme RANDU d'IBM ($A=65539$, $B=0$ et $M=2^{31}$) et un de ceux proposés par* L'ECUYER *(1993) ($A=41358$, $B=0$ et $M=2^{31}-1$). En notant que $65539=2^{16}+3$, il est possible de montrer que pour l'algorithme RANDU,*

$$U_{n+1}-6U_n+9U_{n-1}=0 \; mod \; 1,$$

ce qui se traduit par la présence de plans sur le nuage de points. Ce générateur peut alors poser de sérieux problèmes compte tenu de cette dépendance qui existe entre les tirages. Au contraire, l'algorithme de L'ECUYER *(1993) ne laisse apparaître aucune structure dans les triplets (U_{i+1},U_i,U_{i-1}) générés.*

De manière générale, la simulation de variables aléatoires (quelconques) repose sur la simulation de variables $\mathcal{U}ni(0,1)$. Ce sera en particulier le cas pour la méthode dite d'inversion basée sur la Proposition 2.5.2 du Tome 1. De façon plus générale, on peut noter le résultat suivant, qui étend la Proposition 2.5.2 en dimension quelconque.

Lemme 15.2.2. *Pour tout vecteur aléatoire $\boldsymbol{X}$ de $\mathbb{R}^d$, il existe $\Psi : \mathbb{R}^n \to \mathbb{R}^d$ presque sûrement continue telle que $\boldsymbol{X} =_{loi} \Psi(U_1,...,U_n)$ où $U_1,...,U_n$ sont indépendantes et de même loi $\mathcal{U}ni(0,1)$.*

Il est possible que n soit ici infini. De plus, l'hypothèse centrale est que les U_i soient indépendants (elles peuvent suivre une autre loi que la loi uniforme).

Exemple 15.2.3. *Si $\Psi(u)=-(\log u)/\lambda$, alors $\Psi(U) \sim \mathcal{E}xp(\lambda)$ lorsque $U \sim \mathcal{U}ni(0,1)$. Il s'agit d'une application directe de la Proposition 2.5.2.*

Exemple 15.2.4. *Si*

$$\Psi(u_1,u_2)=\sqrt{(-2\log u_1)}\cos(2\pi u_2),$$

alors $\Psi(U_1,U_2) \sim \mathcal{N}or(0,1)$ lorsque U_1 et U_2 sont indépendantes et de même loi $\mathcal{U}ni(0,1)$.

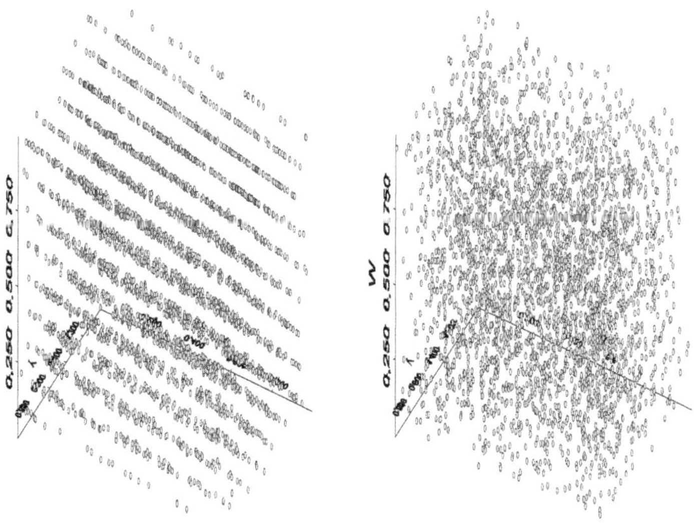

FIG. 15.2 – *Graphiques de* (U_{n+1}, U_n, U_{n-1}) *pour l'algorithme RANDU (IBM 1968) à gauche et pour* L'ECUYER *(1993) à droite.*

Exemple 15.2.5. *Si* $\Psi(u_1,\ldots,u_n) = \sum_{i=1}^n \mathbb{I}[u_i \leq p]$, *alors* $\Psi(U_1,\ldots,U_n) \sim \mathcal{B}in(n,p)$ *lorsque* $U_1,\ldots,U_n$ *sont indépendantes et de même loi* $\mathcal{U}ni(0,1)$

15.2.2 La méthode d'inversion

Le cas général

Cette méthode est la plus simples des méthodes de simulation, et repose sur la propriété suivante (Proposition 2.5.2 du Tome 1): soit F une fonction de répartition définie sur $\mathbb{R}$, et $U \sim \mathcal{U}(0,1)$, alors $X = F^{-1}(U)$ admet pour fonction de répartition F.

Exemple 15.2.6. *Si* F *est la fonction de répartition correspondant à la loi* $\mathcal{E}xp(\lambda)$ *alors* $F^{-1}(x) = -\ln(1-u)/\lambda$, *d'où l'agorithme de simulation,*

$$X \Longleftarrow -\ln(\texttt{Random})/\lambda.$$

Notez qu'il est équivalent de considérer $\log(\texttt{Random})$ *et* $\log(1-\texttt{Random})$, *qui suivent la même loi.*

Le cas discret

Cette méthode peut également être utilisée pour des lois discrètes (y compris à valeurs dans $\mathbb{N}$), en particulier s'il existe une relation de récurence permettant de calculer $\Pr[X=k+1]$ à partir de $\Pr[X=k]$. Si l'on note $q_k = \Pr[X \leq k]$, alors, avec la convention $q_{-1} = 0$,

$$X = \min\{k \in \mathbb{N} | q_{k-1} \leq U < q_k, \text{ où } U \sim \mathcal{U}ni(0,1)\}.$$

Supposons qu'il existe une relation de récurence entre $\Pr[X=k+1]$ et $\Pr[X=k]$, de la forme

$$\frac{\Pr[X=k+1]}{\Pr[X=k]} = f(k+1),$$

alors l'algorithme s'écrit

$p \Longleftarrow \Pr[X=0]$, $q \Longleftarrow \Pr[X=0]$, $X \Longleftarrow -1$ `et` $U \Longleftarrow$ `Random`

`Répéter`

  $p \Longleftarrow p \times f(X)$

  $q \Longleftarrow q + p$

  $X \Longleftarrow X + 1$

`Jusqu'à` $U > q$

Un cas particulier très utile pour l'actuaire est celui des lois de la famille de Panjer présentée à la Section 6.4.

15.2.3 Méthode de rejet

Cette méthode peut être utilisée si l'on cherche à simuler une loi, dont on sait qu'elle est la loi conditionelle d'une loi qu'on est en mesure de simuler.

Exemple 15.2.7. *De façon triviale, si* $0 < \alpha < 1$ *et que l'on cherche à simuler* $X \sim \mathcal{U}ni(0,\alpha)$, *on peut noter que* X *a même loi que* $[U|U \leq \alpha]$ *où* $U \sim \mathcal{U}ni\,(0,1)$. *Il suffit alors de mettre en oeuvre l'algorithme*

Répéter
  $X \Longleftarrow$ *Random*
Jusqu'à $X \leq \alpha$

Exemple 15.2.8. *Il est également possible de simuler un couple* (X,Y) *uniformément distribué sur le disque unité. Il suffit pour cela de simuler un couple* (X,Y), *distribué uniformément sur le carré unité* $[-1,1] \times [-1,1]$, *jusqu'à ce qu'il tombe dans le disque unité:*

Répéter
  $X \Longleftarrow 2\times$*Random*-1
  $Y \Longleftarrow 2\times$*Random*-1
Jusqu'à $X^2 + Y^2 \leq 1$

L'Exemple 15.2.7 n'est toutefois pas la méthode optimale pour simuler une réalisation de la loi uniforme sur $[0,\alpha]$, surtout si α est petit. En effet, le nombre de boucles nécessaires suit la loi géométrique de paramètre α, dont l'espérance est $1/\alpha$. Dans l'Exemple 15.2.8, le nombre moyen de passage dans la boucle est

$$n = \frac{\text{Aire du disque unité}}{\text{Aire du carré unité}} = \frac{\pi}{4} \approx 1.27.$$

De façon plus générale, on utilise le résultat suivant, qui permet, à partir d'une densité g facile à simuler, de simuler une variable de densité f quelconque.

Propriété 15.2.9. *Soient* f *et* g *deux densités telles qu'il existe une constante* c *vérifiant* $cg\,(x) \geq f\,(x)$ *pour tout* x. *Soit* X *une variable aléatoire de densité* g *et* $U \sim \mathcal{U}ni(0,1)$, *indépendante de* X, *alors la loi conditionelle de* X *sachant* $U < h\,(X)$ *admet pour densité* f, *où* $h(x) = f(x)/cg(x)$. *Aussi, si* $U_1,U_2,\ldots$ *sont indépendantes* *et de même loi* $\mathcal{U}ni(0{,}1)$ *et* $X_1,X_2,\ldots$ *sont indépendantes de même densité* g*, alors en posant*

$$\tau = \inf\{i \geq 1 | U_i \leq h(X_i)\},$$

X_τ *aura pour densité* f.

Démonstration. Soit $U \sim \mathcal{U}ni(0{,}1)$, et posons $h(x) = f(x)/cg(x)$. Alors si X a pour densité g,

$$\Pr[U > h(X)] = \int_{-\infty}^{+\infty} \int_{h(y)}^{1} g(y) du dy = 1 - \frac{1}{c}.$$

Aussi, pour $t \in \mathbb{R}$,

$$\begin{aligned}
\Pr[X_\tau \leq t] &= \sum_{k=1}^{+\infty} \Pr[\tau = k, X_\tau \leq t] \\
&= \sum_{k=1}^{+\infty} \Pr[U_i > h(X_i) \text{ pour } i = 1,\ldots,k-1] \Pr[U_k < h(X_k),
\end{aligned}$$

$$\begin{aligned}
&= \sum_{k=1}^{\infty} \left(1 - \frac{1}{c}\right)^{k-1} \int_{-\infty}^{t} \int_{0}^{h(z)} g(z) dz du \\
&= \sum_{k=1}^{+\infty} \left(1 - \frac{1}{c}\right)^{k-1} \int_{-\infty}^{t} g(z)h(z)dz = \int_{-\infty}^{t} f(z)dz,
\end{aligned}$$

c'est-à-dire que X_τ a pour densité f. □

Notons que les densités de probabilité intervenant dans le résultat peuvent être aussi bien discrètes que continues. Des lois de comptage peuvent donc également être simulées en utilisant cette méthode. L'algorithme de rejet s'écrit alors

```
Répéter
    X ⟸ simulation suivant la densité g
    U ⟸ Random
Jusqu'à cU ≤ f(X)/g(X)
```

Exemple 15.2.10. *Considérons la variable aléatoire* Y *de densité*

$$g(x) = \begin{cases} 3\left(1 - x^2\right)/4, & \textit{sur } [-1{,}1]. \\ 0, & \textit{ailleurs.} \end{cases} \tag{15.1}$$

Il est alors posible d'utiliser les deux méthodes suivantes pour simuler une telle loi:

1. *la densité étant bornée, il est possible de considérer comme variable* X *que l'on peut simuler une variable de loi uniforme*

sur le support de Y*, avec comme coefficient* $c = \max(Y) = 3/4$ *(tel que représenté en haut sur la Figure 15.3).*

2. *il est également possible de considérer* $f(x) = 1 - |x|$ *sur* $[-1, +1]$*, avec* $c = 3/2$ *(tel que représenté en bas sur la Figure 15.3).*

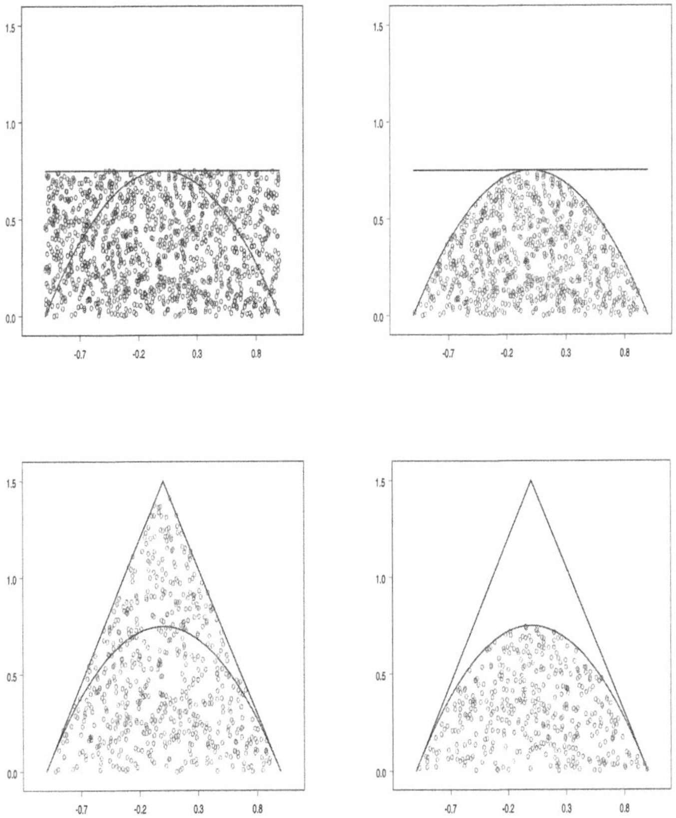

FIG. 15.3 – *Simulations de la loi de densité* g *donnée en* (15.1).

Exemple 15.2.11. *Nous avons vu dans l'Exemple 15.2.3 qu'il était simple de simuler une loi exponentielle à l'aide de l'inversion de la fonction de répartition. En notant que pour tout* $x \geq 0$,

$$\frac{1}{\sqrt{2\pi}} \exp\left(-\frac{x^2}{2}\right) \leq \frac{\exp(1/2)}{\sqrt{2\pi}} \exp(-x),$$

on peut simuler une loi normale par la méthode de rejet à partir *de la simulation de la loi $\mathcal{E}xp(1)$. Si $U \sim \mathcal{U}ni(0{,}1)$ et $X \sim \mathcal{E}xp(1)$, l'inégalité de rejet s'écrit alors*

$$\exp(1/2)\exp(-X)\,U \leq \exp\left(-X^2/2\right).$$

Cette inégalité peut d'ailleurs se réécrire de façon plus simple en passant au logarithme : $(1-X)^2 \leq -2\log U$. Aussi, pour simuler une variable de loi $\mathcal{N}or(0{,}1)$, on simule deux variables aléatoires indépendantes de loi $\mathcal{E}xp(1)$, X et Y jusqu'à ce que $(1-X)^2 \leq 2Y$ puisque $-\ln U \sim \mathcal{E}xp(1)$. On tire au sort le signe S selon la loi $\mathcal{B}er(1/2)$, et le produit $S \times X$ suit alors la loi $\mathcal{N}or(0{,}1)$. La Figure 15.4 illustre cette procédure. Nous verrons par la suite qu'il existe des méthodes plus rapides pour simuler des lois normales.

15.2.4 Utilisation des lois mélange

Dans le cas discret, supposons que la loi de probabilité de X puisse s'écrire

$$\Pr[X=n] = \alpha p_n + (1-\alpha)\, q_n$$

où $p_n = \Pr[Y=n]$ et $q_n = \Pr[Z=n]$, $n = 0{,}1,\ldots$ avec $0 < \alpha < 1$ Alors un moyen simple pour simuler X consiste à simuler Y et Z, puis à poser $X = Y$ avec probabilité α ou $X = Z$ avec probabilité $1-\alpha$. L'algorithme s'écrit alors

`Si Random` $\leq \alpha$ `alors` $X \Longleftarrow$ `généré suivant` (p_n)

`Sinon` $X \Longleftarrow$ `généré suivant` (q_n)

Dans le cas continu, cette méthode peut également être utilisée si la densité de X peut s'écrire sous forme de mélange.

15.3 Bootstrap (ou rééchantillonnage)

15.3.1 Principe

La méthode du bootstrap est très pratique[2] car elle permet de s'affranchir d'hypothèses parfois contraignantes sur une famille de lois de probabilité. En particulier, cette méthode est très utilisée pour obtenir de meilleurs estimateurs à partir de petits échantillons (c'est le cas par exemple pour les méthodes de provisionnement).

Soit X une variable aléatoire de fonction de répartition F, et supposons que l'on possède un échantillon $X_1,\ldots,X_n$ suivant cette

2. "*to pull oneself up by one's bootstrap*" se traduisant par "*se tirer d'un mauvais pas*" (dans "*Les Aventures du Baron de Munchausen*").

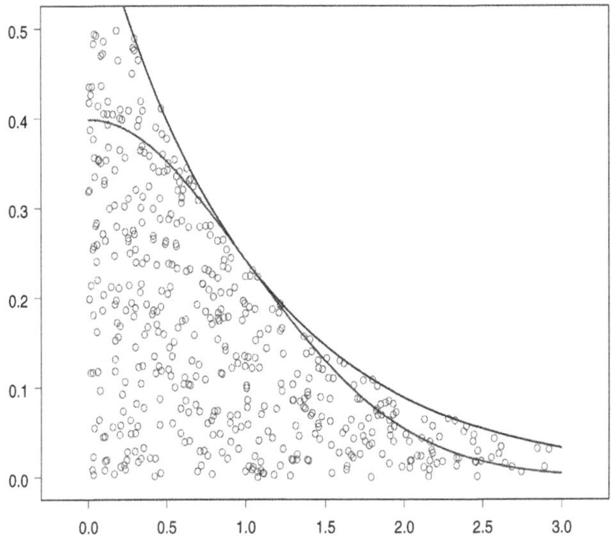

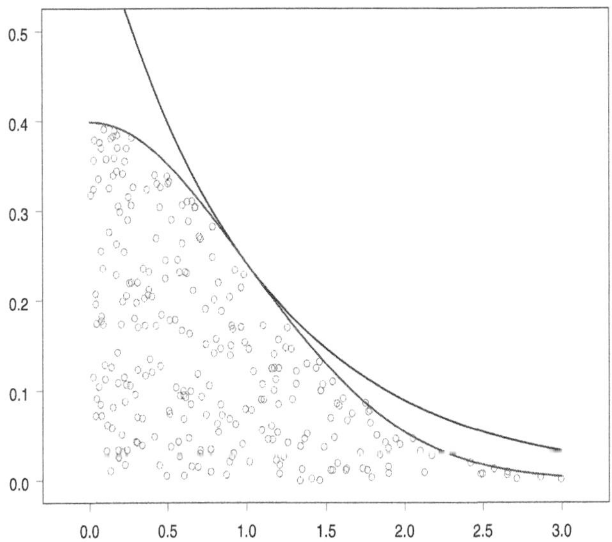

FIG. 15.4 – *Simulations de la loi Gaussienne à partir de la loi exponentielle*

loi. On cherche alors à étudier le comportement de la fonction $T(X_1,...,X_n,F)$ dépendant des observations et de la fonction de répartition F.

L'algorithme du bootstrap est le suivant,

1. à partir de $\mathcal{E} = \{X_1,...,X_n\}$, on calcule la fonction de répartition empirique F_n, définie par

$$F_n(x) = \frac{1}{n}\sum_{k=1}^{n} \mathbb{I}[X_k \leq x].$$

2. conditionnellement à F_n, on procède, dans $\mathcal{E}$ à N tirages équiprobables avec remise : $\mathcal{E}^* = \{X_1^*,...,X_N^*\}$ est alors le nouvel échantillon[3].
3. on définit la statistique bootstrappée $T^* = T(X_1^*,...,X_N^*,F_n)$.

On peut alors réitérer la dernière étape afin d'obtenir des approximations par la méthode de Monte Carlo. On répète alors m fois la seconde étape, en générant m échantillons $\mathcal{E}_1^*,...,\mathcal{E}_m^*$, et on observe alors m valeurs $T_1^*,...,T_m^*$ de T.

Exemple 15.3.1. *Supposons par exemple que $X \sim \mathcal{B}er(p)$, et notons $\widehat{p}_n$ la fréquence de 1 dans l'échantillon $\mathcal{E} = \{X_1,...,X_n\}$, i.e. $\widehat{p}_n = \frac{1}{n}\sum_{i=1}^n X_i$. On considère ici $T(\mathcal{E},F) = \widehat{p}_n - p$. L'échantillon bootstrappé $\mathcal{E}^*$ est alors la suite de N tirages équiprobables, avec remise dans $\mathcal{E}$. Conditionnellement à $\mathcal{E}$, la loi de X_i^* est donc $\mathcal{B}er(\widehat{p}_n)$. La statistique bootstrappée T^* sera*

$$T^* = T(\mathcal{E}^*,F_n) = \frac{1}{N}\sum_{i=1}^{N} X_i^* - \widehat{p}_n,$$

dont on connaît les deux premiers moments

$$\mathbb{E}[T^*] = 0 \text{ et } \mathbb{V}[T^*] = \frac{\widehat{p}_n(1-\widehat{p}_n)}{N}.$$

15.3.2 Intervalles de confiance par bootstrap

Le bootstrap peut être intéressant si l'on cherche un intervalle de confiance pour un paramètre θ. En statistique paramétrique, θ est généralement estimé à l'aide du maximum de vraisemblance, qui fournit un estimateur T, et garantit la normalité asymptotique de

3. Efron & Tibshirani (1994) suggéraient de prendre $N = n$, toutefois, de meilleurs résultats peuvent être obtenus en sous-échantillonnant, et en effectuant des tirages sans remise (*on peut alors se ramener à des U-statistiques*).

$T - \theta$. On peut alors en déduire, pour un échantillon suffisamment grand, un intervalle de confiance de la forme

$$\left[T - z_{1-\alpha}\sqrt{I^{-1}(T)}, T + z_{1-\alpha}\sqrt{I^{-1}(T)}\right].$$

Toutefois, ce résultat n'est valable qu'asymptotiquement, et en particulier, peut s'avérer exécrable à distance finie (surtout si l'échantillon est petit). Sans hypothèse de normalité, il est alors nécessaire d'estimer les quantiles T_α et $T_{1-\alpha}$ tels que $\Pr(\theta \in [T_\alpha, T_{1-\alpha}]) = \alpha$.

Soit G la fonction de répartition de $T - \theta$, et G^* celle de $T^* - T$, de telle sorte que $T_\alpha = G^{-1}(\alpha)$ soit estimé par $G^{*-1}(\alpha)$. En général, il suffit d'utiliser des méthodes de Monte Carlo, et on approxime G^* par

$$\widehat{G}^*(x) = \frac{1}{m}\sum_{i=1}^{m} \mathbb{I}\left[T_i^* - T \leq u\right].$$

Or, comme nous l'avons vu dans le Chapitre 14, si $X_1, \ldots, X_n$ sont des variables indépendantes de même fonction de répartition F_X, un estimateur de $F_X^{-1}(\alpha)$ est $X_{[(n+1)\alpha]:n}$. Donc, T_α peut être approché par $\widehat{T}_\alpha = T^*_{(m+1)\alpha:m}$ (en choisissant α et m de telle sorte que $(m+1)\alpha$ et $(m+1)(1-\alpha)$ soient des entiers, sinon il est possible d'utiliser des interpolations). Dans ces conditions, il est possible de montrer que

$$\Pr\left[\theta \in \left[\widehat{T}_\alpha, \widehat{T}_{1-\alpha}\right]\right] = \alpha + O\left(n^{-1/2}\right).$$

Une méthode possible pour améliorer la vitesse de convergence est d'utiliser du bootstrap studentizé (et l'on obtient alors un $O\left(n^{-1}\right)$).

L'utilisation du bootstrap pour des sinistres à queues épaisse peut en pratique poser un certain nombre de problèmes. En effet, les très grandes valeurs ont alors tendance à apparaître beaucoup trop souvent. Le bootstrap ne peut alors être utilisé pour estimer une moyenne, ou une probabilité d'excès pour un valeur très éloignée de la moyenne.

Exemple 15.3.2. *La Figure 15.5 représente l'estimation de la moyenne de* $n = 100$ *sinistres* $\mathcal{P}ar(1{,}0)$ *- à gauche - et* $\mathcal{P}ar(2{,}0)$ *- à droite. Dans le premier cas, la loi n'est pas d'espérance finie, et dans le second, la variance n'est pas finie. La courbe en pointillé représente la densité de la loi normale associée aux espérance et variance empiriques.*

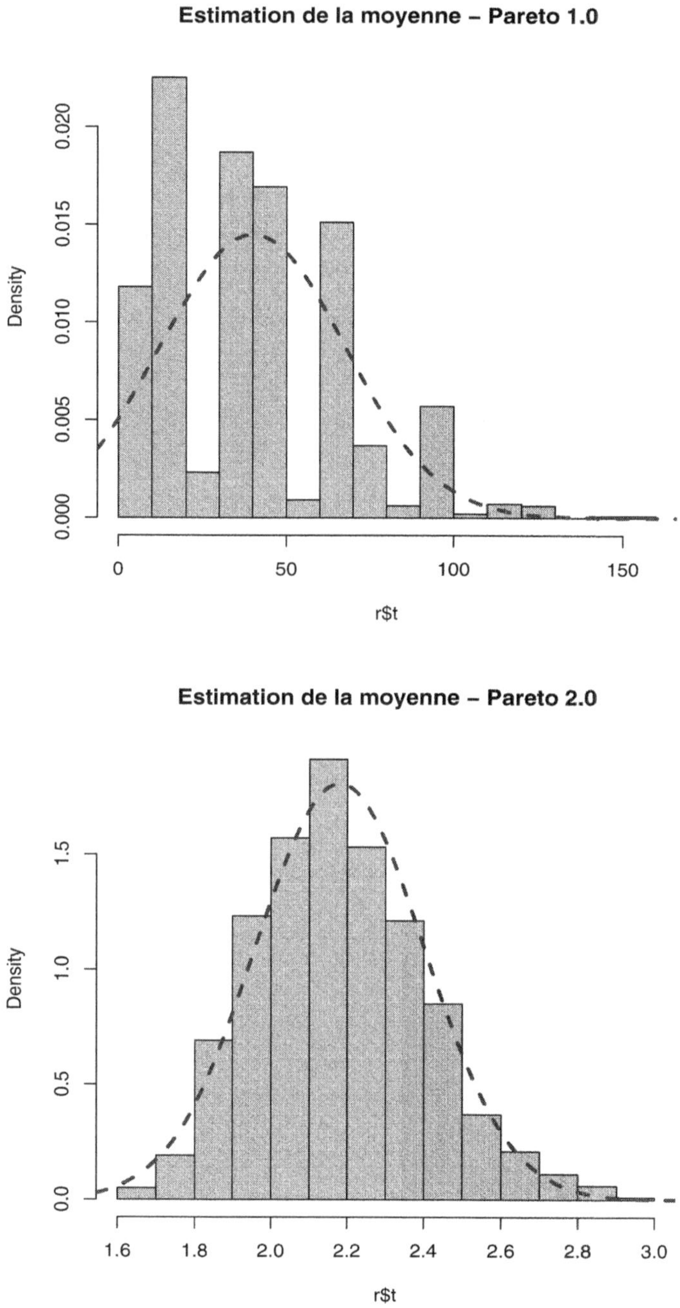

FIG. 15.5 – *Densité de la moyenne d'un échantillon Pareto, de paramètre 1 (au-dessus), et de paramètre 2 (en-dessous).*

	1	2	3	4	5	6	7
1995	-1,844	-3,488	-0,363	2,701	5,088	3,436	0
1996	-3,745	-10,269	6,999	9,086	6,343	-2,984	
1997	-11,551	5,799	11,463	1,395	-11,436		
1998	-2,726	9,039	2,312	-12,941			
1999	11,014	3,459	-16,212				
2000	4,401	-4,24					
2001	-0,001						

TAB. 15.1 – *Résidus de Pearson, pour une régression log-Poisson aux données de l'Exemple 13.2.4.*

15.3.3 Bootstrap et quantiles

Comme expliqué en détails dans DAVISON & HINKLEY (1997), ce qui permet de légitimer le bootstrap, c'est principalement l'existance d'un développement d'Edgeworth pour la statistique que l'on cherche à calculer. Certaines statistiques, en particulier les quantiles empiriques, peuvent alors être peu régulières, et peu stables. Et si asymptotiquement, ces méthodes de rééchantillonage sont valides, les résultats à distance finie peuvent être relativement mauvais.

15.3.4 Bootstrap et échantillons corrélés

Parmi les autres cas parmi lesquels le bootstrap peut donner des résultats "*faux*", on pourra noter le cas où les données ne sont pas indépendantes.

Comme nous le verrons plus bas, ceci peut poser en particulier des problèmes lors de l'utilisation du bootstrap dans les triangles de provisionnement, où il y a intuitivement de fortes chances pour que les résidus ne soient pas indépendants.

15.3.5 Application au provisionnement

Considérons l'exemple de la régression log-Poisson (donnant les mêmes estimateurs que la méthode Chain Ladder). Pour les données de l'Exemple 13.2.4, les sorties graphiques de la régression sont présentées sur la Figure 15.6 (avec en particulier les résidus de déviance et les résidus de Pearson). Les résidus de Pearson $r^P_{i,j}$ sont donnés à la Table 15.1 et les résidus de déviance $r^D_{i,j}$ sont donnés dans la Table 15.2.

La plupart des modèles stochastiques, comme nous l'avons noté, ont été implémentés avec comme objectif de répliquer la méthode Chain-Ladder, afin de fournir exactement le même montant de provisions mais en permettant d'évaluer la marge d'erreur. En utilisant des méthodes de Monte-Carlo, il suffit de simuler de façon

	1	2	3	4	5	6	7
1995	-1,848	-3,5	-0,363	2,689	5,034	3,406	-0,001
1996	-3,758	-10,367	6,949	8,975	6,27	-3,004	
1997	-11,687	5,767	11,323	1,392	-11,71		
1998	-2,733	8,966	2,306	-13,187			
1999	10,923	3,451	-16,443				
2000	4,387	-4,253					
2001	-0,001						

TAB. 15.2 – *Résidus de déviance, pour une régression log-Poisson aux données de l'Exemple 13.2.4.*

	1	2	3	4	5	6	7
1995	-12,941	11,463	3,436	4,401	-424	3,459	5,799
1996	9,086	-11,551	-10,269	1,395	-1,844	-1,844	
1997	-10,269	-3,488	-3,488	-11,551	3,459		
1998	3,459	-10,269	-1,844	5,799			
1999	5,088	11,463	1,395				
2000	6,999	1,395					
2001	5,799						

TAB. 15.3 – *Simulation d'un triangle de résidus de Pearson.*

indépendante les erreurs d'incrément, de générer des nouveaux triangles, puis d'utiliser la méthode Chain-Ladder pour obtenir un montant de provisions pour ce triangle simulé. Si on utilise les résidus de Pearson, comme préconisé par ENGLAND & VERRALL (1999), l'incrément bootstrappé est donné par

$$Y_{i,j}^* = r_{i,j}^{P*} \cdot \sqrt{\mu_{i,j}} + \mu_{i,j}$$

où $r_{i,j}^{P*}$ est la valeur du résidu de Pearson bootstrappé.

Dans le cas de la régression log-Poisson, les résidus de Pearson sont donnés dans la Table 15.1. Une simulation par bootstrap de l'erreur donne le triangle de résidus bootstrappés de la Table 15.3. Si nous repassons aux incréments, en définissant $Y_{i,j}^* = r_{i,j}^{P*}\sqrt{\mu_{i,j}} + \mu_{i,j}$, nous obtenons les valeurs du Tableau 15.4.

En passant au triangle cumulé, que l'on peut finalement compléter à l'aide de la méthode chain-ladder standard, on obtient les valeurs de la Table 15.5.

Pour cette simulation, le montant de provisions nécessaires

	1	2	3	4	5	6	7
1995	10,817	36,819	22,904	15,659	6,034	7,727	8,111
1996	40,331	20,945	16,765	17,059	6,771	3,312	
1997	16,043	27,979	21,184	1,504	9,617		
1998	33,929	24,743	23,647	18,388			
1999	54,844	63,294	36,662				
2000	57,419	53,710					
2001	62,561						

TAB. 15.4 – *Simulation d'un triangle d'incréments.*

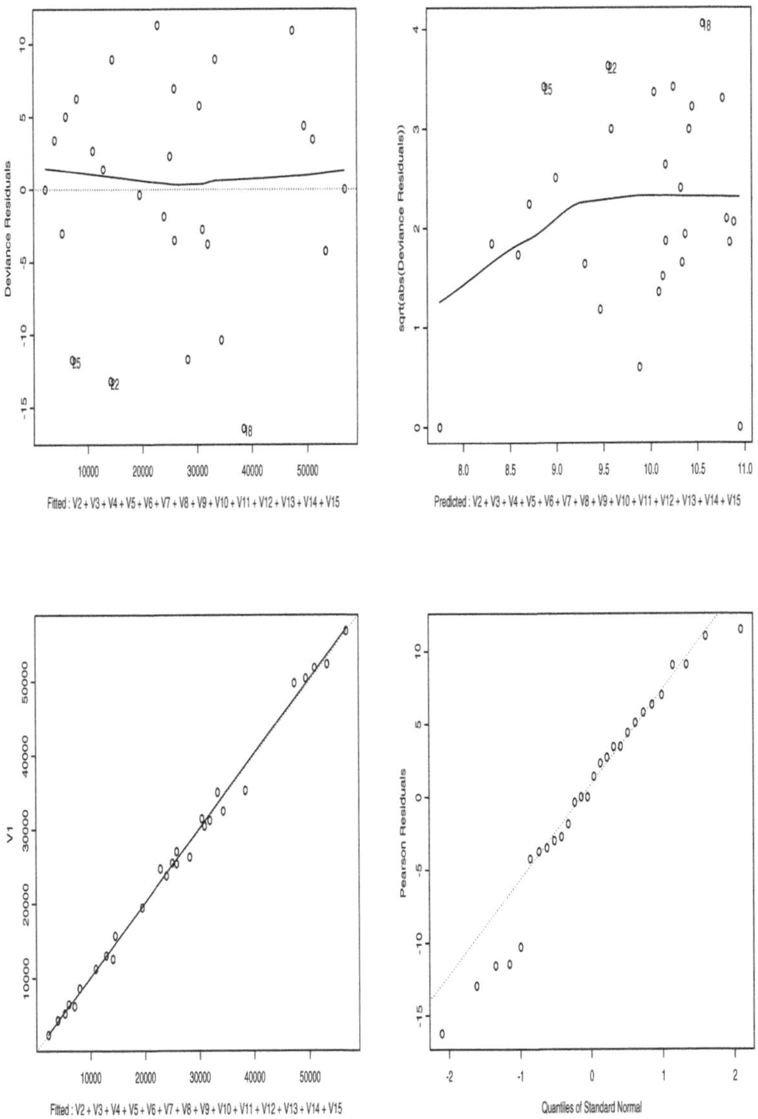

FIG. 15.6 – *Analyse des résidus de la régression log-Poisson aux données de l'Exemple 13.2.4.*

s'élève à 425,160. En répétant un grand nombre de fois (ici 50 000) on obtient les valeurs du Tableau 15.6.

Remarque 15.3.3. *L'utilisation du bootstrap sur le triangle repose*

	1	2	3	4	5	6	7
1995	10,817	47,636	70,540	86,199	92,233	99,960	108,071
1996	40,331	61,276	78,041	95,100	101,871	105,183	113,717
1997	16,043	44,022	65,206	66,710	76,327	80,667	87,213
1998	33,929	58,672	82,319	100,707	109,811	116,056	125,474
1999	54,844	118,138	154,800	182,303	198,785	210,090	227,137
2000	57,419	111,129	151,962	178,962	195,141	206,239	222,974
2001	62,561	129,257	176,752	208,157	226,976	239,884	259,349

TAB. 15.5 – *Simulation d'un triangle de paiements cumulés.*

	moyenne	écart-type	5%	10%	50%	90%	95%
R_2	3,277	10,532	0	0	3,754	15,601	18,747
R_3	7,797	10,788	0	0	8,424	20,830	24,608
R_4	16,478	12,871	0	0	16,874	32,394	37,071
R_5	47,114	20,894	11,834	20,004	47,455	73,308	80,764
R_6	89,615	24,200	50,320	58,684	89,304	120,502	129,642
R_7	164,925	36,251	108,260	119,285	163,557	212241	226,778
Total	329,210	100,872	155,528	195,731	333,225	454,341	488,779

TAB. 15.6 – *Montant des provisions, par année de survenance.*

néanmoins sur des hypothèses très fortes: il faut que les résidus soient indépendants, et identiquement distribués. D'un point de vue pratique, un modèle autorégressif à l'ordre 1*, par ligne, peut paraître plus réaliste. On peut par exemple imaginer qu'un gros paiement a été effectué soit en décembre soit en janvier (suivant que l'entreprise souhaite payer plus ou moins vite tel ou tel sinistre), ce qui fait que les paiements pour deux années consécutives sont a priori négativement corrélés.*

15.4 Simulation de lois usuelles univariées

15.4.1 Loi uniforme

Nous supposerons ici que nous disposons d'un logiciel permettant d'effectuer des tirages $\mathcal{U}ni(0,1)$, et nous appelerons `Random` cette fonction.

15.4.2 Loi normale

En reprenant les résultats usuels sur la loi normale (voir Partie 2.5.4 du Tome 1), il suffit, pour simuler une réalisation de la loi $\mathcal{N}or(\mu,\sigma^2)$, de simuler une réalisation de la loi $\mathcal{N}or(0,1)$ puis de la transformer adéquatement (multiplication par σ et addition de μ). Le résultat suivant fournit une méthode de simulation efficace de la loi $\mathcal{N}or(0,1)$.

Propriété 15.4.1. *Soit* (X,Y) *un couple de variables aléatoires, de loi uniforme sur le disque unité* $\mathcal{S} = \big\{(x,y) \in \mathbb{R}^2 | x^2 + y^2 \leq 1\big\}$.

Notons R et Θ les coordonnées polaires associées à (X,Y), i.e. $X = R\cos\Theta$ et $Y = R\sin\Theta$. Notons $T = \sqrt{-4\log R}$, alors $U = T\cos\Theta$ et $V = T\sin\Theta$ sont indépendantes, et de même loi $\mathcal{N}or\,(0,1)$.

Démonstration. Considérons le changement de variables permettant de passer des coordonnées cartésiennes aux coordonnées polaires,

$$\phi : \left\{ \begin{array}{rcl} \mathcal{S}\backslash \{]0,1[\times \{0\}\} & \to &]0,1[\times]0,2\pi[\\ (x,y) & \mapsto & (r,\theta) \end{array} \right.$$

et

$$\phi^{-1} : \left\{ \begin{array}{rcl}]0,1[\times]0,2\pi[& \to & \mathcal{S}\backslash \{]0,1[\times \{0\}\} \\ (r,\theta) & \mapsto & (x,y) = (r\cos\theta, r\sin\theta)\,, \end{array} \right.$$

avec pour jacobien $J_{\phi^{-1}} = r$. La densité du couple (R,Θ) est alors donnée par

$$g\,(r,\theta) = \frac{r}{\pi}\mathbb{I}\,[(r\cos\theta, r\sin\theta) \in \mathcal{S}]\,,$$

dont les lois marginales sont respectivement

$$g\,(r) = 2r\mathbb{I}\,[0 < r < 1] \text{ et } g\,(\theta) = \frac{1}{2\pi}\mathbb{I}\,[0 < \theta < 2\pi]\,.$$

On en déduit alors que R et Θ sont indépendantes, R étant de loi triangulaire sur $]0,1[$, et Θ de loi uniforme sur $]0,2\pi[$. La loi de T est alors donnée par $\Pr[T \leq t] = 0$ pour $t \leq 0$, et sinon,

$$\begin{aligned} \Pr[T \leq t] &= \Pr\left[\sqrt{-4\log R} \leq t\right] \\ &= \Pr\left[R > \exp\left(-\frac{t^2}{4}\right)\right] \\ &= 1 - G\left(\exp\left(-\frac{r^2}{4}\right)\right), \end{aligned}$$

où G est la fonction de répartition de R. D'où la densité de T,

$$t \mapsto t\exp\left(-\frac{t^2}{2}\right)\mathbb{I}\,[t > 0]\,.$$

Déterminons pour conclure la densité du couples (U,V), obtenu par le changement de variable

$$\psi : \left\{ \begin{array}{rcl}]0,+\infty[\times]0,2\pi[& \to & \mathbb{R}^2\backslash\,(]0,+\infty[\times \{0\}) \\ (t,\theta) & \mapsto & (u,v) = (t\cos\theta, t\sin\theta) \end{array} \right.$$

En notant que ψ restreint à $]0,1[\times]0,2\pi[$ coïncide avec ϕ^{-1}, on en déduit que

$$J_{\psi^{-1}} = \frac{1}{J_{\phi^{-1}}\,(t\,(u,v)\,,\theta\,(u,v))} = \frac{1}{t} = \frac{1}{\sqrt{u^2+v^2}},$$

d'où finalement la densité du couple (U,V),

$$\begin{aligned} f(u,v) &= \frac{1}{\sqrt{u^2+v^2}}\frac{1}{2\pi}\sqrt{u^2+v^2}\exp\left(-\frac{u^2+v^2}{2}\right) \\ &= \frac{1}{\sqrt{2\pi}}\exp\left(-\frac{u^2}{2}\right)\frac{1}{\sqrt{2\pi}}\exp\left(-\frac{v^2}{2}\right), \end{aligned}$$

c'est-à-dire que les variables U et V sont indépendantes, de loi normale centrée réduite. □

En notant que

$$Z = \sqrt{-\frac{2\log R^2}{R^2}} = \frac{T}{R} \text{ et } \begin{cases} U = T\cos\Theta = Z\cdot X \\ V = T\sin\Theta = Z\cdot Y, \end{cases}$$

ceci fournit l'algorithme polaire, permettant de simuler un vecteur gaussien centré, réduit et indépendant.

```
Algorithme Polaire
    Répéter
        X ⟸ 2×Random−1
        Y ⟸ 2×Random−1
        S ⟸ X² + Y²
    Jusqu'à S < 1
        Z ⟸ √(−2 (log S) / S)
        U ⟸ Z × X
        V ⟸ Z × Y
```

La première étape permet de simuler la loi uniforme sur le disque unité. Toutefois, la méthode la plus utilisée pour simuler une loi gaussienne n'est pas celle-ci, et repose sur une programmation légèrement différente du résultat précédent. En effet, il est possible de simuler non pas le couple (X,Y), mais le couple (T,Θ) de variables indépendantes. Ceci donne l'algorithme de Box-Müller:

```
Algorithme de Box-Müller
    T ⟸ √(−2 log Random)
    Θ ⟸ 2π × Random
    U ⟸ T × cos Θ
    V ⟸ T × sin Θ
```

15.4.3 Loi Lognormale

La simulation d'une loi log-normale $\mathcal{LN}or\left(\mu,\sigma^2\right)$ se fait à partir de la simulation d'une loi normale $\mathcal{N}or\left(\mu,\sigma^2\right)$: $Y = \exp(X)$ où $X \sim \mathcal{N}or\left(\mu,\sigma^2\right)$.

15.4.4 Loi Gamma

En utilisant les résultats de la Section 2.5.7. du Tome 1 sur la loi Gamma, il est possible de la simuler sans trop de difficultés à l'aide de méthodes de rejet. Rappelons néanmoins que si $X \sim \mathcal{G}am(a_X,b)$ et $Y \sim \mathcal{G}am(a_Y,b)$ sont indépendantes, alors $X + Y \sim \mathcal{G}am(a_X + a_Y,b)$. La loi $\mathcal{G}am(n,b)$ pour $n \in \mathbb{N}$ se simule donc comme la somme de n variables $\mathcal{E}xp(b)$ indépendantes. Plus précisément,

- pour simuler une loi exponentielle, on utilise l'inverse de la fonction de répartition:

  `Simulation loi exponentielle` $\mathcal{E}xp(b)$
  $X \Longleftarrow -b\log(\texttt{Random})$

- si α est un entier, on utilisera le fait que la loi Gamma peut s'écrire comme convolution de lois exponentielles, d'où l'algorithme suivant:

  `Simulation loi Gamma` $\mathcal{G}am(a,1)$ `-` $a \in \mathbb{N}$
  $i \Longleftarrow 1$ `et` $Z \Longleftarrow 0$
  `Répéter`
  $\quad Z \Longleftarrow Z - \log(\texttt{Random})$
  $\quad i \Longleftarrow i + 1$
  `Jusqu'à` $i > \alpha$

Pour une approche plus générale (a non nécessairement entier), sans perte de généralité, on supposera que $b = 1$. En effet, si X suit une loi $\mathcal{G}am(a,1)$, alors $Y = bX$ suit une loi $\mathcal{G}am(a,b)$. Toute la difficulté est alors de simuler des lois $\mathcal{G}am(a,1)$. Deux algorithmes peuvent alors être utilisé en fonction de la position de a par rapport à 1 (voir DEVROYE (1992) ou FISHMAN (1997)):

1. si $0 < a < 1$, en notant e l'exponentielle de 1, on utilisera une méthode de rejet basée sur

$$g(x) = \frac{ae}{a+e}\left(x^{a-1}\mathbb{I}[0 < x < 1] + \exp(-x)\mathbb{I}[1 \leq x]\right).$$

Une variable admettant une telle densité se simule aisément à l'aide de l'algorithme d'inversion, puisque la fonction quantile s'écrit alors

$$
\begin{aligned}
G^{-1}(u) &= \left(\frac{a+e}{e}u\right)^{1/a} \mathbb{I}[0 < x < e/(a+e)] \\
&\quad - \log\left(\frac{a+e}{ae}(1-u)\right) \mathbb{I}[e/(a+e) \leq x].
\end{aligned}
$$

Pour simuler des réalisations de la loi $\mathcal{G}am\,(a,1)$, on aura recours à l'algorithme d'Ahrens-Dieter, donné ci-dessous:

`Algorithme d'Ahrens-Dieter`

`test` $\Longleftarrow 0$ `et` $A = [(a-1) - 1/6\,(a-1)]\,/\,(a-1)$

`Répéter`

$X \Longleftarrow (a+e)\,/e\times$`Random`

`Si` $X \leq 1$, `alors` $Z \Longleftarrow X^{1/a}$, `si` $Z \leq -\log(\texttt{Random})$, `alors` $test = 1$

`Si` $X > 1$, `alors` $Z \Longleftarrow -\log\left(\left((a+e)\,/e - X\right)/a\right)$, `si` $Z \geq \texttt{Random}^{1/(a-1)}$, `alors` $test = 1$

`Jusqu'à` $test = 1$

2. Si $a > 1$ et non entier, on pourra recourir à l'algorithme de Cheng-Feast:

`Algorithme de Cheng-Feast`

`test` $\Longleftarrow 0$ `et` $A = [(a-1) - 1/6\,(a-1)]\,/\,(a-1)$

`Répéter`

$U \Longleftarrow$`Random`

$V \Longleftarrow$`Random`

$X \Longleftarrow A \times U/V$

`Si` $2U/a - (2/a+2) + X + 1/X \leq 0$, `alors test`$= 1$

`Si` $2U/a - (2/a+2) + X + 1/X \leq 0$, `alors test`$= 1$

`Jusqu'à test`$= 1$

$Z \Longleftarrow aX$

15.4.5 Loi Bêta

Pour simuler une loi Bêta de paramètres α et β (voir Section 2.5.3. du Tome 1 pour les propriétés de la loi Bêta), on utilise le résultat suivant, appelé Théorème de Jöhnk.

Propriété 15.4.2. *Soient U et V deux variables indépendantes de loi $\mathcal{U}ni(0,1)$. Notons, pour a et b positifs, $S = U^{1/a}/\left(U^{1/a} + V^{1/b}\right)$. Alors S, conditionnellement à $T = U^{1/a} + V^{1/b} \leq 1$, suit la loi Bêta de paramètres a et b.*

Démonstration. Notons que $X = U^{1/a}$ admet pour fonction de répartition x^a sur $[0,1]$, et pour densité $x \mapsto ax^{a-1}$. De même pour $Y = V^{1/b}$. Aussi, la densité jointe du couple (X,Y) est

$$f(x,y) = abx^{a-1}y^{b-1} \text{ pour } (x,y) \in [0,1] \times [0,1].$$

En considérant le changement de variable $(s,t) = (x + y, x/(x + y))$, qui s'inverse en $(x,y) = (st, s(1-t))$, on en déduit aisément la densité du couple (S,T), de la forme

$$(s,t) = abt^{a-1}(1-t)^{b-1}s^{a+b-1}$$

pour $(s,t) \in \{(x,y)|y > 0, 0 < x < \min\{1/y, 1/(1-y)\}\}$. Aussi, on en déduit que la loi de T admet pour densité

$$t \mapsto \frac{1}{\kappa}\frac{ab}{a+b}t^{a-1}(1-t)^{b-1} \text{ pour } t \in [0,1],$$

κ étant une constante de normalisation. Aussi, T obéit à la loi Bêta de paramètres a et b.

□

On en déduit alors l'algorithme suivant:

```
Répéter
    U ⟸Random^{1/a}
    V ⟸Random^{1/b}
Jusqu'à U + V ≤ 1
    S ⟸ U/(U + V)
```

15.4.6 Loi de Poisson

Pour un certain nombre de lois que nous allons évoquer par la suite, rappelons que les probabilités font généralement intervenir des calculs de factorielles. Si l'on souhaite simuler le nombre de sinistres dans un portefeuille de taille relativement grande suivant une loi de Poisson, la probabilité d'avoir 20 sinistres fera intervenir 20!, qui pour rappel est de l'ordre de 10^{18}. Pour certains calculs, il peut alors être nécessaire, pour éviter d'avoir des probabilités nulles, de faire des calculs approchés des factorielles.

Exemple 15.4.3. *Un certain nombre de relations peuvent être utilisées pour approximer $n!$ quand n est grand, parmi lesquelles, la plus utilisée est la formule dite de Stirling:*

$$\log n! \approx \left(n+\frac{1}{2}\right)\log(n+1)-(n+1)+\frac{1}{2}\log(2\pi).$$

Plus précisément, en utilisant les séries de Binet, nous avons les inégalités suivantes:

$$\left(n+\frac{1}{2}\right)\log(n+1)-(n+1)+\frac{1}{2}\log(2\pi)\leq \log n!$$

et

$$\log n! \leq \left(n+\frac{1}{2}\right)\log(n+1)-(n+1)+\frac{1}{2}\log(2\pi)+\frac{1}{12(n+1)}.$$

Nous avons vu au Chapitre 7 du Tome 1 qu'un processus de Poisson était constitué par des durées séparant deux événements successifs indépendantes et de loi exponentielle de paramètre λ. Autrement dit, si $\{T_1,T_2,\ldots\}$ est une suite de variables $\mathcal{E}xp(\lambda)$ indépendantes, la loi de

$$\begin{aligned} N_t &= \sum_{n\geq 1} n\mathbb{I}\left[T_1+T_2+...+T_n\leq t<T_1+T_2+...+T_n+T_{n+1}\right] \\ &\sim \mathcal{P}oi(\lambda t). \end{aligned}$$

Afin de simuler une loi de Poisson de paramètre λ, on utilise le fait que $-\log U/\lambda$ suit une loi exponentielle de paramètre λ et donc, si $\{U_1,U_2,\ldots\}$ est une suite de variables aléatoire indépendantes de loi $\mathcal{U}ni(0,1)$,

$$X=\sum_{n\geq 1} n\mathbb{I}\left[U_1U_2...U_nU_{n+1}\leq e^{-\lambda}<U_1U_2...U_n\right]\sim \mathcal{P}oi(\lambda).$$

D'où finalement l'algorithme suivant:

$X \Longleftarrow -1$ `et` $P \Longleftarrow 1$
`Répéter`
  $X \Longleftarrow X+1$ `et` $Q=P$
  $P \Longleftarrow P\times$ `Random`
`Jusqu'à` $P\leq \exp(-\lambda)<Q$

Rappelons que pour des valeurs relativement grandes de λ, il peut être intéressant d'approximer la loi de Poisson par la loi normale.

15.4.7 Loi Géométrique

Pour simuler une loi géométrique de paramètre p, on utilisera la résultat suivant

Lemme 15.4.4. *Si X suit une loi exponentielle de paramètre $-1/\log p$, alors $[X]$ suit la loi géométrique de paramètre p, où $[\cdot]$ désigne la partie entière.*

Démonstration. Soit $Y = [X]$ la partie entière de X, où $X \sim \mathcal{E}xp\,(-1/\log p)$. Alors pour $k \in \mathbb{N}$, nous pouvons écrire

$$\begin{aligned}
\Pr[Y = k] &= \Pr[k \leq X < k+1] \\
&= F_X(k) - F_X(k+1) \\
&= \exp((k+1)\log p) - \exp(k \log p) \\
&= (1-p)\,p^k,
\end{aligned}$$

ce qui donne le résultat annoncé. □

De ce résultat, on déduit l'algorithme suivant:

$X \Longleftarrow Int\,(\log(\texttt{Random})\,/\log p)$

15.4.8 Loi Binomiale

Par définition de la loi Binomiale, il s'agit de compter le nombre de succès d'un événement ayant une probabilité p de se réaliser en effectuant n tirages. La loi $\mathcal{B}in\,(n,p)$ peut ainsi être vue comme la loi de la somme de n variables aléatoires de loi $\mathcal{B}in\,(1,p)$. L'algorithme le plus simple est alors le suivant:

$X \Longleftarrow 0$ `et` $i \Longleftarrow 0$
`Répéter`
  $X \Longleftarrow X + I(\texttt{Random} \leq p)$ `et` $i = i + 1$
`Jusqu'à` $i = n$

Notons néanmoins que cet algorithme peut être relativement long si n est grand (le temps pour obtenir une réalisation est alors proportionnel à n). Deux autres algorithmes peuvent néanmoins être utilisés, grâce au résultat suivant,

Proposition 15.4.5 (Temps d'attente). *(i) Soient $G_1, G_2, \ldots$ des variables $\mathcal{G}eo\,(p)$ indépendantes, et notons X le plus petit entier tel que $G_1 + \ldots + G_{X+1} > n$. Alors $X \sim \mathcal{B}in\,(n,p)$.*

(ii) Soient $E_1,E_2,...$ des variables $\mathcal{E}xp\,(1)$ indépendantes, et notons X le plus petit entier tel que

$$\frac{E_1}{n}+\frac{E_2}{n-1}+\frac{E_3}{n-2}+...+\frac{E_{X+1}}{n-X}>-\log\left(1-p\right).$$

Alors $X\sim\mathcal{B}in\,(n,p)$.

Démonstration. Le premier résultat peut être vérifié directement, ou bien en notant que $G_1\sim\mathcal{G}eo\,(p)$ correspond au nombre de tirages nécessaires avant d'obtenir le premier succès, G_2 au nombre de tirages supplémentaires nécessaires avant d'obtenir le second succès, etc.

Pour montrer le second résultat, soient $X_1,...,X_n$ des variables aléatoires indépendantes, de même loi $\mathcal{E}xp\,(\alpha)$. Notons $X_{1:n}\leq X_{2:n}\leq\ldots\leq X_{n:n}$ la statistique d'ordre associée et définissons $Z_1=X_{1:n}$, $Z_2=X_{2:n}-X_{1:n}$, ...,$Z_n=X_{n:n}-X_{n-1:n}$. Montrons que les variables Z_k sont indépendantes, et de loi $\mathcal{E}xp\,((n-k+1)\alpha)$. La densité jointe de $(X_{1:n},...,X_{n:n})$ est

$$f\left(y_1,...,y_n\right)=n!\alpha^n\exp\Big(-\alpha\left(y_1+...y_n\right)\Big)\mathbb{I}[0<y_1<...<y_n].$$

Afin d'obtenir la loi du vecteur $\boldsymbol{Z}=\left(Z_1,...,Z_n\right)^t$, considérons $h:\mathbb{R}^n\to\mathbb{R}$ une application borélienne (positive), et écrivons

$$\begin{aligned}\mathbb{E}[h\left(\boldsymbol{Z}\right)] &= \int_{\mathbb{R}^n}h\left(\boldsymbol{z}\right)dF_{\boldsymbol{Z}}\left(\boldsymbol{z}\right)\\ &= \int_{\mathbb{R}^n}h\left(y_1,y_2-y_1,...,y_n-y_{n-1}\right)f\left(y_1,...,y_n\right)dy_1...dy_n\\ &= \int_{\mathbb{R}^n}h\left(y_1,y_2-y_1,...,y_n-y_{n-1}\right)\\ &\quad n!\alpha^n\exp\left(-\alpha\left[y_1+...y_n\right]\right)\mathbb{I}[0<y_1<...<y_n]dy_1...dy_n.\end{aligned}$$

Considérons le changement de variables suivant

$$\left\{\begin{array}{rcl} y_1 &=& z_1\\ y_2-y_1 &=& z_2\\ &&\\ y_{n-1}-y_{n-2} &=& z_{n-1}\\ y_n-y_{n-1} &=& z_n\end{array}\right.\quad\text{ou}\quad\left\{\begin{array}{rcl} y_1 &=& z_1\\ y_2 &=& z_1+z_2\\ &&\\ y_{n-1} &=& z_1+z_2+...+z_{n-1}\\ y_n &=& z_1+z_2+...+z_{n-1}+z_n\end{array}\right.$$

dont le jacobien vaut 1. L'espérance de $h\left(\boldsymbol{Z}\right)$ s'écrit alors

$$\mathbb{E}[h\left(\boldsymbol{Z}\right)]=n!\alpha^n\int_{\mathbb{R}^n}h\left(\boldsymbol{z}\right)\exp\left(-\alpha\sum_{i=1}^{n}(n-i+1)z_i\right)dz_1...dz_n$$

d'où la densité du vecteur $\boldsymbol{Z}$,

$$\begin{aligned} f_{\boldsymbol{Z}}(\boldsymbol{z}) &= n!\alpha^n \exp\left(-\alpha \sum_{i=1}^{n}(n-i+1)z_i\right) \\ &\quad \mathbb{I}[z_1 > 0, z_2 > 0, \ldots, z_n > 0] \\ &= \prod_{k=1}^{n} f_k\left(z_k\right) \end{aligned}$$

où

$$f_k\left(z_k\right) = \alpha\left(n-k+1\right)\exp\left(-\left(n-k+1\right)\alpha z_k\right) \cdot \mathbb{I}[z_k > 0].$$

On peut noter que sous cette forme, les f_k sont des densités, et correspondent aux densités de Z_k. Aussi, les variables Z_k sont indépendantes, et de loi $\mathcal{E}xp(\alpha\left(n-k+1\right))$, comme annoncé. Ceci nous permet d'affirmer que

$$\begin{aligned} &(E_{1:n}, E_{2:n}, \ldots, E_{n:n}) \\ &=_{\text{loi}} \left(\frac{E_1}{n}, \frac{E_1}{n} + \frac{E_2}{n-1}, \ldots, \frac{E_1}{n} + \frac{E_2}{n-1} + \ldots + \frac{E_{n-1}}{2} + E_n\right). \end{aligned}$$

Or le nombre de E_i parmi les n qui sont inférieures à $-\log\left(1-p\right)$ suit une binomiale de paramètres n et

$$\Pr\left[E_1 \leq -\log\left(1-p\right)\right] = 1 - \exp\left(\log\left(1-p\right)\right) = p.$$

D'où finalement le résultat annoncé. □

Les algorithmes de simulation sont alors les suivants,

$X \Longleftarrow -1$ `et` $S \Longleftarrow 0$
`Répéter`
    $S \Longleftarrow S + Int(\log(\texttt{Random})/(1-p))$ `et` $X = X+1$
`Jusqu'à` $S > n$

ou bien, dans le second cas

$X \Longleftarrow 0$ `et` $S \Longleftarrow 0$
`Répéter`
    $S \Longleftarrow S - \log(\texttt{Random})/(n-X)$ `et` $X = X+1$
`Jusqu'à` $S > -\log(1-p)$

(pour ce dernier algorithme, c'est $X-1$ qui suivra la loi binomiale). Ces deux algorithmes peuvent être relativement efficaces car le temps est proportionnel à $np+1$.

15.4.9 Loi Binomiale Négative

Pour simuler une loi binomiale négative, on utilise la représentation de la loi binomiale négative comme une loi Poisson-mélange, lorsque le paramètre suit une loi Gamma (Exemple 3.7.5 du Tome 1). Ceci donne l'algorithme

$$Y \Longleftarrow \texttt{Loi Gamma } \mathcal{G}am\,(n,1)$$
$$X \Longleftarrow \texttt{Loi de Poisson } \mathcal{P}oi\,(Y/\,(1-p))$$

15.5 Simulation de lois multivariées

15.5.1 En général

De façon générale, il est possible de simuler des lois multivariées si les lois conditionelles imbriquées sont simulables facilement, en utilisant les conditionnements successifs

$$f\,(x_1,...,x_d) = f_1\,(x_1)\,f_{2|1}\,(x_2|x_1)\,...f_{n|n-1,...,2,1}\,(x_n|x_{n-1},...,x_2,x_1)\,.$$

Pour simuler un vecteur (X,Y) par exemple, où F_Y désigne la loi de Y et $F_{X|Y}$ la fonction de répartition conditionelle de X sachant Y, l'algorithme général est le suivant:

$$Y \Longleftarrow F_Y^{-1}(\texttt{Random})$$
$$X \Longleftarrow F_{X|Y}^{-1}(\texttt{Random})$$

Exemple 15.5.1. *En dimension 2, on peut simuler un vecteur gaussien*

$$\begin{pmatrix} X \\ Y \end{pmatrix} \sim \mathcal{N}or\left(\begin{pmatrix} \mu_X \\ \mu_Y \end{pmatrix}, \begin{pmatrix} \sigma_X^2 & r\sigma_X\sigma_Y \\ r\sigma_X\sigma_2 & \sigma_Y^2 \end{pmatrix}\right),$$

en notant que la loi conditionnelle de X sachant $Y = y$ est gaussienne, c'est-à-dire

$$[X|Y=y] \sim \mathcal{N}or\left(\mu_X + r\frac{\sigma_X}{\sigma_Y}\,(y-\mu_Y)\,,\sigma_X^2 - r^2\sigma_Y^2\right).$$

L'algorithme est alors le suivant

$$Y \Longleftarrow \mu_Y + \sigma_Y \cos\left(2\pi \times \texttt{Random}\right)\sqrt{-2\log \texttt{Random}}$$
$$X \Longleftarrow \mu_X + r\sigma_X\,(Y-\mu_Y)\,/\sigma_Y +$$
$$\sqrt{\sigma_X^2 - r^2\sigma_Y^2}\cos\left(2\pi \times \texttt{Random}\right)\sqrt{-2\log \texttt{Random}}$$

15.5.2 Lois elliptiques

Les lois elliptiques (présentées à la Section 2.6.5 du Tome 1) peuvent être simulées aisément à partir de leur représentation canonique. Rappelons que X admet une distribution elliptique $\mathcal{E}ll(g,\boldsymbol{\mu},\boldsymbol{\Sigma})$ si, et seulement si,

$$\boldsymbol{X} =_{\text{loi}} \boldsymbol{\mu} + R\boldsymbol{A}^t\boldsymbol{U},$$

où $\boldsymbol{A}^t\boldsymbol{A} = \boldsymbol{\Sigma}$, R étant une variable aléatoire indépendante de $\boldsymbol{U}$, cette dernière étant uniformément distribuée sur la sphère unité de $\mathbb{R}^n$ (voir FANG, NG & KOTZ (1992)). La loi de R dépend alors du générateur. Aussi, pour simuler un vecteur elliptique, il suffit de simuler R, puis de simuler (indépendamment) une loi uniformément distribuée sur la sphère.

Exemple 15.5.2. *Le vecteur Gaussien est un vecteur elliptique particulier, où R^2 suit une loi du khi-deux. On retrouve ainsi un algorithme analogue à celui du passage en coordonnées polaires pour simuler deux variables Gaussiennes indépendantes.*

Pour simuler un vecteur Z uniformément distribué sur la sphère de rayon r dans $\mathbb{R}^d$,

$$\mathcal{S} = \left\{\boldsymbol{z} \in \mathbb{R}^d | z_1^2 + ... + z_d^2 = r^2\right\}$$

dont la densité est

$$f(\boldsymbol{z}) = \frac{\Gamma(d/2)}{(2\pi)^{n/2}\, r^{d-1}}, \qquad \boldsymbol{z} \in \mathcal{S}, \tag{15.2}$$

on notera que si $\boldsymbol{X} \sim \mathcal{N}or(\boldsymbol{0},\boldsymbol{I})$, et si l'on note $W = \sqrt{X_1^2 + ... + X_d^2}$, alors le vecteur $\boldsymbol{Z}$, où $Z_i = X_i/W$ pour $i = 1,...,d$, admet pour densité (15.2). D'où l'algorithme

Simulation loi uniforme sur la sphère

$i \Longleftarrow 0$ et $W \Longleftarrow 0$

Répéter

  $i \Longleftarrow i+1$

  $X_i \Longleftarrow \cos(2\pi \times \texttt{Random})\sqrt{-2\log \texttt{Random}}$

  $W \Longleftarrow W + X_i$

Jusqu'à $i = n$

$i \Longleftarrow 0$

Répéter

  $i \Longleftarrow i+1$

  $Z_i \Longleftarrow X_i/\sqrt{W}$

Jusqu'à $i = n$

15.5.3 Utilisation des copules

Comme nous l'avions noté auparavant, une première méthode pour simuler des couples de variables aléatoires est d'utiliser les lois conditionnelles. L'idée, attribuée généralement à ROSENBLATT (1952), est d'utiliser l'algorithme suivant :

1. simuler Y suivant F_Y
2. puis simuler $X|Y$ suivant $F_{X|Y}$.

Il est toutefois également possible, de se ramener, par des transformations sur les marges à des couples que l'on sait simuler. L'idée est alors de trouver des transformations ϕ et ψ de telle sorte que le couple $(\phi(X), \psi(Y))$ soit simulable. En particulier, il est possible de générer des vecteurs gaussiens, ainsi que toutes les familles de lois qui en découlent.

Pour simuler des vecteurs aléatoires (X,Y) de fonctions de répartition marginales F_X et F_Y, il est possible de simuler le vecteur (U,V) associé, de copule C, puis, en inversant les fonctions de répartition marginale, $\left(F_X^{-1}(U), F_Y^{-1}(V)\right)$ aura pour fonctions de répartition marginales F_X et F_Y, et pour copule C (la théorie des copules a été développée en détails dans la Section 8.6 du Tome 1).

Exemple 15.5.3. *Pour simuler (U,V) à partir de la copule de Clayton de paramètre α (définie à l'équation (8.22)), on utilise l'Exemple 8.6.8 qui donne l'algorithme*

$$U \Longleftarrow \texttt{Random} \text{ et } T \Longleftarrow \texttt{Random}$$
$$V \Longleftarrow [(T^{-\theta/(1+\theta)} - 1)U^{-\theta} + 1]^{-1/\theta}$$

Cette méthode, présentée ici en dimension 2 peut néanmoins être généralisée en dimension supérieure.

15.6 Simulation de processus

Dans un certain nombres de cas, il n'est pas suffisant de simuler des variables aléatoires, et la simulation d'un processus est nécessaire (par exemple dans le Chapitre 7 du Tome 1, pour le calcul de la probabilité de ruine). Rappelons qu'un processus correspond à une successions de variables aléatoires. Simuler un processus revient alors à simuler une suite de variables aléatoires.

15.6.1 Simulation de chaînes de Markov

Les chaînes de Markov ont été utilisées dans le Chapitre 11 afin de modéliser la trajectoire d'un assuré dans une échelle bonus-malus.

De façon heuristique, une chaîne de Markov est une suite de variables aléatoires pour laquelle, la meilleure prévision qui puisse être faite à la date n pour les dates futures, connaissant toutes les valeurs antérieures à la date n est identique à celle faite si l'on ne connaît que la valeur à la date n, c'est-à-dire

$$[X_{n+1}|X_n = x_n, X_{n-1} = x_{n-1}, ...] =_{\text{loi}} [X_{n+1}|X_n = x_n].$$

De façon équivalente, une chaîne de Markov $\{X_0, X_1, X_2, \ldots\}$ est une suite de variables aléatoires à valeurs dans un espace E telle qu'il existe une suite $\{U_0, U_1, U_2, \ldots\}$ de variables aléatoires indépendantes et une application mesurable h telle que

$$X_{n+1} = h_n (X_n, U_n), \text{ quel que soit } n \in \mathbb{N}.$$

Dans le cas où cette transformation ne dépend par de n, on dira que la chaîne est homogène. Simuler une trajectoire de la chaîne de Markov $\{X_0, X_1, X_2, \ldots\}$ revient donc, partant de X_0 connu, à générer $U_0, U_1, \ldots$ pour calculer $X_1 = h(X_0, U_0)$, $X_2 = h(X_1, U_1)$, etc.

Exemple 15.6.1. *Considérons le cas de la marche aléatoire. Soit $\{U_0, U_1, U_2, \ldots\}$ une suite de variables aléatoires indépendantes et la suite $\{X_0, X_1, X_2, \ldots\}$ de variables définie par*

$$X_{n+1} = X_n + U_n, \quad n \in \mathbb{N}.$$

Un cas particulier étant obtenu quand X_0 est entière et $\Pr[U_n = -1] = \Pr[U_n = +1] = 1/2$, correspondant au jeu de pile ou face. La Figure 15.7 représente une trajectoire d'un tel processus en dimension 2. De façon analogue, la Figure 15.8 montre l'évolution d'une marche aléatoire sur la sphère unité de $\mathbb{R}^3$.

15.6.2 Simulation d'un processus de Poisson

Les processus en temps continu sont difficiles à simuler car d'un point de vue numérique, le temps continu n'existe pas. Le cas d'un processus de Poisson est néanmoins particulier. De façon générale, considérons un processus de Poisson de fonction d'intensité $\lambda(t)$ (la Section 7.3.1 du Tome 1 a présenté les principaux résultats concernant ces processus). L'idée est alors de simuler T_1, la date du premier sinistre, puis, de manière itérative, de calculer la loi du temps entre le $i+1$ème et le $i$ème, sachant que le $i$ème s'est produit à la date T_i.

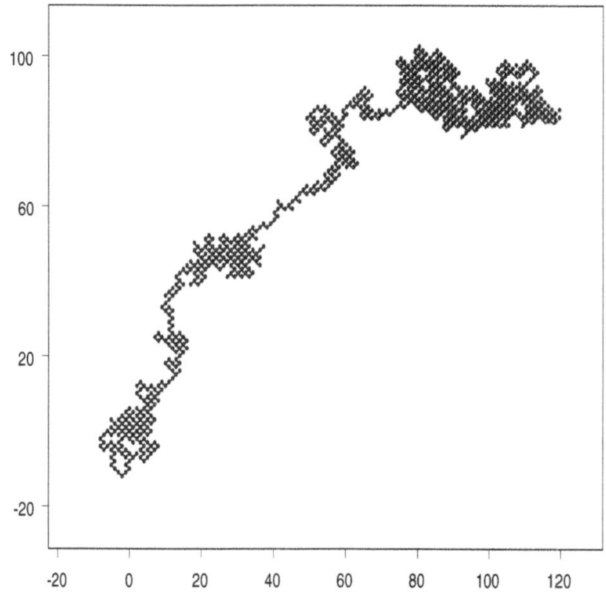

FIG. 15.7 – *Trajectoire d'une marche aléatoire en dimension 2.*

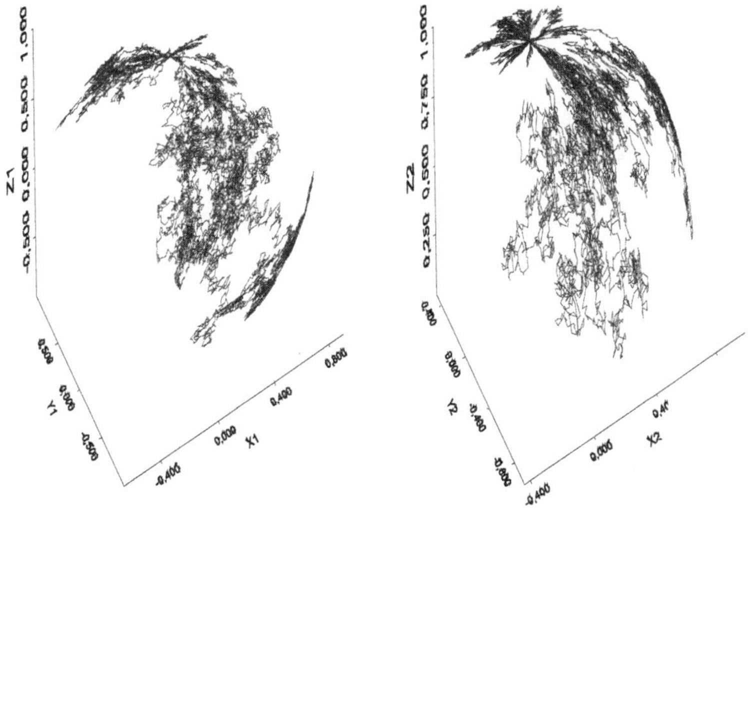

FIG. 15.8 – *Marche aléatoire sur la sphère unité de* $\mathbb{R}^3$.

Pour cela, rappelons que pour $s < t$, $N_t - N_s$ suit une loi de Poisson de paramètre $\Lambda(t) - \Lambda(s)$ où

$$\Lambda(t) = \int_{[0,t]} \lambda(s)ds.$$

Exemple 15.6.2. *Considérons un processus de Poisson dont la fonction d'intensité est $\lambda(t) = 1/(t+a)$ pour $t \geq 0$ où a est une constante positive. Alors,*

$$\int_0^x \lambda(s+y)\,dy = \log\left(\frac{x+s+a}{s+a}\right).$$

La fonction de répartition du temps entre un sinistre survenu en s et le suivant, sachant qu'il y a eu un sinistre en s est donnée par

$$\Pr[\textit{Temps avant le prochain sinistre} \leq x | \textit{Sinistre en } s] = \frac{x}{x+s+a}$$

qui s'inverse aisément. L'algorithme de simulation d'un tel processus est alors le suivant

$U \Longleftarrow$**Random et** $i = 1$
$T_1 \Longleftarrow a \times U/(1-U)$
Répéter $i = i + 1$
$U \Longleftarrow$**Random et** $T_i \Longleftarrow (T_{i-1} + a) \times U/(1-U)$
Jusqu'à *'arrêt de la simulation'*

15.6.3 Calcul de la probabilité de ruine par simulation

Le problème

Nous avions présenté dans le Chapitre 7 du Tome 1 les résultats classiques liés au calcul de la probabilité de ruine. Reprenons ce problème, et intéressons-nous au processus correspondant au résultat de la compagnie

$$R_t = \kappa + ct - S_t = \kappa + ct - \sum_{i=1}^{N_t} X_i,$$

où c est le taux de prime, et κ un capital initial. On suppose que $S_t \sim \mathcal{CP}oi(\lambda t, F)$. On supposera que F est d'espérance finie μ. La Figure 15.9 présente ainsi la simulation de 6 trajectoires d'un tel processus, sur 25 ans.

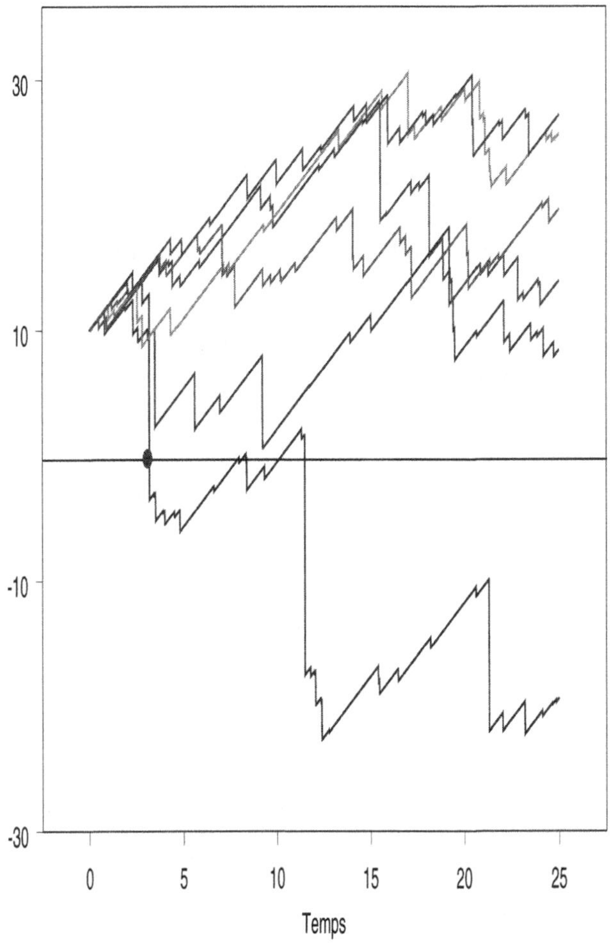

FIG. 15.9 – *Simulations de trajectoires du processus R_t, avec N_t Poissonien, et les X_i étant ici log-normaux.*

L'instant de ruine de la compagnie d'assurance est alors le temps d'arrêt

$$T = \inf\{t \geq 0 | R_t < 0\} = \inf\{t \geq 0 | S_t > \kappa + ct\}.$$

Et on défini alors la probabilité de ruine à horizon infini comme

$$\psi(\kappa) = \Pr[T < \infty | R_0 = \kappa],$$

et à horizon fini (τ) comme

$$\psi(\kappa,\tau) = \Pr[T < \tau | R_0 = \kappa].$$

Hormis quelques cas simples où ces probabilités peuvent se calculer sans trop de difficulté, leur évaluation est en général difficile. Nous montrons ici comment les estimer par simulation.

Méthode de Monte Carlo standard pour la probabilité de ruine à horizon fini

Pour un tel processus notons que la ruine ne peut survenir qu'à une date de survenance de sinistre (voir la Section 7.3.4 pour un lien avec le modèle discret de de Finetti). En particulier, nous avions alors vu que

$$\psi(\kappa) = \Pr\left[\sum_{j=0}^{i} \Delta_j > \kappa \text{ pour un certain } i \middle| R_0 = \kappa\right],$$

où les variables $\Delta_1,\Delta_2,\ldots$, définies par

$$\Delta_j = X_j - c(T_j - T_{j-1}),$$

sont indépendantes et identiquement distribuées. Il suffit alors de simuler les montants de sinistres X_j et les dates de survenances de sinistres T_j. Ne pouvant simuler un nombre inifini de variables, on s'intéressera alors à la probabilité de ruine à horizon fini τ, en simulant des dates de survenances T_j tant que $T_j < \tau$. On simule alors un grand nombre de variables $Z = \mathbb{I}[T > \tau]$ à l'aide de l'algorithme suivant

$T \Longleftarrow 0$, $S \Longleftarrow 0$ `et` $Z \Longleftarrow 0$
`Répéter`
  $U \Longleftarrow T - log$ `(Random)` $/\lambda$ et $X \Longleftarrow$ `loi du coût moyen`
  $D \Longleftarrow X - c * (U - T)$, $S \Longleftarrow S + D$ et $T \Longleftarrow U$
  `Si` $S > \kappa$ `Alors` $Z \Longleftarrow 1$
`Jusqu'à` $T \geq \tau$ `ou` $Z = 1$

Utilisation de la formule de Pollaczeck-Khinchine-Beekman pour la probabilité de ruine à horizon infini

Nous avions vu dans la Remarque 7.3.15 que la probabilité de ruine à horizon infini pouvait s'écrire

$$\psi(\kappa) = \Pr[M > \kappa] \text{ où } M = \max_{t\geq 0}\{S_t - ct\} = L_1 + ... + L_K,$$

où $K \sim \mathcal{G}eo(q)$, avec $q = 1 - \psi(0) = 1 - \lambda\mu/c$, et où les variables L_i sont définies de façon itérative. On peut montrer que ces variables sont indépendantes et la loi des L_i est alors $\tilde{F}$, définie comme au Théorème 7.3.13 par

$$\tilde{F}(x) = \int_{y=0}^{x} \frac{\overline{F}(y)}{\mu} dy, \quad x > 0.$$

Il est alors possible de simuler un grand nombre de variables $Z = \mathbb{I}[T > \tau]$ à l'aide de l'algorithme suivant

$K \Longleftarrow \mathcal{G}eo(q)$,
$L_1,...,L_K \Longleftarrow$ `loi` $\tilde{F}$ `et` $M \Longleftarrow L_1 + ... + L_K$,
`Si` $M > \kappa$ `Alors` $Z \Longleftarrow 1$ `Sinon` $Z \Longleftarrow 0$

Si cette méthode propose un algorithme relativement élégant permettant d'aborder l'horizon infini, notons toutefois que l'algorithme peut s'avérer relativement inefficace pour κ grand.

15.7 Monte Carlo par Chaînes de Markov

15.7.1 Principe

Tout comme dans le Chapitre 11, on considère un espace d'état fini E que l'on assimilera à $\{1,2,...,N\}$. Le processus $\{X_1,X_2,\ldots\}$ est une chaîne de Markov si l'égalité

$$\Pr[X_{n+1} = j|X_n = i, X_{n-1} = x_{n-1},...,X_1 = x_1]$$
$$= \Pr[X_{n+1} = j|X_n = i],$$

est satisfaite pour tout i,j. La chaîne de Markov est alors caractérisée par ses matrice de transition $\boldsymbol{Q}_n$, de dimension $N \times N$, telles que

$$Q_n(i,j) = \Pr[X_{n+1} = j|X_n = i]$$

et sa loi initiale $\mu(i) = \Pr[X_0 = i]$. On ne s'intéressera ici qu'au cas des chaînes de Markov homogènes, c'est-à-dire que la matrice de transition est invariante dans le temps, i.e. $Q_n(i,j) = Q(i,j)$ pour tout n.

Pour simuler un chaîne de Markov, on fixe la valeur initiale $X_0 = i$, puis on utilise l'algorithme suivant

$n \Longleftarrow 0$ `et` $X_0 \Longleftarrow i$ (état initial)
`Répéter`
  $n \Longleftarrow n+1$
  $p \Longleftarrow 0$, $j = 1{,}1$ `et` $U \Longleftarrow$ `Random`
  `Répéter`
    $p \Longleftarrow p + Q(i,j)$
    $j \Longleftarrow j+1$
  `Jusqu'à` $U > p$
  $X_n \Longleftarrow j-1$
`Jusqu'à` 'arrêt de la simulation'

La loi de X_n est alors

$$\Pr[X_n = j] = \sum_{i=1}^{N} \mu_i Q^n(i,j)$$

où $\mu_i = \Pr[X_0 = i]$ et où $\boldsymbol{Q}^n$ désigne la $n$ème puissance matricielle de $\boldsymbol{Q}$, qui vérifie l'équation de Chapman-Kolmogorov

$$Q^{n+1}(i,j) = \sum_{k=1}^{N} Q(i,k)\, Q^n(k,j)\,.$$

Une loi $\boldsymbol{\mu}$ (représentée par le vecteur $(\mu_1,\ldots,\mu_N)^t$ des masses de probabilité affectées à $1,\ldots,N$) vérifiant $\boldsymbol{\mu} = \boldsymbol{\mu Q}$ est dite loi invariante associée à la chaîne de Markov. Aussi, pour simuler une variable aléatoire dont la loi est $\boldsymbol{\mu}$, on peut chercher une famille de chaînes de Markov de mesure invariante $\boldsymbol{\mu}$ (car sous certaines conditions, la loi de X_n "converge" vers $\boldsymbol{\mu}$). Parmi les conditions permettant cette convergence, on retiendra les deux notions suivantes:

(i) une chaîne de Markov est dite irréductible si on peut aller de tout point de E à tout autre point de E avec une probabilité non nulle, i.e. il existe n tel que

$$\Pr[X_0 = i, X_n = j] = Q^n(i,j) > 0$$

pour tout i,j.

(ii) une chaîne de Markov est dite apériodique s'il existe un état j et un entier n tels que $Q^n(j,j) > 0$ et $Q^{n+1}(j,j) > 0$.

Dans le cas où l'espace d'état E est fini, et si la chaîne de Markov est irréductible et apériodique, de mesure invariante $\boldsymbol{\mu}$, alors il existe M et c tels que

$$|Q^n(i,j) - \mu_j| \leq M \exp(-cn).$$

On a alors une vitesse de convergence exponentielle vers la loi limite.

15.7.2 Quelques notions de théorie ergodique

Ergodicité

L'idée centrale de l'utilisation des chaînes de Markov pour des méthodes de Monte Carlo est de partir d'une valeur initiale X_0, puis de générer une chaîne de Markov dont la loi limite est f, la densité que l'on cherche à simuler. A partir d'un certain nombre T d'itérations, on peut supposer avoir atteint le régime stationnaire, et on peut alors considérer que X_T admet pour densité f. Un échantillon *non indépendant* est alors obtenu en considérant $X_{T+1},...,X_{T+n}$. Cette non-indépendance n'est toutefois généralement pas un problème pour l'évaluation d'intégrales. Il suffit en effet pour cela de simuler une suite de variables stationnaire et ergodique.

Définition 15.7.1. *Une suite de variables aléatoires $X_1,X_2,...$ est dite stationnaire si $(X_1,...,X_k) =_{loi} (X_{1+h},...,X_{k+h})$, pour tout $k,h \geq 0$. Une telle suite est dite ergodique si, et seulement si, pour tout Borélien B et tout $k \in \mathbb{N}$,*

$$\Pr\left[\frac{1}{n}\sum_{t=1}^{n}\mathbb{I}_B(X_t,X_{t+1},...,X_{t+k}) \to \Pr[(X_t,X_{t+1},...,X_{t+k}) \in B]\right] = 1.$$

Récurrence

En pratique, si $\{X_1,X_2,\ldots\}$ est une chaîne de Markov un certain nombre de résultats peuvent être obtenus. Parmi les notions centrales, rappelons la notion de récurrence. Pour un espace d'état fini, si l'on note $N(x)$ le nombre de passage de la chaîne par l'état x, alors l'état x est dit récurrent si

$$\mathbb{E}[N(x)] = \mathbb{E}\left[\sum_{t=1}^{\infty}\mathbb{I}[X_t = x]\right] = \infty.$$

Si l'espérance est finie, on parlera d'état transitoire.

Dans le cas continu, on introduit la notion d'ensemble Harris-récurrent (ou récurrent au sens de Harris). En notant $N(A)$ le nombre de passage dans l'ensemble A, l'ensemble A est dit Harris-récurrent si

$$\Pr[N(A) = \infty] = 1.$$

La chaîne de Markov sera dite Harris-récurrente si tout ensemble A est Harris-récurrent.

A partir de cette notion, on peut introduire une loi des grands nombres pour des séries non-indépendantes. Une démonstration rigoureuse de ce résultat peut être trouvée dans ROBERT (1996).

Proposition 15.7.2. *Si une chaîne de Markov (X_t) est Harris récurrente, alors pour tout h (telle que l'espérance existe),*

$$\lim_{n\to\infty} \frac{1}{n} \sum_{i=1}^{n} h(X_i) = \int h(x)dF(x),$$

où F désigne la fonction de répartition de la loi invariante associée à la chaîne.

15.7.3 Simulation d'un mesure invariante : algorithme d'Hastings-Metropolis

Parmi les méthodes dites de Monte Carlo par Chaîne de Markov (MCMC), on notera l'algorithme d'Hastings-Metropolis, permettant de simuler une loi invariante $\boldsymbol{\mu}$. On supposera ici que pour tout état j, $\mu_j > 0$.

L'algorithme d'Hastings-Metropolis utilise pour simuler la densité f (appelée densité cible) une distribution instrumentale $q(y|x)$. L'algorithme itératif est alors le suivant : à partir de X_t on simule Y_t suivant la loi $q(\cdot|X_t)$, puis on pose

$$X_{t+1} = \begin{cases} Y_t, & \text{avec probabilité } \pi(X_t,Y_t), \\ X_t, & \text{avec probabilité } 1 - \pi(X_t,Y_t), \end{cases}$$

où

$$\pi(x,y) = \min\left\{ \frac{f(y)}{f(x)} \frac{q(x|y)}{q(y|x)}, 1 \right\}.$$

Il est alors possible de montrer que la chaîne de Markov est réversible, c'est-à-dire satisfait $[X_{t+1}|X_{t+2}] =_{\text{loi}} [X_{t+1}|X_t]$ indiquant que la direction du temps n'a pas d'influence, si f vérifie la condition dite "*detailed balance*", i.e. il existe $K(\cdot,\cdot)$ telle que pour tout x,y,

$$f(y) K(y,x) = f(x) K(x,y).$$

Sous cette hypothèse, pour toute fonction h telle que $\mathbb{E}[|h(X)|] < \infty$, alors

$$\lim_{t \to \infty} \frac{1}{t} \sum_{i=1}^{t} h(X_i) = \int h(x) f(x) \, dx.$$

Le cas le plus simple est celui où q est indépendante de x. A partir de X_t, on simule Y_t suivant la loi $q(\cdot)$, puis on pose

$$X_{t+1} = \begin{cases} Y_t, & \text{avec probabilité } \min \{ f(Y_t) q(X_t) / f(X_t) q(Y_t), 1 \}, \\ X_t, & \text{sinon.} \end{cases}$$

On retrouve ici un algorithme semblable à la méthode de rejet présentée dans la Section 15.2.3.

Exemple 15.7.3. *Pour simuler une loi Gamma, de paramètres α et β, où α est non entier, il est possible de combiner une méthode de rejet avec une simulation de loi Gamma à paramètre entier. En notant $a = [\alpha]$ la partie entière de α, on considère alors l'algorithme suivant*

$$Y \Longleftarrow Gam(a, a/\alpha),$$
Accepter $X \Longleftarrow Y$ *avec probabilité*

$$\pi = \left(eY \exp(-Y/\alpha) / \alpha \right)^{\alpha - a}.$$

L'algorithme d'Hastings-Metropolis s'écrit ici, à partir de X_t,

$$Y_t \Longleftarrow Gam(a, a/\alpha),$$
Accepter $X_{t+1} \Longleftarrow Y_t$ *avec probabilité*

$$\pi = \left(Y_t \exp((X_t - Y_t)) / \alpha X_t \right)^{\alpha - a},$$

et $X_{t+1} \Longleftarrow X_t$ *sinon.*

15.8 Réduction de variance

Comme nous l'avons vu dans l'introduction, la vitesse de convergence des méthodes de Monte Carlo est en $\sigma/\sqrt{n}$ (théorème central limite). Pour améliorer cette vitesse, on peut chercher à "*réduire la variance*", c'est-à-dire à diminuer la valeur de σ^2. De nombreuses méthodes existent, dont l'idée générale est d'utiliser une autre représentation - sous forme d'espérance mathématique - de la quantité à calculer.

15.8.1 Utilisation de variables antithétiques

Supposons que l'on cherche à calculer $\theta = \mathbb{E}[h(U)]$ où $U \sim \mathcal{U}ni(0,1)$. A partir de n variables uniformes indépendantes $U_1,...,U_n$, la méthode standard de Monte Carlo consiste à approximer θ par

$$\theta \approx \frac{1}{n}\Big(h(U_1) + ... + h(U_n)\Big) = \widehat{\theta},$$

mais compte tenu de la relation

$$\int_0^1 h(x)\,dx = \frac{1}{2}\int_0^1 \big(h(x) + h(1-x)\big)dx, \tag{15.3}$$

on peut également approcher θ à l'aide de la relation

$$\theta \approx \frac{1}{2n}\Big(h(U_1) + h(1-U_1) + ... + h(U_n) + h(1-U_n)\Big) = \widehat{\theta}_A.$$

En notant $X_i = h(U_i)$ et $Y_i = h(1-U_i)$, alors

$$\mathbb{V}\left[\widehat{\theta}\right] = \mathbb{V}\left[\frac{1}{n}(h(U_1) + ... + h(U_n))\right] = \frac{\mathbb{V}[X]}{n}$$

alors que

$$\begin{aligned}\mathbb{V}\left[\widehat{\theta}_A\right] &= \mathbb{V}\left[\frac{1}{2n}(h(U_1) + h(1-U_1) + ... + h(U_n) + h(1-U_n))\right]\\ &= \mathbb{V}\left[\widehat{\theta}\right] + \frac{\mathbb{C}[X_1,Y_1]}{n}.\end{aligned}$$

C'est-à-dire que $\mathbb{V}\left[\widehat{\theta}_A\right] < \mathbb{V}\left[\widehat{\theta}\right]$ si, et seulement si,

$$\mathbb{C}[h(U),h(1-U)] < 0.$$

Cette condition est vérifiée en particulier si h est une fonction monotone puisque U et $1-U$ sont alors négativement dépendantes par quadrant (comme nous l'avons vu dans la Section 8.5). Aussi, si h est une fonction monotone, alors la qualité de l'approximation est améliorée.

De façon générale, $\theta = \mathbb{E}[h(X)]$ peut se réécrire

$$\theta = \mathbb{E}\left[h\left(F_X^{-1}(U)\right)\right] = \mathbb{E}[h^*(U)] \text{ où } h^* = h \circ F_X^{-1},$$

ce qui permet de se ramener au cas uniforme.

Exemple 15.8.1. *Considérons le cas d'école (au sens où la valeur de θ est connue, et vaut $e-1$) où l'on cherche à estimer $\theta = \mathbb{E}[\exp U]$*

où $U \sim \mathcal{U}ni(0{,}1)$. *La fonction* $u \mapsto h(u)$ *étant croissante, l'utilisation de variables antithétiques permettra de réduire la variance. Notons ainsi que*

$$\begin{aligned}\mathbb{C}[\exp U, \exp(1-U)] &= \mathbb{E}[\exp U \exp(1-U)] \\ &\quad -\mathbb{E}[\exp U]\mathbb{E}[\exp(1-U)] \\ &= e-(e-1)^2.\end{aligned}$$

Or la variance de $\exp U$ *étant*

$$\mathbb{V}[\exp U] = \frac{e^2-1}{2} - (e-1)^2,$$

on peut en déduire que l'utilisation d'un schéma classique de simulation conduit à

$$\mathbb{V}[\exp U] \approx 0.2420,$$

alors que pour l'utilisation de variables antithétiques mène à

$$\begin{aligned}\mathbb{V}\left[\frac{\exp U + \exp(1-U)}{2}\right] &= \frac{\mathbb{V}[\exp U]}{2} + \frac{\mathbb{C}[\exp U, \exp(1-U)]}{2} \\ &\approx 0.0039,\end{aligned}$$

c'est-à-dire qu'en utilisant le même nombre de simulations, la variance obtenue à l'aide de variables antithétiques est 1,6% *de la variance obtenue par une méthode standard de Monte Carlo. Le gain en vitesse de convergence peut être visualisé sur la Figure 15.10.*

15.8.2 Utilisation de variables de contrôle

Si μ (connue) désigne la moyenne de la variable de contrôle Y, $X + c(Y-\mu)$ est un estimateur sans biais de $\theta = \mathbb{E}[X]$, dont on cherche à minimiser la variance. On peut noter que la variance est minimale pour

$$c^* = -\frac{\mathbb{C}[X,Y]}{\mathbb{V}[Y]},$$

et la variance de $\widehat{\theta}_C = X + c^*(Y-\mu)$ est alors

$$\mathbb{V}\left[\widehat{\theta}_C\right] = \mathbb{V}[X] - \frac{\mathbb{C}[X,Y]^2}{\mathbb{V}[Y]}. \tag{15.4}$$

Exemple 15.8.2. *En reprenant l'Exemple 15.8.1 dont le but était d'estimer* $\theta = \mathbb{E}[\exp U]$, *notons que l'utilisation de variables de*

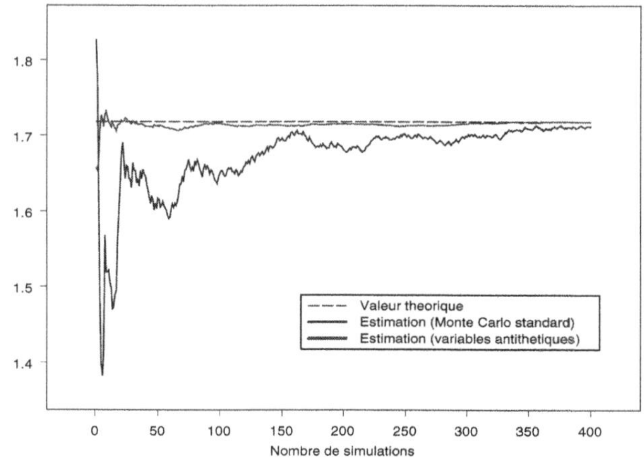

FIG. 15.10 – *Comparaison des vitesses de convergence - utilisation de variables antithétiques (Exemple 15.8.1).*

contrôle permet également de réduire la variance. En effet, notons que

$$\begin{aligned} \mathbb{C}[\exp U,U] &= \mathbb{E}[U\exp U]-\mathbb{E}[\exp U]\mathbb{E}[U] \\ &= 1-\frac{e-1}{2}. \end{aligned}$$

La relation (15.4) *devient alors, pour* $X=\exp U$ *et* $Y=U$

$$\begin{aligned} \mathbb{V}\left[\widehat{\theta}_C\right] &= \mathbb{V}[X]-\frac{\mathbb{C}[\exp U,U]^2}{\mathbb{V}[U]} \\ &= \frac{e^2-1}{2}-(e-1)^2-12\left(1-\frac{e-1}{2}\right)^3 \\ &\approx 0{,}0039. \end{aligned}$$

On retrouve une réduction de la variance du même ordre de grandeur que lors de l'utilisation de variables antithétiques.

15.8.3 Utilisation du conditionnement

Supposons que l'on cherche à calculer $\theta=\mathbb{E}[h(X)]$, et notons $Y=h(X)$. Soit $\boldsymbol{Z}$ un vecteur aléatoire, et posons $V=\mathbb{E}[Y|\boldsymbol{Z}]=g(\boldsymbol{Z})$. Compte tenu de la relation

$$\mathbb{E}[V]=\mathbb{E}\Big[\mathbb{E}[Y|\boldsymbol{Z}]\Big]=\mathbb{E}[Y],$$

il est possible d'estimer $\theta = \mathbb{E}[Y]$ en simulant des réalisations de V. Toutefois, pour que cette méthode permette effectivement de réduire la variance il convient de comparer les variances de Y et de V. En utilisant la formule de décomposition de la variance, on voit que

$$\begin{aligned}\mathbb{V}[Y] &= \mathbb{E}\Big[\mathbb{V}[Y|\boldsymbol{Z}]\Big] + \mathbb{V}\Big[\mathbb{E}[Y|\boldsymbol{Z}]\Big] \\ &\geq \mathbb{V}\Big[\mathbb{E}[Y|\boldsymbol{Z}]\Big] = \mathbb{V}[V].\end{aligned}$$

Autrement dit, l'estimation basée sur des simulations de V donne de meilleurs résultats que des simulations de Y (à condition que les simulations ne soient pas trop complexes).

Exemple 15.8.3. *Soient A et B deux variables indépendantes, suivant respectivement des lois exponentielles $\mathcal{E}xp(1)$ et $\mathcal{E}xp(1/2)$. Supposons que l'on cherche à calculer $\theta = \Pr[A+B>4]$. Réécrit en terme d'espérance, on cherche à estimer $\theta = \mathbb{E}[Y]$ où $Y = \mathbb{I}[A+B>4]$. La méthode standard de Monte Carlo consiste à simuler $2n$ variables indépendantes, $A_1,B_1,\ldots,A_n,B_n$ puis à considérer*

$$\widehat{\theta} = \frac{1}{n}\sum_{i=1}^{n} \mathbb{I}[A_i + B_i > 4].$$

En utilisant le conditionnement, notons $V = \mathbb{E}[Y|B]$, alors

$$\begin{aligned}\mathbb{E}[Y|B=z] &= \Pr[A+B>4|B=z] \\ &= \Pr[A>4-z] \\ &= \begin{cases}\exp(-z+4),\ si\ 0\leq z\leq 4,\\ 1,\ si\ 4\leq z,\end{cases}\end{aligned}$$

de telle sorte que

$$V = \mathbb{E}[Y|B] = \begin{cases}\exp(-B+4),\ si\ 0\leq B\leq 4,\\ 1,\ si\ 4\leq B.\end{cases}$$

La méthode de conditionnement conduit à l'estimateur suivant,

$$\widehat{\theta} = \frac{1}{n}\sum_{i=1}^{n} V_i,$$

et l'algorithme d'estimation de θ s'écrit alors

$i = 1$ **et** $S = 0$

Répéter

$B \Longleftarrow -\log(\texttt{Random})/2$

```
        Si B ≤ 4 Alors V = exp(−B + 4)
        Sinon V = 1
        i ⟸ i + 1 et S = S + V
    Jusqu'à i = n
    θ = S/n
```

15.8.4 Echantillon stratifié

Soient X une variable aléatoire définie sur $\mathbb{R}$, et $(\mathcal{D}_i)_{i=1,...m}$ une partition de $\mathbb{R}$. Supposons que l'on cherche à calculer $\theta = \mathbb{E}[h(X)]$. En notant que

$$\begin{aligned}\mathbb{E}[h(X)] &= \sum_{i=1}^{m} \mathbb{E}\Big[h(X)\,\mathbb{I}[X \in \mathcal{D}_i]\Big] \\ &= \sum_{i=1}^{m} \mathbb{E}[h(X)\,|X \in \mathcal{D}_i]\Pr[X \in \mathcal{D}_i],\end{aligned}$$

l'idée est alors d'estimer θ en effectuant des tirages au sein des différentes strates. On suppose $p_i = \Pr[X \in \mathcal{D}_i]$ connue pour tout i. On simule alors, pour $i = 1,...,m$ des échantillons $X_1^i,...,X_{n_i}^i$, selon la loi conditionnelle de X sachant $X \in \mathcal{D}_i$. On considère alors

$$\widehat{\theta}_S = \sum_{i=1}^{m} p_i \left(\frac{1}{n_i} \sum_{j=1}^{n_i} h\left(X_j^i\right) \right).$$

Le but étant ici d'avoir la variance de l'estimateur la plus faible possible à n fixé (ici $n = n_1 + ... + n_m$) on cherche alors à résoudre

$$\min_{n_1,...,n_m} \mathbb{V}\left[\widehat{\theta}_S\right] = \min_{n_1,...,n_m} \sum_{i=1}^{m} p_i^2 \frac{\sigma_i^2}{n_i},$$

où $\sigma_i^2 = \mathbb{V}[h(X)\,|X \in \mathcal{D}_i]$. Un calcul rapide permet d'obtenir

$$n_i^* = \frac{p_i \sigma_i}{\sum_{i=1}^{n} p_i \sigma_i},$$

c'est-à-dire que n_i^* est alors proportionnelle à la probabilité d'appartenir à la strate i, et à l'écart-type intra-classe. La difficulté est alors de connaître ces p_i et σ_i, qui peuvent être estimés au préalable en effectuant quelques simulations. Il est également possible de ne pas considérer les n_i^* (i.e. optimaux), mais des n_i simplement proportionnels aux p_i (c'est-à-dire $n_i = np_i$), ce qui permettra de réduire néanmoins la variance.

15.8.5 Importance sampling

On cherche ici à calculer $\theta = \mathbb{E}[h(Z)]$, pouvant se réécrire

$$\begin{aligned}
\theta &= \mathbb{E}[h(Z)] = \int_{\mathbb{R}} h(z) f_Z(z)\, dz \\
&= \int_{\mathbb{R}} h(z) \frac{f_Z(z)}{f_{Z^\star}(z)} f_{Z^\star}(z)\, dz \\
&= \mathbb{E}[h^\star(Z^\star)],
\end{aligned}$$

où $Z^\star$ a pour densité $f_{Z^\star}$, et où

$$h^\star(z) = h(z) \frac{f_Z(z)}{f_{Z^\star}(z)}.$$

La méthode standard de Monte Carlo repose sur la simulation de variables $Z_1,...,Z_n$ de densité f_Z, puis de poser $X_i = h(Z_i)$. L'estimateur de θ est la moyenne empirique des $X_1,...,X_n$. L'idée est ici de simuler $Z_1^*,...,Z_n^*$ de densité $f_{Z^\star}$, puis de poser $Y_i = h^\star(Z_i^\star)$. L'estimateur considéré est alors la moyenne des Y_i.

Le choix de la densité $f_{Z^\star}$ est ici crucial, comme le montre l'exemple suivant.

Exemple 15.8.4. *Soit X de loi de Cauchy. Le but est ici d'estimer*

$$\theta = \Pr[X > 2] = \int_2^\infty \frac{dx}{\pi(1+x^2)}.$$

(la vraie valeur étant proche de 0.15 *- ce qui n'est pas un événement rare). Pour une approche de Monte Carlo standard, l'estimateur est alors*

$$\widehat{\theta}_{MC} = \frac{1}{n}\sum_{i=1}^{n} \mathbb{I}[X_i > 2]$$

où les variables $X_1,....,X_n$ sont indépendantes de loi de Cauchy. Rappelons que par définition de la loi de Cauchy, la méthode la plus efficace pour simuler une telle variable est la suivante:

$Y,Z \Longleftarrow \mathcal{N}or\,(0,1)$
$X \Longleftarrow Y/Z.$

La variance de cet estimateur de $\widehat{\theta}_{MC}$ s'écrit alors $\theta(1-\theta)/n \approx 0.1275/n$ (puisque $\theta \approx 0.15$).

La distribution étant symétrique (et donc $\theta = \Pr[|X| > 2]/2$) on peut considérer comme estimateur

$$\widehat{\theta}^*_{MC} = \frac{1}{2n}\sum_{i=1}^{n} \mathbb{I}\Big[\,|X_i| > 2\Big],$$

dont la variance est alors $\theta(1-2\theta)/2n = 0.0525/n$.

Ces méthodes classiques de Monte Carlo sont ici relativement inefficaces puisqu'un grand nombre de simulation sont sans intérêt (les simulations ne tombant pas dans le domaine $[2,\infty)$*). Une amélioration peut être obtenue en notant que* θ *peut se réécrire*

$$\begin{aligned}\theta &= \frac{1}{2} - \Pr[0 \leq X \leq 2] = \frac{1}{2} - \int_0^2 \frac{dx}{\pi(1+x^2)} \\ &= \frac{1}{2} - \mathbb{E}[h(U)] \text{ où } h(x) = \frac{2}{\pi(1+x^2)}\end{aligned}$$

avec $U \sim \mathcal{U}ni(0,2)$*. Aussi, un estimateur naturel de* θ *s'écrit*

$$\widehat{\theta}_{IS} = \frac{1}{2} - \frac{1}{n}\sum_{i=1}^{n} h(U_i),$$

où les variables $U_1,\ldots,U_n$ *sont indépendantes de loi* $\mathcal{U}ni(0,2)$*. Aussi, la variance de* $\widehat{\theta}_{IS}$ *s'écrit*

$$\mathbb{V}\left[\widehat{\theta}_{IS}\right] = \frac{1}{n}\left(\mathbb{E}\left[h(U)^2\right] - (\mathbb{E}[h(U)])^2\right) = 0.0092/n.$$

Pour conclure, notons qu'une autre façon de réécrire θ *est*

$$\theta = \int_0^{1/2} \frac{y^{-2}}{\pi(1+y^{-2})} dy = \mathbb{E}\left[\frac{1}{4}h^\star(V)\right],$$

où

$$h^\star(y) = \frac{1}{2\pi(1+y^2)} \text{ et } V \sim \mathcal{U}ni([0,1/2]).$$

Aussi, considérons comme estimateur

$$\widehat{\theta}^\star_{IS} = \frac{1}{4n}\sum_{i=1}^{n} h^\star(V_i)$$

où $V_1,\ldots,V_n$ *sont indépendantes, de loi* $\mathcal{U}ni(0,1/2)$*. On a alors*

$$\mathbb{V}\left[\widehat{\theta}^\star_{IS}\right] = 0.00095/n \leq \mathbb{V}\left[\widehat{\theta}_{MC}\right]/1000.$$

Aussi, la même précision est obtenue en utilisant 1000 *fois moins de simulations. La Figure 15.11 montre ainsi l'évolution de l'estimation en fonction de* n.

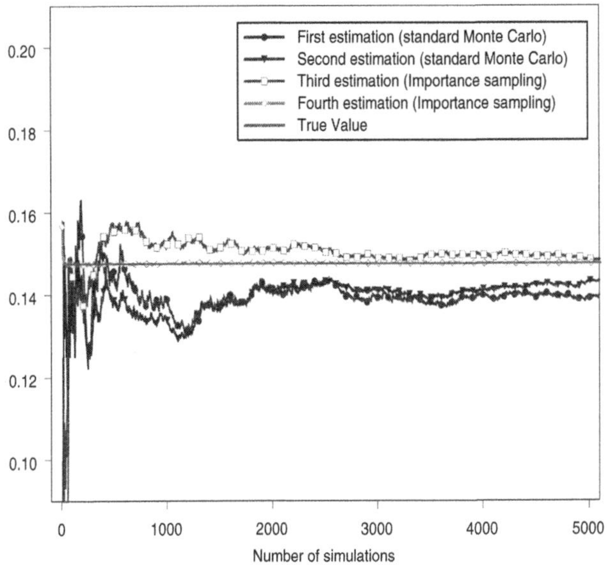

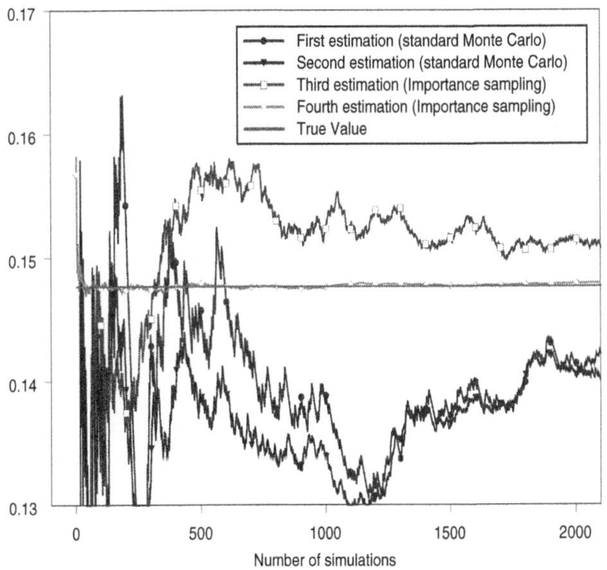

FIG. 15.11 – *Importance sampling et estimation de* $\Pr[X > 2]$ *pour la loi de Cauchy.*

15.9 Contrôle de la convergence et arrêt

Nous avions noté qu'il était possible de connaître l'erreur de l'approximation faite en utilisant des simulations à l'aide du théorème central limite. Supposons que l'on cherche à calculer $\theta = \mathbb{E}[h(X)] = \mathbb{E}[Y]$, et notons σ^2 la variance de Y. Un intervalle de confiance à 95% est donné par

$$\left[\widehat{\theta}_n - 1.96\frac{\widehat{\sigma}_n}{\sqrt{n}}; \widehat{\theta}_n + 1.96\frac{\widehat{\sigma}_n}{\sqrt{n}}\right], \tag{15.5}$$

où $\widehat{\theta}_n = (Y_1 + ... + Y_n)/n$ et

$$\widehat{\sigma}_n^2 = \left(\left(Y_1 - \widehat{\theta}_n\right)^2 + ... + \left(Y_n - \widehat{\theta}_n\right)^2\right) / (n-1).$$

C'est-à-dire qu'à n fixé, on peut déterminer la marge d'erreur de notre estimateur. De façon duale, on s'intéresse ici au problème inverse : à un seuil de précision (soit en erreur absolue $\left|\widehat{\theta}_n - \theta\right|$, soit en erreur relative $\left|\widehat{\theta}_n - \theta\right| / \theta$) et à un degré de confiance (on supposera ici $\alpha = 95\%$) fixés, combien de simulations faut-il faire?

15.9.1 Estimation en deux temps

L'intervalle de confiance faisant intervenir la variance de Y, l'estimation de θ peut alors se faire en deux étapes. Considérons le cas où l'on souhaite majorer l'erreur relative par ε, i.e. la contrainte

$$\Pr\left[\left|\widehat{\theta}_n - \theta\right| / \theta \leq \varepsilon\right] = 95\%,$$

doit être satisfaite. La méthode est la suivante:

(i) faire un petit nombre n (≥ 50) de simulation pour obtenir une estimation de θ et de σ^2, $\widehat{\theta}_n$ et $\widehat{\sigma}_n^2$, disons. En utilisant l'intervalle de confiance (15.5), on en déduit n^*

$$n^* = \frac{1.96^2 \widehat{\sigma}_n^2}{\widehat{\theta}_n^2 \varepsilon^2}.$$

(ii) faire alors n^* simulations de variables Y_i.

15.9.2 Approche séquentielle

Supposons que l'on s'intéresse toujours à l'erreur relative. L'idée est ici de faire des simulations jusqu'à ce que $1.96\widehat{\sigma}_n/\sqrt{n}\widehat{\theta}_n$ soit majoré par ε. Il convient alors à chaque étape de recalculer un estimateur de θ, mais aussi un estimateur de σ^2. Pour simplifier les calculs, on notera que

$$\widehat{\theta}_n = \widehat{\theta}_{n-1} + \frac{Y_n - \widehat{\theta}_{n-1}}{n},$$

et

$$\widehat{\sigma}_n^2 = \frac{n-2}{n-1}\widehat{\sigma}_{n-1}^2 + n\left(\widehat{\theta}_n - \widehat{\theta}_{n-1}\right)^2.$$

15.10 Notes bibliographiques

Les principaux outils et algorithmes de simulation sont présentés dans RUBINSTEIN (1981), RIPLEY (1987), DEVROYE (1992), FISHMAN (1997) ou GENTLE (1998). Pour les lecteurs intéressés plus particulièrement par les méthodes de Monte Carlo par Chaînes de Markov, la référence incontournable est ROBERT (1996). Parmi les références en français, YCART (2002) propose en quelques pages l'essentiel des points abordés ici.

15.11 Exercices

Exercice 15.11.1. *Soient X et Y deux variables indépendantes, de loi $\mathcal{E}xp(1)$.*

1. *Donner l'expression de la densité de X conditionelle à $\{2Y > (1 - X^2)\}$.*
2. *Soit Z suivant une telle loi, et T une variable prenant les valeurs $+1$ et -1 avec probabilité $1/2$. Donner la loi de TZ.*
3. *En déduire une méthode de simulation de la loi $\mathcal{N}or(0,1)$.*

Exercice 15.11.2. *On considère ici une densité f sur $\mathbb{R}$.*

1. *Soit (U,V) uniformément distribué sur $\mathcal{A} = \{(u,v) \in \mathbb{R}^2 | 0 \leq u \leq f(u+v)\}$, montrez que $U+V$ a une densité proportionnelle à f.*
2. *Soit (U,V) uniformément distribué sur $\mathcal{B} = \{(u,v) \in \mathbb{R}^2 | 0 \leq u \leq f(v/sqrtu)^{2/3}\}$, montrez que $V/\sqrt{U}$ a une densité proportionnelle à f.*

Exercice 15.11.3. *Soit $U \sim \mathcal{U}ni[-\pi/2,\pi/2]$, et Z de loi exponentielle. Montrez que*

$$\mu + c \cdot \frac{\sin(\alpha U)}{(\cos(U))^{1/\alpha}} \left(\frac{\cos((1-\alpha)U)}{Z} \right)^{(1-\alpha)/\alpha}$$

suit une loi α-stable. En déduire un algorithme de génération de lois stables.

Exercice 15.11.4. *On considère l'algorithme suivant,*

> *Répéter*
> $U \Longleftarrow$ *Random* et $V \Longleftarrow$ *Random*
> *Si* $U \leq 1/2$, *alors* $X \Longleftarrow 1/(4U-1)$ *et* $Z \Longleftarrow X^{-2}V$
> *sinon* $X \Longleftarrow 4U-3$ et $Z \Longleftarrow V$
> *Jusqu'à* $Z \leq \min\{1-|X|/2,(1+X^2/nu)^{-(\nu+1)/2}\}$

En notant qu'il s'agit d'un algorithme de rejet, montrez que X suit alors une loi de Student à ν degrés de liberté.

Exercice 15.11.5. *Soient F et G deux fonction de répartition sur $\mathbb{R}^+$, admettant des taux de hasard, notés r_F et r_G respectivement.*

1. *On suppose que $r_F \leq r_G$, et que le taux de hasard cumulée*

   $$H_G(x) = \int_0^x r_G(x)dx$$

   est facilement inversible. Montrez que l'algorithme de rejet suivant permet de simuler une variable aléatoire X de taux de hasard r_F:

   > $S \Longleftarrow 0$
   > *Répéter*
   > $E \Longleftarrow -\log($*Random*$)$ *et* $U \Longleftarrow$ *Random* $S \Longleftarrow S+E$
   > *et* $X \Longleftarrow H_G^{-1}(S)$
   > *Jusqu'à* $U \cdot h_G(X) \leq h_F(X)$.

2. *Supposons que r_F soit décroissante, et que $r_F(0) < \infty$. Montrez que l'algorithme de rejet suivant permet de simuler une variable aléatoire X de taux de hasard r_F,*

   > $X \Longleftarrow 0$
   > *Répéter*
   > $B \Longleftarrow h_F(X)$, $E \Longleftarrow -\log($*Random*$)$ *et* $U \Longleftarrow$ *Random*
   > $X \Longleftarrow X+E$
   > *Jusqu'à* $U \cdot B \leq h_F(X)$.

3. *Donnez le taux de hasard pour la loi* $\mathcal{P}ar(1,\alpha)$, *et en déduire un algorithme de génération pour cette loi.*

Exercice 15.11.6. *Pour simuler une copule de Ali-Mikhail-Haq (introduite à l'Exercice 8.9.16) de paramètre* θ, *montrez que l'algorithme suivant peut être utilisé:*

$U \Longleftarrow \texttt{Random}$ *et* $T \Longleftarrow \texttt{Random}$
$a \Longleftarrow 1 - U,\ b \Longleftarrow T\,(\theta a)^2 - \theta,\ c \Longleftarrow [\theta + 1] - 2\theta a T$ *and*
$d \Longleftarrow c^2 - 4b\,(T - 1)$
$V \Longleftarrow 1 - \left[-c + \sqrt{d}\right] / [2b].$

Chapitre 16

Les limites des modèles actuariels et de leur utilisation

16.1 Introduction

BECK (2001) prétendait que nous étions entrés dans une "*société du risque*" (ou une "*civilisation du risque*" selon LAGADEC (1981)), et un certain nombre de débats, en particulier sur le "*principe de précaution*" ont montré que beaucoup de citoyens souhaitaient vivre dans une "*société du risque zéro*". Il semble de plus en plus que nous vivons dans une société qui a peur de tout, et pour laquelle tout changement est vécu comme une prise de risque (comme envers de la médaille du progrès). Ce sentiment d'incertitude et de crainte pousse un grand nombre d'individus à manifester une grande attente pour davantage de sécurité, de compréhension... En reprenant l'expression de GODARD (1997), nous pourrions ainsi avancer que nous vivons dans une "*civilisation de la sécurité*": la sécurité est désormais perçue comme un droit.

Dans une société où tout peut apparaître comme une prise de risque, la sollicitation des assureurs se fait de plus en plus forte. Mais peut-on pour autant *tout* assurer? Quelles sont les limites à l'utilisation des notions développées dans ces deux tomes?

Ce chapitre - présenté ici en conclusion - ne vise plus à proposer de nouveaux modèles actuariels, mais davantage, dans l'esprit de GODARD, HENRY, LAGADEC & MICHEL-KERJAN (2002), à présenter un certain nombre de cas concrets permettant de prendre conscience des limites des modèles. Ce chapitre a aussi pour objet de présenter des pistes de réflexion, afin de modéliser au mieux l'activité complexe d'une compagnie d'assurance. Nous allons donc introduire dans un premier temps une réflexion sur l'*assurabilité*, et voir si les outils présentés dans cet ouvrage permettent de *tout* assurer? Et dans un second temps, nous verrons comment dans certains cas bien précis, ces risques peuvent malgré tout être couverts. Nous insisterons en particulier sur la distinction entre risques "*assurables*" (pour lesquels une couverture peut être obtenue sur le marché de l'assurance, et le risque est alors transféré) et risques "*acceptables*" (ou socialement acceptables, c'est-à-dire partagés, sans forcément être transférés). La distinction entre les deux s'opérant en faisant intervenir un acteur important en gestion des risques: l'Etat.

16.2 Tous les risques sont-il assurables?

Comme nous l'avions rappelé dans l'introduction du Tome 1, la gestion des risques ("*risk management*") est devenue un élément stratégique important, mais de plus en plus délicat à appréhender (Bénéplanc & Rochet (2005)). Schématiquement, certains risques peuvent être transférés à des assureurs, qui, par un principe de mutualisation les agrégent et les compensent. Pour reprendre la devise du Lloyd's, l'activité d'assurance correspond à "*the contribution of the many to the misfortunes of the few*". Le transfert se fait par l'intermédiaire d'un contrat d'assurance, moyennant un prix accepté par l'assureur et l'assuré. Si l'un de ces éléments n'est pas vérifié, le risque sera alors dit non assurable.

16.2.1 Transférer le risque à un assureur, la notion d'assurabilité

On peut retenir un certain nombre de critères qui, non respectés, rendent impossible la couverture du risque, par une société d'assurance. En s'inspirant de la classification faite par Godard, Henry, Lagadec & Michel-Kerjan (2002), on retiendra les critères suivants,

1. juridiquement pour que le contrat soit valide, il faut que la survenance d'un événement ait un caractère aléatoire.
2. la "*règle du jeu*" (c'est-à-dire le cadre juridique) doit être stable dans le temps.

Ces premières notions nous permettront d'aborder la notion d'assurabilité (ou plutôt d'inassurabilité) que nous appellerons *juridique.*

3. la perte maximale possible ne doit pas être catastrophique au regard de la solvabilité de l'assureur.
4. le montant des pertes moyennes doit être identifiable et quantifiable, ou pour reprendre la définition de EWALD (1986), "*le risque est calculable [...] il faut que l'on puisse en évaluer la probabilité*".
5. les risques doivent être mutualisables, ou, toujours selon EWALD (1986), "*le risque est collectif [...] Ce n'est en effet que sur l'étendue d'une population qu'un risque devient calculable. Le travail de l'assureur est précisément de constituer cette population par sélection et division des risques*".

Ces trois notions sont liées à ce que nous appellerons l'assurabilité *actuarielle*, permettant de se placer sous les hypothèses de la loi des grands nombres et du théorème central limite.

6. il ne doit pas y avoir d'aléa moral, ni d'anti-sélection.
7. il doit y avoir un marché, c'est-à-dire une demande et une offre qui se rencontrent. Au-delà de l'existence d'un prix d'équilibre, il convient également que les deux parties aient conscience du risque.

Ces deux dernières notions correspondront à de l'inassurabilité *économique*. Ils correspondent à des "*imperfections du marché*" pour reprendre la terminologie de ROCHET (1998).

Remarque 16.2.1. *Le fait qu'un risque ne soit pas assurable ne signifie en aucune façon qu'il n'est pas possible de le couvrir. Les mutuelles et les compagnies d'assurance ne sont en effet qu'une institution parmi beaucoup d'autres dans le cadre de la gestion des risques. La famille et plus généralement les groupes sociaux sont les entités les plus fines pour transférer le risque, et d'un point de vue plus global, les marchés financiers ou l'état pourront intervenir. Historiquement, l'assurabilité avait été évoquée par Arrow et Borch, lorsqu'ils distinguaient risques diversifiables (ou assurables pour garder notre terminologie) et risques systématiques (non-assurables). Cette distiction sera reprise plus en détails dans les derniers paragraphes.*

16.2.2 L'inassurabilité juridique

L'assurabilité, du point de vue juridique et du point de vue actuariel (ou technique) sont deux notions sensiblement différentes.

Pour un juriste, rappelons qu'un risque est assurable s'il y a un aléa, et que le droit ne s'oppose pas à sa couverture. Rappelons d'ailleurs (la définition est donnée en introduction de cet ouvrage) que l'assurance est un "*contrat*" et donc se trouve soumise au droit des contrats. Et c'est justement cette base juridique qui rend possible l'activité d'assurance. Mais nous verrons surtout que ce qui peut être inassurable (juridiquement) aujourd'hui peut le devenir demain: cette instabilité temporelle rend délicate l'établissement de la frontière entre l'assurable et le non-assurable.

Evolution historique de l'inassurabilité juridique

Historiquement, l'existence de contrats d'assurance a été difficile à justifier: les bonnes moeurs se sont longtemps opposées à l'assurance sur la vie, et l'ordre public a rendu difficile l'assurance des fautes.

Exemple 16.2.2. *Même si ce type d'assurance dépasse le cadre de ce livre, rappelons que l'assurance sur la vie a été une des premières à être décriée, comme le rappelle* EWALD (1986)*: "on accusait d'abord l'assurance de permettre à l'assuré de relâcher l'attention qu'il devait à ses propres affaires, quand elle ne l'invitait pas à la délinquance. "L'assurance pousse au crime", il semble que l'adage remonte à ces premières formes d'assurance sur la vie [...] véritables institutions à faire disparaître celui que l'on "assurait"." L'assurance en cas de faute a également été délicate à mettre en oeuvre, "l'hostilité juridique à l'égard de l'assurance était aussi motivée par cette opposition de principe qu'il est contre la bienséance et l'honnêteté publique d'assurer la vie des hommes [...] l'idée d'une telle assurance n'est-elle pas assimilable à ces conventions d'irresponsabilité naturellement proscrites par le droit"? La doctrine juridique, au 18ème siècle, était très ferme sur ce point. Valin déclarait que "les assurances ne pouvaient valablement se charger des dommages qui arriveraient par le fait ou la faute de l'assuré. Une telle chose en effet serait absurde, illusoire et frauduleuse. Pacta non servanda quae ad delinquendum incitant".*

Ces types d'assurance, bien qu'inconvevables il y a deux siècles, sont aujourd'hui achetés quotidiennement par des milliers d'assurés. Depuis, la force publique a en effet noté qu'à l'aide de ces assurances, les victimes n'avaient plus à redouter l'insolvabilité de l'auteur des dommages. L'assurance de responsabilité, en effet, à la différence de la plupart des assurances de dommages, ne profite pas à l'assuré, mais à la victime.

L'évolution jurisprudentielle

Au delà de ces aspects davantage liés à la moralité, notons que les évolutions jurisprudentielles sont, elles aussi, facteur d'inassurabilité. Un contexte juridique mouvant peut instaurer une situation de crise assurantielle.

Exemple 16.2.3. *En* 2002 *en France, l'évolution du cadre juridique de la responsabilité civile dans le domaine médical a créé une crise. Au sein des professions de plus en plus touchées par une "judiciarisation" intense, les indemnités versées en cas de faute reconnue étaient en effet devenues de plus en plus importantes. La dégradation des comptes techniques des assureurs (malgré une hausse des niveaux de primes) a induit une contraction de l'offre, et le retrait de certains assureurs du marché. Cette disparition du marché, suite à l'absence d'un prix d'équilibre entre l'offre et la demande sera repris par la suite.*

Un autre point essentiel dans la notion de l'assurabilité est la définition de la "*responsabilité*": juridiquement, c'est par une demande de droit à l'indemnisation, suite à un dommage, que se manifeste la responsabilité. Elle est alors tournée vers le passé, en remontant aux faits et en établissant la chaîne conséquentielle ayant provoqué le dommage. La question est, en effet, de savoir si le risque doit relever d'une responsabilité ou du hasard. Et qui doit en assumer la charge. Le "*principe de précaution*" a toutefois rendu plus délicate la définition de la responsabilité.

Exemple 16.2.4. *Selon le traité de Maastricht, "la politique de la Communauté dans le domaine de l'environnement est fondée sur les principes de précaution et d'action préventive, sur le principe de la correction, par priorité à la source, des atteintes à l'environnement, et sur le principe du pollueur payeur". Ce principe du pollueur payeur signifie simplement que l'auteur d'un dommage dont il est responsable a le devoir de le réparer. La responsabilité peut néanmoins se baser simplement sur une négligence, ou une imprudence (en particulier si l'on applique le principe de précaution).*

Le principe de précaution et la responsabilité

Le principe de précaution est apparu dans les années 70 en Allemagne et aux Etats-Unis. L'Allemagne a, la première, inscrit dans son droit de l'environnement le *Vorsorgeprinzip* (traduit habituellement par *principe de précaution*, mais pouvant aussi être traduit par *principe de prévention*) dans la loi de 1974 sur les pluies acides.

Ce principe appartient au champ de l'environnement, mais a parfois été étendu à celui de la santé, via le concept de "*santé environnementale*" promu par l'Organisation Mondiale de la Santé. Il a ainsi été évoqué en France lors de crises sanitaires, comme lors des contaminations post-transfusionelles, des risques liés à la dioxine, pour les risques alimentaires (encéphalite spongiforme bovine) ou de radiations nucléaires. Il a été pris en compte par le droit international dans la déclaration de Rio en 1992, puis dans le droit Européen avec les traités de Maastricht en 1992, et celui de Nice en 2001: "*En cas de risque de dommages graves ou irréversibles, l'absence de certitude scientifique absolue ne doit pas servir de prétexte pour remettre à plus tard l'adoption de mesures effectives visant à prévenir la dégradation de l'environnement*" (déclaration de Rio, sur l'environnement et le développement, 1992).

Exemple 16.2.5. *En* 1987, *une conférence interministérielle sur la protection de la Mer du Nord énonçait le principe suivant "pour protéger la Mer du Nord des effets des substances les plus dangereuses susceptibles d'être préjudiciables, une approche de précaution est nécessaire, qui peut exiger que des mesures soient prises pour limiter les apports de ces substances, avant même qu'une relation de cause à effet n'ait été établie grâce à des preuves scientifiques incontestables". Entre les "susceptibles d'être préjudiciables", "peut exiger" et "preuves scientifiques incontestables", on notera malgré tout que ce texte reconnaît la possibilité de prendre des mesures (de précaution) en l'absence de certitude sur les dangers. Cette approche est nettement plus timorée que ce que revendiquait alors Greeenpeace, "aucun rejet ne doit être déversé en mer, tant que son innocuité n'a pas été prouvé". Vu sous cet angle, le principe de précaution est alors une "règle d'abstention" comme l'appelle* GODARD *(1997): "dans le doute abstiens-toi".*

Exemple 16.2.6. *L'application d'un principe de précaution lors de la contamination du SIDA par transfustion sanguine a été un problème délicat. Faut-il, malgré toutes les précautions qui peuvent être prises, interdire toute transfusion sanguine puisque, mathématiquement parlant, il existe un risque résiduel (non nul) d'une douzaine de cas de contamination par an en France (*HERMITTE *(1997))? Cette interdiction n'aurait-elle pas des effets encore plus dramatiques en terme de santé publique?*

Le principe de précaution, d'un point de vue juridique, a étendu le champ de la responsabilité: si un dommage survient, le décideur est jugé sur ce qu'il aurait dû savoir, alors qu'a priori, l'incertitude scientifique prédominait. La définition de la "*faute*" se retrouve alors modifiée, puisque si traditionnellement, l'absence de connaissances innocentait l'individu, ici elle l'accable.

L'absence d'aléa: on ne peut assurer un "*risque certain*"

La présence d'aléa dans la notion de *risque* a été détaillée dans le premier tome. L'aléa peut se présenter sous deux formes: s'attacher à la survenance de l'événement préjudiciable (un incendie par exemple), ou simplement se cantonner à la date de la survenance d'un événement certain (le décès par exemple). Un autre façon d'expliquer cette notion est qu'il est - en théorie - impossible d'assurer un risque qui s'est déjà matérialisé.

Exemple 16.2.7. *Ce problème d'existence, ou non, d'aléa est présent en assurance santé, par exemple. Des arrêts de Cour d'Appel, en France, ont ainsi admis qu'un assureur refuse sa garantie pour une maladie existant au moment de la souscription, bien que cette maladie ait été ignorée par l'assuré à cette date. Aussi, si la maladie existait à la signature du contrat, le risque en tant qu'événement incertain n'existe pas, ce qui rend caduque le contrat. Ce problème a également été soulevé aux Etats-Unis, au sujet du dédommagement des victimes (passées) des dégâts à l'environnement, comme le rappelle* ROCHET (1998).

Cette nécessité de présence d'un aléa, pourtant simple a priori, s'avère en pratique délicate à appréhender.

La notion de survenance d'un sinistre, "*claims made*" ou "*occurrence basis*"

Une fois le sinistre survenu (avec l'aléa mentionné dans le paragraphe précédent), l'assureur n'indemnise que si le sinistre survient pendant la période de couverture. Mais là aussi, des subtilités peuvent exister, faisant que certains sinistres peuvent être couverts, et d'autres non:

- la notion de "*fait générateur*": l'assureur couvre un dommage si le fait générateur intervient pendant la période de couverture du contrat,
- la notion de "*occurrence basis*": l'assureur couvre un dommage si la survenance (généralement la manifestation du dommage à la victime) intervient pendant la période de couverture du contrat,

– la notion de"*claims made*": l'assureur couvre un dommage si le fait générateur et la réclamation interviennent pendant la période de couverture du contrat. Notons que ce type de contrat inclut souvent une clause dite de reprise du passé inconnu, c'est-à-dire que l'assureur s'engage à indemniser les sinistres déclarés au cours de la période de couverture du contrat, y compris pour les dommages survenus antérieurement.

Notons que les contrats en "*fait générateur*" sont les plus délicats. Il s'agit de ceux pour lesquels il y a le plus de contentieux (d'autant plus que c'est généralement une succession d'actions qui conduisent *in fine* au sinistre) dans la mesure où dater précisément le fait générateur peut s'avérer relativement délicat.

Les interdictions d'assurer et les exclusions légales

Les limites imposées par la législation sont relativement rares. Elles peuvent être rapprochées de la notion d'aléa moral que nous aborderons dans l'assurabilité économique.

Exemple 16.2.8. *Dans la majorité des pays européens, la loi interdit d'assurer les dommages provenant d'une faute intentionelle de l'assuré. Il est ainsi impossible de souscrire une assurance pour couvrir les amendes, qu'elles soient pénales, fiscales ou douanières. La plupart des contrats individuels excluent également les risques de guerres (civiles ou militaires) pour des raisons similaires.*

16.2.3 L'inassurabilité actuarielle

En reprenant les principales notions développées dans ces deux tomes, pour mettre en place un mécanisme d'assurance, il convient de pouvoir constituer un groupe homogène suffisamment large (une mutalité), de pouvoir calculer une prime pure (c'est-à-dire une espérance mathématique), d'avoir une loi de probabilité sous laquelle calculer cette espérance, mais aussi de savoir exactement ce qui est couvert pour pouvoir estimer des lois.

Exemple 16.2.9. *Cette inassurabilité actuarielle n'est pourtant, historiquement parlant, pas un facteur de non-existence d'assurance. Rappelons que l'assurance incendie, que les historiens font remonter au grand incendie de Londres (1666) précède d'un siècle la naissance de la technique actuarielle. Il était alors possible de calculer des prix de polices d'assurance sans qu'aucun outil théorique n'ait été* *développé. Plus précisément, en 1601, quand la première police a été signée en Angleterre, la loi des grands nombres n'avait pas encore été établie formellement. Mais comme le notait Jacob Bernoulli, l'idée fondamentale de la loi des grands nombres était connue des praticiens depuis fort longtemps: "même le plus stupide des hommes, par instinct naturel est convaincu que plus on a d'observations, moins on a d'incertitude sur ce qui se passe en moyenne". On notera aussi que l'hypothèse fondamentale d'indépendance entre les risques était elle aussi connue depuis longtemps. Comme le rappelle* Moss *(2002), dans les premières polices d'assurances maritimes, rares étaient les assureurs qui acceptaient de couvrir un grand nombre de bateaux venant d'un même chantier naval. En effet, tous les bateaux pouvaient avoir le même défaut de fabrication.*

L'assurance comme mutualisation du risque

Pour reprendre la devise du Lloyds, il est nécessaire de pouvoir constituer une mutalité de risques, la majorité payant les rares sinistres. En effet, comme nous l'avons montré dans le premier tome, la base de l'assurance est la loi des grands nombres (Propriété 3.5.2). Comme nous l'avions alors précisé, les hypothèses sont ici fondamentales: il faut des risques indépendants, homogènes (coûts de même loi), et sur un portefeuille de grande taille (le résultat est asymptotique). Toutes ces hypothèses légitiment l'utilisation de la prime pure comme prime de référence.

Exemple 16.2.10. *Quelques contre-exemples montrent néanmoins qu'il n'est pas (directement du moins) nécessaire de constituer une mutualité de risques pour qu'un risque soit assurable. On notera ainsi que la transmission télévisuelle des Jeux Olympiques (qui ont lieu de façon unique tous les deux ans) est assurée. Les principaux risques sont météorologiques pour les jeux d'hiver, qui peuvent conduire à l'annulation d'épreuve, mais surtout le terrorisme (attentat ou sabotage) constitue le risque essentiel (en particulier depuis les Jeux de Zürich en* 1972*, et comme l'ont rappelé les Jeux d'Atlanta en* 1996*). De façon générale, l'événementiel est assurable en constituant une mutualité de "risques spéciaux", regroupés car ils sont marginalement non assurables. Mais ces groupes de risques peuvent s'avérer peu homogènes.*

Non existence d'une prime pure?

Nous avons vu dans le Chapitre 14 qu'il était possible de proposer une couverture assurantielle pour des risques extrêmes. Un cas limite existe cependant, lors que les lois considérées ne sont pas d'espérance finie, c'est-à-dire qu'il n'existe pas de prime pure. Ceci pose en particulier des soucis en terme de solvabilité (Chapitres 6 et 7), puisque la ruine à long terme (en tarifant moins que la prime pure) est certaine.

Exemple 16.2.11. *La perte d'exploitation correspond à la perte de chiffre d'affaire suite à l'arrêt accidentiel de l'exploitation, consécutif à un incendie une explosion, un dégât des eaux... En* 1990*, l'un des plus gros sinistres de perte d'exploitation en France, dans une usine chimique a été* 11 *fois plus coûteux que les dommages matériels dus à l'incendie. Le coût du sinistre matériel peut n'avoir aucun lien avec la perte d'exploitation: un disque dur n'a que peu de valeur, mais sa destruction peut avoir un coût considérable pour une entreprise.* ZAJDENWEBER (1996,2001) *concluait que le risque perte d'exploitation n'est pas assurable: "l'accumulation des estimations de la pente de la droite de Pareto autour de la valeur critique* -1 *nous permet de conclure à l'absence d'espérance mathématique". Si cette conclusion apparaît dans un certain nombre de papiers (en particulier sur la couverture de certaines catastrophes naturelles, en particulier les ouragans), en y regardant de plus près, il est généralement toujours possible de calculer une prime pure. En particulier, on notera que l'estimateur de Hill ne suggère pas vraiment de seuil au-delà duquel une tendance claire se dessine. Et l'estimation de* ξ *à l'aide du maximum de vraisemblance sur les lois GEV et GPD conduisent plutôt à rejeter (en considérant des intervalles de confiance à* 95%*) l'hypothèse* $\xi \leq 1$ *(comme on peut le voir aux Figures 16.1 et 16.2).*

Plus généralement, ces grands risques posent le problème des capacités (fonds propres et primes encaissées) insuffisantes. De façon schématique, si les fonds propres de l'assureur sont insuffisants pour couvrir le risque, il est possible de constituer des pools, ou de se réassurer (comme nous l'avons vu au Chapitre 14). Mais si ce sont les fonds propres des réassureurs, voire du marché, qui sont insuffisants, les marchés financiers proposent plusieurs alternatives intéressantes: options sur indices climatiques (pluviométrie, vitesse du vent, température...) ou titrisation de produits structurés (obligations catastrophes).

Exemple 16.2.12. *La couverture du risque de terrorisme a montré*

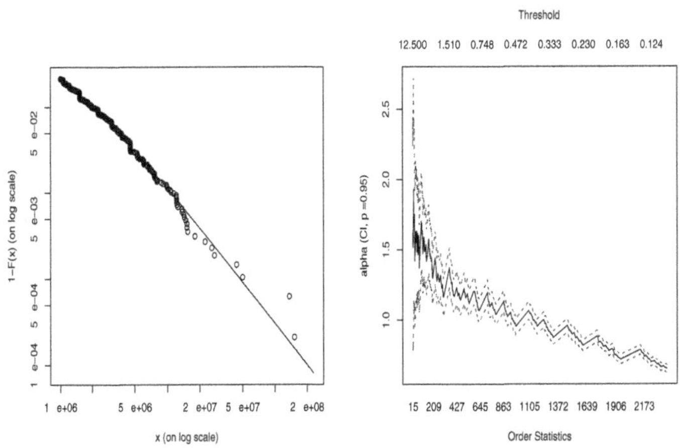

FIG. 16.1 – *Sinistres pertes d'exploitation en France (1985-2000), avec les sinistres au delà de 1 million d'euros (courbe de Pareto à gauche), et avec l'estimateur de Hill à droite.*

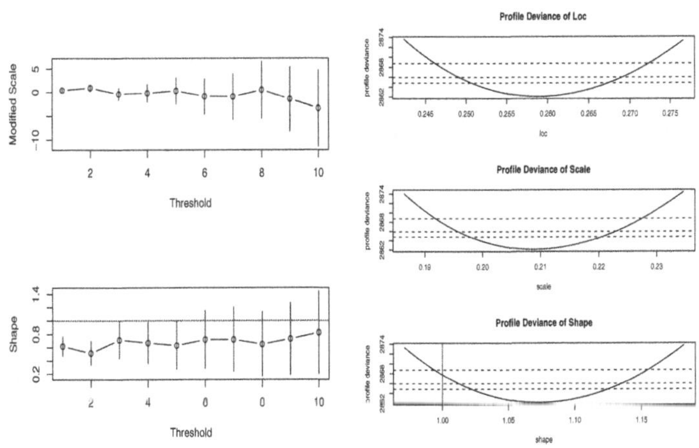

FIG. 16.2 – *Sinistres pertes d'exploitation en France (1985-2000), avec l'estimation des paramètres de la loi GPD à gauche, et avec l'estimation des paramètres de la loi GEV à droite.*

la limite des capacités du marché suite aux attentats contre le World Trade Center en 2001. *Pour rappel, en* 1993 *a eu lieu le premier attentat contre le World Trade Center, qui tua* 6 *personnes et causa* 725 *millions de dollards de pertes assurées. En* 1995, *l'attentat à la bombe d'Oklahoma City, tua* 168 *personnes (les pertes matérielles concernaient des biens fédéraux, couverts par le gouvernement). Suite aux attentats du* 11 *septembre* 2001, *certains assureurs ont souhaité dissocier les couvertures terroristes et dommages responsabilité. Pour exemple, avant le* 11 *septembre, l'aéroport de Chicago était couvert à hauteur de* 750 *millions de dollars, pour une prime annuelle de* 125 000 *dollars. Après le* 11 *septembre, la couverture a été réduite à* 150 *millions, pour une prime passant à* 6,9 *millions de dollars ! La solution, en novembre 2002, a été le vote du Terrorism Risk Insurance Act (TRIA) établissant un partage des risques entre l'état fédéral et les assureurs (voir à ce sujet* MICHEL-KERJAN *(*2003*)).*

En France, la garantie attentat est obligatoirement incluse dans les contrats dommages aux biens depuis 1986, *suite aux événements survenus en* 1985 *sur le territoire national. Mais suite aux attentats du* 11 *septembre* 2001, *les assureurs, et surtout les réassureurs ont souhaité exclure cette couverture des contrats. Pour éviter le blocage, les principaux assureurs en risques industriels, les réassureurs, les courtiers en assurance, la FFSA ainsi que la Direction du Trésor sont arrivés à la conclusion que la garantie de l'état était une condition nécessaire pour que la couverture des attentats soit possible. Un pool de marché, GAREAT (Gestion de l'assurance et de la réassurance des risques attentats et des actes de terrorisme) a ainsi permis de mettre en place un mécanisme de couverture. Avec derrière une garantie illimitée de l'Etat, essentiellement pour les raisons que nous évoquerons dans la dernière partie de ce chapitre.*

Ambiguïté et incertitude

Que peut faire un agent, assureur ou assuré, s'il ne dispose pas de probabilité crédibles ? Comme nous l'avons rappelé dans le Chapitre 12, Frank Knight a été le premier à distinguer ambiguïté et incertitude, l'ambiguïté étant la situation où les probabilités ne peuvent être quantifier *objectivement.* Toutefois, l'absence de probabilités *objectives* n'exclut pourtant pas l'assurance. Rappelons que le Lloyd's a accepté, un temps, d'assurer une distillerie de whisky contre le risque de capture du monstre du Loch Ness. Mais hormis cet exemple un peu particulier, il faut malgré tout noter que l'ambiguïté peut faire peur. L'assurance sait parfaitement travailler avec des probabilités correspondant à des risques à fréquence forte, et à coût modéré (assurance automobile ou santé), permettant d'utiliser la loi des grands nombres et le théorème central limite (Chapitre 3 et 4). Elle a appris également à gérer les probabilités correspondant à des fréquences (très) faibles et des coûts importants (assurance des catastrophes naturelles). Néanmoins, les probabilités trop incertaines posent encore d'énormes problèmes.

En reprenant l'idée de Savage, dans les situations incertaines, les agents peuvent avoir une approche dite max-min: les agents accordent une attention et une crédibilité plus grande aux scénarios les plus catastrophistes (sans pour autant prendre les scénarios catastrophistes pour certains).

Exemple 16.2.13. *Pour l'assurance des risques spatiaux, le problème d'estimation de probabilité de survenance d'un incident est difficilement quantifiable. Les estimations varient ainsi généralement entre* 1/100 *et* 1/100 000 *(suivant qu'ils sont fournis par des ingénieurs ou des dirigeants). Cette dernière probabilité signifie qu'en lançant une fusée tous les jours, la période de retour est de* 300 *ans! L'expérience montre que sur* 2900 *lancements de fusées,* 121 *avaient échoué (soit* 1 *sur* 25*). Ces chiffres prenent en compte le fait que les premiers lancements ont été particulièrement risqués, et les erreurs ont depuis été corrigées. Aussi, il paraîtrait plus raisonnable de considérer une probabilité de l'ordre de* 1/50 *ou de* 1/100*. Ces probabilités ont été considérées comme irréalistes et beaucoup trop élevées par la direction de la NASA. En particulier, un rapport de février* 1985 *indiquait qu'une probabilité de* 1/100 000 *était beaucoup plus réaliste. Quelques semaines plus tard explosait la navette Challenger.*

Exemple 16.2.14. *Dans les années* 70*, le rapport* RASMUSSEN (1975) *annonçait que la probabilité de fusion d'un réacteur nucléaire était de* 1/20 000 *par année de fonctionnement (probabilité jugée moins importante que celle d'être tué par la chute d'une météorite). Et l'incident du Three Miles Island, qui était prévisible à l'époque, s'était vu attribué une probabilité comprise en* 1/1 000 000 *et* 1/10 000 000*. Il convient de noter que dans le domaine nucléaire et de l'industrie chimique, la sécurité s'est considérablement améliorée. Les estimations de risque fondées sur l'expérience passée et les avis d'experts sont de plus en plus fiables. Mais les erreurs humaines (comme ce fut le cas à Three Miles Island) restent très difficiles à quantifier. Ce type d'accident était en effet dû à une conjonc-*

tion entre une défaillance technique parfaitement prévisible, et des défaillances humaines, venant essentiellement du fait que face à un incident, certaines personnes continuent à le croire "impossible" , préférant croire à une fausse alerte (de nombreuses alertes imputables à des très petites fuites sans conséquences étaient alors fréquentes).

Notons également qu'une particularité de ces catastrophes technologiques est qu'elles influencent fortement (mais de façon ambiguë) les probabilités de survenance de tels événements dans le futur:

- comme nous l'avons noté dans le Chapitre 14, après la survenance d'un très gros sinistre, les estimations des lois s'en trouvent affectées, et les queues sont alors plus épaisses qu'auparavant: la probabilité de répétition d'un tel évènement est alors plus forte qu'avant sa survenance.
- mais parallèlement, on peut supposer qu'il a pu faire prendre conscience de l'existence d'un risque, et que des mesures ont été prises pour éviter qu'un sinistre similaire ne se reproduise: les réflexions en terme de prévention induites par ce sinistre font que la probabilité de répétition d'un tel événement devrait être plus faible qu'avant sa survenance.

L'intégration de l'expérience est un mécanisme délicat dans la tarification.

Que couvrent réellement les contrats ou comment identifier les risques?

Comme nous l'avons noté dans la première partie, *ex-post* il convient de rechercher les responsabilités, en retraçant la chaîne séquentielle et en cherchant les relations de causes à effets. Mais lors de la tarification, il convient *ex-ante*, avant qu'un sinistre ne survienne, de détecter tous les facteurs de risques, et tout ce qui pourrait causer un sinistre. Les techniques présentées dans les chapitres 9, 10 et 11 montrent comment utiliser l'expérience que peut avoir une compagnie d'assurance afin d'identifier au mieux ses risques. Mais dans un certain nombre de cas, l'expérience ne suffit pas, ou n'existe pas.

Exemple 16.2.15. *La dangerosité des antennes relais pour téléphones cellulaires a donné lieu à bien des débats, et à bien des controverses d'experts (dont nous parlerons plus loin). Il s'agit de s'avoir s'il y a un risque, et de le quantifier. Et même si le risque* *est détecté, il est difficle à quantifier. Comme le note ainsi* Dab (1997), *le risque associé au champ électrique et magnétique de basse fréquence, bien qu'identifié depuis* 1979 *donne lieu, aujourd'hui encore, à un grand nombre d'étude épidémiologiques contradictoires. Parmi les autres crises récentes, rappelons que les crises de la vache folle à la fin des années* 2000 *devraient avoir un impact sur les* 20 *prochaines années, avec des prévisions variant de* 1000 *victimes à* 250 000 *!*

Exemple 16.2.16. *Le passage à l'an* 2000 *a été une source d'inquiétude pour les assureurs (et un certain nombre d'entreprises), en grande partie à cause des nouvelles technologies où jusqu'à très récemment, les années étaient représentées par les deux derniers chiffres. Si le risque était relativement bien identifié (la date du sinistre étant connue largement à l'avance), même si un certain nombre d'aspects juridiques restaient relativement flous (la directive européenne sur la responsabilité civile du fait de produits défectueux n'ayant pas permis de définir les responsabilités), il a constitué un cas d'école relativement intéressant, même si en l'occurrence, le risque identifié ne s'est pas réalisé.*

L'identification des risques (ou le "*risk mapping*") est un élément clé du contrôle des risques aujourd'hui. Le principe de précaution oblige alors à se projeter au-delà des résultats scientifiques établis. La prospective des risques reste néanmoins un sujet délicat, et la définition des "*pires scénarios*", souvent utilisés par les gestionnaires de risques, ne dépend finalement que de leur imagination. Notons toutefois que suite à l'attentat contre le World Trade Center, un certain nombre d'événements apparaissent aujourd'hui comme "*tout à la fois probable et comme impossible*" (pour reprendre la vision qu'avait Bergson à la veille de la première guerre mondiale): la frontière s'est déplacée, et l'impossible devient probable.

Controverses d'experts et opinion publique

La science a longtemps intéressé puisqu'elle éteignait un certain nombre de doutes, produisant une "*certitude scientifique*" perçue alors comme irréfutable. Mais désormais, la certitude scientifique semble basée sur la double négation "*il est exclu qu'il soit exclu*" , ou "*nous savons que nous ne pouvons pas savoir*" (pour reprendre une citation de Socrate, ce qui montre au passage que cet état des lieux n'est peut-être pas si nouveau).

La distinction entre ambiguïté et incertitude a permis de montrer que les individus n'étaient pas irrationnels, mais simplement estimaient mal les probabilités de survenance d'un certain nombre de risques. Mais une information objective permettra-t-elle de rectifier les fausses représentations ? Le désir d'éduquer et d'informer l'opinion publique est une caractéristique de ce début du 21ème siècle. Mais cette information n'attire-t-elle pas inutilement l'attention du public sur de faux problèmes ? La complexité des problèmes est-elle correctement appréhendée ? Un certain nombre de faits récents ont montré que l'émoi de la population n'est que rarement proportionnelle à l'amplitude des risques.

En particulier, un certain nombre de travaux ont montré que c'est davantage l'incertitude sur l'existence d'un risque qui fait peur, plus que son ampleur. Et vouloir tout faire pour rassurer peut avoir l'effet inverse à celui espéré, puisque si les scientifiques ne peuvent pas se prononcer formellement (et c'est de plus en plus le cas désormais, comme nous le notions auparavant) l'opinion publique est alors d'autant plus inquiète. Comme le notait DAB (1997), "*dès que l'opinion perçoit des controverses d'experts sur l'impact possible d'une activité humaine, son inquiétude augmente, de même que son attente vis-à-vis des pouvoirs publics, et cela même pour des risques considérés comme mineurs par les spécialistes*".

Une des principales difficultés de ces "*nouveaux risques*" est précisément leur complexité. Les accidents de Seveso, ou de Three Miles Island étaient localisés, et un retour d'expérience permettait de remonter la chaîne afin de comprendre les différentes causes. Mais si l'on considère la contamination du sang transfusé par le virus HIV, l'encéphalopathie spongiforme bovine, le piratage informatique, le changement climatique, il devient difficile de décortiquer l'enchevêtrement des causalités, et de désigner les responsables. Dans ces situations de crises, le nombre important d'intervenants empêche également une coordination qui pourraît permettre d'en sortir. Comme le note également LAGADEC (1981) "*la communication est d'autant plus difficile à organiser que les médias ont leur propre rôle, et leurs propres règles du jeu [...] ils s'appuient sur les dissensions qui apparaissent inévitablement entre les nombreux acteurs publics qui participent à la gestion de la crise*".

Exemple 16.2.17. *En* 1871, *l'histoire retient qu'un incendie ravageait Chicago, faisant* 250 *victimes, mais l'incendie de Peshtigo dans le Wisconsin, la même année, est en revanche beaucoup moins cité. Alors qu'il tua plus de* 1 250 *personnes. De même en* 1966, *l'inondation de Florence fut largement couverte par la presse, de par la destruction d'une partie du patrimoine culturel, alors que celle de*

Gênes la même année fit beaucoup plus de victimes.

16.2.4 L'inassurabilité économique et le prix d'équilibre

Il y a existence de risque moral (ou aléa moral) lorque l'assuré dispose d'un contrôle sur le risque. En particulier, un assuré pourra être incité à réduire la prévention, ou au contraire, incité à ne pas en faire puisqu'un assureur le dédommagera en cas de survenance d'un sinistre. L'antisélection, correspondant à une asymétrie d'information, est également un facteur d'inassurabilité. Enfin, l'assurance supposant l'existence d'un marché sur lequel assureurs et assurés peuvent souscrire des contrats de transfert de risque, il convient que l'offre et la demande puissent se rencontrer. Si les deux perceptions du risque sont sensiblement différentes, il n'y a pas de prix d'équilibre.

La prise en compte de l'aléa moral

Comme nous l'avons détaillé dans le Chapitre 9, la tarification individuelle est efficace économiquement puisqu'elle conduit l'assuré à internaliser le coût: il peut paraître *juste* que les alpinistes paient une cotisation d'assurance-vie majorée. Une tarification unique pour un portefeuille hétérogène revient à subventionner la prise de risque (avec un effet pervers sur le comportement des assurés, qui prendront alors encore davantage de risques).

Les comportements de prévention, qui constituent la base des mécanismes de gestion des risques, sont affectés par l'existence d'une couverture.

Antisélection ou mutualisation

Comme nous l'avons rappelé dans le Chapitre 12, l'antisélection conduit inévitable à une sur-représentation des "*mauvais*" risques dans le portefeuille, les "*bons*" se trouvant découragés par le prix.

L'antisélection étant due à une mauvaise connaissance du risque réel par l'assureur, une des solutions peut être d'essayer d'obtenir un maximum d'informations individuelles corrélées au risque propre (comme cela a été proposé dans le Chapitre 9). Il est possible également de faire révéler leur classe de risques aux assurés eux-mêmes (à supposer qu'ils savent l'évaluer correctement). Les franchises sont un mécanisme d'autosélection, mais qui renseigne autant sur le niveau de risque que sur l'aversion au risque. Néanmoins, dans certains cas trop d'information rend l'assurance impossible. Et un certain "*voile d'ignorance*", pour reprendre l'expression de John Rawls, permet parfois de rendre certains risques assurables, puisqu'ils resteront alors mutualisables.

Exemple 16.2.18. *Supposons qu'un test médical simple permet de prédire l'occurrence ou non d'un cancer, ainsi que sa date avec une précision très fiable, mais supposons que les compagnies d'assurance ne soient pas autorisées à l'utiliser. Les personnes qui se savent exposées au risque s'assureront (alors qu'elles hésitaient à le faire avant le test), ce qui aura tendance à déteriorer la sinistralité de l'assureur. La hausse des primes qui en découlera incitera les personnes saines à ne plus s'assurer. Comme le note* CHIAPPORI (1999), *ce "bonheur dans l'ignorance" permet de rendre le risque assurable. A condition toutefois que l'ignorance soit symétrique, comme le notent* GODARD, HENRY, LAGADEC & MICHEL-KERJAN (2001). *Si ce n'est pas le cas, la révélation de l'information diminue les opportunités de partages de risques entre les agents. Mais notons que si l'utilisation des tests génétiques pose de sérieuses questions du point de vue de l'efficacité du système de couverture, il pose de vraies questions sur la limite à imposer quant à l'utilisation de telle ou telle variable tarifaire. Il est souvent admis qu'il est difficile d'objecter qu'un assureur utilise comme facteur de risque (et comme critère discriminant) des facteurs que nous contrôlons (le fait de fumer ou de boire de façon excessive), mais discriminer sur des facteurs innés est souvent perçu comme injuste (origine éthnique, mais aussi facteurs génétiques). Toutefois, personne ne s'insurge quand un assureur utilise l'âge ou le sexe comme variable discriminante (subi plus que choisi).*

De l'utilisation des franchises

Comme nous l'avons noté, les franchises sont un moyen pour limiter l'inassurabilité économique. L'idée est en effet de responsabiliser l'assuré, en instaurant un partage du risque qui ne nuise pas à la prévention. Mais cela peut avoir un certain nombre de travers.

Exemple 16.2.19. *La base de l'assurance responsabilité est que l'assureur se substitue à l'assuré pour verser une indemnité suite à un accident causé par l'assuré. Ce système peut paraître relativement inefficace: un médecin qui commet une faute grave fera jouer son assurance pour indemniser une victime, sans être mis en cause si aucune franchise n'a été instaurée. Mais si la franchise est trop élevée, le médecin aura peut-être tendance à refuser de soigner: c'est ainsi que certains services de natalité et d'obstétrique refusent des* *femmes enceintes "à risque" (trop âgées, ou avec des antécédents médicaux). Ce risque est alors transféré à un autre hopital, qui aura ainsi, à terme, tous les "mauvais" risques. Cette spirale infernale peut s'avérer relativement dangereuse si les personnes ne peuvent plus être convenablement soignées. On pourra ainsi retenir l'anecdote racontée par* CHIAPPORI (1997), *où un passager d'un avion a eu une crise cardiaque, et lorsque l'hôtesse de bord a demandé s'il y avait un médécin, aucun des médecins présents dans l'avion ne s'est levé puisque tous avaient quitté la zone géographique sur laquelle ils étaient couverts par leur contrat d'assurance.*

En assurance maladie, la franchise correspond au "*ticket modérateur*" qui laisse à la charge de l'assuré une fraction du coût du dommage, l'incitant ainsi à prendre des précautions pour diminuer les probabilités (ou le coût). Notons que ce mécanisme est révélateur d'une imperfection du marché puisque sinon l'assurance complète serait optimale (comme nous l'avons vu au Chapitre 12).

Des prix d'offre et des prix de demande différents

Le problème envisagé ici est celui où le prix actuariel et le prix qu'un agent est prêt à payer pour s'assurer sont sensiblement différents. Il recoupe celui de la différence entre deux évaluations du risque, mais aussi celui de l'antisélection.

Exemple 16.2.20. *Dans la plupart des pays européens, les jeunes conducteurs présentent un risque sans commune mesure avec les autres classes de risques. Et leur faire payer le "juste prix" pourrait constituer une incitation à ne pas s'assurer (comme cela a pu s'observer en Belgique et en Irlande). Le mécanisme bonus/malus, présenté dans le Chapitre 11 est une réponse relativement intéressante à ce problème, en faisant payer à la majorité des conducteurs (les "bons") une partie du risque d'une minorités de conducteurs qui sont très risqués.*

Exemple 16.2.21. *En mars* 2002, *en France, la loi dite Kouchner a obligé - entre autres - les assureurs à couvrir le risque médical (responsabilité civile) sans limitation dans le temps, ce qui a fait chuter l'offre d'assurance. Les assureurs, peu désireux de devoir indemniser des dommages engendrés par un acte médical effectué dix ans auparavant ont demandé une prime de risque considérable pour continuer à assurer gynécologues accoucheurs et autres cliniques privées (pour prendre en compte l'augmentation continue du contentieux médical et la jurisprudence - généralement défavorable aux professionnels de la santé). Là encore, une solution de marché (pool d'assureurs* *et de réassureurs, le GTAM - groupement temporaire d'assurance médicale) a permi de trouver une solution en proposant une couverture aux médecins qui ne trouvaient par d'offre.*

16.3 Doit-on chercher à assurer l'inassurable ?

Jusqu'à présent, nous avons cherché à délimiter les contours des différents points abordés dans ces deux tomes, en essayant de trouver des limites à l'assurabilité. Si certaines limites naturelles peuvent apparaître, nous avons noté qu'elles ne cessaient de reculer depuis plusieurs années. On peut néanmoins se demander s'il est légitime de chercher à repousser ces limites, et s'il est nécessaire de chercher "*à tout prix*" à assurer l'inassurable ? Nécessaire pour les compagnies d'assurance ? Pour les assurés ?

16.3.1 L'assurance crée le risque

L'assurance, pensant couvrir des assurés, met en lumière certains risques, ou "*produit du risque*". Comme le rappelle EWALD (1986), "*on aurait peine à imaginer aujourd'hui ce que les assureurs ont déjà pu inventer comme risques* [...]. *L'activité de l'assureur ne consiste pas à constater passivement l'existence de risques pour en proposer la garantie. Selon l'expression constatée il "produit des risques", il fait apparaître des risques là où chacun croyait devoir subir, résigné, les coups du sort.*" En particulier, en pensant couvrir certaines actions, elle les légitime, alors qu'avec un peu de temps, la connaissance scientifique permettrait d'avoir une meilleure connaissance du risque réel. Nous verrons également qu'en s'opposant à la prévention, l'assurance gère un certain nombre de conduites à risque, ce qui pousse à se demander s'il convient effectivement de *tout* assurer (y compris de l'assurable).

16.3.2 Principe de précaution et valeur temps

L'aspect temporel de l'incertitude est un aspect fondamental, mais difficile à intégrer dans la modélisation. Pour citer un rapport de l'IPCC (Intergovernmental Panel on Climate Change), "*la difficulé n'est pas tant de trouver la meilleure stratégie de lutte contre l'effet de serre pour les cent prochaines années, mais plutôt de sélectionner une stratégie prudente qui sera ajustée ultérieurement au gré des nouvelles informations*".

La notion d'*irréversibilité*

Les fondements de l'assurance (exposés dans le Chapitre 1) sont que les dommages sont réparables, ou au moins indemnisables, "*entretenant une idée parfois illusoire de réversibilité qui a souvent été comprise comme une incitation à prendre un risque jugé acceptable seulement parce qu'il était assuré, plutôt qu'à le prévenir*" pour reprendre l'expression de GODARD, HENRY, LAGADEC & MICHEL-KERJAN (2002). Y compris du point de vue collectif, cette réversibilité induite par l'assurance dommage (assurance des biens) est irréaliste.

La définition de l'irréversibilité est un exercice délicat, auquel nous ne nous livrerons pas ici. Mais intuitivement, on parle d'irréversibilité lors qu'une action faite ne peut être défaite par la suite. On peut ainsi parler d'irréversibilité des choix, où un retour à l'état initial est alors impossible (on peut rapprocher cette terminologie de celle utilisée en thermodynamique par exemple). Notons néanmoins que l'irréversibilité à laquelle nous faisons face ici peut être à plus ou moins long terme (ce qui laisse sceptique sur l'utilisation même du mot "*irréversibilité*").

L'irréversibilité est un sujet central dès que l'on aborde le champ de l'environnement (mais il est loin d'être le seul, comme le montrent BOYER, CHAVANCE & GODARD (1991)). D'un point de vue économique en effet, l'environnement est un bien qui ne peut être produit: les pertes qui résultent de la disparition d'espèces ou d'écosystèmes originaux sont par essence irréversibles. Mais elles peuvent souvent être évitées *ex ante*, comme le rappellent GODARD & SALLES (1991).

Exemple 16.3.1. *L'épizootie de vache folle avait posé clairement ce problème: la décision de ne prendre aucune mesure (faute d'information suffisante sur une éventuelle contamination à l'homme de la maladie) aurait pu avoir des conséquences dramatiques, et irréversibles. Mais les mesures d'abattage massif des troupeaux ont eu des répercussions, économiques elles. Prendre des mesures trop tard aurait pu avoir de graves conséquences sanitaires, mais prendre des mesures excessives trop tôt sont coûteuses, et parfois font obstacle à l'innovation et à la recherche.*

Exemple 16.3.2. *Dans le cas du changement climatique, l'accumulation de* CO_2 *est un acte irréversible. Rappelons que le gaz carbonique libéré par combustion engendre un effet de serre risquant d'occasionner des changements climatiques importants, mais délicats à quantifier. En* 1987*, le protocole de Montréal (relatif aux atteintes* *à la couche d'ozone) amorçait la suppression des émissions de CFC (chlorofluorocarbures) à l'échelle mondiale. Les Etats-Unis avaient adopté de telle dispositions dès* 1976, *s'autorisant toutefois le droit de les exporter. En attendant* 10 *ans pour généraliser l'interdiction, des dégâts considérables ont été commis. Ces gaz (CO_2 ou CFC) induisent des effets irréversibles car ils restent de façon permanente dans l'atmosphère. D'un point de vue écologique, il convenait donc d'agir au plus vite. Mais d'un point de vue économique, l'article de* Wigley, Richels & Edmonds (1996) *a montré qu'il était possible de réaliser des gains importants en reportant la réduction des émissions pour quelques décennies. Une des principales polémiques soulevées par cet article a été de quantifier le prix d'un report. Comme le souligne le rapport* IPCC (2001), *"l'évaluation du coût et des avantages des mesures d'atténuation diffère en raison*

- *de la façon dont on mesure le bien public,*
- *de l'envergure de l'analyse et de la méthode employée pour la réaliser,*
- *des hypothèses sous-jacentes intégrées dans l'analyse.*

Il en résulte que le coût et les avantages évalués peuvent ne pas correspondre au coût et aux avantages réels de l'application de mesures d'atténuation".

Du prix de l'attente et de la valeur temps

"*Alors que la prévention vise à gérer les risques, la précaution vise à gérer l'attente d'information*", comme le rappelait Treich (1997). Mais la quantification du prix de cette attente peut s'avérer relativement délicate. On notera que la théorie des options réelles permet de prendre en compte l'effet temps. L'idée est que toute décision irréversible en environnement incertain peut être considérée comme une option d'achat: il est du ressort de son détenteur de l'exercer, si les conditions lui sont favorables. Le sous-jacent est ici la valeur actuelle nette, associée aux conséquences de la décision, et le prix d'exercice est le montant de l'investissement.

L'approche statique consistant à ne regarder que la valeur actuelle nette a cependant été critiquée au profit d'un cadre dynamique d'apprentissage, ou la valeur d'option correspond à la valeur attendue de l'information supplémentaire.

Le temps comme générateur de risque

Ewald (1986) rappelait qu'il est "*remarquable que ce qui à certain moment pouvait paraître inassurable le devient ensuite, grâce au progrès de la technique assurantielle, aux opérations de coassurance et de réassurance*". Les incertitudes évoluant dans le temps, des mécanismes dynamiques peuvent alors être utilisés (comme le fait par exemple Epstein (1980)). La précaution naît précisément du décalage temporel qui existe entre la nécessité d'agir, et le moment où les connaissances scientifiques vont se modifier. Donc avec le temps, l'inassurable peut devenir assurable. Mais parfois, le temps dégrade tellement la situation qu'il devient impossible d'assurer.

Exemple 16.3.3. *Dans le cas des pollutions de nappes phréatiques, le temps ne fait rien à l'affaire: les conséquences s'aggravent alors que des mesures souvent simples de prévention auraient permis d'endiguer la catastrophe, qui alors devient irréversible. Rappelons qu'en France, un assureur proposant une assurance pollution reste responsable* 10 *ans, "à compter de la manifestation du dommage ou de son aggravation".*

16.3.3 Assurance contre prévention

Ewald (1986) notait que "*l'indemnisation apparaît comme le moyen privilégié, pour nos sociétés, d'assumer le risque qu' elles créent inéluctablement* [...] *Mais ce faisant, l'impact de cette indemnisation croissante ne semble pas aller dans le sens d'une grande incitation à la réduction des risques: bien au contraire*". En particulier, reprenant la pensée libérale du 19ème siècle, la notion de prévention est en contradiction avec celle de responsabilisation: la prévention rend l'individu passif, alors que l'assurance le responsabilise (puisqu'elle est contractuelle). La prévention a alors tendance à faire reporter systématiquement la responsabilité de leur accident sur la société, qui ne les aura pas prévenus.

16.4 Est-il possible d'assurer l'inassurable?

Si nous venons de voir que dans certain cas, il n'est pas nécessaire de chercher à assurer l'inassurable (proposer une couverture assurantielle créant *de facto* le risque, ou tout du moins l'augmentant), dans un grand nombre d'autres cas, il peut être nécessaire au contraire de chercher à proposer une couverture, du point de vue de l'intérêt public. Pour reprendre une expression d'Ewald (1986), "*on peut se livrer aux calculs de risques les plus complexes, on en arrivera, en fin de compte, a cette conclusion qu'un risque acceptable est un risque accepté*". Autrement dit, il est possible de proposer des mécanismes de couverture pour tous les risques. Mais l'assurance n'est alors peut être plus la solution (unique).

Exemple 16.4.1. *Ce problème se pose en particulier pour les catastrophes. Comme le notaient déjà* Kunreuther et al. (1978), *une caractéristique essentielle des catastrophes est le passage d'une situation de risque privé à une situation de risque "collectif" ou "social". Et comme concluent* Godard, Henry, Lagadec & Michel-Kerjan (2002), *"dès lors, la question ne relève plus exclusivement du secteur privé à travers des compagnies d'assurance et de réassurance, mais devient également publique, elle devient une question de gouvernance". Même s'il est délicat de couvrir les catastrophes naturelles, sanitaires ou écologiques, d'un point de vue actuariel ou économique, une solidarité et un partage des risques peuvent être imposé collectivement. L'assistance devient alors un droit.*

16.4.1 Accepter et prévenir les risques

En absence d'expérience, il peut être délicat de prévoir les risques, comme nous l'avions rappelé dans la première partie.

Mais la meilleur prévision ne peut se faire qu'ex-post

On ne croit souvent à l'éventualité de la catastrophe qu'une fois qu'elle est survenue. Dans la section *Prévoir l'avenir pour le changer*, Dupuy (2001) reprends l'histoire de Jonas, fils d'Amittaï, le prophète biblique, dans une réflexion sur la réalisation ou non des prévisions (ou en l'occurrence des prophéties). En effet, pour vérifier si une prophétie était, ou non, d'originie divine, il faut attendre qu'elle se réalise. Seul l'avenir est juge. "*Nous voici ramenés à l'aporie du catastrophisme: le prophète de malheur ne sera pris au sérieux et distingué des charlatans que lorsque la catastrophe se sera produite. Mais il sera trop tard.*". Ou pour reprendre Jonas (1990), "*la prophétie de malheur est faite pour éviter qu'elle ne se réalise; et se gausser ultérieurement d'éventuels sonneurs d'alarme en leur rappelant que le pire ne s'est pas réalisé serait le comble de l'injustice: il se peut que leur impair soit leur mérite*". Prévoir les catastrophes est peut-être le meilleur moyen de les éviter, précisément: c'est à partir de cette idée simple que se fonde le principe de prévention.

16.4.2 Prévoir influence le risque

L'activité d'assurance peut également être vue comme un acte de prophétie, ou au moins de prévision,

- en tarification *a priori*, il s'agit à l'aide d'informations exogènes (sexe, âge...) de deviner si une personne a des chances, ou non, d'avoir un sinistre dans l'année.
- en provisionnement, le calcul des IBNR revient à deviner le montant des sinistres non encore déclarés.

Et tout comme Jonas, les assureurs n'ont qu'un souhait: que leur prophétie ne se réalise pas (ou tout du moins qu'un meilleur scénario se réalise). Et dans un certain nombre de cas, le fait de prévoir influence précisément l'avenir. En effet, en tarification, si le score prévoit qu'un conducteur aura une forte probabilité d'avoir des sinistres, il est possible de lui proposer une couverture avec une franchise relativement élevée. Ceci l'incitera peut être a plus de prudence, et la prophétie ne se réalisera alors pas.

Mais comme le notait BECK (2001), prévoir et anticiper ne suffit généralement pas. "*Une fois que les risques liés à la modernisation ont été "reconnus" - et cela n'est pas une mince affaire... il ne suffit pas de savoir, il faut savoir collectivement, y croire et donner un éclairage politique aux chaînes de causes et de conséquences liées à ces risques -, ils mettent en branle une dynamique politique inouïe.*" Mais avant d'aborder cette implication nécessaire de l'état, nous allons aborder deux cas concrets: les catastrophes naturelles, et le risque sanitaire.

16.4.3 La couverture des catastrophes naturelles

Comme nous l'avions déjà noté dans le Chapitre 14, citant Rousseau et sa *Lettre à la providence* suite au tremblement de terre de Lisbonne, la notion de catastrophe "*naturelle*" est un peu artificielle: les inondations sont-elles uniquement un phénomène naturel, ou au contraire, ne se produisent-elles pas justement dans des zones géoraphiques qui souffrent d'un défaut de précaution en matière d'aménagement du territoire et de réelle politique concertée? Les grands incendies sont ainsi considérés comme des catastrophes naturelles, alors qu'ils sont souvent le fruit de la négligence humaine (voire d'origine criminelle bien souvent).

Les catastrophes naturelles et le risque de cumul

D'un point de vue technique, l'assurabilité des catastrophes naturelles est un sujet délicat: non seulement les agents sont peu enclins à s'assurer (mais sont demandeurs d'intervention en cas de catastrophe), mais surtout les sommes en jeu peuvent parfois dépasser les capacités du marché (tremblement de terre, ouragan, inondation...). La principale difficulté est de pouvoir prendre en compte le risque de cumul: un assureur peut gérer quelques sinistres graves, mais pas un portefeuille où tout le monde est sinistré au même instant. Et Claude Bébéar ne s'y trompe pas dans l'introduction du Tome I lorsqu'il se déclare "*sensible à l'introduction à la théorie des copules qui permet de modéliser la dépendance* [...] *car c'est une évidence, lorsque les catastrophe surviennent les sinistres ne sont pas indépendants*". C'est précisément parce qu'on ne se trouve plus sous les hypothèses des théorèmes limites standards qu'il est difficile de modéliser et de couvrir ce genre de risques.

Solidarité induite par une couverture obligatoire

La solidarité est souvent opposée au mécanisme assurantiel. Il est toutefois à noter que les assureurs des pays qui n'ont pas encore introduit une dose plus ou moins forte de solidarité dans leur système assurantiel n'ont que rarement été capables d'apporter une réponse aux besoins des populations (innondations du Mississipi en 1993 où 1/6 des dégâts ont été couverts par les assureurs, ou tremblement de terre à Kobe en 1995, où seulement 3% des dommages étaient couverts). La contrepartie est que cette solidarité n'est pas sans poser des problèmes d'équité.

Exemple 16.4.2. *En France, le régime de Catastrophes Naturelles obligatoire depuis* 1982 *impose de prélever un pourcentage fixe de la prime habitation au titre de la couverture des événements naturels. Est-il pourtant juste de faire payer plus à quelqu'un habitant au* 5*ème étage d'un immeuble à Paris (où il ne sera pas innondé et où le risque de tremblement de terre est presque nul, mais qui aura une prime élevée s'il est dans un quartier risqué pour du risque de cambriolage) qu'à quelqu'un habitant en zone innondable dans le sud-ouest de la France ? Ce régime est caractérisé par un très haut niveau de solidarité, correspondant à une redistribution des richesses, des assurés à faibles risques vers les assurés à risques élevés.*

Est-il *juste* de faire payer une prime sans aucun lien avec le risque de catastrophe naturelle? Cette solidarité entre les assurés de zones géographiques ne présentant parfois aucun danger n'a été possible que parce que l'Etat à rendu l'assurance obligatoire.

Cette obligation s'applique essentiellement en responsabilité civile (automobile ou médicale) ou pour les catastrophes majeures. Cette obligation implique toutefois la prise en charge des personnes qui ne trouvent pas d'assureur. Aux Etats-Unis, les assurés ont la possibilité de s'adresser à un "*assureur en dernier ressort*", et sont éventuellement subventionnés. En France et en Belgique, il est possible de s'adresser au Bureau Central de Tarification, qui fixe la prime et oblige une compagnie à l'assurer.

Les différentes perceptions du risque de catastrophe naturelle

Au-delà des différences de perception qu'ont les individus du risque (réel), des différences culturelles induisent des comportement radicalement différents d'un bout du globe à l'autre, face au même type de risque.

Exemple 16.4.3. *Une étude comparative a ainsi été faite à San Fernando, en Californie, et à Kanazawa, au Japon (*PALM (1998)*). En Californie, le risque sismique est perçu comme moins grave que le risque de criminalité, alors qu'il est classé en tête par les japonnais (avec les risques de pollution). Mais comme le note l'auteur, ils ont néanmoins un trait commun: tous achètent des extincteurs pour lutter contre les incendies, ce qui n'est que rarement le cas en Europe.*

16.4.4 Le cas de l'assurance santé

Compte tenu des progrès de la médecine au cours du 20ème siècle, il est souvent admis que se soigner et vivre longtemps ne doit pas être un luxe. Pourtant, la médecine coûte cher, et face à des actes médicaux lourds, nous serions tous insolvables. Aussi, la plupart des pays industrialisés ont instauré un régime obligatoire de sécurité sociale, garantissant une solidarité nationale en matière de risque maladie. Au niveau européen, ce principe de solidarité a d'ailleurs été réaffirmé par la cour de justice des communautés européennes (arrêts "Poucet" et "Pistre" de février 1993) : les organismes de Sécurité sociale sont explicitement exclus du champ d'application du droit communautaire de la concurrence. La définition du contenu de la couverture maladie est une compétence régalienne de l'Etat. Elle va de pair avec la fixation des objectifs nationaux de santé publique.

Sécurité sanitaire et risques inconnus

Une des missions de l'Etat en matière de santé est d'autoriser, ou non, l'utilisation de médicaments. Il s'agit alors de tester l'efficacité du produit, mais aussi de vérifier qu'il n'induit pas trop d'effets secondaires. Tous les actes médicaux comportant un risque, le "*risque zéro*" ne peut exister, et même si pour une majorité de patients un médicament peut soulager tout ou partie d'une maladie, pour une infime partie, il peut aggraver l'état de santé.

Exemple 16.4.4. *La mise en circulation de nouveaux médicaments (ou vaccins) est suivi d'un contrôle des effets secondaires. Mais quels sont les seuils acceptables? Un vaccin inoffensif avec une probabilité de 99,9% mérite-t-il d'être mis en circulation? Il est souvent délicat de comparer deux risques: celui de ne pas mettre en circulation un nouveau produit, et celui imputable à des effets secondaires. Le vaccin contre la variole a ainsi été maintenu (sans véritable débat) alors qu'il causait plus d'accident que la maladie elle-même, quasiment éradiquée. Notons d'ailleurs que l'acte même de la vaccination est souvent irréversible. La vaccination massive contre l'hépatite B dans les années 90 a ainsi fait un certain nombre de ravages (et pas seulement des scléroses en plaques, comme cela a longtemps été dit, mais toutes sortes de maladies graves, parfois mortelles). Certains patients vaccinés ont ainsi développé nombre de maladies relativement rares à l'époque, et les médecins eurent alors des diagnostics hésitants, des explications embarrassées, et souvent contradictoires, évoquant souvent les mots "hasard" ou parlant de "simple coïncidence".*

16.4.5 Deux acteurs qui interagissent: l'Etat et les assureurs

On notera que dans le cas de l'assurance santé ou de l'assurance des catastrophes naturelles, la majorité des systèmes s'articulent autour de deux acteurs: l'Etat, et les assureurs. Si les arbitrages sont à faire par l'Etat, les assureurs peuvent également proposer des couvertures aux laboratoires pharmaceutiques, afin d'assurer la stabilité du système.

Exemple 16.4.5. *Les assurances pharmaceutiques proposent des garanties en responsabilité civile couvrant l'entreprise contre les dommages causés à autrui du fait de la consommation ou de l'utilisation de produits qu'elle fabrique ou commercialise: il s'agit de la couverture de la "responsabilité après livraison". Ce type de cou-*

verture peut s'avérer très coûteux, et difficile a appréhender par un assureur. L'exemple le plus significatif a eu lieu en Allemagne en 1961 *(accident qui a donné naissance au pool Pharmapool, quelques années plus tard, permettant aujourd'hui de couvrir, de façon relativement efficace, ce genre de risques). Un taux important de malformations chez de jeunes enfants dont la mère avait utilisé de la Thalidomide a été observé. Les montants de dédommagement ont été considérables. En* 1982*, sept personnes sont décédées aux Etats-Unis après avoir absorbé du Tylenol. Le groupe Johnson & Johnson qui fabriquait le produit a dû retirer du marché plus de* 30 *millions de flacons, pour un coût excédant les* 150 *millions de dollars de l'époque. Des affaires similaires dans d'autres industries ont également eu un grand retentissement. On peut penser à Perrier, qui a dû retirer du marché plus de* 160 *millions de bouteilles, suspectées de contenir des traces de benzène (pour un coût dépassant* 260 *millions de dollars), ou encore Firestone, dont un modèle de pneus a été mis en cause par Ford (le rappel de pneus a coûté plus de* 400 *millions de dollars).*

16.4.6 Nouveaux risques et seuils d'acceptabilité

Peut-on quantifier les risques technologiques? Les études de fiabilité consistent à quantifier les effets d'accidents probables. Mais comme cela avait déclaré suite aux attentats contre le World Trade Center, rares sont les assureurs à avoir estimé les conséquences d'un tel événement.

Néanmoins, un grand nombre de risques sont déclarés comme *nouveaux* car le rapport de cause à effet n'a pu être établi que tardivement. Ce problème épistémiologique, correspondant au "*déni causal des risques*" évoqué dans BECK (2001), remet ainsi en cause des corrélations statisques entre des effets et des facteurs.

Exemple 16.4.6. *Au Japon, les tribunaux avaient commencé à reconnaître, dans les années* 80*, des rapports de causalité dès lors qu'il était possible d'attester des corrélations statistiques entre les taux de pollution et certaines maladies, même si la "causalité scientifique rigoureuse" ne pouvait être établie. Concernant les dangers de pesticides, on pourra rappeler ces propos tenus par un agriculteur, rapportés dans* BECK (2001)*, "si l'on ne se sent pas assez mal après avoir pulvérisé le produit, c'est qu'on en a pas mis assez".*

La solution apportée pour résoudre ce problème est l'artifice des *taux limites*: en-deçà d'un seuil, le taux d'un produit dans l'air est considéré comme "*normal*", et au-delà, l'état de pollution est reconnu. Comme le note d'ailleurs EWALD (1986), "*on est entré dans un l'âge d'une sophistique du risque: connaissant par avance le risque [...] que telle ou telle activité peut faire courir à soi-même et aux autres, on se demande à partir de quel taux, de quel seuil le risque est, comme on dit, "acceptable". Ce qui non seulement pose des problèmes d'évaluation particulièrement complexes et délicats quand à la détermination des seuils d'acceptabilité [...] mais aussi fait des problèmes de choix technologiques, industriels ou énergétiques des problèmes immédiatement politiques, appelant l'institution de procédures collectives de décision*". En conséquence, la réalisation d'un risque ne renvoie plus à la "*faute*" d'un individu - on parlera d'ailleurs plutôt d'"*erreur*" - qu'à la responsabilé collective liée à la prise de décision. Ces choix d'acceptabilité des risques sont éminemment des problèmes politiques.

Exemple 16.4.7. *Ceci explique en partie que les taux limites diffèrent d'un pays à l'autre, parfois dans des proportions énormes. Notion du "en moyenne" utilisée de façon abusive: les effets peuvent être négligeables pour un adulte en bonne santé, mais déastreux sur un nouveau-né. Cet abus est d'ailleurs similaire à celui qui consiste à dire "en moyenne, tous les hommes sur terre mangent à leur faim".*

16.4.7 Autoassurance, assurance, marchés financiers et états

L'assurance n'est qu'un outil parmi beaucoup d'autres dans le processus de gestion des riques. Comme nous l'avons noté, schématiquement, la couverture des risques peut se faire par différents intervenants,

1. l'autoassurance, ou la gestion des risques par des petites structures (familiales par exemple),
2. l'assurance,
3. les marchés financiers,
4. l'état et les pouvoir publics.

Si pour les particuliers, l'assurance est le principal vecteur pour gérer et couvrir les risques, le choix entre autoassurance, assurance et marché financier se pose pour les grands groupes industriels.

En pratique, la plupart des entreprises passent par des compagnies d'assurance pour couvrir leurs risques, y compris en dehors des obligations prévues par les différentes législations nationales (qui imposent des obligations d'assurance pour la responsabilité civile, les accidents du travail ou des atteintes à l'environnement). Plusieurs raisons peuvent motiver ce choix: l'aversion pour le risque des actionnaires et des dirigeants favorise l'assurance (ce qui permet une plus grande stabilité du résultat), les assureurs ont une compétence dans l'évaluation des risques, dans la prévention ou dans le règlement des sinistres que n'ont pas nécessairement les entreprises, et enfin, l'assurance comporte un levier fiscal important par rapport à l'autoassurance (les provisions qui sont alors constituées n'étant pas déductibles fiscalement).

Remarque 16.4.8. *On notera que les captives sont un véhicule intéressant pour les grandes entreprises, à la frontière entre l'autoassurance et l'assurance. Le développement des captives dans les années* 80 *ne doit pas être perçu comme une fuite des grandes entreprises qui ne souhaitaient plus faire couvrir leurs risques par des assureurs, mais au contraire, les captives ont permis de couvrir des risques qui, jusqu'alors, n'étaient pas assurés. Une captive est une compagnie d'assurance (ou de réassurance) fournissant une couverture à son propriétaire. La captive est alors une filiale d'un grand groupe industriel, qui pourra offir une couverture à l'ensemble des sociétés du groupe (*DUCHÉ (1998)*).*

Quant à la séparation entre assurance et banque (ou marchés financiers), elle reste relativement floue. Historiquement (comme le rappellent BRIYS & DE VARENNE (1998) ou GODARD, HENRY, LAGADEC & MICHEL-KERJAN (2002)), le " *prêt à la grosse aventure*" (ou "*act of God bond*" dans la terminologie anglo-saxonne) du marchand génois Zaccaria en 1298, qui a été une des premiers couverture proposée pour le négoce maritime, est à la frontière entre le prêt financier (via une émission d'obligation catastrophe) et une couverture assurantielle.

Exemple 16.4.9. *Zaccaria, qui devait livrer plusieurs tonnes d'alun de Marseilles à Bruges, avait vendu "fictivement" à deux de ses compatriotes (des banquiers génois Gilli et Suppa) sa cargaison, en s'engageant à la racheter quand elle serait déchargée à Bruges (le prix de rachat étant alors plus élevé que le prix de la vente fictive). Si le bateau ne faisait pas naufrage, les banquiers encaissaient la différence entre le prix d'achat et le prix de revente, et sinon, la cargaison était perdue, et Zaccaria était quitte. C'est précisément ce mécanisme qui a été repris (et amélioré) dans la couverture à l'aide des obligations catastrophes (ou cat bonds, évoqués au Chapitre 14). On notera juste qu'en pratique, l'opération de Zaccaria était un peu plus subtile que celle exposée ici, puisque le pape Grégoire VI, en* 1237 *avait interdit ce genre de transaction (en raison de son caractère usuraire, condamné alors par l'Eglise).*

Les marchés financiers (ou les banquiers à l'époque de Zaccaria) proposent ainsi de couvrir certains risques, dans le cas où les contrats d'assurance n'existent pas. Les marchés financiers sont alors une solution pour palier aux limites des marchés assurantiels. Mais un dernier intervenant peut également être sollicité, avec un rôle beaucoup plus ambigu et plus complexe, puisqu'il peut intervenir en amont (en imposant des mécanismes de prévention) mais aussi comme "*assureur en dernier ressort*": l'Etat.

16.4.8 L'Etat risk-manager ?

Dans la "*société du risque*", les citoyens prennent conscience qu'ils sont au sein de rapport de pouvoir complexes, pouvant mettre leur vie (ou au moins leur sécurité) en jeu, et où les rapports de force sont disproportionnés, et largement asymétriques. Puisque certains peuvent faire courir des risques à d'autres, nous sommes de plus en plus dans une situation où l'on subit les risques. Comme le notait Ewald dans EWALD, GOLLIER & DE SADELEER (2001), "*le citoyen redoute avant tout d'être placé dans ces situations intolérables où il faut découvrir, après coup, dans le malheur du dommage réalisé, qu'on lui a fait courir un risque dont il n'avait pas connaissance, alors que d'autres savaient, ou auraient pu savoir.* [...] *Cette asymétrie produit une demande de précaution qui, si elle n'est pas traité politiquement, le sera devant les juges*". Cela crée alors une attente politique particulière.

Les implications politiques du principe de précaution

Comme nous l'avons déjà noté, le principe de précaution pose un grand nombre de questions: doit-on courir tel ou tel risque? et qui en prend la responsabilité. Cela ne ressort pas d'une gestion administrative du risque, et ouvre sur les problèmes de démocratie du risque. Et la responsabilité du gouvernement est de faire que cette incertitude, essence même du risque comme nous essayons de l'expliquer depuis de début de cet ouvrage, ne se transforme pas en défiance pouvant aboutir à une abstention ou une panique. Il ne s'agit aucunement de garantir le "*risque zéro*", mais de voir quel risque peut et doit être accepté. Le principe de précaution repose fondamentalement sur une médiation politique.

L'état est alors le garant des mécanismes d'évaluation, de contrôle, de décision. LATOUR (2001) proposait ainsi comme synonyme au principe de précaution, l'expression de "*principe de bon gouvernement*". Mais comme nous l'avons noté, le principe de précaution, tel qu'il se trouve par exemple dans la déclaration de Rio, n'est qu'une "*ligne de bonne conduite*", essentiellement dans le domaine environnemental. Certains pays, en l'intégrant dans un certain nombre de textes législatifs lui ont donné un statut de règle de droit, permettant d'attaquer un état qui n'aurait pas pris des mesures de précaution qui s'imposaient (bien le fait qu'elles auraient du être imposées n'a pu être observé qu'*ex post*).

Dans un troisième temps, il est alors possible d'étendre la précaution au statut de principe d'action politique, pouvoir déboucher sur une "politique de précaution".

De la nécessaire implication de l'Etat

L'implication de l'Etat dans une réflexion sur la gestion des risques (et leur indemnisation) est omniprésente. En effet, la sûreté de ses citoyens ou leur santé font partie des missions régaliennes traditionnelles de l'Etat. Et son implication doit parfois être d'autant plus grande qu'il est le principal facteur de risque, comme le montre l'exemple du terrorisme.

Exemple 16.4.10. *Les attentats contre le World Trade Center en septembre* 2001 *ont posé la question du rôle de l'Etat dans la couverture du risque terroriste (bien que le risque d'attentat ne soit pas né à cette date: plus de* 10 000 *personnes ont perdu la vie suite à un acte dit terroriste dans le monde entre* 1970 *et* 2000*). A partir de cette date, l'Etat intervient davantage dans la prévention, notamment en aidant (financièrement) les compagnies aériennes pour protéger les cockpits (ce qui était jusqu'alors entièrement à la charge des compagnies aériennes). L'Etat a également renforcé les services de contrôle et de sécurité dans les aéroports. En cas de survenance d'un attentat, l'Etat intervient également (via la CCR dans le cadre de GAREAT en France, du TRIA aux Etatx-Unis, du Consortio en Espagne, de Pool Re en Grande-Bretagne...). Cette implication de l'Etat dans la couverture de ce type de risque est en effet fondamentale puisqu'il est le principal "faiseur de risques de terrorisme" (pour reprendre l'expression de* MICHEL-KERJAN (2004)*), en grande partie à cause de sa politique étrangère. Si le partage des risques doit se faire en tenant compte des différentes responsabilités, il est alors normal qu'il intervienne.*

L'abdication du politique

Nous avons rappelé à maintes reprises l'importance des aspects scientifiques dans la gestion des risques (identification des risques, évaluation des probabilités, des coûts associés...) mais lorsque les enjeux sont importants, ce sont les pouvoirs publics qui doivent prendre les décisions, y compris lorsqu'il y a contreverse au sein de la communauté scientifique.

Exemple 16.4.11. *Considérons l'exemple des conséquences de l'épidémie d'ESB qui a touché le cheptel bovin anglais. En septembre* 1985, *un laboratoire vétérinaire du secrétariat britannique à l'agriculture a signalé l'apparition d'une maladie chez quelques bovins, diagnostiquée formellement comme des cas d'ESB un an plus tard. Fin* 1988, *l'utilisation des farines animales pour l'alimentation des ruminants est interdite au Royaume-Uni, mais l'exportation reste possible, jusqu'en* 1994 *(date à laquelle l'Union Européeen interdit l'utilisation des farines animales). En mars* 1996, *les autorités britanniques ont annoncé qu'il était plausible que l'épidémie d'ESB puisse être à l'origine d'une variante de la maladie de Creutzfeldt-Jakob. Dans les semaines qui suivent la plupart des pays européens suspendent à titre conservatoire les importations bovines en provenance de Grande-Bretagne. En octobre* 2000, *Lord Phillips a dirigé une commission d'enquête afin d'analyser la gestion de cette affaire, sur la période* 1986-1996. *Et comme le note ce rapport, "les conclusions proposées par M. Wilesmith [sur l'utilisation des farines animales] était raisonnables sur la base des données dont il disposait à l'époque, mais elles étaient éloignées de la vérité." Le point clé a donc été le mois de mars* 1996, *et comme le note le rapport Phillips, cité par* Godard, Lagadec, Henry & Michel-Kerjan (2002), *"les fonctionnaires avaient pris l'habitude d'attendre de voir ce que le SEAC [un des nombreux comités d'experts] avait à dire au lieu d'engager leur propre exploration des options politiques dans le cadre d'un dispositif d'urgence". Les pouvoirs publics n'ont pas la "culture du risque" nécessaire pour appréhender ces situations de crise.*

Mais cette abdication du politique est loin d'être nouvelle: l'assurance est bel et bien la preuve que l'état ne souhaite pas tout couvrir. Et comme le rappelait Ewald (1986), "*l'assurance, depuis sa naissance, entretient de singuliers rapports avec le politique*". Avec la constitution des "*assurances populaires, l'Etat utilisait, en quelque sorte, directement l'assurance pour satisfaire l'obligation d'assistance et de secours dont il est constitutionnellement chargé*".

Le "*dilemme du politique*"

Le "*dilemme du politique*" (comme le définissent GODARD, HENRY, LAGADEC & MICHEL-KERJAN (2002)) est soit d'édicter *ex ante* des règles et des normes contraignantes (souvent mal perçues car trop contraignantes - comme le prétendait Machiavel "*l'habituel défaut de l'homme est de ne pas prévoir l'orage par beau temps*"), soit d'indemniser *ex post*, en se finançant alors par l'impôt. Si cette dernière politique permet aux pouvoirs publics d'apparaître comme généreux, elle débouche sur un défaut de prévention.

Remarque 16.4.12. *Cette théorie, correspondant au fait que l'Etat est souvent perçu comme "assureur en dernier ressort" vient directement d'un parallèle avec le marché financier. En effet, la viabilité du système bancaire est assuré par la la notion de "prêteur en dernier ressort" de l'Etat. En cas de crise, l'Etat (en l'occurrence la Banque Centrale) est chargé de fournir des liquidités non seulement aux banques en difficultés mais à l'ensemble du système. De la même façon, de par sa mission régalienne, l'état apparaît souvent comme assureur ex-post (via une instance publique ad-hoc). Le double avantage est qu'il permet de limiter des effets économiques à court terme (réduction de l'offre d'assurance), mais de plus, il induit une mutualisation via la solidarité sur l'ensemble du pays. Et comme le notent* GODARD, HENRY, LAGADEC & MICHEL-KERJAN *(2002), dans le cas des catastrophes naturelles, l'Etat intervient toujours pour venir en aide aux sinistrés. Quelle que soit sa forme, et quel qu'ait été son engagement ex ante, l'Etat intervient toujours sous la pression publique (*MOSS (2002)*).*

EWALD (1986) concluait sur un chapitre intitulé "*tout est politique*". En effet, afin de contourner les limites de l'assurabilité en ne considérant que les effets (les sinistres et leur coût), il vaut mieux modifier les causes. C'est encore une fois l'importance de la prévention, qui permet à l'assurance de bien fonctionner. "*Sans doute peut-on déceler en elle* [l'assurance] *la volonté d'imposer aux assurés une conduite "responsable", prévenante et attentive aux risques que chacun fait courir à soi-même et aux autres*". Plus précisément, à propos de "*l'Etat providence*", "*son maître mot est la prévention. La vie de chacun est facteur de risque pour les autres. On ne peut pas ne pas nuire aux autres. Précisément, il revient à l'Etat de faire que chacun se conduise de la façon la plus prophylactique possible.*"

Comme nous l'avons souligné dans le Chapitre 14 sur les extrêmes et la gestion des catastrophes, le fait qu'un sinistre soit une "*catastrophe*" repose fondamentalement sur le facteur humain, comme le soulignait déjà Rousseau au sujet du tremblement de terre et du raz-de-marée de Lisbonne en 1755. Et c'est précisément pour cette raison qu'une action politique peut avoir un impact sur l'assurabilité de certains risques. Comme le disait Michel Serres lors d'un colloque en 1996 "*le politique devra prendre, et lui seul sans doute, des risques globaux et non estimables par aucune expertise aujourd'hui connue*".

Exemple 16.4.13. *Les inondations sont un exemple particulièrement frappant de catastrophe, pouvant ruiner les familles qui en sont victimes. Or les géographes ont établi des cartes de zones inondables, correspondant généralement aux anciens lits de rivières qui ont été détournées depuis. Laisser construire des habitations, laisser s'installer des usines dans ces zones inondables est dangereux, et il relève du champ politique de réduire ce risque. De même, un tiers des dommages causés par l'ouragan Andrew en* 1992 *sont imputables au fait que des règles de construction n'ont pas été appliquées.*

Ces deux tomes ont proposé un état des lieux sur l'expertise actuarielle aujourd'hui, et de mettre en avant les limites de ces modèles. Dans un certain nombre de cas, les limites peuvent être encore repoussées si l'Etat intervient (dans un soucis de prévention, ou comme "*assureur en dernier ressort*"). Aussi, comme nous l'avons noté, les limites de l'inassurabilité d'un point de vue technique ne cessent de reculer. Les vraies limites se situent ailleurs: quels risques sommes nous prêts à courir, à accepter. C'est précisément aux pouvoirs publics de définir quels sont les risques acceptables, et quels sont les champs respectif de l'assurance et la solidarité (nationale ou transnationale).

16.5 Références bibliographiques

L'actualité a relancé un grand nombre de débats (comme nous l'avons rappelé dans ce chapitre), ayant abouti à un certain nombre de publications, en particulier sur le principe de précaution (Godard (1997), Ewald, Gollier & de Sadeleer (2001) ou Kourilsky (2002)). Peretti-Watel (2000) aborde ainsi les problèmes de perception des risques, avec un regard de sociologue, en insistant également sur les notions de conduites à risques (délibérées). Pour une réflexion plus philosophique sur les ambiguïtés de la connaissance scientifique, Popper (1987) reste aujourd'hui encore une référence.

Pour tous les lecteurs intéressés par une relecture d'un grand nombre d'incidents récents ayant fait l'actualité (vache folle, AZF ou les OGM) l'ouvrage de GODARD, HENRY, LAGADEC ET MICHEL-KERJAN (2002) propose un état de l'art passionnant sur la gestion des risques majeurs, en critiquant sur de nombreux points la *tentation apocalytique* de certains autres ouvrages. Il est également possible de lire les compte-rendus du séminaire "Risques" (MATHEU (2002)), sur le rôle des pouvoirs publics face aux risques (reprenant les interventions de Godard, Lagadec, Peretti-Watel, Gollier, Ewald, ...). Sur certains aspects techniques concernant les risques de cumul, les lecteurs intéressés pourront consulter DENUIT, DHAENE, GOOVAERTS & KAAS (2005).

BÉNÉPLANC & ROCHET (2005) proposent une réflexion sur l'assurabilité, et plus généralement sur la gestion des risques. Enfin, la réflexion majeure sur la *société du risque* reste l'ouvrage de BECK (2001), ainsi que DUPUY (2001). Enfin, pour les lecteurs intéressés par une réflexion lumineuse sur le rôle de l'état et sur les mécanismes d'assurance et de solidarité, relisez EWALD (1986) ou MOSS (2002).

Postface

In the 1960'ies the first textbooks in Mathematical Risk Theory were written. Forty years later the subject has become very wide. If a proof for this had to be given, Arthur Charpentier and Michel Denuit have done so. Their excellent opus covering all aspects of Non Life Insurance Mathematics in a modern perspective extends over 2 volumes each of them counting more than 400 pages.

The toolkit of mathematical methods applied to insurance risk has constantly grown over time. In the very early times of risk theory one finds basically the tools to solve two problems

1. Modelling the claim number and claim size of an individual risk and calculating the resulting aggregate claim size distribution.
2. Modelling the stochastic nature of the surplus of an insurance company and calculating the resulting probability of ruin.

Harald Cramér[1] had outlined this program in 1930 as the main task of the Non-Life actuary. Obviously these tasks have remained but the growth of methods and concepts since that time is impressive.

Soon it became apparent that the basic probabilities appearing in Cramér's program were fluctuating which initiated the modelling in Credibility Theory and in Kalman Filtering. A further aspect also demanded the extension of modelling: dependence between risks. This extension is actually so complex that there might be only partial solutions. In some cases correlation may suffice, in many more cases the copula will be helpful.

1. Cramér Harald. (1930) On the Mathematical Theory of risk. Skandia Jubilee Volume, Stockholm

Looking back over time it may surprise that for the most central activity of the Non Life Actuary, namely for reserving, the profession's wisdom still boils down to a few rather pragmatic methods among them the old-timer called Chain-Ladder. In my view this is certainly not due to a lack of studies in this field but rather to the enormous complexity of the statistical estimation that underlies the problem. In this situation I fully support the philosophical attitude taken by Charpentier and Denuit in this respect: Reserving is not a matter of more sophisticated modelling but rather an exercise of model selection. This is Akaike's[2] approach which in modern statistics becomes more and more important.

Charpentier and Denuit include in their text also the microeconomic view of the actuarial activity. The cultural barrier that often separates actuaries and also financial analysts from economists is deplorable and should be lifted as much as possible. Karl Broch in the 60ies and 70ies had really opened our actuarial eyes to see what we can learn from economic modelling. This text continues in this endeavor.

Let us hope that this text will be helpful to many generations of researchers and students to better understand what this rather mythical activity called insurance is all about. To the authors Arthur Charpentier and Michel Denuit I extend my sincere congratulations.

Hans Bühlmann, 12 janvier 2005.

2. Akaike Hirotogu. (1970). Statistical Predictor Identification. *Ann. Inst. Math. Stat.* **22**. 203-217.

Bibliographie

[1] ALBRECHT, P. (1983a). Parametric multiple regression risk models: Connections with tariffication, especially in motor insurance. *Insurance: Mathematics & Economics* **2**, 113-117.

[2] ALBRECHT, P. (1983b). Parametric multiple regression risk models: Theory and statistical analysis. *Insurance: Mathematics & Economics* **2**, 49-66.

[3] ALBRECHT, P. (1983c). Parametric multiple regression risk models: Some connections with IBNR. *Insurance: Mathematics & Economics* **2**, 69-73.

[4] ALLAIS, M. (1953). Le comportement de l'homme rationnel devant le risque, critiques des postulats et axiomes de l'Ecole américaine. *Econometrica* **21**, 503-546.

[5] ANDERSON, D., FELDBLUM, S., MODLIN, C., SCHIRMACHER, D., SCHIRMACHER, E., & THANDI, N. (2004). A practitioner's guide to generalized linear models. *Discussion Papers of the Casualty Actuarial Society.*

[6] ANTONIADIS, A., BERRUYER, J., & CARMONA, R. (1992). *Régression Non-Linéaire et Applications.* Economica, Paris.

[7] ARROW, K.J. (1971). *Essays in the Theory of Risk Bearing.* Chicago, Markham Publishing Compagny.

[8] ASTESAN, E. (1938). *Les Réserves Techniques des Sociétés d'Assurances contre les Accidents d'Automobiles.* Collection d'études sur le droit des assurances.

[9] BAILEY, R.A. (1963). Insurance rates with minimum bias. *Proceedings of the Casualty Actuarial Society* **L**, 4-14.

[10] BAILEY, R.A., & LEROY, J.S. (1960). Two studies in automobile insurance ratemaking: A. Effectiveness of merit rating and class rating. *Proceedings of the Casualty Actuarial Society* **47**, 1–19.

[11] BAILEY, R.A., & LEROY, S.J. (1964). Two studies in automobile insurance ratemaking: B. Improved methods for deter-

mining classification rate relativities. *Proceedings of the Casualty Actuarial Society* **L**, 192-217.

[12] BARDOS, M. (2001). *Analyse Discriminante, Application au Risque et Scoring Financier.* Dunod, Paris.

[13] BARJONNET, KHLIFI & MIGNOT (1997) De la représentation du risque en zone urbaine à sa prévention: décalages et contradictions. Rapport de recherche INRETS.

[14] BECK, U. (2001). *La Société du Risque: Sur la Voie d'une autre Modernité.* Aubier, Alto.

[15] BEIRLANT, J., DERVEAUX, V., DE MEYER, A.M., GOOVAERTS, M.J., LABIES, E., & MAENHOUDT, B. (1991). Statistical risk evaluation applied to (Belgian) car insurance. *Insurance: Mathematics & Economics* **10**, 289-302.

[16] BEIRLANT, J., GOEGEBEUR, Y., SEGERS, J., & TEUGELS, J.L. (2004). *Practical Analysis of Extreme Values.* Leuven University Press, Belgium.

[17] BEIRLANT, J., GOEGEBEUR, Y., VERLAAK, R., & VYNCKIER, P. (1998). Burr regression and portfolio segmentation. *Insurance: Mathematics & Economics* **23**, 231-250.

[18] BEIRLANT, J., TEUGELS, J.L., & VYNCKIER, P. (1996). *Practical Analysis of Extreme Values.* Leuven University Press, Belgium.

[19] BÉNÉPLANC, G., & ROCHET, J.C. (2005). *Risk Management & Corporate Financing. à paraître.*

[20] BERMÚDEZ, L, DENUIT, M., & DHAENE, J. (2001). Exponential bonus-malus systems integrating a priori risk classification. *Journal of Actuarial Practice* **9**, 84-112.

[21] BESSON, J.-L., & PARTRAT, CH. (1992). Trend et systèmes de Bonus-Malus. *ASTIN Bulletin* **22**, 11-31.

[22] BINGHAM, N.H., GOLDIE, C.M., & TEUGELS, J.L. (1987). *Regular Variation.* Cambridge University Press.

[23] BORCH, K. (1962). Equilibrium in a reinsurance market. *Econometrica* **30**, 424-444.

[24] BORGAN, Ø, HOEM, J.M., & NORBERG, R. (1981). A nonasymptotic criterion for the evaluation of automobile bonus systems. *Scandinavian Actuarial Journal*, 265-178.

[25] BOYER, R., CHAVANCE, B., & GODARD, O. (1991). La dialectique réversibilité-irréversibilité. In *Les Figures de l'Irréversibilité en Economie*, Boyer, Chavance & Godard eds, Ecole des Hautes Etudes en Sciences Sociales.

[26] Briys, E., & de Varenne, F. (1998). Assurance et marchés financiers: concurrence ou complémentarité. In *Encyclopédie de l'Assurance*, Ewald & Lorenzi eds, Economica.

[27] Brouhns, N., & Denuit, M. (2003). Actuarial modelling of longitudinal claims data through GAMM's: some methodological results. *German Actuarial Bulletin* **26**, 25-39.

[28] Brouhns, N., Denuit, M., Masuy, B., & Verrall, R. (2002). Ratemaking by geographical area in the Boskov and Verrall model: A case study using Belgian car insurance data. *actu-L* **2**, 3-28.

[29] Brouhns, N., Guillén, M., Denuit, M., & Pinquet, J. (2003). Bonus-malus scales in segmented tariffs with stochastic migration between segments. *Journal of Risk and Insurance* **70**, 577-599.

[30] Bühlmann, H. (1964). Optimale Prämienstufensysteme. *Bulletin of the Swiss Association of Actuaries*, 193-213.

[31] Bühlmann H. (1967). Experience rating and credibility I. *ASTIN Bulletin* **4**, 199–207.

[32] Bühlmann H. (1969). Experience rating and credibility II. *ASTIN Bulletin* **5**, 157–165.

[33] Bühlmann, H. (1970). *Mathematical Methods in Risk Theory.* Springer Verlag, New York.

[34] Cebrian, A., Denuit, M., & Lambert, Ph. (2003). Generalized Paréto fit to the Society of Actuaries' large claims database. *North American Actuarial Journal* **7**, 18-36.

[35] Celeux, G., & Nakache, J.P. (1994). *Analyse Discriminante sur Variables Qualitatives.* Polytechnica, Paris.

[36] Centeno, M., & Silva, J.M.A. (2001). Bonus systems in an open portfolio. *Insurance: Mathematics & Economics* **28**, 341-350.

[37] Chiappori, P.A. (1997). *Risque et Assurance.* Flammarion.

[38] Chiappori, P.A. (1999). Tests génétiques et assurance: une analyse économique. *Risques* **40**, 107–109.

[39] Cleveland, W.S. (1979). Robust locally-weighted regression and smoothing scatterplots. *Journal of the American Statistical Association* **74**, 829-836.

[40] Cleveland, W.S., & Devlin, S.J. (1988). Locally weighted regression: An approach to regression by local fitting. *Journal of the American Statistical Association* **83**, 596-610.

[41] Cleveland, W.S., Devlin, S.J., & Grosse, E. (1988). Regression by local fitting. *Journal of Econometrics* **37**, 87-114.

[42] Cleveland, W.S., & Grosse, E. (1991). Computational methods for local regression. *Statistics and Computing* **1**, 47-62.

[43] Cohen, M., & Tallon, J. M. (2000). Décision dans le risque et l'incertain: l'apport des modèles non-additifs. *Revue d'Economie Politique, Bilans et Essais* **5**, 631-681.

[44] Coles, S. (2001). *An Introduction to Statistical Modeling of Extreme Values.* Springer Verlag, New York.

[45] Cummins, D.J., Dionne, G., McDonnald, J.B., & Pritchett, M.B. (1990). Application of the GB2 family of distribution in modelling insurance loss processes. *Insurance: Mathematics and Economics* **9**, 257-272.

[46] Dab, W. (1997). Précaution et santé publique: le cas des champs électriques et magnétiques de basse fréquence. In *Le Principe de Précaution dans la Conduite des Affaires humaines*, Godard éd., Maison des sciences de l'homme.

[47] Dannenburg D.R., Kaas R. & Goovaerts M.J. (1996). *Practical actuarial credibility models.* Institute of Actuarial Science, Amsterdam.

[48] David, H.A. (1981). *Order Statistics.* Wiley, New York.

[49] Davison, A.C. & Hinkley, D. V. (1997). *Bootstrap Methods and Their Application.* Cambridge University Press.

[50] Delaporte, P. (1959). Quelques problèmes de statistique mathématique posés par l'assurance automobile et le bonus pour non sinistre. *Bulletin Trimestriel de l'Institut des Actuaires Français* **70**, 87-102.

[51] Delwarde, A., & Denuit, M. (2005). *Construction de Tables de Mortalité Périodiques et Prospectives.* Economica, Paris.

[52] Denuit, M., & Dhaene, J. (2001). Bonus-Malus scales using exponential loss functions. *German Actuarial Bulletin* **25**, 13-27.

[53] Denuit, M., Dhaene, J., Goovaerts, M. & Kaas, R. (2005). *Actuarial Theory for Dependent Risks.* Wiley, New York.

[54] Denuit, M., Dhaene, J., & Van Wouwe, M. (1999). The economics of insurance: a review and some recent developments. *Bulletin of the Swiss Association of Actuaries*, 137-175.

[55] DENUIT, M., & LAMBERT, PH. (2001). Smoothed NPML estimation of the risk distribution underlying Bonus-Malus systems. *Proceedings of the Casualty Actuarial Society* **88**, 142-174.

[56] DENUIT, M., & LANG, S. (2004). Nonlife ratemaking with Bayesian GAM's. *Insurance: Mathematics and Economics* **35**, 627-647.

[57] DENUIT, M., MARÉCHAL, X., & CLOSON, J.-P. (2005). Etude relative aux coûts potentiels liés à une éventuelle modification des règles du droit de la responsabilité médicale. Phase II: Développement d'un modèle actuariel et premières estimations. KCE Reports - Centre Fédéral d'Expertise des Soins de Santé, Volume 16B. Disponible sur http://www.centredexpertise.fgov.be/fr/Publications.html

[58] DENUIT, M., PITREBOIS, S., & WALHIN, J.-F. (2001). Méthodes de construction de systèmes bonus-malus en RC auto. *actu-L* **1**, 7-38.

[59] DENUIT, M., PITREBOIS, S. & WALHIN, J.-F. (2003). Tarification automobile sur données de panel. *Bulletin of the Swiss Association of Actuaries*, 51-81.

[60] DENUIT, M., PURCARU, O., & VAN KEILEGOM, I. (2004). Bivariate archimedean copula modelling for Loss-ALAE data in nonlife insurance. Working Paper 04-03, Institut des Sciences Actuarielles, Université Catholique de Louvain, Louvain-la-Neuve, Belgium.

[61] DESJARDINS, D., G., DIONNE, & PINQUET, J. (2001). Experience rating schemes for fleets of vehicles. *ASTIN Bulletin* **31**, 81-105

[62] DEVROYE, L. (1992). *Non Uniform Random Variate Generation.* Springer-Verlgag, New York.

[63] DIONNE, G., & VANASSE, C. (1989). A generalization of actuarial automobile insurance rating models: the Negative Binomial distribution with a regression component. *ASTIN Bulletin* **19**, 199-212.

[64] DIONNE, G., & VANASSE, C. (1992). Automobile insurance ratemaking in the presence of asymmetrical information. *Journal of Applied Econometrics* **7**, 149-165.

[65] DOBSON, A.J. (2001). *An Introduction to Generalized Linear Models.* Chapman & Hall/CRC, London.

[66] DODGE, Y., & ROUSSON, V. (2004). *Analyse de Régression Appliquée.* Dunod, Paris.

[67] DOHERTY, N., & SCHLESINGER, H. (1983). Optimal insurance in incomplete markets. *Journal of Political Economy* **91**, 1045-1054.

[68] DUCHÉ, P. (1998). Origine et développement des "captives". In *Encyclopédie de l'Assurance*, Ewald & Lorenzi eds, Economica.

[69] DUPUY, J.P. (2001). *Pour un Catastrophisme Eclairé. Quand l'Impossible est Certain.* Seuil.

[70] EECKHOUDT, L., & KIMBALL, M. (1992). Background risk, prudence and the demand for insurance. In *Contributions to Insurance Economics*, Dionne éd., Kluwer Academic Publishers, 239-254.

[71] EFRON, B. & TIBSHIRANI,R.J. (1994). *An Introduction to the Bootstrap.* Chapman and Hall, London.

[72] EHRLICH, I., & BECKER, G. (1972). Market insurance, self-insurance and self-protection. *Journal of Political Economy*, 623-648.

[73] EMBRECHTS, E., KLÜPELBERG, C., & MIKOSCH, T. (1997). *Modeling Extremal Events for Insurance and Finance.* Springer Verlag, New York.

[74] ENGLAND, P. (2002). Addendum to "Analytic and bootstrap estimates of prediction errors in claims reserving". *Insurance: Mathematics & Economics* **31**, 461-466.

[75] ENGLAND, P., & VERRALL, R. (1999). Analytic and bootstrap estimates of prediction errors in claims reserving. *Insurance: Mathematics & Economics* **25**, 281-293.

[76] ENGLAND, P., & VERRALL, R.J. (2002). Stochastic claims reserving in general insurance. *British Actuarial Journal.*

[77] EPSTEIN, L.G. (1980). Decision making and the temporal resolution of uncertainty. *International Economic Review.* **21**, 269–283.

[78] EWALD, F. (1986). *L'Etat-Providence.* Grasset.

[79] EWALD, F., GOLLIER, C., & DE SADELEER, N. (2001). *Le Principe de Précaution.* Presses Universitaires de France, Que sais-je?

[80] FAHRMEIR, L., & TUTZ, G. (2002). *Multivariate Statistical Modelling Based on Generalized Linear Models.* Springer–Verlag, New York.

[81] FANG, K.T., KOTZ, S., & NG, K.W. (1990). *Symmetric Multivariate and Related Distributions.* Chapman & Hall, London.

[82] FISHBURN, P.C. (1970). *Decision and Value Theory.* John Wiley, New York.

[83] FISHER, R.A., & TIPPETT, L.H.C. (1928). On the estimation of the frequency distribution of the largest or smallest member of a sample. *Proceedings of the Cambridge Philosophical Society* **24**, 180-190.

[84] FISHMAN, G.S. (1997). *Monte Carlo: Concepts, Algorithms and Applications.* Springer-Verlag, New York.

[85] FRANCKX, E.. (1960). Théorie du bonus, conséquence de l'étude de Mr le professeur Fréchet. *ASTIN Bulletin* **1**, 113-122.

[86] FRÉCHET, M. (1959). Essai d'une étude des successions de sinistres considérés comme processus stochastique. *Bulletin Trimestriel de l'Institut des Actuaires Français* **70**, 67-85.

[87] FREES, E.W., & VALDEZ, E.A. (1998). Understanding relationships using copulas. *North American Actuarial Journal* **2**, 1-25.

[88] GALAMBOS, J. (1987). *The Asymptotic Theory of Extreme Order Statistics.* Krieger.

[89] GAYANT, J.P. (2001). *Risque et Décision.* Vuibert.

[90] GENTLE, J.E. (1998). *Random Number Generation and Monte Carlo Methods.* Springer-Verlag, New York.

[91] GERBER, H.U. (1987). Actuarial applications of utility functions. In "*Advances in the Statistical Sciences, vol. 6, Actuarial Sciences*" 53-61, MacNeill, I., and Umphrey, G., Editors. Reidel, Dordrecht.

[92] GERBER, H.U., & JONES, D. (1975). Credibility formulas of the updating type. *Transactions of the Society of Actuaries* **27**, 31-52.

[93] GERBER, H.U., & PAFUMI, G. (1998). Utility functions: From risk theory to finance. *North American Actuarial Journal* **2**, 74-91.

[94] GILDE, V., & SUNDT, B. (1989). On bonus systems with credibility scales. *Scandinavian Actuarial Journal*, 13-22.

[95] GNEDENKO, B. (1943). Sur la distribution limite du terme maximum d'une série aléatoire. *The Annals of Mathematics* **44**, 423-453.

[96] GODARD, O. (1997). L'ambivalence de la précaution et la transformation des rapports entre science et décision. In *Le Principe de Précaution dans la Conduite des Affaires Humaines*, Godard éd., Maison des sciences de l'homme.

[97] Godard, O. (1997). *Le Principe de Précaution dans la Conduite des Affaires Humaines.* Maison des sciences de l'homme.

[98] Godard, O., Henry, C., Lagadec, P., & Michel-Kerjan, E. (2002). *Traité des Nouveaux Risques.* Gallimard.

[99] Godard, O. & Salles, J.M. (1991). Entre nature et société, les jeux de l'irréversibilité dans la construction économique et sociale du champ de l'environnement. In *Les Figures de l'Irréversibilité en Economie*, Boyer, Chavance & Godard éds., Ecole des Hautes Etudes en Sciences Sociales.

[100] Gouriéroux, C. (1992). Courbes de performances et de discrimination. *Annales d'Economie et de Statistique* **28**, 107–123.

[101] Gouriéroux, C. (1999). *Statistique de l'Assurance.* Economica, Paris.

[102] Gouriéroux, C., Monfort, A., & Trognon, A. (1984). Pseudo maximum likelihood methods : Theory. *Econometrica* **52**, 681-720.

[103] Gumbel, E. (1958). *Statistics of Extremes.* Columbia University Press.

[104] Hastie, T., & Tibshirani, R. (1990). *Generalized Additive Models.* Chapman and Hall, London.

[105] Henriet, D., & Rochet, J.C. (1991). *Microéconomie de l'Assurance.* Economica, Paris.

[106] Henry, M. (1937). Etude sur le coût moyen des sinistres en responsabilité civile automobile. *Bulletin Trimestriel de l'Institut des Actuaires Français* **169**.

[107] Hermitte, M.A. (1997). Le principe de précaution à la lumière du drame de la transfusion sanguine. In *Le Principe de Précaution dans la Conduite des Affaires Humaines*, Godard éd., Maison des sciences de l'homme.

[108] Hosking, J., & Wallis, J. (1987). Parameter and quantile estimation for the generalized Pareto distribution. *Technometrics* **29**, 339-349.

[109] Hurwich, C.M., & Simonoff, J.S. (1998). Smoothing parameter selection in nonparametric regression using an improved Akaike information criterion. *Journal of the Royal Statistical Society - Series B* **60**, 271-293.

[110] Ingenbleek, J.F., & Lemaire, J. (1988). What is a Sports Car? *ASTIN Bulletin* **18**, 175-187.

[111] IPCC - INTERGOVERNMENTAL PANEL ON CLIMATE CHANGE (2001). Climate change, synthesis report.

[112] JELEVA, M., & VILLENEUVE, B. (2003). Insurance contracts with imprecise probabilities and adverse selection. *Economic Theory.*

[113] JONAS, H. (1990). *Le Principe de Responsabilité.* Le Cerf.

[114] JORGENSEN, B., & PAES DE SOUZA, M.C. (1994). Fitting Tweedie's compound Poisson model to insurance claims data. *Scandinavian Actuarial Journal*, 69-93.

[115] KAAS, R., GOOVAERTS, M.J., DHAENE, J., & DENUIT, M. (2001). *Modern Actuarial Risk Theory.* Kluwer Academic Publishers, Dordrecht.

[116] KANT, E. (1781). *Critique de la Raison Pure.* Flammarion.

[117] KEIDING, N., ANDERSEN C., & FLEDELIUS, P. (1998). The Cox regression model for claims data in non-life insurance. *ASTIN Bulletin* **28**, 95-118.

[118] KELLE, M. (2000). Modélisation du système de bonus malus français. *Bulletin Français d'Actuariat* **4**, 45-64.

[119] KIMBALL, M. (1990). Precautionary saving in the small and in the large. *Econometrica* **58**, 53-73.

[120] KLUGMAN, S.A., PANJER, H.H. & WILLMOT, G.E. (1998). *Loss Models: From Data to Decisions.* Wiley-Interscience.

[121] KLUGMAN, S.A., & PARSA, R. (1999) Fitting bivariate loss distributions with copulas. *Insurance: Mathematics and Economics* **24**, 139-148.

[122] KOTZ, S., & NADARAJAH, S. (2000). *Extreme Value Distributions: Theory and Applications.* Imperial College Press.

[123] KOURILSKY, K. (2002). *Du Bon Usage du Principe de Précaution.* Odile Jacob.

[124] KUNREUTHER, H., GINSBERG, R., MILLER, L., SAGI, P., SLOVIC, P., BORKAN, B., & KATZ, N. (1978). *Disaster Insurance Protection: Public Policy Lessons.* Wiley, New York.

[125] LAFFONT, J.J. (1991). *Economie de l'Incertain et de l'Information – Volume 2 du Cours de Théorie Microéconomique.* Economica, Paris.

[126] LAGADEC, P. (1981). *La Civilisation du Risque. Catastrophes Technologiques et Responsabilité Sociale.* Seuil.

[127] LANDSBERGER, M., & MEILIJSON, I. (1994). Monopoly insurance under adverse selection when agents differ in risk aversion. *Journal of Economic Theory* **63**, 392-407.

[128] LATOUR, B. (2001). Du principe de précaution au principe du bon gouvernement. *Etudes* **3394**, 339–346.

[129] LEBARON, F. (2000). *La Croyance Economique: Les Economistes entre Science et Politique.* Seuil.

[130] LEBART, L., MORINEAU, A., & PIRON, M. (2000). *Statistique Exploratoire Multidimensionnelle.* Dunod, Paris.

[131] L'ECUYER, P. (1994). Uniform random number generation. *Annals of Operations Research* **53**, 77–120.

[132] LEMAIRE, J. (1995). *Bonus-Malus Systems in Automobile Insurance.* Kluwer Academic Publishers, Boston/Dordrecht/London.

[133] LIANG, K.Y., & ZEGER, S.L. (1986). Longitudinal data analysis using generalized linear models. *Biometrika* **73**, 13-22.

[134] MACK, T. (1993). Distribution-free calculation of the standard error of chain ladder reserve estimates. *ASTIN Bulletin* **29**, 361-366.

[135] MACK, T. (1994). Which stochastic model is underlying the chain ladder method? *Insurance: Mathematics and Economics* **15**, 133-138.

[136] MAGIS, C., DENUIT, M., & WALHIN, J.-F. (2003). Au-delà de Chain-Ladder: Les méthodes stochastiques de réservation. *actu-L* **3**, 31-58.

[137] MALINVAUD, E. (1999). *Leçons de Théorie Microéconomique.* Dunod.

[138] MATHEU, M. (2002). *La Décision Publique Face aux Risques: Rapport du Séminaire "Risques".* La Documentation française.

[139] MC CULLAGH, P., & NELDER, J.A. (1989). *Generalized Linear Models.* Chapman & Hall, New York.

[140] MICHEL-KERJAN, E. (2003). Les Etats-Unis face à la menace terroriste. *Risques* **54**, 81–90.

[141] MICHEL-KERJAN, E. (2004). Terrorisme à grande échelle: partage des risques et politiques publiques. *Cahiers du Laboratoire d'Econométrie de l'Ecole Polytechnique*, **2004-06**.

[142] MONFORT, A. (1996). *Cours de Statistique Mathématique.* Economica, Paris.

[143] MOSS, D. (2002). *When All Else Fails: Government as the Ultimate Risk Manager.* Harvard University Press.

[144] MOSSIN, J. (1968). Aspects of rational insurance purchasing. *Journal of Political Economy* **76**, 553-568.

[145] MOWBRAY, A.H. (1914). How extensive a payroll exposure is necessary to give a dependable pure premium. *Proceedings of the Casualty Actuarial Society* **1**, 24–30.

[146] NAKACHE, J.P. & CONFAIS, J. (2004). *Approche Pragmatique de la Classification.* Technip, Paris.

[147] NELDER, J.A., & WEDDERBURN, R.W.M. (1972). Generalized linear models. *Journal of the Royal Statistical Society - Series A* **135**, 370–384.

[148] NORBERG, R. (1976). A credibility theory for automobile bonus systems. *Scandinavian Actuarial Journal*, 92-107.

[149] PALM, R. (1998). Urban earthquake hazards : The impacts of culture on perceived risk and response in the USA and Japan. *Applied Geography*, **18**, 35–46.

[150] PERETTI-WATEL, P. (2000). *Sociologie du Risque.* Armand Colin.

[151] PINQUET, J. (1997). Allowance for cost of claims in Bonus-Malus systems *ASTIN Bulletin* **27**, 33-57.

[152] PINQUET, J. (1998). Designing optimal Bonus-Malus systems from different types of claims. *ASTIN Bulletin* **28**, 202-220.

[153] PINQUET, J. (1999). Experience rating through heterogeneous models. In *Handbook of Insurance*, edited by G. Dionne. Kluwer Academic Publishers.

[154] PINQUET, J., GUILLEN, M., & BOLANCÉ, C. (2001). Allowance for the age of claims in bonus-malus systems. *ASTIN Bulletin* **31**.

[155] PITREBOIS, S., DE LONGUEVILLE, PH., DENUIT, M., & WALHIN, J.-F. (2002). Etude de techniques IBNR modernes. *actu-L* **2**, 29-62.

[156] PITREBOIS, S., DENUIT, M., & WALHIN, J.-F. (2003a). Fitting the Belgian Bonus-Malus system. *Belgian Actuarial Bulletin* **3**, 58-62.

[157] PITREBOIS, S., DENUIT, M., & WALHIN, J. F. (2003b). Setting a bonus-malus scale in the presence of other rating factors: Taylor's work revisited. *ASTIN Bulletin* **33**, 419-436.

[158] PITREBOIS, S., DENUIT, M., & WALHIN, J.-F. (2003c). Marketing et systèmes bonus-malus. *actu-L* **3**, 89-105.

[159] PITREBOIS, S., DENUIT, M., & WALHIN, J.-F. (2004). Bonus-malus scales in segmented tariffs: Gilde & Sundt's work revisited. *Australian Actuarial Journal* **10**, 107-125.

[160] PITREBOIS, S., DENUIT, M., & WALHIN, J.-F. (2005a). Multi-event bonus-malus scales. *Journal of Risk and Insurance.*

[161] PITREBOIS, S., DENUIT, M., & WALHIN, J.-F. (2005b). Bonus-malus systems with varying deductibles. *ASTIN Bulletin.*

[162] POPPER, K. (1987). *La Logique de la Découverte Scientifique.* Payot.

[163] PRATT, J. W. (1964). Risk aversion in the small and in the large. *Econometrica* **32**, 122-136.

[164] PURCARU, O., & DENUIT, M. (2002a). On the dependence induced by frequency credibility models. *Belgian Actuarial Bulletin* **2**, 73-79.

[165] PURCARU, O., & DENUIT, M. (2002b). On the stochastic increasingness of future claims in the Bühlmann linear credibility premium. *German Actuarial Bulletin* **25**, 781-793.

[166] PURCARU, O., & DENUIT, M. (2003). Dependence in dynamic claim frequency credibility models. *ASTIN Bulletin* **33**, 23-40.

[167] PURCARU, O., GUILLÉN, M., & DENUIT, M. (2004). Linear credibility models based on time series for claim counts. *Belgian Actuarial Bulletin* **4**, 62-74.

[168] QUIGGIN, J.P. (1982). A theory of anticipated utility. *Journal of Economic Behavior and Organization* **3**, 323-343.

[169] QUIGGIN, J. (1993). *Generalized Expected Utility Theory: The Rank-Dependent Model.* Kluwer, Boston.

[170] RAMLAU-HANSEN, H. (1988). A solvency study in non-life insurance. *Scandinavian Actuarial Journal*, 3-34.

[171] RASMUSSEN, N.C. (1975). Reactor Safety Study: An Assessment of Accident Risks in US Commercial Nuclear Power Plants. *U.S. Nuclear Regulatory Commission Report* **WASH-1400**.

[172] REID, D.H. (1986). Discussion of methods of claim reserving in non-life insurance. *Insurance: Mathematics and Economics* **5**, 45-56.

[173] REISS, R.D. & THOMAS, M. (2001). *Statistical Analysis of Extreme Values with Application to Insurance, Finance, Hydrology and Other Fields.* Birküser.

[174] RENSHAW, A.E. (1994). Modelling the claim process in the presence of covariates. *ASTIN Bulletin* **24**, 265-285.

[175] RIPLEY, B.D. (1987). *Stochastic Simulation.* Wiley, New York.

[176] ROBERT, C. (1996). *Méthodes de Monte Carlo par Chaînes de Markov.* Economica, Paris.

[177] ROCHET, J.C. (1998). Assurabilité et financement des risques. In *Encyclopédie de l'assurance*, Ewald & Lorenzi eds, Economica.

[178] ROLSKI, T., SCHMIDLI, H., SCHMIDT, V., & TEUGELS, J. (1999). *Stochastic Processes for Insurance and Finance.* Wiley, New York.

[179] ROSENBLATT, M. (1952). Remarks on a multivariate transformation. *Annals of Mathematical Statistics* **23**, 470-472.

[180] ROTHSCHILD, M., & STIGLITZ, J.E. (1976). Equilibrium in competitive insurance markets: An essay on the economics of imperfect information. *Quarterly Journal of Economics* **90**, 629-649.

[181] RUBINSTEIN, R.Y. (1981). *Simulation and Monte Carlo Method.* Wiley, New York.

[182] SAPORTA, G. (1990). *Probabilités, Analyse des Données et Statistique.* Technip, Paris.

[183] SAVAGE, L.J. (1954). *The Foundation of Statistics.* Dover Publications.

[184] SCHMIDT, K.D. (1999). A bibliography on loss reserving. Available from www.math.tu-dresden.de/sto/schmidt/dsvm/dsvm99-4.pdf

[185] SHERMAN, R.E. (1984). Extrapolating, smoothing, and interpolating development factors. *Proceedings of the Casualty Actuarial Society* **LXXI**, 122-155.

[186] STIGLITZ, J. E. (1977). Monopoly, non-linear pricing and imperfect information: The insurance market. *Review of Economic Studies* **44**, 407-430.

[187] SUNDT, B. (1988). Credibility estimators with geometric weights. *Insurance: Mathematics and Economics* **7**, 113-122.

[188] TAYLOR, G. (1997). Setting a Bonus-Malus scale in the presence of other rating factors. *ASTIN Bulletin* **27**, 319-327.

[189] TAYLOR, G.C. (2000). *Loss Reserving : An Actuarial Perspective.* Kluwer Academic Publishers.

[190] TER BERG, P. (1980a). Two pragmatic approaches to loglinear claim cost analysis. *Astin Bulletin* **11**, 77-90

[191] TER BERG, P. (1980b). On the loglinear Poisson and gamma model. *ASTIN Bulletin* **11**, 35-40.

[192] TER BERG, P. (1996). A loglinear lagrangian Poisson Model. *ASTIN Bulletin* **26**, 123-129.

[193] THÉPAUT, A. (1959). Aspect politique et aspect administratif du Bonus pour non sinistre. *Bulletin Trimestriel de l'Institut des Actuaires Français* **70**, 125-39.

[194] TOSETTI, A., BÉHAR, T., FROMENTEAU, M., & MÉNART (2000). *Assurance: Comptabilité, Réglementation, Actuariat.* Economica, Paris.

[195] TREICH, N. (1997). Vers une théorie économique de la précaution? *Risques* **32**.

[196] VON NEUMANN, J., & MORGENSTERN, O. (1947). *Theory of Games and Economic Behavior.* Princeton University Press.

[197] WALHIN, J.-F., & PARIS, J. (2000). The true claim amount and frequency distributions within a bonus-malus system, *ASTIN Bulletin* **30**, 391-403

[198] WALHIN, J.-F., & PARIS, J. (2001). The practical replacement of a bonus-malus system, *ASTIN Bulletin* **31**, 317-335

[199] WHITNEY, A.W. (1918). The theory of experience rating. *Proceedings of the Casualty Actuarial Society* **4**, 274–292.

[200] WIGLEY, T.M.L., RICHELS, R. & EDMONDS, J. (1996). Economic and environmental choices in the stabilization of atmospheric $C0_2$ concentrations. *Nature.* **379**, 240–243.

[201] YCART, B. (2002). *Simulation de Variables Aléatoires.* Cahiers de Mathématiques Appliquées, Presses Universitaire de Tunis.

[202] ZAJDENWEBER, D. (1996). Extreme values in business interruption insurance. *The Journal of Risk and Insurance* **63**, 95–110.

[203] ZAJDENWEBER, D. (2001). *Economie des Extrêmes.* Flammarion.

[204] ZEGER, S.L., LIANG, K.Y., & ALBERT, P.S. (1988). Models for longitudinal data: A generalized estimating equation approach. *Biometrics* **44**, 1049-1060.

Table des matières

Composé par Economica, 49, rue Héricart, 75015 PARIS
Achevé d'imprimer en France en février 2025
par l'IMPRIMERIE MAURY S.A.S. à Millau (12)
Dépôt légal : janvier 2005 – N° d'impression : B25/76713L